U0897112

高地震区全断面软岩筑坝

关键技术研究 /上册/

杨启贵 鄢双红 等 著

图书在版编目（CIP）数据

高地震区全断面软岩筑坝关键技术研究 / 杨启贵等著．
—武汉 ： 长江出版社，2022.12
ISBN 978-7-5492-8659-1
Ⅰ．①高… Ⅱ．①杨… Ⅲ．①地震地区－软岩层－筑坝－
研究 Ⅳ．① TV541

中国版本图书馆 CIP 数据核字 (2022) 第 251790 号

高地震区全断面软岩筑坝关键技术研究
GAODIZHENQUQUANDUANMIANRUANYANZHUBAGUANJIANJISHUYANJIU
杨启贵等　著

责任编辑： 郭利娜 闫彬
装帧设计： 彭微
出版发行： 长江出版社
地　　址： 武汉市江岸区解放大道 1863 号
邮　　编： 430010
网　　址： http://www.cjpress.com.cn
电　　话： 027-82926557（总编室）
027-82926806（市场营销部）
经　　销： 各地新华书店
印　　刷： 湖北金港彩印有限公司
规　　格： 787mm×1092mm
开　　本： 16
印　　张： 57.5
字　　数： 1370 千字
版　　次： 2022 年 12 月第 1 版
印　　次： 2022 年 12 月第 1 次
书　　号： ISBN 978-7-5492-8659-1
定　　价： 560.00 元（上、下册）

编写人员

杨启贵　鄢双红　易　路　王树清　熊绍钧

侯钦礼　万云辉　孙海清　张必勇　潘少华

蔡淑兵　胡建华　张　超　代开锋　尹春明

徐长江　赵胤儒　肖　碧　崔金鹏　丁　林

黄　河　元　媛

前　言

历经十余年,《高地震区全断面软岩筑坝关键技术研究》一书在广大水利水电科技工作者的热切期盼中问世了。参与本研究的工程技术人员,花费了大量心血,付出了艰辛努力,为中国水利水电标准走出国门做出了独特的贡献。

本研究依托的卡洛特水电站是巴基斯坦境内吉拉姆河(Jhelum)规划的5个梯级电站的第4级,上一级为阿扎德帕坦(Azad Pattan),下一级为曼格拉(Mangla)。坝址位于巴基斯坦旁遮普省与巴控克什米尔交界处卡洛特桥上游1km处,下距曼格拉大坝74km,西距伊斯兰堡直线距离约55km。坝址处控制流域面积26700km^2,多年平均流量819m^3/s,多年平均年径流量258.3亿m^3。工程为单一发电任务的水利枢纽,水库正常蓄水位461m,正常蓄水位以下库容1.52亿m^3,电站装机容量720MW(4×180MW),保证出力116.1MW,多年平均年发电量32.06亿kW·h,年利用小时数4452h。

巴基斯坦卡洛特水电站是"一带一路"首个大型水电投资建设项目,也是我国在"中巴经济走廊"的首个水电投资项目,工程总投资约17.4亿美元。2015年4月20日,习近平主席访问巴基斯坦,与巴基斯坦国家领导人共同见证了卡洛特水电站项目破土动工。2016年12月项目主体工程全面开工建设,2017年2月22日工程融资关闭,2018年9月22日实现大江截流,2021年11月20日下闸蓄水,2022年6月4台机组并网发电,工程完建。卡洛特水电站采用BOOT(建设、拥有、运营和移交)的投资模式,建成后由中方运营维护,30年后无偿转让给巴基斯坦政府。

卡洛特水电站主体工程从设计到施工全部采用中国技术和中国标准。

依托巴基斯坦卡洛特水电站，长江设计集团的水文学家、地质学家、工程师们付出卓越努力，通过大量基础试验工作，在高沥青混凝土心墙软岩堆石坝设计技术、大流量泄洪消能及防冲设计、枢纽排沙防沙设计、引水隧洞洞室群围岩稳定分析及支护措施、智能安全监测设计、施工系统仿真与快速施工措施等方面的理论创新凝结而成这部专著，必将成为广大水利水电工作者的良师益友，成为水利水电建设的必备参考资料。可以帮助广大的水利科研工作者，勘察设计人员，不断提高设计能力和水平，为推动中国水利水电标准走向世界做出新的更大贡献。

全书分为16章，第1章概述，包括工程概况、勘测设计历程、工程主要特点及难点、关键技术问题研究；第2章水文气象，基于卡洛特项目所在区域径流、气象、洪水、水位流量关系、泥沙等水文气象基本情况，开展水文监测及水情测报服务；第3章工程地质，通过野外勘察、现场试验及室内试验等手段，查明了工程区域构造，以及水库区、坝址区工程地质条件，开展了工程地质关键技术问题研究，查明了天然建筑材料分布及储量；第4章工程规划，包括项目所在河段开发方案、工程规模、上网电价测算研究；第5章工程泥沙管理，开展了卡洛项目泥沙特性、排沙水位及调度、泥沙试验、防沙排沙方案等关键技术问题研究；第6章枢纽布置及主要建筑物，介绍了设计标准、工程特性及主要设计参数、坝型选择、枢纽布置方案及关键技术问题研究；第7章沥青混凝土心墙堆石坝，介绍了沥青混凝土心墙堆石坝布置与结构设计、筑坝材料设计、基础处理、安全监测及自动化、关键技术问题研究；第8章泄洪消能建筑物，包括泄洪消能方案设计、建筑物布置、水力设计、水工模型试验、结构设计、关键技术问题研究及运行效果；第9章引水发电建筑物，包括引水发电系统总体布置、进水口设计、引水隧洞设计、地面厂房设计及关键技术问题研究;第10章导流建筑物,介绍了卡洛特水电站导流标准、导流方案、导流挡水建筑物设计、导流泄水建筑物设计、截流设计、封堵设计及关键技术问题研究;第11章河湾地块蓄水安全,通过渗流监测、工程地质条件及防渗可靠性分析、河湾地块防渗帷幕端点分析、隧洞内外渗分析、三维渗流计算及渗流场演变趋势研究,开展了卡洛特项目河湾地块蓄水渗漏研究;第12章重大件运输,包括现有交通条件、重大件运输限制条件、重大件运输工具、重大件运输方案初步分析比选及最终实施方案;第13章库坝区交通工程,包括库坝区复建桥梁、复建公路;第14章机电及金属结构,开展了水力机械、电气一次、电气二次、通风空调及生活给排水、消防、金属结构研究;第15章安全监测,介绍了卡洛特项目主要建筑物的监测设计及成果分析;第16章建筑及装修设计,介绍了厂房、升压站、大坝及附属建筑物内外部装修设计。

由于作者的水平有限,书中难免存在错误和不妥之处,欢迎广大读者批评指正。

编　者

2022年12月

目　录

上　册

下 册

1 概 述

1.1 工程概况

卡洛特(Karot)水电站是巴基斯坦境内吉拉姆河(Jhelum)规划的5个梯级电站的第4级,上一级为阿扎德帕坦(Azad Pattan),下一级为曼格拉(Mangla)。坝址位于巴基斯坦旁遮普省与巴控克什米尔交界处卡洛特桥上游1km处,下距曼格拉大坝74km,西距伊斯兰堡直线距离约55km。坝址处控制流域面积26700km^2,多年平均流量819m^3/s,多年平均年径流量258.3亿m^3。工程为单一发电任务的水利枢纽,水库正常蓄水位461m,正常蓄水位以下库容1.52亿m^3,电站装机容量720MW(4×180MW),保证出力116.1MW,多年平均年发电量32.06亿kW·h,年利用小时数4452h。卡洛特水电站枢纽建筑物由沥青混凝土心墙堆石坝、溢洪道和引水发电系统组成。巴基斯坦电监会(NEPRA)原批准方案为混凝土重力坝方案,2015年2月6日EC+P协议文件正式签订,长江勘测规划设计研究有限责任公司(以下简称“长江设计院”)在Level1阶段改为沥青混凝土心墙堆石坝,同年通过巴基斯坦电监会审查。2016年12月1日EC+P合同开工通知正式发布。

卡洛特水电站的建设符合巴基斯坦电力布局和经济社会可持续发展的战略决策,是中巴两国技术经济合作、加强长期睦邻友好关系的具体举措。

巴基斯坦卡洛特水电站是“一带一路”首个大型水电投资建设项目,也是我国在“中巴经济走廊”的首个水电投资项目,工程总投资约17.4亿美元,由丝路基金和中国进出口银行、中国开发银行、国际金融公司共同组成的银团提供融资。

2015年4月20日,习近平主席访问巴基斯坦,与巴基斯坦国家领导人共同见证了卡洛特水电站项目破土动工。2016年12月项目主体工程全面开工建设,2017年2月22日工程融资关闭,2018年9月22日实现大江截流,2021年11月20日下闸蓄水,2022年6月4台机组并网发电,工程完建。卡洛特水电站采用BOOT(建设、拥有、运营和移交)的投资模式,建成后由中方运营维护,30年后无偿转让给巴基斯坦政府。电站未来可为巴基斯坦提供源源不竭的清洁水电能源,促进国家能源结构的优化升级。卡洛特水电站枢纽布置效果见图1.1。

图 1.1　卡洛特水电站枢纽布置效果

卡洛特水电站项目从设计到施工全部采用中国技术和中国标准。电站投资方三峡南亚投资有限责任公司专门聘请了以澳大利亚雪山公司为牵头方的联营体为业主工程师，代表业主对项目的图纸和施工方案进行审核。长江设计院为该项目的设计单位。

卡洛特水电站的开发建设符合中巴两国经济社会发展和能源发展战略要求，符合吉拉姆河水电规划，是吉拉姆河干流水电开发布局的重要工程。卡洛特水电站项目无论是在开发建设期，还是在投产运行期，均可直接拉动和促进当地经济社会的发展，增加地区人民就业，切实提高当地人民生活水平和生活质量，是工程所在地的重要工程，是造福当地百姓的工程，是拉动和促进地方经济社会全面发展的希望工程，是中巴两国睦邻友好的友谊工程。图 1.2 为卡洛特水电站施工形象。

图 1.2　卡洛特水电站施工形象

1.2 勘测设计历程

1.2.1 国外公司前期工作

1975—2009年,加拿大、德国、澳大利亚等公司先后对该项目进行过不同阶段的研究。2007年受巴基斯坦ATL公司委托,由澳大利亚雪山公司(SMEC)、巴基斯坦Mirza联合工程服务公司(MAES)及工程总咨询公司(EGC)组成的咨询联合体(以下简称"咨询联合体"),于2009年9月编制完成《720MW卡洛特水电站可行性研究报告》,并通过了巴基斯坦相关部门的审批。

1.2.2 补充可行性研究阶段的工作

受中国三峡集团中国水利电力对外公司(CWE)委托,长江设计院于2010年10月和2011年4月先后完成《巴基斯坦卡洛特水电站可行性研究报告评估意见》和《巴基斯坦卡洛特水电站可行性研究报告补充评估意见》。

2011年5月19—30日,长江设计院对巴基斯坦卡洛特水电站进行现场查勘,完成《巴基斯坦卡洛特水电站现场查勘报告》。

2012年9月底,根据中水电国际投资有限公司(以下简称"中水电国际")对卡洛特水电站项目的工作安排,需要参照中国国内水电站项目要求编制本项目的可行性研究报告。2012年12月,长江设计院完成《巴基斯坦卡洛特水电站可行性研究勘察设计科研工作大纲(第一版)》。2013年1月17—18日,中国三峡发展研究院组织专家在北京进行了评审。

2013年1月,长江设计院完成《巴基斯坦卡洛特水电站引水发电系统专题研究报告》,2013年2月26日,中国三峡发展研究院在北京召开《引水发电系统专题研究报告》研讨会。2014年1月,提交《巴基斯坦卡洛特水电站引水发电系统专题研究报告》最终稿,中国长江三峡集团有限公司(以下简称"三峡集团")巴基斯坦水电工程技术专家组于2014年2月27—28日在北京主持评审会议,会议认为推荐地面厂房是合适的。

2013年4月,长江设计院委托中国地震局地质研究所完成《巴基斯坦卡洛特水电站工程场地地震安全性评价报告》,国家地震安全性评定委员会于2012年4月28日对该报告进行了咨询。

2013年4月22—28日,三峡集团卡洛特临时专家组考察现场后形成技术讨论意见,明确:"……上坝址在地形地质条件上建坝无优势,而且水头不能被充分利用,故不再做坝址比较,工作集中在下坝址开展……"

2013年7月,长江设计院完成《巴基斯坦卡洛特水电站可行性研究坝型、坝线和枢纽布置阶段性成果报告》。2013年11月,长江设计院完成《巴基斯坦卡洛特水电站可行性研究阶段坝型、坝线及枢纽布置专题报告(送审稿)》。2013年12月6—8日,三峡集团在巴基斯坦伊斯兰堡市主持召开了评审会议。根据该专题报告评审意见，长江设计院进一步开展了优化研究工作，2014 年 1 月，长江设计院完成《巴基斯坦卡洛特水电站可行性研究阶段枢纽布置研究补充报告》。三峡集团巴基斯坦水电工程技术专家组于 2014 年 2 月 27—28 日，在北京主持召开巴基斯坦吉拉姆河卡洛特水电站可行性研究阶段引水发电系统专题及枢纽布置补充研究评审会议，会议认为本工程采用 4 坝线布置沥青混凝土心墙堆石坝，溢洪道斜穿河湾地块山脊布置，电站进水口布置在溢洪道引水渠左侧靠近控制段，地面厂房布置在卡洛特大桥上游，导流洞布置在电站与大坝之间的枢纽布置方案是合适的。

2014 年 1 月，长江设计院完成《巴基斯坦卡洛特水电站水文泥沙专题研究报告》，经三峡集团巴基斯坦水电工程技术专家组评审后认为，主要水文泥沙设计成果是合适的。

2014 年 1 月，长江设计院完成《巴基斯坦卡洛特水电站可行性研究阶段施工总布置规划专题报告》，经三峡集团巴基斯坦水电工程技术专家组评审后认为，该报告提出的料源选择与开采、对外……总布置分区规划等是基本可行的，提出的枢纽区建设用地范围基本合适，可满足工程建设要求。

2014 年 2 月，长江设计院完成《巴基斯坦卡洛特水电站可行性研究阶段机电及金属结构专题》，经三峡集团巴基斯坦水电工程技术专家组评审后认为，该报告的内容和工作深度满足可行性研究报告编制规程的要求。

2014 年 3 月，长江设计院完成《巴基斯坦卡洛特水电站可行性研究阶段防震抗震研究设计专题报告》，三峡集团巴基斯坦水电工程技术专家组于 2014 年 3 月 13—14 日，在北京组织有关专家对该报告进行了评审，评审意见认为报告的主要结论是合适的。

2014 年 3 月，长江设计院完成《巴基斯坦卡洛特水电站可行性研究阶段建设征地与移民安置规划专题报告(送审稿)》，三峡集团巴基斯坦水电工程技术专家组评审后认为，该报告遵照巴基斯坦国颁布的有关工程建设移民法律法规，结合……类似项目移民实施情况，确定的建设征地范围和调查、统计的实物指标成果，拟定的移民生计恢复方案和措施以及补偿费用概算等基本可行。

2014 年 3 月，长江设计院完成根据中国政府要求的《巴基斯坦卡洛特水电站可行性研究阶段投资概算专题报告》，三峡集团巴基斯坦水电工程技术专家组评审后认为，该报告的主要结论是合适的。

2014 年 3 月，长江设计院全面完成《巴基斯坦卡洛特水电站可行性研究》，三峡集团巴基斯坦水电工程技术专家组评审后认为，报告的内容和深度基本达到了中国国内水电站可行性研究报告编制规程的要求，报告的主要结论是合适的。

1.2.3 EPC 阶段的工作

2015 年 4 月 20 日，中巴领导人宣布工程开工；2015 年 5 月，根据 EPC 合同要求，全面完成卡洛特水电站 Level 1 阶段的设计工作。2015 年 10 月，完成主体工程招标设计；2015 年 12 月，开始施工详图阶段设计。

2016 年 12 月，主体工程正式开工；2017 年 7 月，导流洞混凝土开始浇筑；2018 年 5 月 4 日，巴基斯坦总理视察卡洛特项目；2018 年 9 月 22 日，工程截流；2019 年 4 月 11 日，沥青混凝土心墙堆石坝开始填筑；2019 年 11 月 16 日，卡洛特复建大桥通车；2020 年 9 月，溢洪道控制段封顶，通车；2021 年 11 月 20 日，下闸蓄水；2022 年 5 月 25 日，巴基斯坦总理视察卡洛特水电站；2022 年 6 月 29 日，全部机组投产发电。

1.3 工程主要特点及难点

1.3.1 地形地貌

坝址区属中低山地貌，两岸临江岸坡山顶地面高程多在 510～850m。在坝址上游吉拉姆河先沿 SSE 向流入，在坝址上游约 650m 处以 124°的大转弯折向北东流，在坝址处形成一个“几”字形弯道，转向 SSW 之后逐渐转向 SEE 流，并在右岸（凸岸）形成宽约 700m 的山体，之后逐渐转向 SEE 流。坝址处河流流向见图 1.3。坝址河段河谷形态总体为不对称“V”形谷。大坝位于“几”字形河湾的中部。河谷与岩层走向小角度相交，为较为典型的纵向谷。水面高程 388～391m。左岸岸坡发育二级河流阶地，均为基座阶地。右岸岸坡地形受岩性控制，高程 420m 以下地形坡度 35°～40°；高程 420～440m 地形相对较缓，坡度一般为 12°～25°，高程 440～455m 为陡崖，高 6～9m；高程 455m 以上地形较陡，一般为 40°左右。工程的枢纽布置充分考虑和利用了这些地形地貌特点。

图 1.3 卡洛特水电站坝址处河流流向示意图

1.3.2 区域地质

卡洛特水电站坝址位于印度板块与欧亚板块碰撞形成的喜马拉雅造山带西构造结南侧。区域内构造活动及地震活动强烈，分布有 MMT、MCT、MBT、MFT 及 MZF 等规模巨大的深断裂，且部分为地震活跃的断裂，区域构造稳定性差。距离坝址 26km 的 Raisi 逆冲断层在 2005 年发生过 7.6 级地震，Raisi 逆冲断层最有可能诱发地震。中国地震局地质研究所确定地震基本烈度为Ⅷ度。工程场址区坝址 50 年超越概率为 10％的基岩水平峰值加速度值为 263.3gal（0.26g）。区内出露地层主要为新近系中新统纳格利（Nagri）组（N_{1na}）以及多克帕坦（Dhok Pathan）组（N_{1dh}）地层，岩性主要为中砂岩、细砂岩、泥质粉砂岩及粉砂质泥岩等。不同岩性所占比例大致为：泥岩、粉砂质泥岩占 23.8％，泥质粉砂岩、粉砂岩占 32.0％，中粗砂岩占 38.0％，细砂岩占 6.2％，总体呈不等厚互层状。岩石胶结成岩较差，较软弱，属较软岩—软岩。经综合比较，选择了能较好适应坝基工程地质条件，且基础处理工程相对较为简单的沥青混凝土心墙堆石坝坝型。

1.3.3 大坝

卡洛特沥青混凝土心墙堆石坝高 95.5m，是目前已建或在建的世界上最高的全断面软岩堆石坝。筑坝材料主要为新近系陆源碎屑沉积的砂岩，泥质粉砂岩补充。由于地质时代较新，岩石总体成岩胶结程度较差，岩石以较软岩—软岩为主。其软化系数较小，浸水饱和后损失强度较大。对环境变化的敏感性很强，现场刚开采的各种软岩料尚有一定的强度，但稍经风雨、日晒，强度迅速降低，颗粒加剧破碎。软岩筑坝工程规模大，技术难度高。

1.3.4 泄洪消能规模巨大

卡洛特工程洪水峰高量大。校核洪水标准为 5000 年一遇，相应洪峰流量为 29600m^3/s。设计洪水标准为 500 年一遇，相应洪峰流量为 20700m^3/s。消能防冲洪水标准为 50 年一遇，相应洪峰流量为 12200m^3/s。最大泄洪落差 51.25m。溢洪道建基岩体质量类别均属Ⅲc 类～Ⅳc 类，岩性软弱，具微弱透水性，防渗条件较好。微风化泥质粉砂岩、粉砂质泥岩互层抗冲能力差，地基地质条件差，应采取防冲刷和防淘刷措施。

1.3.5 厂房尾水变幅巨大

引水发电系统布置在右岸，电站装机容量 720MW。电站额定水头 65m，单机额定流量 312.1m^3/s，安装 4 台单机 180MW 混流式机组。卡洛特水电站地面厂房 500 年一遇校核尾水位 418.08m，最低发电尾水位为 386.66m，最大尾水变幅 31.42m。厂房建基面高程 358.5m，下游最大挡水水头约 60m，厂房结构挡水压力大。地面厂房抗震设防类别为丙类，设计地震加速度代表值取基准期 50 年内超越概率 10％的地震动峰值加速度，其值为 0.26g。副厂房布置在主厂房的上、下游以形成箱体结构。基础采用封闭抽排，解决高尾水和高地震问题。

1.3.6 发电任务巨大

卡洛特水电站的开发任务为发电，以促进地区经济社会发展。水库正常蓄水位 461m，死水位 451m，具有日调节性能。电站装机容量 720MW，保证出力 116.1MW(P=90%)，多年平均年发电量 32.06 亿 kW·h，年利用小时数 4452h。

1.3.7 泥沙问题严重

根据水文分析成果，按 1970—2010 年水沙资料统计，卡洛特水电站坝址以上流域多年平均悬移质输沙量为 3315 万 t，推移质输沙量为 497 万 t，总输沙量为 3812 万 t，多年平均年径流量为 258.3 亿 m^3，多年平均悬移质含沙量为 1.28kg/m^3。卡洛特水电站入库泥沙量较大，而库容相对较小，水库正常蓄水位以下的库容仅 1.52 亿 m^3，库沙比为 5.2。若采用蓄水运用方式，水库泥沙淤积将较为严重，无法保持长期有效库容，危及电站的正常运行。若采用汛期定期放空水库敞泄排沙运用方式，水库排沙效果较好，可以保持较大的长期有效库容，但是对电站发电效益影响较大。因此，卡洛特水库不宜采用蓄水运用方式或汛期定期放空水库敞泄排沙运用方式。为兼顾发电与排沙，卡洛特水库采用汛期相机低水位排沙的运行方式，在汛期的主要来沙期间，当入库流量超过拟定的排沙流量，将水库水位降至排沙水位运行，以增大库区水面比降和水流流速，从而利于水库排沙走沙，以实现电站长期有效运行。

1.3.8 水轮机设计具有挑战性

卡洛特水电站水轮机为立轴混流式结构，采用金属蜗壳以及常规的弯肘型尾水管。机组采用两根主轴结构。电站水轮机转轮直径 6.177m，转轮采用焊接结构。转轮的上冠、下环、叶片材料采用铸钢 04Cr13Ni5Mo。叶片采用五轴数控机床进行加工，再与上冠、下环组焊成整体并进行精加工。在上冠上设间隙式止漏环，以减小顶盖下腔压力，进而减小主轴密封漏水量。在下环上也设置间隙式止漏环。在转轮上冠上采用不开泄水孔的结构型式。电站发电水头不高，但变幅较大，过机泥沙含量较大，因此在机组设计的过程中适当降低了机组的参数水平，采用了成熟、可靠的结构形式，同时机组的主要过流部件也增加了抗磨涂层。这些措施均为机组的安全稳定运行提供了有力的保障。

1.3.9 施工组织复杂

沥青混凝土心墙堆石坝总填筑量 410 万 m^3，其中反滤、过渡、排水料 40 万 m^3，堆石料约 370 万 m^3。工程填筑量大，施工强度高。填筑坝料种类多，且要与沥青混凝土心墙同步上升，施工工艺复杂。坝体填筑最高月平均强度约为 27 万 m^3，高峰月强度为 35 万 m^3。由于枢纽区河谷狭窄，上坝道路的布置采用岸坡与坝坡相结合的布置方式，保证上坝强度，满足各料源和沥青混凝土的上坝运输要求。

1.4 关键技术研究

1.4.1 泥沙研究与枢纽排沙防沙设计

卡洛特水电站坝址以上流域多年平均悬移质输沙量约 3315 万 t，多年平均悬移质含沙量为 1.28kg/m^3，属中等含沙河流，但相对于库容而言，入库沙量较大，水库库沙比为 5.2，且级配较粗。根据类似工程经验和前期相关研究成果，成库后库区泥沙淤积较为严重。卡洛特水电站为该流域的第四级电站，上游尼鲁姆—杰卢姆（NJ）水电站已经建成发电，上游其他电站也将陆续开发，综合考虑电站开发时序，开展了一维、三维泥沙淤积计算和坝区 1∶100 泥沙物理模型试验研究。借鉴我国在多沙河流上的长期研究成果，结合工程特点，采取排沙孔紧邻电站进水口的布置方式，利用汛期排洪冲沙，处理水库泥沙问题。研究结果表明：对于选定的排沙水位 451m 方案，水库运行 20 年后，坝区河段泥沙基本达到动态平衡，电站取水口和排沙孔口门前仅有少量淤积，能满足坝前冲沙和电站进水口“门前清”，基本可保证电站正常取水。枢纽运用不同阶段，电站过机水流含沙量及悬移质中值粒径都不大，基本无粗沙过机。

1.4.2 高沥青混凝土心墙软岩堆石坝设计技术研究

卡洛特沥青混凝土心墙堆石坝相对我国来说也是最高的全断面软岩堆石坝。世界范围内百米级高度的沥青混凝土心墙软岩堆石坝建设经验不多。工程场地地震基本烈度为Ⅷ度，工程开挖量大。针对大坝“地震烈度高、地基岩性软弱、全断面软岩筑坝、尽量利用建筑物开挖料”的特点，研究的关键技术问题为：通过大量的室内击实、压缩、剪切、渗透试验及对试验资料的系统整理分析，深入研究了沥青混凝土心墙软岩堆石坝的各种坝料特性；高沥青混凝土心墙软岩堆石坝的静动力应力应变分析、坝坡稳定分析、心墙的拱效应作用及心墙发生水力劈裂的可能性研究；根据枢纽建筑物软岩开挖料和转存料的数量、岩石特性及料物平衡规划进行坝料分区及坝体结构优化研究，特别是对坝体变形影响引起心墙开裂的可能性以及其对坝料分区的要求，不均匀基础变形对坝体变形的影响；枢纽区地震烈度较高，进行了高坝动力反应特性抗震研究，提出了有效提高坝体抗震性能的坝体设计及抗震措施；研究了坝体及坝基岩体的渗流特性，坝体及坝基内的渗流场分布，以及设置专门的排水通道及针对保护细颗粒稳定的反滤料合理级配和结构设计。

1.4.3 泄洪消能及防冲设计研究

本工程校核洪水标准时总泄洪流量为 29600m^3/s，全部由溢洪道下泄。溢洪道上下游水头差为 42.31～51.45m，表孔和泄洪排沙孔的最大单宽流量分别为 302m^3/(s·m)和

233m³/(s·m)，下游消能区基岩主要为砂岩、粉砂质泥岩与泥质粉砂岩互层。表孔和泄洪排沙孔均推荐采用挑流消能，设计工况下表孔和泄洪排沙孔下游的最大冲坑深度分别为32.84m和40.06m。因此需重点研究溢洪道泄流能力、高速水流掺气减蚀、下游消能防冲等问题。同时，还需研究泄洪时消力塘的支护型式和消能效果以及泄洪雾化对建筑物边坡、下游卡洛特复建大桥和环境的影响及应采取的防护措施。

1.4.4 引水隧洞洞室群围岩稳定分析及支护措施

隧洞的围岩由 N_{1dh} 组及 N_{1na} 组弱风化—微风化泥质粉砂岩与粉砂质泥岩互层及砂岩组成，完整性总体较好。砂岩一般为较软岩，泥质粉砂岩与粉砂质泥岩一般为软岩。岩体以Ⅲ、Ⅳ为主，局部为Ⅴ类。根据巴方及业主工程师的要求，对围岩分类要采用其熟悉的Q系统分类，进行围岩围别的界定研究。Q系统分类方法主要考虑了岩体质量指标RQD、节理组数 Jn、节理面粗糙度 Jr、节理蚀变程度 Ja、裂隙水影响因素 Jw 及地应力影响因素SRF等6项指标。3条引水隧洞，地下洞室规模大，地质条件复杂，需要研究最小覆盖层厚度、隧洞之间最小距离。软岩地层层面和结构面影响较大，需通过有限元分析地应力、渗流、岩体力学特性及断层等结构面对围岩稳定的影响，根据计算得出的围岩应力、位移等数值提出相应的支护措施。

1.4.5 安全监测设计研究

根据高沥青混凝土心墙堆石坝的应力变形特点，结合国内外土工观测仪器的特点，重点研究高沥青混凝土心墙堆石坝位移变形及应力的监测技术、高沥青混凝土心墙堆石坝对仪器性能指标的影响、高沥青混凝土心墙堆石坝仪器埋设及安装技术、高沥青混凝土心墙堆石坝资料分析处理系统等，提出适于高沥青混凝土心墙堆石坝的安全监测设计方案，以有效避免仪器埋设时的施工干扰，提高仪器埋设成活率，获取反映高沥青混凝土心墙堆石坝各阶段实际工作性态的可靠观测资料，并提供能及时对观测资料进行整理分析的手段，以便验证设计，指导施工。为卡洛特大坝的施工质量及安全运行提供技术支持和保证，为高沥青混凝土心墙堆石坝的设计施工及运行管理积累经验。

1.4.6 高沥青混凝土心墙堆石坝施工系统仿真与快速施工措施研究

结合卡洛特工程高沥青混凝土心墙堆石坝施工特点，分析和模拟高沥青混凝土心墙堆石坝施工的动态过程。研究高沥青混凝土心墙堆石坝坝基开挖、坝体填筑等各个施工环节之间的相互影响和作用机制，确定高沥青混凝土心墙堆石坝施工模拟模型的耦合机制，为施工全过程动态仿真模型的建立和方案优化奠定理论基础。研究高沥青混凝土心墙堆石坝施工有关施工道路布置、料物平衡、料物流向、土石方开挖、土石方运输、施工机械合理配套及坝体填筑方案的综合优化模型。提出高沥青混凝土心墙堆石坝快速施工的有效措施。

1.4.7 施工导流及河道水流控制措施研究

根据水文特性、地形地质条件和枢纽建筑物布置特点，卡洛特水电站采用围堰一次拦断河床、围堰全年挡水、导流隧洞泄流的导流方式。根据规范并综合考虑各方面因素，确定上、下游围堰及导流隧洞为 4 级建筑物，初期导流设计洪水标准采用全年 10 年一遇洪水，相应最大洪峰流量为 $6740m^3/s$。后期导流标准为 200 年一遇洪水，相应的流量为 $17300m^3/s$。由于工程施工期洪水流量大，而河谷又比较狭窄，岩性软弱，因此设计布置了 3 条直径 12.5m 的圆形断面导流隧洞。洞径大，闸门下闸水头高，出口消能防冲问题解决难度大是本工程的一大特点，为此进行了 1∶100 导流水工模型试验研究，从水力学角度分析论证导流方案的可行性与合理性，提出了有效的解决措施。

2 水文气象

2.1 自然地理概况

卡洛特水电站位于巴基斯坦旁遮普省境内的吉拉姆河干流上，是巴基斯坦境内吉拉姆河规划的5座梯级水电站中的第4级。阿扎德帕坦水电站为其上一级电站，曼格拉水电站为其下一级电站。卡洛特水电站是"一带一路"首个大型水电投资建设项目，坝址位于旁遮普省境内卡洛特桥上游1km处，下距曼格拉大坝74km，西距伊斯兰堡直线距离约55km，坝址处控制流域面积26700 km^2。

2.1.1 地形地貌

吉拉姆河流域总体地势北高南低。卡洛特水电站区域北部处于喜马拉雅山南麓中高山区，海拔在2000～3500m。东侧为克什米尔盆地，西侧为白沙瓦盆地。南部为旁遮普平原区，高程约200m。卡洛特水电站水库长约26km，库区内河谷深切，多呈"V"形谷，两岸谷坡基本对称，见图2.1。

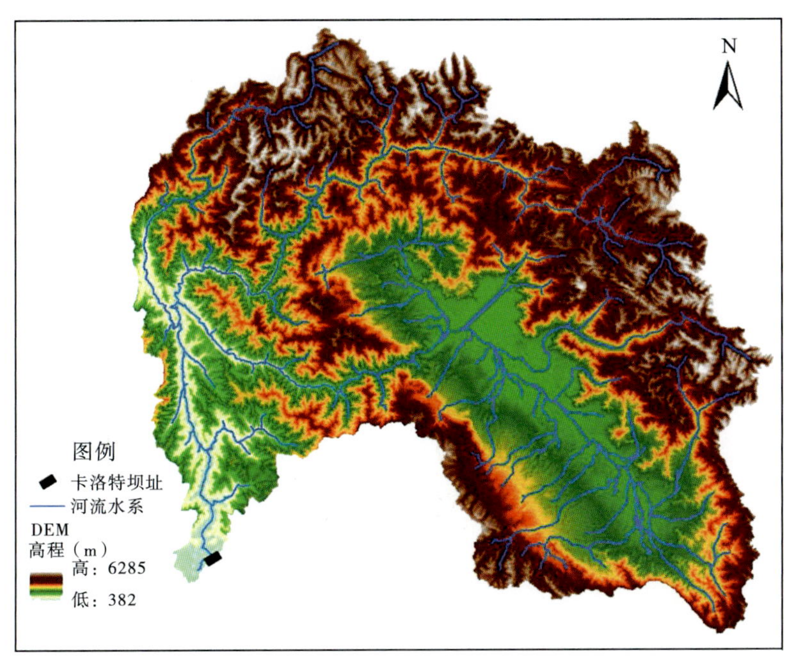

图2.1 卡洛特水电站坝址以上流域地形地貌示意图

卡洛特水电站坝址位于吉拉姆河中上游河段，坝址区属中低山地貌，两岸临江岸坡山顶地面高程多在 510～870m。吉拉姆河呈“几”字形穿过坝址区，在右岸形成宽约 700m 的河湾地块。吉拉姆河枯水期水面宽 30～60m，水面高程 388～391m，相应水深一般为 6～8m。坝址区地形封闭，左岸山体浑厚；右岸河湾地块高程 461m 处宽 380～700m，不存在地形垭口。

2.1.2 河流水系

吉拉姆河是印度河（Indus River）流域水系最大的河流之一，发源于克什米尔山谷的韦尔纳格深泉，向西北流经克什米尔谷地入乌拉尔湖，在索普尔附近出湖，经陡峭峡谷穿过比尔本贾尔山，至穆扎法阿巴德汇入吉申甘加河后转向南进入巴基斯坦，在曼格拉附近穿过西瓦利克山进入冲积平原，然后在吉拉姆河镇沿盐岭转向西南至库沙布，最后向南在特瑞穆附近注入奇纳布河。干流全长 725km，流域面积 6.35 万 km^2。

吉拉姆河发源于克什米尔山谷，沿比尔本贾尔山的背风坡呈西北向流至乌拉尔湖，乌拉尔湖以上集水面积为 10308km^2。在该河段的源头地区，吉拉姆河流经峡谷地区，左岸为比尔本贾尔山，右岸为喜马拉雅山脉。当低压抵达吉拉姆河流域附近地区时，潮湿的西南气流由于地形抬升作用常在该区域形成强降水。降水量随地形抬升而增加，夏季在海拔 1828.8～3048.0m 达到最大值，冬季在 2438.4～3657.6m 达到最大值。在海拔 3657.6m 以上，降水逐渐下降。河源在斯利那加附近出峡谷地区之后，流经较为平坦的谷地进入乌拉尔湖。乌拉尔湖是一个天然的大水库，对进入湖里的洪水起着调节、削峰和滞时作用。

出乌拉尔湖之后，吉拉姆河流经一段长达 12km 的相对平坦的区域至巴拉穆拉，随后河道坡度陡增至 1∶35 流至穆扎法阿巴德，区域集水面积为 4196km^2。与克什米尔地区的降雨相比，乌拉尔湖至穆扎法阿巴德河段区域的降雨有所增加，区域产水量较大。

穆扎法阿巴德至卡洛特坝址区集水面积 2429km^2，河流向南流经高山区。该区域位于比尔本贾尔山脉和西瓦利克山脉之间，在季风加强情势下，是强季风雨区，西南和东南季风气流均可抵达该区域。由比尔本贾尔和西瓦利克山脉地形抬升形成的降雨强度仅次于河源地区。

工程以上吉拉姆河流域有两条主要支流，分别为尼勒姆（Neelum）河和库纳尔（Kunhar）河。尼勒姆河是吉拉姆河干流右岸的最大支流，集水面积为 7278km^2，其上游地区为高山区，少有季风雨。因上游位于流域东北地区，远离季风低压活动路径，季风极少到达该区域。因此，在上游地区会出现冬季降雨大于夏季降雨的情况。与上游相比，下游地区的季风雨显著增加。当热带低压抵达拉瓦尔品第附近时，下游地区有时会受到强季风入侵的影响，如 1929 年、1992 年和 1997 年暴雨洪水。

库纳尔河是吉拉姆河干流右岸水量仅次于尼勒姆河的重要支流，集水面积为 2489km^2。当热带低压抵达其北部地区时，整个河流位于西南季风气流控制之下。在夏季，流域上游地区降水大于下游地区，在冬季形势发生改变，流域下游地区降水大于上游地区降水。

2.1.3 气象特性

吉拉姆河流域属亚热带季风气候区，全年共划分4季，即东北季风季（12月至次年2月）、热季（3—5月）、西南季风季（6—9月）和过渡期（10—11月）。

受地形和季节影响，降水分配不均，1—3月降水量逐渐增加，3月出现年内第一个峰值，月降水占全年的10%左右，4—5月降水量有所回落，自6月起受季风影响，降水量迅速增加，7—8月降水量约占全年的35%，9月之后降水量减少，月降水一般占全年的5%左右。降水量年际变化不大，极值比一般为1.7～2.3。根据巴拉科特、G-Dopata、M-Abad、穆里、Risal Pur、R-kot等站降水资料统计（表2.1），坝址以上流域多年平均降水量约1430mm，最大年降水量1793mm（1977年），最小年降水量1046mm（2001年）；降水量年内分配以7月最大，为289mm，11月降水量最小，为34mm。

根据曼格拉水库1983—2007年蒸发资料统计（表2.2），平均年蒸发量为2016mm，最大、最小年蒸发量分别为2255mm（1985年）、1832mm（2003年）。蒸发量年内分配以5月最大，为322mm，12月最小，为61.2mm。

吉拉姆河流域多年平均气温约20℃，随高程变化有所不同。根据Risal Pur站1954—2005年资料统计（表2.3），多年平均气温22.2℃，6月的33.2℃最高，1月的9.9℃最低。

根据卡洛特坝址专用气象站2016年9月至2020年气象资料统计（表2.4），平均年降水量为1431.7mm，降水量年内分配以8月最大，为444.7mm。气象站多年平均气压936.5hPa，平均气温21.0℃，平均水汽压15.4hPa，平均相对湿度60.0%，平均露点温度11.6℃，10分钟平均风速1.83m/s，2分钟平均风速1.72m/s。

表 2.1　吉拉姆河流域各雨量站降水量年内分配成果

雨量站	项目	1月	2月	3月	4月	5月	6月	7月	8月	9月	10月	11月	12月	年	系列
巴拉科特	降水量/mm	96.8	147.0	171.0	122.0	75.1	101.0	342.0	270.0	114.0	42.6	41.8	68.0	1592	1962—1965，1971—2010
	百分比/%	6.08	9.23	10.70	7.66	4.72	6.34	21.50	17.00	7.16	2.68	2.63	4.27	100	
G-Dopata	降水量/mm	116.0	147.0	176.0	133.0	88.2	110.0	278.0	241.0	110.0	55.4	45.3	80.9	1580	1955—2010
	百分比/%	7.34	9.30	11.10	8.42	5.58	6.96	17.60	15.30	6.96	3.51	2.87	5.12	100	
M-Abad	降水量/mm	98.5	133.0	156.0	109.0	77.4	107.0	329.0	248.0	112.0	45.7	37.9	70.8	1524	1955—2010
	百分比/%	6.46	8.73	10.20	7.15	5.08	7.02	21.60	16.30	7.35	3.00	2.49	4.65	100	
穆里	降水量/mm	132.0	159.0	169.0	133.0	85.4	140.0	339.0	306.0	144.0	63.3	32.9	65.0	1768	1960—2010
	百分比/%	7.47	8.99	9.56	7.52	4.83	7.92	19.20	17.30	8.14	3.58	1.86	3.68	100	
Risal Pur	降水量/mm	47.1	59.5	77.4	50.6	23.7	19.8	115.0	132.0	49.0	19.8	17.6	31.1	643	1954—2010
	百分比/%	7.33	9.25	12.00	7.87	3.69	3.08	17.90	20.50	7.62	3.08	2.74	4.84	100	
R-kot	降水量/mm	123.0	268.0	171.0	138.0	96.6	169.0	281.0	175.0	99.6	78.6	44.5	89.2	1735	2003—2010
	百分比/%	7.09	15.40	9.86	7.95	5.57	9.74	16.20	10.10	5.74	4.53	2.56	5.14	100	
流域平均	降水量/mm	101.0	136.0	152.0	101.0	68.5	110.0	289.0	232.0	101.0	42.9	34.0	61.0	1430	1971—2010
	百分比/%	7.06	9.51	10.60	7.06	4.79	7.69	20.20	16.20	7.06	3.00	2.38	4.27	100	

表 2.2　曼格拉水库蒸发量统计结果

项目	1月	2月	3月	4月	5月	6月	7月	8月	9月	10月	11月	12月	年	系列
蒸发量/mm	66.3	93.5	153	227	322	317	223	176	160	132	85.2	61.2	2016	1983-9—2007-12
百分比/%	3.29	4.64	7.59	11.3	16.0	15.7	11.1	8.73	7.94	6.55	4.23	3.04	100	

表 2.3　吉拉姆河流域内各气象站气温特征值统计结果

气象站	项目	1月	2月	3月	4月	5月	6月	7月	8月	9月	10月	11月	12月	年	系列
巴拉科特	平均气温	8.0	9.7	13.8	19.0	24.1	27.9	26.7	25.9	23.9	19.3	14.2	9.7	18.6	1960—2005
	最高气温	17.9	19.6	26.8	28.9	35.8	38.0	35.8	32.8	32.4	29.6	24.1	20.1	38.0	
	最低气温	−1.1	2.3	5.9	10.1	13.6	18.2	20.1	18.7	14.8	9.8	4.8	0.1	−1.1	
G-Dopata	平均气温	8.5	10.1	14.2	19.3	24.2	28.5	27.9	27.0	24.9	19.9	14.3	10.1	19.1	1955—2005
	最高气温	18.5	21.0	27.6	31.6	37.7	38.5	36.4	34.4	34.0	31.0	26.5	19.9	38.5	
	最低气温	−0.5	−0.7	2.8	8.7	13.2	15.0	16.2	16.8	13.9	6.9	0.5	−1.5	−1.5	
M-Abad	平均气温	9.6	11.7	16.0	21.1	25.8	29.9	28.9	28.2	26.4	21.7	16.0	11.1	20.6	1955—2005
	最高气温	20.8	22.6	29.5	34.6	39.3	39.9	38.0	35.7	35.8	33.0	28.2	22.9	39.9	
	最低气温	1.3	2.2	7.1	11.9	15.2	20.2	20.8	20.4	17.5	10.2	5.0	0.9	0.9	
穆里	平均气温	3.4	3.9	8.0	13.2	17.5	20.6	19.1	18.6	17.4	14.6	10.4	6.3	12.8	1955—2005
	最高气温	11.3	12.8	19.4	22.5	27.1	28.9	25.6	24.4	23.3	22.9	19.2	17.9	28.9	
	最低气温	−5.3	−5.5	−1.8	5.0	7.5	8.4	11.8	11.4	11.0	6.7	1.0	−3.7	−5.5	
Risal Pur	平均气温	9.9	12.4	17.1	22.8	28.5	33.2	32.4	30.8	28.8	23.0	16.2	11.1	22.2	1954—2005
	最高气温	21.0	24.5	30.2	35.0	43.1	43.7	42.0	40.2	38.7	33.5	27.8	21.9	43.7	
	最低气温	−0.5	3.0	8.1	11.7	17.8	22.0	24.5	23.4	19.7	11.2	4.7	−0.6	−0.6	
R-kot	平均气温	4.3	4.3	10.6	14.8	17.1	21.0	21.6	21.6	19.9	14.2	10.7	7.6	14.0	2003—2005
	最高气温	12.1	15.8	23.0	24.9	27.6	30.3	28.0	26.8	26.6	23.3	20.4	15.7	30.3	
	最低气温	−3.9	−3.3	2.0	6.1	8.1	11.4	15.5	15.6	13.4	5.3	1.3	−2.4	−3.9	

表 2.4　卡洛特水电站坝址专用气象站 2016 年 9 月至 2020 年 12 月气象要素特征值统计结果

气象要素	1月	2月	3月	4月	5月	6月	7月	8月	9月	10月	11月	12月	年
降水/mm	101.7	81.4	125.7	98.8	93.2	56.0	217.5	444.7	93.1	25.3	46.2	48.2	1431.8
平均气压/hPa	943.8	942.9	940.4	936.4	932.2	927.9	926.7	928.1	934.4	939.0	942.9	943.5	936.5
最高气压/hPa	947.1	946.2	943.5	939.4	935.7	931.5	930.2	931.0	937.2	941.9	945.4	946.2	939.6
最低气压/hPa	939.0	939.8	937.5	933.0	928.8	924.4	923.5	924.7	931.9	936.6	940.2	940.7	933.3
平均气温/℃	10.5	13.5	17.3	23.2	27.2	29.4	28.3	27.2	26.1	21.9	15.7	11.5	21.0
最高气温/℃	17.8	21.7	25.3	31.1	35.1	36.9	34.8	32.9	32.6	29.9	24.4	20.7	28.6
最低气温/℃	5.25	7.25	11.1	16.0	20.3	22.4	22.4	22.5	20.9	15.4	9.9	5.36	14.9
水汽压/hPa	8.05	8.75	10.6	13.2	13.5	17.7	26.3	29.6	24.5	14.2	10.28	8.02	15.4
平均相对湿度/%	63.3	59.5	57.5	49.5	40.0	46.0	70.8	82.8	73.4	55.2	59.6	62.2	60.0
露点温度/℃	2.88	4.59	7.50	10.7	10.9	15.1	21.6	23.6	20.6	11.66	7.11	3.52	11.6
10分钟平均风速/(m/s)	1.55	1.65	1.85	2.23	2.48	2.33	2.95	1.40	1.36	1.34	1.46	1.34	1.83
10分钟最大风速/(m/s)	7.93	8.10	10.05	13.5	11.7	16.0	15.1	11.2	10.0	9.5	7.42	6.68	10.6
2分钟平均风速/(m/s)	1.58	1.65	1.85	2.20	2.45	2.30	1.78	1.40	1.36	1.34	1.46	1.30	1.72

2.2 水文气象基本资料

2.2.1 测站基本情况

(1)水文站基本情况

吉拉姆河流域内有9个水文站,由巴基斯坦水电发展署(the Pakistan Water and Power Development Authority,WAPDA)的地表水文部门(Surface Water Hydrology Project,SWHP)建立与管理。其中,吉拉姆河干流上有恰纳瑞、哈蒂安巴拉、多迈尔、恰塔卡拉斯、科哈拉、阿扎德帕坦和卡洛特7个站,昆哈河、尼鲁姆河上分别设有加里哈比卜杜拉和穆扎法拉巴德站。各站观测资料有日、月、年平均流量和年瞬时最大流量及泥沙资料。卡洛特水电站坝址附近的水文站有阿扎德帕坦水文站和卡洛特水文站,基本情况见表2.5,卡洛特水电站坝址流域水系及站网分布见图2.2,吉拉姆河流域水系及站网概化图见图2.3。

表2.5　坝址附近水文站观测资料情况

水文站	所在河流	控制面积/km²	资料年限	观测项目
阿扎德帕坦	吉拉姆河下游	26485	1979—1992,1994—2013	水位、流量、泥沙
卡洛特	吉拉姆河下游	26677	1969-4—1979	水位、流量、泥沙
坝址专用站	吉拉姆河下游	26800	2016-1至今	降水、水位、流量、泥沙

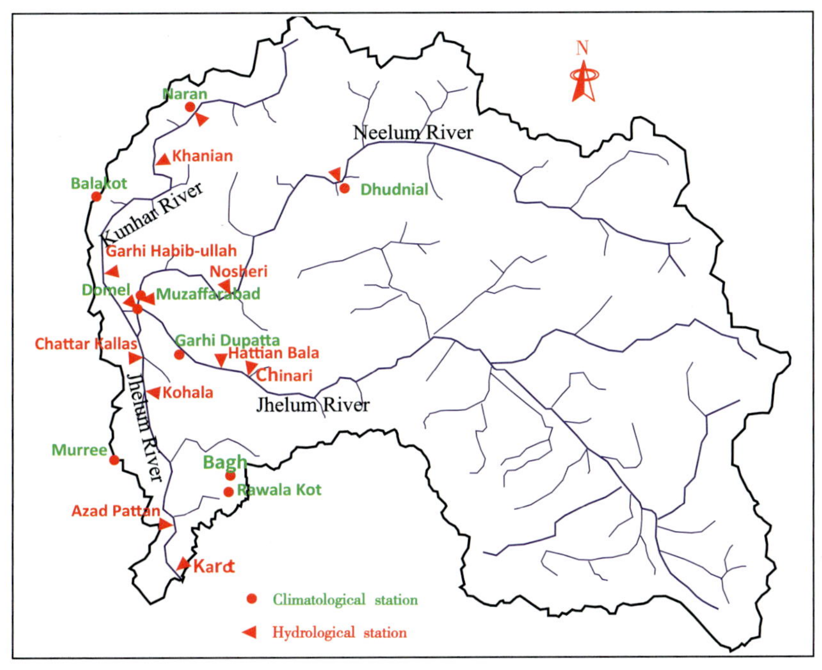

图2.2　卡洛特水电站坝址流域水系及站网

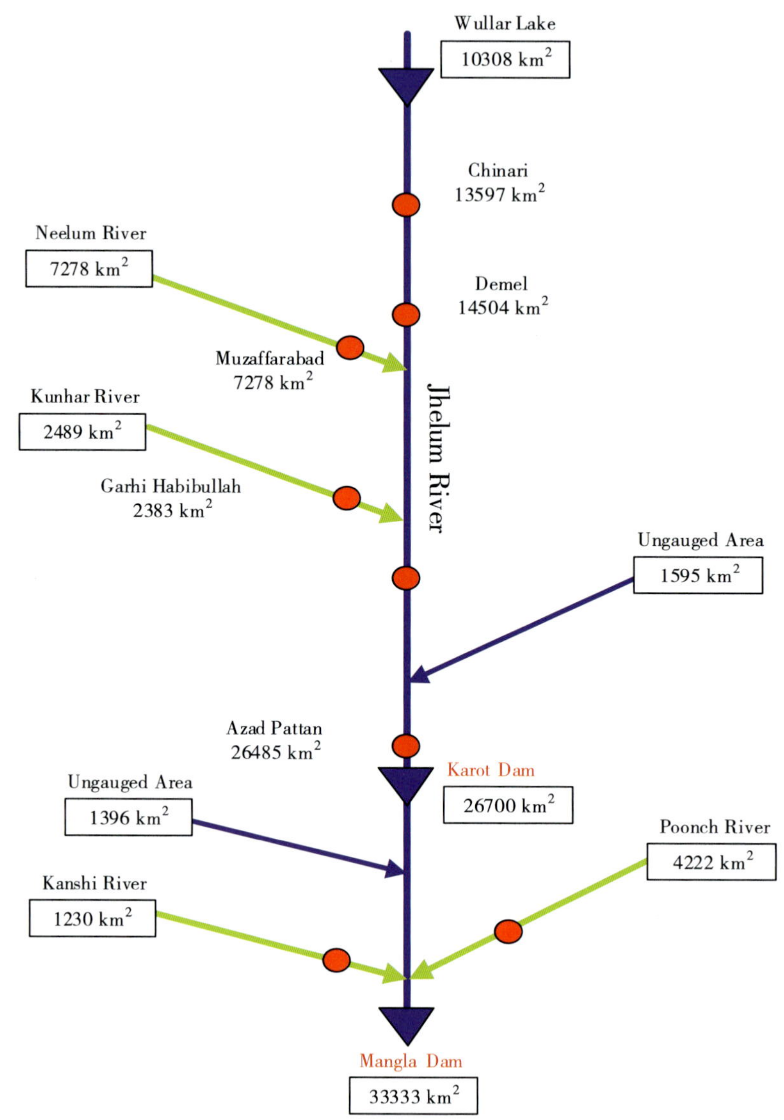

图 2.3　吉拉姆河流域水系及站网概化图

阿扎德帕坦水文站和卡洛特水文站为距卡洛特水电站坝址最近的两个水文站。卡洛特站1969年建站，1979年撤销；阿扎德帕坦站1979年设立，位于坝址上游约15km处，观测至今（1993年缺测）。

为进一步满足本工程设计需要，项目组于2016年1月设立卡洛特水电站坝址专用水文站（北纬33°35′，东经73°37′），控制流域面积26700km²（图2.4、图2.5）。基本水尺断面位于卡洛特大桥下游约2100m处，采用巴基斯坦国家高程基准，左岸山崖极为陡峭，右岸稍平缓，低水有部分沙滩出露；水文缆道断面及船测断面位于基下2m。测验河段较为顺直，但落差较大，上下游均有跌坎，水流湍急，在水文缆道断面上下游有100m左右缓水区，中低水水流较平稳，高水水流湍急。基本水尺断面上游约1500m有支流汇入。测站观测的项目有降水、水位、流量、泥沙等。

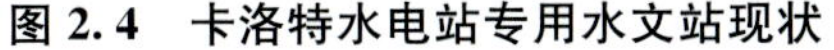

图 2.4　卡洛特水电站专用水文站现状

图 2.5　卡洛特水电站专用水文站水尺现状

(2)气象站基本情况

巴基斯坦的气象站主要隶属于 PMD(巴基斯坦气象部门),水文站也观测一些气象资料。流域内 WAPDA 地表水文部门设的气象站有:多迈尔、巴拉科特、纳兰、拉瓦尔科特、巴格、Palandri、杜德利尔等;PMD 设的气象站有:Gari、M-Abad、穆里、Risalpur、Rawlakot、Mangla 等。流域内雨量站分布见图 2.2。

为进一步满足本工程设计需要,项目组于 2016 年 8 月 16 日新建卡洛特水电站专用气象站(图 2.6),位于距卡洛特水电站坝址约 5km 的比珥营地(北纬 33°34′39.08″,东经 73°33′42.57″),2017 年 4 月 15 日迁至施工区内卡洛特主营地山顶(北纬 33°35′43.11″,东经 73°35′34.39″),距坝址约 1.8km,现有 2016 年 9 月至今的降水、气温等气象资料。

图 2.6　卡洛特水电站专用气象站现状

2.2.2 水文资料复核与评价

(1)测站沿革

阿扎德帕坦水文站和卡洛特水文站为距卡洛特水电站坝址最近的两个水文站。卡洛特站1969年建站，1979年撤销；阿扎德帕坦站1979年设立，位于坝址上游约15km，观测至今（1993年缺测）。

(2)测验河段情况

根据现场查勘，阿扎德帕坦站测验河段顺直，测流断面呈"V"字形，为典型的峡谷型河道，左岸为山体，右岸为公路。河段两岸河床出露有砂砾石，主要为泥页岩，直径为0.1～1m，测流断面下游右岸河床出露有大块砾石，高水河床植被茂盛。测验河段河床中较大尺寸的块石、砾石，造成局部紊流。测验河段现场查勘见图2.7。

图2.7 测验河段现场查勘

流域内河道两岸山体陡立，覆盖层主要为泥页岩，硬度较低，暴雨洪水时容易发生山体滑坡，2005年流域内发生了7.3级大地震，此后滑坡现象有所增加。野外勘察期间发现坝址上游吉拉姆河沿线滑坡处较多，流域内泥沙大多数是由地质侵蚀和地震运动引起的，流域内泥沙来源还包括由降雨引起的片状侵蚀和冲沟侵蚀，以及由人类活动引起的土壤侵蚀，河流悬移质泥沙量较大。

测验河段测验控制条件较好，河段水面比降较大，水流湍急，河床糙率较大，水流中悬移质泥沙含量高。

(3)测验情况

测站的测验情况如下：

1)流量。阿扎德帕坦站采用缆道测流（图2.8），测流采用流速仪，测验50次即对流速仪进行校测。断面测流垂线布置间距为20英尺（约6m），垂线流速测量在中高水时采用0.2、0.8相对水深的两点法，低水时采用0.6相对水深的一点法。测次布置为枯季一周测流一次，汛期增加测次，测量时间随机。

2)水位。水位测量采用多组直立水尺、人工观测,水尺位于河道右岸(图 2.9),水位观测时间从 8 时至 17 时,一小时观测一次。

3)泥沙。含沙量测验采用铅鱼的深度一体采样器 D-49(图 2.10),在测流的同时测量悬移质泥沙的含沙量。

图 2.8 阿扎德帕坦站测流缆道

图 2.9 阿扎德帕坦站水位观测水尺

图 2.10 阿扎德帕坦站泥沙采样器

(4)资料整编情况

1)水位。水位观测为等时距人工观测,采用算术平均法计算日平均水位。

2)流量。每年采用实测资料制定单一的水位流量关系进行推流。

(5)资料评价

由于水位观测仅在 8 时至 17 时逐小时观测,存在漏测高水位和洪峰流量的可能性。水文站没有月瞬时洪峰流量,亦不对外公布逐日水位和水位年月特征值。

2.2.3 水文外业测量和试验成果

在水文专题设计工作中,根据设计需要,卡洛特项目部布置开展了若干水文外业测量和试验工作,具体包括如下:

1)设立了入库和厂房两个临时水文站和坝址临时水位站，开展水文观测，观测项目有水位、降水、流量、悬移质含沙量及颗粒级配。

2)开展了卡洛特水电站库区及坝下 37 个坑测点的取样，并将样品带回国内开展河床质颗粒级配分析。

3)多次实施了阿扎德帕坦水文站的悬移质泥沙取样，就地委托巴基斯坦国家实验室开展悬移质颗粒级配分析工作。

4)完成了卡洛特库区 58 个大断面的水道地形测量工作以及坝址上下游约 4km 河段 1∶2000 河道地形测量工作。

5)在坝址河段实施了悬移质泥沙取样，并将样品带回国内，送中国地质大学地质过程与矿产资源国家重点试验室开展悬移质泥沙的矿物组成分析。

2.3 径流

2.3.1 径流基本特性

吉拉姆河径流以融雪水和季节性降雨补给为主，源头没有永久冰川覆盖。

吉拉姆河流域分为 4 季，冬季季风期(12 月至次年 2 月)、炎热期(3—5 月)、夏季季风期(6—9 月)和过渡期(10—11 月)。在冬季季风期，流域内大部分地区的降水以降雪的形式体现，降雪将堆积到 4—5 月，甚至 6 月，当温度上升时才融化。积雪融化导致吉拉姆河产生持续的河水入流量。在夏季季风期，降雨集中在流域的南部和西部，并以强暴雨为主，暴雨导致了大洪水，为吉拉姆河流域洪水的独有特点。卡洛特坝址上游与吉拉姆河交汇的重要支流为昆哈和尼鲁姆河，两河流均由季风降雨和融雪水补给流量。

2.3.2 设计依据站径流

(1)设计依据站

卡洛特水电站坝址处控制流域面积 26700km²，上游邻近的卡洛特和阿扎德帕坦水文站集水面积分别为 26677km² 和 26485km²，区间没有大支流汇入。因此工程设计时，以卡洛特站和阿扎德帕坦站作为坝址径流的设计依据站，坝址径流由设计依据站径流采用面积比拟法推求，即采用面积比拟法先将卡洛特站 1969 年 4 月 1 日至 1978 年径流系列转换到阿扎德帕坦站，与阿扎德帕坦站 1979—2010 年(1993 年缺测)系列组成径流长系列，然后再转换至坝址，得到坝址 1970—2010 年(1993 年缺测)系列。

(2)径流代表性分析

由于卡洛特站具有 11 年(1969—1979 年，1969 年 1—4 月缺测)实测径流系列，阿扎德帕坦站具有 31 年(1979—2010 年，1993 年缺测)实测径流系列，两站集水面积相差仅 0.72%，因此将卡洛特站径流按面积比缩小至阿扎德帕坦站进行分析计算。

根据阿扎德帕坦站径流成果，系列为1969—2010年(1969年1—4月、1993年缺测)，多年平均流量为812m³/s，在40年(1970—2010年，缺1993年)系列中，大于均值的有23年，占总数的57.5%，小于均值的有17年，占总数的42.5%。最长连续出现大于多年平均的年数为10年，发生于1986—1996年(1993年缺测)，最长连续出现小于多年平均的年数为4年，发生于1999—2002年。

从40年系列的模比差积曲线图(图2.11)分析，1985—2002年包含有长丰、长枯水期，1970—1984年、2003—2010年的模比系数在1值附近小幅波动，为平水期，说明1970—2010年径流系列丰、枯周期代表性较好。

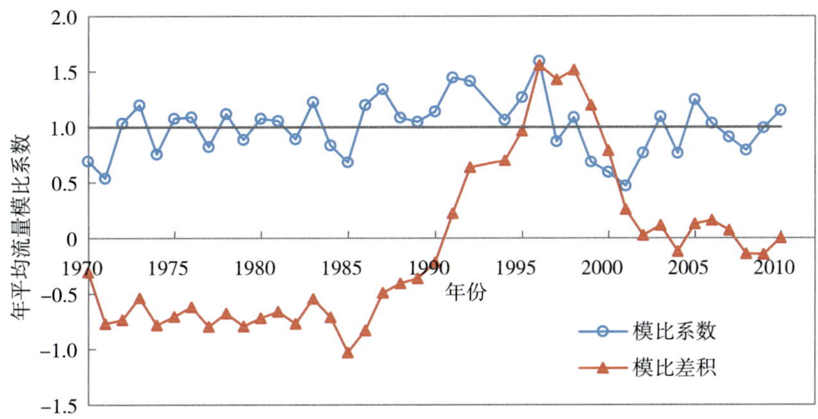

图2.11　阿扎德帕坦站历年年平均流量模比系数及其差积曲线过程

由滑动平均图分析(图2.12)可知：10年滑动平均值，最大为1020m³/s，最小为678m³/s，相对差为33.5%；20年滑动平均值，最大为906m³/s，最小为797m³/s，相对差为12%；30年滑动平均值，最大为837m³/s，最小为823m³/s，相对差为1.7%，说明径流系列长度超过30年后已趋于稳定。

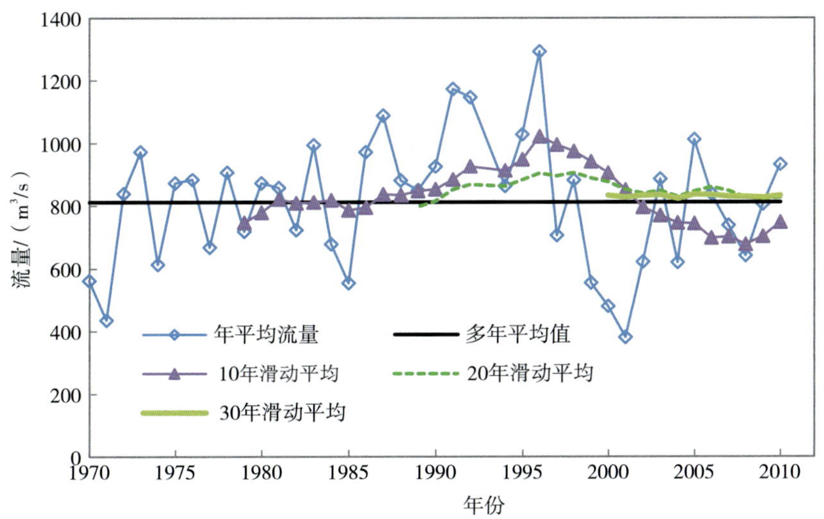

图2.12　阿扎德帕坦站年平均流量滑动平均趋势

由上述分析可得出：阿扎德帕坦站 1970—2010 年 40 年（1993 年缺测）径流系列具有较好的代表性。

2.3.3 坝址径流分析计算

卡洛特水电站坝址区集水面积与卡洛特和阿扎德帕坦设计依据站相差较小，采用面积比拟法推求坝址径流。

根据卡洛特水电站坝址 1970—2010 年（1993 年缺测）共 40 年的径流系列统计，坝址多年平均流量 819m^3/s，径流量 258.3 亿 m^3，历年最大年平均流量 1300m^3/s（1996 年），历年最小年平均流量 384m^3/s（2001 年）。卡洛特水电站坝址多年平均年、月径流见表 2.6。

表 2.6　卡洛特水电站坝址多年平均年、月径流成果

项目	1月	2月	3月	4月	5月	6月	7月	8月	9月	10月	11月	12月	年
流量/(m^3/s)	225	342	713	1280	1710	1690	1400	1030	623	337	250	223	819
径流量/亿 m^3	6.01	8.35	19.10	33.20	45.80	43.70	37.60	27.60	16.10	9.01	6.48	5.98	258.30
百分比/%	2.32	3.22	7.37	12.80	17.70	16.90	14.50	10.70	6.23	3.48	2.50	2.31	100

卡洛特水电站坝址径流主要集中在 3—9 月，占全年的 86.2%，多年平均最大月平均流量出现在 5 月，为 1710m^3/s，最小出现在 12 月，为 223m^3/s；5 月下旬平均流量为各旬最大，为 1760m^3/s，1 月上旬平均流量为各旬最小，为 216m^3/s，见表 2.7。坝址多年平均旬平均流量见图 2.13，多年平均月平均流量见图 2.14，年平均流量见图 2.15。

表 2.7　卡洛特水电站坝址不同时段平均流量特征

时段	最大值		最小值	
	平均流量/(m^3/s)	时间	平均流量/(m^3/s)	时间
日	10900	1992 年 9 月 10 日	106	1972 年 1 月 6 日
旬	1760	5 月下旬	216	1 月上旬
月	1710	5 月	223	12 月
年	1300	1996 年	384	2001 年

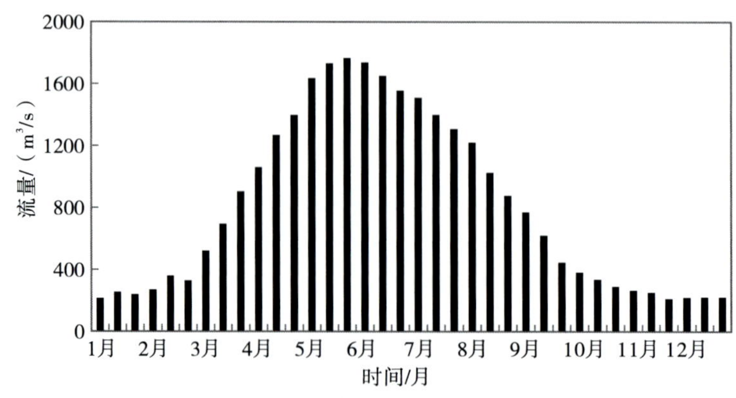

图 2.13　卡洛特水电站坝址多年平均旬平均流量

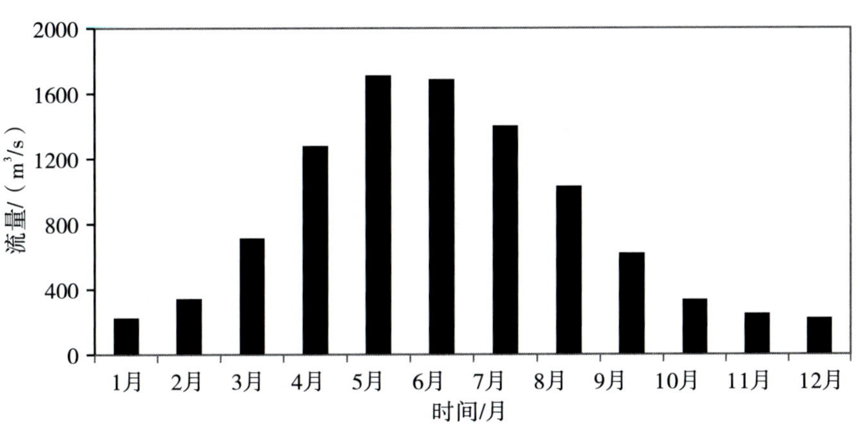

图 2.14　卡洛特水电站坝址多年平均月平均流量

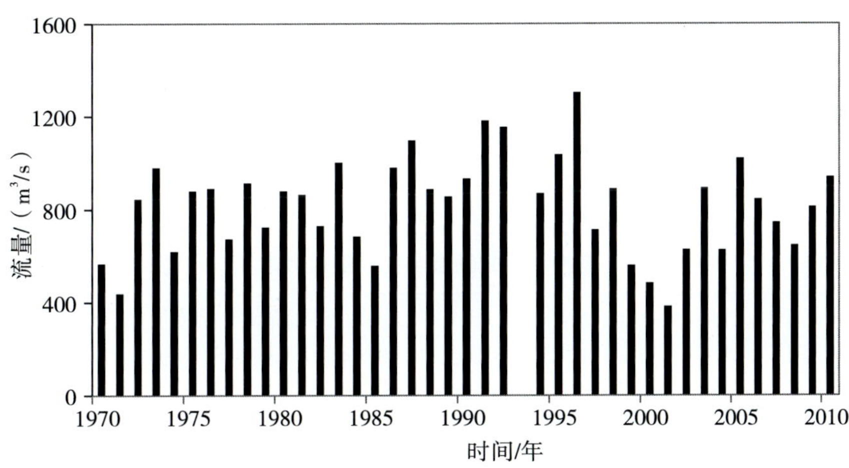

图 2.15　卡洛特水电站坝址年平均流量

2021 年卡洛特水电站工程项目蓄水安全鉴定设计自检阶段，新增阿扎德帕坦水文站 2011—2013 年实测径流系列和坝址专用水文站 2016—2020 年实测径流系列，将原设计坝址径流延长至 2020 年，得到坝址径流系列为 1970—2020 年(缺 1993 年，2014—2015 年)。系列延长后的坝址多年平均年、月径流成果与原设计成果相差不超过 4.0%(表 2.8)，总体变化不大。

表 2.8　　卡洛特水电站坝址多年平均年、月径流比较

项目	1 月	2 月	3 月	4 月	5 月	6 月	7 月	8 月	9 月	10 月	11 月	12 月	年
工程设计阶段/(m^3/s)	225	342	713	1280	1710	1690	1400	1030	623	337	250	223	819
蓄水阶段复核/(m^3/s)	222	343	699	1275	1672	1646	1350	991	612	328	248	222	800
相差/%	−1.33	0.29	−1.96	−0.39	−2.22	−2.60	−3.57	−3.79	−1.77	−2.67	−0.80	−0.45	−2.32

2.3.4 坝址设计年径流量

根据项目合同约定，卡洛特水电站采用我国标准设计和建设。卡洛特坝址年径流设计依据我国《水利水电工程水文计算规范》(SL 278—2002)开展。

工程设计时，采用卡洛特水电站坝址1970—2010年(1993年缺测)长系列年径流量系列进行频率分析计算，经验频率采用数学期望公式计算，即

$$P_m=\frac{m}{n+1}, m=1,2,\cdots,n \tag{2.3-1}$$

式中，P_m 是 n 年连续系列中按由大到小顺序排列，其序位为 m 的经验频率。

径流频率曲线的线型，采用皮尔逊Ⅲ型(P-Ⅲ)。P-Ⅲ分布函数的概率密度函数为：

$$f(x)=\frac{1}{\beta^{\alpha}\Gamma(\alpha)}(x-\xi)^{\alpha-1}\mathrm{e}^{-(x-\xi)/\beta} \tag{2.3-2}$$

式中，α，β 和 ξ ——分布的形状、尺度和位置参数。

径流频率曲线的统计参数，用矩法初估，用适线法调整确定。卡洛特水电站坝址年径流量设计成果见表2.9和图2.16。

表 2.9　　卡洛特水电站坝址年径流量设计成果

均值/亿 m^3	C_v	C_s/C_v	不同频率年径流量/亿 m^3				
			10%	25%	50%	75%	90%
258.3	0.26	2	347	300	253	210	177

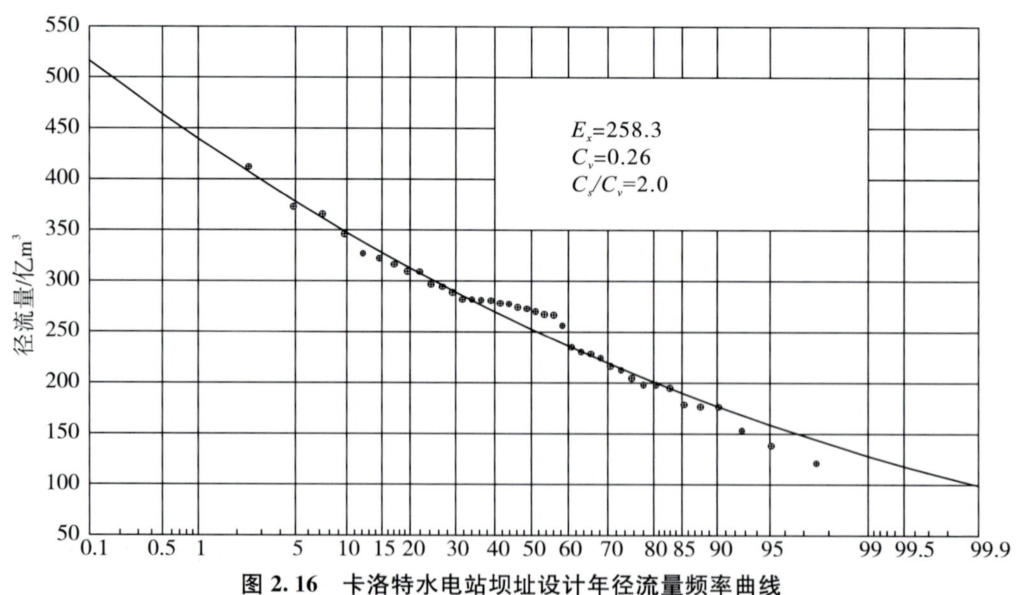

图 2.16　卡洛特水电站坝址设计年径流量频率曲线

2021年卡洛特水电站工程项目蓄水安全鉴定设计自检阶段，将坝址年径流系列延长至2020年，采用P-Ⅲ型频率曲线进行设计年径流复核。经与设计阶段成果相比，系列延长后

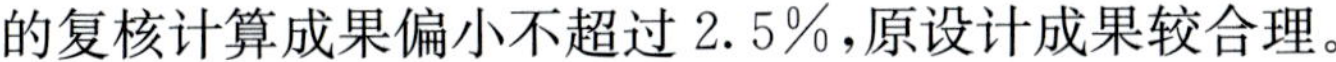
的复核计算成果偏小不超过 2.5%,原设计成果较合理。

卡洛特水电站坝址设计年径流量成果比较见表 2.10。

表 2.10　卡洛特水电站坝址设计年径流量成果

项目	统计参数			不同频率年径流量/亿 m^3				
	均值/亿 m^3	C_v	C_s/C_v	10%	25%	50%	75%	90%
工程设计阶段	258.3	0.26	2	347	300	253	210	177
蓄水阶段复核	253.3	0.26	2	341	294	248	206	173
				(−1.73)	(−2.00)	(−1.98)	(−1.90)	(−2.26)

注:括号中的数为复核差值,单位为%。

2.3.5　坝址分月设计流量

工程设计时,采用卡洛特水电站坝址长系列 1969 年 4 月 1 日至 2010 年(1993 年缺测)各月平均流量系列进行频率分析计算,线型为 P-Ⅲ型,以适线法确定参数。卡洛特水电站坝址各月平均流量设计成果见表 2.11。

表 2.11　卡洛特水电站坝址各月平均流量设计成果　(单位:m^3/s)

月份	频率					
	5%	10%	20%	50%	75%	85%
1 月	355	321	282	217	173	152
2 月	621	543	458	320	232	193
3 月	1240	1090	935	675	506	428
4 月	1970	1790	1590	1240	1000	891
5 月	2570	2350	2090	1670	1370	1220
6 月	2670	2410	2120	1630	1300	1140
7 月	2400	2130	1830	1330	1000	854
8 月	1730	1540	1330	983	754	647
9 月	1030	922	800	596	461	397
10 月	506	462	413	328	270	241
11 月	377	343	305	242	199	180
12 月	366	325	280	210	167	149

2021 年卡洛特水电站工程项目蓄水安全鉴定设计自检阶段,将坝址年径流系列延长至 2020 年,采用 P-Ⅲ型频率曲线进行设计分月径流复核。经与设计阶段成果相比,系列延长后的复核计算成果偏小不超过 4.1%,原设计成果较合理,见表 2.12。

表 2.12　卡洛特水电站坝址设计各月平均流量成果

月份	项目	频率						月份	项目	频率					
		5%	10%	20%	50%	75%	85%			5%	10%	20%	50%	75%	85%
1月	设计阶段/(m^3/s)	355	321	282	217	173	152	7月	设计阶段/(m^3/s)	2400	2130	1830	1330	1000	854
	蓄水阶段复核/(m^3/s)	350	317	279	214	171	150		蓄水阶段复核/(m^3/s)	2320	2050	1760	1280	968	823
	相差/%	−1.41	−1.25	−1.06	−1.38	−1.16	−1.32		相差/%	−3.33	−3.76	−3.83	−3.76	−3.20	−3.63
2月	设计阶段/(m^3/s)	621	543	458	320	232	193	8月	设计阶段/(m^3/s)	1730	1540	1330	983	754	647
	蓄水阶段复核/(m^3/s)	623	545	459	321	233	193		蓄水阶段复核/(m^3/s)	1660	1480	1280	946	726	623
	相差/%	0.32	0.37	0.22	0.31	0.43	0.00		相差/%	−4.05	−3.90	−3.76	−3.76	−3.71	−3.71
3月	设计阶段/(m^3/s)	1240	1090	935	675	506	428	9月	设计阶段/(m^3/s)	1030	922	800	596	461	397
	蓄水阶段复核/(m^3/s)	1210	1070	917	662	496	420		蓄水阶段复核/(m^3/s)	1010	906	786	586	453	390
	相差/%	−2.42	−1.83	−1.93	−1.93	−1.98	−1.87		相差/%	−1.94	−1.74	−1.75	−1.68	−1.74	−1.76
4月	设计阶段/(m^3/s)	1970	1790	1590	1240	1000	891	10月	设计阶段/(m^3/s)	506	462	413	328	270	241
	蓄水阶段复核/(m^3/s)	1970	1790	1590	1240	1000	891		蓄水阶段复核/(m^3/s)	492	450	402	319	262	235
	相差/%	0.00	0.00	0.00	0.00	0.00	0.00		相差/%	−2.77	−2.60	−2.66	−2.74	−2.96	−2.49
5月	设计阶段/(m^3/s)	2570	2350	2090	1670	1370	1220	11月	设计阶段/(m^3/s)	377	343	305	242	199	180
	蓄水阶段复核/(m^3/s)	2510	2290	2050	1630	1340	1200		蓄水阶段复核/(m^3/s)	372	340	304	242	198	177
	相差/%	−2.33	−2.55	−1.91	−2.40	−2.19	−1.64		相差/%	−1.33	−0.87	−0.33	0.00	−0.50	−1.67
6月	设计阶段/(m^3/s)	2670	2410	2120	1630	1300	1140	12月	设计阶段/(m^3/s)	366	325	280	210	167	149
	蓄水阶段复核/(m^3/s)	2600	2350	2070	1590	1270	1120		蓄水阶段复核/(m^3/s)	359	323	282	213	168	146
	相差/%	−2.62	−2.49	−2.36	−2.45	−2.31	−1.75		相差/%	−1.91	−0.62	0.71	1.43	0.60	−2.01

2.4 洪水

2.4.1 暴雨洪水特性

吉拉姆河流域位于季风区，流域内的气候可分为4季：冬季季风期（12月至次年2月）、炎热期（3—5月）、夏季季风期（6—9月）和过渡期（10—11月）。流域多年平均降水量1440mm，多年平均月降水过程呈典型的双峰型特征，第一个峰值出现在3月，平均月降水量160mm，第二个峰值出现在7月，平均月降水量270mm。

吉拉姆河在夏季季风期，主要受西南季风影响，由于流域地势总体北高南低，加上局部地形影响，有利于来自印度洋的水汽输送和抬升，易发生强暴雨，降雨多集中在流域的南部和西部。位于流域西部的穆里站多年平均降水量1730mm，7月最大降水量704mm。

吉拉姆河流域多为高山峡谷，为典型的山区性河流。4—5月，温度开始明显上升，吉拉姆河干流源头地区、尼鲁姆河和昆哈河上游地区的降雪融化，形成稳定的入流。在夏季季风期，来自印度洋的西南暖湿气流北上，将大量水汽输送到该流域，由于地形抬升，常形成强降水，正是这些暴雨导致了大洪水。

以卡洛特水电站坝址区附近的阿扎德帕坦水文站实测流量资料分析，受局地强降雨和山区地形影响，流域大洪水过程常陡涨陡落，年最大洪峰的年际差异较大，最小洪峰流量$1334m^3/s$，发生于2001年，最大洪峰流量$14730m^3/s$，发生于1992年。以1992年9月大洪水为典型进行坝址洪量地区组成分析，1d、3d、7d洪量主要来自穆扎法阿巴德以上干流和支流尼鲁姆河，占比达66%～70%，昆哈河占比13%～14%，区间占比16%～19%。

2.4.2 实测大洪水及重现期

吉拉姆河1992年发生了特大洪水，距阿扎德帕坦站上游约7km的阿扎德帕坦大桥被洪水冲毁。巴基斯坦WAPDA部门发布的1992年水文年鉴中刊出的该年最大洪峰流量为$14730m^3/s$。

在2001年的曼格拉大坝可能最大洪水复核报告中，从1929年、1959年和1992年大暴雨中，挑出最为极端的1992年大暴雨作为典型暴雨，认为该年是自1929年以来最为恶劣的大暴雨。

通过现场查勘与调查，确定阿扎德帕坦站1992年大洪水为1929年以来的最大洪水，比2010年发生的大洪水（洪峰流量$9748m^3/s$）还要大。

综上分析，工程设计阶段将阿扎德帕坦站1992年洪水重现期定为82年。

2.4.3 坝址洪水分析计算

卡洛特水电站坝址位于阿扎德帕坦水文站和卡洛特水文站（1979年撤销）下游，卡洛特水电站坝址至阿扎德帕坦水文站区间无较大支流汇入，区间面积为 245km²，占坝址面积的 0.92%，故卡洛特水电站坝址的设计洪水以阿扎德帕坦和卡洛特站为依据站进行推算。

由于卡洛特水文站和阿扎德帕坦水文站距离相近，集水面积相差较小，将卡洛特水文站 1969—1978 年和阿扎德帕坦水文站 1979—2010 年洪峰系列按面积比的 2/3 次方缩放至卡洛特水电站坝址。卡洛特水电站坝址洪水系列样本由 1969—2010 年(1969 年 1—4 月、1993 年缺测)洪水系列组成，卡洛特水电站坝址年最大洪峰流量散布见图 2.17。

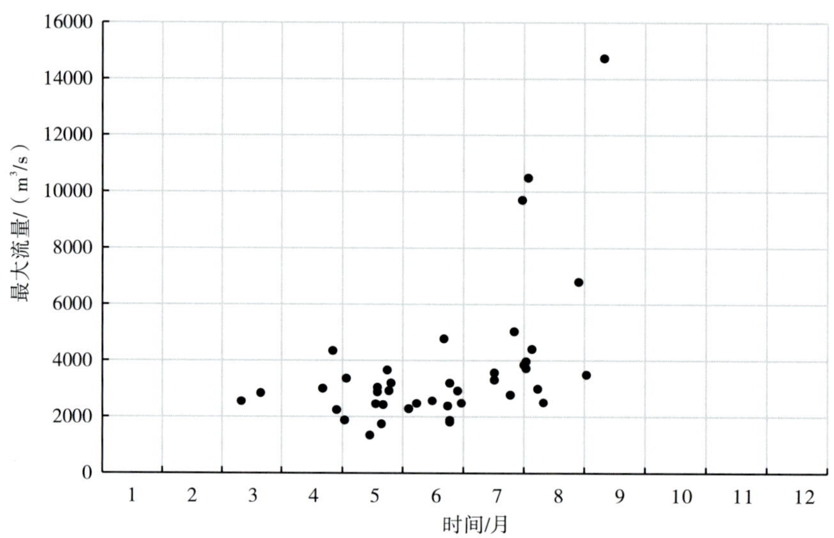

图 2.17　卡洛特水电站坝址年最大洪峰流量散布

从图 2.17 分析可知，卡洛特水电站坝址年最大洪水在 3—9 月均可发生，其中以 8 月、9 月的量级为大。10 月至次年 2 月没有出现过年最大洪水。

工程设计时，根据卡洛特水电站调节计算需要，频率计算时段选为洪峰，3d 洪量和 7d 洪量。1992 年洪水涨落迅速，峰型尖瘦，实测洪峰做特大值处理，重现期为 82 年；1992 年 3d 洪量远大于位列第二的 3d 洪量，亦做特大值处理，重现期为 82 年；7d 洪量不突出，不做特大值处理。

据我国《水利水电工程设计洪水计算规范》(SL 44—2006)开展卡洛特坝址洪水设计。特大洪水经验频率计算公式为：

$$P_M=\frac{M}{N+1} \tag{2.4-1}$$

实测连续系列经验频率计算公式为：

$$P_m=\frac{a}{N+1}+\left(1-\frac{a}{N+1}\right)\frac{m-l}{n-l+1} \tag{2.4-2}$$

式中，P_M——特大洪水第 M 项的经验频率；

P_m——实测洪水系列第 m 项的经验频率；

N——特大洪水考证期；

M——特大洪水序位（$M=1,2,\cdots,a$）；

a——在 N 年中连续顺位的特大洪水项数；

l——实测洪水中抽出做特大洪水处理的洪水项数；

m——实测洪水序位；

n——实测洪水系列项数。

卡洛特水电站坝址设计洪水频率曲线线型采用P-Ⅲ型曲线，以矩法计算值为初估值，适线法确定统计参数。卡洛特水电站坝址设计洪峰、时段设计洪量频率曲线见图2.18至图2.20。卡洛特水电站坝址设计洪水成果见表2.13。

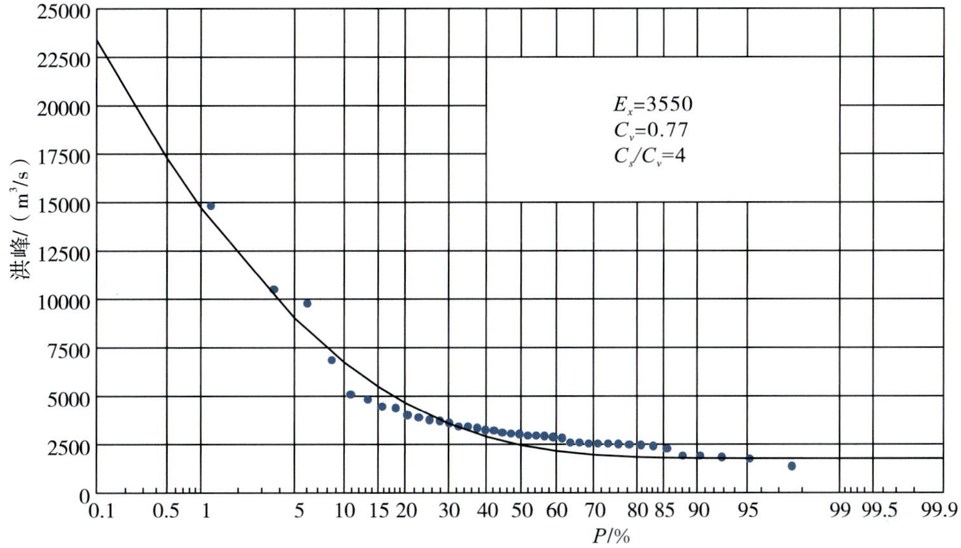

图2.18　卡洛特水电站坝址年最大洪峰频率曲线

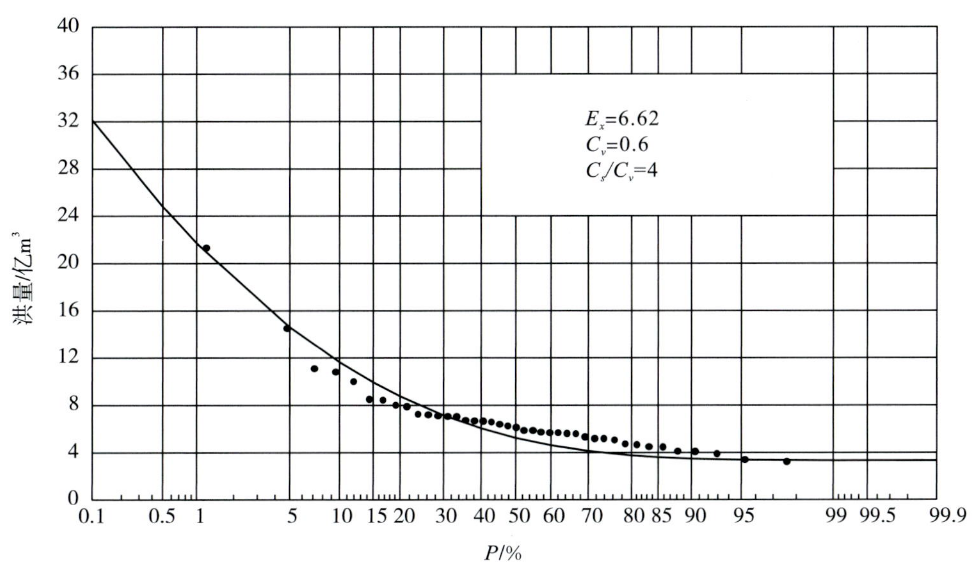

图2.19　卡洛特水电站坝址年最大3d洪量频率曲线

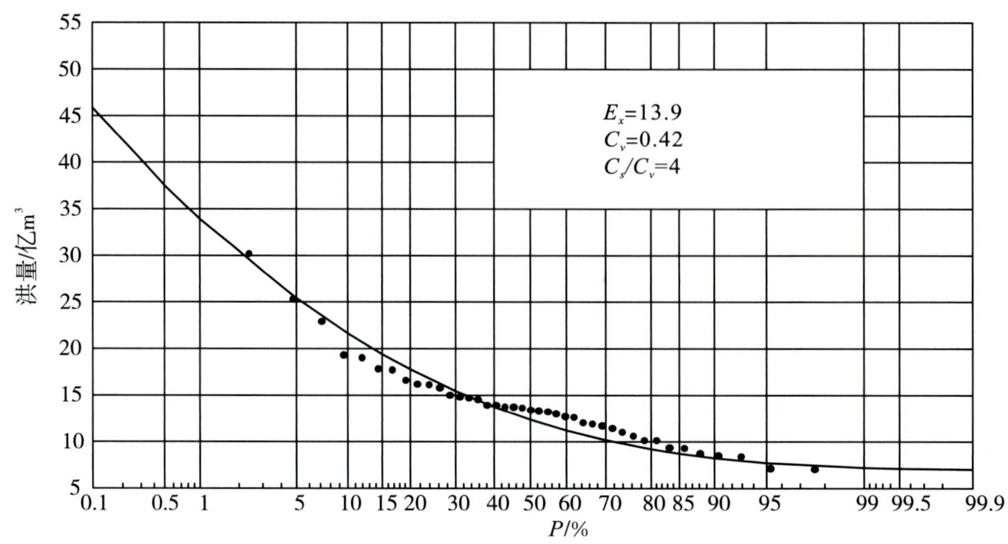

图 2.20　卡洛特水电站坝址年最大 7d 洪量频率曲线

表 2.13　　卡洛特水电站坝址设计洪水成果

项目	洪峰/(m^3/s)	3d 洪量/亿 m^3	7d 洪量/亿 m^3
均值	3550	6.62	13.9
C_v	0.77	0.6	0.42
C_s/C_v	4.0	4.0	4.0
0.01%	32300	42.7	57.7
0.02%	29600	39.5	54.1
0.05%	26000	35.3	49.5
0.1%	23400	32.1	45.9
0.2%	20700	29.0	42.3
0.5%	17300	24.8	37.6
1%	14700	21.7	33.9
2%	12200	18.6	30.3
5%	9020	14.6	25.4
10%	6740	11.6	21.6
20%	4660	8.75	17.8

卡洛特水电站为日调节水电站，水库调节库容小，选择对工程防洪运用较不利的峰高量大的 1992 年洪水作为典型，采用洪峰、3d 洪量和 7d 洪量控制，同频率放大，设计洪水过程线见图 2.21。

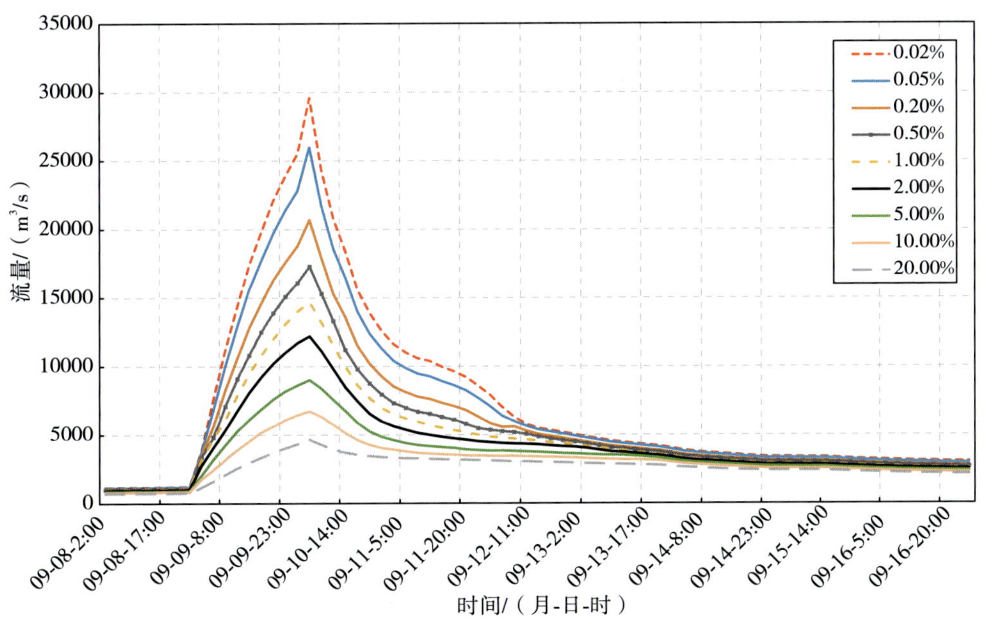

图 2.21　卡洛特水电站坝址设计洪水过程线

2021 年卡洛特水电站工程项目蓄水安全鉴定设计自检阶段，新增阿扎德帕坦水文站 2011—2013 年实测洪水资料和卡洛特水电站坝址专用水文站 2016—2020 年实测洪水资料，将洪水流量系列延长至 2020 年（缺 1993 年、2014—2015 年），采用 P-Ⅲ型频率曲线进行复核计算，设计洪峰流量对比见表 2.14。由于新增的实测洪水资料无特大洪水，不同频率设计值变化不大，相差在－1.73％～－1.15％，说明原设计洪水成果较合理。

2.4.4　施工设计洪水

卡洛特水电站坝址分月最大日均流量散布见图 2.22。根据吉拉姆河流域暴雨洪水特性、施工要求，由于无各月瞬时洪峰流量资料，现分析计算 1 月、2 月、10 月、11 月、12 月各月及 10—12 月、10 月至次年 1 月、10 月至次年 2 月、10 月至次年 3 月、11 月至次年 1 月、11 月至次年 2 月、11 月至次年 4 月、11 月至次年 5 月等分期的最大日平均流量。施工设计采用时需适当考虑安全系数。

工程设计阶段采用卡洛特水电站坝址 1969—2010 年（1969 年 1—4 月、1993 年缺测）资料系列，按分期内最大值独立不跨期原则选样，频率曲线采用 P-Ⅲ型曲线，以矩法计算值为初估值，适线法确定统计参数，同时合理考虑各分期统计参数之间的协调性。

2021 年卡洛特水电站工程施工及蓄水安全鉴定设计自检阶段，新增阿扎德帕坦水文站 2011—2013 年实测洪水资料和卡洛特水电站坝址专用水文站 2016—2020 年实测洪水资料，将洪水流量系列延长至 2020 年（缺 1969 年 1—4 月、1993 年、2014—2015 年），采用同样方法对坝址分期设计洪水复核计算。复核的坝址分期设计洪水与工程设计阶段成果相差不大，原设计洪水成果较合理。

表 2.14　卡洛特水电站坝址设计洪水成果比较

项目	E_x	C_v	C_s/C_v	设计频率 P(%)									备注
				0.01	0.02	0.05	0.1	0.2	0.5	1	2	5	
洪峰 (m^3/s)	3550	0.77	4	32300	29600	26000	23400	20700	17300	14700	12200	9020	工程设计阶段
	3500	0.77	4	31800	29200	25700	23000	20400	17000	14500	12000	8890	蓄水阶段复核
				(−1.55)	(−1.35)	(−1.15)	(−1.71)	(−1.45)	(−1.73)	(−1.36)	(−1.64)	(−1.44)	
3d 洪量	6.62	0.6	4	42.7	39.5	35.3	32.1	29	24.8	21.7	18.6	14.6	工程设计阶段
	6.53	0.6	4	42.1	39.0	34.8	31.7	28.6	24.5	21.4	18.4	14.4	蓄水阶段复核
				(−1.41)	(−1.27)	(−1.42)	(−1.25)	(−1.38)	(−1.21)	(−1.38)	(−1.08)	(−1.37)	
7d 洪量	13.9	0.42	4	57.7	54.1	49.5	45.9	42.3	37.6	33.9	30.3	25.4	工程设计阶段
	13.7	0.42	4	56.8	53.4	48.7	45.2	41.7	37.0	33.5	29.9	25.0	蓄水阶段复核
				(−1.56)	(−1.29)	(−1.62)	(−1.53)	(−1.42)	(−1.60)	(−1.18)	(−1.32)	(−1.57)	

注：括号中的数为复核差值，单位为%。

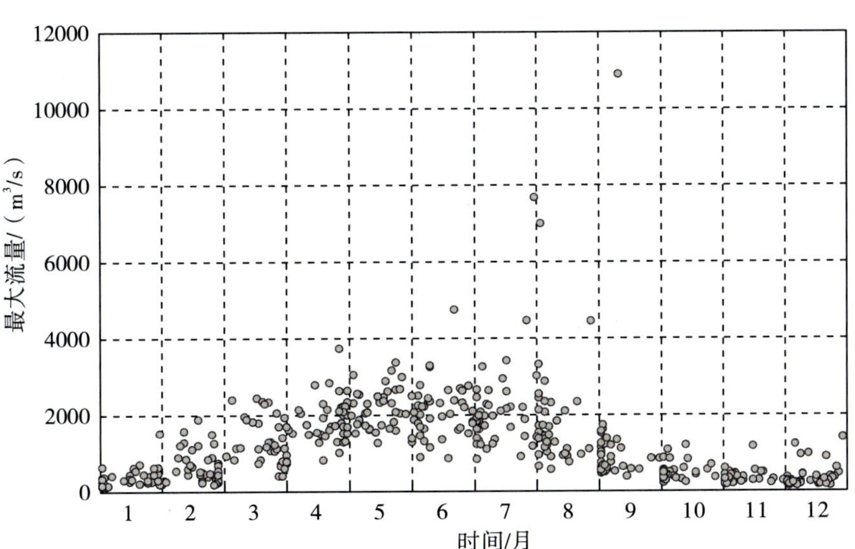

图 2.22 卡洛特水电站坝址分月最大日均流量散布

卡洛特水电站坝址分期设计洪水（最大日均流量）成果见表 2.15。施工导流专业在分析比较了多个分期设计洪水成果的基础上，选用了 11 月至次年 4 月、10 月至次年 2 月、10 月等分期设计洪水成果。

表 2.15 卡洛特水电站坝址分期设计洪水（最大日均流量）成果 （单位：m^3/s）

分期	设计频率 $P/\%$					
	0.5	1	2	5	10	20
1 月	1100	997	893	750	638	519
2 月	2630	2320	2020	1610	1300	976
10 月	1770	1560	1350	1080	876	671
11 月	861	788	714	612	531	446
12 月	2560	2130	1720	1190	829	504
10—12 月	2560	2240	1910	1490	1170	858
10 月至次年 1 月	2920	2510	2110	1590	1210	865
10 月至次年 2 月	3190	2810	2420	1920	1540	1160
10 月至次年 3 月	4760	4250	3730	3040	2500	1940
11 月至次年 1 月	2860	2440	2030	1500	1110	752
11 月至次年 2 月	3190	2810	2420	1910	1520	1130
11 月至次年 4 月	4430	4100	3760	3280	2900	2480
11 月至次年 5 月	4640	4330	4000	3550	3180	2780

2.5 水位流量关系

2.5.1 天然水位流量关系

工程设计采用的卡洛特水电站坝址和厂房处的天然水位流量关系，根据工程河段 2012 年 5 月实测的 1∶500 地形图和 2013 年坝址、厂房处实测的水位、流量资料，采用水力学方法推算。

2013 年 4 月初，设计单位在坝址、厂房和阿扎德帕坦水文站设立 3 组固定直立式水尺并完成水尺零点高程接测，于 4 月 3 日正式开始人工观测水位，按 9 时、17 时两段制观测；厂房水位自记 4 月 10 日开始运行，可连续地自记水位资料。2013 年 4 月 25 日至 12 月 17 日，在厂房处共完成 27 次流量测验。根据外业测验资料分析，坝址、厂址河段糙率分别取 0.05 和 0.06，坝址河段实测比降约为 0.003。

中低水采用实测水位流量资料，中高水采用曼宁公式适当外延，拟定水位流量关系。卡洛特水电站坝址及厂房天然水位流量关系成果分别见图 2.23 和图 2.24。

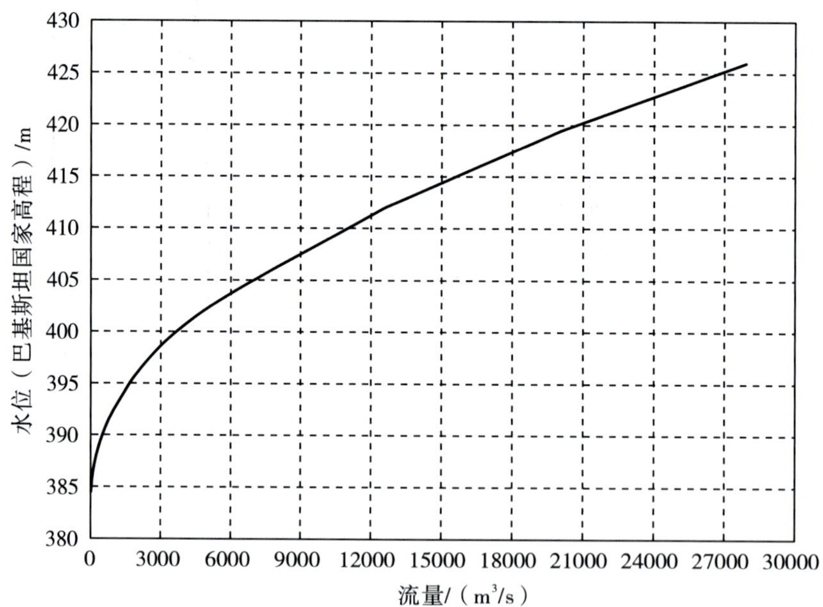

图 2.23 卡洛特水电站坝址天然水位流量关系

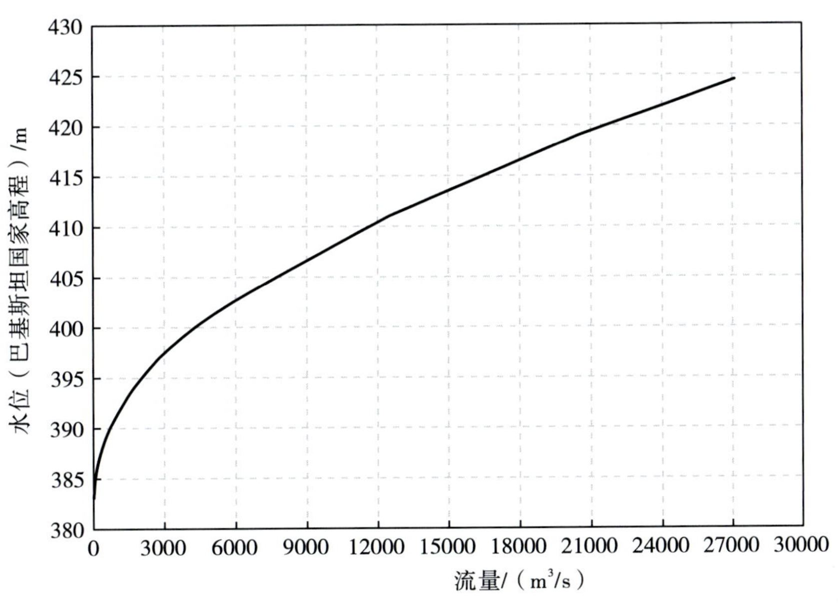

图 2.24 卡洛特水电站厂房天然水位流量关系

2.5.2 施工期水位流量关系

卡洛特水电站工程施工期间，因施工导致坝址及厂房河段部分河道缩窄，对河段中低水水位流量关系影响较大。

根据 2017 年 11 月实测的 1∶2000 地形图和坝址专用水文站 2016 年 3 月至 2021 年 6 月实测水位、流量数据（实测流量 113～3040m^3/s），对施工期间卡洛特水电站坝址和厂房处水位流量关系进行了复核，成果分别见图 2.25 和图 2.26。

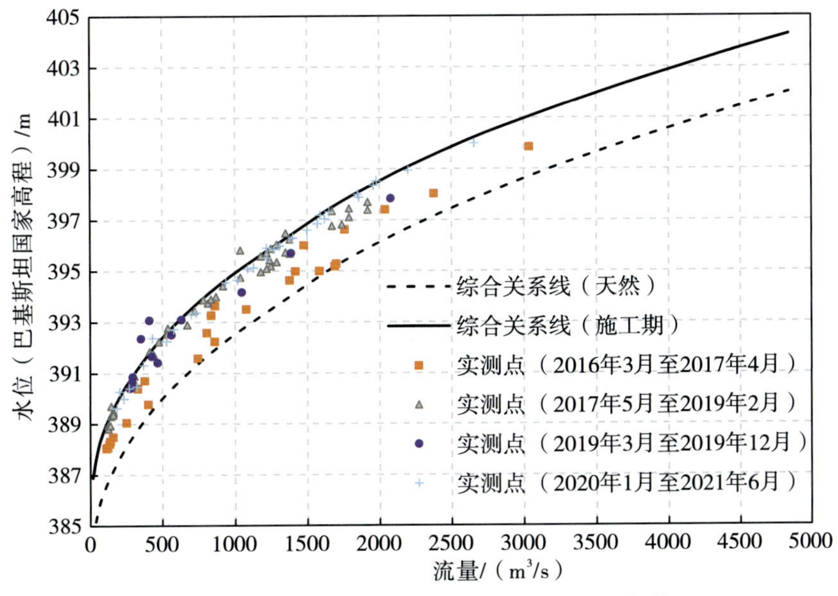

图 2.25 卡洛特水电站坝址段施工期水位流量关系

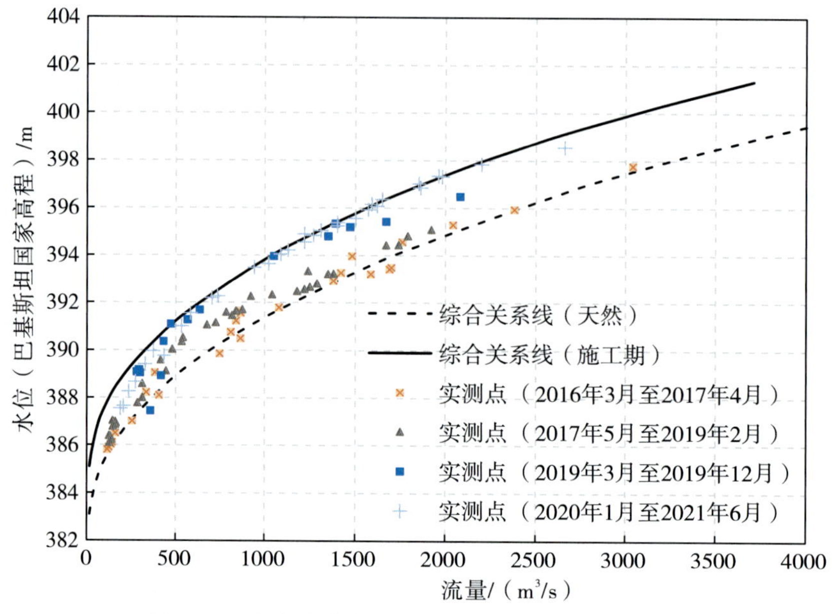

图 2.26　卡洛特水电站厂房段施工期水位流量关系

由图可知，水电站坝址和厂房河段由于施工期间部分河道缩窄，相同流量下水位较天然情况抬高 2.0～2.53m。因此工程施工设计时，中低水水位流量关系应在天然水位基础上充分考虑现状河道条件下的水位抬高值。

2.6　泥沙

吉拉姆河流域内植被覆盖情况从中等到茂密不等。由于流域内降雨丰沛，每月均有降雨产生，因此山坡上植被生长良好。

流域内泥沙大多数是由地质侵蚀和地震运动引起的。野外勘察发现坝址上游吉拉姆河沿线几乎都有滑坡发生，带来大量泥沙。相关研究认为，2005 年地震以来，滑坡现象有所增加。流域内泥沙来源还包括由降雨引起的片状侵蚀和冲沟侵蚀，以及由人类活动引起的土壤侵蚀。

2.6.1　输沙量

咨询联合体在卡洛特水电站泥沙研究期间，统计得出卡洛特水电站坝址以上流域年均悬移质输沙量为 3190 万 t。依据 1970—2004 年泥沙资料，采用 Meyer Peter & Muller 公式、Parker 公式、Einstein-brown 公式、Duboys 公式和 Shields 公式等方法进行了推移质估算，确定推悬比为 15%。据此得推移质输沙量为 474 万 t，总输沙量为 3664 万 t。

本次工程设计，根据从 WAPDA 收集的卡洛特站和阿扎德帕坦站 1970—2010 年泥沙资料，推算电站坝址悬移质输沙量。历年输沙量见图 2.27。

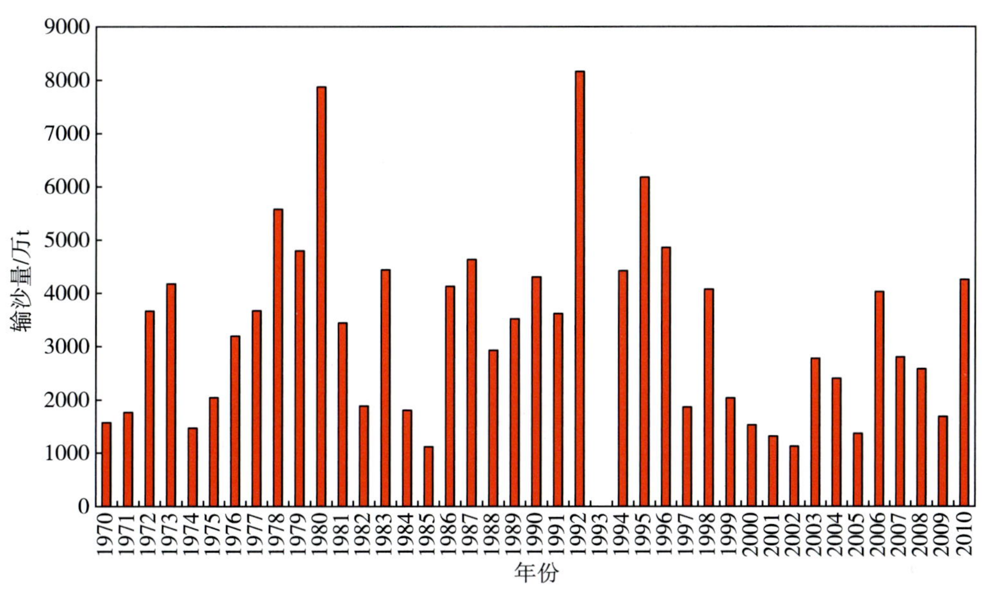

图 2.27　卡洛特水电站坝址年输沙量

卡洛特水电站坝址以上流域多年平均悬移质输沙量为 3315 万 t，最大年输沙量为 1992 年的 8160 万 t，最小年输沙量为 2001 年的 3.8 万 t。多年平均含沙量为 1.28kg/m^3。卡洛特水电站坝址多年平均年月输沙量成果见表 2.16。

表 2.16　　卡洛特水电站坝址多年平均年月输沙量成果　　（单位：万 t）

时间	1月	2月	3月	4月	5月	6月	7月	8月	9月	10月	11月	12月	年
输沙量	14.85	33.20	160.45	406.15	743.50	732.81	672.31	363.10	128.35	31.26	15.01	13.73	3315

分析表 2.16 中数据可知，卡洛特水电站坝址年输沙量在 4—8 月高度集中，5 个月输沙量占年输沙量的比重达 88%以上；12 月和 1 月输沙量较小。

2013 年 1—9 月，委托巴基斯坦阿扎德帕坦水文站共测验悬移质输沙率 30 次，统计该年最大、最小实测含沙量成果见表 2.17。由表 2.17 可知，2013 年最大断面平均含沙量为 0.483kg/m^3，出现在 8 月 16 日，瞬时最大流量为 2660m^3/s，出现在 8 月 19 日。测验数据表明，2013 年的最大含沙量小于卡洛特水电站坝址多年平均含沙量 1.28 kg/m^3，该年的瞬时最大流量也小于卡洛特水电站坝址多年平均洪峰流量 3550m^3/s。

表 2.16　　2013 年阿扎德帕坦水文站实测含沙量特征统计

最大断面平均含沙量	出现时间	相应日平均含沙量	相应日平均流量	瞬时最大流量	出现时间
0.483kg/m^3	8 月 16 日	0.477kg/m^3	1110m^3/s	2660m^3/s	8 月 19 日
最小断面平均含沙量	出现时间	相应日平均含沙量	相应日平均流量	瞬时最小流量	出现时间
0.027kg/m^3	1 月 24 日	0.028kg/m^3	217m^3/s	184m^3/s	1 月 4 日

对于推悬比，工程设计中收集到上下游梯级相关工程设计报告，雪山公司等咨询联合体

在科哈拉、卡洛特大坝设计中，推悬比采用 15%；URS Scott Wilson 在阿扎德帕坦大坝设计中推悬比采用 15%；曼加尔大坝在 1962 年研究中采用 15%，在 1967 年、1968 年、1969 年研究中，均采用 10%，曼加尔大坝加高设计中根据 1967—1997 年资料，确定推悬比亦为 10%。

本次设计参考工程河段上下游梯级相关泥沙设计和卡洛特库区河段泥沙取样成果，结合野外勘察分析，确定推移质输沙量为悬移质输沙量的 15%，则推移质输沙量为 497 万 t。

卡洛特水电站坝址总输沙量为 3812 万 t。

2.6.2 悬移质泥沙级配

2013 年 5—8 月，在卡洛特水电站工程河段开展了 4 次悬移质泥沙取样，并委托巴基斯坦当地的国家实验室完成了悬移质级配分析，成果见表 2.17。

表 2.17　卡洛特水电站坝址悬移质泥沙颗粒级配成果

施测日期	小于某粒径沙量百分数/% 粒径级/mm										中数粒径/mm	平均粒径/mm	最大粒径/mm
	0.002	0.004	0.008	0.016	0.031	0.062	0.125	0.250	0.500	1.000			
5 月 1 日		5.5	18.1	30.2	52.9	82.6	86.9	92	97.6	100	0.029	0.068	1
6 月 3 日		14.3	33.6	43.8	64.1	93.9	100				0.021	0.025	0.125
6 月 7 日		13.0	32.0	43.1	63.6	89.2	95.4	99.1	100		0.022	0.033	0.500
8 月 15 日		9.9	21.7	30.9	44.6	61.8	72.8	84.9	95.5	100	0.038	0.111	1.000

2.6.3 悬移质泥沙矿物组成

为配合水电机组选型，2013 年 9 月 9 日，在卡洛特水电站工程坝址河段实施了悬移质泥沙取样，并将样品带回国内，送中国地质大学地质过程与矿产资源国家重点试验室开展了悬移质泥沙的矿物组成分析，成果见表 2.18。

表 2.18　卡洛特水电站工程坝址河段悬移质泥沙 X 射线物相分析　（单位：ω (B)/10^{-2}）

取样时间	蒙脱石	绿泥石	伊利石	闪石	长石	石英	方解石	白云石
2013 年 9 月 9 日	10	15	10	4	7	30	11	13

2.6.4 床沙质颗粒级配

2013 年 4—5 月，项目业主 KPCL 公司开展了卡洛特水电站库区及坝下 21 个坑测点的取样，并开展了河床质颗粒级配分析。

阿扎德帕坦水文站附近河床质颗粒级配成果见表 2.19，卡洛特水电站工程坝址附近河段河床质颗粒级配成果见表 2.20。

表 2.19　阿扎德帕坦水文站附近河床质颗粒级配成果

分层号	坑层深度/m	小于某粒径沙重百分数/%															特征粒径(mm)		
		粒径级/mm															D_{50}	D_{cp}	D_{max}
		2	5	10	25	50	75	100	150	200	250	300	350	400	450	500			
1	0.1				2.0	12.5	34.2	40.9	54.3	79.2	100						136	128	245
2	0.2	4.5	9.0	15.7	25.2	34.2	44.8	52.8	60.4	100							88.7	95.8	195
3	0.5	9.7	22.9	38.2	58.6	72.2	78.3	80.5	85.6	85.6	85.6	100					17.4	59.4	278
4	坑平均	6.0	13.6	22.9	35.8	47.4	58.3	63.3	70.9	88.6	93.2	100					55.7	86.2	278

表 2.20　卡洛特水电站工程坝址附近河段河床质颗粒级配成果

分层号	坑层深度/m	小于某粒径沙重百分数/%															特征粒径/mm		
		粒径级/mm															D_{50}	D_{cp}	D_{max}
		2	5	10	25	50	75	100	150	200	250	300	350	400	450	500			
1	0.1				0.6	5.3	10.9	15.2	47.2	100							152	138	195
2	0.2	9.2	16.0	22.1	32.6	42.9	52.7	64.2	80.4	100							68.2	74.4	185
3	0.5	12.4	22.1	31.6	49.3	65.3	73.6	80.3	94.2	100							25.7	47.1	188
4	坑平均	7.7	13.5	18.9	29.0	39.5	47.7	55.7	75.6	100							82.2	83.9	195

2.7 水文监测及水情测报服务

2.7.1 水文监测服务

(1)站网规划与建设

流域水情站点较稀并观测段次有限，其成果无法满足卡洛特水电站施工期、运行期水文预报、排沙运行调度的需要。要充分考虑水电站建设对水文特性的影响，组建水情测报水文站网框架。根据工程建设各阶段水文资料收集，以及设计、施工及运行期对水文预报的需要，经现场查勘后，对站网规划方案进行了两次优化调整，论证并确定了最终方案。整个站网包括中心站及 14 个水文(位)站(其中新建 2 个水文站、4 个坝区水位站，在巴方水文测站基础上改建 8 个水位站)、20 个雨量站，雨量站站网密度约为 480 km^2/站，站网布置见图 2.28。

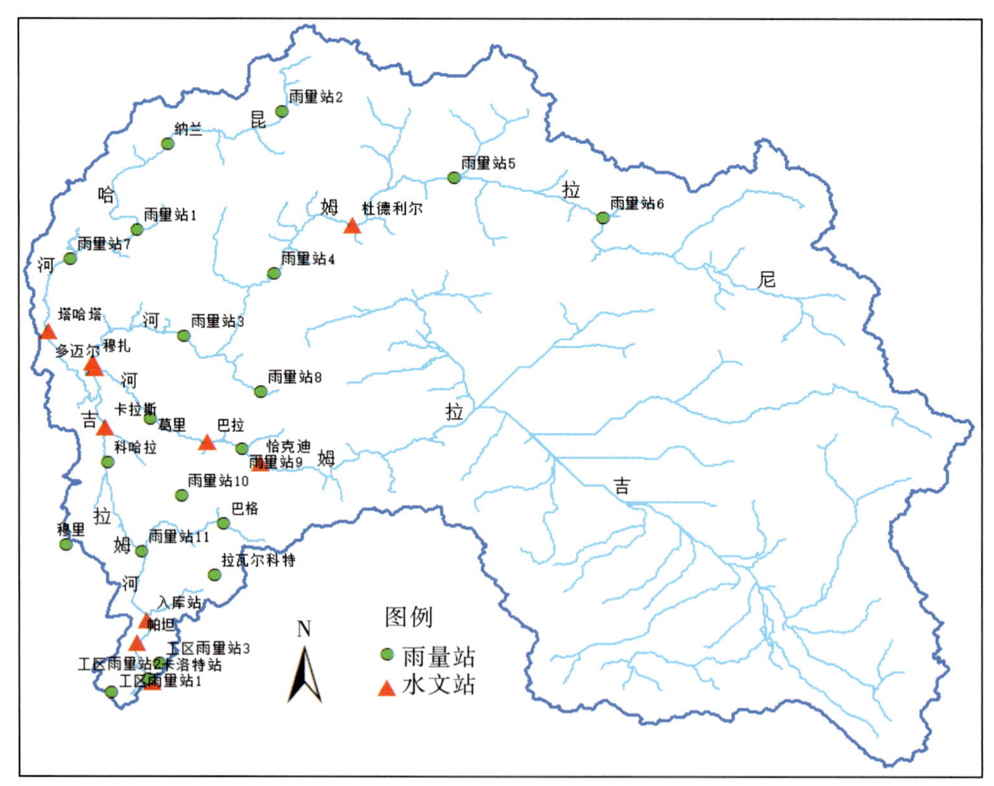

图 2.28 站网布置示意图

在站网规划的基础上，确定了几个重点保障关键站：①根据水系分布特征及洪水传播特性，确定卡拉斯站为上游关键节点站，对该站进行水位观测仪器双备份，流量实行驻巡结合，确保准确掌握上游来水量；②确定卡洛特水电站专用水文站作为施工区坝址流量依据站，建设水文缆道，采用驻测的方式，保障其测验能力；③库尾帕坦附近河段测验条件相对较好，在此处设立巡测断面，加强流量测验，其成果可与卡洛特水电站专用水文站流量测验作精度相互验证；④吉拉姆河干流的恰可迪站为可设站区域边缘的控制站，穆扎为主要支流尼拉姆河控制站，塔哈塔为支流昆哈河控制站，宜伺机巡测，校准水位流量关系，支撑水文预报。

测报系统建设主要内容包括查勘选址、方案设计、征（租）地、设施建设、设备安装调试、软件系统开发等。

（2）信息传输

由于规划流域内部分测站（如雨量站 1、雨量站 2、雨量站 6、雨量站 8、巴拉水文站等）根本无 PSTN 或移动通信信号，流域自动测报系统数据信息仅能选用北斗卫星单信道。北斗卫星通信组网见图 2.29。为使数据可靠存储，并满足异地协同作业需求，除现场中心站自动收集遥测站网传来的信息外，同时利用北斗卫星数据处理中心经 Internet 网络每 5min 推送一次数据进行备份，并建立前后方 VPN 共享通道。只要遥测站正常，当现场水情中心站接收数据异常时，通过网络数据推送也可保证数据及时入库。信息传输总体构架见图 2.30。

2016 年 10 月至今，测报系统运行正常，月平均通畅率均达 95%以上，满足《水文自动测报系统技术规范》（SL 61—2015）要求，有力保障了工程防洪度汛安全。

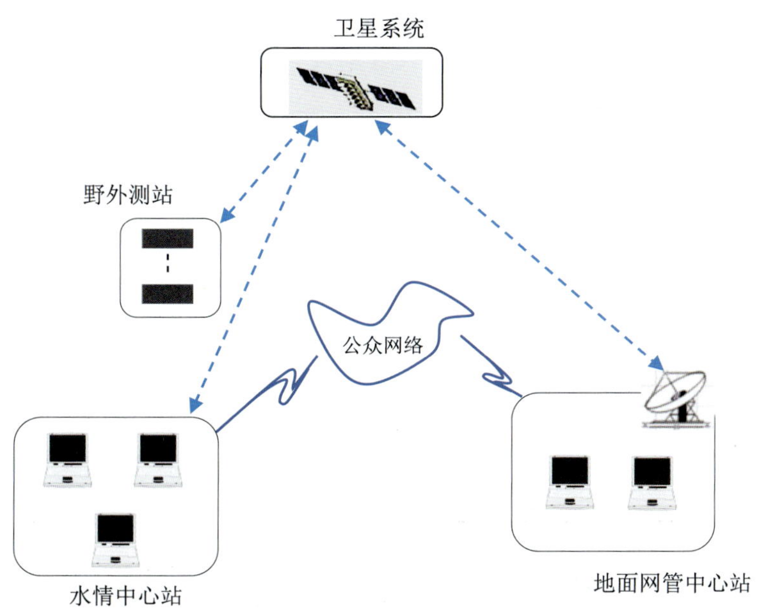

图 2.29　北斗卫星通信组网

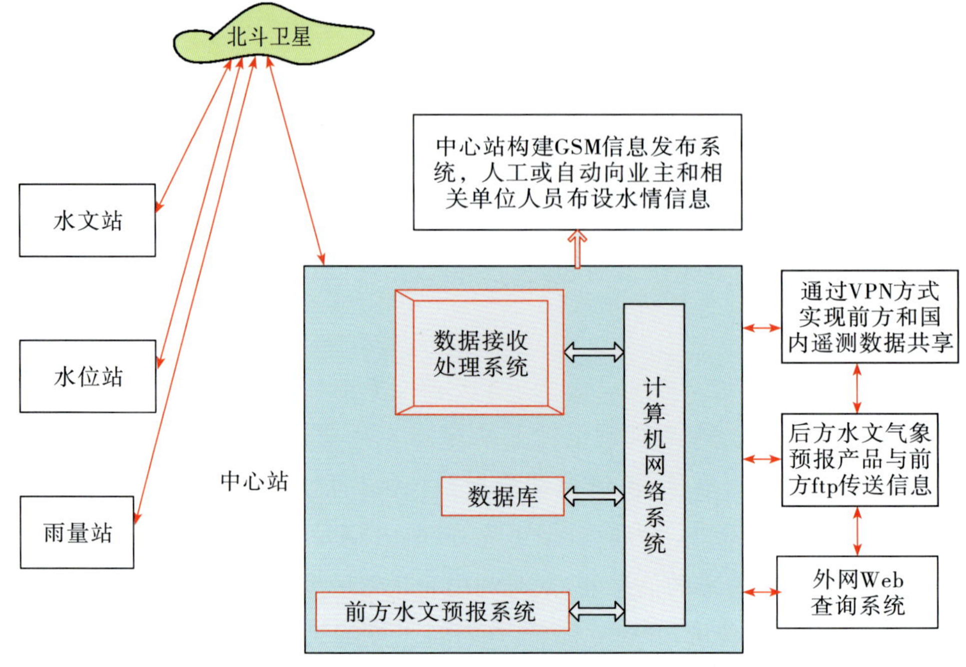

图 2.30　信息传输总体构架

(3)水文观测

水文观测要素从观测至整编都采用中国标准，并考虑为工程移交后巴基斯坦相关部门实际需要预留相关接口。为适应吉拉姆河陡涨陡落、流速大等水文特性，设计了简易缆道牵引加强型三体船载 ADCP 和配置测流机器人等新设备和新技术(图 2.31)。上游关键测站及河流节点站也开展了流量巡测，校准了部分水位流量关系。

图 2.31　流量测验主要技术设备

悬移质及推移质泥沙均为入库泥沙的重要组成部分。为了解入库泥沙特性，除在水文站开展悬移质泥沙测验外，还开展了库区河段河床组成调查工作。调查范围涵盖吉拉姆河干流 40km 及主要支流口门，主要采用坑测、散点床沙取样，分析级配，判别岩性，结合洲滩调查，分析床沙垂向分布特点及沿程变化。调查表明，卡洛特水库泥沙主要来源于上游干流，推移质以沙推移质为主，卵石推移质数量少，库区河段输沙能力极强。

2.7.2 水情测报服务

(1)水文预报体系构建

卡洛特水电站的水文预报基本方案由干流河道流量演算和区间小流域降雨径流预报方案组成。根据卡洛特水电站坝址以上流域的自然地理特征、降雨及洪水特性，将坝址以上流域划分 8 个降雨径流计算小区。卡洛特水电站短期洪水预报方案框架见图 2.32。

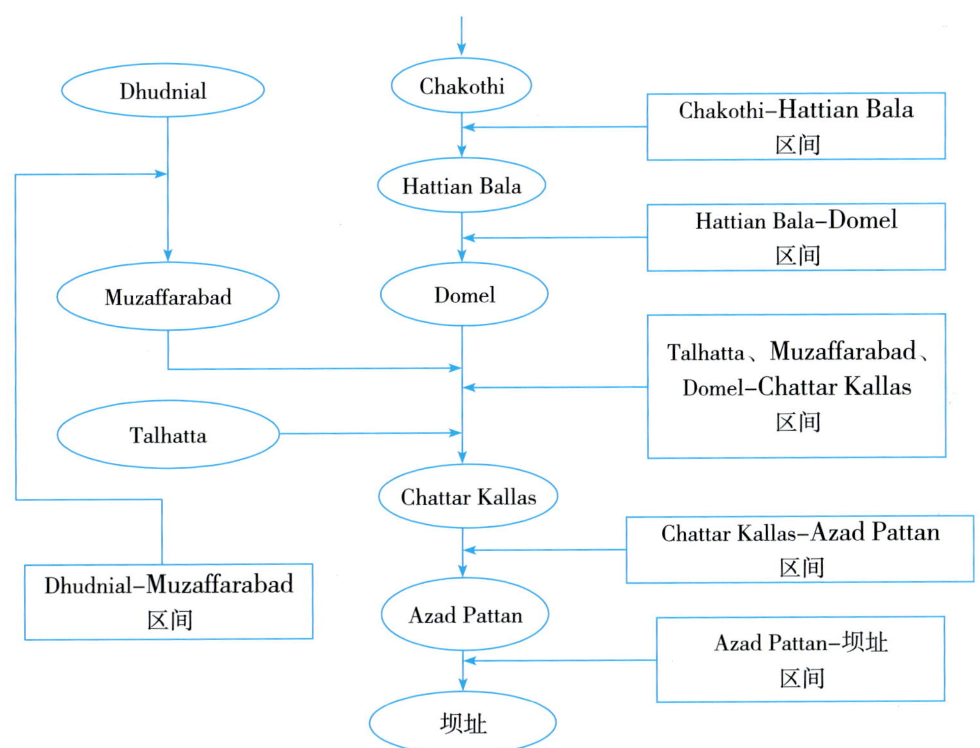

图 2.32 卡洛特水电站短期洪水预报方案框架

降雨径流预报方案为 Chakothi 站—坝址区间流域预报方案，计算时段长为 1h。预报计算边界条件输入为 Chakothi 站的来水流量过程，计算 2 个闭合流域和 6 个无控区间的产汇流过程并沿程接入各控制站，通过河道流量连续演算，并经逐站校正得到干支流哈蒂安巴拉、多迈尔、杜德利尔、穆扎法拉巴德、Talhatta、恰塔卡拉斯、阿扎德帕坦和卡洛特坝址等站的流量过程，再通过坝区水位预报方案将预报的坝址流量转换得到各水尺断面的水位预报过程。

(2)气象预报

水文与气象相结合是延长预见期的基本途径。但由于吉拉姆河流域面积较小和国内气象预报缺乏该流域内气象资料，国内气象预报无法满足水文预报需要。为实现水文与气象相结合延长预见期的目的，满足工区施工对气象的要求，寻求当地气象公司支持，运用当地优势资源实现本地化服务。

气象预报服务委托给巴基斯坦当地气象公司开展，开展的内容有6h、12h和24h晴雨、降水、最高最低气温预报，48h和72h晴雨、降水预报，强对流天气导致的降雨与大风灾害性天气警报，24h流域降水预报以及流域月度降水趋势预测。

(3)水情测报服务

水文预报方案充分考虑现有水文资料条件，选用简便、实用、可靠的产汇流模型。流域产汇流模型分别选用API模型、新安江模型、经验单位线；河道汇流选用马斯京根法，坝区水位预报采用相关图和水位系数法。对部分区域没有布设水文站网的特殊情况，采用相似流域水文比拟法进行预测预报，并根据已建测站实测资料，不断进行预报方案修正和完善。从水情预报实际运用效果分析，效果较好。

为了提高预报智能化程度和时效性，设计了卡洛特水电站洪水预报系统。洪水预报系统总体上由数据支撑层、系统应用层和人机交互层构成。预报系统充分做到了实用、可靠、标准化，反映用户特点，满足用户要求；同时，在系统结构设计，功能开发和软件编程等方面都采用标准化和通用化模式，充分考虑流域梯级电站开发的需要，具有较强的可扩展性。

为水电站施工度汛安全提供专业支撑是水情测报服务的第一要务。根据水电站每年防洪度汛要求，水文服务团队及时制定预案，从预报方案、测站驻巡监测、数据中心网络保障、水情信息发布等方面细化处置预案并进行演练。基于流域洪水预报预见期短的实际，实施24h水文气象值班，特殊水雨情及关键时刻开展滚动预报，按需启动前后方会商和专家技术支撑保障。积极参与业主防汛决策会商，发挥技术支撑作用，确保度汛安全。不定期对信息发布接收方进行回访，保证信息发布渠道畅通。

由于卡洛特水电站建设采用国际化标准管理，其在社会、环境和安全方面要求较高，保证信息发布畅通显得尤为重要。水情信息发布采用短信、邮件和即时通信工具等极大地提高了水情信息时效性。

2.8 关键技术问题研究

2.8.1 水文基础资料分析评价

工程以邻近的卡洛特和阿扎德帕坦水文站为设计依据站，其水文基础资料的准确性及代表性至关重要。

卡洛特水文站1969年建站，1979年撤销；阿扎德帕坦水文站1979年设立，位于坝址上游约15km处，观测至今（1993年缺测）。工程设计时，项目组从咨询联合体、WAPDA>Z（Comprehensive Planning of Hydropower Resources in Jhelum River Basin：Medium Hydropower Projects in Jhelum River Catchment，Pakistan Water and Power Development Authority & German Agency for Technical Cooperation，December 1994）、URS Scott Wilson（Azad Pattan Hydropower Project Feasibility：Volume 5-Hydrology & Sedimentation Report，December 2011）、WAPDA等收集到卡洛特和阿扎德帕坦水文站不同长度的水文资料。卡洛特站和阿扎德帕坦站洪峰流量对比见图2.33。

从图2.33可以看出，对于卡洛特站1969—1979年和阿扎德帕坦站1979—1990年洪峰系列，WAPDA>Z和URS Scott Wilson的数据一致，咨询联合体数据与其不一致；对于阿扎德帕坦站1991—2004年洪峰系列，咨询联合体和URS Scott Wilson的数据一致；对于阿扎德帕坦站2005—2010年洪峰系列，为本次直接从WAPDA收集。

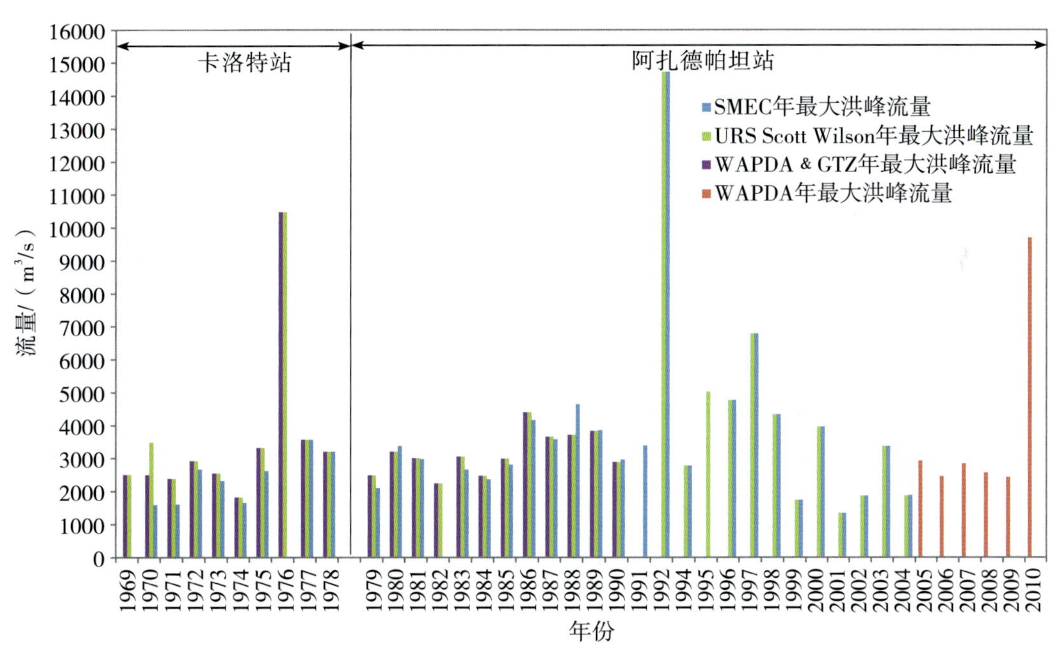

图2.33 卡洛特和阿扎德帕坦站洪峰流量与最大日均流量对比

根据上述分析，卡洛特站和阿扎德帕坦站等设计依据站洪峰流量系列以从WAPDA收集的水文资料为主，并参考咨询联合体、WAPDA>Z、URS Scott Wilson使用的资料，可保证水文基础资料的可靠性。

根据资料查阅和现场查勘，阿扎德帕坦测站测验河段顺直，河段测验控制条件总体较好，实测资料总体可靠。但水位观测为等时距人工观测，采用算术平均法计算日平均水位。

由于水位观测仅在早上8时至17时逐小时观测，存在夜间漏测高水位和洪峰流量的可能性，且水文站没有月瞬时洪峰流量，亦不对外公布逐日水位和水位年月特征值。

为分析漏测高水位和洪峰流量的影响，以满足工程设计需要，项目组于2013年5月开始在阿扎德帕坦水文站设立自记水位计观测水位，积累有2013年5—9月的自记水位资料。统计分析2013年5—9月的水位自记仪记录的月最高水位及出现时间，成果见表2.21。

表2.21　2013年5—9月记录水位自记仪记录的月最高水位特征统计

月份	自记水位仪计记录的最高水位/m	出现时间
5	433.26	27日8:30
6	432.16	12日14:05
7	431.10	8日8:30
8	433.43	19日17:10
9	427.56	13日14:20

依据阿扎德帕坦水文站水位自记仪记录的2013年汛期分月最高水位及出现时间统计分析，该年汛期的最高水位为433.43m，出现时间为8月19日的17:10，超出了巴基斯坦国内常规水位观测时间8:00—17:00；水位自记仪记录的该日8:00—17:00的最高水位为433.39m，出现时间为8月19日的17:00。2013年5月、6月、7月和9月的月最高水位均出现在巴基斯坦国内常规水位观测时间范围内。

从2013年汛期最高水位记录比较分析来看，8:00至次日8:00的最高水位为433.43m，8:00—17:00的最高水位为433.39m，相差仅0.04m，对该站的年最大洪峰流量数值影响很小。工程设计采用的卡洛特和阿扎德帕坦等设计依据站洪峰系列见图2.34。

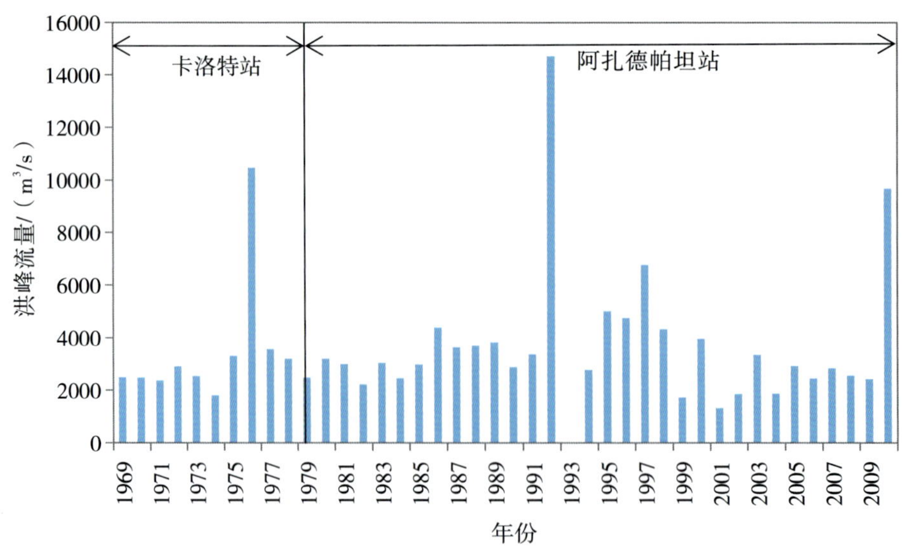

图2.34　设计依据站洪峰流量系列

2016 年 4 月卡洛特水电站坝址专用水文站建成投产。水位自记仪全天 24h 观测，每 5min 记录一组数据，可准确记录水位变化的全过程，自投产至今已运行良好，运行至今已完整收集了 5 年多水位数据，为工程建设提供了长期的水文观测数据系列。

进一步根据坝址专用水文站 2016—2020 年水位、流量观测资料，补充分析了不同时段历年最大洪峰流量、水位的差异。经分析，除 2018 年略有偏小外，其他 4 年发生在巴基斯坦国内常规水位观测时间(8:00—17:00)内的年最高水位、洪峰流量与 17:00 至次日 8:00 时段内的最高水位、流量相差不大，最高水位平均偏差 0.075m，流量平均相对偏差 1.74%，具体见表 2.22。

表 2.22　坝址专用水文站 2016—2020 年实测最大洪峰流量及水位特征统计

年份	8:00 至 17:00			17:00 至次日 8:00		
	洪峰流量/(m^3/s)	水位/m	出现时间	洪峰流量/(m^3/s)	水位/m	出现时间
2016	2630	390.48	4 月 4 日 17:00	2610	390.42	4 月 4 日 18:00
2017	3130	391.75	4 月 6 日 16:50	3160	391.82	4 月 6 日 18:15
2018	1490	387.65	8 月 7 日 10:45	1900	388.78	8 月 7 日 5:55
2019	2480	389.48	6 月 13 日 8:00	2610	389.68	8 月 14 日 1:05
2020	2660	390.70	5 月 15 日 9:30	2700	390.79	5 月 15 日 3:10

2.8.2 设计成果合理性解析

(1)径流成果合理性解析

卡洛特水电站位于吉拉姆河干流，其上游科哈拉梯级、阿扎德帕坦梯级及本工程的多年平均流量成果见表 2.23。

表 2.23　卡洛特水电站坝址河段水电梯级多年平均流量成果

水电梯级	集水面积/km^2	多年平均流量/(m^3/s)	径流系列
科哈拉坝址	14060	311	1970—2006 年
科哈拉厂址	24890	773	1971—2006 年
阿扎德帕坦坝址	26183	808	1970—2009 年
卡洛特坝址	26700	819	1969—2010 年，1993 年缺
曼格拉坝址	33333	904	1922—2000 年

科哈拉水电站坝址位于吉拉姆河流域上游支流西兰村附近，流域面积 14060km^2，电站厂房位于吉拉姆河流域下游巴尔萨拉村附近，流域面积 24890km^2。坝址径流以坝址附近的

恰纳瑞站和哈蒂安巴拉站为依据站进行推算，径流系列为1970—2006年，计算得多年平均流量$311m^3/s$。厂址径流以厂房附近的科哈拉站和恰塔卡拉斯站为依据站进行计算，径流系列为1971—2006年，厂址多年平均流量为$773m^3/s$。

阿扎德帕坦水电站位于帕坦桥上游约7km处，坝址集水面积$26183km^2$。坝址径流以卡洛特站和阿扎德帕坦站为依据站进行计算，径流系列为1970—2009年，计算得多年平均流量为$808m^3/s$。

曼格拉大坝加高报告中给出的曼格拉坝址1922—2000年系列多年平均水量为23.14MAF，换算为流量$904m^3/s$。

从卡洛特水电站坝址多年平均流量成果与上下游梯级成果的协调来看，符合地区综合规律，设计径流成果较合理；而且径流设计依据站与卡洛特水电站坝址集水面积相差甚小，实测径流系列长达40年，具有较好的代表性。综合分析认为，坝址设计径流成果是合理的。

(2)洪水成果合理性解析

卡洛特水电站坝址设计洪水和工程河段上下游梯级相关设计洪水成果对比见表2.24。

联合公司(SMEC | SW | Sogreah | MAES | EGC，以下简称“联合公司”)于2008年提出的卡洛特水电站坝址上游科哈拉电站的坝址和厂址设计洪水频率分析计算成果，推荐采用对数正态分布线型的成果，厂址处集水面积为$24890km^2$，10000年一遇设计洪水为$28080m^3/s$。

咨询联合体于2009年提出卡洛特水电站可研水文报告。其中，卡洛特坝址设计洪水分别采用对数P-Ⅲ、耿贝尔(Gumbel)和对数正态分布做了分析计算，设计依据站为阿扎德帕坦和卡洛特站，洪水系列为1969—2004年(1993年缺测)，10000年一遇设计洪水分别为$30184m^3/s$、$13478m^3/s$和$24849m^3/s$，对数P-Ⅲ分布10000年一遇洪峰流量最大。但在水文报告中，没有提出推荐采用意见。

URS Scott Wilson公司于2011年完成的卡洛特水电站上游阿扎德帕坦水电站的坝址设计洪水成果，坝址处集水面积为$26183km^2$，频率线型采用对数P-Ⅲ型曲线，设计依据站为阿扎德帕坦站和卡洛特站，洪水系列为1969—2009年(1993年缺测)，10000年一遇设计洪水为$32880\ m^3/s$。

表 2.24 卡洛特水电站坝址设计洪水成果合理性分析

水电站	坝(厂)址集水面积/km^2	频率线型	坝址设计洪水/(m^3/s)					PMF	来源
			50年重现期	100年重现期	1000年重现期	2000年重现期	10000年重现期		
N—J	6682		2920	3840	8000				WAPDA,1997
科哈拉坝址	14060	对数正态	3970	4765	8069	9291	12598		联合公司,2008
科哈拉厂址	24890	对数正态	8890	10660	18011	20727	28080		联合公司,2008
科哈拉水文站	24890		6561	8492	18409				WAPDA,1997
阿扎德帕坦坝址	26183	对数 P-Ⅲ	10900	13980	24370	27345	32880		URS Scott Wilson
卡洛特坝址	26700	对数 P-Ⅲ	9003	10742	18410	21441	30184		咨询联合体水文报告,2009
卡洛特坝址	26700	P-Ⅲ	12200	14700	23400	26000	32300		本次设计,2013
曼格拉坝址	33333							73600(1959年设计) 66500(1992年复核) 61447(2001年复核)	Mangla Joint Venture

巴基斯坦没有正式颁布的水利水电工程洪水设计的国家标准或行业标准，本次设计工作依约采用中国的设计标准。根据《水利水电工程设计洪水计算规范》(SL 44—2006)中3.1.4条："频率曲线的线型应采用皮尔逊-Ⅲ型。对特殊情况，经分析论证后也可采用其他线型。"其背景是，以水文观测系列为基础，结合历史洪水调查资料，经适线分析，采用符合大多数水文系列的曲线作为选用线型，以规范水文设计。中国和巴基斯坦绝大多数地区均有明显的季风气候，降雨均主要集中在夏季，年际变化较大。分析认为在卡洛特项目区域，可以采用皮尔逊-Ⅲ型曲线进行洪水设计。经采用卡洛特水电站坝址洪水资料与皮尔逊-Ⅲ型曲线拟合，发现点线配合良好，中高水拟合也较好。

将本次分析成果与工程河段上下游梯级相关设计洪水成果对比，URS Scott Wilson 公司提出的上游阿扎德帕坦水电站的设计洪水成果与本次成果较为接近，依据的资料系列也相差不大。咨询联合体提出的设计洪水成果中，不同频率分布线型的成果差异较大。分析比较前期成果与本次设计成果的差异，主要有 3 个原因：①设计依据的系列不同，前期成果资料系列截至 2004 年或 2009 年，本次将系列延长至 2010 年，其中，2010 年发生了实测系列的第三大洪水。②采用的频率线型不同，不同的线型可能会产生较大差异的成果。水文系列总体的频率曲线线型是未知的，通常选用能较好拟合水文系列的线型。我国学者经过大量的理论研究、方法探索和实际应用工作，提出 P-Ⅲ型曲线对我国南北大部分地区的水文系列适应性较好，并写入了我国的行业规范。本次采用 P-Ⅲ型分布开展了卡洛特水电站的坝址设计洪水计算，点线拟合亦较好。③参数估计方法的不同，咨询联合体的估参方法不详，无法考证。本次设计中采用适线法确定参数，在考虑总体点线拟合良好的情况下，结合设计洪水的定位需求，给予中高水点线拟合更多权重。

综合考虑，本次坝址设计洪水计算，多方调查考证了 1992 年大洪水及其重现期，尽可能收集资料延长了依据站水文系列，采用 P-Ⅲ型分布，点线拟合良好，并与工程河段邻近梯级水电站设计成果进行了分析比较，基本在相近的量级，分析认为，本次设计成果是合理的。

2.8.3 水文监测及预报技术

(1)基于北斗通信技术的水情测报系统

卡洛特水电站水情测报系统运用北斗通信技术，通过合理设计和组网方法，解决了区域海拔落差大、无公共电信网络和通信备份等问题，发现其具有通畅率高、功耗低、运用区域范围广、抗雨衰、防雷击和安装与维护方便等特点。

1)系统通畅率高。

2017—2021 年卡洛特水电站水情测报系统平均通畅率分别为 94.9%、97.1%、98.2%、

95.6%和96.0%，除初期略低外，其他年份都符合《水电工程水情自动测报系统技术规范》(NB/T 35003—2013)通畅率达到95%以上的要求，2020—2021年在受新型冠状病毒肺炎疫情影响巴基斯坦很长时间处于“智慧封城”条件下，水情测报系统在无维护条件下依然能保持较好工况，表明卡洛特水电站水情测报系统运行稳定可靠。

2)系统功耗小。

卫星终端设备功耗小，其加电启动及失锁在捕获时间短，能在短时间内完成所有测站的数据搜集和保证数据的准确性，全流程保证系统终端功耗最低，可以极好地适应野外测站特殊的工作环境。通过对本系统遥测站的工作体制、通信组网方式及设备功耗分析计算和实际运行统计可知，本系统测站蓄电池可在连续阴雨、充电设备损坏等不利工况下保障卫星终端设备连续使用35d以上。

3)区域范围广。

卡洛特水情测站布设在约13500 km^2 区域内，海拔在600～3000m，气候各异，如高温高湿、昼夜温差悬殊等，经过实际摸索，采取更换密封圈、放置干燥剂、驱虫等措施，使大区域、条件各异情况下野外测站工况良好，提升了测报系统的可靠和稳定性；同时，北斗卫星服务范围已覆盖全球，基于北斗通信技术的水情测报系统可满足绝大多数用户对测站布设范围和质量的需要。

4)抗雨衰和雷击。

基于北斗通信技术的卡洛特水情测报系统射频采用L/S/C波段，根据多年实践分析，雨衰对该波段影响非常小，如2018年8月7日2:00—6:00，库区平均降水量97.4mm，单站最大降水量达到170.5mm；2018年7月25日17:00—19:00拉瓦尔科特区间降水量73.5mm，18时降水量达46.5mm；2021年9月6日19:00—21:00时入库区间降水量133.0mm，21时降水量达82.5mm。上述强降雨条件下各站数据传输稳定正常。

遥测站避雷接地系统采用避雷针、引下线及接地地网，每年开展仪器设备巡查各站地阻检测值都小于10Ω，水情测报系统还未出现一次因雷击故障问题，说明采取的措施具有良好的抗雷击性。

5)遥测站便于安装维护。

卫星终端设计紧凑、简单，分为天线单元和主机单元两部分，其中天线为四臂螺旋伞形天线，无需对星过程，只需简单地固定安装便可工作；卫星天线与主机单元只需通过电缆将两部分直接连接就可以工作。

(2)ADCP流量测验的无线通信模式

目前ADCP在国内河流流量测验中已得到了广泛应用，其走航测验模式相较传统转子式流速仪流量测验具有测验历时短、操作简便、节省人力物力、测验精度高等特点。但在工程水文测验中，为确保人员安全，ADCP 机动船或者普通三体船走航测验在流速较大的山区性河流往往难以实现。ADCP 无线电台通信模式（采用 FreeWave FGR2-WC3 型数据电台点对点模式）作为一种有效的数据传输方式，解决了数据远距离传输的问题，降低了山区性河流 ADCP 走航测验中测验人员的安全风险。在巴基斯坦卡洛特水电站工程水文测验中，为了满足水文巡测及水文预报的需求，通过采用简易缆道牵引三体船 ADCP 无线电台通信模式开展流量测验，有效解决了中高水大流速条件下无法开展 ADCP 走航流量测验的难题。

3 工程地质

3.1 区域构造稳定与地震

3.1.1 区域地质背景

卡洛特水电站位于巴基斯坦西北部，喜马拉雅山南麓。区域总体地势东北高、西南低。工程区位于低高山区博德瓦尔高原与哈扎拉—克什米尔共轴褶皱体的交界处。

区内地层北部由前寒武纪结晶岩、古生代变质岩等组成；中部由第三纪前麓盆地的磨拉石沉积组成，它们主要是中新世的穆里组和上新世—第四纪中更新世的西瓦利克群；南部旁遮普平原由第四纪冲积物组成。

近场区范围内地层岩性出露比较简单，新近系在区内广泛分布，其中又以中新统为主，由新至老主要为多克帕坦（Dhok Pathan）组、纳格利（Nagri）组、钦吉（Chinji）组、卡米里尔（Kamilial）组、穆里（Murree）组，岩性为砂岩和黏土岩。其中，纳格利组地层分布于坝址区及上游 6～9km 范围内，坝址区还出露有多克帕坦组地层，岩层缓倾，岩石软硬相间；其上游中新统下段钦吉组地层穿越库区，其中钦吉组地层走向与河谷近于平行，有 3～4km 宽；距坝址 13km 以上延伸至库尾广泛分布的穆里组地层。

3.1.2 区域主要构造断裂特征及活动性

喜马拉雅山脉是印度板块与欧亚板块发生碰撞作用形成的全球最年轻、规模最大的造山带，其东西两端分别有一个构造急剧转向的地区——构造结。其中，西构造结从北向南由喀喇昆仑板块、喀喇昆仑缝合带、库斯坦—拉达克岛弧、印度河—雅鲁藏布江缝合带和南迦帕尔巴特—哈拉姆什地块、喜马拉雅主边界断裂、哈扎拉—克什米尔共轴褶皱体组成。

坝址位于西构造结南侧的哈扎拉—克什米尔共轴褶皱体南部。

印度板块和欧亚板块在古新世发生碰撞，其碰撞带—印度缝合带和主地壳断裂（MMT）现今已不再活动。在碰撞带以南，还发育 3 条逆冲断裂带，由北向南分别是主中央逆冲断裂带（MCT）、主边界逆冲断裂带（MBT）和主前缘断裂带（MFT），4 条断裂带依次由北向南逆冲。另外在哈扎拉—克什米尔共轴褶皱体（Hazara-Kashimir-syntaxis）的西侧还发育一条北西向的穆扎法拉巴德（Muzaffarabad）断裂（图 3.1）。

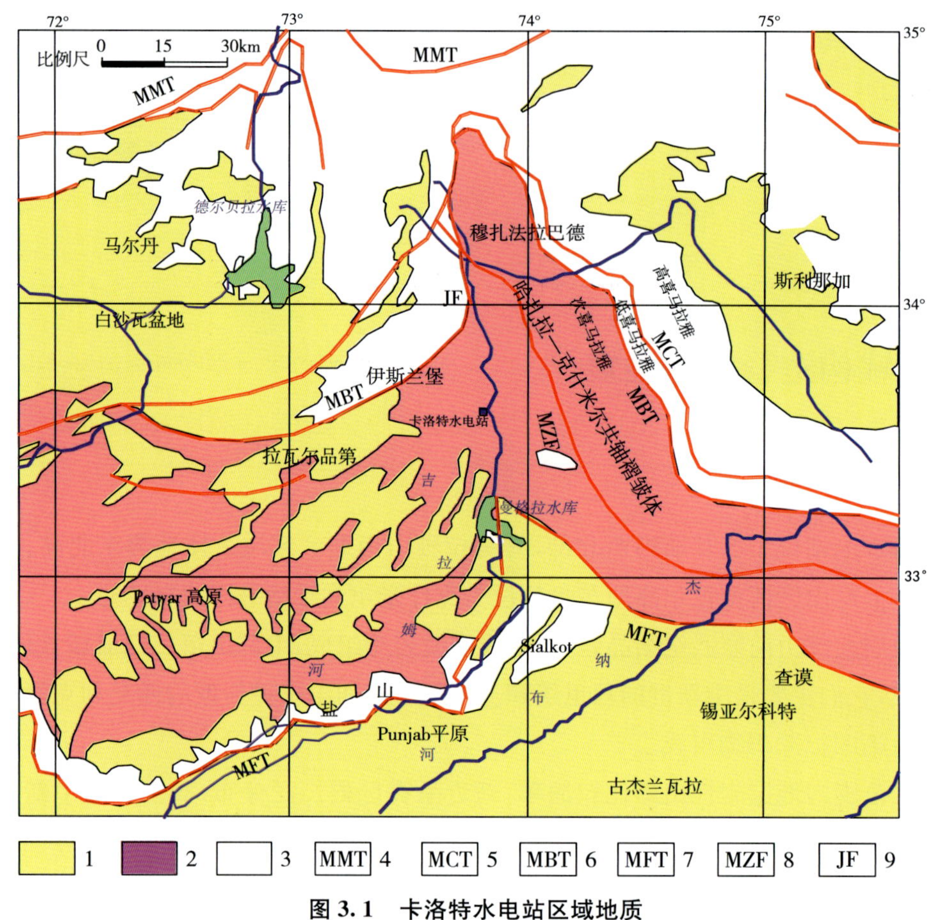

图 3.1 卡洛特水电站区域地质

1. 第四系；2. 第三系；3. 前第三系；4. 主地壳断裂；5. 主中央断裂；6. 主边界断裂；7. 主前缘断裂；8. 穆扎法拉巴德断裂；9. 吉拉姆断裂

(1)主地壳断裂(MMT)

主地壳断裂也称为 Kohistan 断裂，形成于新生代早期，向南东及南西逆冲，随着逆冲断裂带的不断向南迁移，Kohistan 断裂在新近纪末期已不活动，沿喜马拉雅构造带的最新活动已迁移到主边界断裂及前缘断裂。

(2)喜马拉雅主中央断裂(MCT)

喜马拉雅主中央断裂在区域北侧总体为向北东突出的弧形，弧顶位于哈扎拉—克什米尔共轴褶皱体的顶端，东侧走向北西，主要分布在印度境内，为高喜马拉雅与低喜马拉雅的分界，西侧走向北东，分布在巴基斯坦境内，也叫 Khairabad-Panjal 断裂。它与喜马拉雅主边界断裂近于平行，两者相距约 10km，部分地段两者合并为一条断裂。断裂两侧基本都为前古生代及古生代地层，随着喜马拉雅构造带活动不断向南迁移，主中央断裂活动较弱，最新活动已迁移到主边界断裂及前缘断裂。

(3)喜马拉雅主边界断裂(MBT)

喜马拉雅主边界断裂在区域北侧总体为向北东突出的弧形,弧顶位于哈扎拉—克什米尔共轴褶皱体的顶端,东侧走向北西,主要分布在印度境内,为低喜马拉雅与次喜马拉雅的分界,西侧走向北东,分布在巴基斯坦境内,通过穆里、伊斯兰堡等地,在巴基斯坦也称为穆里(Murree)断裂。

喜马拉雅主边界断裂在巴基斯坦境内主要分布在白沙瓦盆地的南侧,呈具逆冲分量的左旋走滑性质。在印度境内断裂北侧为低喜马拉雅元古代—寒武纪地层;南侧为次喜马拉雅 Siwalik 群(经 OSL 测试,其年龄为 38.3ka),主边界断裂以低角度使低喜马拉雅元古代—寒武纪地层逆冲于陡倾的 Siwalik 群之上,Siwalik 群中发育剪切断层,砾石沿剪切带定向排列,说明断裂在晚更新世以来还有过活动,发生过脆性破裂。

(4)喜马拉雅主前缘断裂(MFT)

喜马拉雅主前缘断裂带是印度板块与次喜马拉雅之间的构造变形带,在区域范围内呈向北东突出的弧形,弧顶位于吉拉姆河附近,东侧走向北西;西侧走向北东东,分布于盐山(Salt Range)南侧,也称为盐山断裂。

喜马拉雅主前缘断裂西侧的盐山断裂晚第四纪以来有过活动,盐山山前扇形的逆冲断裂和线形的走滑断裂向下都延伸到盐山组,它们都是韧性断裂,可能是区域滑脱断裂的一部分,以至于不能积累大量的弹性应变,这使得盐山断裂不易发生大的地震,历史地震活动较弱也证明了这点。

喜马拉雅主前缘断裂东侧的印度段历史上发生过多次强震,最大震级为 Ms=8.3。印度段基底之上不是盐山组地层,因此沿滑脱面可以发生强震。

(5)穆扎法拉巴德(Muzaffarabad)断裂

该断裂位于哈扎拉—克什米尔共轴褶皱体的西侧,北起穆扎法拉巴德北西,向南东经 Riasi、Bilaspur 和 Nanhan,全长约 700km。这条断裂在穆扎法拉巴德地区也称为 Balakot-Bagh 断裂,在 Jammu 地区称为 Riasi 逆断裂,在 Kangra 地区称为 Palampur 逆断裂,在 Simla Hills 地区称为 Bilaspur 逆断裂,在 Sirmur 地区称为 Nanhan 逆断裂。研究表明,穆扎法拉巴德断裂在更新世—全新世都有活动,断裂沿线多处地貌面被错断。断裂北段在现代也发生过中—强震,如 2005 年 10 月 8 日克什米尔 7.6 级地震沿该断裂发生,震中位于穆扎法拉巴德。该断裂为距坝址最近的发震构造。

区内最主要的构造变形特征表现为向吉拉姆河谷附近汇聚的共轴褶皱变形。共轴褶皱主要形成于中新世—上新世末,因此区内构造变形具有明显的分区性,中北部地层较老,褶皱较为强烈,局部伴有逆断层;东南部地层较为年轻,构造变得平缓简单。

伴随着挤压褶皱变形,在上新世时期,NE 向主边界逆冲断裂开始出现。主边界逆冲断裂位于区外,在近场区西北部边缘地带可见与之平行的次级断裂。该断裂属于与褶皱伴生的近地表薄皮构造,主要形成于上新世时期,第四纪时期仍有一定的活动性,但此断裂不指向坝址区，也没有进入以坝址为中心、半径5km的坝址区范围。

区内北部在吉拉姆河上游发育有一条断层（吉拉姆断裂），但在进入近场区范围前，断层已拐向南西，并与主边界断裂（MBT）相连并成为其一部分，距离卡洛特坝址最近距离是47km，距离库尾约27km。

通过核查表明，近场区地质构造主要表现形式为褶皱，坝址区断裂不发育。

上新世以来的新构造运动时期，区内新构造运动的特点表现为以间歇性掀斜式抬升运动为主，沿着主边界逆冲断裂的差异性活动，因此沿着主边界逆冲断裂强震活动频繁，但该断裂并未延伸到近场区范围，也不指向坝址。在新构造运动时期，夹持在主边界逆冲断裂和主前缘断裂之间的近场区以整体性间歇性抬升活动为主，内部差异性活动较弱，构造稳定性相对较好。

3.1.3 区域构造稳定性

1）在卡洛特水电站及其外围地区，区域范围强震构造主要为喜马拉雅主边界逆冲断裂带和主前缘断裂带，但强震主要发育在哈扎拉—克什米尔共轴褶皱体的东侧，在西侧走向北西的断裂带历史上大震记录很少。距离坝址最近的发震构造为穆扎法拉巴德断裂，需要充分考虑沿着穆扎法拉巴德断裂发生大震及其可能对坝址的影响。

2）吉拉姆断裂距离坝址最近距离是47km；近场区地震活动性水平相对较低，近场范围区内不存在$M \geqslant 6.5$级地震的发震构造，5.0级左右地震大致代表本区地震活动水平，最大影响烈度估计达Ⅶ度。

3）坝址危险性分析，坝址50年超越概率10%的基岩水平峰值加速度值为0.26g。

综上所述，工程区位于哈扎拉—克什米尔共轴褶皱体上，主边界逆冲断裂将之包围成环形带，周边地震较发育，属于强震区。在新构造运动时期，近场区以整体性间歇性抬升活动为主，内部差异性活动较弱，构造稳定性相对较好。

3.1.4 地震

区域范围内的地震活动主要集中于北部地区。坝址主要遭受近场区内中强震及近场之外的中、远场强震的影响。在现有地震目录中，共有13次地震在坝址的影响烈度≥Ⅴ度，7次≥Ⅵ度。其中2005年克什米尔Mw7.6级地震影响最大，达Ⅶ度，为最大影响烈度。

根据中国地震局地质研究所完成并通过国家地震安全性评定委员会咨询的《巴基斯坦卡洛特水电站工程场地地震安全性评价报告》，场区50年超越概率10%的基岩地震动峰值加速度为0.26g，100年超越概率2%的基岩地震动峰值加速度为0.51g，100年超越概率1%的基岩地震动峰值加速度为0.60g。考虑《中国地震动参数区划图》（GB 18306—2001）关于地震动加速度值分区的规定，建议坝址地震基本烈度按Ⅷ度考虑。

3.2 水库区工程地质条件

3.2.1 水库区地质概况

当正常蓄水位 461m 时，卡洛特水电站水库干流库长约 27km，回水至吉拉姆河阿扎德帕坦桥上游约 6km。

水库区范围内吉拉姆河总体由北流向南，河道稍有弯曲。枯水期河水位 390～463m，水面宽 40～120m，河床平均纵比降 2.86‰。

库区地势总体东北高、西南低，库尾一带两岸第一岸坡高程 1500～1800m，至库首降至 550～650m。两岸谷坡基本对称，多呈“V”字形，阶地不发育。岸坡总体较陡，地形坡度一般 25°～52°，为平顺的陡坡，砂岩一般形成高数米至数十米的陡崖；黏土岩等软岩分布区多为宽缓台地或缓坡，山顶多为条形山脉或浑圆小丘，山脊较单薄。地形破碎，完整性较差。

水库区出露的地层为新生界新近系(N)沉积岩和第四系(Q)。

新近系(N)在吉拉姆河两岸大面积出露，包括上新统、中新统的多克帕坦组(N_{1dh})、纳格利组(N_{1na})、钦吉组(N_{1c})、卡米里尔组(N_{1k})、穆里组(N_{1m})，岩性主要为黏土岩、粉砂岩、砂岩及砾岩。纳格利组(N_{1na})主要分布在库首及上游 6～9km 库段，产状平缓；往上游，钦吉组(N_{1c})和卡米里尔组(N_{1k})地层穿越了库区，其中钦吉组(N_{1c})地层与河谷平行，宽 3～4km，卡米里尔组(N_{1k})地层与河谷斜交，宽 1～2km；距坝址 13km 以上延伸至库尾广泛分布穆里组(N_{1m})地层。

第四系(Q)以崩坡积及冲积物为主，崩坡积分布于两岸岸坡相对较缓的部位，冲积物分布于吉拉姆河近岸地带及较大支流沟口。

卡洛特水电站库区位于喜马拉雅山脉西构造结南侧的哈扎拉—克什米尔共轴褶皱体南部，一系列北西向和北东向褶皱在此汇聚，由北向南主要有帕兰迪(Pallandri)向斜、纳米欧萨(Nami Osal)向斜、纳米欧萨—森萨(Sehasa)复背斜、卡拉托特(Karatot)向斜、纳湾(Narwan)背斜。其中库尾的阿扎德帕坦大桥以上 6km 处于帕兰迪向斜的西翼，阿扎德帕坦大桥以下长约 8km 的河谷基本上沿纳米欧萨向斜及纳米欧萨—森萨复背斜的核部发育，近坝河段则沿卡拉托特向斜和纳湾背斜的接合部分发育。库区内断层不发育。

水库区水文地质条件较为简单，泉水点出露较少，两岸地下水位高于河水，吉拉姆河为区内最低排泄基准面。地下水的补给来源主要是大气降水。

根据赋存介质，区内地下水可分为松散堆积层孔隙水和基岩裂隙水。

库区不良地质类型主要有第四系堆积物的变形破坏、崩塌以及岩体风化。另外在雨季，覆盖层浅表滑坡、土溜等也较多见，但规模均较小，未见泥石流分布。

库区岩体风化较为普遍，全强风化厚度不大，弱风化砂岩一般厚 8～10m，黏土岩一般厚 12～15m。

3.2.2 水库渗漏

水库左侧邻谷有吉拉姆河支流蓬奇河，右侧邻谷有林(Ling)河。吉拉姆河与林河、蓬奇河相距分别为8km、25km。与坝址处相对应的林河及蓬奇河的河床高程分别约为580m、720m，均高于卡洛特水电站水库正常蓄水位461m高程，水库地形封闭条件良好。

吉拉姆河与林河、蓬奇河之间为互层状的黏土岩、粉砂岩与砂岩岩体组成的宽厚山体，黏土岩、粉砂岩透水性微弱，且没有贯穿山体的断裂分布，水库构造封闭条件好。

近坝库段吉拉姆河呈“S”形流经坝址，形成河湾，大坝位于河湾顶部。水库蓄水后，库区正常蓄水位461m，而坝下游河水位仅有388m。河湾地块宽约0.7km，地质构造简单，地层缓倾右岸，倾角9°～13°，由砂岩、粉砂岩及黏土岩互层组成，岩体透水性微弱。钻孔显示河湾地块存在地下水分水岭，其最低点高于水库正常蓄水位。此外，河湾地块断裂、裂隙不发育，没有贯通上下游的断层和长大裂隙分布，因此不存在库水通过河湾地块向水库下游渗漏的可能。

大坝右岸下游0.8km分布有支沟巴得利沟。该沟基本呈东西向展布，与水库最近距离约1km，沟口以上约1.5km范围内沟底高程低于420m。水库右岸与支流沟谷Budli沟之间的河间地块为纳湾背斜的NW翼，为单斜地层，岩层倾向125°～137°，倾角50°～10°，由新近系纳格利组黏土岩、粉砂岩与砂岩互层组成，其中泥岩、粉砂质泥岩从河床到正常蓄水位以上均有分布，且连续完整，厚度大，透水性微弱。此外，河间地块不存在贯通两侧的断层和长大裂隙。因此不存在库水向右岸巴得利沟渗漏的可能。

为了进一步研究河湾地块渗漏情况，在施工期开展了巴基斯坦卡洛特水电站河湾地块三维渗流计算及蓄水安全分析专题研究。研究结果表明，前期勘察成果较为可靠，在对大坝、溢洪道等建筑物开挖影响区进行防渗处理后，河湾地块防渗总体上安全可靠。

3.2.3 库岸稳定

水库区岸坡多为基岩岸坡，局部段分布有规模不大的崩坡积体、变形体。临河第一岸坡高度一般为510～550m，最高可达700m。

从坝址到库区10.8km的库段位于纳湾背斜的倾伏端和森萨向斜的仰起端，河谷类型主要为横向谷和纵向谷，局部为斜向谷；10.8～21.3km河段主要沿纳米欧萨背斜及纳米欧萨—Barali复背斜的核部发育。该河段为纵向谷，两岸岸坡为反向坡；21.3km至库尾河段主要为斜向谷。受地层产状和岩性的影响，顺向谷基岩岸坡一般较为陡峭，多由陡崖与缓坡相间组成，陡崖一般高5～8m；横向、斜向谷基岩岸坡为斜坡状。土质岸坡多为崩坡积碎石土，一般呈松散状分布在缓坡部位，厚度一般小于5m。

根据岸坡的岩性组成，将库区岸坡分为岩质岸坡（Ⅰ类）和土质岸坡（Ⅱ类）两大类；再根据岩层产状与岸坡走向的关系将基岩岸坡细分为顺向岸坡（$Ⅰ_S$）、反向岸坡（$Ⅰ_F$）及斜向岸坡（$Ⅰ_X$）3个小类。库区干流长27km，左右两岸共划分33个库岸段，基岩岸坡段（Ⅰ）累计长度 50.33km，占库岸总长的 93.9%；土质岸坡段（Ⅱ）累计长度 3.27km，占库岸总长的 6.1%。左岸划分为 15 库段，以基岩岸坡（Ⅰ）为主，共 12 段，累计长度 25.04km，占左岸库岸长的 93.4%；土质岸坡（Ⅱ）共 3 段，分布在 10.3～13km 库段，累计长度 1.76km，占左岸库岸长的 6.6%。右岸划分为 18 库段，以基岩岸坡（Ⅰ）为主，共 13 段，累计长度 25.29km，占右岸库岸长的 94.4%；土质岸坡（Ⅱ）共 5 段，分布在 7.1～19.259km 库段，累计长度 1.51km，占右岸库岸长的 5.6%。库区支流除右岸 Raj Gharh 沟回水长约 2km 以外，其余支流库段一般长 0.3～0.4km，支流库段库岸以基质岸坡为主，土质岸坡零星分布。

水库区天然岸坡以岩质岸坡为主，由于岸坡岩性由软硬相间的砂岩、黏土岩、粉砂岩互层组成，岸坡破坏型式主要以崩塌或零星掉块为主，岸坡现状整体稳定性好。

库首左岸 1.74～3.05km 一带岸坡坡度 38°～72°，局部地段为陡崖，坡顶高程 650～680m，坡顶海拔高 200～280m。岸坡由新近系纳格利组（N_{1na}）砂岩、砂质黏土岩互层组成，由于顺河向卸荷裂隙发育，黏土岩抗风化能力较砂岩差，黏土岩分布区多形成岩腔等负地形，上部砂岩在卸荷裂隙切割下易构成危岩体，在重力及雨水入渗形成的水压力等外营力作用下，危岩体易发生崩塌，并在下部形成崩塌堆积体。库区其他陡崖地段在雨季时也零星有崩塌发育。崩塌堆积体由孤石、块石夹土组成，厚数米。崩塌堆积体在谷底呈倒石锥分布，少量分布在砂质黏土岩形成的缓坡区。水库蓄水后水面变宽，浪击作用加强，处于库水位频繁变动带及附近的黏土岩、砂质黏土岩更易形成岩腔，使其上部的危岩体失去支撑后发生崩塌。

库区发现第四系堆积物变形体一处，位于坝址上游 16.1km 处的吉拉姆河右岸。变形体前缘高程 448m，后缘高程 468.9m，纵向长 50.7m，横向宽 87～127m，变形体面积 0.52 万 m^2，估计体积为 1.6 万 m^3。变形体由崩坡积碎石土组成，碎石直径 2～6cm，成分主要为砂岩、泥质粉砂岩，较松散。变形体后缘为公路（Azad Pattan-Kahuta ROAD），公路路面部分下沉，并形成高 10～30cm 的陡壁，公路的下挡墙已变形解体，在雨季变形仍在进行。

水库蓄水后，库区基岩岸坡库岸再造轻微，库岸再造一般宽 10～16m，最大宽度 50m。其中有 4 段岸坡在水库蓄水后，库岸再造将对周围建筑产生影响，对该范围内的建筑应采取择址重建或加固的措施。库区右岸 TR2 段（1.52～3.23km）为顺向坡，本阶段勘察初期对其开展了部分勘察研究工作，根据已取得的勘探资料，未发现明显滑带。考虑到该库岸为顺向坡，距大坝较近，建议在大坝围堰挡水期间及水库蓄水初期对其进行监测。右岸 TR14 段为变形体岸坡，水库蓄水后变形体有 0.11 万 m^2 位于库水位以上，大部分处于库水位以下，变形体失稳对水库正常运行影响小，但水库蓄水将会加剧后缘公路下沉破坏。

工程实施期间受降雨等影响新近发生了体积在 1000m^3 规模以上滑坡 6 处，均为中、小型滑坡。其中以松散堆积层为主滑坡有 2 处，全强风化岩石为主滑坡有 3 处，全强风化岩石—堆积层滑坡有 1 处。根据滑坡地形、地貌、物质组成和目前变形特征判定，目前 6 处滑坡均为欠稳定—不稳定状态；S1-1# 滑坡产生的破坏方式主要为崩塌，其他滑坡的破坏方式主要为滑动破坏；除 S5-3# 滑坡上分布有居民和建筑外，其他滑坡上基本无居民和建筑物分布。除 S4-2# 滑坡体在水库蓄水后滑坡体前缘部分位于水位以下外，其余滑坡均在库水位以上。针对这 6 处滑坡，均进行了相应的工程处理，并布置了相应的观测监测设施进行监测，并辅以无人机定期观测和巡视检查。

3.2.4 固体径流

库区回水长度约为 27km，岸坡总体稳定条件好。库区右岸的变形体大部分处于正常蓄水位以下，变形体体积小，基本不会对水库造成危害，库区分布的崩塌体位于正常库水位以下，因此岸坡固体物质来源有限。

但是，库区岸坡岩体破碎、岸坡稳定条件差、崩塌等物理地质作用强烈的库段，会增加库区大颗粒固体径流物质；地表植被覆盖率较高，地表水侵蚀作用较强烈，在水土流失较严重的库段也会增加库区大颗粒固体径流物质；雨季部分冲沟会产生山洪，同样会增加库区大颗粒固体径流物质。就库区范围而言，固体径流物质增加不严重，对工程影响有限。但是，由于吉拉姆河本身属于多泥沙河流，应充分重视水库以外固体径流物质对水库的影响。

3.2.5 水库诱发地震

卡洛特水库虽然具有一定的坝高条件，但是库容相对较小，并且库区不存在易于诱发水库地震的地层岩性条件及水文地质条件，同时库区没有发现活动断裂，因而从地震地质条件看，卡洛特水库不具备诱发高震级地震的条件，即使发生诱发地震，其震级也较低。

另据诱发地震概率分析计算结果，卡洛特水库诱发Ⅰ类地震（Ms≥5.0）的概率非常低，在万分之一左右；发生Ⅱ类（4.9≥Ms>4.0）、Ⅲ类（4.0≥Ms>3.0）地震的概率则上升到 3%～7%。发生Ⅳ类（Ms≤3.0 级）地震的发震概率可达 90%。所以，卡洛特水电站蓄水后发生较高震级地震（Ms≥5.0）可能性很小，如若发生诱发地震，最高震级为 Ms3.0 级，对坝址区的最大影响烈度为Ⅴ度。

3.3 坝址区工程地质条件

3.3.1 地形地貌

卡洛特水电站坝址位于吉拉姆河中上游河段，坝址区属中低山地貌，两岸临江岸坡山顶地面高程一般为 510～870m。坝址区为典型的河湾地貌，吉拉姆河由 SSE 向流入坝址区，在坝址上游经 124°的大转弯后呈北东流向，约 650m 后沿弧形河湾（回头湾）转向 SSW 向并穿过卡洛特桥流出坝址区，之后逐渐转向 SEE 流向，在坝址区内吉拉姆河平面形态呈“几”字型河湾（图 3.2），并在右岸形成宽约 700m 的河湾地块。

图 3.2 坝址区河湾地块地形地貌

坝址河段河谷形态总体为不对称"V"形谷。坝址区河湾以上左岸近岸斜坡总体为台阶状斜坡，平均坡度 25°～30°，局部 38°～42°，高程 424～462m 局部发育 1～2 层台状平缓斜坡，坡顶一般为宽缓的顺向基岩边坡，地面高程 510～600m；右岸河湾地块岸坡上陡下缓，下部地形坡度 25°～35°，上部为台阶状陡崖地形，坡顶则为向 SEE 倾斜的平缓斜坡地形。河湾以下地形相对开阔，左岸总体为发育多级平缓斜坡的台阶状斜坡，坡顶为向 SE 倾斜的顺层斜坡，卡洛特大桥上游左岸岸坡发育有左 6# 冲沟，切割较深；右岸岸坡下部地形稍缓，坡度 20°～35°，上部受岩性控制形成陡坎地形。坝址区地形较完整，左岸山体浑厚，右岸河湾地块高程 461m 处宽 380～700m，不存在地形垭口。

吉拉姆河卡洛特河段枯水期水面宽 30～60m，水面高程 388～391m，相应水深一般为 6～8m，河床深槽一般位于河床中部，最大水深约 12m。

河床两岸漫滩不发育，仅局部见有狭窄的崩塌块石堆积的漫滩或基岩滩，宽度小于 10m，左岸河湾处漫滩相对较宽，滩面高程 395～400m，宽 30～80m，顺河长约 350m，主要堆积有大孤石、块石、粉细砂等，部分基岩裸露，洪水期被水淹没。两岸局部见有阶地发育，近岸地带可见有 3 级阶地分布，其中Ⅰ级阶地主要分布于卡洛特桥上游左岸、坝址回头湾上游左岸，阶面高程一般为 415～430m，卡洛特桥上游左岸Ⅰ级阶地为基座阶地，阶面一般较狭窄，向河床及下游倾斜，见有厚度不大的冲积堆积，上部为细粒土，下部为砾卵石堆积；回头湾上游左岸Ⅰ级阶地为堆积阶地，阶地堆积物主要为崩塌与河流冲积混合堆积物。Ⅱ级阶地主要分布于右岸卡洛特桥附近、左岸卡洛特桥上游及下游，为基座阶地或侵蚀阶地，右岸Ⅱ级阶地阶面高程一般为 455～465m，阶面相对宽阔，保存较完好，阶面总体下游微倾，前沿地形稍高，后缘有地表流水冲刷形成的负地形，阶面见有厚 3～13.6m 的冲积堆积，上部细粒土厚度一般为 2～6m，主要由砂质黏土、砂壤土及粉细砂等组成，下部为砂砾卵石堆积，厚 1.9～11.6m，下游侧后缘受冲沟地表水冲刷局部基岩出露，前沿陡坎可见有基岩出露；左岸Ⅱ级阶地阶面一般较狭窄，向河床及下游倾斜，下游侧与下部Ⅰ级阶地呈斜坡过渡，阶面见有厚度不大的冲积堆积，上部为细粒土，下部为砾卵石堆积，前沿见有基岩出露。Ⅲ级阶地主要分布于右岸河湾地块及坝址下游与右岸巴得利沟交汇处，为基座阶地；河湾地块Ⅲ级阶地位于河湾地块顶部，阶面总体向河两侧微倾，中部较为平坦，阶面见有冲积堆积，钻孔揭露厚度 6～21.1m，上部细粒土厚 0.5～7.5m，主要为砂质黏土、粉质黏土及砂壤土，局部含卵石，下部为砾卵石堆积，厚度 0.5～20.6m，基岩面起伏较大，阶地四周均可见到基岩出露；坝址下游Ⅲ级阶地阶面总体较为平坦，前沿呈斜坡向下过渡，阶面见有冲积砾卵石夹细粒土堆积，前沿见基岩出露。

坝址区左岸发育 6 条冲沟，其中左 1# ～左 2# 冲沟分布于回头湾以上岸坡上部平缓斜坡部位，左 3# ～左 5# 冲沟位于回头湾部位岸坡，左 5# 冲沟均为浅切冲沟，切割深度一般小于 25m；6# 冲沟为坝址区左岸最大的冲沟，延伸长度约 11.4km，沟口位于卡洛特桥上游约 390m 处，冲沟源自区外，与吉拉姆河之间形成高约 10m 的跌坎，枯水期沟内流水呈瀑布状跌落后汇入吉拉姆河，沟内枯期流量小，几近干涸，洪水期流量激增。右岸发育右 1# ～右 3# 冲沟，分布于河湾地块后部，切割深度均不大。吉拉姆河为坝址区内最低侵蚀基准面。

3.3.2 地层岩性

坝址区分布地层为新生界磨拉石建造的陆源碎屑沉积岩地层，未见岩浆岩、变质岩分布。出露的基岩地层主要为新近系中新统纳格利组（N_{1na}）以及多克帕坦组（N_{1dh}）地层（表 3.1），岩性主要为中砂岩、细砂岩、泥质粉砂岩及粉砂质泥岩等，岩性较为复杂。统计表明，勘探范围内不同岩性所占大致比例分别为：泥岩、粉砂质泥岩 23.8%，泥质粉砂岩、粉砂岩 32.0%，中粗砂岩 38.0%，细砂岩 6.2%。

表 3.1　坝址区地层岩性

界	系	统	地层代号		厚度/m	主要岩性
新生界	第四系	全新统	Q_4	Q_4^{col+dl}	5.0～10.0	孤石、块石夹碎石土，孤石、块石主要为中砂岩、泥质粉砂岩，棱角状
				Q_4^{col+al}	10.0～21.5	孤石、块石夹砾石土，孤石、块石主要为中砂岩，次棱角状，砾石主要为中砂岩
				Q_4^{pl+dl}	0.5～1.0	砾石土，砾石为次圆状，局部夹中粗砂
				Q_4^{edl}	1.0～3.0	碎石土，碎石主要为中砂岩、泥质粉砂岩，较松散
		更新统	Q_{2-3}	Q_{2-3}^{al+pl}	2.0～12.0	部分为二元结构，上部为壤土，灰褐色，下部为砂砾卵石，轻微胶结，较密实，厚度不均匀；部分以壤土为主，含少量卵砾石

续表

界	系	统	地层代号		厚度/m	主要岩性
新生界	上第三系	中新统	N_{1dh}^{3}	N_{1dh}^{3-1-2}	25.0～30.0	泥质粉砂岩、粉砂质泥岩互层，暗紫红色
				N_{1dh}^{3-1-1}	20.0～27.2	中砂岩，浅灰绿色，中—细粒结构，巨厚层状，夹灰绿色粉砂
			N_{1dh}^{2}	N_{1dh}^{2-3-2}	18.0～25.0	泥质粉砂岩，灰黄色，夹灰绿色斑状，夹厚层状中砂岩，灰绿色，中—细粒结构
				N_{1dh}^{2-3-1}	14.9～15.0	中砂岩，浅灰绿色，中厚层—厚层状，中—细粒结构
				N_{1dh}^{2-2-2}	15.0～21.1	泥质粉砂岩、粉砂质泥岩互层，暗紫红色—灰黄色，不等厚，以中厚层为主
			N_{1dh}^{2}	N_{1dh}^{2-2-1}	4.1～5.0	中砂岩，浅灰绿色，中厚层状—厚层状，见少量溶蚀孔洞，夹薄层泥质粉砂岩
				N_{1dh}^{2-1-2}	20.0～30.0	紫红色泥质粉砂岩、粉砂质泥岩与浅灰绿色细砂岩互层，薄层—中厚层状
				N_{1dh}^{2-1-1}	7.2～15.0	浅灰绿色厚层、巨厚层状中砂岩
			N_{1dh}^{1}	N_{1dh}^{1-2-3}	15.0～24.8	紫红色粉砂质泥岩，夹薄层泥质粉砂岩
				N_{1dh}^{1-2-2}	9.3～12.0	浅灰绿色厚层、巨厚层状中砂岩
				N_{1dh}^{1-2-1}	2.7～5.0	灰绿色中砂岩，厚层状，胶结差，厚度不稳定，局部上覆紫红色粉砂质泥岩
				N_{1dh}^{1-1-2}	10.0～20.0	粉砂岩与粉砂质泥岩互层，粉砂岩呈青灰色，中厚层状
				N_{1dh}^{1-1-1}	7.5～12.0	浅灰绿色—青灰色中砂岩，厚层状
			N_{1na}^{4}	N_{1na}^{4-3-2}	6.5～15.0	浅紫红色薄层—中厚层粉砂质泥岩、泥质粉砂岩互层
				N_{1na}^{4-3-1}	11.7～20.5	灰色中厚—厚层状砂岩，局部夹透镜状弱胶结砂岩
				N_{1na}^{4-2}	4.7～24.3	浅紫红色薄层状泥质粉砂岩与粉砂质泥岩互层，局部夹灰绿色中厚层状细砂岩
				N_{1na}^{4-1}	1.5～33.6	灰色中厚—厚层状细砂岩夹中砂岩，局部弱胶结

续表

界	系	统	地层代号		厚度/m	主要岩性
新生界	上第三系	中新统	$N_{1na}{}^{3}$	$N_{1na}{}^{3-3-2}$	7.5～26.6	浅紫红色薄—中厚层泥质粉砂岩夹粉砂质泥岩，顶部夹青灰色薄层泥质粉砂岩
				$N_{1na}{}^{3-3-1}$	7.4～29.7	灰色中厚—厚层状细砂岩，中部夹浅紫红色薄层泥质粉砂岩，局部夹透镜状分布的弱胶结砂岩
				$N_{1na}{}^{3-2-2}$	5～29.6	浅紫红色薄—中厚层粉砂质泥岩夹中厚层状中砂岩
				$N_{1na}{}^{3-2-1}$	0～19.3	灰色厚层、巨厚层状中砂岩，局部胶结较差
				$N_{1na}{}^{3-1-2}$	9.6～23.2	浅紫红色薄—中厚层粉砂质泥岩夹泥质粉砂岩
				$N_{1na}{}^{3-1-1}$	7.1～22.4	灰色中砂岩夹薄层粗砂岩，局部夹弱胶结砂岩及透镜状疏松砂岩，厚层—巨厚层状
			$N_{1na}{}^{2}$	$N_{1na}{}^{2-4}$	13.6～34.2	浅紫红色薄—中厚层粉砂质泥岩夹泥质粉砂岩、泥岩
				$N_{1na}{}^{2-3}$	20.3～23.7	青灰色粉砂岩、中砂岩，夹紫红色粉砂质泥岩透镜体
				$N_{1na}{}^{2-2}$	18.8～19.3	青灰色中砂岩夹细砂岩
				$N_{1na}{}^{2-1-2}$	10.4～15.0	浅紫红色薄—中厚层泥质粉砂岩夹中厚层细砂岩
				$N_{1na}{}^{2-1-1}$	15.0～26.8	灰色中厚—厚层状中砂岩，局部夹薄层杂色粉砂质泥岩或砾岩
			$N_{1na}{}^{1}$	$N_{1na}{}^{1-2}$	25.0～33.7	浅紫红色薄—中厚层泥质粉砂岩夹薄层泥岩、粉砂质泥岩及细砂岩
				$N_{1na}{}^{1-1-2}$	22.0～32.5	浅紫红色薄—中厚层泥质粉砂岩夹中厚层细砂岩
				$N_{1na}{}^{1-1-1}$	8.5～10.0	灰色夹灰黄色厚层状中砂岩

坝址区主要岩石岩矿鉴定成果表明，砂岩（中砂岩—粉砂岩）主要以岩屑砂岩为主，少量为岩屑石英砂岩，中—粉粒结构，分选中等—差，以孔隙式胶结为主，胶结物成分主要为钙质（方解石），部分为泥质。泥岩主要为绢云母化泥岩、泥质板岩泥岩及少量伊利石泥岩，多具鳞片—泥状结构。

坝址区沉积岩岩性及岩相空间变化大，不同层位岩层厚度变化也较大，特别是 $N_{1na}{}^{3-1-1}$～$N_{1na}{}^{4-2}$ 层，部分岩层等厚图在平面上出现峰谷变化且无明显规律性，部分如 $N_{1na}{}^{4-1}$ 层总体由 SW 向 NE 变薄并在右岸河湾地块前部厚度急剧减小，$N_{1na}{}^{3-2-1}$ 层在坝址 SW 侧局部出现尖灭；各地层厚度变化在总体上具有以砂岩为主的地层由 SW 向 NE 厚度变薄，而以泥质粉砂岩、粉砂质泥岩互层为主的地层则厚度增大的趋势。此外，岩层中透镜体分布较普遍，局部也存在岩性渐变，地层岩性较复杂。岩性及岩相空间变化反映出沉积环境及水动力条件的复杂变化。

由于沉积环境、成岩胶结程度的不同，坝址区砂岩层中夹有透镜状分布的疏松砂岩，主要分布于 $N_{1na}{}^{3-1-1}$ 层，$N_{1na}{}^{3-2-1}$、$N_{1na}{}^{3-3-1}$、$N_{1na}{}^{4-1}$ 及 $N_{1na}{}^{4-3-1}$ 层局部也见有分布。统计表明，疏松砂岩透镜体一般厚 0.1～0.6m，最厚可达 3.5m，在地层中分布不稳定，成层性差，空间分布上具随机性，无一定规律可循。

坝址区 $N_{1na}{}^{2-4}$ 层中部偏上、$N_{1na}{}^{3-3-2}$ 层底部分布有杂色（黄褐、灰白、紫灰、紫红色相杂）疙瘩状粉砂质泥岩，岩体结构一般较疏松，抗风化能力差，地表露头见有类似“姜石”的疙瘩状钙质胶结的粉砂岩团块分布。疙瘩状粉砂质泥岩总体上具一定的成层性，但分布及厚度不稳定，空间变化大，其风化破碎程度及性状也不尽一致。

坝址区出露的地层总体上可视为连续沉积（不排除有短暂的沉积间断），各岩性层之间均为整合接触，由于受沉积环境、物源碎屑、水动力条件等差异，不同岩性层之间接触面形态千差万别，接触面力学性质与上下岩层岩性、接触面起伏情况密切相关。根据地表测绘、平硐及钻孔揭露，坝址区与建筑物关系密切的主要岩层接触面主要为较平直型、波状起伏型，特别是呈互层状结构的岩体多为这类接触面，且胶结较紧密，除 PD03 平硐处局部外，其余部位均未见层间剪切错动迹象。

吉拉姆河两侧岸坡分布有大量的崩塌堆积体（$Q_4{}^{col+dl}$），主要由碎块石土夹体积巨大的巨石组成，密实度差，架空现象较普遍，厚度一般为 1.5～5.0m，左岸局部厚达 14m；两岸平台斜坡地带及冲沟内局部分布少量残坡积物（$Q_4{}^{edl}$）及坡洪积物（$Q_4{}^{dl+pl}$），厚度不大，一般小于 3m，主要为褐黄色粉质黏土夹砾石、卵石；冲积、崩积物（Q^{al+col}）主要分布于河床及左岸漫滩，河床冲积物厚 4.5～11.0m，主要为砂砾卵石夹中砂岩块石；阶地冲积物主要分布于右岸Ⅱ、Ⅲ级阶地上部，厚 3.0～21.1m，一般具二元结构，表层为细粒土或砂层，下部为砂砾卵石层，结构较密实，分选性差；左岸Ⅰ级阶地冲积、崩积混合堆积物厚度可达 20～23m。此外，坝址区局部分布有新近地滑堆积（$Q_4{}^{del}$），主要为崩坡积物新近产生滑动形成的堆积物，与崩坡积物类似，结构更松散。

3.3.3 地质构造

坝址区在构造上处于左岸卡拉托特向斜 SW 翼与右岸纳湾背斜 NE 翼之间的宽缓单斜岩层部位，岩层产状平缓且较稳定，岩层倾角 7°～10°。

卡拉托特向斜核部位于吉拉姆河左岸，距坝址约 2.2km，向斜轴线由 NW 向 SE 延伸，向斜轴总体向 SE 侧倾伏，NW 端微翘。核部地层为多克帕坦组地层，向斜核部宽缓（宽 4～5km），岩层产状平缓，两翼主要由多克帕坦组和纳格利组地层组成，岩层产状基本对称，南西翼岩层倾角 7°～20°。纳湾背斜位于吉拉姆河右岸，轴部距坝址约 2.1km，核部地层为钦吉组地层，两翼主要由钦吉组和纳格利组地层组成。坝址右岸支流露头显示，背斜轴部 NE 翼岩层倾角明显陡于 SW 翼，岩层呈膝状转折，褶皱轴面向 SW 倾斜。根据区域地质资料，背斜两翼岩层总体走向 N35°W～N47°W，NE 翼岩层倾角为 20°～52°，SW 翼岩层倾角为 15°～65°，NE 翼岩层倾角向翼部方向急剧变缓，至坝址附近倾角为 7°～12°。

坝址区断层不发育，主要构造形迹为裂隙及少量层间剪切带。

3.3.3.1 裂隙

坝址区近岸地带地表发育的裂隙多为卸荷裂隙，在不同的部位由于岸坡走向的差异，其发育方向也有较大的差异。

左岸吉拉姆河回头湾上游近岸地带基岩出露地段发育两组裂隙。其中规模较大的一组与河流方向大致平行，走向一般为 50°～60°，倾向 NW，倾角 75°～85°，裂隙延伸长度一般为 10～15m，间距 0.5～0.8m，地表呈缝状张开，张开缝可见深度 1～2m，裂面平直粗糙，多充填碎屑和岩粉。另一组走向与第一组基本垂直，长度受第一组控制，多短小，长度一般为 0.4～0.6m，发育间距 5～6m，微张—闭合。左岸河湾以下沿河近岸岸坡出露的砂岩陡坎部位见有较多的卸荷裂隙发育，裂隙走向一般为 NNW～近 N，倾向 SW（倾河流侧），多为陡倾角，部分近直立，延伸长度一般 10～20m，少数顺岸坡延伸长度可达 30～50m，沿裂隙多张开呈缝状，规模大者张开缝宽可达 1m 左右，可见切割深度大于 3m，砂岩陡坎因卸荷裂隙切穿而构成孤立的岩体。

右岸河湾地块上、下游侧距陡崖 25～50m 范围地表发育两组裂隙。第一组与陡崖近于平行，走向 35°～65°，河湾上游倾 NW、下游倾 SE（倾河流一侧），倾角 60°～80°，延伸长度一般为 3～20m，平均间距 0.5～0.8m，近地表呈张开缝状，张开缝深度一般小于 2m，向下尖灭闭合。第二组裂隙与第一组裂隙近于正交，倾角一般 70°～85°，延伸一般受第一组裂隙限制，较短小，长度在 0.25～1m 变化。

平硐裂隙资料统计（图 3.3）表明，裂隙主要为 NE、NEE、NNE 走向 3 组：第一组（NE 组）走向 30°～60°，以倾 NW 为主，中等倾角为主，少量缓倾角裂隙发育；第二组（NEE 组）走向 60°～90°，以倾向 NW 为主，少量倾 SE，以陡倾角为主，少量中—缓倾角；第三组（NNE 组）走向 0°～30°，以倾向 NW 为主，中—缓倾角；NW 向裂隙较不发育。裂隙一般较平直、裂面粗糙，延伸长度一般小于 2m，约占裂隙总数的 73%，少量可达 3～5m，裂隙宽度一般小于 1mm，部分裂隙宽度可达 1～3mm，以泥质或岩屑充填为主，部分为钙质或方解石充填，部分裂隙见有铁质浸染。

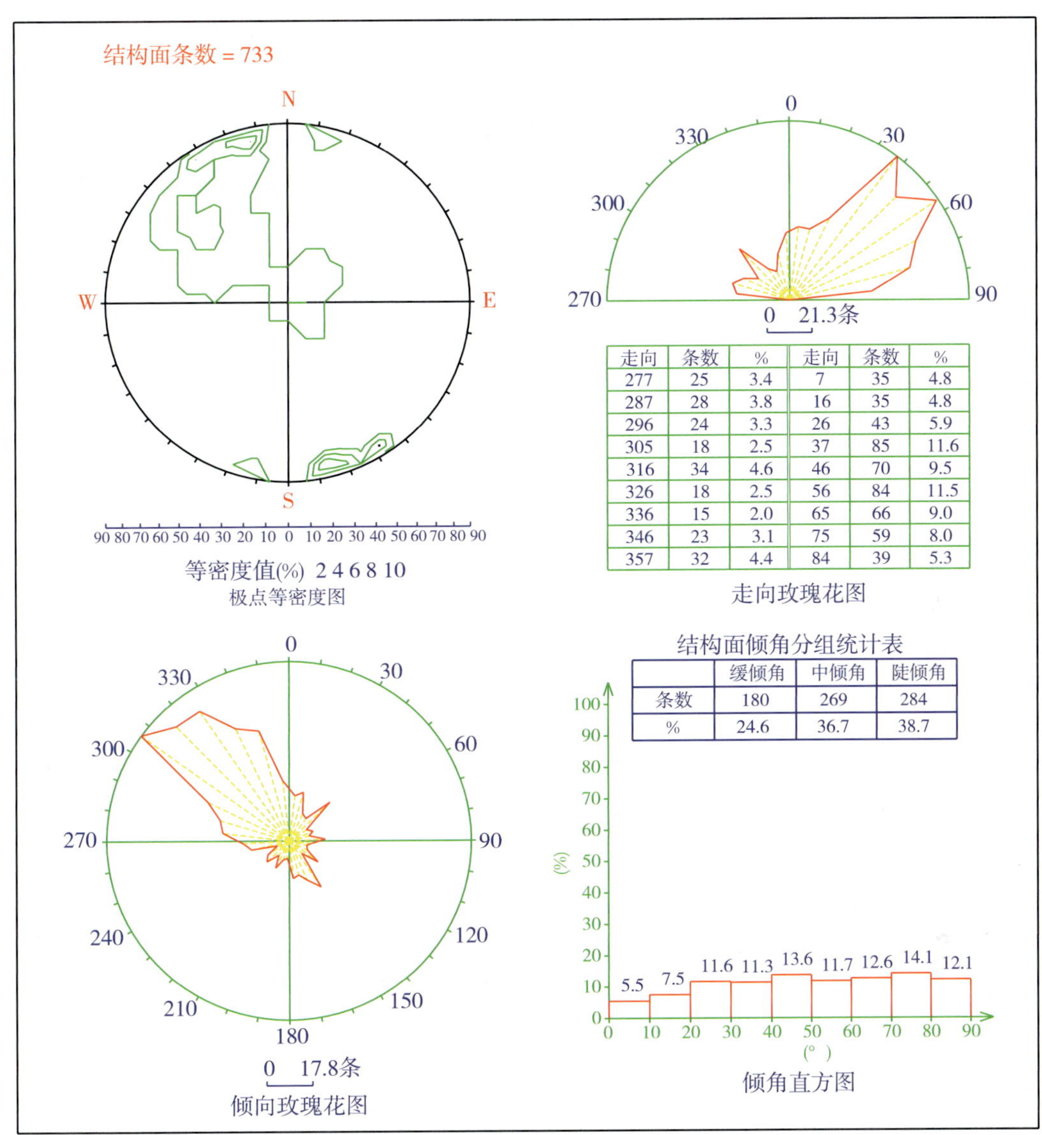

走向	条数	%	走向	条数	%
277	25	3.4	7	35	4.8
287	28	3.8	16	35	4.8
296	24	3.3	26	43	5.9
305	18	2.5	37	85	11.6
316	34	4.6	46	70	9.5
326	18	2.5	56	84	11.5
336	15	2.0	65	66	9.0
346	23	3.1	75	59	8.0
357	32	4.4	84	39	5.3

	缓倾角	中倾角	陡倾角
条数	180	269	284
%	24.6	36.7	38.7

图 3.3 坝址区平硐裂隙统计

统计表明，平硐揭露砂岩($N_{1na}{}^{3-3-1}$、$N_{1na}{}^{4-1}$)、粉砂岩与泥岩互层($N_{1na}{}^{3-3-2}$、$N_{1na}{}^{4-2}$)岩体中裂隙发育特征有一定的差别。砂岩中裂隙主要以 NE 组最发育，NNE 组次之，以倾向 NW 为主，还发育少量的 NNW 及 NW 向裂隙，以中陡倾角裂隙为主，缓倾角裂隙不甚发育。粉砂岩与泥岩互层岩体中裂隙以 NE 组最发育，NEE 组稍次，NNE 及 NW 向裂隙相对较少，NE 方向裂隙以倾向 NW 为主，少量倾向 SE，NW 方向裂隙则多倾向 NE，部分倾向 SW，裂隙倾角以陡、中倾角为主，缓倾角裂隙相对较发育。从裂隙规模来看，分布于砂岩中的裂隙规模相对较大。

3.3.3.2 层间剪切带

坝址区在构造上处于左岸卡拉托特向斜 SW 翼与右岸纳湾背斜 NE 翼之间的宽缓单斜

岩层部位，岩层产状平缓且较稳定，岩层倾角 7°～10°。分析表明本区域受褶皱构造影响相对较弱，岩层在褶皱过程中层间的相对位错相对较弱。

通过地表测绘、目前所完成的平硐、钻孔和钻孔高清晰度彩色电视录像等资料综合分析表明，坝址区岩层间剪切带不甚发育，目前发现的剪切带主要有 2 条，为 C3-3-1、C3-3-2。

（1）C3-3-1

产状 84°∠13°，宽 3～7cm，位于 N_{1na}^{3-3-2} 层底部粉砂质泥岩夹泥质粉砂岩互层中，距 N_{1na}^{3-3-2} 层底界地层厚度约 2m，在 PD03 平硐内揭露，距离洞口 30～40m。剪切带上盘为粉砂质泥岩夹泥质粉砂岩，下盘为泥质粉砂岩，剪切带上下错动面较平直，见轻微擦痕与蜡状光泽，带内主要为浅褐黄色碎裂状泥质粉砂岩或岩屑，带内破裂面局部充填泥膜，厚度小于 1mm。平硐内剪切带延伸较稳定，贯穿平硐硐顶及侧壁。

（2）C3-3-2

产状 86°∠11°，宽 3～5cm，位于 N_{1na}^{3-3-2} 层底部粉砂质泥岩夹泥质粉砂岩互层中，距 C3-3-1 地层厚度为 2～2.5m，在 PD03 平硐内揭露，距离洞口 35～41m。剪切带上盘为泥质粉砂岩，下盘为粉砂质泥岩，均为暗紫红色，错动带上下界面为剪切破裂面，较平直，未见擦痕，带内主要为粉砂质泥岩碎屑，局部夹泥。带内可见 2～3 条平行剪切面，延伸一般不稳定。

两条层间剪切带在空间展布上延续性差，在 PD03 平硐下游的 PD02 平硐相应部位未见发育。

3.3.4 水文地质

（1）地表及地下水

场区内左岸发育 6 条冲沟，冲沟一般切割深度 3～5m，为季节性冲沟，雨季有水流，旱季多无水流，其中，左 6# 冲沟切割较深，一般深 15～20m，旱季时流量约 1m³/s，雨季时最大流量大于 50m³/s。右岸共发育 3 条浅切冲沟，均为季节性冲沟，雨季有水流，暴雨后流量增大，旱季多无水流或有小流量水流，流量一般为 3～5L/min。

区内地下水按赋存条件划分主要为基岩裂隙水和第四系松散堆积层孔隙水。

基岩孔隙裂隙水主要赋存于中砂岩中，一般为中等—贫含水，由于存在泥岩、泥质粉砂岩等相对不透水岩层呈夹层或互层分布，形成多层状水文地质结构，加之地层产状较平缓，中砂岩中的裂隙水局部具承压性。ZK42 钻孔孔深约 53m 附近揭露到局部承压水，实测承压水水头约 54m（高出孔口约 1.0m），终孔后地下水溢出孔口呈自流状态，观测流量 10～15L/min。基岩裂隙水主要接受大气降水、冲沟地表水、覆盖层地下水及两岸山体同一含水层地下水的补给，以泉水形式向地表排泄或经地下潜流向本区最低侵蚀基准面吉拉姆河分散式排泄。

第四系松散堆积层孔隙水主要含水层为河床中的卵砾石夹碎块石层、阶地堆积物及近岸地带分布的崩塌堆积层中，阶地堆积物及崩塌堆积层中孔隙水含水程度受其分布地形及物质组成影响较大。第四系残坡积层一般厚度不大，含水较贫。

坝址区地表发现多处泉水出露点，均为季节性下降泉，以基岩裂隙水居多，多位于砂岩与泥岩接触部位出露，水量一般小于 1L/min。

根据钻孔地下水位观测结果，坝址区左岸钻孔地下水位埋深一般为 0～38.8m，近岸深厚覆盖层堆积部位埋深相对较大；右岸河湾地块地下水埋深变化较大（表 3.2），中部地下水埋深一般为 0～29.0m，靠近岸坡陡崖附近钻孔，受岩体卸荷影响，钻孔地下水位埋深较深，可达 30.0～50.9m，河湾地块前部受地形及岩体风化等影响地下水位埋深达 59.7～77.6m。在距河湾地块上游岸坡 30～50m 范围内，受岸坡卸荷影响卸荷裂隙较发育，地下水位埋深较深，往河湾地块中部地下水位逐渐抬升，至 ZK44 孔～ZK40 孔一带为最高（495～498m），往下随着地面高程的降低，地下水位平稳下降，但埋深不大，一般为 0～10.0m，在靠近下游近岸陡立岸坡开始陡降，与下游河水位相接。总体上看，河湾地块地下水位从 SW 靠山侧向河湾地块前缘逐渐降低，至河湾地块前缘一带受地形、岩体风化及卸荷等影响，岩体透水性增大，地下水下降较快，近岸地下水线相对较平缓。

根据右岸河湾地块区域内钻孔地下水位（表 3.2）分析表明，河湾地块中部存在地下分水岭，河湾地块地下水分别向两侧吉拉姆河排泄。

吉拉姆河为坝区地表水和地下水的最低排泄基准面。

表 3.2　　右岸河湾地块钻孔地下水位

孔号	孔口高程/m	埋深/m	地下水位/m	孔号	孔口高程/m	埋深/m	地下水位/m
ZK39	455.44	20.40	435.04	ZK90	409.17	18.00	391.17
ZK40	504.36	6.36	498.00	ZK93	512.08	18.10	493.98
ZK41	456.68	1.46	455.22	ZK94	431.48	37.10	394.38
ZK42	479.72	0	479.72	ZK95	435.57	28.40	407.17
ZK43	494.78	18.51	476.27	ZK96	438.17	28.30	409.87
ZK44	500.50	5.48	495.02	ZK107	420.65	9.00	411.65
ZK45	489.86	3.46	486.40	ZK108	513.69	50.90	462.79
ZK46	489.84	5.65	484.19	ZK111	520.19	27.40	492.79
ZK47	468.59	1.18	467.41	ZK118	425.31	29.00	396.31
ZK49	411.71	16.90	394.81	ZK120	513.16	59.70	453.46
ZK50	479.72	8.81	470.91	ZK122	473.45	31.50	441.95
ZK51	444.95	26.82	418.13	ZK123	423.32	17.60	405.72
ZK68	426.20	26.80	399.40	ZK128	520.77	64.00	456.77
ZK70	513.46	23.70	489.76	ZK130	439.39	40.10	399.29
ZK81	440.60	14.60	426.00	ZK131-1	422.93	33.20	389.73

续表

孔号	孔口高程/m	埋深/m	地下水位/m	孔号	孔口高程/m	埋深/m	地下水位/m
ZK83	452.87	29.40	423.47	ZK132	422.48	20.40	402.08
ZK84	447.45	30.00	417.45	ZK133	424.60	14.00	410.60
ZK85	467.21	0.70	466.51	ZK134	464.68	7.60	457.08
ZK86	461.52	6.50	455.02	ZK135	424.94	43.80	381.14
ZK87	476.81	6.80	470.01	ZK136	506.70	77.60	429.10
ZK88	460.50	7.80	452.70	ZK190	466.30	13.60	452.70
ZK89	464.32	5.40	458.92	ZK193	410.59	18.10	392.49

(2)岩体透水性

根据钻孔压水试验成果统计(表3.3)表明，区内各类岩石总体透水性较弱，不同岩类微新岩体吕荣值 $q<10$Lu 的试段均占试验总段数的90%以上，$q<3$Lu 的试段所占比例为78%以上，微新岩体一般透水性微弱。岩体透水性受岩体风化程度影响较大，特别是弱风化粉砂岩、细砂岩，岩体透水性 $q\geqslant10$Lu 的试段占同类弱风化岩体试段总数的12.5%～43%。从不同岩类之间差异来看，中砂岩、细砂岩相对于其他岩类透水性稍大。

坝址区两岸及河床岩体透水性存在微小的差异。从总体上来看，左岸及河床岩体透水性相对于右岸要小，绝大多数试段岩体透水率 q 小于3Lu，右岸河湾地块岩体透水率 q 大于3Lu的试段所占比例相对较大，并有少部分试段岩体透水率 q 大于10Lu。

表3.3　　坝址区钻孔压水试验成果统计结果

岸别	岩性	风化状态	总段数	$100\mathrm{Lu}>q\geqslant10\mathrm{Lu}$		$10\mathrm{Lu}>q\geqslant3\mathrm{Lu}$		$3\mathrm{Lu}>q\geqslant1\mathrm{Lu}$		$q<1\mathrm{Lu}$	
				段数/段	百分比/%	段数	百分比/%	段数/段	百分比/%	段数/段	百分比/%
左岸	粉砂质泥岩	弱风化	2					1	50.0	1	50.0
		微新	28					9	32.1	19	67.9
	泥质粉砂岩	弱风化	3					1	33.3	2	66.7
		微新	70			2	2.9	28	40.0	40	57.1
	粉砂岩	弱风化	5					3	60.0	2	40.0
		微新	15					8	53.3	7	46.7
	细砂岩	微新	10					6	60.0	4	40.0
	中砂岩	弱风化	6							6	100.0
		微新	86	1	1.2	3	3.5	31	36.0	51	59.3

续表

岸别	岩性	风化状态	总段数	100Lu>q≥10Lu		10Lu>q≥3Lu		3Lu>q≥1Lu		q<1Lu	
				段数/段	百分比/%	段数	百分比/%	段数/段	百分比/%	段数/段	百分比/%
河床	粉砂质泥岩	弱风化	3							3	100.0
		微新	24	1	4.2	2	8.3	4	16.7	17	70.8
	泥质粉砂岩	微新	31					7	22.6	24	77.4
	粉砂岩	微新	2							2	100.0
	细砂岩	微新	8					1	12.5	7	87.5
	中砂岩	弱风化	3					3	100.0		
		微新	48	2	4.2	5	10.4	5	10.4	36	75.0
右岸	粉砂质泥岩	弱风化	6					4	66.7	2	33.3
		微新	232	6	2.6	10	4.3	57	24.6	159	68.5
	泥质粉砂岩	弱风化	10	3	30.0	3	30.0	4	40.0		
		微新	259	6	2.3	18	6.9	69	26.6	166	64.1
	粉砂岩	弱风化	7	3	42.9			4	57.1	0	0.0
		微新	96	1	1.0	15	15.6	34	35.4	46	47.9
	细砂岩	弱风化	3			3	100.0				
		微新	49			1	2.0	15	30.6	33	67.3
	中砂岩	弱风化	40	5	12.5	12	30.0	12	30.0	11	27.5
		微新	354	11	3.1	38	10.7	111	31.4	194	54.8

不同层位岩体钻孔压水试验成果统计表明，以（中）砂岩为主的地层（如 $N_{1dh}{}^{1-1-1}$、$N_{1na}{}^{4-3-1}$、$N_{1na}{}^{4-1}$、$N_{1na}{}^{3-3-1}$ 等层），微新岩体透水性总体上较以粉砂质泥岩、泥质粉砂岩互层的地层（如 $N_{1na}{}^{4-2}$、$N_{1na}{}^{3-3-2}$、$N_{1na}{}^{3-2-2}$、$N_{1na}{}^{3-1-2}$、$N_{1na}{}^{2-4}$ 等层）相对要强，但差异不是很明显，总体上仍属弱—微透水岩体。

（3）地下水水质及侵蚀性评价

坝址区域内地下水、地表水及吉拉姆河河水水化学分析结果表明，地表及地下水 pH 值为 7.05～7.78，为中性偏弱碱性，吉拉姆河河水水质类型为 HCO_3—Ca—Mg 型水，地表冲沟水及地下水水质类型为 HCO_3—Ca 型水。依据《水力发电工程地质勘察规范》（GB 50287—2008）附录 I 判定，吉拉姆河河水对混凝土无腐蚀性，冲沟地表水及地下水对混凝土具弱碳酸型腐蚀性。

3.3.5 软弱夹层

坝址区分布地层主要为新生界磨拉石建造的陆源碎屑沉积岩地层，岩石总体具有时代新、成岩胶结程度较差、岩石较软弱，岩性较复杂，较软岩与软岩呈不等厚互层状分布等特征，因此，具有发育软弱夹层的条件。

坝址区部分厚层中砂岩（如 $N_{1na}{}^{4-1}$ 层中部）层间局部分布不连续泥质粉砂岩、泥岩透镜体，但大多未见构造挤压及软化、泥化现象。

根据软弱夹层的性状，坝址区软弱夹层主要为Ⅰ类破碎夹层及Ⅱ类破碎夹泥层两类，目前尚未揭露到有泥化夹层分布。

（1）软弱夹层分布特征

对目前地表地质测绘、钻探及钻孔高清晰度彩色电视录像等进行研究表明，坝址软弱夹层具有以下分布特征。

1）在泥质粉砂岩与粉砂质泥岩互层（如 $N_{1na}{}^{2-4}$ 层中部、$N_{1na}{}^{3-3-2}$ 层下部）岩层中局部分布有泥岩、粉砂质泥岩夹层，受构造挤压，岩体破碎、软弱，局部见有不连续泥化现象，为Ⅱ类破碎夹泥层。

2）目前地表地质测绘、钻探及钻孔高清晰度彩色电视录像等尚未揭露到连续泥化的Ⅲ类软弱泥化夹层分布。

3）目前揭露到软弱夹层主要分布于河床及右岸陡崖部位，一般在层位及空间分布上连续性差，延伸范围有限。

（2）主要软弱夹层分布及性状

1）J2-4-2 夹层分布于左岸钻孔 ZK65 一带，发育于 $N_{1na}{}^{2-4}$ 层上部，孔深 55.05～55.25m 处，为Ⅰ类破碎夹层，见有构造挤压现象，呈多条条带状分布，宽度 1～4cm 不等，带内为碎块、片状碎屑，挤压带未见夹泥，岩芯破碎软弱，钻孔彩色电视录像在该部位表现为孔壁塌孔现象较严重，录像与岩芯对比见图 3.4。根据与该孔相邻近的其他钻孔对比分析，其他钻孔在相应层位（部位）未见夹层（构造挤压）分布，表明其延伸不稳定，延续性差，推测其长度 70～80m。

2）J3-3-3 夹层分布于 PD03 平硐 $N_{1na}{}^{3-3-2}$ 层下部，距离硐口 55～66m，产状 93°∠20°，宽 20～40cm，较平直。主要为薄层状粉砂质泥岩夹泥岩组成，暗紫红色，硐顶与硐壁交界线附近有水渗出，洞壁呈潮湿状，岩石极软弱，局部泥化，为Ⅱ类破碎夹泥层，平硐内延伸稳定，贯穿平硐硐顶及侧壁，坝址其他部位未见分布，延伸性差。

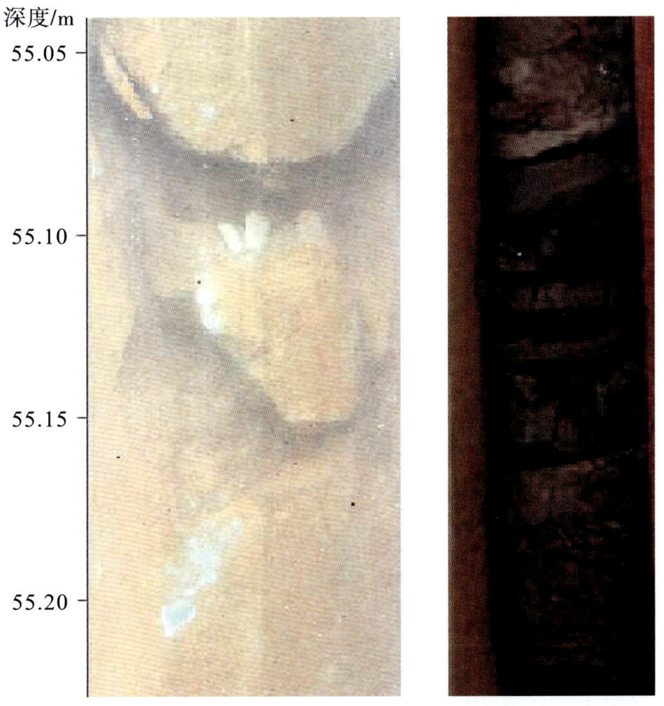

图 3.4 J2-4-2 软弱夹层钻孔录像(左)与岩芯(右、ZK65 孔)照片对比

3.3.6 岩体风化及卸荷

(1)岩体风化

坝址区地层主要为新近系中新统中砂岩、泥质粉砂岩、粉砂岩、粉砂质泥岩和泥岩等碎屑岩,岩石风化的特点主要为岩石破碎、性状变化与色变,主要是由卸荷回弹、温度变化及水等因素的长期作用引起的,总体具有自上而下、由岸坡向山体内、由强变弱的风化特征,同时局部又具夹层风化、囊状风化特征,在软硬岩变化部位差异风化明显。坝址区岩体的风化程度受岩性、构造和地形的控制,岩体风化具有垂直分带的特点,风化发育完全的岩体从上至下可分为全、强、弱、微 4 个风化带。不同岩类全风化特征具有一定的差异,泥质类岩石地表全风化呈土状,颜色变浅,砂岩类岩石全风化则多呈碎屑状,颜色变化较大;强风化岩体一般多呈碎块状,岩石结构变得疏松,强度降低明显,岩体透水性相对较大;弱风化主要表现为矿物明显蚀变,颜色变暗,失去光泽,结构疏松,强度降低,裂隙性风化明显,中砂岩锤击时声哑,其他岩石则极易开裂。

区内全风化带厚度一般较薄且分布有限;钻孔岩体风化带厚度统计表明,基岩强风化带厚度一般为 0～10.7m,强风化带底板埋深一般为 0～23m,弱风带厚度一般为 0～28.3m,弱风化带底板埋深一般为 3.8～37m,总体上看,岩体风化带厚度不大。河床部位大部分钻孔未揭露到基岩强风化带分布,仅少量见厚 0.6～1.3m 的基岩强风化岩体,弱风化岩体厚度一般也相对较小(厚 0～11.1m)。两岸近岸地带总体上岩体风化带厚度相对较薄,两岸岸坡上部、陡崖附近、山脊部位及右岸河湾地块前沿等部位，岩体受岸坡卸荷及多向风化等综合因素影响，风化局部加剧，风化带厚度一般相对较大。

不同岩性岩体风化发育程度存在一定的差别，总体上中砂岩、细砂岩等风化厚度相对较大，而泥质粉砂岩、粉砂质泥岩及泥岩等泥质类岩石岩体风化带厚度相对较小。

(2)岩体卸荷

坝址区处于地壳强烈上升地区，受河流下切、岩体差异风化等影响，岸坡陡立，陡崖部位岩体卸荷强烈，近陡崖部位地表卸荷裂隙发育。根据地表地质测绘及平硐揭露，陡立岸坡岩体卸荷带明显，可分为强、弱卸荷带两带：强卸荷带水平深度一般为 8～16m，带内卸荷裂隙发育较密集，一般间距 0.5～0.8m，强卸荷带内岩体一般呈强—弱风化状态；弱卸荷带水平深度一般为 6～25m，带内卸荷裂隙一般间距 1～3m，张开宽度 0.1～1cm，带内岩体一般呈弱风化至微新状态。由于岸坡具有层状软硬相间的岩体结构特点，在垂向上，随着高程的降低，岩体的卸荷作用逐渐减弱，强、弱卸荷带宽度也相应减小。

3.3.7 地应力

分别在坝址区河床 ZK66 钻孔及右岸河湾地块中部 ZK89 钻孔中进行了水压致裂法地应力测试。

河床 ZK66 钻孔地应力测试结果表明：在 21.1～98.6m 测试深度范围的最大水平主应力为 2.6～14.7MPa，最小水平主应力为 2.4～8.8MPa，铅直应力为 0.6～2.7MPa，测试区岩体应力量级为中应力水平，在孔深 80m 左右，受河谷地形影响，有明显的应力集中现象，最大水平主应力达 14.7MPa。最大水平主应力方向稳定在 N85°E～N87°E，与岩层倾向近于一致。最大水平主应力方向的侧压力系数 σ_H/σ_z 范围为 3.1～6.6，远大于 1，测孔应力场主要呈 $\sigma_H>\sigma_h>\sigma_z$ 特征，说明该区域地应力场以水平应力为主导。

右岸河湾地块中部 ZK89 钻孔地应力测试结果表明：42.6～138.1m 测试深度范围的最大水平主应力为 2.5～7.9MPa，最小水平主应力为 1.6～5.5MPa，铅直应力 σ_z 为 1.2～3.7MPa。岩体应力量级为中—低应力水平。最大水平主应力方向稳定在 N7°E～N16°E，与岩层走向基本一致。最大水平主应力方向的侧压力系数 σ_H/σ_z 范围为 1.7～2.9，深部主要在 2 左右，测孔应力场主要呈 $\sigma_H>\sigma_h>\sigma_z$ 特征，说明该区地应力场以水平应力为主导。

3.3.8 岩石(体)物理力学性质及钻孔声波测试

(1)岩石(体)物理力学性质

可行性研究阶段勘察对不同岩性共采取了 63 组钻孔岩石样进行室内试验研究，对试验成果中 45 个有效样本进行统计，结果见表 3.4、表 3.5。

表 3.4 岩石(体)物理性质试验成果统计

岩石名称	地层代号	统计项	块体密度/(g/cm³)			颗粒密度/(g/cm³)	天然含水率/%	自然吸水率/%	饱和吸水率/%	孔隙率/%
			干	天然	湿					
粉砂质泥岩、泥岩	N_{1dh}^{1-1-2}、N_{1na}^{4-2}、N_{1na}^{3-2-2}、N_{1na}^{2-4}、N_{1na}^{2-3}	最大值	2.34	2.36	2.47	2.74	3.15	12.57	13.97	27.01
		最小值	1.92	1.98	2.18	2.60	0.63	5.12	5.63	12.55
		平均值	2.13	2.17	2.34	2.69	1.89	9.27	10.14	20.93
		试验组数	6	6	6	6	6	6	6	6
泥质粉砂岩	N_{1dh}^{1-1-2}、N_{1na}^{4-3-2}、N_{1na}^{4-2}、N_{1na}^{4-1}、N_{1na}^{3-3-2}、N_{1na}^{3-3-1}、N_{1na}^{2-4}、N_{1na}^{2-2}、N_{1na}^{2-1}	最大值	2.60	2.62	2.65	2.79	2.59	18.38	18.83	33.00
		最小值	1.78	1.82	2.10	2.54	0.94	1.52	1.98	5.15
		平均值	2.17	2.20	2.36	2.69	1.51	8.51	9.38	19.32
		试验组数	19	19	19	19	19	19	19	19
细砂岩	N_{1na}^{4-1}、N_{1na}^{3-3-1}、N_{1na}^{3-1-1}、N_{1na}^{2-3}	最大值	2.40	2.42	2.48	2.72	2.11	19.58	22.06	35.29
		最小值	1.66	1.70	2.02	2.57	1.00	3.30	3.54	8.43
		平均值	2.19	2.22	2.36	2.65	1.40	7.77	8.92	17.38
		试验组数	5	5	5	5	5	5	5	5

续表

岩石名称	地层代号	统计项	块体密度/(g/cm³)			颗粒密度/(g/cm³)	天然含水率/%	自然吸水率/%	饱和吸水率/%	孔隙率/%
			干	天然	湿					
中砂岩(弱胶结)	N_{1na}^{4-3-1}、N_{1na}^{4-1}、N_{1na}^{3-3-1}、N_{1na}^{2-3}	最大值	2.42	2.45	2.51	2.70	2.44	5.62	29.31	43.50
		最小值	1.49	1.52	1.92	2.57	0.74	3.02	3.74	9.05
		平均值	2.09	2.12	2.30	2.64	1.53	4.03	11.71	20.79
		试验组数	4	4	4	4	4	4	4	4
中砂岩	N_{1na}^{4-3-1}、N_{1na}^{4-1}、N_{1na}^{3-3-1}、N_{1na}^{3-2-1}、N_{1na}^{3-1-1}、N_{1na}^{2-1}	最大值	2.56	2.58	2.62	2.73	1.81	4.74	6.51	14.92
		最小值	2.27	2.31	2.39	2.58	0.42	1.49	2.18	5.58
		平均值	2.37	2.39	2.47	2.64	0.89	3.70	4.47	10.48
		试验组数	9	9	9	9	9	9	9	9

表 3.5 **岩石(体)力学性质试验成果统计**

岩石名称	地层代号	统计项	单轴抗压/MPa		软化系数	变形模量/GPa		弹性模量/GPa		泊松比		抗拉强度	抗剪断强度			抗剪强度(摩擦)		
			干	湿		干	湿	干	湿				f'	$\varphi'/°$	C'/MPa	f	$\varphi/°$	C/MPa
粉砂质泥岩、泥岩	N_{1dh}^{1-1-2}、N_{1na}^{4-2}、N_{1na}^{3-2-2}、N_{1na}^{2-4}、N_{1na}^{2-3}	最大值	44.05	31.20	0.97	6.70	5.88	8.10	6.63	0.28	0.31	2.72	1.94	62.72	2.82	1.06	46.58	1.92
		最小值	17.24	8.26	0.30	0.79	0.67	1.92	1.19	0.26	0.28	1.41	1.15	48.92	1.91	0.72	35.91	0.29
		平均值	29.05	19.96	0.70	3.27	2.49	4.48	3.29	0.27	0.30	2.06	1.45	54.47	2.24	0.88	41.01	1.18
		试验组数	7	7	7	7	7	7	7	7	7	2	3	3	3	6	6	6
泥质粉砂岩	N_{1na}^{4-3-2}、N_{1na}^{4-2}、N_{1na}^{4-1}、N_{1na}^{3-3-2}、N_{1na}^{3-3-1}、N_{1na}^{2-4}、N_{1na}^{2-2}、N_{1na}^{2-1}	最大值	45.24	27.04	0.74	6.64	2.12	9.28	3.62	0.28	0.31	2.14	1.88	62.04	7.19	1.19	49.92	3.53
		最小值	17.82	3.62	0.11	0.83	0.24	1.34	0.42	0.25	0.28	0.73	0.93	42.82	1.33	0.72	35.69	0.74
		平均值	30.36	11.90	0.40	2.60	0.84	4.37	1.42	0.26	0.29	1.45	1.32	51.98	4.07	0.90	41.58	2.10
		试验组数	19	19	19	19	19	19	19	19	19	8	18	18	18	19	19	19
细砂岩	N_{1na}^{4-1}、N_{1na}^{3-3-1}、N_{1na}^{3-1-1}、N_{1na}^{2-3}	最大值	48.45	31.30	0.97	6.45	3.13	7.56	3.86	0.28	0.29	6.16	1.61	58.10	5.92	1.19	49.90	2.00
		最小值	28.08	12.10	0.38	1.88	0.84	3.09	1.55	0.24	0.27	2.40	1.25	51.35	4.63	0.90	41.91	1.16
		平均值	35.74	21.62	0.62	3.10	1.49	4.60	2.53	0.26	0.28	4.28	1.38	53.86	5.32	1.06	46.56	1.52
		试验组数	5	5	5	5	5	5	5	5	5	2	5	5	5	5	5	5

续表

岩石名称	地层代号	统计项	单轴抗压/MPa		软化系数	变形模量/GPa		弹性模量/GPa		泊松比		抗拉强度	抗剪断强度			抗剪强度(摩擦)		
			干	湿		干	湿	干	湿				f'	$\varphi'/°$	C'/MPa	f	$\varphi/°$	C/MPa
中砂岩（弱胶结）	N_{1na}^{4-3-1}、N_{1na}^{4-1}、N_{1na}^{3-3-1}、N_{1na}^{2-3}	最大值	31.68	15.88	0.61	1.94	0.78	3.29	1.64	0.26	0.29	1.90	1.83	61.37	5.09	1.32	52.93	2.11
		最小值	21.48	8.81	0.28	1.46	0.38	1.85	0.63	0.24	0.28	0.94	1.27	51.74	2.91	0.91	42.26	0.63
		平均值	26.79	11.38	0.44	1.61	0.56	2.63	1.01	0.25	0.29	1.42	1.56	56.85	3.99	1.11	47.77	1.38
		试验组数	4	4	4	4	4	4	4	4	4	2	4	4	4	4	4	4
中砂岩	N_{1na}^{4-3-1}、N_{1na}^{4-1}、N_{1na}^{3-3-1}、N_{1na}^{3-2-1}、N_{1na}^{3-1-1}、N_{1na}^{2-1}	最大值	43.28	29.48	0.93	6.16	3.03	9.00	4.35	0.26	0.29	1.24	1.84	61.44	6.60	1.31	52.70	3.03
		最小值	31.56	18.12	0.45	2.55	1.05	4.29	2.27	0.25	0.27	1.24	1.19	50.01	3.95	0.72	35.64	0.65
		平均值	37.98	23.51	0.63	3.92	1.82	5.87	3.13	0.25	0.28	1.24	1.40	54.13	4.73	0.93	42.44	1.97
		试验组数	9	9	9	9	9	9	9	9	9	1	9	9	9	9	9	9

由表 3.4 可见，各类岩石的物理指标具有一定的差异，粉砂质泥岩与泥质粉砂岩的块体密度差异不大，胶结较差的泥质粉砂岩、砂岩块体密度相对较小，胶结相对较好砂岩块体密度较大；粉砂质泥岩、胶结较差的粉砂岩及胶结较差的砂岩的含水率、吸水率与孔隙率稍大，与胶结较好的泥质粉砂、砂岩差别明显，而胶结较好砂岩含水率、吸水率与孔隙率均较低，结构相对较致密。岩石物理性质试验成果基本上反映了各种岩石的特征，具有较好的对应性。其中孔隙率对岩石的物理性能具有控制作用，孔隙率较大的泥质粉砂岩、胶结较差的砂岩等含水率、吸水率皆高，抗风化能力弱，在地表一般容易风化破碎，强度低；孔隙率较小的胶结较好的砂岩含水率、吸水率低，抗风化能力相对较强，强度较高。

可研阶段对粉砂质泥岩及泥质粉砂岩钻孔岩芯样进行了膨胀性试验，试验成果见表 3.6。试验表明，粉砂质泥岩及泥质粉砂岩均具弱膨胀性，但试验测定的体积不变的膨胀压力偏高，为 103～305kPa。

表 3.6　岩石(体)膨胀性试验成果

试件编号	取样位置	野外定名	矿鉴定名	自由膨胀率/%		约束膨胀 V_{hp}/%	体积不变膨胀力		
				径向 VD	轴向 Vh		试件尺寸 D/mm	应变 μ_ε	膨胀压力 P_s/kPa
60	ZK65 孔 56.64～57.14m	泥质粉砂岩夹泥岩	绢云母褶铁泥岩	1.31	2.11	2.26	48.1	812	293
						3.19	48.0	471	179
				1.39	1.41				
	平均值			1.35	1.76	2.72			236
63	ZK65 孔 72.40～72.50m	粉砂质泥岩	含细粉砂绢云母化的泥质粉晶灰岩	1.39	1.47	3.38	47.8	285	103
						3.50			
				1.52	1.78				
	平均值			1.46	1.63	3.44			103
39，37	ZK66 孔 108.30～109.20m	粉砂质泥岩	未鉴定	0.57	5.11	8.17	48.5	763	271
						2.74	48.0	895	340
				2.17	4.91				
	平均值			1.37	5.01	5.45			305

岩石室内力学试验成果统计分析表明，不同的岩石受其矿物组分、岩石结构、孔隙性、胶结物成分、胶结型式及胶结程度差异影响，表现出力学试验指标差异较大，标准差及变异系数均较高，数据离散程度较高。

可行性研究阶段开展了现场岩体变形试验、岩体及结构面抗剪试验、岩体载荷试验等原位现场试验，现场岩体变形试验成果见表 3.7，现场岩体及结构面抗剪试验成果见表 3.8，现场岩体载荷试验成果见表 3.9。

表 3.7　　现场岩体变形试验成果

<table>
<tr><th rowspan="2">岩性</th><th rowspan="2">层位</th><th rowspan="2">试点编号</th><th colspan="2">变形模量/GPa</th><th colspan="2">弹性模量/GPa</th><th rowspan="2">试件描述</th><th rowspan="2">备注</th></tr>
<tr><th>试验值</th><th>平均值</th><th>试验值</th><th>平均值</th></tr>
<tr><td rowspan="13">粉砂质泥岩</td><td rowspan="10">N_{1na}^{3-3-2}</td><td>E3-11</td><td>7.76</td><td rowspan="4">9.22</td><td>11.2</td><td rowspan="4">13.83</td><td>2条裂隙，夹灰色线状充填脉</td><td rowspan="7">试验部位为PD03平硐170～180m。黄土赭色，缓倾角，倾向偏东，裂隙不发育，总体较完整，铅直加压</td></tr>
<tr><td>E3-12</td><td>10.6</td><td>15.3</td><td>无裂隙，分布有麻点</td></tr>
<tr><td>E3-12’</td><td>9.79</td><td>16.8</td><td>在E3-12点上泡水3d后重做</td></tr>
<tr><td>E3-13</td><td>8.72</td><td>12.0</td><td>无裂隙</td></tr>
<tr><td>E3-31</td><td>6.53</td><td rowspan="3">5.94</td><td>7.91</td><td rowspan="3">7.63</td><td>长期水流浸泡，无裂隙</td></tr>
<tr><td>E3-32</td><td>5.49</td><td>7.45</td><td>长期水流浸泡，有1条裂隙</td></tr>
<tr><td>E3-33</td><td>5.81</td><td>7.52</td><td>长期水流浸泡，无裂隙</td></tr>
<tr><td>E22-1</td><td>4.52</td><td rowspan="3">4.02</td><td>5.68</td><td rowspan="3">6.65</td><td rowspan="3">暗紫红色夹灰褐色，微风化，较软弱，锤击声音清脆，掉块较严重</td><td rowspan="3">试验部位为PD02平硐45.0～47.1m，为粉砂质泥岩</td></tr>
<tr><td>E22-2</td><td>4.42</td><td>9.32</td></tr>
<tr><td>E22-3</td><td>3.13</td><td>4.95</td></tr>
<tr><td rowspan="3">N_{1na}^{4-2}</td><td>E61-1</td><td>4.84</td><td rowspan="3">4.06</td><td>5.79</td><td rowspan="3">5.17</td><td rowspan="3">灰绿色，干，块状结构，岩质较软，锤击声较沉闷，裂面间附少量泥膜</td><td rowspan="3">试验部位为PD06平硐45.9～50.1m，为粉砂质泥岩</td></tr>
<tr><td>E61-2</td><td>4.23</td><td>5.49</td></tr>
<tr><td>E61-3</td><td>3.11</td><td>4.24</td></tr>
<tr><td rowspan="5">泥质粉砂岩</td><td rowspan="5">N_{1na}^{3-3-2}</td><td>E3-21’</td><td>5.96</td><td rowspan="2">6.65</td><td>8.55</td><td rowspan="2">9.38</td><td>发育2组裂隙，无充填</td><td rowspan="2">PD03平硐左支洞，暖灰色，1组裂隙，产状155°∠55°，无充填，敲击声音清脆</td></tr>
<tr><td>E3-22’</td><td>7.34</td><td>10.2</td><td>发育2条平行裂隙</td></tr>
<tr><td>E21-1</td><td>5.27</td><td rowspan="3">6.03</td><td>8.28</td><td rowspan="3">8.68</td><td rowspan="3">暗紫红色，微风化，较硬</td><td rowspan="3">PD2平硐57.5～60.1m处，为泥质粉砂岩</td></tr>
<tr><td>E21-2</td><td>8.20</td><td>10.8</td></tr>
<tr><td>E21-3</td><td>4.63</td><td>6.97</td></tr>
<tr><td rowspan="2">细砂岩</td><td rowspan="2">N_{1na}^{3-3-2}</td><td>E3-23</td><td>13.8</td><td rowspan="2">14.7</td><td>18.1</td><td rowspan="2">18.9</td><td rowspan="2">少量微裂隙发育，较完整</td><td rowspan="2">PD03平硐右支洞，细砂岩</td></tr>
<tr><td>E3-24</td><td>15.6</td><td>19.6</td></tr>
</table>

续表

岩性	层位	试点编号	变形模量/GPa		弹性模量/GPa		试件描述	备注
			试验值	平均值	试验值	平均值		
中砂岩	N_{1na}^{4-1}	E62-1	1.84	1.22	2.61	1.71	灰色，细—中粒结构，块状构造，干，胶结较差，锤击易呈岩粉状	PD06 平硐 33.2～38m，岩性为中砂岩，弱胶结，结构较疏松
		E62-1'	1.80		2.43			
		E62-2	0.79		1.18			
		E62-3	1.04		1.42			
	N_{1na}^{3-3-1}	E3-41	3.21	5.87	4.77	7.59	发育 1 条裂隙，湿润	PD03 内 20～25m，砂岩，弱风化，卸荷
		E3-42	5.40		6.09		发育 1 条裂隙	
		E3-43	9.01		11.9		完整，无裂隙	
		E23-1	4.24	3.77	6.49	5.65	青灰色，块状结构，厚层—巨厚层，胶结较差，岩质偏软，用手可掰断	PD02 平硐 29.4～31.0m，弱胶结砂岩
		E23-2	4.00		5.96			
		E23-3	3.07		4.50			

表 3.8　现场岩体及结构面抗剪试验成果

岩性	层位	类别	f'	$\varphi'/^\circ$	C'/MPa	f	$\varphi/^\circ$	C/MPa	试件描述	备注
粉砂质泥岩	N_{1na}^{3-3-2}	岩体	0.53	28.0	0.60	0.46	24.8	0.25	沿层面剪断，剪切面含泥膜，湿润滑腻，剪切面总体较平	PD03 平硐内 175～180m，试验泡水 2～3d
		混凝土/岩	0.49	26.2	0.36	0.42	22.6	0.20	基本沿接触面剪断，剪切面总体较平	
		岩体	0.78	38.0	1.27	0.60	31.0	0.40	剪切面可见擦痕，粗糙不平，起伏差大	PD02 平硐 46.6～48.2m 处
		混凝土/岩	0.66	33.4	1.04	0.61	31.4	0.27	沿胶结面下岩体剪断，起伏差小	PD02 平硐 45.5～48.2m 处
	N_{1na}^{4-2}	岩体	0.73	36.1	1.06	0.69	34.6	0.34	沿岩体剪断	PD06 平硐 45.2～50.3m 处
		混凝土/岩	0.74	36.5	1.20	0.59	30.5	0.37	沿胶结面剪断，局部剪断下部岩体	PD06 平硐 46.0～49.7m 处

续表

岩性	层位	类别	f'	$\varphi'/°$	C'/MPa	f	$\varphi/°$	C/MPa	试件描述	备注
泥质粉砂岩	N_{1na}^{3-3-2}	岩体	0.96	43.8	1.20	0.67	33.7	0.37	沿岩体剪断，剪切面粗糙，起伏差 4～8cm	PD03 平硐左支洞
		岩体	0.88	41.3	1.68	0.86	40.7	0.20	沿岩体剪断	PD02 平硐 57.6～60.7m 处
		混凝土/岩	0.81	39.0	1.53	0.79	38.3	0.35	沿接触面剪断	PD02 平硐 57.6～60.0m 处
细砂岩	N_{1na}^{3-3-2}	岩体	1.22	50.6	1.98	0.94	43.3	0.93	沿岩体剪断，起伏差 5cm	PD03 平硐右支洞
中砂岩	N_{1na}^{3-3-1}	混凝土/岩	0.88	41.4	1.13	0.65	33.1	0.43	沿接触面剪断，剪切面总体较平	PD03 平硐内 25～30m
		岩体	1.19	50.0	1.73	0.96	43.8	0.24	剪切面粗糙，总体起伏差较小	PD02 平硐 28.7～31.2m 处
		混凝土/岩	1.03	45.8	1.36	0.83	39.7	0.36	沿接触面剪断	PD02 平硐 27.6～31.0m 处
	N_{1na}^{4-1}	岩体	1.00	45.0	1.15	0.81	39.0	0.38	沿岩体剪断，剪切面粗糙，起伏差 4～8cm	PD06 平硐 35.4～41.4m 处
		混凝土/岩	1.03	45.8	1.10	0.68	34.2	0.55	沿胶结面剪断，大部沾起岩屑，起伏差小	PD06 平硐 37.4～41.3m 处
C1 结构面	N_{1na}^{3-3-2}	直剪	0.32	17.6	0.10	0.28	15.7	0.08	由岩体接触面错动，含泥膜	PD03 平硐内 30～35m
J1 结构面	N_{1na}^{4-2}	直剪	0.68	34.2	0.44	0.63	32.2	0.25	砂岩与泥质粉砂岩接触面，受软轻微挤压，较破碎，接触紧密	PD06 平硐 18.6～20.5m 处
J2 结构面	N_{1na}^{3-3-2}	直剪	0.52	27.5	0.16	0.48	25.6	0.16	细砂岩与粉砂质泥岩接触面，局部有泥化现象	PD02 平硐 49.0～50.0m 处

表 3.9　　现场岩体载荷试验成果表

岩性	层位	试点	比例极限/MPa	最大压力/MPa	容许承载力/MPa	试件描述	备注
粉砂质泥岩	N_{1na}^{3-3-2}	P3-11	9.2	19.1	5.7	2条裂隙，夹石板灰色线状岩脉	PD03平硐170～180m，黄土赭色，缓倾角，倾向偏东，裂隙不发育，总体较完整，铅直加压
		P3-12	5.7	15.6		无裂隙，分布有麻点	
		P3-13	7.1	19.8		在E3-12点上泡水3d后重做	
		P3-31	9.5	20.2	7.4	无裂隙	
		P3-32	7.4	19.1		长期水流浸泡，无裂隙	
		P3-33	8.5	19.1		长期水流浸泡，有1条裂隙	
		P22-1	6.5	19.4	6.5	暗紫红色夹灰褐色，微风化，较软弱，锤击声音清脆，掉块较严重	PD02平硐 45.0～47.1m
		P22-2	6.5	—			
		P22-3	6.5	19.5			
	N_{1na}^{4-2}	P61-1	6.7	20.5	4.8	微风化，灰绿色，干，块状结构，岩质较软，锤击声较沉闷，裂面间附少量泥膜	PD06平硐 45.9～50.1m
		P61-2	4.8	18.0			
		P61-3	7.4	19.8			
泥质粉砂岩	N_{1na}^{3-3-2}	P21-1	6.50	19.5	6.37	暗紫红色，微风化，较硬	PD02平硐 57.5～60.1m处
		P21-2	6.37	19.1			
		P21-3	6.37	19.1			
中砂岩	N_{1na}^{4-1}	P61-1	6.72	—	6.47	灰色，细—中粒结构，块状构造，干，胶结较差，锤击易呈岩粉状。两点顶板破裂，未加到最大值	PD06平硐 33.2～38.0m处
		P61-1'	6.72	—			
		P61-2	6.72	19.4			
		P61-3	6.72	19.4			
	N_{1na}^{3-3-1}	P23-1	6.36	19.1	6.36	青灰色，块状结构，厚层—巨厚层，胶结较差，岩质偏软，用手可掰断	PD02平硐 29.4～31.0m处
		P23-2	6.36	19.1			
		P23-3	6.36	19.1			

根据岩石(体)试验结果，以试验资料为基本依据，结合实际地质条件，并参考其他类似工程岩体物理力学指标，提出本工程各类岩石(体)物理力学参数建议值见表3.10，坝址结构面与层间剪切带力学参数建议值见表3.11；根据曼格拉大坝等工程的研究成果，微新砂岩、粉砂岩、泥质粉砂岩、粉砂质泥岩互层岩体抗冲流速建议为4.0～5.0m/s。

表 3.10 岩石(体)物理力学参数建议值

岩性	层位	容重(湿)/(kN/m³)	单轴抗压/MPa		变形模量/GPa	弹性模量/GPa	泊松比	抗拉强度/MPa	岩体(抗剪断强度)		混凝土/岩(抗剪断强度)		承载力/MPa
			烘干	饱和					f'	C'/MPa	f'	C'/MPa	
粉砂质泥岩	$N_{1na}{}^{4-2}$、$N_{1na}{}^{3-3-2}$、$N_{1na}{}^{3-2-2}$、$N_{1na}{}^{3-1-2}$、$N_{1na}{}^{2-4}$	23.40	18～20	8～12	2.0～3.0	2.5～3.5	0.30～0.32	0.20～0.30	0.50～0.55	0.40～0.50	0.45～0.50	0.35～0.45	3.0～3.5
泥质粉砂岩	$N_{1na}{}^{4-3-2}$、$N_{1na}{}^{4-2}$、$N_{1na}{}^{3-3-2}$、$N_{1na}{}^{3-2-2}$、$N_{1na}{}^{3-1-2}$、$N_{1na}{}^{2-4}$	23.60	22～25	10～15	2.5～3.5	3.0～4.0	0.28～0.30	0.30～0.40	0.60～0.70	0.60～0.80	0.55～0.65	0.65～0.75	4.0～4.5
中砂岩(弱胶结)	$N_{1na}{}^{4-3-1}$、$N_{1na}{}^{4-1}$、$N_{1na}{}^{3-3-1}$、$N_{1na}{}^{2-3}$	23.00	18～20	10～12	2.0～2.5	3.0～3.5	0.26～0.28	0.20～0.3	0.60～0.65	0.60～0.70	0.55～0.65	0.60～0.70	4.0～4.5
中砂岩	$N_{1na}{}^{4-3-1}$、$N_{1na}{}^{4-1}$、$N_{1na}{}^{3-3-1}$、$N_{1na}{}^{3-2-1}$、$N_{1na}{}^{3-1-1}$、$N_{1na}{}^{2-1}$	24.70	40～45	25～30	4.0～5.0	5.0～6.0	0.22～0.24	0.40～0.50	0.9～1.0	0.80～0.90	0.70～0.80	0.80～0.90	6.0～7.0
细砂岩	$N_{1na}{}^{4-1}$、$N_{1na}{}^{3-3-1}$、$N_{1na}{}^{3-1-1}$、$N_{1na}{}^{2-3}$	23.60	25～30	20～25	3.5～4.5	4.5～5.5	0.24～0.26	0.35～0.40	0.80～0.90	0.70～0.80	0.65～0.75	0.70～0.80	5.0～5.5

表 3.11 各类结构面力学参数建议值

类型	抗剪断		摩擦 f	备注
	f'	c'/MPa		
中砂岩和细砂岩与粉砂质泥岩接触面	0.50～0.55	0.40～0.50	0.40	新鲜岩体，较平直型接触面
泥质粉砂岩与粉砂质泥岩接触面	0.45～0.50	0.35～0.40	0.35	新鲜岩体，较平直型接触面
层间剪切带	0.40	0.10	0.30	带内岩石破碎，胶结差，无泥化现象(对应的Ⅰ类破碎夹层)
	0.30	0.05	0.25	局部含泥化带或局部夹泥层(对应的Ⅱ类破碎夹泥层)

注：结构面相关参数根据现场已完成的试验成果，参考亭子口枢纽建议值及本工程下游曼格拉大坝加高复核成果拟定。

(2)钻孔岩体声波测试

本次勘察对不同类型、不同风化程度的岩体进行了钻孔声波测试,对测试数据的统计(表3.12)表明:总体上坝址区各类岩石微新岩体平均波速差异不明显,其中中砂岩、泥岩、泥质粉砂岩及粉砂岩声波波速值统计平均值均在3000m/s左右;粉砂质泥岩波速值略低,平均值为2900m/s左右;细砂岩波速值略高,统计平均值约为3200m/s。但从不同岩类微新岩体最小值、小值平均值来看,泥岩、粉砂质泥岩及泥质粉砂岩等泥质类岩石总体上略低,而大值平均值、最大值则砂岩、细砂岩相对较高。各类岩石平均波速值均不高,反映出坝址区岩石总体胶结成岩程度不高,而不同岩类岩体波速分布范围较大,统计均方差及变异系数较高,排除构造破碎的因素分析,则反映出同类岩石的胶结成岩程度上的差异,总体上与现场实际情况基本吻合。不同层位不同岩性岩体钻孔声波速度的统计表明,不同层位同一类微新岩体其平均波速存在一定的差异,也反映出同类岩石在不同层位其胶结成岩程度上的差异。

表3.12　各类岩体钻孔声波速度测试成果统计

岩性	风化程度	测点数	最小值/(m/s)	最大值/(m/s)	小值平均值/(m/s)	大值平均值/(m/s)	范围值/(m/s)	平均值/(m/s)	岩体风化降低程度/%
泥岩	弱风化	7	2299	2740	2424	2704	2423～2703	2504	17.49
	微新	586	1418	4167	2567	3423	2567～3422	3034	
粉砂质泥岩	强风化	3	2200	2350	2200	2350	2200～2350	2300	21.69
	弱风化	143	1961	4444	2280	2842	2280～2841	2504	14.74
	微新	4610	1540	4878	2569	3329	2568～3328	2937	
泥质粉砂岩	强风化	10	2020	2857	2080	2623	2080～2623	2352	24.00
	弱风化	320	1869	3922	2367	2978	2367～2977	2642	14.62
	微新	6694	1590	4650	2734	3503	2733～3502	3095	
粉砂岩	弱风化	176	1681	3700	2492	3122	2492～3122	2804	9.46
	微新	1412	2020	4650	2754	3460	2753～3459	3097	
细砂岩	弱风化	20	2020	2941	2225	2767	2225～2767	2469	22.36
	微新	1997	2062	5000	2833	3541	2833～3541	3180	
中砂岩	强风化	17	2128	3390	2414	3065	2414～3065	2797	8.11
	弱风化	555	1399	4651	2356	3191	2355～3190	2757	9.41
	微新	8319	1724	5130	2686	3495	2685～3495	3044	

坝址区不同岩类岩体不同风化程度岩体其波速值均有不同程度的降低,其中强风化岩体平均波速较微新岩体平均波速降低8%～24%,弱风化岩体则降低9%～22%。根据对岩体钻孔声波速度分段统计表明,不同岩类不同风化程度其波速分布有一定的差异,特别是微新岩体,岩体波速在不同的波速区间出现频率呈现不同的形态,峰值区间也有所不同,其中,

粉砂质泥岩、泥质粉砂岩、粉砂岩及中砂岩峰值区间均为 $3000>V_p\geqslant2500$，而泥岩、细砂岩、砂岩峰值区间峰值区间则为 $3500>V_p\geqslant3000$。

不同岸别各类岩体波速统计表明，同一类岩体在不同部位呈现一定的差别，但总体差异不大，泥岩、粉砂质泥岩差异相对较大；除细砂岩外，其余岩类均呈现出右岸>河床>左岸的趋势，细砂岩则呈现出河床>右岸>左岸的趋势。

3.3.9 岩体质量分类

(1)坝(地)基岩体工程地质分类

根据坝址区岩体坚硬程度与完整性、岩体结构、岩石(体)室内与现场试验成果等，参照国内外类似工程经验，将本工程坝(地)基岩体进行分类，列于表 3.13。

表 3.13　坝(地)基岩体工程地质分类

岩体类别	岩体特征	单轴湿抗压强度 R_b/MPa	岩体结构	完整性评价	代表性岩体及工程部位	岩体工程性质评价
Ⅲc	微新中砂岩、细砂岩等较软岩，总体为巨厚层状、厚层状结构，较完整，钻孔岩芯多呈40～60cm长柱状，结构面不发育，延展性差，未见软弱结构面分布	20～30	巨厚层状、厚层状结构	较完整	河床及两岸	岩体较完整，有一定强度，软弱结构面不控制岩体稳定，有一定抗滑抗变形能力，专门性地基处理工作量不大，可以作为高混凝土坝地基，河床、两岸均有此类岩体分布
Ⅳc	微新粉砂岩、泥质粉砂岩、粉砂质泥岩、泥岩等软岩，岩体总体为薄层状—中厚层状，岩体较破碎—较完整，钻孔岩芯多呈10～30cm柱状，少量碎块状，局部裂隙较发育，裂隙面较平直，一般无充填，岩体相变较大，其中粉砂质泥质具失水易干裂，遇水易软化特性	8～15	薄层状—中厚层状	较破碎—较完整	河床及两岸	岩体较破碎—较完整，强度低，抗滑、抗变形性能差，不宜作为高混凝土坝地基。对该类岩体，应做专门处理

续表

岩体类别	岩体特征	单轴湿抗压强度 R_b/MPa	岩体结构	完整性评价	代表性岩体及工程部位	岩体工程性质评价
V	微新泥岩，风化砂岩、粉砂岩等，属软岩，岩体总体为散块状—散体状，岩体较破碎，钻孔岩芯多呈碎块状，微裂隙较发育，裂隙较平直，一般无充填，多具蜡状光泽，失水易干裂，遇水易软化，局部有夹泥现象	<15	薄层状—中厚层状	较破碎—完整性差	局部有分布	岩体破碎，不能作为高混凝土坝地基。对该类岩体，应做专门处理

(2)地下洞室围岩分类

根据坝址区岩体岩质类型、岩体结构、岩体完整程度及结构面发育特征及岩石(体)强度特性等，参照国内外类似工程经验，将本工程地下洞室围岩进行分类列于表 3.14。

3.4 坝址主要工程地质问题

卡洛特水电站大坝原设计为弧形重力坝+地下式厂房，坝址地质条件是否适应兴建100m 级混凝土重力坝，需要进一步论证。对于软岩大跨度地下洞室的开挖、支护及变形控制，原设计地下厂房方案基础上对地质勘察提出了特殊要求；互层状软岩地基、软弱夹层及层间剪切(错动)带等不利地质缺陷是坝址重要的地质问题；岩体力学参数、边坡开挖坡比和建基岩面的选择等都会给工程量和造价带来较大影响。坝址区地质与岩石力学问题的勘察研究至关重要。鉴于以上特点，在坝址一般地质条件勘察、全面掌握基本地质条件的基础上，应对重点问题、重点地段和建筑物的重点部位，进行更深入的地质勘察研究。综合坝址地质条件及存在的地质问题，坝址主要存在软岩地基承载力及地基稳定问题、软岩地下洞室围岩稳定问题、软岩快速风化与软化问题、河湾地块防渗问题、互层状软岩高边坡稳定问题及软岩抗冲刷问题。

表 3.14　　地下洞室围岩分类

围岩类型	稳定程度	岩体性状	岩质类型	岩体结构	结构面发育特征	岩石度参数			岩体完整性系数 K_v	围岩单位弹性抗力系数 K_0 /(MPa/cm)	代表性地层
						湿抗压强度/MPa	变形模量/GPa	纵波速度/(m/s)			
Ⅲ	局部稳定性差	微新砂岩、细砂岩，岩体为巨厚层状—厚层状结构，岩体完整—较完整	较软岩	巨厚层状结构、厚层状结构	裂隙不发育，多闭合，裂隙面较平直，部分岩屑、泥质等充填	20～30	3～5	2800～3500	0.65～1.00	40～60	N_{1na}^{4-3-1}，N_{1na}^{4-1}，N_{1na}^{3-3-1}，N_{1na}^{3-2-1}，N_{1na}^{3-1-1}
Ⅳ	不稳定	微新砂岩、细砂岩，岩体为块裂结构—碎裂结构，岩体完整性较差	较软岩	块裂结构—碎裂结构	裂隙发育，多闭合，裂隙面较平直，部分岩屑、泥质等充填	20～30	3～5	2200～2800	0.39～0.65	15～30	N_{1na}^{4-3-1}，N_{1na}^{4-2}，N_{1na}^{4-1}，N_{1na}^{3-3-1}，N_{1na}^{3-2-1}，N_{1na}^{3-1-1}
		微新泥质粉砂岩、粉砂岩、粉砂质泥岩，胶结较差的砂岩，岩体总体为厚层状结构、中厚层状、间互层状结构，砂岩呈碎裂结构，岩体完整—较破碎	软岩	巨厚层状结构—块裂结构	裂隙不发育—发育，闭合—微张，岩屑、钙质或泥质充填	10～15	2～3.5	2350～3400	粉砂岩 0.55～0.45 泥岩 0.65～1.00	15～30	N_{1na}^{4-3-2}，N_{1na}^{4-2}，N_{1na}^{3-3-2}，N_{1na}^{3-1-2}

续表

围岩类型	稳定程度	岩体性状	岩质类型	岩体结构	结构面发育特征	岩石度参数			岩体完整性系数 K_v	围岩单位弹性抗力系数 K_0 /(MPa/cm)	代表性地层
						湿抗压强度/MPa	变形模量/GPa	纵波速度/(m/s)			
V	极不稳定	微新—强风化砂岩、细砂岩、粉砂岩、泥质粉砂岩，岩体为碎裂结构—散体结构，岩体完整性差	软岩	碎裂结构—散体结构	裂隙发育，不规则微裂隙发育，闭合—微张，多为绿泥膜或泥质充填	10～15	2～3	1750～2600	0.25～0.55	<15	
		微新泥岩、粉砂质泥岩，岩体总体为中厚层状或间互层状—碎裂结构，岩体较完整—完整性差	软岩	中厚层状结构—碎裂结构	裂隙不发育—发育，不规则微裂隙发育，闭合—微张，多为绿泥石膜或泥质充填	8～12	2～3	2200～2800	0.39～0.65	<15	${N_{1na}}^{4-3-2}$，${N_{1na}}^{4-2}$，${N_{1na}}^{3-3-2}$，${N_{1na}}^{3-2-2}$，${N_{1na}}^{3-1-2}$

3.4.1 软岩地基承载力及地基稳定问题

卡洛特水电站坝址出露地层为新近系中下更新统一套典型的磨拉石建造的陆源碎屑沉积岩，主要由砂岩、粉砂岩及黏土岩等组成，一般呈交互层状产出。由于地质时代较新，岩石总体成岩胶结程度较差，岩石以软岩—较软岩为主，少量极软岩。坝基岩体由软硬相间的砂岩、粉砂岩及黏土岩组成，呈不等厚互层，岩体整体强度低，部分岩石为极软岩，岩层平缓倾向下游，工程位于高地震区，在强震作用下存在软岩地基大坝变形稳定问题。软岩及其工程特性对工程建筑物的影响较大，软岩地基承载力及地基变形稳定是坝址主要的工程地质问题。

坝址区出露地层岩性较复杂，一般呈交互层状产出，其间的粉砂岩、黏土岩层在褶皱构造及地下水的作用下可以形成软弱夹层或层间剪切带。坝址区岩层缓倾向下游，软弱夹层的发育对大坝抗滑稳定起到至关重要的影响。因此需要重点研究坝址特别是河床坝基应力范围内软弱夹层的发育分布及性状特征，评价其对大坝抗滑稳定的影响。在勘察策划中将对软弱夹层的研究作为重点专题，开展勘察工作，并制定了详细的实施计划。

3.4.2 软岩地下洞室围岩稳定问题

对于地下厂房方案，洞室群围岩主要由互层的砂岩、粉砂岩、黏土岩组成，岩石以软岩—较软岩为主，少量极软岩，主要为Ⅳ、Ⅴ类围岩和少量Ⅲ类围岩，地下厂房洞室成洞条件差，围岩总体稳定条件差，围岩承载能力差可能导致围岩产生较大的变形。由于岩层产状平缓、近于平铺洞顶，层理发育和互层状岩体不利于顶拱稳定。厂房开挖形成软岩高边墙，边墙变形与稳定也将直接影响厂房顶拱围岩稳定状态。下部机窝开挖软硬相间岩体易于发生回弹变形。复杂洞室群的分布导致围岩应力分布复杂，对洞室围岩稳定不利。在地质时代较新的复杂软岩中，开挖大跨度地下厂房洞室群尚不多见，需要重点开展相关研究，以评价软岩大型地下洞室群围岩稳定性。

3.4.3 软岩快速风化与软化问题

坝址出露地层主要由砂岩、粉砂岩及黏土岩等组成，由于地质时代较新，岩石总体成岩胶结程度较差，岩石总体以软岩—较软岩为主，少量极软岩。砂岩（中砂岩—粉砂岩）主要以岩屑砂岩为主，少量为岩屑石英砂岩，中—粉粒结构，分选中等—差，以孔隙式胶结为主，胶结物成分主要为钙质（方解石），部分为泥质。泥岩主要为绢云母化泥岩、泥质板岩泥岩及少量伊利石泥岩，多具鳞片—泥状结构。泥质粉砂岩、粉砂质泥岩由于主要为鳞片—泥状结构，具有失水干裂、再遇水崩解的特性，发生失水干裂的岩石，由于其岩石结构遭到破坏，并具有遇水易软化、泥化的特性，导致岩体强度剧烈衰减，对地基岩体承载能力影响较大，需要对建基岩体采取保护措施。因此需要对这类岩石的快速风化特性、后期遇水软化特性及其处理、保护措施进行深入研究。

3.4.4 河湾地块防渗问题

卡洛特水电站坝址坐落于新近纪沉积地层形成的“几”字形河湾部位，河湾地块宽约0.7km，地质构造简单，地层缓倾右岸，倾角7°～10°，分布地层由砂岩、粉砂岩及黏土岩互层组成，岩体总体透水性微弱。由于河湾地块山体单薄，宽度较窄，局部存在分布于砂岩中的规模相对较大裂隙，加之岩层向下游倾斜，在河湾部位筑坝建库，势必存在库水穿越天然河湾地块向下游产生渗漏的可能性，水库蓄水后宏观上存在库水穿越天然河湾地块向下游产生渗漏的条件，存在河湾地块防渗问题。因此了解河湾地块的水文地质条件及岩体渗透特性是河湾地块防渗的关键，是选择防渗方案和评价地块防渗可靠性需要重点解决的地质问题。

在可行性研究阶段，河湾地块岩体渗透特性可以结合坝址及建筑物基本地质条件勘察，利用在河湾地块布置的大量钻孔开展了钻孔压水试验，以获得河湾地块水文地质条件及岩体渗透特性，结合地下水长期观测，了解河湾地块基岩裂隙水动态变化特征及其影响因素，评价地块防渗可靠性，为防渗方案的选择提供地质依据。施工期受建筑物开挖影响，河湾地块的水文地质条件发生了一些局部改变，局部岩体地下水位降低及岩体透水率增大，对河湾地块的防渗方案的可靠性带来不利影响。引水隧洞、导流隧洞贯穿河湾地块，为钢筋混凝土衬砌结构，运行期间可能发生混凝土结构开裂的情况，需要进一步从工程地质条件、结构稳定性、衬砌结构封闭性、围岩处理措施等方面，分析蓄水后内水外渗的可能性及影响。因此在施工期，需要结合河湾地块补充渗流观测及相关的压水试验成果、引水隧洞和导流隧洞围岩固结灌浆压水试验成果等进一步验证河湾地块地下水位、岩体渗透性等水文地质条件，复核河湾地块岩体防渗可靠性。

3.4.5 互层状软岩高开挖边坡稳定问题

坝址建筑物开挖边坡岩层主要为新生界具磨拉石建造的陆源碎屑沉积岩地层，岩层产状平缓，岩石总体具时代新、成岩胶结程度较差、岩石较软弱等特点，岩性较复杂，局部发育有不同类型的软弱夹层。工程区边坡为典型的软、硬岩体相间及不等厚、互层状分布结构，泥质岩具快速风化的特性；由于泥质岩往往构成相对隔水层，边坡中地下水具有“多层状分布”的特点；高、陡临江岸坡岩体卸荷强烈。

自然岩质边坡变形破坏主要有差异风化引起的卸荷崩塌、基岩风化岩体蠕滑变形、沿软弱夹层(层面)产生顺层滑动等模式。受卸荷及岩体差异风化作用影响，下部粉砂质泥岩、泥质粉砂岩等软弱岩体易产生风化剥蚀形成负地形，与其上部砂岩形成倒悬的“岩腔”结构，上部砂岩边坡岩体失去支撑，形成拉裂缝，在不同方向结构面(特别是卸荷裂隙)的组合切割下形成不稳定块体，易产生垮塌失稳，从而形成独特的由差异风化引起的卸荷崩塌边坡变形破坏模式。层状岩体中可能分布有软弱夹层，其厚度较薄，胶结较差，强度低，在构造运动中受到剪切破坏往往形成薄弱面，在地下水作用下泥化、软化或夹泥，构成了边坡的潜在滑移面，从而使边坡岩体产生顺层滑动失稳。

工程开挖边坡为互层状软岩高边坡，部分边坡为顺向结构，存在顺层切脚，可能存在顺层滑动问题；同时，由泥质类岩石的快速风化导致边坡岩体差异风化而改变边坡外形，可能产生卸荷崩塌导致边坡局部失稳破坏。

3.4.6 软岩抗冲刷问题

卡洛特水电站坝址处控制流域面积 26700km^2，多年平均流量 819m^3/s，多年平均年径流量 258.3 亿 m^3。根据洪水调节计算成果，水库设计洪水位（P=0.2%）为 461.13m 时相应泄洪流量为 20378m^3/s，校核洪水位（P=0.02%）为 467.06m，相应泄洪流量为 28299m^3/s，工程洪水期下泄量大。

混凝土重力坝方案的泄洪建筑物布置在河床，沥青混凝土心墙堆石坝方案溢洪道布置在右岸河湾地块中部，在泄洪消能设施下游河床中均分布有泥质粉砂岩和粉砂质泥岩等软岩，抗冲刷能力较差，岩石允许抗冲刷流速一般小于 3.5m/s，极易形成冲刷深坑；中砂岩、细砂岩等抗冲刷能力亦有限，也需要进行适当的保护。因此存在大坝下游冲刷问题，可能在软岩中形成冲刷坑，冲刷坑往上游发展将对建筑物构成不利影响。

3.5 主要建筑物工程地质条件及评价

3.5.1 大坝

大坝心墙轴线长 460.0m，大坝心墙从左岸到右岸分为 62 仓段，单坝段水平长度一般为 6～8m。大坝心墙基础开挖到弱风化岩体；大坝心墙以外的堆石体填筑薄层地基均要求清除覆盖层。

3.5.1.1 工程地质条件

（1）前期勘察成果

沥青混凝土心墙堆石坝大坝位于吉拉姆河回头湾下游，河谷为纵向谷。左岸发育有低漫滩，右岸漫滩不发育。

大坝范围内左岸岸坡总体呈 NW～NNW 走向，向河岸轻微内凹，高程 445m 以下岸坡总体顺直完整，地形坡度 25°～40°，其中低漫滩～Ⅰ级阶地前缘发育二级高 8～10m 基岩陡崖；高程 445～475m 发育Ⅱ级基座阶地，地形较破碎，浅切小冲沟发育。左岸高程 475m 以上斜坡地形坡度 30°～50°。右岸坝轴线以下岸坡总体呈 NNW 走向，总体较顺直完整，坝轴线以上回头湾部位岸坡为 NNE 向凸出的膝状地形。高程 420m 以下地形坡度 35°～40°；高程 420～440m 坡度一般为 12°～25°，高程 440～455m 为陡崖；高程 455m 以上地形较陡，一般 40°左右。距大坝轴线下游约 0.6km 的 6# 冲沟出口呈高差约 10m（枯水期）的跌水由 NW 向汇入吉拉姆河。

大坝附近河床覆盖层厚 4～10m，主要为第四系冲积崩积（Q_4^{al+col}）层、崩积坡积（Q_4^{col+dl}）层及滑坡堆积（Q_4^{del}）层，岩性有碎块石夹孤石、砂壤土、砂卵砾石及块（碎）石土等；大坝附近分布基岩地层主要为 $N_{1na}{}^{2}$～$N_{1dh}{}^{1}$ 层砂岩及泥质粉砂岩、粉砂质泥岩互层，其中砂岩在大坝两岸出露，常形成陡崖地形。

大坝部位地下水按赋存条件划分主要为第四系松散层孔隙水和基岩裂隙水，其中第四系覆盖层厚度总体不大，含水较贫；基岩孔隙裂隙水主要赋存于砂岩中，一般为中等—贫含水，由于存在泥岩、泥质粉砂岩等相对不透水岩层呈夹层或互层分布，形成多层状水文地质结构。

大坝附近河床及漫滩 Q_4^{al+col} 层、斜坡部位 Q_4^{col+dl} 层块石、块（碎）石土结构松散，多处可见架空结构，具强透水性；两岸阶地中砂壤土具中等透水性，砂砾卵石具中等—强透水性。根据钻孔压水试验成果统计表明，粉砂质泥岩、泥岩、泥质粉砂岩强风化岩体具中等—弱透水性，弱及微风化岩体具弱—微透水性；粉砂岩、细砂岩及砂岩强风化岩体一般具强—中等透水性，局部达极强透水性，弱风化岩体具中等—弱透水性，局部达极强透水性，微风化岩体具弱—微透水性。

左岸岩体强风化带厚度一般为 2～4m，弱风化带厚度一般为 5～10m；河床及漫滩部位强风化带岩体厚度为 0～2.0m，弱风化带厚度一般为 5～15m；右岸强风化带厚度为 0～2.1m；弱风化带厚度一般为 2～16m。

大坝部位不良地质现象主要为分布于右岸岸坡中下部的③号覆盖层滑坡及两岸岩体崩塌。

（2）施工开挖检验

大坝心墙及堆石体基础开挖揭示，地层分布与前期勘察成果一致，岩性主要为中砂岩、细砂岩、粉砂岩，粉砂质泥岩与泥质粉砂岩互层等，总体呈不等厚互层状，砂岩主要为厚层状，粉砂质泥岩与泥质粉砂岩互层主要呈薄层状—中厚层状，岩石属软岩—较软岩，软硬相间分布。

大坝基础开挖未揭露到断层及层间剪切带分布，大坝心墙左、河床、右岸均主要发育 2 组优势裂隙，主要裂隙特征见表 3.15。其中，走向 NNW 组为共有优势裂隙，左岸及河床以倾 SWW 为主，右岸以倾 NEE 为主。总体以陡倾角为主，中倾角及缓倾角次之，缓倾角以顺层裂隙居多。裂隙长度一般以 1.5～5m 为主，少量 5～10m，个别可达 20m，宽度一般小于 1mm，无充填或充填岩屑，少量为钙质、泥质或铁质浸染。

岩体透水性受岩体风化程度影响较大，弱风化岩体，一般具弱透水性，局部达中等透水性，微新岩体一般透水性为微弱。此外，受卸荷影响，靠近岸坡两侧存在长大陡倾裂隙，压水试验过程中可见明显不起压现象。

表 3.15　　大坝心墙主要裂隙分组统计结果　　（单位：°）

部位	J1 裂隙组			J2 裂隙组		
	走向	倾向	倾角	走向	倾向	倾角
左岸	315～348	225～258	60～83	350～10	75～110	10～20
河床	330～350	240～260	60～70	320～330	50～60	65～75
右岸	310～350	40～80	65～81	40～50	130～140	75～80

大坝心墙开挖后揭露的地下水出露点较少，局部砂岩与泥质岩分界线附近见少许地下水出露，流量小。桩号 K0＋240 处上游边坡、K0＋274.30 及 K0＋62.5 处心墙底板各揭露出地下水出露点，流量分别为 1L/min、2L/min、0.1L/min。

左岸岩体强风化带厚度一般为 2～6m，弱风化带厚度一般为 5～10m；河床及漫滩部位强风化带岩体厚度为 0～2.0m，弱风化带厚度一般为 5～15m；右岸强风化带厚度为 0～3m；弱风化带厚度一般为 2～16m。

大坝两岸卸荷带发育明显，可分为强、弱卸荷带两带：强卸荷带水平深度左岸一般为 6～14m，右岸一般为 8～18m，带内卸荷裂隙发育较密集，一般间距 0.5～0.8m，强卸荷带内岩体一般呈强—弱风化状态。弱卸荷带水平深度一般为 10～25m，带内卸荷裂隙一般间距 1～3m，张开宽度 0.1～1cm，带内岩体一般呈弱风化至微新状态。

大坝心墙基座开挖揭露的软弱夹层，规模小，多顺层发育，受开挖爆破及风化的影响，性状较围岩差，多数属Ⅱ类破碎夹泥层，局部渗水，延伸长度一般 4.4～33m 不等，宽度一般小于 20cm，其中 J1 长度 33m，局部宽度最宽达 150cm。

3.5.1.2　主要地质缺陷处理

（1）大坝堆石体填筑范围内局部风化、泥化泥质岩体处理

粉砂质泥岩与泥质粉砂岩岩体具有失水干裂，遇水崩解、易软化、泥化的特性，坝体填筑前对地基表层风化、泥化的泥质粉砂岩和粉砂质泥岩岩体进行清除，随挖除、随回填覆盖。

（2）大坝心墙软弱夹层处理

大坝心墙地基软弱夹层均为Ⅱ类破碎夹泥层和Ⅲ类泥化夹层。在施工过程中对夹层进行了追踪、掏槽清挖处理，并回填混凝土，处理深度一般为夹层宽度的 2～3 倍（图 3.5）。对于规模较大的 J1 夹层局部卸荷空洞（缝）进行预埋灌浆管灌浆处理。

在心墙地基开挖的过程中对地基中爆破松动残留岩块及泥质岩开挖风化岩体进行了清理，满足设计要求。

（3）大坝心墙固结灌浆

沿沥青混凝土心墙混凝土基座（底宽 4m）轴线布置双排固结灌浆孔（两排孔之间另布有两排帷幕灌浆孔），孔排距为 2.5m×2.5m，梅花形布置。其中，上游排固结灌浆孔兼辅助帷幕灌浆孔，入岩深度 10m；下游排固结灌浆孔，入岩深度 6m。据灌浆前后声波测试成果，灌

前岩体平均声波波速范围为2400～3171m/s，灌后岩体为2540～3254m/s，平均波速提高率0.9%～7.5%。表层爆破松弛岩体通过固结灌浆总体上在岩体完整性上得到一定的提高。

图3.5 J6软弱夹层掏挖处理

3.5.1.3 工程地质评价

(1)大坝心墙地基

大坝心墙地基由新近系 $N_{1dh}{}^{1-1-2}$～$N_{1na}{}^{3-3-1}$ 层基岩组成，强风化—弱风化状，岩性为砂岩及泥质岩，均开挖至弱风化岩体。发育两组优势裂隙，以陡倾角为主，一般短小；地基范围内地下水活动微弱，基本为干面施工；地基岩体中发育Ⅱ类破碎夹泥层，夹层延伸长度较小，已进行局部掏槽回填混凝土处理。大坝心墙地基进行了固结灌浆处理，满足设计要求。

(2)大坝心墙边坡

大坝心墙上、下游高程469.5m以上左侧为1#路永久边坡，边坡设计坡比为1∶0.6，边坡最大高度达14m；右侧为2#路及8#路永久边坡，边坡设计坡比为1∶1.5～1∶0.6，边坡最大高度达30m。大坝心墙上、下游高程469.5m以下临时边坡设计坡比为1∶1，其中1#坝段～14#坝段坡高一般8～28m，局部2～3m，其他坝段一般小于15m，以浅挖为主。

边坡除8#～13#坝段上游坡顶为厚2～4m的阶地砂砾石堆物外，其他均为新近系 $N_{1dh}{}^{1-1-2}$～$N_{1na}{}^{3-3-1}$ 层基岩，强风化—弱风化状，岩性为砂岩及泥质岩。边坡开挖过程中地下水揭露较少。

边坡裂隙较发育，开挖后即对泥质类岩质边坡进行了喷混凝土保护，心墙两侧边坡主要为横向坡，大坝坝肩两侧高程469.5m以上永久边坡坡高不大，已采取了锚喷支护措施，边坡总体稳定。

(3)大坝堆石区地基

大坝堆石体地基以全、强风化泥质岩、砂岩为建基岩体，并对表层风化崩解岩体进行了清理，大坝堆石体地基可满足建基要求。

3.5.2 溢洪道

3.5.2.1 工程地质条件

(1)前期勘察成果

溢洪道进水渠进口段位于河湾地块上游侧岸坡上，高程410m以下地形坡度20°～25°，高程410～455m地形坡度35°～45°，局部发育高7m左右的基岩陡崖，高程455m以上至岸坡坡眉地形坡度55°～60°，并发育两级高10～20m的基岩陡崖；进水渠后段及控制段主要位于右岸山顶，坡面向SE倾斜，地形坡度5°～10°，进水渠后段地面高程520～470m，其中左侧局部为吉拉姆河Ⅲ级阶地，高程为520～512m，控制段部位地面高程503～465m；泄槽、挑流鼻坎部位主要位于SE倾向斜坡上，高程472m以上地形坡度10°左右，以下坡度一般为15°～25°，高程491～464m、480～428m发育两级高10～25m的基岩陡崖，在泄槽部位左侧局部为吉拉姆河Ⅱ级阶地，地面高程458～450m；下游消能区部位位于河湾地块下游侧近岸斜坡，地形坡度一般为15°～30°。

溢洪道部位覆盖层厚度2～9m，主要为第四系冲积崩积(Q_4^{al+col})层、崩积坡积(Q_4^{col+dl})层及残坡积(Q^{edl})层，岩性有碎块石夹孤石、砂壤土、砂卵砾石及碎块石土等；下伏基岩由N_{1dh}、N_{1na}层砂岩及泥质粉砂岩与粉砂质泥岩组成，砂岩在溢洪道沿线大面积出露，并在进水渠进口及挑坎部位常形成陡崖地形。

平硐裂隙资料统计表明，裂隙主要为NE、NEE、NNE走向3组，裂隙一般较短小，裂面平直，稍粗糙—粗糙，宽度多小于2mm，岩屑或泥质充填。

溢洪道附近地下水主要为第四系松散介质孔隙水和基岩裂隙水，局部存在裂隙性承压水。ZK42钻孔孔深约53m附近揭露到局部承压水，实测承压水水头约54m(高出孔口约1.0m)，终孔后地下水溢出孔口呈自流状态，观测流量10～15L/min。溢洪道部位地下水埋深5～75m不等，水位498～378.26m，近岸坡地带埋深较大，水位变化与地形变化基本相协调。钻孔压水试验成果统计表明，各类微新及弱风化岩体总体上透水性微弱，溢洪道控制段不同岩类微新岩体吕荣值$q<10$Lu的试验段均占试验总段数的95%以上，$q<3$Lu的试验段所占比例为91%以上。

溢洪道部位基岩强风化带厚0～3.5m，进水渠部位B-10孔揭露最厚达5.5m；弱风化带厚4～20m。

溢洪道部位地表不良地质现象主要为岩体崩塌，主要分布于进水渠进口段、泄槽东南侧、挑流鼻坎及下游消能区等岸坡陡崖部位，岩体卸荷强烈，局部发育危岩体，易发生崩塌现象；进水渠进口部位陡崖下部发育1#、2#小型浅层覆盖层滑坡，方量小于100m³，稳定性较差。

(2)施工开挖检验

溢洪道施工开挖揭露地层与前期成果一致，主要为新近系 N_{1na}^{4-3-1}～N_{1na}^{3-3-1} 层，进水渠部位局部为第三系 N_{1dh}^{1-1-2} 层基岩，少量分布有第四系(Q)，厚 2～9m。N_{1na}^{4-3-1}、N_{1na}^{4-1}、N_{1na}^{3-3-1} 层岩性以厚层—巨厚层状青灰色中砂岩为主，局部夹细砂岩、粉砂岩，单层一般厚 12～22m，延伸较稳定，N_{1na}^{3-3-1} 层中夹有厚 4～7m 泥质岩夹层；N_{1na}^{4-2}，N_{1na}^{3-3-2} 层岩性主要为暗紫红色粉砂质泥岩与黄灰色泥质粉砂岩不等厚互层，粉砂质泥岩、泥质粉砂岩多呈中厚层—厚层状，局部呈薄层状，单层厚 13～14m。

溢洪道开挖揭露 3 条规模较小的裂隙性断层，以中缓倾角度的逆断层居多，填充岩屑夹泥，宽 0.3～10cm，延长 3～15m。裂隙以走向 NEE 组为主，倾向 SSE 及 NNW，另发育少量走向 NEE 组倾向 SSE 中倾角裂隙及走向近 N 倾向近 E 组缓倾角裂隙。总体以陡倾角裂隙为主，中倾角次之，缓倾角裂隙不甚发育。裂隙长度一般长 2～10m，以 2～5m 最多，个别可达 20m，裂隙宽度一般小于 1mm，少量宽度为 0.5～4mm；裂隙充填物主要为无充填或岩屑充填，少量为钙质、泥质或铁质浸染。

溢洪道开挖在砂岩层中、砂岩与泥质岩分界面附近及部分裂隙部位揭露到有少量地下水出露，流量 0.6～1.5L/min，水量小，仅造成局部岩面潮湿，雨季稍有增大。右岸边坡在砂岩层分布地段的坡面排水孔多有渗水现象，水量小，随降水变化。

进水渠地层主要为新生界磨拉石建造的陆源碎屑沉积岩地层，岩石总体具有时代新、成岩胶结程度较差、岩石较软弱，岩性较复杂，较软岩与软岩呈不等厚互层状分布，具有发育软弱夹层的地质条件。

开挖揭露，在 N_{1na}^{4-3-1} 层与 N_{1na}^{4-2} 层分界面附近、N_{1na}^{4-2} 层与 N_{1na}^{4-1} 层分界面附近及 N_{1na}^{3-3-1} 层底部发育有数条软弱夹层，主要表现为相对软弱岩体破碎及泥化现象，主要为Ⅰ类破碎夹层和Ⅱ类破碎夹泥层，少量为Ⅲ类泥化夹层。Ⅰ类破碎长度夹层占揭露总长度的 54.6%，Ⅱ类破碎夹泥层长度占揭露总长度的 39.1%，Ⅲ类泥化夹层长度占揭露总长度的 6.3%。软弱夹层一般宽 2～20cm，少量达 50cm，断续分布，延伸长度一般较短，以 9～30m 居多，单一夹层延伸最长可达 236m。

根据已编录岩体风化带厚度统计，左侧边坡岩体强风化带厚度一般为 3～18m，弱风带厚度一般为 5～25m。右侧边坡已开挖区域均为弱风化岩体，岩体厚度一般为 20～35m。

3.5.2.2 主要地质缺陷及处理

(1)进水渠右侧变形体处理

进水渠右侧变形体边坡为向北东方向凸出的弧形坡，该部位距吉拉姆河陡崖岸坡 50～100m。

该处边坡为砂、泥质岩互层状结构边坡，岩体主要为弱风化状，N_{1na}^{4-3-1} 层底部及 N_{1na}^{4-2} 层底部均发育两条软弱破碎夹层，即 JR1-1、JR3-1，均为Ⅱ类破碎夹泥层，边坡地质剖面见图 3.6。

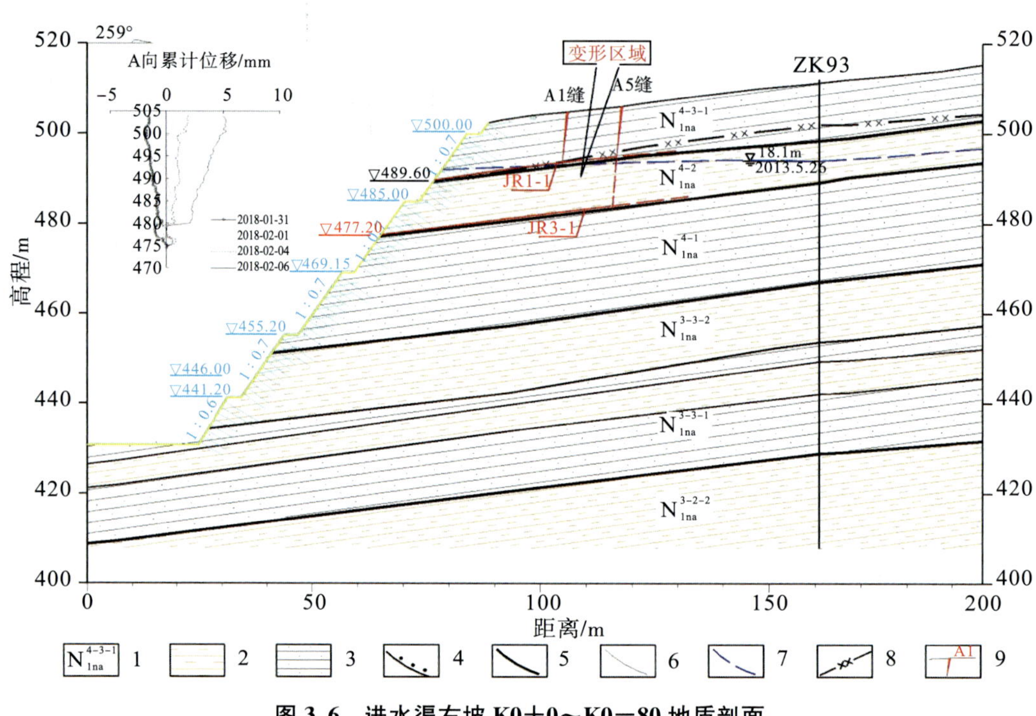

图 3.6 进水渠右坡 K0+0～K0-80 地质剖面

1. 地层代号；2. 粉砂质泥岩与泥质粉砂岩互层；3. 砂岩；4. 第四系与基岩界线；5. 地层界线；6. 岩性界线；7. 推测地下水位线；8. 弱风化带下限；9. 裂缝

进水渠右侧边坡形成以软弱夹层为底滑面，以走向 NW～NWW 向垂直于边坡的长大裂隙（卸荷裂隙）为侧边界，以后缘断续分布的拉裂缝为后边界的"圈椅状"蠕变变形体。根据位于变形体部位坡顶原 IN06SAC 测斜管 2018 年 2 月监测成果，变形体在 JR3-1 深度位置有明显朝临空向的位移，为变形体底部边界，前缘高程为 477.2m。

溢洪道进水渠基坑开挖后，边坡岩体临空，破坏了原始应力平衡，边坡岩体将在新的条件下产生应力调整。边坡稳定计算成果表明，各种工况下开挖边坡稳定均满足规范要求，但在频繁、循环的爆破震动影响下，岩体中结构面（特别是岩体中分布有软弱夹层）抗剪强度指标会逐渐降低，从而导致边坡局部发生变形。

该部位边坡于 2018 年 8 月采用锚筋桩加固方案进行了施工。根据最新表面变形观测资料，对该变形体进行稳定性计算（表 3.16）。其成果表示经过加固处理后的引水渠右岸边坡整体趋于稳定，但为有效阻止变形体持续变化，保证工程安全，在边坡岩体中布置了浅、深部排水孔及新增加预应力锚索进一步进行加固处理，并在蓄水初期加强了变形观测分析工作。

表 3.16 溢洪道进水渠右岸边坡变形体加固处理方案后计算成果

<table>
<tr><th>计算工况</th><th>是否考虑裂缝水压力</th><th>锚固措施(m)</th><th>安全系数</th><th>规范规定安全系数(DL/T 5353—2006)</th></tr>
<tr><td rowspan="2">正常工况</td><td>√</td><td>无锚固措施</td><td>1.001</td><td rowspan="2">1.20</td></tr>
<tr><td>√</td><td>锚筋桩 2×2.25
(α=35°,5 排;α=60°,5 排)</td><td>1.407</td></tr>
<tr><td rowspan="2">地震工况
(0.26g)</td><td>√</td><td>无锚固措施</td><td>0.798</td><td rowspan="2">1.05</td></tr>
<tr><td>√</td><td>锚筋桩 2×2.25
(α=35°,5 排;α=60°,5 排)</td><td>1.06</td></tr>
</table>

(2)控制段坝基地质缺陷处理

控制段 6#～7# 坝段设计高程为 417m,岩性为 N_{1na}^{3-3-1} 层泥质粉砂岩夹粉砂质泥岩,基底开挖到近设计高程后遇雨季,经雨水浸泡后岩体软化、崩解,雨季后对地基岩体中所有受浸泡崩解岩体进行清理至新鲜岩体,清理后高程 415.5～413.5m,超挖 1.5～3.5m,方量 600 余 m^3,对超挖基坑采用混凝土回填措施。

控制段揭露的软弱夹层规模小,顺层发育,受开挖风化的影响,性状较围岩差,各软弱夹层以Ⅰ类破碎夹层为主,局部渗水,延伸长度一般为 15～29m,宽度一般小于 20cm,除 JC1～JC3 位于基坑底部外,其他位于斜坡部位;软弱夹层中 JL3-7 位于 2# 坝段逆向坡坝段,延伸较远;软弱夹层倾角较缓,对坝体稳定影响较小,一般无须处理,仅对局部破碎部位进行一般性适当掏缝,回填混凝土处理;JC3 破碎夹层位于 8# 坝段高程 425m 平台,因夹层上覆岩体较薄,已采取结构加强措施。

溢洪道控制段基岩固结灌浆范围为全建基面,固结灌浆孔均为铅直孔,孔排距一般为 2.5m×2.5m,梅花形布置,入岩孔深一般为 6m。控制段建基面各检测孔岩体震动松弛深度为 1～2.2m,灌前岩体平均声波波速范围为 2007～3691m/s,灌后岩体为 2178～3715m/s,平均波速提高率 0.3%～12.0%。表层爆破松弛岩体通过固结灌浆总体上岩体完整性得到一定的提高。

(3)挑流鼻坎—下游消能区自然边坡危岩体处理

挑流鼻坎段左侧边坡 WYT5 变形岩危岩体分布于泄槽左侧桩号 0+309～0+316 段高程 443～429m 部位,目前可估方量 880m^3。该部位 N_{1na}^{4-1} 层砂岩岩体呈巨厚层状,岩体呈弱风化状,处于弱卸荷带内。该部位发育的卸荷裂隙 L199,产状 135°∠80°,裂隙面较平直,在高程 443m 平台可见长度 8.5m,并向坡下延伸至高程 429m 仍有向下延伸趋势,裂隙多无充填或充填少量泥质,张开宽度一般为 0.5～1cm,在高程 443～438m 局部宽达 10cm,见图 3.7。

图 3.7　WYT5 在边坡高程 443～429m 延伸情况

WYT5 变形岩体主要由开挖卸荷裂隙引起，其下部为下游消能区施工区，存在安全隐患。根据 2020 年 2—3 月泄槽段 TP14SACN 外部变形观测墩观测成果，累计竖向位移为 5.74mm。观测墩因施工变压器遮挡停止观测；后期布置裂缝计进行观测，根据 LF03SACN 裂缝计观测结果显示（图 3.8），缝面最大开合度为 0.32mm（2021-02-25 施测），变形趋于稳定，目前采取的处理措施为监测预警。

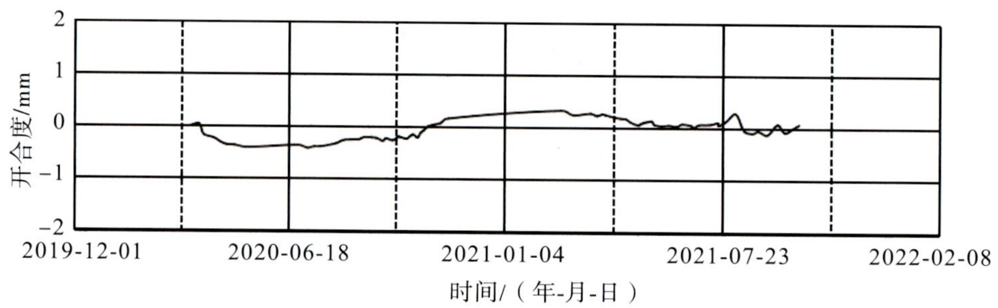

图 3.8　溢洪道左岸边坡坡顶高程 442.0m 裂缝计 LF03SACN 变形过程曲线图

3.5.2.3　工程地质评价

（1）控制段

控制段建基岩体以微风化 $N_{1na}{}^{4-3-1}$～$N_{1na}{}^{3-3-1}$ 层中—细砂岩为主，除 1# 坝段及左侧挡墙坝段为弱风化砂岩外，其他部位主要为微风化岩体。坝基岩体泥质岩占 39.7%，砂岩占 60.3%。

坝基岩体粉砂质泥岩与泥质粉砂岩岩体单轴抗压强度 8～15MPa，以中厚层—厚层状结构为主，少量为薄层状，岩体质量为 Ⅳ_c 类；中—细砂岩单轴抗压强度 20～30MPa，属较软岩，呈巨厚层—厚层状结构，局部中厚层状结构，岩体质量为 Ⅲ_c 类；坝基岩体中缓倾角裂隙不发育，未发育连续的贯穿性缓倾角裂隙，坝基抗滑稳定受岩层面控制。坝基开挖未见断裂揭露，坝基岩体满足建坝要求。

（2）进水渠

溢洪道左侧边坡主要为逆向坡，上部覆盖层边坡总体坡高一般小于 6m；下部为由

$N_{1dh}{}^{1-1-2}$～$N_{1na}{}^{3-3-1}$ 层组成的基岩边坡，呈不等厚互层、软硬岩体相间分布状结构。覆盖层部位边坡稳定性差，已采取放缓坡比，喷混凝土支护及加强排水措施；下部基岩边坡无大的地质缺陷存在，总体稳定。

进水渠右侧边坡主要为顺向坡，不利于边坡稳定。受开挖卸荷影响，桩号 K0＋0～K0－80、高程 477m 以上坡段沿软弱夹层产生蠕滑变形，采用锚筋桩方案加固，有效阻止了变形的持续发展，后期增设了浅、深部排水孔，新增加了锚索加固，变形趋缓，但变形趋势尚未完全收敛，目前仍采取加强监测预警措施。其余坡段边坡稳定。

(3)泄槽及挑流鼻坎

泄槽底板建基岩体为 $N_{1na}{}^{3-3-2}$、$N_{1na}{}^{3-3-1}$ 层微新岩体，以粉砂质泥岩与泥质粉砂岩互层为主，部分为中砂岩、细砂岩。中砂岩岩体较完整，呈厚层状、巨厚层状结构，为较软岩，岩体基本质量属Ⅲc 类；微风化粉砂质泥岩与泥质粉砂岩互层岩体一般完整性较差—较完整，主要呈薄—中厚状结构，为软岩，岩体基本质量属Ⅳc 类。Ⅲc 类、Ⅳc 类岩体可满足泄槽底板建基面要求。

泄槽开挖边坡主要为岩质边坡，边坡岩体主要由 $N_{1na}{}^{4-3-1}$～$N_{1na}{}^{3-3-1}$ 层砂岩及粉砂质泥岩与泥质粉砂岩互层状岩体组成，上部弱风化岩体厚度 10～23m，以下为微风化岩体。泄槽部位主要裂隙走向与边坡走向大角度相交，在开挖过程中未见大型块体及楔形体分布。溢洪道左侧边坡为逆向坡，有利于边坡稳定，右侧边坡为顺向坡，不利于边坡稳定，但岩层产状较平缓(倾角 9°～10°)，边坡总体基本稳定。为满足边坡长久稳定运行，已对左侧桩号 K0＋77～K0＋180 段边坡局部厚层覆盖层进行挡墙＋挂网喷护的支挡措施；对 $N_{1na}{}^{4-2}$/$N_{1na}{}^{4-1}$ 层面发育的 JL(R)3 用 $N_{1na}{}^{3-3-2}$ 层发育的 JR5 软弱夹层进行设计验算。

挑流鼻坎部位底板建基岩体由微风化 $N_{1na}{}^{3-3-1}$ 层细砂岩、中砂岩及粉砂质泥岩与泥质粉砂岩互层组成，左侧局部为 $N_{1na}{}^{3-3-2}$ 组粉砂质泥岩与泥质粉砂岩互层，倾河床的陡倾角卸荷裂隙较发育，岩体完整性一般较完整，其建基面进行过地基处理后岩体强度可满足建基要求。

挑流鼻坎边坡基岩为 $N_{1na}{}^{4-3-1}$～$N_{1na}{}^{3-3-1}$ 砂岩及粉砂质泥岩与泥质粉砂岩互层，弱风化岩体厚度 10～20m。左侧边坡为逆向坡，右侧边坡(防淘墙)为横向坡，边坡总体稳定，建议对 WYT5 变形岩体采取监测措施并视情况进行处理。

(4)下游消能区

下游消能区底板岩体主要位于 $N_{1na}{}^{3-3-1}$～$N_{1na}{}^{3-2-2}$ 层，主要为泥质粉砂岩、粉砂质泥岩互层，主要呈微风化—新鲜状态，出口部位岩体呈弱风化状态。泥质粉砂岩、粉砂质泥岩互层岩体抗冲刷能力差，应采取防冲刷措施。

消能区底板岩体为 $N_{1na}{}^{3-3-2}$ 层粉砂质泥岩与泥质粉砂岩互层，主要呈微风化状，岩体质量为Ⅳc 类，岩体质量可满足建基要求；消能区边坡为顺向坡，岩层倾角缓，开挖过程中已对右侧边坡 0＋450～0＋468 卸荷块体进行了清除，并对其他地质缺陷进行处理，消能区边坡总体稳定。

下游消能区左岸雾化暴雨影响区边坡已用钢筋混凝土全覆盖；右岸雾化暴雨影响区消能区段边坡也已用钢筋混凝土全覆盖，对泄洪消能区 $N_{1na}{}^{4-1}$ 层砂岩陡崖以下缓坡平台上的覆盖层堆积体进行了部分开挖清除处理，并对开挖面进行喷混凝土封闭处理。消能区往下游卡洛特大桥 1# 桥墩内侧边坡未完全喷护，该段开挖边坡岩体主要为 $N_{1na}{}^{3-3-1}$ 层砂岩，开挖后形成陡崖，边坡岩体中卸荷裂隙发育，岩体受卸荷及其他组裂隙切割可形成潜在危岩体，对潜在不稳定危岩体重点布置锚杆加固，并对桥墩范围砂岩陡崖采取系统加固处理措施。

3.5.3 引水发电建筑物

3.5.3.1 工程地质条件

(1)前期勘察成果

引水发电建筑物进水口位于河湾地块中部倾东南向斜坡上，地形坡度 10°～20°，局部 30°左右，地面高程 512～470m，进水塔部位高程 498～474m；引水隧洞进口段地表为倾东南向斜坡，地形坡度 12°～22°，高程 485～470m；洞身段地表主要为吉拉姆河Ⅱ级阶地，阶地地面高程 468～460m，阶面地形总体平坦，坡度 5°左右，局部达 15°；主厂房及尾水渠布置于级阶前沿及岸坡部位，高程 450～433m、403～394m 分别见较连续的两级陡坎，坎高 3～12m。

引水线路部位覆盖层厚 1～10m，局部达 13m，主要为第四系残坡积(Q^{edl})、崩坡积($Q_4{}^{col+dl}$)及冲积崩积($Q_4{}^{al+col}$)层，岩性有碎块石土、砂壤土、砂砾卵石、碎块石等；下伏基岩由 $N_{1dh}{}^{1-2-1}$～$N_{1na}{}^{3-3-1}$ 层弱风化—微风化泥质粉砂岩与粉砂质泥岩互层及砂岩组成，泥质粉砂岩与粉砂质泥岩属软岩，砂岩属较软岩，砂岩在尾水区出口部位出露，形成陡崖地形。

引水发电建筑物区裂隙主要为 NE、NEE、NNE 走向 3 组。

引水线路进水口及引水隧洞部位地下水埋深为 0.7～6.8m，水位 470.01～455.02m，主厂房及尾水渠部位水位埋深 13.6～37.1m，水位 452.70～392.49m。钻孔压水试验表明，进水塔、主厂房地基及引水隧洞围岩一般透水性微弱。

引水发电建筑物区强风化带厚度 0～1.5m，弱风化带厚度 2～15m，各部位岩体风化带厚度差异较小。

主厂房及尾水渠部位近岸岸坡局部存在小型不稳定危岩体，易产生崩塌现象。

(2)施工开挖检验

根据开挖揭示的地质情况，引水渠及进水塔建基岩体以 $N_{1na}{}^{3-3-2}$ 层粉砂质泥岩与泥质粉砂岩互层为主，局部为 $N_{1na}{}^{4-1}$ 层砂岩，岩体新鲜完整，未见断层及软弱夹层出露，裂隙不发育，地下水活动微弱。与 Level 1 阶段提供的资料相比，地基地质条件与前期成果基本一致。

根据现场声波测试结果，1# ～4# 进水塔建基岩体波速 V_p 平均值分别为 3229m/s、

3471m/s、3705m/s、3790m/s，固结灌浆以后分别为 3299m/s、3512m/s、3725m/s、3812m/s，表明固结灌浆后岩体完整性有所提高（表 3.17）。综合前期岩石试验成果，岩体质量为Ⅳc类，地基承载力为 3.5～4.5MPa，满足设计对建基岩体承载力的需要。

表 3.17　单孔声波波速 V_p 平均值统计　（单位：m/s）

部位		编号						最大值	最小值	平均值
		1#	2#	3#	4#	5#	6#			
1# 进水塔	灌浆前	3217	3401	3406	3281	2947	3123	3406	2947	3229
	灌浆后	3239	3425	3445	3310	3102	3272	3445	3102	3299
2# 进水塔	灌浆前	3701	3489	3357	3590	3268	3420	3701	3268	3471
	灌浆后	3713	3527	3415	3621	3321	3477	3713	3321	3512
3# 进水塔	灌浆前	3780	3823	3758	3583	3717	3570	3823	3570	3705
	灌浆后	3788	3834	3774	3620	3734	3598	3834	3598	3725
4# 进水塔	灌浆前	3911	3918	3871	3594	3752	3697	3918	3594	3790
	灌浆后	3928	3939	3895	3620	3761	3729	3928	3620	3812

开挖揭露，引水隧洞围岩主要为 $N_{1na}{}^{4-1}$ 层中砂岩夹细砂岩，斜管段以下至下平段围岩主要为 $N_{1na}{}^{3-3-2}$ 层泥质粉砂岩、粉砂质泥岩互层，围岩均为微风化—新鲜状态，以Ⅲ类为主（占 85.7%），其次为Ⅴ类，最少为Ⅳ类，围岩地质条件与前期成果基本一致。施工期发生零星掉块，未发生较大规模的块体失稳，围岩初期支护及时，围岩总体稳定。

主厂房边坡上部为第四系覆盖层，总厚度一般小于 13m，下部基岩为 $N_{1dh}{}^{1-1-2}$～$N_{1na}{}^{3-2-1}$ 层砂岩及泥质粉砂岩与粉砂质泥岩互层，呈不等厚互层状、软硬岩体相间分布的地质结构，边坡岩体总体较完整。主厂房建基岩体主要为 $N_{1na}{}^{3-3-1}$ 中砂岩、细砂岩，局部为泥质粉砂岩、粉砂质泥岩夹层，厚度一般为 2～5m，分布不均匀，岩体新鲜完整，岩体质量为Ⅲc 类～Ⅳc 类。边坡及地基开挖揭露地质条件与前期成果基本一致。

开挖揭示，边坡上部为第四系崩坡积（$Q_4{}^{col+dl}$）碎块石土及冲崩积（$Q_4{}^{al+col}$）碎块石夹漂石，厚度一般小于 6m。边坡下覆基岩为 $N_{1dh}{}^{1-1-2}$～$N_{1na}{}^{3-3-2}$ 层砂岩及粉砂质泥岩与泥质粉砂岩互层，局部分布厚度小于 1.5m 的强风化带，弱风化带厚度 2～15m。底板岩体主要为微风化 $N_{1na}{}^{4-2}$～$N_{1na}{}^{3-3-2}$ 组砂岩及粉砂质泥岩与泥质粉砂岩互层组成，局部呈弱风化状，岩体较完整。施工开挖揭示地质条件与前期成果基本一致。

3.5.3.2 主要地质缺陷处理

（1）主厂房边坡地质缺陷处理

地面厂房 NE 侧开挖边坡与导流洞开挖边坡交接部位高程 440～450m 处开挖揭露一条长大卸荷裂隙（图 3.9），裂隙横切并贯穿厂房边坡与导流洞边坡之间的岩埂，裂隙上部张开缝宽 5～25cm，受爆破及开挖卸荷影响裂隙张开宽度不断变大，该裂隙与岩层面组合构成不稳定切割体，可能在后续的爆破开挖施工影响下产生滑移失稳，影响工程安全。根据其稳定现状及对后期工程安全运行的影响，对其采取了开挖清除处理，并加强了后部边坡支护措施。

图 3.9　厂房与导流洞边坡交接部位高程 440～450m 处长大卸荷裂隙

地面厂房 NE 侧开挖边坡与导流洞开挖边坡交接部位高程 412～417m 处横切，且厂房边坡与导流洞边坡之间岩埂的贯穿性顺河向卸荷裂隙发育（图 3.10），受爆破及开挖卸荷影响裂隙均有不同程度的张开。该组裂隙与岩层面及两侧开挖面组合构成不稳定切割体，可能在后续的爆破开挖施工影响下产生滑移失稳，影响工程安全。根据现场情况及永久边坡运行安全需要，对潜在滑动面以上已产生较大位移变形的岩体采取开挖清除处理，其余区域采取了加强锚固的支护措施。

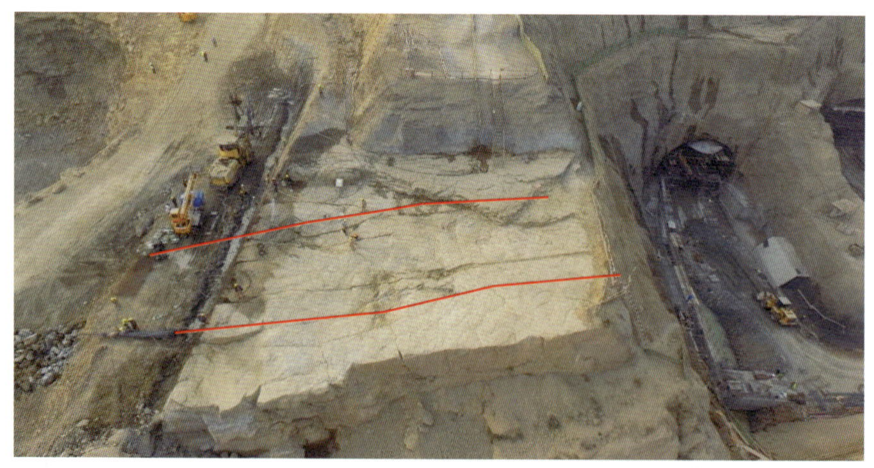

图 3.10　厂房与导流洞边坡交接部位高程 412～417m 处长大卸荷裂隙

(2)主厂房引水隧洞出口隔墩变形体处理

厂房西侧正面边坡高程 373.95～387.9m 为直墙段，根据引水隧洞出口布置需要开挖形成4个隔墩。隔墩上部为N_{1na}^{4-1}层砂岩，中下部为N_{1na}^{3-3-2}层粉砂质泥岩与泥质粉砂岩互层，形成“上硬下软”的岩体结构。由于隔墩体型结构复杂，施工期施工单位对开挖爆破控制不力，造成4个隔墩上部N_{1na}^{4-1}层砂岩均产生了不同张开程度的爆破裂缝，加之下部N_{1na}^{3-3-2}层粉砂质泥岩开挖成形差，且受后期快速风化影响，与N_{1na}^{4-1}层分界附近的粉砂质泥岩超挖严重，隔墩形成了上大下小的“蘑菇头”结构，部分隔墩上部砂岩体已构成了孤立不稳定切割体，可能产生沿N_{1na}^{4-1}层砂岩与N_{1na}^{3-3-2}层粉砂质泥岩薄弱的分界面产生滑移失稳的可能，直接危及厂房基坑的施工人员安全，进一步变形也可能导致厂房边坡受力而影响安全运行。根据现场情况及厂房结构安全的要求，对变形松动岩体进行了部分挖除处理，并对其余部分岩体进行加固处理，除增设了水平向预应锚杆外，还增设了向坡体内的斜向预应力锚杆，并加强了隔墩挂网喷护。施工期临时监测表明，处理后的隔墩处于稳定状态。

(3)主厂房地基地质缺陷处理

主厂房机组段建基岩体主要为N_{1na}^{3-3-1}层中部泥质粉砂岩夹粉砂质泥岩及下部的砂岩，建基岩体总体完整。

因地层倾角较缓，加之下游面存在下挖齿槽的开挖结构，建基面开挖时沿薄弱层面以上产生了一处倾向出口方向的薄板状楔形体，在爆破松动及开挖后岩体卸荷回弹的影响下沿薄弱层面产生松动张裂，与地基母岩分离构成孤立切割体。后期建基面清理时根据建基面处理原则将上部松动分离的楔形岩体进行了清除处理(图3.11)，对形成地质超挖采取了混凝土回填的处理(图3.12)。

图3.11 厂房2#隔墩上部砂岩中分布的爆破裂缝

图3.12 主厂房机组段建基岩体顺层面形成的楔形地质超挖

3.5.3.3 工程地质评价

(1)进水塔

进水塔建基岩体主要由N_{1na}^{4-1}～N_{1na}^{3-3-2}层细—中砂岩及泥质粉砂岩、粉砂质泥岩互层组成，以N_{1na}^{3-3-2}泥质粉砂岩、粉砂质泥岩为主，岩体一般为微风化—新鲜状态，完整—

较完整。中砂岩岩体质量为Ⅲc 类，泥质粉砂岩与粉砂质泥岩互层岩体质量为Ⅳc 类。进水塔建基岩体承载力满足设计要求，地基岩体中局部可能分布破碎岩体，应采取工程处理措施；塔基岩体中泥质粉砂岩与粉砂质泥岩等泥质岩类开挖时应预留保护层，并及时封闭，加强排水工作。

开挖边坡岩体为 $N_{1dh}{}^{1-1-2}$～$N_{1na}{}^{4-1}$ 层砂岩及泥质粉砂岩与粉砂质泥岩互层，呈不等厚互层状、软硬岩体相间分布的地质结构，基岩强风化岩体厚 0～4m，弱风化岩体厚 2～4m。进水口洞脸边坡走向与岩层走向夹角 16°～21°，为逆向坡，左、右两侧边坡均为横向坡，边坡地质结构有利于边坡稳定。边坡岩体局部可能存在不利结构面组合切割构成的小型不稳定块体，可能产生破坏失稳及局部掉块现象，应及时进行支护。开挖边坡应及时进行封闭保护，并做好边坡截、排水措施。

（2）引水隧洞

引水隧洞围岩主要为 $N_{1na}{}^{4-1}$ 层中砂岩夹细砂岩，斜管段以下至下平段围岩主要为 $N_{1na}{}^{3-3-2}$ 层泥质粉砂岩、粉砂质泥岩互层，围岩均呈微风化—新鲜状态。引水隧洞围岩以Ⅲ类为主（占 85.7%），其次为Ⅴ类，最少为Ⅳ类，围岩稳定性差，局部极不稳定，需加强围岩整体支护措施。洞身段围岩产状平缓，在软硬岩层接触面附近顶拱围岩可能产生塌落破坏，应加强围岩支护；围岩中局部可能存在不稳定或潜在不稳定随机块体，应及时进行支护处理。引水隧洞区基岩裂隙水具局部微承压性，应加强排水措施；由于围岩中软岩具有快速风化和软化的特性，需及时对围岩支护封闭，加强排水工作。

（3）主厂房

1）主厂房地基。

主厂房机组段建基岩体主要为 $N_{1na}{}^{3-3-1}$ 中砂岩、细砂岩，厚 13m 左右，局部为 $N_{1na}{}^{3-3-1}$ 泥质粉砂岩、粉砂质泥岩夹层，厚度一般为 2～5m，分布不稳定。砂岩属较软岩，呈巨厚层、厚层状结构，岩体较完整，岩体质量为Ⅲc 类，地基承载力 5.0～7MPa；粉砂质泥岩与泥质粉砂岩互层属软岩，薄—中厚层状结构，岩体完整性差—较完整，为Ⅳc 类，地基承载力 3.0～4.5MPa。主厂房建基岩体承载力满足设计要求，建基面局部出露破碎岩体应进行开挖回填混凝土置换处理或固结灌浆处理。地基岩体中泥质粉砂岩、粉砂质泥岩等泥质岩类具有失水干裂、遇水崩解，及遇水易软化、泥化的特性，开挖时应预留保护层，并及时封闭，加强排水工作。

2）开挖边坡。

主厂房两侧及正面（洞脸）开挖边坡最大坡高为 107.5m。边坡上部为第四系覆盖层，总厚度一般小于 13m，下部基岩为 $N_{1dh}{}^{1-1-2}$～$N_{1na}{}^{3-2-1}$ 层砂岩及泥质粉砂岩与粉砂质泥岩互层，呈不等厚互层状、软硬岩体相间分布的地质结构，边坡岩体总体较完整。正面边坡总体走向 100°，为顺向坡，不利于边坡稳定，边坡稳定性较差，两侧边坡为横向坡，有利于边坡稳定。边坡岩体局部可能存在不利结构面组合切割产生的小型不稳定随机块体，可能产生破坏失稳及局部掉块现象，应及时进行支护。泥质粉砂岩与粉砂质泥岩等泥质岩类开挖后应及时封闭保护，并加强边坡截、排水工作。

3）尾水渠。

尾水渠底板岩体主要为微风化 $N_{1na}{}^{4-2}$～$N_{1na}{}^{3-2-2}$ 层砂岩及泥质粉砂岩与粉砂质泥岩互层组成，局部呈弱风化状。微风化泥质粉砂岩、粉砂质泥岩互层抗冲能力差，应采取防冲刷措施。

3.5.4 渗控工程

3.5.4.1 大坝

卡洛特大坝坝体防渗采用沥青混凝土心墙的防渗型式，坝基防渗采用防渗灌浆帷幕。防渗帷幕线路平面布置沿沥青混凝土心墙混凝土垫座轴线向两岸展布，左岸帷幕出坝端后向山体内直线延伸 60m；右岸帷幕出坝端后向上游转折并延伸 135m，接至与正常蓄水位等高的地下水位线。大坝防渗帷幕线路全长约 700m。高程 445m 以下大坝帷幕防渗标准为灌后基岩透水率 $q\leqslant3$Lu，高程 445m 以上大坝帷幕及两岸山体段帷幕防渗标准为灌后基岩透水率 $q\leqslant5$Lu。河床坝段帷幕底线高程为 335m，向左岸逐渐抬升至高程 445m；向右岸逐渐抬升至高程 418m，沿高程 418m 向右水平延伸包络局部透水率大的透镜体后再逐渐抬升至高程 445m。大坝高程 445m 以下布置双排帷幕灌浆孔，孔距 2.5m，排距 0.8m，其中上游浅排帷幕灌浆孔深为 25m；大坝高程 445m 以上及两岸山体段防渗帷幕布置单排帷幕灌浆孔，孔距 2m。根据现场灌浆实际情况，帷幕灌浆孔视需要加密补充灌浆。

（1）防渗帷幕工程地质条件

1）可研阶段主要结论。

大坝心墙部位岩体弱风化、微新岩体主要具弱—微透水性，局部弱风化岩体具强透水性。左、右岸 $q<5$Lu 岩体透水率埋深分别为基岩面以下 5m 左右、0.9～20.2m，建议左、右岸防渗帷幕深度分别为基岩面以下 10～20m、25～35m，同时左、右岸防渗帷幕各延长 100～150m。河床岩体透水率 $q<3$Lu 基岩面以下埋深为 1.5～5m，建议防渗帷幕深度为基岩面以下 15～20m。

据设计拟定的防渗帷幕底线，两岸及河床防渗帷幕底线部位建基岩体透水率以 $q<3$Lu 为主，局部透水率 3Lu$\leqslant q<5$Lu，防渗帷幕底线部位岩体透水性满足大坝防渗要求。

2）大坝防渗帷幕灌浆资料分析。

根据对施工单位提供的灌前简易压水试验成果的统计分析，有以下特点：

①浅部孔段（一般为 2 段以上，部分孔可达 3 段甚至第 4 段）灌前压水试验透水率普遍增大，其中 $q\geqslant10$Lu 的孔段占比明显增高，占比 28.9%～41.4%，主、副排及不同孔序间差别不明显。分析主要受开挖卸荷影响较大，以及浅部孔段盖重较小，易产生抬动所致。此外，受到自然岸坡卸荷影响范围的孔段也包含在其中。深部孔段 $q\geqslant10$Lu 的孔段占比明显下降，占 3.3%～22.6%，且主、副排及不同孔序差异较明显。

②2 段以下孔段透水率 $q<3$Lu 的孔段占 54.8%～89.2%，总的趋势仍符合前期勘察统计规律。

③两岸中、上部岸坡坝段中—强透水的孔明显较多，孔段深度达到第 4、5 段（孔深达 15～20m）。这些孔段普遍处于河流自然岸坡卸荷带内，受岸坡卸荷影响，裂隙相对较发育，部分裂隙卸荷张开，岩体透水率普遍较大。特别是右岸岸坡，由于岩层倾向临空侧，近期的开挖卸荷将导致顺岩层面的透水率加大，从而导致岸坡岩体透水性增大，$q\geqslant5$Lu、$q\geqslant3$Lu 下限埋深加大。

④两岸陡坡地段岸坡岩体发育陡立的卸荷裂隙，且向下切割深度较大，在这些部位的灌浆孔若遭遇到这类陡倾的卸荷裂隙，则会造成沿该灌浆孔大部分孔段甚至全孔岩体透水率均表现较大的现象。

⑤由于帷幕灌浆孔的密度大，多为浅孔，揭露到岸坡卸荷带、开挖卸荷带内的试验孔段以及遭遇到岸坡陡倾结构面的孔段概率也相对较多，这是使得岩体中较大透水率孔段占比增加的重要因素。

⑥分析表明，砂岩与泥质类岩体呈互层状的孔段岩体透水率较之单纯的砂岩或泥质类岩体孔段相对要大，互层状岩体一般表现为岩体中以层面为代表的天然弱面发育，沿这些胶结较弱的岩性分界面或层理面在较大压力作用下容易沿层面产生劈裂而导致岩体透水率成倍增大。

此外，还有一些是原因不明的非正常值，其中不排除由试验操作及设备原因造成的假象。

3）可研阶段与施工阶段透水性对比。

根据施工单位灌前压水成果，左岸、河床、右岸 $q\geqslant5$Lu 及 $q\geqslant3$Lu 下限埋深施工阶段与可研阶段降低情况见表 3.18。

表 3.18　大坝 $q\geqslant5$Lu、$q\geqslant3$Lu 下限埋深施工阶段与可研阶段变化情况

岩别	$q\geqslant5$Lu 下限埋深/m		$q\geqslant3$Lu 下限埋深/m	
	降低	平均	降低	平均
左岸	7.0～15.3	12.5	10～23.5	18.3
河床	2.0～6.0	4	4～16	9.2
右岸	范围 5.0～31.0(陡坡段为 21.0～31.0)	18.5(陡坡段 27.5)	1～4	2.8

左岸岩体 $q\geqslant5$Lu、$q\geqslant3$Lu 下限埋深施工阶段与可研阶段降低 7～15.3m、10～23.5m；河床岩体 $q\geqslant5$Lu、$q\geqslant3$Lu 下限埋深施工阶段与可研阶段降低 2～6m、4～16m；右岸岩体 $q\geqslant5$Lu、$q\geqslant3$Lu 下限埋深施工阶段与可研阶段降低 5～31m、1～4m。总体上河床岩体 $q\geqslant5$Lu、$q\geqslant3$Lu 下限埋深相比两岸变化相对较小，两岸岩体尤其是右岸陡坡段体 $q\geqslant5$Lu、$q\geqslant3$Lu 下限埋深变化较大。

(2)主要地质缺陷处理

1)小透水率大注入量岩体处理。

该类型试段分布呈“透镜体”状，不连续；形成原因是在灌浆过程中随目标压力逐级提高，受灌段岩体发生劈裂破坏，致使灌浆量明显增大；部分孔段因瞬时灌浆压力过大，造成灌浆劈裂，注入量加大等。

处理措施为：施工时应控制好灌浆压力，严格控制灌浆升压过程，控制抬动和劈裂，当发生抬动或者劈裂时，均应及时降压，并以不继续发生抬动和劈裂的最大压力压水到灌浆结束。如结束灌浆压力与设计压力相差不大时，可进行下一段钻灌，否则应进行复灌。

2)灌浆过程中岩体及周边串浆漏浆。

受开挖爆破、卸荷等影响，浅层岩体裂隙发育，透水性增强，同时由于岩体盖重条件差，基座两侧岩体风化强烈，灌浆过程中抬动、外漏等情况较多。

处理措施为：采取嵌缝、表面封堵等措施后，按正常灌浆程序进行灌注；若外漏量点多、大，则采取嵌缝、表面封堵措施，然后根据具体情况采用低压、浓浆、限流、限量、间歇灌注、掺外加剂等方法处理，一般不得采取待凝措施。

(3)工程地质评价

大坝心墙部位岩体总体上透水性微弱；受爆破、岸坡卸荷、灌浆劈裂等影响，左岸岩体 $q\geqslant$5Lu、$q\geqslant$3Lu 下限埋深施工阶段与可研阶段降低 7～15.3m、10～23.5m；河床岩体 $q\geqslant$5Lu、$q\geqslant$3Lu 下限埋深施工阶段与可研阶段降低 2～6m、4～16m；右岸岩体 $q\geqslant$5Lu、$q\geqslant$3Lu 下限埋深施工阶段与可研阶段降低 5～31m、1～4m。总体上河床岩体 $q\geqslant$5Lu、$q\geqslant$3Lu 下限埋深相比两岸变化相对较小，两岸岩体尤其是右岸陡坡段体 $q\geqslant$5Lu、$q\geqslant$3Lu 下限埋深变化较大。

通过对主要的大渗漏量孔段、小漏水量大注入量以及受岸坡卸荷与爆破影响造成的周边串浆等缺陷有针对性地进行了钻灌孔布置、灌浆方法、工艺参数等的适当调整，使得帷幕灌浆顺利实施，措施可行，成果满足帷幕灌浆质量要求。

3.5.4.2 溢洪道控制段

溢洪道控制段帷幕线路主要考虑坝基及近岸段山体的防渗要求。防渗帷幕沿坝基基础廊道轴线向两岸展布，左岸帷幕出挡墙后向左岸山体延伸，山体段长度为 95m；右岸帷幕出右侧非溢流坝段后向山体内直线延伸 32m。溢洪道控制段防渗帷幕线路全长约 433m。设计防渗标准确定为灌后基岩透水率 $q\leqslant$5Lu。帷幕底线一般为高程 400m，3、4 号深槽坝段帷幕底线为高程 389m，向左侧逐渐抬升至高程 448m(电站引水隧洞洞顶以上 10～14m)，向右侧逐渐抬升至高程 425m。防渗帷幕一般布置单排帷幕灌浆孔，孔距 2m，左岸山体段布置双排帷幕灌浆孔，孔距 2.5m。根据现场灌浆实际情况，帷幕灌浆孔视需要加密补充灌浆。

(1)防渗帷幕工程地质条件

1)可研阶段主要结论。

溢流坝各坝段坝基弱风化、微新岩体主要具弱—微透水性，局部弱风化岩体具强透水性，左侧非溢流坝段、溢流坝段、右侧非溢流坝段 $q<5$Lu 基岩面以下埋深分别为：4～6m、4～13m、10～13m。建议左侧非溢流坝段、溢流坝段、右侧非溢流坝段防渗帷幕深度分别为基岩面以下 15～20m、20～25m、20～25m，同时溢洪道控制段左、右两侧防渗帷幕各延长 50～100m。

设计拟定的各坝段防渗帷幕底线部位岩体透水率 $q<3$Lu，防渗帷幕底线部位岩体透水性满足控制段防渗要求。

2)控制段防渗帷幕灌浆资料分析。

根据对施工单位提供的灌前进行的简易压水试验成果统计分析，有以下特点：

①统计的 1825 段灌前简易压水试验成果统计表明，大于 10Lu 的孔段 258 段，占比 14.1%，10Lu$>q\geqslant$3Lu 的孔段占比 16.3%，透水率 $q<3$Lu 的孔段占 69.6%，与前期勘察统计规律基本一致。

②邻近开挖的浅部孔段(一般为 2 段以上)灌前压水试验透水率 $q\geqslant10$Lu 的孔段在Ⅰ、Ⅱ序孔普遍增大，占比 14.0%～24.2%，明显高于平均值，分析主要受开挖卸荷影响所致，且主要分布在溢流坝段。深部孔段 $q\geqslant10$Lu 的孔段零星分布。

③右岸灌浆平洞区域在高程 425～440m 出现大漏水量集中的现象，与前期揭露大透水率条带较为吻合，但部分孔出现灌浆超常的现象，在本坝址区地层条件下极为反常。

④溢洪道控制段左端点超前探测孔在前 4 段出现大漏水量甚至不起压现象，钻孔压水试验过程中有观察到沿周边裂缝冒水现象，主要是受到平台及挡墙坝段基础开挖爆破以及厂房进水口边坡开挖卸荷影响所致。强透水段底部高程达 449m，低于水库正常蓄水位 461m。

3)可研阶段与施工阶段透水性对比。

溢洪道控制段施工阶段透水性与可研阶段总体相当，受施工开挖爆破、岩体风化等影响，个别部位透水性有所加强。

(2)主要地质缺陷处理

控制段部位灌浆主要地质缺陷处理方案同大坝部位。

(3)工程地质评价

溢洪道控制段建基岩体透水性总体上以微弱为主，施工阶段岩体透水性相比可研阶段总体上相当。

通过对缺陷孔段在钻灌孔布置、灌浆方法、工艺参数等采取必要的调整，保证了帷幕灌浆的顺利实施，成果满足帷幕灌浆质量要求。

3.5.5 导流建筑物

3.5.5.1 导流隧洞

导流洞平行布置在右岸河湾地块前部，轴线与岩层走向夹角一般为20°～30°。

隧洞进口布置在大坝上游吉拉姆河右岸河湾地块前部，地形较陡，边坡呈多级陡崖地形，岸坡坡顶平台为Ⅲ级阶地，地形平坦开阔。进水闸室地基岩体主要由N_{1na}^{3-2-2}层泥质粉砂岩、粉砂质泥岩互层组成，局部N_{1na}^{3-2-1}层砂岩，地基岩体承载力满足设计要求。进口开挖边坡主要岩质边坡上部为覆盖层边坡，边坡岩体主要为N_{1dh}^{1-1-2}～N_{1na}^{3-2-1}层砂岩及泥质粉砂岩与粉砂质泥岩互层，呈不等厚互层状，软硬岩体相间分布，为逆向坡或横向坡结构，边坡岩体总体较完整，稳定条件较好。

导流隧洞洞身段穿越河湾地块，沿线地表高程514～439m，隧洞最大埋深114.5m。隧洞围岩为N_{1na}^{3-2-2}～N_{1na}^{4-2}层薄—中厚层泥质粉砂岩、粉砂质泥岩互层及厚层—巨厚层砂岩，岩体总体完整—较完整，主要以Ⅳ类为主，所占比例52.6%～57.8%，Ⅲ类围岩占22.8%～32.2%，Ⅴ类围岩占10.0%～24.6%。围岩总体稳定条件差，需加强围岩系统支护，泥质粉砂岩、粉砂质泥岩具快速风化特性，需及时支护。围岩中局部可能存在由不利结构面组合构成的不稳定块体，特别是在软硬岩层分界附近，顶拱岩体可能产生塌落破坏，需及时进行支护处理。

导流洞出口位于大坝下游吉拉姆河右岸，高程440m以上为基岩陡崖，近直立；高程440m以下坡度较缓，地表堆积有崩坡积碎块石土，厚1.3～9.3m。基岩为N_{1dh}^{1-1-2}～N_{1na}^{4-1}层，岩性为中砂岩、泥质粉砂岩、粉砂质泥岩，中砂岩为厚层状，泥质粉砂岩和粉砂质泥岩呈薄层状—中厚层状。出口开挖边坡岩体主要为软硬相间的不等厚互层状结构，洞脸坡为顺向坡结构，边坡稳定条件较差，需加强边坡系统支护；两侧边坡为横向坡，总体稳定条件较好，上部覆盖层边坡稳定条件差。

3.5.5.2 土石围堰

上游土石围堰枯水期江面宽40～50m，水深一般4～6m。左岸下部地形较缓，地形坡度8°～10°，高程405m以上地形坡度25°～35°，右岸地形坡度50°～60°。左岸漫滩部位分布厚度不大的砂层及崩坡积巨块石，右岸局部零星分布厚度不大的崩坡积物，河床多分布碎块石及少量漂卵石，厚8～10m。下伏基岩主要为N_{1na}^{4-3-1}～N_{1na}^{3-3-1}层砂岩、泥质粉砂岩及粉砂质泥岩互层。基岩强风化一般厚0～2m，弱风化一般厚5～10m。覆盖层一般具中等—强透水性，强风化基岩一般具弱—中等透水性，弱风化基岩一般具弱透水性，微新基岩多具微透水性。

上游土石围堰河床、漫滩及两岸堰基以基岩为主，覆盖层厚度较大，无软弱土层分布，堰基稳定性较好。覆盖层堰基存在堰基渗漏问题。

下游土石围堰枯水期江面宽45～55m，水深一般为5～7m。左岸岸坡较陡，局部分布基岩陡坎，右岸相对稍缓，地形坡度 25°～40°。河床及两岸河滩分布崩塌堆积碎块石，右岸厚度较大。下伏基岩主要为 $N_{1na}{}^{4-3-1}$～$N_{1na}{}^{3-3-2}$ 层砂岩、泥质粉砂岩及粉砂质泥岩。基岩微新岩体埋深多为 10～20m。河床及两岸覆盖层一般具中—强透水性，强风化基岩一般具中透水性，弱风化基岩一般具弱透水性，微新基岩多具微透水性。

下游土石围堰左岸堰基以基岩为主，河床覆盖层厚度不大，右岸覆盖层厚度较大，无软弱土层分布，堰基稳定性较好。覆盖层堰基存在渗漏问题。

3.6 天然建筑材料

3.6.1 混凝土骨料

3.6.1.1 前期勘察成果

根据设计要求，卡洛特水电站工程所需混凝土粗、细骨料共计 112 万 m^3，需规划开采天然砂砾石骨料 273 万 m^3（自然方）。

工程区内出露的基岩地层主要为新近系纳格利组（N_{1na}）以及多克帕坦组（N_{1dh}）地层，岩性主要为中砂岩、细砂岩、泥质粉砂岩及粉砂质泥岩等。该套地层成岩程度较差，岩石较软弱，抗压强度一般小于 30MPa，不适宜作为混凝土人工骨料料源。工程区内吉拉姆河沿河两岸未见冲积砂砾卵石层分布，工程所需的天然砾石料或人工骨料料源只能从工程区外围选取。

根据现场调查，坝址右岸下游吉拉姆河支流的中上游河段河床及两岸漫滩有冲洪积的砂砾卵石分布，其物质来源主要为更新世米尔布尔组（Q_{1mi}）和新近系中新统多克帕坦组（$N_{1dh}{}^3$）的砾岩，经剥离、水流搬运、沉积而形成，其成分以石英岩为主，砾（卵）石新鲜，强度较高，可考虑作混凝土骨料料源。根据支流的不同位置，可行性研究（Level 1）阶段选择了距离坝址附近的比珥砂砾石料场和那拉砂砾石料场进行详查。

比珥料场位于吉拉姆河右岸支流 Budli 沟中上部，为河床堆积砂砾卵石层，距离坝址 12～26km，呈条带状，储量为 295.1 万 m^3。该料场粗骨料级配不佳，细骨料含泥量偏高，粗细骨料均具有碱活性，需采取处理措施；B 类区域细骨料含泥量普遍很高，需采取特殊处理措施后才能使用。

那拉料场地质条件同比珥料场类似，距离坝址 20～30km，交通条件较差，呈条带状，储量为 140.0 万 m^3。该料场粗骨料级配不佳，细骨料含泥量偏高，粗细骨料均具有碱活性，需采取处理措施。

Taxila Hill 白云质灰岩料场位于伊斯兰堡以西约 20km 的塔克西拉山，距离坝址约 106km，有公路相通，交通运输条件较好。该料场白云质灰岩大范围出露，强度较高，分布稳定，质量满足要求，可以作为沥青混凝土骨料料源。

3.6.1.2 开采利用情况评价

在施工期，运营承包商选择了比珥料场作为混凝土骨料来源，那拉料场作为备选料场。

(1)料源利用情况及储量评价

目前比珥料场已开挖完成，共开挖砂砾石料 220 万 m^3，截至 2021 年 8 月底已生成混凝土骨料 170 万 m^3，剩余砂砾石 50 万 m^3，满足卡洛特水电站混凝土生产要求。

复建大桥已施工完成，从 Taxila Hill 白云质灰岩料场共购买成品骨料约 0.89 万 m^3。

(2)质量评价

现场试验室对开采的粗骨料、细骨料、灰岩骨料均进行了相关试验研究。

1)粗骨料质量评价。

粗骨料为砂石拌和系统生产的骨料。粗骨料的开采、破碎和筛分均按照《水电水利工程砂石加工系统设计导则》(DL/T 5098—2010)和《水工混凝土施工规范》(DL/T 5144—2001)的相关规定执行。粗骨料的品质检验按照《水工混凝土施工规范》(DL/T 5144—2001)、《水工混凝土砂石骨料试验规程》(DL/T 5151—2001)进行。主要检测项目包括：级配、压碎值、含泥量、泥块含量、有机质含量、坚固性、硫化物及硫酸盐含量、表观密度及吸水率、针片状颗粒含量、超逊径及中径含量。经检测，粗骨料的品质满足设计要求。

2)细骨料质量评价。

细骨料为砂石拌和系统砂石料场生产的天然砂、机制砂按照 7∶3 比例混合使用的混合砂。细骨料的开采、破碎和筛分均按照《水电水利工程砂石加工系统设计导则》(DL/T 5098—2010)和《水工混凝土施工规范》(DL/T 5144—2001)的相关规定执行。细骨料的品质检验按照《水工混凝土施工规范》(DL/T 5144—2001)、《水工混凝土砂石骨料试验规程》(DL/T 5151—2001)进行。主要检测项目包括：细度模数、含泥量、泥块含量、有机质含量、坚固性、云母含量、硫化物及硫酸盐含量、表观密度及吸水率、轻物质含量。经检测，细骨料的品质满足设计要求。

3)灰岩骨料质量评价。

灰岩骨料为外购灰岩经 Taxila Hill 白云质灰岩料场生产的骨料，用于水泥混凝土和沥青混凝土生产，品质检验按照《水工碾压式沥青混凝土施工规范》(DL/T 5363—2016)和《水工混凝土施工规范》(DL/T 5144—2001)进行评定，按照《水工沥青混凝土试验规程》(DL/T 5362—2006)及《水工混凝土砂石骨料试验规程》(DL/T 5151—2001)进行检测。主控项目为级配、超逊径含量。其他检测项目为：表观密度及吸水率、针片状颗粒、坚固性、与沥青粘附性、含泥量、压碎值、水稳定等级、有机质含量。经检测，灰岩骨料的品质满足设计要求。

3.6.2 填筑料

3.6.2.1 前期勘察成果

设计所需填筑量约 365 万 m^3。

填筑料料源主要利用引水发电站系统、导流洞及溢洪道等建筑物基岩人工开挖料。开挖区出露基岩主要为 $N_{1na}{}^{3-1} \sim N_{1dh}{}^{1-2}$ 层，岩性主要为泥质粉砂岩、粉砂质泥岩及中砂岩，总体上呈不等厚互层状，各建筑物开挖产生的开挖石料总量约为 1373 万 m^3。设计采用施工开挖的弱风化—微新砂岩料、微新泥质粉砂岩及粉砂岩作填筑料。根据相应建筑物开挖部位地层岩性分布及岩体风化情况计算，弱风化砂岩储量为 175 万 m^3，可利用岩石储量为 752 万 m^3，能满足设计所需用量。但人工开挖料为软岩及较软岩，应开展相应的试验研究工作，以确定坝体的不同部位选用相应的开挖料。

3.6.2.2 利用情况评价

施工单位主要选择溢洪道开挖砂岩、泥质粉砂岩作为大坝填筑料。

(1)料源利用情况及储量评价

已开挖的砂岩料与前期报告所提的方量大致相当，由于弃渣场征地及开挖时序的原因，前期施工开挖时开挖料利用率较低。溢洪道已于 6 月基本开挖结束，但堆石Ⅱ区砂岩料仍存在 12 万 m^3 缺口，先于溢洪道进水渠渠底选择微新砂岩料作为补充，后期因砂岩料分选难度大，拟采用 1# 渣场砂岩备存料(前期电站厂房施工开挖时砂岩备存料，其中引水隧洞开挖料约 9 万 m^3，厂房基坑开挖料约 23 万 m^3，存放时间为 1～2 年)，其砂岩备存料质量较好，未见明显风化，经国内实验室进行室内试验，试验数据满足上坝要求，同意堆石Ⅱ区采用 1# 渣场砂岩备存料进行大坝填筑。

(2)质量评价

施工方针对不同的分区对溢洪道不同岩性开挖料进行了现场生产试验，根据《水电水利工程粗粒土试验规程》(DL/T 5356—2006)对微新砂岩、泥质粉砂岩进行了爆破参数、级配曲线、5mm 通过率、0.075mm 通过率、表观密度、最大粒径及压实后的密度、孔隙率和渗透系数等参数的检测，推荐符合《碾压式土石坝施工规范》(DL/T 5129—2013)及设计指标的碾压参数进行施工，已施工的堆石料进行附加质量法和灌水法进行相关检测，检测结果满足设计要求。

3.7 主要工程地质关键技术研究

3.7.1 工程环境条件、重难点及关键技术问题分析研究

3.7.1.1 工程环境条件

(1)工程地质环境条件

卡洛特水电站区域北部处于喜马拉雅山南麓中高山区，海拔 2000～3500m；东侧为克什

米尔盆地；西侧为白沙瓦盆地；南部为旁遮普平原区，高程约200m。区域位于印度板块与欧亚板块发生碰撞作用形成的喜马拉雅造山带西构造结南侧，区域内构造活动及地震活动强烈，主要断裂分别为主地壳断裂（MMT）、主中央逆冲断裂带（MCT）、主边界逆冲断裂带（MBT）和主前缘断裂带（MFT）及穆扎法拉巴德断裂（MZF），其中MBT、MFT及MZF均为第四纪活动断裂，MBT和MFT为强震构造，区域构造稳定性差。坝址区无区域性断层通过，在新构造运动时期以整体间歇性抬升为主，内部差异性活动较弱，为构造稳定性相对较好的区块，地震活动性水平相对较低。坝址区50年超越概率10%的基岩地震动峰值加速度为0.26g，100年超越概率2%及1%的基岩地震动峰值加速度分别为0.52g、0.61g。坝址地震基本烈度按Ⅷ度考虑，属高地震烈度区。

水库长约26km，库段内河谷深切，多呈"V"形谷，两岸谷坡基本对称。水库地形及地质构造封闭条件良好，不存在库水向邻谷渗漏问题。水库岸坡主要为基岩岸坡，岸坡稳定条件较好，水库蓄水后库岸再造轻微。库区右岸发现变形体1处，距坝址16.1km，对水库正常运行影响小；右岸近岸TR2段（1.52～3.23km）为基岩顺向岸坡，勘察期未发现明显滑动迹象。水库不具备诱发高震级地震的条件，震级不大于Ms3.0级，对坝址最大影响烈度为Ⅴ度。

卡洛特水电站坝址位于吉拉姆河中上游河段，坝址区属中低山地貌，两岸临江岸坡山顶地面高程一般为510～870m。吉拉姆河呈"几"字形穿越坝址区，在右岸形成宽约700m的河湾地块。吉拉姆河枯水期水面宽30～60m，水面高程388～391m，相应水深一般为6～8m。坝址区地形封闭，左岸山体浑厚；右岸河湾地块高程461m处宽380～700m，不存在地形垭口。坝址区内出露基岩地层主要为新近系中新统纳格利组（N_{1na}）以及多克帕坦组（N_{1dh}）地层，岩性主要为中砂岩、细砂岩、泥质粉砂岩及粉砂质泥岩等。不同岩性所占大致比例分别为：泥岩、粉砂质泥岩23.7%，泥质粉砂岩、粉砂岩32.2%，中粗砂岩38.0%，细砂岩6.1%，总体呈不等厚互层状。岩石胶结成岩较差，较软弱，属较软岩。坝址区在构造上处于左岸卡拉托特向斜SW翼与右岸纳湾背斜NE翼之间的宽缓单斜岩层部位，岩层产状平缓且较稳定，岩层倾角7°～10°。坝址区断层、层间剪切带不发育，主要构造形迹为裂隙，较短小。

区内地下水主要为基岩孔隙裂隙水和第四系松散层孔隙潜水。基岩孔隙裂隙水主要赋存于砂岩中，一般为中等—贫含水，由于泥岩、泥质粉砂岩等相对不透水岩层分布，形成多层状水文地质结构，并通过裂隙通道运移。岩体总体透水性较弱，中砂岩、细砂岩相对于其他岩类透水性稍大。区内岩体风化具有垂直分带的特点，全风化带厚度一般较薄且分布有限；强风化带厚度一般为0～10.7m，弱风带厚度为0～28.3m，总体上岩体风化带厚度不大。坝址区陡立岸坡强卸荷带水平深度一般为8～16m，弱卸荷带水平深度一般为6～25m。在垂向上，随着高程的降低，岩体的卸荷作用逐渐减弱，强、弱卸荷带宽度也相应减小。

（2）自然环境条件

1）地域环境。

巴基斯坦属于高温干燥的亚热带气候，卡洛特水电站工程所处地区处于北部的山地地区与东南部为平原地区的过渡地带，炎热潮湿，属热带气候。工程流域内的气候可以分为4季，即冬季季风期（12月至次年2月）、炎热期（3—5月）、夏季季风期（6—9月）和10—11月的过渡期。5月开始进入夏季，5—9月平均最高气温36℃左右，最热的6、7月最高温度可达40℃以上，直至9月方才逐渐转凉。年内降雨分配受地形和季节影响，时空分布不均，以夏季降水量较大，降雨最多的月份降水量为300mm左右，雨季时间长，每逢雨季，西南季风盛吹，雨量丰沛，河水猛涨；勘察区内左岸植被茂密，人烟稀少，山中人迹罕至，多无人行道路；当地蚊（毒）虫较多，疟疾等传染疾病盛行。

2）社会环境。

①交通、电力、通信设施落后。勘察期间，从伊斯兰堡有公路通往坝址区，但从卡洛特镇至坝区公路正在进行改建，强降雨后，道路泥泞，通行能力差，通行困难；坝址两岸近岸地带地形陡峭，无通行道路。当地电力供应一般不稳定，特别是夏季高温期间无供给保障。当地通信和网络通信设施信号弱且不稳定。

②生产、生活物资供应困难。当地工业落后，缺乏勘察用机械及其他设备零配件供应，炸药和雷管等火工材料来源受限制；当地肉类、蔬菜等生活物资供应无法保障，需从伊斯兰堡等大城市采购并贮备。

③医疗卫生条件差，设备条件简陋，疾病治疗无检验、化验手段。

3）人文环境。

巴基斯坦当地的法律法规、民风民俗、宗教信仰、生活习惯等与中国国内截然不同，工作人员进入巴基斯坦后需适应当地的习俗。工程区位于旁遮普和巴控克什米尔交界区域，人文社会条件复杂，现场安保工作难度大，给勘察工作开展带来一些困难，也对工作人员产生一定的安全风险；巴基斯坦国内经常发生爆炸袭击事件，现场工作期间，工作人员及其家属心理压力大，不利于工作开展。

3.7.1.2 勘察难点

（1）建坝地质条件复杂

1）工程防震抗震问题突出。

工程区地质构造复杂，区域构造稳定性差。50年超越概率10%的地震动峰值加速度为0.25g，DBE峰值地面加速度为0.31g（250年超越概率2%）；MCE（最大可信地震）峰值地面加速度为0.55g。工程建筑物的稳定和变形，抗震结构方案及抗震措施等受地震影响强烈，防震抗震问题突出。

咨询联合体可行性研究报告采用基本设计地震动参数0.31g（250年超越概率2%）为设计地震，最大可信地震动参数0.55g为校核地震。但是，按照中国《水工建筑物抗震设计规范》(DL 5073—2000),卡洛特水电站壅水建筑物抗震设防类别为乙类,非壅水建筑物抗震设防类别为丙类。对应的壅水建筑物和非壅水建筑物采用基本烈度作为设计烈度,即设计地震加速度为 0.25g。

考虑本区地质构造复杂,区域构造稳定性差,距离坝址 26km 的 Raisi 逆冲断层在 2005 年发生了 7.6 级地震,Raisi 逆冲断层最有可能诱发地震。需要复核区域构造稳定性和地震动参数。考虑采用地震设计标准的不同,采用的地震加速度有成倍的差别,将对防震抗震设计产生重要影响,甚至带来坝型和设计方案的重大变化。

2)库首稳定问题突出。

经初步查勘表明,距坝址上游约 1km 右岸发育有一处从外部形态特征上具高度疑似的巨型滑坡,初步估计滑坡体面积约 115 万 m^2,体积约 5000 万 m^3。滑坡位于库首,需经过详细工作研究其范围、滑动模式、对工程的影响和处理方案,并考虑在滑坡上游选择坝址,通过坝址综合比选来选定坝址。

3)坝址区岩体强度较低、地质问题突出。

主要构筑物都坐落在新近系 Siwalik 群纳格利组的地层上,纳格利地组层由砂岩、粉砂岩和泥岩构成,间或夹杂有砾岩透镜体,岩层平缓倾向下游偏左岸。试验表明,部分砂岩、泥质粉砂岩及泥岩抗压强度低,一般小于 15MPa,属软岩范畴;未发现在坝址场地存在规模较大的断层,节理有两种类型,即卸荷节理和层间节理,距离右岸陡崖 25～50m 处有两组卸荷节理。粉砂岩和泥岩中可能发育有层间剪切带和软弱夹层。

①对于原设计弧形重力坝方案,坝基岩体由软硬相间的砂岩、粉砂岩及泥岩组成,厚至薄层不等厚互层,初步判断坝基岩体质量为Ⅲ、Ⅳ类,合理基建面的最终确定需进一步研究,可能导致坝体工程量的较大变化。由于岩体强度低,岩层平缓倾向下游,建基面稳定和深层稳定存在问题;两岸卸荷裂隙发育,岩层层面与侧向裂隙构成的岸坡坝段侧向稳定存在问题;工程位于高地震区,在高震作用下的大坝安全和稳定均存在问题。

因咨询联合体可行性研究的工作深度不够(坝基范围仅有 3 个钻孔),坝体岩体分层、卸荷或风化程度、岩体参数、裂隙发育情况均不清楚,而岩体自身强度较低、软硬相间、层面平缓倾向下游,在高地震下,坝体工程量可能变化较大,坝基稳定和安全存在很大问题,甚至有可能影响重力坝坝型的成立。

可研阶段需重点勘探坝基地质条件,研究大坝在正常情况和地震情况下的各种稳定问题,经过研究比较确定坝型、坝体断面、防震抗震设计和基础处理方案。

②坝体下游消能区的互层状粉砂岩、黏土岩等岩体抗冲能力差,存在冲刷问题,需加强防冲处理。不同岩体的抗冲刷能力不同,需要研究通过泄洪消能建筑物(如表孔和中孔分开布置和集中布置的比较,下游消能集中处理和分散处理的比较,消能方案的研究,二道坝的设定和高程的确定),来调整冲刷的岩层,以减少和改善冲刷深度。

③针对原设计地下厂房方案,地下厂房洞室围岩由互层的砂岩、粉砂岩、黏土岩组成,且层面和裂隙发育,是否存在层间剪切带尚不明确。试验表明,部分砂岩、粉砂岩、黏土岩抗压

强度低，属软岩范畴，前期研究报告认为将地下厂房围岩分为Ⅲ类偏好，专题研究阶段判断这类互层状岩体以Ⅳ类围岩为主，部分为Ⅲ类，岩层产状平缓、近于平铺洞顶，层理发育和互层状岩体不利于顶拱及拱座稳定；上下游边墙自拱座以下到水轮机层均为黏土质岩，易产生挤压及回弹变形，极不利于边墙稳定；下部机窝开挖软硬相间，软岩应力释放后临空面发生回弹变形，南侧边墙存在向临空方向的视倾角，软硬岩体中存在剪切带时可能会发生滑移破坏。目前正在进行引水发电系统的专题研究工作，系统比较地下厂房和地面厂房，研究最优发电厂房型式。

④右岸坡岩体卸荷裂隙较发育，由这些裂隙切割形成的块体稳定性较差，两岸部分位置覆盖层较厚，各种建筑物边坡的稳定性问题也应引起注意。

(2)勘察工作时间紧、任务重

按照项目业主要求，可行性研究阶段勘察工作（包括内外业）时间不足 10 个月，而当地雨季多为强降雨，露天基本无法勘察施工，外业勘察有效工作时间仅 5 个月左右。本水电站工程规模较大，要在这么短的时间内完成可行性研究阶段的勘察外业和内业工作，达到有关规程规范要求，任务艰巨。

(3)自然条件和工作环境差

巴基斯坦属于高温干燥的亚热带气候，工程项目地处于北部的山地地区与东南部为平原地区的过渡地带，炎热潮湿，属热带气候。5 月开始进入夏季，5—9 月平均最高气温 36℃左右，最热的 6、7 月最高气温可达 40℃以上；夏季降水量较大，雨季时间长，雨量丰沛，河水猛涨。勘察区内左岸植被茂密，人烟稀少，山中人迹罕至，多无人行道路，蚊（毒）虫较多，疟疾等传染疾病盛行。

交通、电力、通信设施落后，勘察期间通行、电力保障困难。坝址两岸近岸地带地形陡峭，无通行道路，需要修建大量勘探道路，预计将修建 40km 勘探道路，且局部地段受地形影响道路修建十分困难，将会极大地制约勘察外业工作的进展。当地电力供应一般不稳定，特别是夏季高温期间无供给保障；通信和网络通信设施信号弱且不稳定，对勘察生产工作汇报与沟通、安全问题、患病人员治疗等联系极为不便。

生产、生活物资供应困难。当地工业落后，缺乏勘察用机械及其他设备零配件供应，炸药和雷管等火工材料来源受限制；当地肉类、蔬菜等生活物资供应无法保障，需从伊斯兰堡等大城市采购并贮备。

医疗卫生条件差，设备条件简陋，疾病治疗无检验、化验手段。因当地气候、蚊（毒）虫等因素，勘察工作环境易使工作人员感染疾病，尤其是疟疾等传染疾病，患病会对勘察生产和工作人员的身体健康带来较大影响，特别是威胁生命安全的重大疾病，当地无条件医治。

由于巴基斯坦当地的法律法规、民风民俗、宗教信仰、生活习惯等与中国国内截然不同，工作人员进入巴基斯坦后需适应当地的习俗；工程区位于旁遮普和巴控克什米尔交界区域，人文社会条件复杂，现场安保工作难度大，给勘察工作开展带来一些困难，也对工作人员产生一定的安全风险；巴基斯坦国内经常发生爆炸袭击事件，现场工作期间，工作人员及其家属心理压力大，不利于工作开展。

受前期勘察遗留问题影响，当地村民对现场勘察工作很不理解，可能会极力反对；工程所在地村庄内派系较多，且相互间有矛盾，协调工作难度很大；现场临时用地协调难度太大，施工期间曾数次遭到当地村民及公司阻挠，并索要巨额赔偿。工程区左岸为巴控克什米尔地区，由于其特殊的环境，需要办理特殊的 NOC 通行证，且通行也受到限制，给左岸勘察工作的开展带来较大的不利影响。以上现场存在的不利因素均将给现场勘察工作带较大的进度风险。

(4)设备、人员进出巴基斯坦困难

人员、设备进出巴基斯坦所需时间长。工程勘察所用设备进入巴基斯坦前，须到中巴双方对等的国家级口岸办理报关、出关手续，设备进场时间长。

3.7.1.3 勘察工作重点

通过长江设计院对原可研报告评估意见及现场查勘得出的基本结论提出了勘察工作重点。

(1)区域构造稳定性

考虑本区地质构造复杂，区域构造稳定性差，距离坝址 26km 的 Raisi 逆冲断层在 2005 年发生了 7.6 级地震，Raisi 逆冲断层最有可能诱发地震。需复核区域构造稳定性和地震动参数，特别是对 Raisi 逆冲断层的活动性要进行重点研究。

(2)水库工程地质

Jhelum 断层是否穿越库区需进一步研究，以确定水库是否存在水库诱发地震问题。

对于分布崩滑堆积体的重点库岸，需进一步研究其稳定性。在右岸近坝库段发育一处从外部形态特征上具高度疑似的滑坡，原可研报告中未提及该滑坡。滑坡位于卡洛特水电站大坝轴线上游 1.0～2.5km 处。滑坡周缘为具明显的圈椅状地形，滑坡体西、南侧缘发育有滑坡陡壁地形。滑坡体前缘抵吉勒姆河，宽度约 1.4km，高程 410m 左右，形态略突向左岸；滑坡体后缘高程为 540～550m，西侧后缘地带形成明显滑坡拉裂槽状地形，槽宽 40～50m，深度 5～10m。滑坡体平面总体呈上窄下宽扇形，初步判断平面面积约 1.15km^2。滑坡下游侧前缘物质为碎块石夹土，局部见反翘未完全解体岩层，上游侧缘未解体岩层倾角明显缓于后缘岩层，是否为滑动形成或是构造皱褶形成需进一步进行地质工作论证。该滑坡位于近坝库段，规模较大，初步判断滑坡现状基本稳定。滑坡体内分布有较多居民及耕地。水库蓄水后滑坡稳定性如何演变，以及对大坝等建筑物的潜在危害等，需在补充可研工作中进行勘察论证。

(3)坝址区工程地质

需进一步查明坝区岩体风化、卸荷特征和缓倾下游剪切带及软弱夹层发育分布情况，进一步研究坝基岩体力学特性，在高烈度地震区，应重视大坝安全与抗滑稳定问题研究。建坝岩体软硬相间，层面发育，地层产状较缓，开挖过程中易产生卸荷回弹。

岩体强度低，岩层平缓倾向下游，建基面稳定和深层稳定存在问题；两岸卸荷裂隙发育，岩层层面与侧向裂隙构成的岸坡坝段侧向稳定存在问题；工程位于高地震区，在高震作用下的大坝安全和稳定均存在问题。

坝体下游互层状粉砂岩、黏土岩等岩体抗冲能力差，存在冲刷问题，需加强防冲处理。左右岸坡岩体卸荷裂隙较发育，由这些裂隙切割形成的块体稳定性较差，左、右两岸覆盖层较厚，坝体前后土质边坡的稳定性问题也应引起注意。坝基岩体属微透水—弱透水岩体，初步认为防渗帷幕易于封闭，但岩体层面发育，软硬层面间透水性相对较大，需进一步研究确定合理的防渗帷幕下限。

地下厂房洞室群围岩主要由互层的砂岩、粉砂岩、黏土岩组成，岩层产状平缓、近于平铺洞顶，层理发育和互层状岩体不利于顶拱稳定，下部机窝开挖软硬相间岩体易于发生回弹变形，南侧边墙存在向临空方向的视倾角，软硬岩体中存在剪切带时可能会发生滑移破坏。此外，地下水位较高，且离库水较近，随着地下水渗流场的改变，地下厂房内的排水问题可能会较为突出。引水洞进口由于岩体卸荷裂隙发育，存在岩质边坡的稳定问题，尾水洞出口覆盖层较厚，存在土质边坡的稳定问题。

比较方案溢洪道建基岩体由砂岩、粉质砂岩和黏土岩组成，岩体软硬相间，倾向下游，存在抗滑稳定问题，泄槽两侧边坡上部存在土质边坡稳定问题，冲刷坑部位分布有河床覆盖层，下伏基岩由软硬相间的岩体组成，其抗冲能力差，溢洪道泄流量巨大，冲刷坑离大坝距离较近，深冲刷坑的形成对大坝的稳定将产生不利的影响，对溢洪道抗冲防护形式要加强研究。

导流隧洞进、出口地带分布有一定厚度的覆盖层，应注意洞脸边坡的稳定问题；围岩地层由软硬相间的砂岩、粉砂岩及黏土岩组成，靠近岸坡，岩体卸荷、风化较为强烈，加之岩层平缓，倾向下游，近于平铺于洞顶，成洞条件较差。此外，由于隧洞靠江边较近，地下水位稍高于河水位，尽管压水试验显示岩体渗透性差，但外侧隧洞不排除顺裂隙密集带或层面由江水向洞内渗水的可能，应做好排水处理。

围堰部位河床覆盖层厚度较大，冲积物由砂砾和巨石组成，来自火成岩和变质岩。下伏基岩属弱透水岩体，浅部风化岩体透水性较大，呈中等至强透水特征。河床物质组成中存在漂石、巨块石，围堰防渗处理存在难度。

(4)天然建筑材料

卡洛特水电站工程采用普通的混凝土材料，共计需要 700000m^3。详查储量达到设计需要量的 1.5～2.0 倍。

工程区及邻近地区主要分布中—软质岩石，不宜作为天然建筑材料料源，同时，天然砂砾卵石料料源缺乏，只有在距坝址以西 10km 的支流河床中有冲积卵砾石分布，且厚度不大，集中开采困难，需要开展大量工作研究。

在可行性研究(Level 1)阶段对天然建筑材料进行了详查，重点研究天然砂砾料骨料储

量、质量及碱活性。在施工期(Level 2)阶段对先用的取料场进行了进一步的复核研究。

3.7.2 关键技术问题勘察及研究路线

3.7.2.1 关键技术问题的确立

根据对项目环境条件、勘察研究重难点的分析研究，确立了区域构造稳定性及地震研究、软岩特性及筑坝条件研究、软弱夹层研究、软岩成洞条件及围岩稳定研究、河湾地块水文地质条件及防渗可靠性研究、互层状软岩高开挖边坡稳定研究、小支流沟谷新近沉积砂砾卵石料源利用研究、开挖料用作堆石料可行性研究等作为工程关键技术开展勘察研究工作，并制定了详细的实施计划。

3.7.2.2 关键技术问题勘察研究路线

对工程关键技术问题勘察研究路线，结合各阶段勘察工程地质条件勘察进行：充分搜集、分析已有的资料→结合设计要求及工程布置方案，明确研究任务、内容及目标→结合勘察大纲编制，制定关键技术问题勘察研究了工作规划、部署和布置→编制勘察大纲、作业计划→按大纲及计划实施，并根据具体情况进行适当调整。

3.7.3 区域构造稳定性及地震研究

3.7.3.1 研究的必要性

工程区域地质构造复杂，区域构造稳定性差，距离坝址26km的Raisi逆冲断层在2005年发生了7.6级地震，Raisi逆冲断层最有可能诱发地震。50年超越概率10%的地震动峰值加速度为0.25g，DAE峰值地面加速度=0.31g(250年超越概率2%)；MCE(最大可信地震)峰值地面加速度=0.55g(250年超越概率2%)。工程建筑物的稳定和变形，抗震结构方案及抗震措施等受地震影响强烈，防震抗震问题突出。采用地震设计标准的不同，地震加速度也有成倍的差别，将对防震抗震设计产生重要影响，甚至带来坝型和设计方案的重大变化，需要开展区域构造稳定研究，复核地震动参数。

3.7.3.2 研究任务

开展区域构造稳定研究，评价区域构造稳定性，复核地震动参数。

3.7.3.3 技术路线及研究内容

1)收集区域地质及构造相关研究成果；收集区域构造格架和大地构造分区成果，重点是区域深大断裂生成、规模、空间展布及宏观地质特征；收集区域沉积建造、沉积环境、岩浆活动和变质作用；收集区域构造运动发展及演化研究成果；收集区域重力、航磁、地震测深、电测深等地球物理场及地壳结构与深部构造，以及地壳完整程度和均衡状态分析成果；收集区域新构造运动及现今构造活动研究成果；收集研究区地震目录、地震震中分布图、区域地震等震线图及地震烈度影响目录。

2)分析研究区 ETM、SPOT 和航片等遥感信息，并解译成图，对主要构造现象等进行野外校核；对场址区进行专门构造地质测绘。

3)对区域主要断裂以追索调查，对主要断裂的构造岩及断层上覆第四系物质进行取样测年分析，判别主要断裂的活动性。

4)采用相关规范推荐方法进行地震活动性与危险性分析复核。

5)提出区域构造稳定性评价结论及相关地震动参数。

3.7.3.4 主要研究结论

卡洛特水电站区域位于喜马拉雅造山带及新生带前缘坳陷等两大构造单元，次级构造单元上位于次喜马拉雅哈扎拉—克什米尔共轴褶皱体（Hazara-Kashimir-syntaxis），区域范围内主要断裂由北向南分别是主地壳断裂（MMT）、主中央逆冲断裂带（MCT）、主边界逆冲断裂带（MBT）和主前缘断裂带（MFT）等 4 条由北向南逆冲的断裂带及穆扎法拉巴德（Muzaffarabad）断裂（MZF），其中 MBT、MFT 及 MZF 均为第四纪活动断裂。近场区无大的区域性断层通过，距坝址最近(26km)的第四纪活动断裂为 MZF。区域内强震构造主要为 MBT 和 MFT，但强震主要发生在哈扎拉—克什米尔共轴褶皱体的东侧，共轴褶皱体西侧走向北西的断裂带历史上大震记录很少。距离坝址最近的发震构造为穆扎法拉巴德断裂（MZF），需要充分考虑沿其发生大震及其可能对坝址的影响。

区域位于印度板块与欧亚板块发生碰撞作用形成的喜马拉雅造山带西构造结南侧，区域内构造活动及地震活动强烈，区域构造稳定性差。在新构造运动时期，夹持在主边界断裂（MBT）和主前缘断裂（MFT）之间的近场区以整体间歇性抬升活动为主，内部差异性活动较弱，为构造稳定性相对较好的区块。

据新构造运动特征和断裂活动性特征分析，近场区地震活动性水平相对较低，近场范围区内不存在 $M \geqslant 6.5$ 级地震的发震构造，5.0 级左右地震大致代表本区地震活动水平，最大影响烈度估计达Ⅶ度。

根据中国地震局地质研究所完成并通过国家地震安全性评定委员会咨询的《巴基斯坦卡洛特水电站工程场地地震安全性评价报告》，场区 50 年超越概率 10%的基岩地震动峰值加速度为 $0.26g$，100 年超越概率 2%的基岩地震动峰值加速度为 $0.52g$，100 年超越概率 1%的基岩地震动峰值加速度为 $0.61g$。坝址地震基本烈度按Ⅷ度考虑。

3.7.4 软岩特性及筑坝条件研究

3.7.4.1 研究的必要性

卡洛特水电站原设计大坝坝型为混凝土弧形重力坝，坝基岩体由软硬相间的砂岩、粉砂岩及黏土岩组成，呈薄层至厚层不等厚互层，岩体强度低，部分岩石为极软岩，岩层平缓倾向下游，工程位于高地震区，在高震作用下存在软岩地基大坝变形稳定问题。因此，需要对坝基岩体中存在的软岩（特别属极软岩的黏土岩等）开展重点研究，查清坝基岩体软弱岩体的

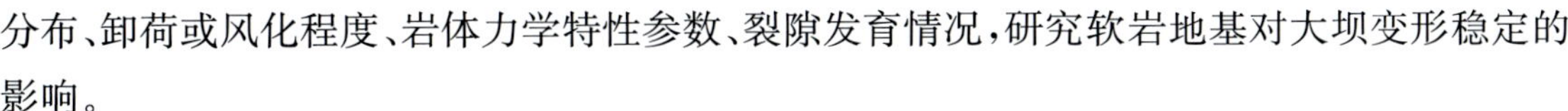

分布、卸荷或风化程度、岩体力学特性参数、裂隙发育情况，研究软岩地基对大坝变形稳定的影响。

3.7.4.2 研究任务

研究河床坝基应力范围内软岩的分布及力学特性，评价其对大坝抗变形稳定的影响，提出软岩地基处理措施建议。

3.7.4.3 技术路线及研究内容

1)结合坝基地质条件研究，查明大坝坝基应力范围内岩体中软岩的空间分布及性状特征，开展各种室内及现场试验，包括：软岩矿物成分及化学成分分析、物理及水理性质、力学性质试验，地应力测试、物探测试等，获取软岩相关物理、水理及力学参数指标，对坝基软岩进行分类研究。

2)针对软岩的一些特殊性质(如膨胀性、流变特性、软化特性等)补充必要的原位测试及室内试验：①开展软岩现场变形及承载力试验，研究其变形特性及承载力指标；②开展软岩的流变试验，确定软岩流变特性的相关参数。

3)对软岩物理力学性质进行分类统计，确定各种参数指标，为大坝变形稳定数值计算提供依据。

4)开展大坝变形稳定数值模拟及计算分析，并分析软岩流变特性对大坝长期变形稳定的影响，评价大坝变形稳定性。

5)提出坝基软岩地基处理措施建议。

3.7.4.4 主要研究成果

结合坝基地质条件研究，查明了原重力坝方案大坝坝基应力范围内岩体中软岩的空间分布及性状特征。在早期试验成果的基础上，系统补充了大量的室内、现场试验，着重开展了混凝土与基岩结合面抗剪强度试验，对不同类型岩体的变形特性和承载力、不同结构面的抗剪强度、不同岩体的围岩弹性抗力等开展了现场试验。针对软岩的一些特性(如膨胀、流变、软化等)，补充必要的原位测试及室内试验，开展软岩流变试验，确定软岩流变特性的相关参数。对不同类型的岩石进行了膨胀性测试。对软岩物理力学性质进行分类统计，确定各种参数指标，为大坝变形稳定数值计算提供依据。开展大坝变形稳定数值模拟及计算分析，并分析软岩流变特性对大坝长期变形稳定影响，评价大坝变形稳定性。根据相关研究成果提出坝基软岩地基处理措施建议。

软岩特性及筑坝条件的研究，对于原重力坝方案及电站坝型方案的选择起到了关键的作用。

3.7.5 软弱夹层研究

3.7.5.1 研究的必要性

坝址基岩地层为一套典型的磨拉石建造的陆源碎屑沉积岩，岩性主要为砂岩、粉砂岩、泥质粉砂岩、粉砂质黏土岩、黏土岩及页岩等。由于时代较新，成岩胶结程度较差，岩性较复杂，一般呈交互层状产出，其间的粉砂岩、黏土岩层中及与砂岩层间在褶皱构造及地下水的作用下极易形成软弱夹层（层间剪切带）。坝址区岩层缓倾下游，软弱夹层（层间剪切带）的发育，对大坝抗滑稳定起着至关重要的影响，因此需要重点研究坝址特别是河床坝基应力范围内软弱夹层（层间剪切带）的发育分布及性状特征，评价其对大坝抗滑稳定的影响。

3.7.5.2 研究任务

研究坝址特别是河床坝基应力范围内软弱夹层（层间剪切带）的发育、分布及性状特征，评价其对大坝抗滑稳定的影响。

3.7.5.3 技术路线及研究内容

(1)主要研究内容

1)软弱夹层的空间分布特征研究，主要内容有：沉积环境、岩相变化与软弱夹层分布的关系；空间形态、上下盘接触关系、起伏度、粗糙度等几何特征等；包括空间分布规律，分布深度、高程，空间延展性、连续性、长度、厚度、产状、泥化程度与卸荷带关系，确定对稳定具控制性影响的夹层。

2)软弱夹层物质组成及性状特征研究，包括：软弱夹层的岩性组成、矿物组成、化学成分、宏观与微观结构特征（泥化带、劈理带、节理带等）的研究；不同成因类型的岩相变化规律，分析矿物组成及微观结构特征对其力学性质及水理性质的影响；软弱夹层成因分析，包括原生、风化、层间挤压等，进行破碎夹层分类（碎屑夹泥、碎块夹层等）；软弱夹层泥化程度、范围及与卸荷带关系研究。

3)软弱夹层的工程性质试验研究：①物理性质指标以及变化特性，包括各类软弱夹层的颗粒组成、含水量、密度、孔隙比、塑限、液限、塑性指数以及变化规律等；②力学指标及分析，包括抗剪强度（峰值强度、残余强度、屈服强度）、变形模量、弹性模量、剪切模量、压缩系数以及强度参数的相关性分析等；③本构模型的建立，采用三轴压缩试验进行应力—应变曲线分析，为抗剪强度参数取值提供理论依据；④渗透变形试验，分析各类软弱夹层的渗透系数和临界比降，并分析渗透变形破坏机制；⑤物理力学数据相关分析，包括黏粒含量及塑性指数与残余内摩擦角的关系等。

4)特殊荷载条件下软弱夹层的抗剪强度研究：①动力荷载作用下的抗剪强度试验研究；②重复加荷、卸荷作用下的抗剪强度试验研究；③进行长期强度试验研究。

5)软弱夹层深层抗滑稳定分析：①坝基抗滑稳定的边界条件分析，建立坝基抗滑稳定分析的地质力学模型；②计算参数与计算方法，包括抗剪强度取值原则，采用极限平衡方法和数值分析方法，建立坝基软弱夹层深层抗滑稳定分析模型；③坝基下游抗力体阻滑作用分析，分析论证坝下游是否存在倾向上游的中、缓倾角裂隙；④评价软弱夹层对坝基抗滑稳定的影响，并提出相应处理措施的地质建议。

(2)主要技术路线

1)结合坝址主要建筑物地质条件勘察研究，进行现场地表露头地质调查，采用钻探、平硐、竖井、探槽等对各类软弱夹层分布规律进行专项勘察研究，以充分查明软弱夹层在坝基范围内的空间展布规律、连续性、工程性状，对软弱夹层在不同地层中、不同水工建筑物区的分布特征、工程性状进行概括总结，为工程区软弱夹层的概化分类提供依据。

2)采取原状样的室内土工试验和检测项目，重点查明各类软弱夹层的颗粒组成、矿物成分及胶结物(如X射线衍射、电镜扫描、差热分析等)、化学成分(化学成分与胶结物成分分析)、阳离子交换量、微观结构(显微结构照片)，物理性质中的亲水性(lw)、活性指数(la)，塑性指数、比表面积；力学性质中的峰值强度、屈服强度、残余强度、长期强度、压缩性、弹性模量/变形模量和抗剪强度(采用三轴、直剪等多种方法对比)，原状样与重塑样的直剪试验，研究软弱夹层的结构性对强度的影响，不同剪切速率下的抗剪强度研究，长期强度的测试研究时间因素的影响，动荷载及反复荷载条件下的强度特性，长期渗水试验研究其工程性质的可能演化趋势。水理性质重点研究其渗透稳定性(采用室内长期渗水试验以及渗透变形破坏试验)。补充必要的现场原位试验(原位大剪试验等，配合中剪试验)，重点研究软弱夹层的力学性状性质。

3)室内成果的分析研究：①根据勘察资料进行软弱夹层类型概化及其工程性质分析研究；②现场以及室内专项试验成果统计分析及可靠性分析研究，结合类似工程地质条件的经验类比，提出供设计使用的各项参数指标建议值；③通过坝基岩体软弱夹层及坝基岩体结构面分析研究，确定坝基抗滑稳定的边界条件，构建坝基软弱夹层深层抗滑稳定分析地质力学模型；确定计算参数指标，采用极限平衡方法和数值分析方法进行坝基软弱夹层深层抗滑稳定分析，评价软弱夹层对坝基抗滑稳定的影响。

4)根据软弱夹层性状特征及对坝基抗滑稳定的影响提出相应处理措施的地质建议。

3.7.5.4 主要研究成果

在软弱夹层的研究中，大量借鉴了葛洲坝、亭子口、构皮滩等工程的经验及前人的大量研究成果。现场结合坝址主要建筑物地质条件对软弱夹层进行勘察研究，开展现场地表露头地质调查，采用钻探、平硐、竖井、探槽等对各类软弱夹层分布规律进行专项勘察研究，以充分查明软弱夹层在坝基范围内的空间展布规律、连续性、工程性状，对软弱夹层在不同地层、不同水工建筑物区的分布特征、工程性状进行概括总结，为工程区软弱夹层的概化分类提供依据。由于坝址区岩石软弱，可能存在夹层取芯困难的问题，为提高对夹层的辨识，大部分钻孔均采取了双管双动绳索取芯的工艺，并对钻孔进行了高清彩色电视录像。通过对大量钻孔资料、声波及录像资料的对比分析研究，查明了坝址区夹层分布及延伸情况，对夹层进行了分类和相关试验研究，为评价其对工程建筑物的影响提供了合理参数。

坝址区在构造上处于左岸卡拉托特向斜SW翼与右岸纳湾背斜NE翼之间的宽缓单斜岩层部位，岩层产状平缓且较稳定，倾角较缓。从上述褶皱构造的空间形态可以看出，近场区构造应力相对较弱，相应的构造形迹不甚发育，断层不发育，少有发育完全的层间错动剪切带。微弱的区域构造作用，产生的构造形迹主要为平缓褶皱和裂隙，局部发育延续性相对较差的软弱夹层。

坝址区地层岩性为河湖相砂岩与泥质岩类软岩互层，地层平缓，河谷较深切。在河谷二次应力场形成的过程中，两岸近水平地层产生较为强烈的卸荷作用，河谷临空侧产生蠕滑作用。上述岸坡岩体的卸荷作用、蠕滑作用，将使岸坡岩体形成新的剪切作用，产生新的软弱夹层；同时可能使早期形成的软弱夹层再次发生剪切作用，导致破碎夹层进一步软化、泥化。

坝址区地层软岩普遍分布，抗风化能力较差，尤其是河谷近岸地带的卸荷岩体，卸荷裂隙发育，地下水活动较为剧烈、频繁。在浅表层以及由裂隙贯穿的较下部软岩，尤其是砂岩下部的软岩，易在地下水作用下风化、泥化，形成泥化夹层；同时位于卸荷带内的软弱夹层加剧风化、进一步泥化，导致部分破碎夹层转化为泥化夹层。

实际上，地质作用的历史中，上述3种作用是同时发生、相互叠加的。风化作用自始至终，而构造作用亦具有周期性，尤其是规模有限的地壳脉动作用，亦可导致软弱夹层发生周期性反复剪切作用；河谷二次应力场的形成也是一个漫长而不断变化的过程，随着河谷的发育完善而逐渐趋弱。因此坝址区软弱夹层的形成是多种成因共同作用的结果。

前期勘察研究表明，坝址区软弱夹层主要为Ⅰ类破碎夹层和Ⅱ类破碎夹泥层两类，尚未揭露到有泥化夹层分布。坝址软弱夹层主要分布在泥质粉砂岩与粉砂质泥岩互层（如N_{1na}^{2-4}层中部、N_{1na}^{3-3-2}层下部）岩层中，主要为泥岩、粉砂质泥岩夹层，受构造挤压，岩体破碎、软弱，局部见有不连续泥化现象，为Ⅱ类破碎夹泥层。软弱夹层一般在层位及空间分布上连续性差，延伸范围有限。勘探揭露出两处软弱夹层。J2-4-2夹层发育于N_{1na}^{2-4}层上部，孔深55.05～55.25m处，为Ⅰ类破碎夹层，见有构造挤压现象，呈多条条带状分布，宽度1～4cm不等，带内为碎块、片状碎屑，挤压带未见夹泥，岩芯破碎软弱，钻孔彩色电视录像在该部位表现为孔壁塌孔现象较严重，其延伸不稳定，延续性差，推测其长度为70～80m。J3-3-3夹层分布于N_{1na}^{3-3-2}层下部，宽20～40cm，较平直，主要为薄层状粉砂质泥岩夹泥岩组成，暗紫红色，洞顶与洞壁交界线附近有水渗出，洞壁呈潮湿状，岩石极软弱，局部泥化，为Ⅱ类破碎夹泥层，延伸性差。

施工期在溢洪道控制段开挖揭露出，在N_{1na}^{4-3-1}层与N_{1na}^{4-2}层分界面附近、N_{1na}^{4-2}层与N_{1na}^{4-1}层分界面附近及N_{1na}^{3-3-1}层底部发育有数条软弱夹层，主要表现为相对软弱岩体破碎及泥化现象。主要为Ⅰ类破碎夹层和Ⅱ类破碎夹泥层，少量为Ⅲ类泥化夹层，Ⅰ类破碎夹长度层占揭露总长度的54.6%，Ⅱ类破碎夹泥层长度占揭露总长度的39.1%，Ⅲ类泥化夹层长度占揭露总长度的6.3%。软弱夹层一般宽2～20cm，少量达50cm，断续分布，延伸长度一般较短，以9～30m居多，单一夹层延伸最长可达236m。

地面厂房边坡开挖N_{1na}^{4-2}层与N_{1na}^{4-1}层分界面附近揭露软弱夹层JL1，其在厂房基坑范围内延伸较稳定，以Ⅰ类破碎夹层为主，性状较好，受后期风化卸荷及水作用下局部有软化泥化现象。

大坝沥青混凝土心墙基座开挖在 $N_{1dh}{}^{1-1-1}$ 层、$N_{1na}{}^{4-1}$ 层、$N_{1na}{}^{3-3-2}$ 层、$N_{1na}{}^{3-3-1}$ 层6条延续性较差的软弱夹层，除 $N_{1dh}{}^{1-1-1}$ 层中发育的1条为Ⅲ类泥化夹层外，其余均为Ⅱ类破碎夹泥层，夹层多发育于砂岩中，为泥岩夹层，呈强—弱风化，总体较破碎，局部夹泥或浸水后具软化、泥化现象。

总之，软弱夹层作为一种特殊的地质体，具有其独特的构造特征、空间形态特征、界面特征、颗粒组成及其排列特征等地质特征。构造特征反映了其形成历史上经历的构造作用；空间形态特征反映了其在早期建造阶段和后期改造阶段的沉积环境；界面特征反映了其与顶底界的结合特征；颗粒组成及其排列特征则是其在建造阶段和改造阶段经历的各项地质作用的综合反映。坝址软弱夹层的成因是多种因素综合作用的结果，区内早期构造作用以形成破碎夹层为主，后期经历卸荷、蠕变、风化，在地下水溶液作用下形成泥化夹层。

3.7.6 软岩成洞条件及围岩稳定研究

3.7.6.1 研究的必要性

对于地下厂房方案，地下厂房洞室群围岩主要由互层的砂岩、粉砂岩、黏土岩组成，岩层产状平缓、近于平铺洞顶，层理发育和互层状岩体不利于顶拱稳定；厂房开挖形成软岩高边墙，边墙变形与稳定也将直接影响厂房顶拱围岩稳定状态；下部机窝开挖软硬相间岩体易于发生回弹变形，南侧边墙存在向临空方向的视倾角，软硬岩体中存在剪切带时可能会发生滑移破坏；复杂洞室群的分布导致围岩应力分布复杂，对洞室围岩稳定不利；在地质时代较新的复杂软岩中开挖大跨度地下厂房洞室群尚不多见，需要开展相关研究以评价软岩大型地下洞室群围岩稳定性，并提出开挖支护措施及围岩变形监测方案建议。对于地面厂房方案引水隧洞及导流洞等地下洞室，也存在同样的问题，需要加以深入研究。

3.7.6.2 研究任务

开展坝址软岩物理力学特性及变形特性研究，评价软岩大型地下洞室群围岩稳定性，提出开挖支护措施及围岩变形监测方案建议。

3.7.6.3 技术路线及研究内容

1)结合地下建筑物地质条件研究，查明大型地下洞室群围岩中软岩的空间分布，与地下建筑物的关系，开展各种室内及现场试验，包括：岩石矿物成分分析、地应力测试、物理及力学性质试验、物探测试及一些特殊性质试验(如膨胀性、流变性等)，对围岩进行分类研究。

2)补充必要的原位测试及室内试验：①利用勘探平硐采用物探测试方法，获得软岩岩体及岩石的弹性纵波速度，以确定各不同岩性段岩体的完整性系数。②开展软岩弹性抗系数的现场试验研究，测定围岩弹性抗系数；③开展软岩的流变试验。鉴于软岩所独具的流变特性且对洞室长期稳定影响，需要开展软岩的流变试验，确定相关参数，以便分析软岩流变特性对洞室长期稳定影响。

3)对物理力学性质进行分类统计，确定各种参数指标，为洞室稳定数值计算提供依据。

4）对洞室围岩采用国标《工程岩体分级标准》（GB/T 50218—2014）进行分类，并采取岩体地质力学分类（RMR 分类）、巴顿岩体质量分类（Q 分类）等进行对比研究。根据本工程围岩地质条件的特点，对围岩详细分类指数进行优化分级，制定适用于本工程的围岩分类标准。

5）开展洞室稳定性数值模拟及计算分析，并分析围岩流变特性对围岩稳定的影响，评价洞室围岩稳定性。

6）进行软岩段洞室开挖及支护有限元分析，提出洞室开挖及支护措施建议。

7）根据地下洞室群实际地质条件及水工布置，建立地下洞室群三维可视化模型。

8）提出围岩变形监测方案建议。

3.7.6.4 主要研究成果

（1）可行性研究（Level 1）阶段的研究

本工程在可行性研究阶段对地下厂房方案专题开展了大量的勘察研究及试验工作，基本明确了地下洞室围岩工程地质条件，并结合工程布置开展了围岩分类及围岩稳定性评价。随着工程设计的进展，对工程布置方案进行了调整，根据综合比较，枢纽布置格局采取了河床布置沥青混凝土心墙堆石坝；斜穿右岸河湾地块山脊布置溢洪道；在溢洪道引水渠左侧布置电站进水口的引水式地面厂房；大坝上、下游布置全年挡水土石围堰，导流洞布置在电站与大坝之间，采用导流洞导流的总体布置方案。

地下洞室围岩分类方法众多，初期的围岩分类多以单一的岩石强度作为分类指标。随着工程实际应用的需要及技术手段的进步，围岩分类走向多指标体系定性分类并逐渐从定性分类向定量分类方向发展。国际上比较流行的分类方法主要有泰沙基分类法、巴顿 Q 系统分类法、比尼奥斯基 RMR 分类法、法国隧道协会（AFTES）分类法等。国内主要采用的是现行国家标准《工程岩体分级标准》（GB/T 50218—2014）（BQ 分类）、公路隧道围岩分类、铁路隧道围岩分类和水工隧洞围岩分类等。各种分类各有其优缺点，多数分类仍属于定性描述或经验判别的定性分类，但反映了围岩的地质构造特征、结构面状态、风化状况、地下水情况以及洞室埋深等因素，在评价洞室围岩稳定性、确定支护结构参数和选择施工方法等方面得到了广泛的应用。

本工程主要采用《水电水利工程地质勘察规范》（GB 50287—2006）推荐的方法进行围岩分类。该分类是水电系统在吸收了众多分类体系优点的基础上，紧密结合水电地下工程的特点，通过科技攻关取得的重要成果，对水电工程地质洞室有较好的适应性。围岩详细分类以岩石强度、岩体完整程度和结构面状态为基本因素，评分均为正值；以地下水状态和主要结构面产状为修正因素，均为负值，5 项评分累计求出一个多因素复合指标——累计总评分，并以围岩强度应力比为限定因素，最后综合判定围岩类别。本工程围岩主要以胶结成岩较差的较软岩、软岩为主，岩体总体完整，结构面不发育且短小，地下水活动相对较微弱。由于本工程的特殊性，对围岩分类指标的评分取值有必要进行一些本地化调整，以更符合工程实际。操作中考虑到岩石软弱，对岩质类型及岩体完整性两项指标评分取值采取适当向下取值，而对于岩体结构面状态评分时，对泥质充填的结构面也进行向下取值操作，以更好地反映实际地质条件对围岩稳定的影响。本工程地下洞室围岩分类参见表3.14。

根据对地面厂房方案引水洞围岩条件的勘察研究，引水系统涉及地层按前述围岩分类标准进行初步分类，围岩主要为Ⅲ～Ⅴ类，围岩稳定条件差—极不稳定，为此，设计根据围岩地质条件的特点对引水隧洞布置进行了调整，将引水隧洞改为斜洞布置，让大部分洞体置于厚层砂岩中，充分利用了相对较好的围岩，极大地改善了隧洞围岩的成洞条件及围岩稳定性。

(2)施工期(Level 2)研究

卡洛特水电站在实施过程中引入了业主工程师制，并根据巴基斯坦相关政策，对于地下洞室等存在不确定因素的情况，可以根据工程实际情况对投资进行调整并计入电价调整。因此在招标文件中也进行了明确的规定。根据巴方及业主工程师的要求，对围岩分类采用Q系统分类进行围岩围别的界定。根据招标文件，地下洞室围岩依据Q值按表3.19划分为5类，该类别与水工隧洞围岩分类类别大致相当。

表3.19　　岩体质量指标Q系统围岩分类表

Q值	>10	4～10	1～4	1～0.1	<0.1
围岩类别	Ⅰ	Ⅱ	Ⅲ	Ⅳ	Ⅴ

由于前期设计、计算及支护均采用了水电围岩分类，为避免因为围岩分类方法的改变而导致大量重复设计、计算及图纸的更新工作，结合前期导流洞施工支洞开挖，开展了两个分类系统的对比研究，找出两种分类间的相对应关系以及在实际操作中应重点注意的地方。

Q系统分类法又称NGI隧道质量指标分类法。该方法是挪威岩土工程研究所的N. Barton等在1974年根据对以往地下开挖工程稳定性的大量实例分析研究后提出的，后期通过工程实践进行了改进。Q系统分类法主要考虑了岩体质量指标RQD、节理组数J_n、节理面粗糙度J_r、节理蚀变程度J_a、裂隙水影响因素J_w以及地应力影响因素SRF等6项指标，通过查规范的评分表得到相应的评分值，采用商积的形式：

$$Q=\frac{RQD}{J_n}\frac{J_r}{J_a}\frac{J_w}{SRF} \tag{3.7-1}$$

计算围岩Q值，通过Q值将围岩分为9个等级。其中的第一项分式代表岩体的完整程度，第二项表示控制性结构面的力学特征，第三项表示地下水及地应力的影响。Q系统分类法也属于多指标法，其结果采用商积的形式，节理组数J_n、节理蚀变程度J_a以及地应力影响因素位于分母位置，也体现了其对稳定的重要性。该指标获取简便，评分规范而细化，但操作相对较烦琐，缺点是必须依赖有经验的地质人员。岩石强度对围岩稳定性的影响不言而喻，Q系统分类法存在的严重不足就是没有直接考虑岩石强度因素，而是通过应力折减系数来间接考虑，弱化了其重要程度，尤其对于本工程的软弱围岩，可能导致评分结果偏高。

处于分母的节理组数 J_n、节理蚀变程度 J_a 两个参数的重要性不言而喻，但在实际操作中需要有经验的地质人员进行细致鉴别。此外，该方法没有考虑结构面不利组合对围岩稳定性的影响，只考虑了最不利的结构面对围岩稳定性的影响，势必造成一定的误差。

针对 Q 系统分类法的弱点，结合本工程特点，强化了对结构面性状、围岩中软岩分布等因素对评分影响以及两种分类方法对比分析。

本工程围岩主要由一套新近系中新统呈不等厚互层状的中砂岩、细砂岩、泥质粉砂岩及粉砂质泥岩等组成，为软岩—较软岩，由于处于宽缓向斜翼部单斜岩层部位，岩层近水平，岩石受构造挤压、错动较弱，岩体完整，裂隙短小。在实际操作中，围岩中的细小裂隙容易被忽视，而这类裂隙也可能成为局部稳定的关键。研究发现，这类短小裂隙成组发育就对 Q 值评分影响较大，如果被忽略则会造 Q 值偏高。因此需要在洞室开挖后进行详细编录统计，以准确给定节理组数 J_n 的值。而在水电工程围岩分类中裂隙发育的组数主要体现在岩体完整性上，与裂隙发育密度有关而不是与裂隙发育组数直接相关。

结构面张开及充填状态、充填物类型影响着裂隙蚀变度系数 J_a 的评分。本工程微新岩体围岩中裂隙一般呈闭合状态，裂隙宽度多小于 5mm，以泥质或岩屑充填为主，部分泥质岩在开挖揭露后有软化或断续泥化现象。由于 Q 系统分类中 J_a 评分取值范围及级差较大，因此对 Q 值影响较大，需要仔细进行鉴别评定，同时由于是软弱围岩，更需要在考虑充填物质在开挖卸荷及地下水等因素的后期影响下，进行综合评定。在该因素上，Q 系统与水电工程围岩分类所占的权重基本相当。

在水电工程围岩分类中，由于软岩在基本评分中岩质类型这一项就基本决定了其围岩类别基本上不会高于Ⅳ类。Q 系统分类中没有直接考虑岩石强度因素，虽然可以在围岩应力折减系数一项中按软弱带考虑得到一定的体现，但从围岩的变形及失稳破坏机理上有很大的不同，缺乏整体性考虑。在应力折减系数一项上，由于本工程围岩主要为软岩—较软岩，中—低地应力水平，岩石受构造挤压较弱，因此不属于坚硬岩石及高应力岩石挤压问题，可以按含黏土或化学风化不完整岩石的单一软弱带（开挖深度≤50m）一项加以考虑。

通过大量对比评分，摸索出了一套更为合理的取值方法和评分细则，使分类更贴合工程实际情况。表 3.20 为 Q 系统围岩分类评分表，详细的评分表使得在实际使用中操作更为简便，也便于各方核查。

对比研究表明，经过适当调整后的 Q 系统分类评分计算的 Q 值范围及类别与对应的水工隧洞围岩分类评分值范围与类别具有较好的协调性（表 3.21），相应的分类成果也与前期成果较为符合，从而避免大量修改设计参数，Q 系统分类的成果也得到业主工程师的全部认可。

表 3.20　　Q 系统围岩分类评分

1. 岩石质量指标		*RQD*	评分
A	很差	0～25	
B	差	25～50	
C	一般	50～75	
D	好	75～90	
E	很好	90～100	

注：①如果 *RQD* 报告或测量为≤10（包括 0），则用 10 来评估 *Q*。
②*RQD* 间隔为 5，如 100、95、90 等，即足够精确

2. 节理组数系数		J_n	
A	块状，没有或很少节理	0.5～1.0	
B	一组节理	2	
C	一组＋随机节理	3	
D	二组节理	4	
E	二组节理＋随机节理	6	
F	三组节理	9	
G	三组节理＋随机节理	12	
H	节理在四组以上，严重节理化，岩石呈碎块状	15	
J	碎裂岩石，似土状	20	

注：对于交叉口，使用（$3.0\times J_n$）；对入口，使用（$2.0\times J_n$）

3. 节理粗糙度系数	J_r	
（1）节理壁直接接触		

5. 节理水折减系数		水压力（MPa）	J_w	评分
A	开挖时干燥，或有局部小水流（＜5L min）	＜0.1	1	
B	中等水流或具有中等压力，偶有冲出充填物	0.1～0.25	0.66	
C	含未充填节理的坚硬岩石中有大水流或高压	0.25～1.0	0.5	
D	大水流或高水压，随时间衰减	0.25～1.0	0.33	
E	特大水流或高水压，随时间衰减	＞1.0	0.2～0.1	
F	特大水流或高水压，不随时间衰减	＞1.0	0.1～0.05	

注：参数 C～F 是粗略估测的，如果没有排水措施，要增大 J_w 的取值

6. 应力折减系数		*SRF*	
（1）与开挖方向交叉的软弱带，当开挖时会导致岩体松动			
A	含黏土或化学风化不完整岩石的软弱带多次出现，围岩很松散（在任何深度上）	10.0	
B	含黏土或化学风化不完整岩石的单一软弱带（开挖深度≤50m）	5.0	
C	含黏土或化学风化不完整岩石的单一软弱带（开挖深度＞50m）	2.5	
D	坚硬岩石中多个剪切带（无黏土），围岩松动（在任何深度上）	7.5	
E	坚硬岩石中单一剪切带（无黏土），围岩松动（开挖深度≤50m）	5.0	

续表

(2)错动 10cm 前节理壁直接接触			
A	不连续节理	4	
B	粗糙或不规则的，波状	3	
C	平滑的，波状	2	
D	光滑的，波状	1.5	
E	粗糙或不规则的，平直的	1.5	
F	平滑的，平直的	1.0	
G	光滑的，平直的	0.5	
注：说明是指小规模和中等规模的节理，按该顺序排列			
(3)错动时节理壁不直接接触			
H	含有厚度足以阻碍节理壁接触的黏土带	1.0	
I	含有厚度足以阻碍节理壁接触的砂质、砾质或碎裂带	1.0	
注：如果相关节理组的平均间距大于 3m，则 J_r 增加 1.0。平直、光滑且具有线理的节理，如果线理方向合适，J_r 可取 0.5。J_r 适于描述最脆弱节理或不连续介质			
4. 节理蚀变度系数		Φ_r	J_a
(1)节理壁直接接触（无矿物充填，或只有薄膜覆盖）			
A	紧密闭合、坚硬、不软化、不透水的填充物，如石英、绿帘石	—	0.75
B	节理壁未变质，仅表面有斑染	25°～35°	1.0
C	节理壁轻微变质，无软化矿物盖层、砂粒、松散黏土等充填	25°～30°	2.0
D	粉质或砂土质薄膜覆盖，有少量黏土成分（无软化）	20°～25°	3.0
E	软化的或低摩擦的黏土矿物覆盖层	8°～16°	4
(2)错动 10cm 前节理壁直接接触（薄层矿物充填）			

F	坚实岩石中单一剪切带（无黏土），围岩松动（开挖深度>50m）	2.5		
G	松动张开的节理，严重节理化或呈小块状等（在任何深度上）	5.0		
注：当剪切区不位于交叉口处时，*SRF* 可减少 25%～50%				
(3)坚硬岩石，岩石应力问题		σ_c/σ_1	σ_θ/σ_c	*SRF*
H	低应力、近地表、张开节理	>200	<0.01	2.5
J	中等应力，最有利的应力条件	200～10	0.01～0.3	1
K	高应力、非常紧密结构，一般利于稳定，也可能不适于巷帮稳定	10～5	0.3～0.4	0.5～2
L	块状岩体中 1h 之后产生中等板裂	5～3	0.5～0.65	5～50
M	块状岩体中几分钟内产生板裂及岩爆	3～2	0.65～1.0	50～200
N	块状岩体中严重岩爆（应变突然出现以及直接的动力变形）	<2	>1	200～400
注：对于强各向异性初始应力场（如果测量）：当 $5\leqslant\sigma_1/\sigma_3\leqslant10$ 时，将 σ_c 减小到 $0.75\sigma_c$。当 $\sigma_1/\sigma_3>10$ 时，将 σ_c 减小到 $0.5\sigma_c$，其中 σ_c 为无侧限抗压缩强度，σ_1 和 σ_3 分别为最大主应力和最小主应力，而 σ_θ 是弹性理论估计的最大切向应力。顶部覆盖层的厚度小于跨度的情况很少见。对这种情况，建议 *SRF* 由 2.5 增加到 5.0（参见 H）				
(3)挤压岩石：高应力影响下软岩塑性流动			σ_θ/σ_c	*SRF*
O	轻度挤压岩石应力		1.5	5～10
P	严重挤压岩石应力		>5	10～20
注：挤压岩石的情况可能发生在深度 $H=350Q^{1/3}$。岩体抗压强度可以从 $q\approx0.7\gamma Q^{1/3}$（MPa）中估计，其中 γ 为岩石密度（以 kN/m^3 表示）				
(4)膨胀岩，由于水压力的存在，岩石化学膨胀活动				
R	轻度膨胀岩石应力			5～10

续表

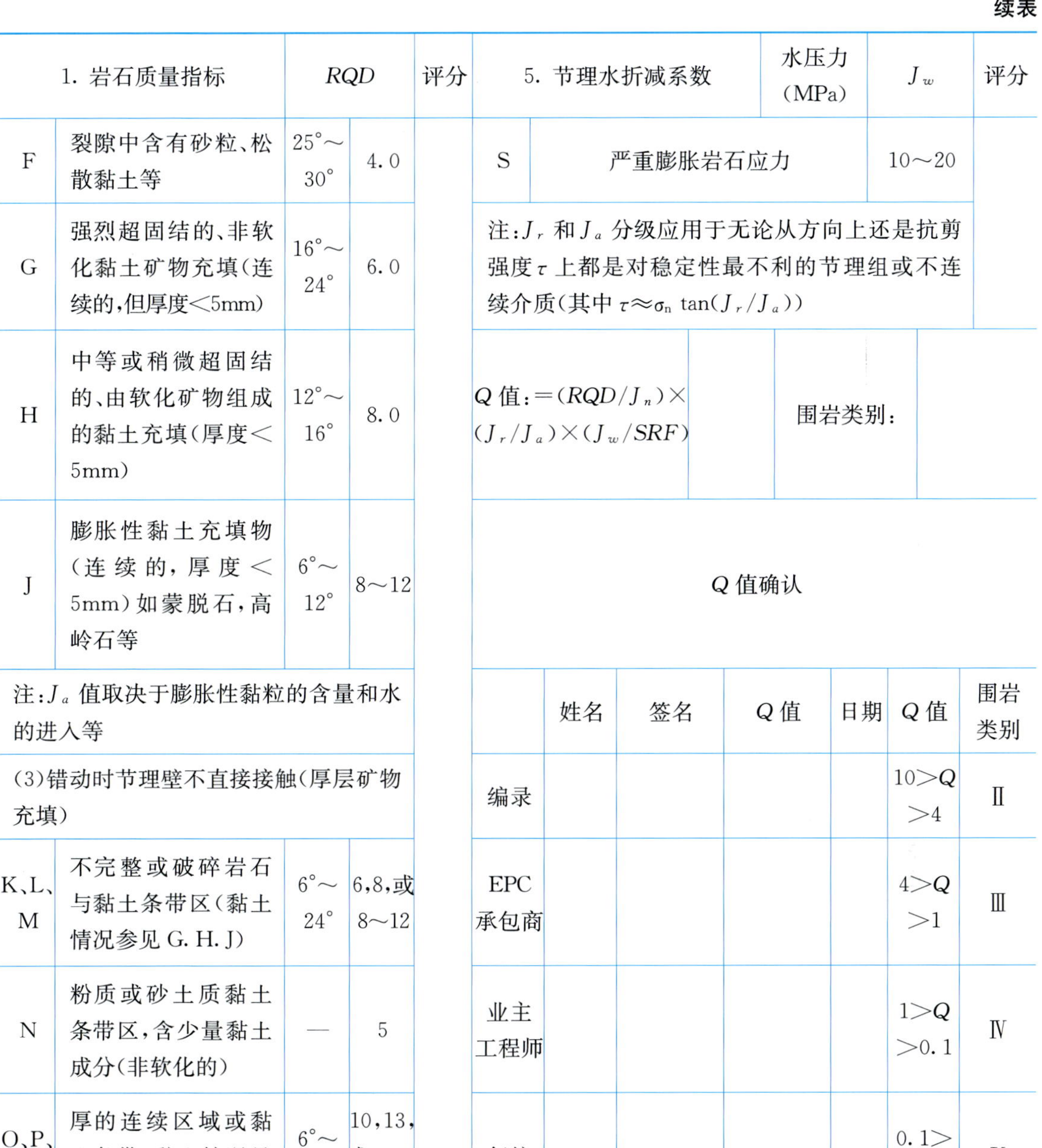

1. 岩石质量指标		RQD		评分
F	裂隙中含有砂粒、松散黏土等	25°～30°	4.0	
G	强烈超固结的、非软化黏土矿物充填(连续的,但厚度<5mm)	16°～24°	6.0	
H	中等或稍微超固结的、由软化矿物组成的黏土充填(厚度<5mm)	12°～16°	8.0	
J	膨胀性黏土充填物(连续的,厚度<5mm)如蒙脱石,高岭石等	6°～12°	8～12	
注:J_a 值取决于膨胀性黏粒的含量和水的进入等				
(3)错动时节理壁不直接接触(厚层矿物充填)				
K、L、M	不完整或破碎岩石与黏土条带区(黏土情况参见 G. H. J)	6°～24°	6,8,或8～12	
N	粉质或砂土质黏土条带区,含少量黏土成分(非软化的)	—	5	
O、P、Q	厚的连续区域或黏土条带(黏土情况见 G. H. J)	6°～24°	10,13,或13～20	

5. 节理水折减系数		水压力(MPa)	J_w	评分
S	严重膨胀岩石应力		10～20	
注:J_r 和 J_a 分级应用于无论从方向上还是抗剪强度 τ 上都是对稳定性最不利的节理组或不连续介质(其中 $\tau \approx \sigma_n \tan(J_r/J_a)$)				
Q 值:=$(RQD/J_n)\times(J_r/J_a)\times(J_w/SRF)$		围岩类别:		

Q 值确认

	姓名	签名	Q 值	日期	Q 值	围岩类别
编录					10>Q>4	Ⅱ
EPC承包商					4>Q>1	Ⅲ
业主工程师					1>Q>0.1	Ⅳ
复核					0.1>Q	Ⅴ

表 3.21　Q 系统分类评分与水工隧洞围岩分类评分对比

工程部位	围岩类别	Q 系统分类评分		水工隧洞围岩分类评分	
		Q_{min}	Q_{max}	T_{min}	T_{max}
引水隧洞	Ⅲ	1.17	2.67	45.5	54.0
	Ⅳ	0.19	0.94	26.8	43.5
	Ⅴ	0.04	0.09	9.3	27.0

续表

工程部位	围岩类别	Q系统分类评分		水工隧洞围岩分类评分	
		Q_{min}	Q_{max}	T_{min}	T_{max}
导流隧洞	Ⅲ	1.25	3.75	45.0	52.0
	Ⅳ	0.10	0.94	26.5	44.9
	Ⅴ	0.04	0.09	8.1	26.3

本工程各隧洞围岩在开挖完成后，根据围岩地质条件评定的Q值对围岩进行了初期支护，在后期结构混凝土衬砌前，未出现较大的变形及失稳破坏现象，隧洞整体稳定性较好。表明围岩类别及相应的支护参数可靠。

3.7.7 河湾地块水文地质条件及防渗可靠性研究

3.7.7.1 研究的必要性

由于河湾地块山体单薄，宽度较窄，局部存在分布于砂岩中的规模相对较大裂隙，加之岩层向下游倾斜，在河湾部位筑坝建库，势必存在库水穿越天然河湾地块向下游产生渗漏的可能性，水库蓄水后宏观上存在库水穿越天然河湾地块向下游产生渗漏的条件，存在河湾地块防渗问题。因此了解河湾地块的水文地质条件及岩体渗透特性是河湾地块防渗的关键，是选择防渗方案和评价地块防渗可靠性需要重点解决的地质问题。

3.7.7.2 研究任务

结合坝址及建筑物基本地质条件勘察，查明右岸河湾地块水文地质条件及岩体渗透特性，评价河湾地块防渗工程地质条件及防渗方案的合理性，评价河湾地块防渗可靠性。

3.7.7.3 技术路线及研究内容

在可行性研究阶段，结合坝址及建筑物基本地质条件勘察，利用在河湾地块布置的大量钻孔开展了钻孔压水试验，以获得河湾地块水文地质条件及岩体渗透特性，结合地下水长期观测，了解河湾地块基岩裂隙水动态变化特征及其影响因素，评价地块防渗可靠性，为防渗方案的选择提供地质依据。

施工期受建筑物开挖影响，河湾地块的水文地质条件发生了一些局部改变，局部岩体地下水位降低及岩体透水率增大，对河湾地块的防渗方案的可靠性带来不利影响，结合河湾地块补充渗流观测孔压水试验、引水隧洞和导流隧洞围岩固结灌浆压水试验成果等进一步验证河湾地块地下水位、岩体渗透性等水文地质条件，确定河湾地块岩体防渗可靠性，复核分析位于河湾地块的大坝右岸和溢洪道左岸帷幕端点的可靠性。引水隧洞、导流隧洞贯穿河湾地块，为钢筋混凝土衬砌结构，运行期间可能发生混凝土结构开裂的情况，需要进一步从工程地质条件、结构稳定性、衬砌结构封闭性、围岩处理措施等方面，分析蓄水后内水外渗的可能性及影响。为及时全面掌握蓄水后河湾地块地下水渗流场特征及演变趋势，需建立三

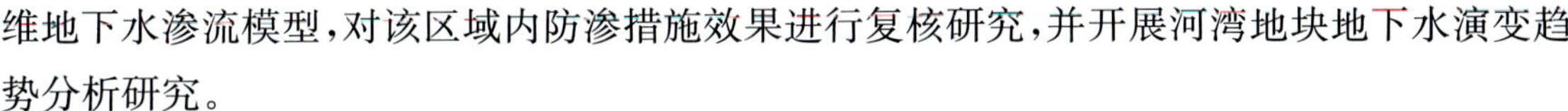

维地下水渗流模型，对该区域内防渗措施效果进行复核研究，并开展河湾地块地下水演变趋势分析研究。

3.7.7.4 主要研究结论

本节在第11章有详细的相关研究内容细节，在此仅列出主要研究结论。

1)前期勘察及施工期地质素描成果均表明河湾地块岩体断裂、裂隙不发育，岩体完整性一般较好，没有贯通上下游的断层和长大裂隙分布，不存在向下游的集中渗漏通道。

2)大坝及溢洪道灌浆成果分析表明，受岸坡开挖和卸荷影响，大坝及近岸山体段岩体透水率较前期加大，但总体仍以弱透水性为主，且已进行灌浆处理。河湾地块渗流监测孔压水成果表明，高程461m以下$q \leqslant 5$Lu岩体占比83.8%，属弱—微透水岩体，与前期勘察成果一致。河湾地块岩体具备良好的防渗可靠性。

3)溢洪道开挖切断了河湾块来自山体一侧的地下水补给，同时建筑物及边坡开挖等进一步影响地下水补给及排泄条件，河湾地块钻孔地下水位较前期有所下降，但地下水分岭依然存在，且高于水库正常蓄水位461m。

4)大坝右岸和溢洪道左岸山体段帷幕端点岩体渗透性均满足规范中防渗依托层的要求，防渗端点可靠。

5)引水隧洞衬砌混凝土裂缝验算最大宽度仅0.078mm，分缝处止水措施可靠，结构本身具有较好的封闭性，同时衬砌结构与经过固结灌浆加固的洞周围岩一起形成一道有效的保护圈，能最大限度地避免隧洞内水外渗。引水隧洞充水后，不会成为河湾地块的渗漏通道。

6)导流隧洞采用圆形断面，稳定性好；衬砌未设置排水孔，分缝止水可靠。非全洞段围岩固结灌浆，可能少量外渗，但影响有限，且不具备向下游产生危害性渗漏的可能性。

7)三维渗流计算分析表明，大坝右坝肩及溢洪道左岸设置防渗帷幕后，渗流量明显降低，防渗效果良好；考虑导流洞和引水洞衬砌渗漏，渗流量仅小幅增加；溢洪道左岸防渗帷幕延伸至与大坝右岸防渗帷幕连接，渗流场分布及渗流量差别很小，河湾地块中部可不设置防渗帷幕。

8)综合河湾地块工程地质条件复核分析、引水隧洞和导流隧洞内水外渗影响分析、帷幕端点灌浆成果及三维渗流计算分析等方面成果，河湾地块整体防渗性能可靠，防渗设计体系完善，满足规范和蓄水安全要求。

3.7.8 互层状软岩高开挖边坡稳定研究

3.7.8.1 研究的必要性

卡洛特水电站建筑物人工边坡高普遍在15～50m，水电站边坡岩体中砂岩、泥质岩呈不等厚互层状产出，岩体中泥岩、粉砂质泥岩等泥质岩为软岩(岩块单轴饱和抗压强度8～15MPa)，砂岩为较软岩(岩块单轴饱和抗压强度15～30MPa)，泥质岩具有透水性弱、亲水性强、遇水易软化（或膨胀）、失水易崩解（或收缩）、强度低的特点。不同强度的岩层界面发育有软弱夹层。不同强度的软岩岩体构成高边坡的主要岩体，研究其稳定性对保证工程建设及运行安全具有重要意义。

3.7.8.2 研究任务

根据地质测绘及钻探情况，研究边坡岩体的特性，对岩体中发育软弱夹层进行研究，结合地质模型，对边坡稳定性进行分析。

3.7.8.3 技术路线及研究内容

（1）技术路线

对边坡岩体结构、岩体及结构面强度、结构面的展布及其组合、地下水分布及其动力特征等因素开展系统研究，特别是对边坡岩体中可能分布的软弱夹层开展了深入勘察和分析研究，结合试验提出了相关力学参数；提出边坡可能的变形破坏模式，对工程边坡破坏模式进行分类，评价边坡稳定性，提出开挖坡比及边坡支护、排水措施的建议；进行边坡变形因素及变形趋势分析预测，提出边坡系统变形监测建议。

（2）研究内容

①互层状软岩边坡岩体的地质特征及与工程边坡的相互关系研究，重点是边坡岩体结构、岩体中结构面分布及其组合关系、结构面强度特性等研究。②地下水分布及其活动性、地下水动力特征、地下水对边坡稳定的影响等因素的系统研究。③根据边坡地质结构类型、边坡岩体中可能存在的不稳定结构面组合及其稳定性对边坡的影响，提出边坡可能的变形破坏模式，对工程边坡进行分类，评价边坡稳定性。④根据边坡类型，结合建筑物布置，提出开挖坡比、边坡措施支护及排水措施的建议。⑤进行边坡变形因素及变形趋势分析预测，提出边坡系统变形监测建议。

3.7.8.4 主要研究结论

（1）边坡主要地质特征

工程区边坡具有典型的软、硬岩体相间且呈不等厚互层状分布结构，泥质岩具有快速风化的特性。由于泥质岩往往构成相对隔水层，边坡地下水具有“层状分布”及“多层地下水”的特点；高、陡临江岸坡岩体卸荷强烈。

边坡地层主要为新生界磨拉石建造的陆源碎屑沉积岩地层，岩石总体时代新、成岩胶结程度较差、岩石较软弱，岩性较复杂，较软岩与软岩呈不等厚互层状分布，发育有不同类型的软弱夹层。

（2）边坡的破坏模式

在卡洛特项目开挖施工过程中，边坡变形或失稳破坏的型式主要表现为拉裂崩塌、蠕滑变形及顺层滑移失稳。

1)拉裂崩塌。

由于边坡中岩层上硬下软,且下部泥质岩抗风化能力差,且受地下水影响易崩解塌落,在上部厚层—巨厚层砂岩压应力作用下,易产生压缩变形,加速向外侧位移而崩解;同时,上部砂岩在失去下部支撑后,形成倒悬体,由于抗拉强度较低,逐渐产生卸荷,裂隙沿着砂岩突出部位根部往上扩展,当裂隙贯穿时,分离出来的砂岩块体将产生错落或崩塌。

根据现场大量对该类型不稳定块体的观测,砂岩倒悬体最大倒悬宽度 b 可以表示为:

$$b=\sqrt{\left(\frac{H\cdot R_m\cdot R}{\lambda\cdot K}\right)} \tag{3.7-2}$$

式中,b——倒悬深度,m;

R_m——岩石抗拉强度,kPa;

H——倒悬岩层厚度,m;

λ——倒悬体重度,kN/m^3;

R——强度折减系数,主要反映结构面发育程度对岩体抗拉强度的影响,一般取0.1～0.5;

K——安全系数。

3[#]导流洞出口自然边坡即为一处典型的下软上硬的倒悬体结构,边坡中部 N_{1dh}^{1-1-1} 层砂岩厚度约 6.6m,以上为陡坡,坡度约 65°,以下即倒悬体,地下水作用强烈,沿该层底部不断有地下水渗出,呈点滴状。根据上述公式计算可知,该倒悬体稳定系数 $K=1.20$,考虑到地下水作用,倒悬体已处于临界失稳状态。倒悬部位主要为弱风化岩体,倒悬深度约 5.0m,开挖施工过程中,由于爆破振动影响而崩塌,方量约 2000m^3。

2)蠕滑变形。

在沉积过程中,层状岩体由于沉积环境的不同,少数薄层可能会形成软弱夹层。这类夹层的特点主要表现为:层薄,胶结较差,强度低,在构造运动中往往形成薄弱面而受到剪切破坏,且局部孔隙率高,易成为地下水运移的通道而出现泥化、软化,或夹泥。

卡洛特水电站溢洪道右侧开挖边坡总体为顺向边坡,边坡岩体 N_{1na}^{4-3-1} 与 N_{1na}^{4-2} 层面发育的断续分布的软弱破碎夹层或胶结较差的软弱层面,在地下水作用下性状较差,构成潜在底滑面,边坡岩体中分布的 NW～NWW 走向(垂直于开挖边坡)的长大裂隙(卸荷裂隙)可构成侧向切割面,从而构成沿软弱夹层为滑移面的顺层蠕滑变形,这种变形破坏模式是溢洪道、大坝等顺向边坡的一种典型的变形破坏模式,对此类顺向边坡的开挖设计及边坡稳定影响较大。前期研究中对此类变形模式的控制性结构面分布及性状开展了专项研究,提出了相应的边坡稳定计算参数。根据边坡二维及三维稳定计算分析表明,边坡整体稳定,局部受开挖卸荷影响及潜在底滑面强度参数的降低,可能产生局部边坡变形甚至失稳。

前述卡洛特水电站进水渠右侧边坡岩体 N_{1na}^{4-3-1} 与 N_{1na}^{4-2} 层面发育的断续分布的软弱破碎夹层,宽 1～6cm,其在地下水作用下性状较差,构成了边坡岩体潜在底滑面,NW～NWW 走向的长大裂隙构成侧向边界,从而构成沿软弱夹层为滑移面的顺层蠕滑变形。该部位的变形即为这类顺向开挖边坡典型变形破坏模式的例证。软弱夹层延伸 90 余 m，边坡沿夹层产生徐变、蠕滑，该边坡后缘发育有长大卸荷裂缝，加速了边坡的变形，最大蠕滑达 3cm，施工方采取了加强支护措施。

3）顺层滑移失稳。

当该互层状岩体，泥质岩厚度过大时（如大于 20m），位于两层砂岩中的泥质岩易风化形成缓坡，其上部的砂岩层由于失去支撑，不断崩塌，形成大小不一的块石，堆积在斜坡中部，局部架空，构成地下水存储空间，使该区域堆积体重度不断增加；下部泥质岩由于透水性弱，聚集在块石中的地下水沿着泥质岩不断渗透，加速了下部泥质岩的软化，在暴雨或地震等极端条件诱发下，将沿着泥质岩强风化层产生切层滑动或顺层蠕滑。

卡洛特水电站主体工程开挖边坡中没有发生顺层滑移失稳的案例。4# 渣场排洪沟右侧边坡施工期发生滑坡，滑坡呈圈椅状，地形坡度 30°，局部 20°；后缘高程 485m，前缘高程 455m 左右，前缘宽 50m，纵向长约 61m；面积约 2590m²，体积约 1.2 万 m³，属小型滑坡。

该滑坡属覆盖层—基岩滑坡，边坡上部松散碎块石土及下部全强风化泥质岩发生滑动，为较为典型的层间滑坡实例。

（3）边坡的防护建议

对不同类型的边坡及不同类型的边坡变形破坏模式应采取针对性的防治措施，除系统支护外，以上 3 种变形破坏的建议如下：

1）对于存在倒悬体的边坡，若为临时边坡，可以通过在底部回填混凝土，以支撑倒悬岩体重力荷载；对于永久边坡，建议沿倒悬体腰部往上削坡减载，对下部易风化区域及时进行喷护封闭，对于上部岩体根据裂隙发育情况进行适当加强支护，若存在较深的卸荷裂隙时，应采取较低吨位锚索（500～1000kN）穿过强卸荷裂隙进行加固，且锚固段应设置于较硬的砂岩中。

2）对于含软弱夹层的蠕滑型边坡，主要措施为增加深排水孔，保证边坡排水通畅；增加穿过软弱夹层的锚筋桩，并使其角度与蠕滑面垂直；必要时增设穿过蠕滑面的低吨位（500～1000kN）锚索，锚固端应位于下部较硬砂岩中。

3）对于砂岩层中厚层泥质岩边坡，主要措施为及时在下部砂岩处设置挡墙，上部堆积体若已经产生滑动，应进行削坡减载，经过多处实践，证明该方案经济实用，效果良好。

互层状软硬相间岩体具有独特的岩体特征，工程设计时应充分发挥其中硬岩的优势。如线路或线状建筑物布置时，应优先选择硬岩/软岩比例相对较高的地段；对特别重要的直立坡，应将直立坡布置于厚度较厚的硬岩处；对于边坡中的软岩，无论临时坡还是永久坡，均应优先进行喷护封闭，防止其快速风化；在设计系统支护时，应将重点放在相对较软岩层中，如遇软弱夹层时，应采取加强措施，防止边坡的蠕滑。边坡稳定条件较差，勘察中重点针对边坡岩体结构、岩体及结构面强度、结构面的展布及其组合、地下水分布及其动力特征等因素开展了系统研究，特别是对边坡岩体中可能分布的软弱夹层或层间剪切带开展了深入勘察和分析研究，结合试验提出了相关力学参数，建立了边坡三维地质模型，提出了边坡可能的变形破坏模式，采用极限平衡，二维、三维有限元分析等多种方法综合研究、评价了边坡稳定性，提出了开挖坡比及边坡支护、排水措施的建议；分析预测了边坡变形因素及变形趋势，提出了边坡系统变形监测建议。

3.7.9 小支流沟谷新近沉积砂砾卵石料源利用研究

3.7.9.1 研究的必要性

卡洛特水电站工程区位于巴基斯坦东北部新近系弱胶结碎屑沉积岩分布地区，坝址及周边可利用混凝土骨料匮乏，难以获取工程所需混凝土骨料。因此需要通过开展大量调查和专题研究工作，寻找合适、可用、满足规范质量要求、相对经济的料源解决方案。

3.7.9.2 研究任务

通过对坝址周边近 100km 范围地层分布开展调查研究，初步确立可用料源，并根据料源分布开展详查，以确保可用料料场的选取、料源质量及勘察储量满足规范及设计要求。

3.7.9.3 技术路线及研究内容

根据勘察料源的特点，确定料场的复杂程度及勘察重点，结合规范勘察深度要求确定勘察工作布置及勘察手段运用，编制详细的勘察作业计划，按计划开展现场勘察及相关试验工作，并在过程中根据实施情况进行适当调整，以满足计划进度及质量要求。

3.7.9.4 主要研究结论

该项目区域出露的地层主要为新近系西瓦利克(Siwaliks)群地层，为一套典型的磨拉石建造的陆源碎屑沉积岩，岩性主要为砂岩(中至细粒长石砂岩、亚长石砂岩、亚岩屑砂岩、岩屑亚长石砂岩和岩屑长石砂岩)、粉砂岩、泥质粉砂岩、粉砂质黏土岩、黏土岩及页岩等，岩性较复杂，一般呈交互层状产出，砂岩单层厚度为数米至十余米。由于该套地层年代较新，一般表现为成岩程度较差，部分岩石甚至呈半成岩状态，岩石较软弱，根据前期勘察室内试验资料显示，砂岩、粉砂岩抗压强度一般小于 30MPa，属软岩—极软岩，不适宜作为混凝土骨料料源。

相关资料显示，坝址以北的新近系早中新统穆里(Muree)组中分布的Ⅰ类砂岩单轴湿抗压强度达 40～80MPa，可作为人工骨料料源，且有工程应用的先例。通过现场调查发现，这类砂岩与无用料岩层呈互层状产出，且单层厚度不大，受褶皱构造的影响，地表露头不良，开采条件差，且距坝址较远，交通运输条件差。

分布于项目区域 NW 侧外围距坝址直线 40(穆里)～80km(伊斯兰堡)的寒武系穆扎法拉巴德(Muzaffarabad)组白云质灰岩是理想的混凝土骨料料源，其出露厚度满足规模开采的条件，有公路相通，距离坝址约 106km，开采及运输条件较好。

区内吉拉姆河沿河两岸未见冲积砂砾卵石分布，部分河段阶地表面有厚度不大的砂砾卵石分布，天然砂砾石料缺乏。坝址下游小支流汇合口附近见崩塌堆积物与冲积砂砾石混合堆积，其中以崩塌堆积物为主，主要为附近砂岩陡崖崩塌形成的大块石、漂石及少量块径达 2m 以上的巨石，经短距离搬运，具有一定磨圆度；砂砾（卵）石含量相对较少，成分主要为火成岩及变质岩。局部见有少量粉细砂堆积。该部位堆积物以新近系砂岩为主，岩石软弱，且分布有限，不宜作为混凝土骨料料源。

根据现场调查，坝址右岸下游吉拉姆河支流巴得利沟中上游局部河段河床及两岸漫滩和阶地见有冲积砂砾卵石分布。调查表明，其物质来源主要为更新世（Q_1）沉积的米尔布尔（Mirpur）组砾卵石层，经流水再次搬运、沉积，以砾、卵石为主，缺乏细粒组，分选较差，磨圆度较好，砾、卵石由火成岩、沉积岩和变质岩组成，成分较杂。可考虑将该支流河段砾卵石堆积物作为混凝土骨料料源。

对支流冲积砂砾卵石的向源追索发现，坝址西南距坝址直线距离 8～20km 范围内分布的更新世（Q_1）米尔布尔组砾岩（未胶结成岩的砾、卵石堆积），分布范围较大，厚度可达 20m 以上。砾、卵石分选差，磨圆度较好，砾、卵石由火成岩、沉积岩和变质岩组成，成分较杂，局部夹细粒土层。受风化影响，部分抗风化能力差的砾卵石风化严重，成为软弱有害颗粒，部分地区细粒物质中含泥量较高，对砂砾料料源质量影响较大。根据初步分析研究，在无其他料源替代的情况下，米尔布尔组砾卵石堆积可考虑作为该工程混凝土骨料料源，但由于料源中含较多的软弱有害颗粒及含泥量较大，需要采取特殊的开采加工措施，存在泥块无法得到有效处理的可能性。

通过对周边可用料源的调查综合分析，对初步选定的比珥和那拉两个小支流沟谷砂砾石料场开展了详查工作。初步选定料场主要分布于狭长的支流巴得利沟，沟谷延伸长约 25km。料源主要分布于相对较平缓的中上游段，主沟及汊沟累计长约 27km。由于沟谷较为狭窄，有用料分布范围有限。巴得利沟中下游段常年流水，枯期水量较小，上游部分断流，洪水期流量增大，具有突发性，水位涨落均较迅速。沟内沉积物主要为洪水携带的附近山岗的米尔布尔组砾卵石堆积，经再次搬动沉积，由于流量总体不大，水动力条件有限，沟内砂砾卵石沉积物具有分布不均匀，不同部位沉积物粒径、级配等极不均匀，沉积物厚度极其不稳定等特点。此外，有用层厚度不大，不利于规模化开采，开采条件差。

为达到详查精度，根据料场特点，对勘察工作进行了精心策划和布置。该料场属于地形地质条件介于Ⅱ类与Ⅲ类之间的复杂料场。在勘探布置上，按照 100m 间距布置勘探线，勘探点间距按 50m 控制，局部根据实际情况适当加密。勘察中，首先对料源区进行全面的 1∶1000 地表地质测绘，测绘面积 4.1km^2，初步了解有用料的分布；采用高密度电测深物探方法进行料场普查，完成高密度电测剖面 18 条计 2.6km，基本了解了有用料的分布及厚度。根据测绘及物探成果分析，鉴于有用层厚度不大且变化大，在勘探手段上采用大型挖掘机开挖探坑（探井）代替钻孔的更直观方法，同时也便于取样试验。共完成 425 个大型探坑开挖及编录，总计开挖方量达 9670.3m^3；开挖大型探槽 4 个。为确保成果的可靠性，满足储量计算的准确性，对勘探线进行了实测地质剖面 213 条，共计 31.7km。为揭示那拉料场有用料层厚度，布置了1个钻孔，孔深11m，有效揭露了该料场最大堆积厚度。根据料场分布范围广、均一性差的特点，采取21组大样进行材料质量的试验研究，对粗骨料开展了堆积密度、表观密度、吸水率、针片状颗粒含量、软弱颗粒含量、含泥量、硫酸盐及硫化物含量、有机质含量等试验；对细骨料开展了堆积密度、表观密度、含泥量（黏、粉粒）、硫酸盐及硫化物含量、水溶盐含量、有机质含量、细度模数、平均粒径等试验研究。同时，还开展了骨料碱活性反应试验及混凝土性能等相关试验研究。项目部专门成立了质量控制（QC）小组开展勘察布置、质量控制、储量计算等工作，取得了良好效果。此外，为确保满足用料要求，还开展了备用料源的勘察与研究工作。

勘察结果表明，比珥料场位于吉拉姆河右岸支流巴得利沟中上部，为河床堆积砂砾卵石层，距离坝址12～26km，料源呈条带状，储量为295.1万m^3。该料场粗骨料级配不佳，细骨料含泥量偏高，粗、细骨料均具有碱活性，需采取处理措施；B类区域细骨料含泥量普遍很高，需采取特殊处理措施后才能使用。那拉料场地质条件与比珥料场类似，距离坝址20～30km，交通条件较差，呈条带状，储量为140.0万m^3。该料场粗骨料级配不佳，细骨料含泥量偏高，粗细骨料均具有碱活性，需采取处理措施。料源除局部细骨料含泥量偏高、细度模数小，粗骨料缺少小粒径粒组，为不良级配砾外，质量基本满足规范要求。

虽然选定的料场狭窄、分布范围大、有用料厚度较小，无法大规模集中开采，但却是唯一经济合理、可操作的料源。后期施工开采揭示与前期勘察结果一致，料源质量、储量及开采的经济性都得到保证，也得到了项目业主及料场运行单位的肯定。

3.7.10 开挖料用作堆石料可行性研究

3.7.10.1 研究的必要性

用于堆石料的料源广泛，工程上采用较多的是灰岩、砂岩、玄武岩和熔结凝灰岩等，其强度通常大于30MPa。坝料填筑压实后要求具有低压缩性和自由排水性能。随着水利工程建设的不断推进，大中型水利水电工程已经逐渐进入尾声，水利水电工程设计已进入小型化和精细化阶段；同时工程选址的难度越来越高，各种复杂地质条件下的水库和水电站的勘察设计需要对各种非常规的地质条件进行更精细的研究，对于堆石料而言，则是软岩料的选择、利用与评价。

软岩主要是指饱和无侧限抗压强度小于30MPa的岩石或风化程度较高的岩石。其代表性岩石有泥岩、页岩、泥质砂岩、千枚岩、板岩、片岩等。其共同特点是吸水率高，加水饱和后强度损失较大，仅为干抗压强度的20%～30%，软化系数较小，但在加水振动碾压过程中岩块（尤其岩块尖角）受较高接触压力作用而出现一定的破碎率，使孔隙间被细碎料填充，达到高的密实度和压缩模量。经过专门研究后，有些软弱岩石和风化岩也可以作为填筑材料，这样就可以充分利用坝址附近的各种开挖料，从而大大加快施工进度并节约工程成本。近年来国内外许多成功经验表明，经过专门设计、专题研究、专项试验，软岩料仍可作为堆石料填筑于坝体的适当部位。

随着堆石坝筑坝技术的发展和坝料用量增多，坝址可采用的硬岩量往往满足不了筑坝要求，从而不断出现了堆石坝主体应用软岩的实例。国内外已建成的面板堆石坝中，软岩使用位置大致为下游坝体、坝体中部和坝体主体，心墙堆石坝中软岩主要使用在坝体前部，见表 3.22。

表 3.22　部分软岩筑坝的堆石坝

坝名	国家	坝高/m	软岩料岩性	使用部位
天生桥一级	中国	178.0	泥沙岩、泥质灰岩	下游坝体
萨瓦兴娜	哥伦比亚	148.0	半风化砂岩、粉砂岩	下游坝体
希腊塔	印度尼西亚	125.0	凝灰角砾岩、火山砾凝灰岩	坝主体
茄子山	中国	107.0	强风化二云花岗岩	下游坝体
贝雷	美国	95.0	薄层砂岩、页岩	坝体中部
大坳	中国	90.2	风化砂岩	坝主体
小井沟	中国	87.6	砂岩	坝主体
温尼克	澳大利亚	85.0	砂岩、泥岩	下游坝体
红树溪	澳大利亚	80.0	风化砂岩、粉砂岩	下游坝体
卡宾溪	美国	76.0	土和风化砂岩	下游坝体
金峰	中国	88.0	砂岩、风化砂岩	坝体前部、坝主体

卡洛特水电站主要分布有砂岩、泥质粉砂岩、粉砂质泥岩等，砂岩饱和抗压强度为 20～30MPa，泥质粉砂岩为 10～15MPa，粉砂质泥岩为 8～12MPa。由于岩性总体软弱，且存在层间剪切带，对于混凝土重力坝而言，存在软岩坝基不均匀变形、深层抗滑稳定等工程地质问题，因此在可研阶段选择了当地材料坝作为推荐坝型。同时，在对应的布置方案中，导流洞、引水隧洞及厂房、溢洪道等部位在开挖时将产生 1000 多万 m^3 的弃渣，这些软岩弃渣的消纳也是本工程的一大难题，因此利用软岩开挖料筑坝是否可行成为本工程的重要因素之一。

能与开挖料相结合使用的当地材料坝主要包括面板堆石坝、心墙堆石坝等。其中，面板堆石坝的混凝土面板由于抗变形性能较差，因此对位于面板后的主堆石区的变形控制要求较高，从而对主堆石一般要求饱和抗压强度在 30MPa 以上，本工程中强度最高的砂岩也难以达到此要求。心墙堆石坝中的心墙一般采用黏土或沥青材料，其抗变形性能较好，对墙后坝身的变形要求较为宽泛，因此对堆石的要求可以适当降低。

目前，在土石坝设计中，充分利用坝址附近的各种坝料，因材设计，已成为一条设计原则。卡洛特项目开挖料强度均小于 30MPa，均为软岩，但根据物理力学性质可以分为两大类：一是砂岩类，包括中砂岩、细砂岩等，浅灰绿色—浅灰色，以中厚层状为主，完整性较好，其抗压强度相对较高，为 20～30MPa，且不存在遇水软化的特性，抗风化能力相对较

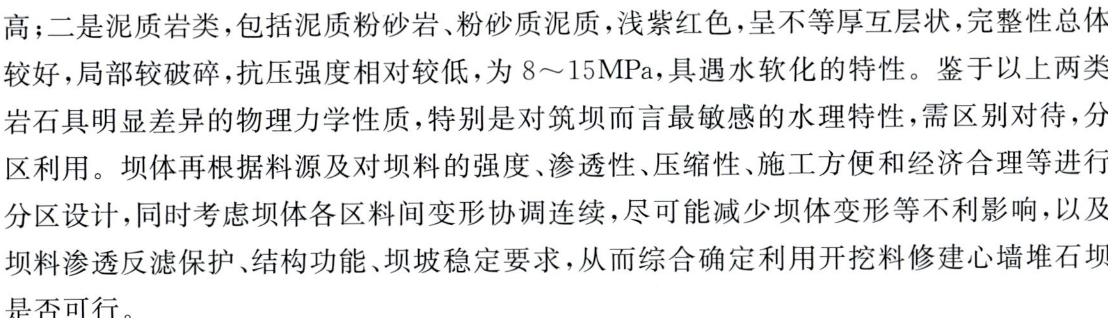
高；二是泥质岩类，包括泥质粉砂岩、粉砂质泥质，浅紫红色，呈不等厚互层状，完整性总体较好，局部较破碎，抗压强度相对较低，为 8～15MPa，具遇水软化的特性。鉴于以上两类岩石具明显差异的物理力学性质，特别是对筑坝而言最敏感的水理特性，需区别对待，分区利用。坝体再根据料源及对坝料的强度、渗透性、压缩性、施工方便和经济合理等进行分区设计，同时考虑坝体各区料间变形协调连续，尽可能减少坝体变形等不利影响，以及坝料渗透反滤保护、结构功能、坝坡稳定要求，从而综合确定利用开挖料修建心墙堆石坝是否可行。

3.7.10.2 研究任务

对于地质工作而言，主要从以下 3 方面来开展研究：①研究开挖料中的两类岩石，即砂岩类与泥质岩类在开挖过程中的可分选性，以便于分区设计；②由于砂岩的储量有限，仅能满足大坝主堆石区的需求，对于次堆石区需采用泥质岩进行填筑，因此泥质岩在水的饱和作用下的耐崩解性至关重要，需要重点研究；③研究砂岩类岩石作为主堆区石料的可能性。

3.7.10.3 研究内容

(1)不同类型岩石开挖时可分离性研究

对一般开挖料场而言，需重点考虑的是剥离层厚度、可用料的可采性等因素，即是否能经济、大面积、按顺序地简易开采。岩石用作料场时的可采性即按照常规开挖方法和顺序时，所需岩石能从开挖面中直接分离出来的比例。可采性的高低表示了该开挖区用作开挖料场时石料能利用的比例，只有达到一定的利用比例时，该开采才具有用作料源的价值。本项目开挖料主要来源于溢洪道、厂房、引水隧洞和导流洞。

1)溢洪道开挖。

溢洪道是可挖料的主要来源，根据现场测绘及大量勘探，溢洪道开挖区地层主要为新近系 $N_{1na}{}^{4-3-1}$～$N_{1na}{}^{3-2-2}$ 层及零星分布的第四系(Q)。其中 $N_{1na}{}^{4-3-1}$、$N_{1na}{}^{4-1}$、$N_{1na}{}^{3-3-1}$ 层岩性为厚层—巨厚层状青灰色中砂岩，局部夹细砂岩、粉砂岩，单层厚一般 12～22m，延伸较稳定；$N_{1na}{}^{4-2}$、$N_{1na}{}^{3-3-2}$、$N_{1na}{}^{3-2-2}$ 等层岩性主要为暗紫红色粉砂质泥岩与黄灰色泥质粉砂岩不等厚互层，粉砂质泥岩、泥质粉砂岩多呈薄层状、中厚层状，层理不发育。第四系覆盖层全部作为弃渣处理。由于溢洪道开挖贯穿大坝填筑的整个过程，开挖出的石料大部分可以直接上坝。溢洪道开挖料利用工程地质剖面见图 3.13 和图 3.14。

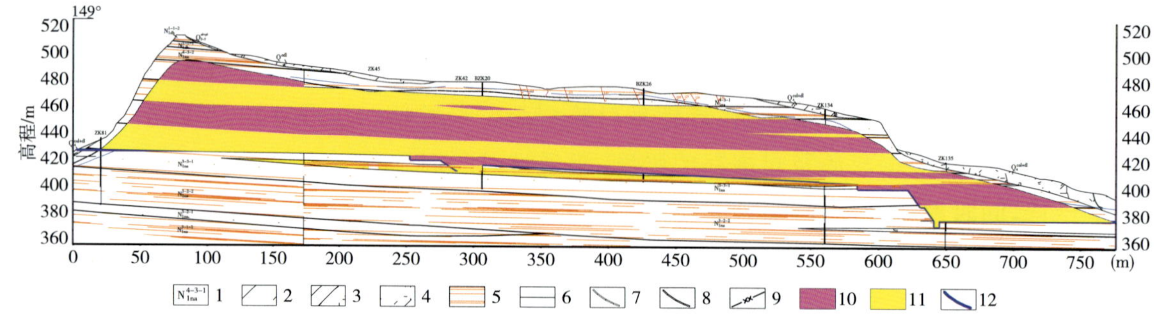

图 3.13　溢洪道泄洪中心线工程地质剖面

1. 地层代号；2. 砂壤土；3. 砾质土；4. 碎块石土；5. 粉砂质泥岩与泥质粉砂岩互层；6. 砂岩；7. 第四系与基岩界限；8. 地层界限；9. 弱风化带下限；10. 可利用砂岩类；11. 可利用泥质岩类；12. 开挖范围线

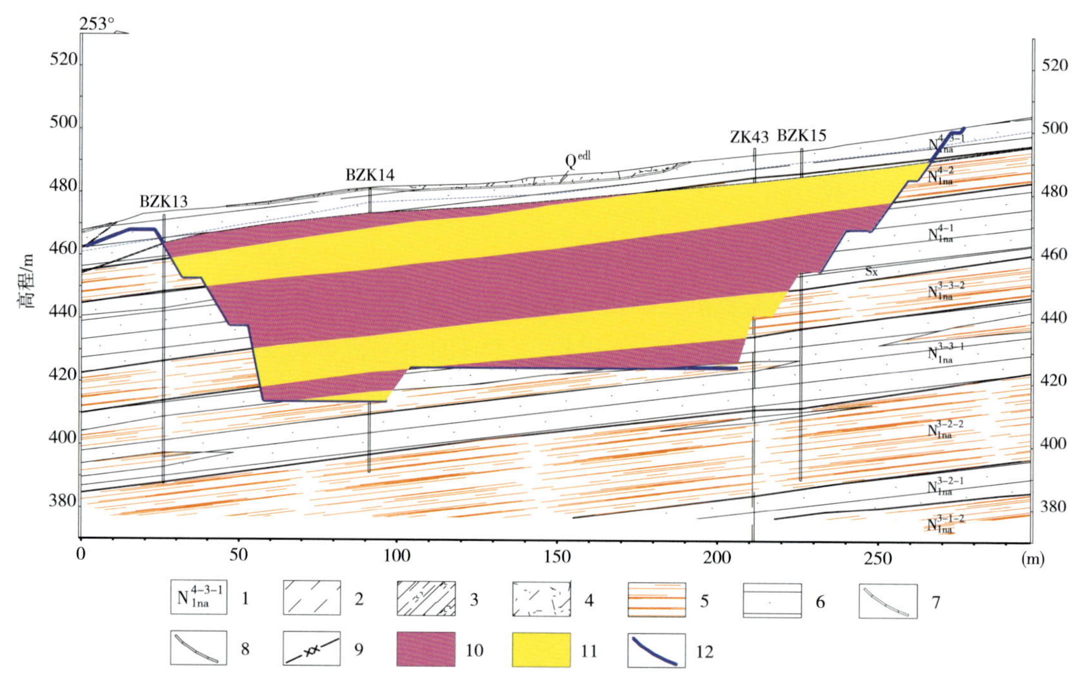

图 3.14　溢洪道控制段轴线工程地质剖面

1. 地层代号；2. 砂壤土；3. 砾质土；4. 碎块石土；5. 粉砂质泥岩与泥质粉砂岩互层；6. 砂岩；7. 第四系与基岩界限；8. 地层界限；9. 弱风化带下限；10. 可利用砂岩类；11. 可利用泥质岩类；12. 开挖范围线

2）厂房开挖。

厂房下伏基岩地层主要为 $N_{1dh}{}^{1-1-2}$～$N_{1na}{}^{3-3-1}$ 层（图 3.15），其中 $N_{1dh}{}^{1-1-1}$、$N_{1na}{}^{4-3-1}$、$N_{1na}{}^{4-1}$、$N_{1na}{}^{3-3-1}$ 层以中砂岩为主，少量为细砂岩、粉砂岩，层厚 8～25m；$N_{1na}{}^{4-3-2}$、$N_{1na}{}^{4-2}$、$N_{1na}{}^{3-3-2}$ 层由粉砂质泥岩与泥质粉砂岩互层组成，层厚 10～13m。

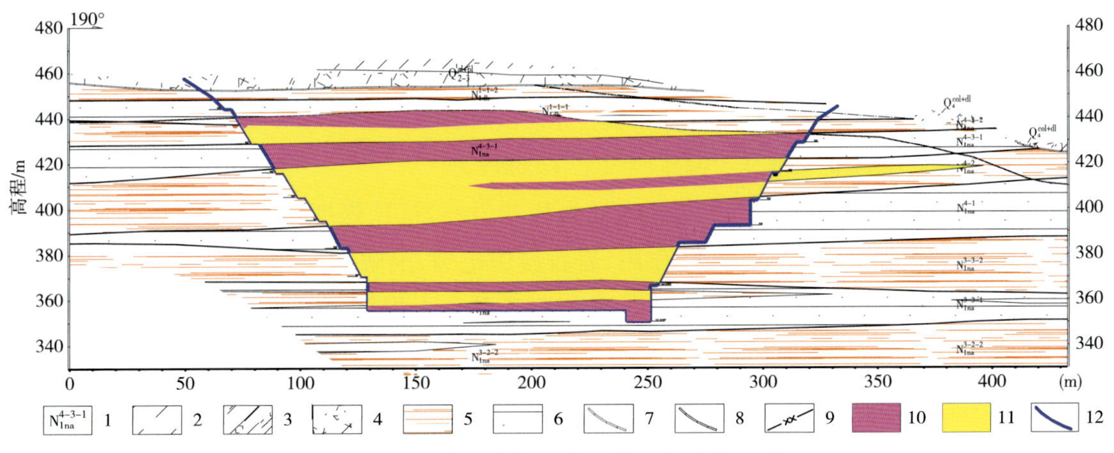

图 3.15　主厂房机组中心线工程地质剖面

1. 地层代号；2. 砂壤土；3. 砾质土；4. 碎块石土；5. 粉砂质泥岩与泥质粉砂岩互层；6. 砂岩；7. 第四系与基岩界限；8. 地层界限；9. 弱风化带下限；10. 可利用砂岩类；11. 可利用泥质岩类；12. 开挖范围线

3）引水隧洞开挖。

引水隧洞部位地层主要为 $N_{1na}{}^{4-3-1}$～$N_{1na}{}^{3-3-2}$ 层，其中 $N_{1na}{}^{4-3-1}$、$N_{1na}{}^{4-1}$ 层主要为砂岩，以中砂岩为主，少量为粉砂岩，在引水隧洞部位延伸稳定，层厚 12～22m，岩体呈巨厚层—厚层状结构；$N_{1na}{}^{4-3-2}$、$N_{1na}{}^{4-2}$、$N_{1na}{}^{3-3-2}$ 层主要岩体由粉砂质泥岩与泥质粉砂岩互层组成，层厚 10～14m。

4）导流洞开挖

导流洞沿线基岩地层主要为 $N_{1dh}{}^{1-1-2}$～$N_{1na}{}^{3-2-1}$ 层，其中 $N_{1dh}{}^{1-1-1}$、$N_{1na}{}^{4-3-1}$、$N_{1na}{}^{4-1}$、$N_{1na}{}^{3-3-1}$、$N_{1na}{}^{3-2-1}$ 层以中砂岩为主，少量为细砂岩、粉砂岩，各层厚 8～15m；$N_{1dh}{}^{1-1-2}$、$N_{1na}{}^{4-3-2}$、$N_{1na}{}^{4-2}$、$N_{1na}{}^{3-3-2}$ 层主要由粉砂质泥岩与泥质粉砂岩互层组成，各层厚 14～20m。进口、出口部位多见基岩出露，呈弱风化状。第四系覆盖层全部作为弃渣处理。

以上分析表明，溢洪道和厂房开挖除风化层外，砂岩类与泥岩类层厚较大，通常都在 5m 以上，岩层产状总体较缓，一般小于 10°，具备在开挖施工中分离的条件。引水隧洞主要沿 $N_{1na}{}^{4-1}$ 层砂岩穿越，隧洞中心线与岩层似倾向线近乎平行，且隧洞洞身几乎完全在该层中开挖，除下平段和斜井段下部开挖料以泥质岩为主外，其余均为砂岩类，岩层分布稳定，无软弱夹层分布，有用料开采分离简单，完全具备开挖分离的条件。导流洞进出口开挖主要位于风化岩体中，利用价值不大；隧洞中心线与岩层似倾向线夹角为 6°～8°，由于隧洞开挖方向只能是沿洞线开挖，考虑到该段砂岩层厚度较薄，在该小夹角下，施工时两类岩石将完全混合在一起，无法分离，利用价值不高。

（2）泥质岩耐崩解性及其利用分析

泥质岩在围岩应力变化、含水量变化条件下，易表现为失水干裂，遇水软化的特性。在上述作用反复交替下，即产生崩解。其主要原因为泥质岩中往往含有较多的亲水性矿物，如蒙脱石等，由于这类矿物的存在，在一定外界条件下，即表现为类似膨胀土的特性。本研究岩石沉积时代较新，成岩胶结程度较差，其中的泥岩、粉砂质泥岩和泥质粉砂岩，其自身抗压强度低，岩石软弱，岩石总体抗风化能力差，存在失水干裂和遇水软化的现象。块石原样试验表明，本研究粉砂质泥岩及泥质粉砂岩均具弱膨胀性，在体积不变时膨胀压力偏高，为 103～305kPa。

本研究中的泥质岩，刚开挖的新鲜岩样为块状岩石，抗压强度较高，需要通过爆破才能挖除，若经历雨水和太阳暴晒等风化作用，岩石慢慢龟裂、崩解，2～3d 内块状岩石表面就变成粉末状细颗粒，而内部未风化的泥质粉砂岩料还基本上保持新鲜完整。对钻孔岩芯观察可见，泥岩、粉砂质泥岩及泥质粉砂岩具有快速风化现象，岩芯取出后易失水干裂，一般 3～6h 后，岩芯表面开始出现微裂纹，随着暴露在空气中时间的加长，岩芯中裂纹增多、加长并展开，直至整个岩芯碎裂，同时随着环境湿度的交替变化，裂纹发展的速度加快，干裂纹发展到一定程度再遇水浸泡，岩块会迅速产生崩解散落甚至泥化；泥质粉砂岩对含水量变化敏感性稍低，抗风化时间要长。岩芯在空气中暴露失水后，泥质粉砂岩局部出现大量裂隙，部分岩芯呈碎块状，粉砂质泥岩则连续开裂，岩芯呈颗粒状（图 3.16）。岩石物理力学试验表明，岩石试验软化系数一般小于 0.6，泥质类岩石一般为 0.3～0.4，软化现象明显，岩石强度降低程度较大。此外，岩石干湿交替变化对岩体损伤及岩体强度的降低影响亦较大。蓄水后，坝体筑坝软岩料易发生湿化变形，坝体变形量的增大可能引起局部沉陷和裂缝。

(a)泥质粉砂岩(失水前)

(b)粉砂质泥岩(失水前)

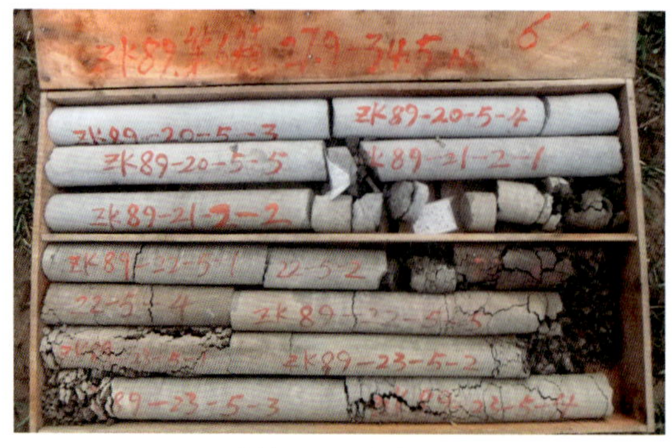

(c)泥质粉砂岩(失水 16d 后)

(d)粉砂质泥岩(失水 8d 后)

图 3.16　泥质粉砂岩与粉砂质泥岩失水前后照片对比

干湿循环试验结果表明，软岩料经过干湿过程后，岩块发生崩解，小于 5mm 颗粒含量增加，干湿循环次数愈多，岩块崩解愈多，小于 5mm 颗粒含量增加愈多。鱼跳坝泥岩料，干湿循环两次后，小于 5mm 颗粒含量由 15%增加到 20.6%，干湿循环 4 次后，小于 5mm 颗粒含量又增加到 26.5%。岩块崩解量和细粒增加量与岩石饱和抗压强度大小有关，强度愈低颗粒细化愈明显。已有经验表明，软岩料经压实后，小于 5mm 颗粒含量增加较大，但小于 0.075mm 颗粒含量所占比例仍是很小的。

同时，对微新泥质粉砂岩和粉砂质泥岩进行了浸水试验，见图 3.17 和图 3.18。

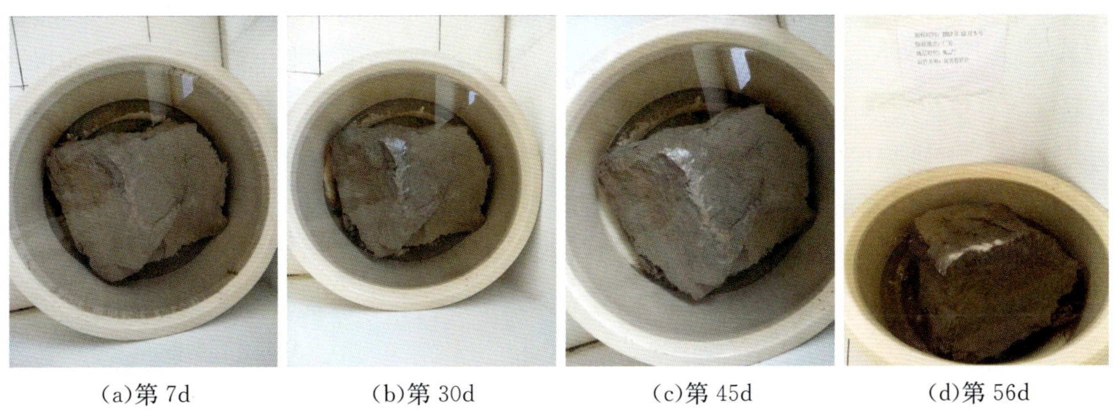

(a)第 7d (b)第 30d (c)第 45d (d)第 56d

图 3.17 微新泥质粉砂岩浸水后照片对比(尺寸约 20cm×20cm×25cm)

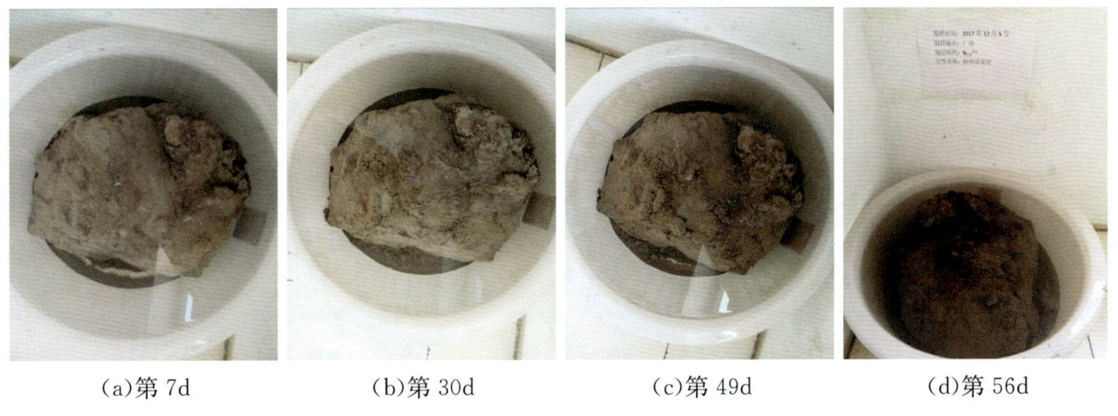

(a)第 7d (b)第 30d (c)第 49d (d)第 56d

图 3.18 微新粉砂质泥岩浸水后照片对比(开始时间为 2017 年 12 月 5 日)

从上述图 3.17、图 3.18 中的变化过程可以看出，微新状粉砂质泥岩和泥质粉砂岩(未经过失水过程)在长时间浸水后仍能保持完整。

综合分析认为：该类岩石在应力释放状态下，当含水量变化时，特别是反复的干湿交替作用下，极易产生崩解，对堆石料而言，则表现为堆石块径变小，5mm 以下颗粒含量增加。但浸水试验表明，随着岩石块度增大并保持含水量基本不变时，岩石能长时间保持较好的完整性，特别是当岩块用于填筑堆石坝时，若不存在干湿交替的工况，泥质类岩石岩块在围压作用下，其耐崩解性将显著降低。

早期的堆石坝对堆石体材料的要求较高，但随着坝体振动碾薄层碾压技术的应用，使堆石体密度增加，堆石体性能得以改善，因而对岩石强度的要求逐渐放宽，有些质量较差的软弱岩石和风化岩也可以用作堆石坝填筑材料。一般而言，软岩堆石料利用原则是：软岩坝料由于其特殊的岩石力学性能，保证软岩料区的底部边界线在大坝运行时处于干燥区，以便坝体排水畅通，并避免软岩遇水产生湿化变形等，同时在软岩料爆破开采、挖运上坝、铺填碾压等环节采取控制措施，以尽量减小其细化和泥化，以便提高其排水能力。

根据墓碑和古建筑物推算岩石表面风化速度的研究表明，坚硬岩石的风化速度很慢，而软岩比致密坚硬的岩石风化速度快，但风化深度有限。有关现场和室内试验观测表明，堆石距表面的深度超过 50cm 时，遭受风化的影响很小。因此设计中若采用厚度为 100～150cm 的新鲜岩石保护层，可防止内部岩石继续风化，使得堆石体不致在应力变化时产生孔隙压力，以及降低强度指标。

因此初步判断该泥质岩可以用于大坝堆石料干区的料源。

(3)砂岩类岩石用作主堆石料的可行性分析

早期众多研究认为：软岩料的抗剪强度参数与硬岩料相比要低许多。软岩料的湿化和流变特征更为明显，软岩料经压实后，密度较高，小于 5mm 颗粒含量增加较多，压实后的软岩料多具有强中等透水性，压缩模量多在 20～70MPa。因此筑坝软岩的饱和抗压强度宜大于 15MPa，小于 10MPa 的软岩不宜上坝。

近年来国内外许多成功的经验则证明：过去因抗压强度低、软化系数小而不被采用的软岩，经过专门设计，仍可作为坝体填筑料。从国内外含软岩堆石坝的建设情况看，基本上都针对软岩特性进行了大量研究，采取了针对性的工程措施。另外，目前相关研究大多针对软岩筑面板堆石坝，对软岩筑沥青心墙坝的有关研究相对较少。两种坝型在应力变形规律、防渗体安全评价等方面均存在较大差异。

随着沥青混凝土心墙坝的广泛应用和人们对生态环境要求的提高，软岩料的使用范围和利用量已大幅增加，利用软岩筑沥青混凝土心墙坝的情况也越来越多，该类坝的安全性也越来越受到重视。沥青混凝土心墙具有适应变形能力强、塑性性能和防渗安全性能好等优点，在完建期和满蓄期受力状态良好，发生剪切破坏、挠曲破坏和水力劈裂破坏的可能性不大，大坝防渗体系具有足够的安全性。尽管坝体局部区域易发生剪切破坏，但并不会危及大坝的整体安全。因此分析表明，采用软岩筑沥青混凝土心墙坝是切实可行的。

软岩堆石料碾压后其密度、级配、渗透系数、抗剪强度、压缩性等与常规堆石料有一定的差别。软岩或风化的硬岩开挖料颗粒细，其容易引起怀疑可用性。由于坝料岩性较软，重型振动机具碾压，使软岩堆石更靠近硬岩堆石的性能，通过颗粒破碎、细化形成充填紧密，堆石体具有较高抗剪强度、较低压缩性。这时可以通过室内压实和单轴压缩试验，选择适合于坝的规模和使用部位的填筑干密度，若施工碾压后能达到选定的干密度，说明碾压密实，当碾压较密实的软岩坝料垂直压缩模量与硬岩坝料相差不大时，该料即可使用。同时应根据大坝抗滑稳定性分析结果研究确定坝坡。

软岩或风化料一般颗粒都较细，细粒含量多，而且碾压后会有明显细化，软岩堆石坝的级配很难控制。如贝雷坝，开挖后的最大粒径为 31.3cm，碾压后为 22.86cm，小于 5mm 颗粒含量约 45%；袋鼠溪和小帕拉坝，小于 5mm 颗粒含量要求不超过 30%，而实际分别达 20%～50%和 40%；萨尔瓦兴那坝，小于 5mm 颗粒含量为 40%～80%，小于 200# 筛的颗粒约占 5%。然而，常规堆石坝对于主堆石的级配要求小于 5mm 的颗粒含量不超过 20%，小于 0.075mm 的颗粒含量不超过 5%。显然，软岩堆石料很难满足这一要求。软岩碾压后，细颗粒超标的直接后果是堆石体渗透系数普遍较小。常规堆石坝一般要求堆石料有良好的透水性，渗透系数一般在 10^{-1}～10^{-2}cm/s。但由于软岩坝料中细颗粒含量较多，而且铺层碾压表面破碎量较严重，容易形成板结不透水层，且由于碾压后形成的高紧密度对应渗透系数变低，不能满足自由排水要求，因此软岩坝料渗透系数一般都比较小。除萨尔瓦兴那坝为 3×10^{-2}cm/s 外，贝雷坝现场试验为相对不透水，红树溪坝为 10^{-2}～10^{-4}cm/s，温尼克坝为 10^{-5}cm/s，袋鼠溪坝为 10^{-7}cm/s。因此必须在坝体中设计专门的竖向和水平排水体系。

试验研究表明，本工程开挖料中的砂岩类用作堆石料后，碾压后的堆石体的干密度、压缩模量、抗剪强度等参数满足设计要求，因此该砂岩料可以用作主堆石料。同时其存在的碾压后细颗粒偏高引起的渗透系数偏小的问题，可以通过增设水平、垂直和周边排水体(带)来改善。

3.7.10.4 主要研究结论

1)溢洪道、厂房、引水隧洞开挖除风化层外，砂岩类与泥质岩类岩石层厚较大，通常都在 5m 以上，岩层产状总体较缓，一般小于 10°，岩石开挖时砂岩类和泥质岩类岩石可分离性比较高；导流洞进出口由于风化较厚，可利用岩石较少，而隧洞开挖方向与岩层层厚和产状不协调，两类岩石几乎不能分离。在实际施工时，溢洪道和主厂房在开挖过程中，施工方根据岩层分层界线实际位置来合理控制爆破深度，两类岩层得到了很好的分离(图 3.19)；引水隧洞的开挖料分布则与前期勘察完全相符，利用率极高。

图 3.19 溢洪道开挖中分离出来的砂岩料

2)泥质岩类岩石在干湿循环条件下，耐崩解性能差，但在保持含水量不变时，尤其是在存在围压条件下，耐崩解性将显著提高，可以用作堆石坝干区堆石料。

3)砂岩类岩石虽然强度不高，在碾压后堆石体可能存在细颗粒超标、渗透性较小等问题。根据近年来堆石坝的相关研究成果，通过合理的分区设计后，砂岩可以用作堆石坝主堆石料。施工过程中用作大坝主堆石区的砂岩碾压后，其性状与预期基本一致(图 3.20)。

图 3.20　碾压中的砂岩料

4 工程规划

4.1 河段开发方案

4.1.1 河流规划

在工程实践较少、对含沙量较大河流开发认识不到位的情况下，2008 年 5 月，私人电力与基础设施委员会（PPIB）编制完成了吉拉姆河水电规划报告（*Study for Hydropower Cascading Projects on Jhelum River*）。本规划报告中，吉拉姆河中下河段规划了 5 个梯级水电站，分别为科哈拉（1118MW）、玛尔（640MW）、阿扎德帕坦（640MW）、卡洛特（720MW）和曼格拉（1000MW）。

吉拉姆河中下河段距离巴基斯坦首都——伊斯兰堡较近，河流比降大、水量充沛，水电开发条件好，但 PPIB 编制的规划没有在上游选择调节性能好的大型水库，也没有重视最下游于 1967 年建成的曼格拉水库严重淤积的现实，规划的各梯级水库只具有日调节能力，使各梯级库沙比很小，若不采取针对性的工程设计方案，水库可能在十年内淤满，对发电运行非常不利。PPIB 编制的规划中各电站的主要特征指标见表 4.1。

表 4.1　吉拉姆河梯级电站主要特征指标

电站名称	正常蓄水位/m	装机容量/MW	多年平均年发电量/(亿 kW·h)	年利用小时数/h
科哈拉	900	1118	52.08	4730
玛尔	585	640	36.68	5240
阿扎德帕坦	526	640	30.75	4800
卡洛特	461	720	32.06	4452
合计		3118	151.57	4860

4.1.2 已建梯级电站基本情况

吉拉姆河干流最下游梯级为曼格拉水库。曼格拉水库位于巴基斯坦首都伊斯兰堡以东大约 115km，旁遮普省与巴控克什米尔地区交界处。挡水大坝坝高 116m，水库库容

118 亿 m^3，是巴基斯坦第二高大坝。曼格拉水库是一座具有灌溉、发电及防洪等效益的综合利用水利枢纽，电站装机容量 1000MW。

曼格拉大坝建成运行几十年来，由于库区泥沙淤积，水库的总库容减少了近 20%，发电量也受到影响。2004 年，中国水利电力对外公司承担了曼格拉大坝加高项目主体工程，大坝整体加高 9.144m，工程于 2011 年 10 月竣工。大坝加高后，多年平均灌溉供水量增加 35.6 亿 m^3，较原来增加 60%，年发电量也相应增加 6.44 亿 kW·h。曼格拉水库对改善农业灌溉条件、缓解巴基斯坦电力短缺状况及对大坝下游信德、旁遮普省的防洪减灾等方面发挥了巨大作用。

4.1.3 河段开发方案优化构想

吉拉姆河流域中下河段泥沙含量大于 1.2kg/m^3，年输沙量超过 3000 万 t，PPIB 完成的吉拉姆河水电规划中，玛尔、阿扎德帕坦、卡洛特 3 座水库库沙比均在 5.5 以下。通俗地讲，绝大部分泥沙淤积在水库内，6 年即可以把正常蓄水位以下水库淤满。本水电规划得到了有关方面的批复，巴基斯坦负责水电开发的部门不情愿进行改动，使各梯级规划设计工作面临巨大的挑战。以下提出河段开发方案设想，供其他类似河流开发时参考。

长江设计院承担卡洛特水电站规划设计工作后，根据现场查勘，发现卡洛特水电站库区没有淹没限制对象，正常蓄水位抬高对移民实物指标影响不大，若将卡洛特与其上游的阿扎德帕坦合并为一级开发，将其正常蓄水位抬高至 526m，则正常蓄水位以下库容可达 7.5 亿 m^3 左右，库沙比约为 26，水库泥沙问题将较容易解决。相应的最大坝高由 95.5m 增加至 160m 左右，对于沥青混凝土心墙堆石坝而言，都在已有成熟的经验范围以内。同时，正常蓄水位抬高还将大幅减少溢洪道开挖工程量，一座大坝较两座大坝而言，工程量也将明显减少。因此将卡洛特与阿扎德帕坦两级合并为一级开发，在技术和经济上都是合理可行的，抬高卡洛特水电站正常蓄水位至 526m 无疑是一个不错的选择。

本优化构想提出后，受到不容易说服当地管理部门同意、规划设计周期不能延长、巴基斯坦用电非常紧迫等限制，没有实施。

4.2 工程规模

4.2.1 正常蓄水位选择

4.2.1.1 前期研究成果

卡洛特水电站工程开发任务为发电，水库库区没有限制正常蓄水位的其他条件，正常蓄水位选择比较简单，主要是考虑与上游梯级的合理衔接，发挥天然蓄能量。1984 年蒙特利尔工程有限公司(MONENCO)最先提出在吉拉姆河卡洛特桥附近建设卡洛特水电站,推荐的坝轴线位于卡洛特桥下游300m,水库正常蓄水位433m。1994年巴基斯坦水电发展署(WAPDA)和德国技术合作公司(GTZ)对该水电站项目进行了复核,水库正常蓄水位仍维持433m。2007年受巴基斯坦ATL公司委托,由咨询联合体于2009年9月编制完成《卡洛特水电站可行性研究报告》,将坝址移至卡洛特桥上游1.75km处,并且采纳了PPIB的意见,将正常蓄水位调整为461m,与上游规划梯级阿扎德帕坦水电站的尾水位基本衔接。

4.2.1.2 正常蓄水位复核

卡洛特水电站规划论证历时久,前期工作基础较好,水库正常蓄水位已获得各方高度认可,根据工程建设条件对其复核如下:

(1)电力发展需求

卡洛特水电站建成后,向巴基斯坦国家电网供电。根据其电力发展供需平衡分析,到2025水平年的电力缺口为2655MW,电力市场空间较大。卡洛特水电站正常蓄水位越高,发电水头增加越多,装机容量和发电量越大,可以更好地缓解巴基斯坦国家电网的电力供需矛盾。

(2)地形地质条件

卡洛特水电站库区两岸与其邻谷间分水岭宽厚,库尾一带两岸第一岸坡高程1500~1800m,至库首降至550~650m,高程较高,水库库盆由新近系砂岩、粉砂岩及黏土岩组成,岩体透水性微弱,水库区不具备形成深部岩溶通道的水文地质条件,无岩溶透水的问题,亦不存在通过断层向邻谷渗漏的问题,水库地形及地质构造封闭条件良好,不存在库水向邻谷渗漏问题。近坝段地下水位分水岭高于490m,右岸黏土岩封闭性较好,不存在库水向下游和右岸支流沟谷渗漏问题。

卡洛特水库区天然河道以峡谷为主,主要呈“V”字形,河谷两岸岸坡较陡。库岸稳定性总体较好,局部库岸可能会产生小规模的以滑塌为主的库岸再造。库首段左岸岸坡为基岩逆向坡,除局部存在小规模岩体坍塌现象外,岸坡总体稳定;右岸岸坡为基岩顺向岸坡,地层连续稳定,岸坡现状整体稳定,前缘临河岸坡陡崖部位由软硬相间的砂岩和黏土岩组成,局部岩层反倾,受岸坡卸荷影响局部岩体产生小规模坍塌。

总体而言,卡洛特水库无渗漏问题,水库蓄水后对库岸的稳定性影响较小,地形地质条件对正常蓄水位选择不构成制约。

(3)建设征地及环境影响

卡洛特水电站库区河道狭窄,正常蓄水位461m时,水库回水长约29km。根据调查,卡洛特水电站移民实物指标主要集中在坝址区，库区主要为峡谷，以林地为主，正常蓄水位变化对水库移民影响不大。同时，正常蓄水位变化不会对区域生态系统的完整性和生物多样性产生明显影响。建设征地及环境影响对正常蓄水位选择不构成制约。

（4）梯级水电衔接

卡洛特水电站上游梯级为阿扎德帕坦，距卡洛特水电站约27km。受巴基斯坦阿拉吉（Alamgir）电力（私营）有限公司委托，伟信（URS Scott Wilson）公司于2011年12月编制完成《阿扎德帕坦水电站可行性研究报告》。根据该可行性研究报告，阿扎德帕坦水电站正常蓄水位为526m，最低运行水位为522m，电站装机容量640MW，多年平均年发电量30.75亿kW·h，装机年利用小时数4805h，全部机组发电时的额定引用流量为1200m^3/s，相应下游水位为461.4m，坝址多年平均流量808m^3/s，相应下游水位为459.9m。从梯级水位衔接来看，卡洛特水电站正常蓄水位461m，与阿扎德帕坦水电站全部机组发电时的额定流量相应下游水位基本衔接，比坝址多年平均流量对应的水位高1m左右。因此卡洛特水电站建成运行后，对阿扎德帕坦水电站小流量发电水头略有影响。在阿扎德帕坦水电站可行性研究报告中已经考虑了卡洛特水电站的顶托，对阿扎德帕坦水电站发电量总体影响不大。卡洛特水电站正常蓄水位461m与上游梯级阿扎德帕坦水电站尾水位基本衔接。

（5）工程建设条件

卡洛特水电站正常蓄水位的变化对其枢纽布置格局和工程施工影响不大，仅对最大坝高及机电设备有一定的影响，但均属技术成熟、风险可控的范围之内。工程建设条件不制约卡洛特水电站正常蓄水位选择。

（6）正常蓄水位复核

巴基斯坦电力市场空间较大，卡洛特水电站的电力电量均能够得到有效利用和消纳，正常蓄水位越高，电站装机容量和发电量越大，越有利于节能减排，越能满足受电地区电力发展需求。卡洛特水库无渗漏问题，水库蓄水后对库岸的稳定性影响较小，地形地质条件对正常蓄水位选择不构成制约。卡洛特水电站移民实物指标主要集中在坝址区，库区主要为峡谷，以林地为主，正常蓄水位对水库移民影响不大，也不会对区域生态系统的完整性和生物多样性产生明显影响，建设征地及环境影响对正常蓄水位选择不构成制约；从梯级衔接情况来看，正常蓄水位461m与上游梯级电站的尾水位基本衔接。

按照前述的吉拉姆河梯级开发方案优化构想，将卡洛特与阿扎德帕坦两级合并为一级开发，可以系统解决水库泥沙问题。考虑到卡洛特水电站和阿扎德帕坦水电站的开发权分别授予了不同的开发商，协调难度极大，而且卡洛特水电站正常蓄水位461m已经过巴基斯坦政府相关部门审查并获得了广泛的认可。鉴于卡洛特水电站是“中巴经济走廊”优先实施的能源项目之一，为有利于项目尽早开工建设，仍维持水库正常蓄水位为461m。

4.2.2 死水位选择

4.2.2.1 前期研究成果

咨询联合体编制的卡洛特水电站可行性研究报告中，没有考虑水库泥沙淤积的要求，单从满足电站发电日调节运行的要求出发，选择水库消落深度 2m，日调节相应最低运行水位为 459m。

4.2.2.2 死水位选择

卡洛特水电站死水位应在满足电站开发任务要求的基础上，从坝前泥沙淤积高程、电站取水及发电最低水位要求、日调节库容等方面进行比选，选择的死水位既要满足电站取水和防沙的要求，又要满足电站长期日调节运行要求。

(1)坝前泥沙淤积高程

由于本水电站库容较小，泥沙淤积问题关系到水库的运用年限及电站的安全运行。结合本工程特点，参照类似水电站的排沙保库和取水防沙措施，通过设置排沙运行水位，以保证电站的长期运用。

长江设计院承担卡洛特水电站规划设计咨询后，对水库泥沙管理进行了大量的研究工作。长江设计院的研究工作表明，在卡洛特水电站正常蓄水位 461m、排沙运行水位 446m、两级排沙流量 1400m^3/s 和 2100m^3/s 条件下，水库运行 10 年、20 年悬移质排沙比分别约为 64.4%、95.8%，水库运行 20 年左右可基本达到冲淤平衡，此时坝前泥沙淤积深泓高程约为 429.10m，水库运行 30 年后，坝前泥沙淤积深泓高程约为 429.24m。

(2)电站取水及发电最低水位要求

根据枢纽布置方案，卡洛特水电站进水口布置在溢洪道控制段前沿左侧岸坡，进水建筑物采用岸塔式，综合考虑边坡稳定、水库封闭性，特别是水库排沙运行的要求等因素，经技术经济比较选择电站进水口流道底板高程 431.50m。电站采用一机一洞引水，洞径为 9.6m，电站发电所需最小淹没深度为 7.35m，从满足电站进水口安全运用角度出发，卡洛特水电站最低发电水位不应低于 448.45m。

综合考虑机组稳定运行，且为尽量减少水库排沙期间的电能损失，拟定电站发电允许的最低库水位为 451m。

(3)日调节库容的要求

为进一步复核卡洛特水电站的死水位，按保证出力工作时间初拟电站的日调节库容。根据分析，电站保证出力相应流量为 187m^3/s，电站所需日调节库容约为 673 万 m^3。按泥沙冲淤平衡后的库容曲线计算，卡洛特水电站的死水位在 458m 左右。

综上分析，在坝前泥沙淤积高程的基础上，结合电站进水口取水要求，考虑留有一定的余度，为保证机组稳定运行，并尽量减少水库排沙运行期间对电站发电效益的影响及提高电站调度的灵活性，选择卡洛特水电站的死水位为451m，相应调节库容为4905万 m^3，水库运行20年后，仍剩余调节库容约0.20亿 m^3，既可确保电站进水口的取水要求，也能满足电站进行日调节的要求。一般情况下，电站在库水位461～458m进行日调节运行；排沙期间，库水位降至451m时，电站仍能正常发电，当库水位低于451m时，电站停机。

4.2.3 装机容量选择

4.2.3.1 前期研究成果

根据咨询联合体编制的《卡洛特水电站可行性研究报告》，卡洛特水电站装机容量初选的思路是：首先确定合理的发电引用流量，再根据出力系数及利用水头，拟定相应的装机容量。据此，前期研究报告采用单位电能投资、工程净现值（NPV）和效益费用比等经济指标对引水流量进行了多方案比选，推荐工程最佳引水流量为1200m^3/s，并根据选择的引水流量和利用水头，拟定电站装机容量为720MW。

4.2.3.2 装机容量方案拟定

综合考虑机组选型、单机容量、大件运输及前期研究成果等因素，拟定720MW、800MW和900MW 3种装机容量方案，进行卡洛特水电站装机容量比选。3种装机容量方案的装机台数均为4台，单机容量分别为180MW、200MW和225MW，各比选方案的配套参数列于表4.2。

表4.2　卡洛特水电站各装机容量方案配套参数

项目	方案一	方案二	方案三
正常蓄水位/m	461	461	461
死水位/m	451	451	451
排沙运行水位/m	446	446	446
装机容量/MW	720	800	900
机组台数/台	4	4	4
单机容量/MW	180	200	225

4.2.3.3 装机容量方案比较

（1）能量指标

以选定的电站正常蓄水位461m、死水位451m、排沙运行水位446m为基础，对各装机容量方案进行径流调节计算，电站各装机容量方案的发电指标见表 4.3。

表 4.3　卡洛特水电站各装机容量方案发电指标

项目	指标		
正常蓄水位/m	461		
死水位/m	451		
调节库容/万 m^3	1587		
库容系数/%	0.06		
保证出力（p=90%）/MW	116.1		
装机容量/MW	720	800	900
装机容量差值/MW	80	100	
多年平均年发电量/亿 kW·h	32.06	33.37	34.56
发电量差值/亿 kW·h	1.31	1.19	
装机年利用小时数/h	4452	4171	3840
补充利用小时数/h	1638	1190	
加权平均水头/m	68.86	68.77	68.67
水量利用率/%	76.6	79.8	82.8

卡洛特水电站 720MW、800MW 及 900MW 3 种装机容量方案的装机年利用小时数分别为 4452h、4171h 及 3840h。电站装机容量从 720MW 增加到 800MW，多年平均发电量增加 1.31 亿 kW·h，补充装机年利用小时数为 1638h，水量利用率增加 3.2 个百分点；当装机容量从 800MW 增加到 900MW，多年平均年发电量增加 1.19 亿 kW·h，补充装机年利用小时数为 1190h，水量利用率增加 3.0 个百分点，装机容量增大，发电效益增加较为明显。

（2）电力市场分析

卡洛特水电站供电范围为巴基斯坦国家电网。根据其电力发展供需平衡分析，到 2025 水平年的电力缺口为 2655MW，远大于卡洛特水电站不同装机容量方案的装机容量，电力市场空间均较大，卡洛特水电站的电力电量均能够得到充分有效利用和消纳。卡洛特水电站水库装机容量越大，发电量越多，替代供电电网负荷中心的火电装机容量也越大，越有利于节能减排，越能满足受电地区电力发展需求。

（3）机电差别

卡洛特水电站 720MW、800MW 及 900MW 3 种装机容量方案的机组台数均按 4 台考虑，各方案机电设备主要技术参数见表 4.4。

表 4.4　各装机容量方案机组主要技术参数

项目	装机容量方案		
	方案一	方案二	方案三
正常蓄水位/m	461	461	461
装机容量/MW	720	800	900
装机台数/台	4	4	4
单机容量/MW	180	200	225
最大水头/m	76.26	76.26	76.26
加权平均水头/m	68.86	68.77	68.67
额定水头/m	65	65	65
最小水头/m	50	50	50
最大水头/最小水头	1.53	1.53	1.53
最大水头/额定水头	1.17	1.17	1.17
比速系数	1870	1846	1838
比转速/(m·kW)	232	229	228
额定转速/(r/min)	100	93.75	88.2
转轮直径/m	6.4	6.8	7.2
额定流量/(m^3/s)	312.1	346.8	390.2
转轮出口圆周速度/(m/s)	33.5	33.4	33.3
转轮出口相对流速/(m/s)	34.6	34.5	34.4
发电机结构型式	普通伞式	普通伞式	普通伞式
发电机电压/kV	15.75	15.75	15.75
发电机功率因数	0.9	0.9	0.9
发电机冷却方式	全空冷	全空冷	全空冷
单台水轮机重量/t	1110	1310	1490
单台发电机重量/t	1430	1600	1800
单机重量合计/t	2540	2910	3290
总重量/t	10160	11640	13160
调速器型式	数字式微机控制电液调速器	数字式微机控制电液调速器	数字式微机控制电液调速器
油压装置型式	YZ-10-6.3	YZ-10-6.3	YZ-10-6.3
桥式起重机型号	250t/50t+250t/50t	260t/50t+260t/50t	300t/50t+300t/50t

续表

项目	装机容量方案		
	方案一	方案二	方案三
桥式起重机台数/台	2	2	2
单台桥机重量/t	250	260	300
单项变压器型号	单相式 67MVA	单相式 75MVA	单相式 84MVA
发电机断路器	SF_6，15.75kV，63kA	SF_6，15.75kV，63kA	SF_6，15.75kV，70kA
高压配电装置	500kV GIS	500kV GIS	500kV GIS

各装机容量方案的水轮机运行水头均属中低水头段，水头变幅相对值基本相当，最大水头与最小水头比值为 1.53，水头变幅较大，同时本电站具有水库调节库容小、泥沙含量大的特点。从确保机组安全稳定运行兼顾电站技术经济的角度出发并考虑泥沙对水轮机影响，按既先进又稳妥及效益最大化原则，各装机容量方案水轮机比速系数 K 值均控制在 1850～1900，相应的比转速在 229.5～235.6m·kW。

各装机容量方案的水轮机水力设计难度均小于当前国内已建或在建的巨型机组（如三峡、向家坝、溪洛渡等电站）。各方案水轮机设计及加工难度相差不大，但装机容量 900MW 方案，由于转轮尺寸较大，已超出巴基斯坦运输条件的限制，需将转轮分件运输至工地，并配置临时厂房进行转轮组焊加工，而装机容量 720MW、800MW 方案，将转轮分瓣运输至现场后，转轮组焊、加工只需在电站厂内安装场进行。

本电站各方案发电机出口电压等级均采用 15.75kV，发电机均采用全空冷冷却方式。各方案的发电机均采用具有上、下导轴承的普通伞式结构，各方案的发电机转子中心体、推力头及镜板、下机架中心体，均可满足公路或铁路运输条件。各方案的发电机尺寸相差不大，结构型式也基本相同，制造难度与国内同类电站相当。

各方案的厂房及发电输水系统技术方案基本相同，水轮机吸出高度及安装高程、厂房控制尺寸基本相同，且与国内同类电站相当。

(4)枢纽布置及工程量

枢纽布置和工程量方面，不同装机容量方案枢纽布置基本相同，仅在进水塔尺寸、引水隧洞洞径及长度、地面厂房尺寸和尾水渠底宽等方面略有差异，各方案的特征指标和比较参数见表 4.5。

表 4.5　　装机容量方案特征指标和比较参数

项目	方案一	方案二	方案三
装机容量/MW	720	800	900
装机台数/台	4	4	4
单机容量/MW	180	200	225
正常蓄水位/m	461	461	461
死水位/m	451	451	451
装机高程/m	382.5	383.0	383.0
额定流量/(m^3/s)	312.10	346.80	390.20
地面厂房尺寸(长×宽×高)/(m×m×m)	170.4×56.5×60.5	179.4×58.0×62.0	190.4×59.0×63.4
进水塔(长×宽×高)/(m×m×m)	108.0×20.9×41.0	114.0×20.9×42.2	122.0×20.9×43.5
引水隧洞直径/m	9.5～7.9	10.0～8.3	10.6～8.8
引水隧洞长度/m	303.19～330.52	303.07～331.11	303.01～334.28
尾水渠底宽/m	111.4	117.4	125.4

4.2.3.4　装机容量比选结论

1)从电力市场空间来看，3 个装机容量方案的电力电量均可在巴基斯坦国家电网中消纳。卡洛特水电站装机容量越大，发电量越多，替代的火电装机容量也越大，越有利于节能减排，越能满足受电地区电力发展需求。

2)从各装机方案的装机年利用小时数来看，卡洛特水电站装机容量 720MW、800MW 和 900MW 方案，装机年利用小时数分别为 4452h、4171h 和 3840h，装机容量越小，装机年利用小时越高。

3)从各装机方案的发电量指标来看，随着装机容量的增加，多年平均年发电量也随之增加，但增长幅度和补充装机年利用小时数呈下降趋势。当装机容量从 720MW 增至 800MW 时，多年平均年发电量增加 1.31 亿 kW·h，补充装机年利用小时数为 1638h；当装机容量从 800MW 增至 900MW 时，多年平均年发电量增加 1.19 亿 kW·h，补充装机年利用小时数为 1190h。

4)工程方面，3 种装机容量方案的枢纽布置基本相同，仅在进水塔尺寸、引水隧洞洞径及长度、地面厂房尺寸和尾水渠底宽等方面略有差异，水轮机水力设计难度均小于目前国内已建或在建的巨型机组，对于装机容量 720MW 和 800MW 方案，水轮机转轮可采取分瓣运输方式，但对于 900MW 方案，由于转轮尺寸较大，已超出巴基斯坦运输条件的限制，不能采取分瓣运输，只能将转轮分件运输至工地组装，投资和工期均不易控制。

综上分析可见，卡洛特水电站装机容量720MW、800MW和900MW方案在技术上都是可行的。根据项目前期工作情况，为有利于项目尽早开工建设，仍推荐电站装机容量720MW，相应装机年利用小时数4452h。

4.3 巴基斯坦水电站上网电价测算原则与方法

4.3.1 巴基斯坦电价政策

巴基斯坦水电资源丰富，为了解决电力短缺问题，巴基斯坦政府把优先发展水电作为未来电力发展的主要方向，为鼓励国内外投资商，包括私人投资者开发建设水电站，还成立了一站式的私人电力投资服务窗口，即PPIB，并制定了《巴基斯坦发电项目政策2002版》。根据该政策，巴基斯坦的上网电价是在保证投资人可以回收合理的建设成本和运行成本的前提下，按照投资人获得一定的资本金净利润(ROE)的原则进行测算的，即“成本+利润”的模式，而这里的“成本”主要是指发电经营成本和运行期还本付息额。

同时，巴基斯坦实行的是两部制电价，即容量电价和电量电价，其中，容量电价主要由固定运行成本、保险费、运行期还本付息额、资本金回报和建设期资本金回报等组成，按电站净容量计算；电量电价主要由可变运行成本和水资源费等组成，按上网电量计算。一般对水电工程而言，容量电价占到了总电价的绝大部分，就可有效地规避了水文风险，保证投资者收益。

此外，为了规范电价定价机制，巴基斯坦也专门成立了电力监督委员会(NEPRA)，每座电站的上网电价需经该部门批复，大体上需经历以下3个阶段：

1)项目研究阶段。根据项目的可行性研究报告，初步确定基准电价。

2)项目建设期。综合考虑因地质条件、物价和移民等因素导致的工程投资增加、实际发生的建设期利息和汇率变化等，以EPC合同价格为基础，修正基准电价。

3)项目运行期。主要考虑运行期的物价上涨、汇率变化和贷款利率变化等因素，调整电价。

4.3.2 上网电价测算原则

我国水电站的上网电价一般是参考项目所在地区已建水电工程的平均上网电价，也可在电站发电成本估算的基础上按照项目财务内部收益率达到业主设定的基准收益率的原则进行测算。巴基斯坦水电站上网电价测算的原则与我国大体相同，但考虑的因素有所不同，通常需考虑水电站经营成本、还本付息、资本金回报等，并且对资本金回报及其利润率也有一套明确计算方法与规定。根据巴基斯坦近期批复的几座水电站的上网电价，项目资本金净利润率一般取 17%。

另外，根据巴基斯坦税收政策，上网电价中还应包括红利预扣税，按利润的 7.5%计取。

4.3.3 上网电价测算方法

上网电价主要由经营成本、还本付息总额、资本金回报和红利预扣税等 4 部分组成。

（1）经营成本

经营成本包括修理费、职工薪酬、材料费、库区维护费、固定资产保险费、水资源费等。此外，对于中国在海外投资建设的项目，还需计取海外投资保险费。

（2）还本付息总额

根据项目资金筹措方案测算项目经营期内每年需偿还贷款本息。

（3）资本金回报

根据巴基斯坦电监会的相关文件介绍，项目资本金回报实际包括资本金回报和资本金赎回，具体测算方法如下：

1）资本金回报，包括建设期资本金回报和还贷期资本金回报。

①建设期资本金回报（$ROE1$），是指建设期各年投入资本金在建设期应取得的回报在运行期各年的回收年值，计算公式如下：

$$ROEDC = \sum [E_i \times ((1+r)^{m-i} - 1)]$$

式中，$ROEDC$——建设期资本金应有回报；

E_i——建设期第 i 年投入的资本金，$i=1,2,\cdots,m$；

m——水电站建设期；

r——资本金净利润率，$r=17\%$。

$$ROE1 = ROEDC \times (A/P, r, n)$$

式中，$ROE1$——$ROEDC$ 在运行期回收年值；

$(A/P, r, n)$——资金回收系数；

n——项目运行期。

②还贷期资本金回报（$ROE2$），是指项目资本金在还贷期各年取得的回报，计算公式如下：

$$ROE2 = \sum E_i \times r$$

2）资本金赎回（$ROE3$），主要是指项目资本金在水电站偿清贷款后，至电站特许经营期内的回收年值。计算公式如下：

$$ROE3=\sum E_i \times (A/P,r,(n+m-k))$$

式中，k——贷款偿还期。

(4)红利预扣税(T)

红利预扣税按资本金回报的7.5%进行征收，计算公式如下：

$$T=(ROE1+ROE2+ROE3)\times 7.5\%$$

4.3.4 上网电价测算

上网电价测算按如下步骤和方法进行。

1)将运行期各年的经营成本、水资源费、保险费、资本金回报、红利预扣税、还本付息、海外投资保险费等按电量电价和容量电价的组成进行划分。其中，电量电价主要由可变经营成本和水资源费等组成；容量电价主要由固定运行成本、保险费、资本金回报、运行期还本付息额、海外投资保险费、红利预扣税等组成。

2)根据划分后的成本费用，分别测算运行期各年的电量电价和容量电价，计算公式如下：

$$\text{电量电价}=\frac{\text{可变经营成本}+\text{水资源费}}{\text{上网电量}}$$

$$\text{容量电价}=\frac{\text{不变经营成本}+\text{资本金回报}+\text{保险费}+\text{海外投资保险费}+\text{还本付息额}+\text{红利预扣税}}{\text{有效容量}\times 12}$$

3)根据电量电价和容量电价测算每年的综合电价，计算公式如下：

$$\text{综合电价}=\text{电量电价}+\frac{\text{容量电价}\times\text{有效容量}\times 12}{\text{上网电量}}$$

4)根据每年测算的综合电价，按折现率10%计算经营期平均电价，计算公式如下：

$$P=\sum_{t=1}^{n}\frac{P_i}{(1+d)^t}\times (A/P,d,n)$$

式中，P——平均电价；

P_i——运行期第i年的上网电价；

n——项目运行期；

$(A/P,d,n)$——资金回收系数；

d——折现率，取10%。

按照巴基斯坦惯例，水电站批复的上网电价是以美元作为计价基础，然后按当期美元与巴基斯坦卢比的汇率，折算为巴基斯坦卢比进行收取。

4.4 小结

巴基斯坦卡洛特水电站是“一带一路”首个水电大型投资建设项目，“中巴经济走廊”首个水电投资项目，是迄今为止中央企业在海外投资在建的最大绿地水电项目，同时也是巴基斯坦首个完全采用中国标准和中国技术建设的水电站项目，建设意义重大。卡洛特水电站是吉拉姆河水电规划报告中推荐的梯级电站，由澳大利亚雪山公司（SMEC）牵头组成咨询联合体编制完成可行性研究报告，项目前期规划研究工作基础较好，为便于协调好与政府各有关部门及其他相关工程之间的关系，促进工程尽快建成投产，经复核，仍推荐水库正常蓄水位为461m、装机容量为720MW，与水电规划报告和可行性研究报告成果一致。然而，该工程规划方案库沙比小，水库泥沙问题较为突出，有进一步优化调整的空间。

巴基斯坦采用两部制电价政策，其中容量电价占总电价的绝大部分，有别于我国的电价政策。因此需特别重视电站容量效益的发挥，在购电协议中应明确电站的调度运行方式及检修计划，以避免调度运行不当造成容量效益损失及罚款。

5 工程泥沙管理

5.1 泥沙特性

5.1.1 水沙系列分析

(1)系列选取原则

根据《水电工程泥沙设计规范》(NB/T 35049—2015),水库冲淤计算的泥沙系列,可根据计算要求和资料条件,采用长系列、代表系列或代表年。结合卡洛特水电站水文资料情况,本次研究中水库冲淤计算的泥沙系列采用代表系列。

按照规范要求,采用代表系列的多年平均年输沙量、含沙量或代表年的平均年输沙量、含沙量应接近多年平均值;代表系列是包括多沙、中沙、少沙年份,有代表性的连续系列。

因此卡洛特水电站水库冲淤计算泥沙典型系列选择的原则为:①系列年的水沙平均值应与多年平均值接近;②典型年应包括大水大沙、中水中沙、小水小沙等各种不同的来水来沙情况;③代表系列应具有连续性。

(2)典型系列选择

根据1970—2010年泥沙资料(1993年缺测),卡洛特水电站坝址以上流域年均悬移质输沙量为3315万t,最大年输沙量为1992年的8160万t,最小年输沙量为2001年的3.8万t。多年平均含沙量为1.28kg/m^3。

采用10年滑动平均法,根据选取原则统计分析1970—2010年的水沙资料。由于1993年缺测,为保证所选代表系列的连续性,10年系列选取范围为1970—1992年及1994—2010年,每10年系列代表性分析见表5.1。结果表明,1981—1990年系列的水沙平均值与多年平均值较为接近,可选为卡洛特水电站库区泥沙淤积计算典型系列。

表5.1　　卡洛特水电站系列年代表性分析

10年系列	径流量		输沙量		10年系列	径流量		输沙量	
	平均值/亿 m^3	偏离/%	平均值/万t	偏离/%		平均值/亿 m^3	偏离/%	平均值/万t	偏离/%
1970—1979	237.7	−8.0	3193.6	−3.7	1981—1990	271.3	5.0	3222.3	−2.8
1971—1980	247.7	−4.1	3823.9	15.4	1982—1991	281.2	8.9	3239.6	−2.3

续表

10 年系列	径流量		输沙量		10 年系列	径流量		输沙量	
	平均值/亿 m^3	偏离/%	平均值/万 t	偏离/%		平均值/亿 m^3	偏离/%	平均值/万 t	偏离/%
1972—1981	261.1	1.1	3991.4	20.4	1983—1992	294.8	14.1	3867.1	16.7
1973—1982	257.4	−0.3	3813.7	15.0	1994—2003	244.9	−5.2	2769.5	−16.5
1974—1983	258.1	−0.1	3840.4	15.8	1995—2004	237.2	−8.2	2451.2	−26.1
1975—1984	260.2	0.7	3874.3	16.9	1996—2005	236.7	−8.4	2353.5	−29.0
1976—1985	250.1	−3.2	3781.5	14.1	1997—2006	222.2	−14.0	2235.0	−32.6
1977—1986	252.8	−2.1	3874.5	16.9	1998—2007	223.2	−13.6	2359.9	−28.8
1978—1987	266.2	3.1	3971.1	19.8	1999—2008	215.6	−16.5	2140.3	−35.4
1979—1988	265.4	2.8	3706.5	11.8	2000—2009	223.6	−13.4	2197.5	−33.7
1980—1989	269.6	4.4	3578.5	7.9	2001—2010	237.9	−7.9	2694.3	−18.7

(3)系列代表性分析

1981—1990 年典型系列坝址处年均径流量为 271.3 亿 m^3，较多年平均年径流量(1970—2010 年)偏离 5%；典型系列年年均输沙量为 3222.3 万 t，较多年平均输沙量(1971—2010 年)偏离−2.8%，在统计时段内与多年平均径流量、输沙量较为吻合。该典型系列年包括了年水量的丰、中、枯及年输沙量的大、中、小等多种类型的组合情况，如 1987 年年输沙量与径流量分别较多年平均值偏大 39.9%和 33.9%，为大水大沙年；1985 年年输沙量与径流量分别较多年平均值减小 66.3%和 31.75%，为小水小沙年。因此选取 1981—1990 年作为典型系列年具有较好的代表性。推移质泥沙量取悬移质输沙量的 15%，即典型系列年推移质输沙量为 483.3 万 t。卡洛特水电站库区泥沙淤积计算典型年平均水沙特征见表 5.2。

表 5.2　　卡洛特水电站典型系列年入库水沙统计表

年份	径流量/亿 m^3	输沙量/万 t	含沙量/(kg/m^3)
1981	272.8	3443	1.26
1982	230.2	1887	0.69
1983	316.0	4443	1.63
1984	216.3	1806	0.66
1985	176.3	1117	0.41
1986	309.1	4126	1.51
1987	345.9	4637	1.70
1988	281.1	2931	1.07

续表

年份	径流量/亿 m^3	输沙量/万 t	含沙量/(kg/m^3)
1989	270.3	3520	1.29
1990	294.5	4312	1.58
10 年平均	271.3	3222	1.18
1970—2010 年平均	258.3	3315	1.28
比多年平均偏离	5.0%	−2.8%	

5.1.2 水沙年际变化分析

卡洛特水电站径流量及输沙量年际分配不均匀，水沙丰枯交替出现，见图 5.1。丰水年最大入库水量为 345.9 亿 m^3(1987 年)，枯水年最小入库水量为 176.2 亿 m^3(1985 年)，分别为多年平均入库水量的 1.34 倍和 0.68 倍；年最大入库沙量 4638 万 t(1987 年)，年最小入库沙量 1117 万 t(1985 年)，分别为多年平均入库沙量的 1.40 倍和 0.34 倍。水沙基本同步，总体上呈现大水大沙、中水中沙、小水小沙的变化规律。

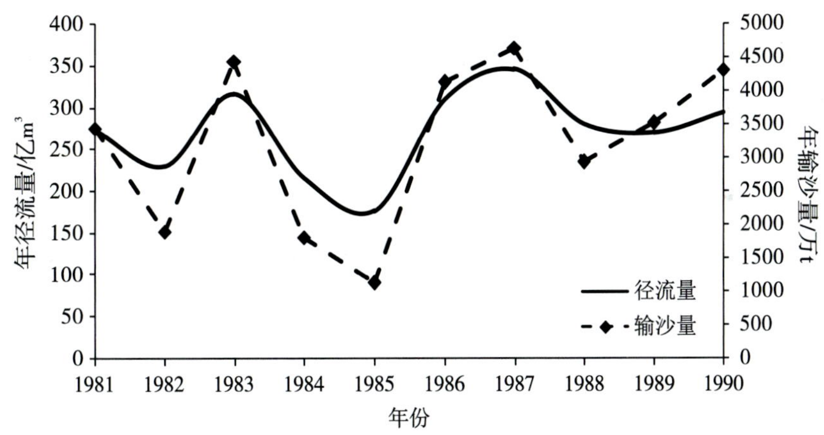

图 5.1 卡洛特水电站径流量及输沙量年际变化情况

5.1.3 水沙年内变化分析

卡洛特水电站入库水沙相对比较集中(表 5.3)，汛期(4—8 月)平均入库水量为 200.6 亿 m^3，占年平均入库水量的 74.0%；同期入库沙量为 2863.4 万 t，占年平均入库沙量的 88.9%。其中，5—7 月平均入库水量为 135.4 亿 m^3，占年平均入库水量的 49.9%；同期入库沙量为 2077.2 万 t，占年平均入库沙量的 64.5%。由此可见，入库沙量较水量更为集中，主要集中在汛期。

表 5.3　　卡洛特水电站多年平均入库水沙统计

时间	入库水量/亿 m^3	水量年内分配/%	入库沙量/万 t	沙量年内分配/%
1 月	5.9	2.2	15.1	0.5
2 月	7.4	2.7	21.6	0.7
3 月	19.7	7.3	166.7	5.2
4 月	34.9	12.9	418.3	13.0
5 月	49.6	18.3	778.4	24.2
6 月	45.5	16.8	660.2	20.5
7 月	40.3	14.8	638.6	19.8
8 月	30.3	11.2	367.9	11.4
9 月	14.3	5.3	77.4	2.4
10 月	9.8	3.6	40.4	1.3
11 月	6.8	2.5	19.6	0.6
12 月	6.7	2.5	18.0	0.6
全年	271.2	100.0	3222.2	100.0
汛期(4—8 月)	200.6	74.0	2863.4	88.9
非汛期（9 月至次年 3 月）	70.6	26.0	358.8	11.1

5.1.4　不同流量级水沙特性分析

根据 1981—1990 年的日水沙系列，对不同流量级的累计输沙量进行统计，结果见表 5.4 及图 5.2。

表 5.4　　不同流量级的累积输沙量统计结果

流量/(m^3/s)	输沙量占总输沙量比例/%	平均每年出现的天数/d	流量/(m^3/s)	输沙量占总输沙量比例/%	平均每年出现的天数/d
100	100.0	365	1800	50.7	45
200	99.7	325	1900	44.0	38
300	98.6	250	2000	35.8	28
400	97.7	218	2100	28.7	21
500	96.8	198	2200	22.5	15
600	96.0	184	2300	17.3	11
700	95.1	172	2400	13.9	8.0
800	93.7	161	2500	11.2	6.2
900	91.8	148	2600	8.8	4.5

续表

流量/(m^3/s)	输沙量占总输沙量比例/%	平均每年出现的天数/d	流量/(m^3/s)	输沙量占总输沙量比例/%	平均每年出现的天数/d
1000	89.5	134	2700	6.0	2.8
1100	86.4	122	2800	3.7	1.5
1200	83.1	110	2900	1.5	0.8
1300	78.4	98	3000	1.2	0.6
1400	74.2	88	3100	0.6	0.3
1500	69.9	78	3200	0.6	0.3
1600	63.8	66	3300	0.4	0.2
1700	57.0	55	3400	0.2	0.1

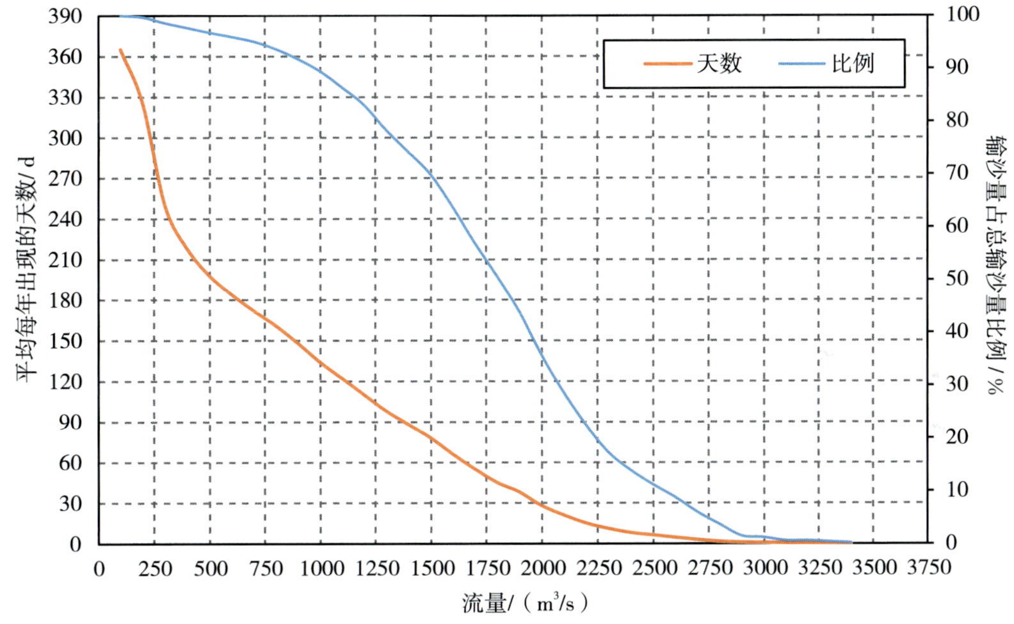

图 5.2 输沙量累计曲线

根据上述统计结果，多年平均情况下，入库流量大于 1400m^3/s 的天数为 88d，其间累计入库沙量占年入库沙量的 74.2%；入库流量大于 1500m^3/s 的天数为 78d，其间累计入库沙量占年入库沙量的 69.9%；入库流量大于 1600m^3/s 的天数为 66d，其间累计入库沙量占年入库沙量的 63.8%。入库流量超过 2000m^3/s，平均每年出现的天数小于一个月，其中入库流量大于 2000m^3/s 的天数为 28d，其间累计入库沙量占年入库沙量的 35.8%；入库流量大于 2100m^3/s 的天数为 21d，其间累计入库沙量占年入库沙量的 28.7%；入库流量大于 2200m^3/s 的天数为 15d，其间累计入库沙量占年入库沙量的 22.5%。

5.2 排沙水位及调度

5.2.1 排沙调度运行方式拟定原则及方法

5.2.1.1 排沙调度运行方式拟定原则

卡洛特水电站的排沙运行原则为：在保证挡水坝防洪安全、水库长期正常运行、电站正常发电的前提下，合理利用水能资源，最大限度地增加电站发电效益，并尽量减少库区泥沙淤积，满足电站进水口“门前清”和调节库容的要求。

5.2.1.2 排沙调度运行方式拟定

水库运用方式是指水库对入库水沙过程的调节方式，通常根据入库水沙过程来确定水库蓄水、泄水及水位控制的时间安排，以达到最大限度地减少水库淤积和满足水库的开发目标。以控制水库泥沙淤积为目的的水库运用方式主要有蓄洪运用、蓄清排浑运用、缓洪运用和多库联合运用等类型。

借鉴我国在多沙河流上的长期研究成果，结合本工程特点，选择“蓄清排浑”的运用方式处理卡洛特水电站的水库泥沙问题。“蓄清排浑”运用又可根据水库的水沙条件和工程任务，采用以下几种运行调度方案。

（1）汛期控制库水位，汛末蓄水

根据水库来水和来沙情况，在满足水库兴利的前提下，设置排沙水位，汛期控制在排沙水位运行，汛末蓄水运用。一般适用于库沙比大、丰水期有灌溉供水等兴利任务的水库。

（2）汛期控制库水位，相机排沙调度

水库在汛期设置排沙水位，根据来水来沙情况，在泥沙含量不大的情况下，水库控制在汛期控制水位运用；在含沙量大时，降低到最低排沙水位运行或是敞泄排沙。

排沙条件根据来水来沙和水库使用要求分析，当水量或沙量大于某一界限时，水库水位降低至最低排沙水位运用；水沙小于界限条件时，水库可以在汛期控制水位运用。

采用这种运行方式的水库，由于汛期空库或低水位排沙运用，可能要破坏水库的兴利，如水库降低水位后减少发电或不能发电等。

（3）汛期敞泄，汛末蓄水

水库在汛期打开底孔闸门，不控制水位，敞泄运用；汛末再关闭底孔闸门，水库蓄水运用。如果没有发电要求，以灌溉和防洪为主的水库可以采用这种运行方式。

根据我国相关规程规范的要求，以保持调节库容为主要目标的水库，宜在汛期或部分汛期控制库水位调沙，也可按分级流量控制库水位调沙，或者不控制库水位采用异重流，或敞泄排沙等方式。

由于卡洛特水电站库沙比小、发电水头变幅大，若水库采用汛期控制在排沙水位运行的方式，设置的排沙水位高，则难以达到排沙效果；设置的排沙水位低，则发电受阻较为严重或长期处于停机排沙状态，电量损失大，此种运行方式对卡洛特水电站不适用。汛期空库敞泄排沙被认为是解决库区泥沙淤积行之有效的方法，但同样对电站发电效益影响较大。

结合卡洛特水电站的特点，为兼顾发电与排沙，水库宜采用汛期相机低水位排沙的运行方式。在汛期的主要来沙期间，当入库流量超过拟定的排沙流量，将水库水位降至排沙水位运行，以增大库区水面比降和水流速度，从而利于水库排沙走沙，以实现电站长期有效运行。

为便于水库运行管理，分级流量及相应库水位不宜设置过多，初步按两级控制。

水库降水位排沙期间，出库水流含沙量将大幅增加，对水轮机的磨损危害大。因此当库水位较低时，可考虑电站停机排沙。

在水库排沙运行期间，若库水位变幅速度过快，可能造成库区不稳定、岸坡塌滑或危及大坝安全。根据库岸地质条件，为稳妥起见，降水位和回蓄期间每天的水位变幅也需要控制。

5.2.2 排沙流量选择

5.2.2.1 排沙流量方案拟定

根据卡洛特水库不同方案泥沙淤积计算成果，在排沙水位相同的情况下，开始排沙的流量越小，电站停机排沙时间越长，越有利于减少水库泥沙淤积量、降低坝前泥沙淤积高程，但电站电量损失相应也越大。在综合考虑水库排沙效果和发电效益的基础上，经初步分析，卡洛特水库排沙流量按两级控制为宜。其中，第一级流量参照类似工程经验初步拟定，第二级排沙流量通过综合分析比较确定。

根据前述不同流量级水沙特性分析，参照类似工程经验，将累计入库沙量占年入库沙量75%左右对应的流量作为第一级排沙流量，则排沙流量为1400m^3/s，平均每年大于该流量的时间约88d。如果在大于1400m^3/s的所有时间，水库均降至排沙水位446m运行，排沙效果最好，完全可以满足电站进水口“门前清”和电站正常运行所需调节库容要求，但对电站发电效益影响大，需要设置第二级排沙流量和排沙水位（排沙水位选择见下一节）。第二级排沙流量越小，排沙效果越好，但发电量损失越大；排沙流量越大，发电量损失越小。为此，为满足水库取水防沙要求，并尽可能增加电站发电效益，结合前期相关研究成果，按平均每年停机排沙时间20d左右，初拟第二级排沙流量2000m^3/s、2100m^3/s和2200m^3/s 3种方案进行比较，各方案的排沙运行水位均为446m，停机排沙时间分别为23d、17d和11d。考虑到卡洛特水电站上游N—J水电站即将建成，按照N—J水电站建成前后两种工况分别进行泥沙冲淤计算。卡洛特水电站各排沙流量方案主要参数见表5.5。

表 5.5　　各排沙流量方案主要参数

方案编号	排沙流量/(m^3/s)		正常蓄水位/m	死水位/m	排沙运行水位/m		上游建库情况
	第一级	第二级			第一级	第二级	
1	1400	2000	461	451	456	446	不考虑上游建库
2							考虑上游 N—J 水电站
3		2100					不考虑上游建库
4							考虑上游 N—J 水电站
5		2200					不考虑上游建库
6							考虑上游 N—J 水电站

5.2.2.2　排沙运行方式初拟

为减少水库排沙运行期间的电量损失，通过对水沙系列资料分析，在保证水库一天内可回蓄至正常蓄水位 461m 的基础上，结合库水位每天降幅不超过 5m 的要求，初步拟定第一级排沙流量对应的最低运行水位为 456m。根据上述拟定的排沙流量方案，初步拟定水库的排沙运行方式为：当入库流量大于第一级排沙流量 1400m^3/s，但小于第二级排沙流量时，在尽量满足电站机组满发的情况下，允许水库水位降至 456m 运行；当入库流量大于第二级排沙流量时，水库降水位排沙，每天的水位降幅初步按不超过 5m 控制，直至排沙运行水位 446m；水库在排沙水位 446m 运行期间，当入库流量小于第二级排沙流量后，水库蓄水运用，水位逐步回蓄至正常蓄水位 461m。

5.2.2.3　排沙流量比选

根据水库一维、三维泥沙淤积计算成果，主要从库区泥沙总淤积量、调节库容、坝前泥沙淤积、发电量等方面对初拟的第二级排沙流量 2000m^3/s、2100m^3/s 和 2200m^3/s 3 种方案进行初步比选。

（1）库区泥沙总淤积量

卡洛特水电站库区一维泥沙淤积计算成果见表 5.6 和表 5.7。

表 5.6　　不同排沙分级流量库区泥沙淤积比较（不考虑上游建库）

运行年限	第二级排沙流量 2000m^3/s		第二级排沙流量 2100m^3/s		第二级排沙流量 2200m^3/s	
	总淤积量/亿 m^3	坝前深泓高程/m	总淤积量/亿 m^3	坝前深泓高程/m	总淤积量/亿 m^3	坝前深泓高程/m
10 年	1.11	413.1	1.12	410.2	1.13	408.5
20 年	1.32	429.6	1.33	429.7	1.35	430.5
30 年	1.38	429.7	1.41	430.0	1.42	430.6
40 年	1.44	429.8	1.47	430.2	1.48	430.7
50 年	1.51	430.1	1.55	430.5	1.55	431.2

表 5.7　　不同排沙分级流量库区泥沙淤积比较(考虑 N—J 水电站)

运行年限	第二级排沙流量 2000m^3/s		第二级排沙流量 2100m^3/s		第二级排沙流量 2200m^3/s	
	总淤积量/亿 m^3	坝前深泓高程/m	总淤积量/亿 m^3	坝前深泓高程/m	总淤积量/亿 m^3	坝前深泓高程/m
10 年	1.03	408.4	1.04	406.3	1.06	404.4
20 年	1.24	428.9	1.26	429.1	1.28	430.3
30 年	1.27	429.3	1.30	429.2	1.32	430.3
40 年	1.31	429.6	1.34	429.8	1.37	430.4
50 年	1.35	430.2	1.37	430.7	1.41	431.2

在不考虑上游建库的情况下，对于第二级排沙流量 2000m^3/s、2100m^3/s 和 2200m^3/s 方案，运行至 10 年末，库区泥沙淤积量分别为 1.11 亿 m^3、1.12 亿 m^3、1.13 亿 m^3，坝前深泓高程分别为 413.1m、410.2m、408.5m；运行至 20 年末，库区泥沙淤积量分别为 1.32 亿 m^3、1.33 亿 m^3、1.35 亿 m^3，坝前深泓高程分别为 429.6m、429.7m、430.5m；运行至 30 年末，库区泥沙淤积量分别为 1.38 亿 m^3、1.41 亿 m^3、1.42 亿 m^3，坝前深泓高程分别为 429.7m、430.0m、430.6m。

在考虑上游 N—J 水电站建设对入库泥沙影响的情况下，对于第二级排沙流量 2000m^3/s、2100m^3/s 和 2200m^3/s 方案，运行至 10 年末，库区泥沙淤积量分别为 1.03 亿 m^3、1.04 亿 m^3、1.06 亿 m^3，坝前深泓高程分别为 408.4m、406.3m、404.4m；运行至 20 年末，库区泥沙淤积量分别为 1.24 亿 m^3、1.26 亿 m^3、1.28 亿 m^3，坝前深泓高程分别为 428.9m、429.1m、430.3m；运行至 30 年末，库区泥沙淤积量分别为 1.27 亿 m^3、1.30 亿 m^3、1.32 亿 m^3，坝前深泓高程分别为 429.3m、429.2m、430.3m。

从泥沙淤积计算成果可以看出，第二级排沙流量越大，排沙时间越短，库区泥沙淤积越大，坝前泥沙淤积高程越高。考虑上游建库后，库区泥沙淤积量有所减少，坝前泥沙淤积高程有所降低，但水库运行 20 年后(基本达到冲淤平衡)坝前泥沙淤积高程差别不大。水库运行 20 年后，第二级排沙流量 2000m^3/s、2100m^3/s 和 2200m^3/s 方案的坝前深泓高程基本维持在 430m 左右，排沙流量小的方案坝前深泓高程略低。

因此从泥沙淤积量和坝前泥沙淤积高程来看，排沙流量小的方案对取水防沙和电站正常运行较为有利。

(2)调节库容

不同工况不同运行年限下的水库剩余调节库容见表 5.8 和表 5.9。

表 5.8　不同排沙分级流量水库库容比较(不考虑上游建库)

运行年限	第二级排沙流量 2000m³/s			第二级排沙流量 2100m³/s			第二级排沙流量 2200m³/s		
	正常蓄水位以下库容/亿 m³	死库容/亿 m³	调节库容/亿 m³	正常蓄水位以下库容/亿 m³	死库容/亿 m³	调节库容/亿 m³	正常蓄水位以下库容/亿 m³	死库容/亿 m³	调节库容/亿 m³
10 年	0.43	0.13	0.29	0.41	0.13	0.28	0.40	0.13	0.27
20 年	0.27	0.09	0.18	0.26	0.07	0.18	0.25	0.06	0.18
30 年	0.24	0.07	0.17	0.23	0.06	0.16	0.22	0.06	0.16
40 年	0.22	0.06	0.16	0.21	0.06	0.15	0.21	0.05	0.15
50 年	0.19	0.05	0.14	0.18	0.04	0.14	0.18	0.04	0.14

表 5.9　不同排沙分级流量水库库容比较(考虑 N—J 水电站)

运行年限	第二级排沙流量 2000m³/s			第二级排沙流量 2100m³/s			第二级排沙流量 2200m³/s		
	正常蓄水位以下库容/亿 m³	死库容/亿 m³	调节库容/亿 m³	正常蓄水位以下库容/亿 m³	死库容/亿 m³	调节库容/亿 m³	正常蓄水位以下库容/亿 m³	死库容/亿 m³	调节库容/亿 m³
10 年	0.49	0.16	0.32	0.47	0.16	0.31	0.46	0.16	0.30
20 年	0.31	0.09	0.22	0.29	0.08	0.21	0.28	0.07	0.21
30 年	0.29	0.08	0.20	0.28	0.08	0.20	0.26	0.07	0.19
40 年	0.28	0.08	0.20	0.27	0.08	0.19	0.25	0.06	0.19
50 年	0.27	0.08	0.19	0.26	0.07	0.19	0.25	0.07	0.19

不考虑上游建库的情况下，对于第二级排沙流量 2000m³/s、2100m³/s 和 2200m³/s 方案，水库运行 10 年后，正常蓄水位以下库容分别为 0.43 亿 m³、0.41 亿 m³、0.40 亿 m³，死库容约为 0.13 亿 m³，调节库容分别为 0.29 亿 m³、0.28 亿 m³、0.27 亿 m³；水库运行 20 年后，正常蓄水位以下库容分别为 0.27 亿 m³、0.26 亿 m³、0.25 亿 m³，死库容分别为 0.09 亿 m³、0.07 亿 m³、0.06 亿 m³，剩余调节库容约 0.18 亿 m³。此后，随着水库运行年限的增加，水库剩余调节库容变化不大。

在考虑上游 N—J 水电站建设对入库泥沙影响的情况下，对于第二级排沙流量 2000m³/s、2100m³/s 和 2200m³/s 方案，水库运行 10 年后，正常蓄水位以下库容分别为 0.49 亿 m³、0.47 亿 m³、0.46 亿 m³，死库容约为 0.16 亿 m³，调节库容分别为 0.32 亿 m³、0.31 亿 m³、0.30 亿 m³；水库运行 20 年后，正常蓄水位以下库容分别为 0.31 亿 m³、0.29 亿 m³、0.28 亿 m³，死库容分别为 0.09 亿 m³、0.08 亿 m³、0.07 亿 m³，剩余调节库容约 0.21 亿 m³。此后，随着水库运行年限的增加，水库剩余调节库容略有减少。

从比较结果来看，运行相同年限时，各方案剩余的调节库容基本相当，运行期头 10 年，调节库容损失速度较快，20 年后水库调节库容变化不大，不考虑上游建库的情况下调节库容在 0.15 亿 m^3 左右，考虑上游 N—J 水电站后调节库容略有增加，基本维持在 0.20 亿 m^3 左右。各方案调节库容均大于电站所需日调节库容 673 万 m^3。从保持调节库容的角度来看，各方案差别不大，对排沙流量选择不构成制约。

(3)坝前泥沙淤积

根据库区一维泥沙淤积分析计算成果，对于第二级排沙流量 2000m^3/s、2100m^3/s 和 2200m^3/s 方案，在考虑上游 N—J 水电站建设对入库泥沙影响的情况下，卡洛特水库运行至 30 年末，坝前泥沙淤积高程分别为 429.3m、429.2m 和 430.3m，均低于电站进水口引水渠前沿拦沙坎的高程 440.0m 和电站进水口底板高程 430.5m。由于一维泥沙淤积计算成果未能反映电站及泄洪排沙建筑物口门前泥沙淤积高程的差异性，对于 2200m^3/s 方案，水库运行 30 年末，坝前泥沙淤积高程与电站进水口底板高程基本一致，电站进水口存在淤堵的风险。

根据坝区泥沙淤积三维数值模拟计算成果，对于第二级排沙流量 2200m^3/s 方案，由于平均每年电站停机排沙时间仅 11d，大部分入库泥沙在库内淤积，电站进水口门前河床泥沙淤积高程最高达 434m 左右，电站进水口门前已经出现淤积，同时，电站取水口门上游外围河床泥沙淤积高程较高，超过了拦沙坎的高程 440.0m，一旦出现坍塌，将严重影响电站的正常运行。其余两方案水库运行 20 年后基本达到冲淤平衡，电站取水口和排沙中孔口门前仅有少量淤积，能满足坝前冲沙和电站进水口"门前清"要求，保证电站取水发电。

因此为满足电站进水口"门前清"要求，从偏安全角度考虑，水库第二级排沙流量宜低于 2200m^3/s。

(4)发电量

排沙分级流量不同，电站停机排沙的时间也不相同。根据典型年日径流调节计算成果统计(表 5.10)，对于第二级排沙流量 2000m^3/s、2100m^3/s 和 2200m^3/s 方案，平均每年停机排沙时间约为 23d、17d 和 11d。当排沙流量由 2000m^3/s 增加至 2100m^3/s，电站多年平均年发电量由 30.92 亿 kW·h 增加至 32.06 亿 kW·h，增加 1.14 亿 kW·h；当排沙分级流量由 2100m^3/s 增加至 2200m^3/s，电站多年平均发电量由 32.06 亿 kW·h 增加至 32.92 亿 kW·h，增加 0.86 亿 kW·h。排沙分级流量越小，电站每年停机排沙时间越长，对电站发电量影响越大。从发电量的角度来看，第二级排沙流量 2200m^3/s 方案较优。

表 5.10　　不同排沙分级流量电站动能指标比较

项目	第二级排沙流量 2000m^3/s	第二级排沙流量 2100m^3/s	第二级排沙流量 2200m^3/s
正常蓄水位/m	461	461	461
死水位/m	451	451	451
排沙运行水位/(m^3/s)	446	446	446

续表

项目	第二级排沙流量 2000m³/s	第二级排沙流量 2100m³/s	第二级排沙流量 2200m³/s
停机排沙时间/d	23	17	11
装机容量/MW	720	720	720
多年平均发电量/(亿 kW·h)	30.92	32.06	32.92
装机利用小时数/h	4295	4452	4572

综上所述，第二级排沙流量越小，越有利于减少库区泥沙淤积量，降低坝前泥沙淤积高程，排沙流量小的方案对取水防沙和电站正常运行较为有利；从保持调节库容的角度来看，各方案差别不大，均可以满足电站所需日调节库容要求，对排沙流量选择不构成制约。坝区泥沙淤积三维数值模拟计算表明，为满足电站进水口“门前清”要求，水库第二级排沙流量宜低于 $2200m^3/s$；从发电效益角度来看，第二级排沙流量越小，电站每年停机排沙时间越长，对电站发电量影响越大，第二级排沙流量大的方案相对较优。

因此根据枢纽的排沙效果，在满足电站进水口“门前清”和调节库容要求的基础上，兼顾电站的发电效益，初步推荐卡洛特水电站排沙流量按两级控制，第一级流量为 $1400m^3/s$，第二级流量为 $2100m^3/s$，电站平均每年停机排沙时间约 17d，与前期咨询联合体完成的卡洛特水电站可行性研究中拟定的每年停机排沙时间 20d 基本相当。

5.2.3 排沙运行水位选择

5.2.3.1 排沙运行水位方案拟定

卡洛特水电站坝址处河底高程约 380m，工程建成以后水库将蓄至 461m 运行，水位上涨 81m，改变了河道的天然状况。从排沙效果来看，排沙水位越低越有利于减少水库泥沙淤积量、降低坝前泥沙淤积高程，空库敞泄排沙被认为是解决库区泥沙淤积行之有效的方法。但是，在水库排沙期间，短期内水位大幅下降可能危及大坝的安全及库岸的稳定，根据工程经验，水库每天的水位降幅不宜超过 5m。同时，依据《水电工程泥沙设计规范》（NB/T 35049—2015）要求，排沙水位的泄洪能力应不小于两年一遇洪峰流量。在兼顾库岸稳定和泄洪排沙建筑物布置要求的前提下，综合前期库区一维和坝区三维泥沙淤积数值模拟的研究结果，初拟卡洛特水库排沙运行水位 451m、446m 和 441m 3 种方案进行比较，各排沙水位方案主要参数见表 5.11。

表 5.11　各排沙水位方案主要参数

方案编号	排沙运行水位/m		排沙流量/(m^3/s)		正常蓄水位/m	死水位/m	上游建库情况
	第一级	第二级	第一级	第二级			
1	456	451	1400	2100	461	451	不考虑上游建库
2							考虑上游 N—J 水电站
3		446					不考虑上游建库
4							考虑上游 N—J 水电站
5		441					不考虑上游建库
6							考虑上游 N—J 水电站

5.2.3.2 排沙运行方式初拟

为减少水库排沙运行期间的电量损失，通过对水沙系列资料分析，在保证水库一天内可回蓄至正常蓄水位 461m 的基础上，结合库水位每天降幅不超过 5m 的要求，初步拟定第一级排沙流量对应的最低运行水位为 456m。主要对第二级排沙流量对应的排沙水位进行比选。

根据上述拟定的排沙水位方案，初步拟定相应的排沙运行方式为：当入库流量大于第一级排沙流量 1400m^3/s，但小于第二级排沙流量 2100m^3/s 时，在尽量满足电站机组满发的情况下，允许水库水位降至 456m 运行；当入库流量大于第二级排沙流量 2100m^3/s 时，水库降水位排沙，每天的水位降幅初步按不超过 5m 控制，直至排沙运行水位；水库在排沙水位运行期间，当入库流量小于第二级排沙流量 2100m^3/s 后，水库蓄水运用，水位逐步回蓄至正常蓄水位 461m。

5.2.3.3 排沙运行水位比选

根据水库一维、三维泥沙淤积计算成果，主要从库区泥沙总淤积量、有效库容、坝前泥沙淤积、发电量及水工布置等方面对排沙运行水位进行比选。

(1)库区泥沙总淤积量

库区一维泥沙淤积计算成果见表 5.12 和表 5.13。

表 5.12　不同排沙水位库区泥沙淤积比较(不考虑上游建库)

运行年限	排沙水位 451m		排沙水位 446m		排沙水位 441m	
	总淤积量/亿 m^3	坝前深泓高程/m	总淤积量/亿 m^3	坝前深泓高程/m	总淤积量/亿 m^3	坝前深泓高程/m
10 年	1.16	403.1	1.12	410.2	1.06	423.9
20 年	1.40	434.9	1.33	429.7	1.28	424.2
30 年	1.48	435.1	1.41	430.0	1.34	424.7
40 年	1.55	435.3	1.47	430.2	1.41	425.1
50 年	1.62	435.4	1.55	430.5	1.47	426.4

表 5.13　　不同排沙水位库区泥沙淤积比较（考虑 N—J 水电站）

运行年限	排沙水位 451m		排沙水位 446m		排沙水位 441m	
	总淤积量/亿 m^3	坝前深泓高程/m	总淤积量/亿 m^3	坝前深泓高程/m	总淤积量/亿 m^3	坝前深泓高程/m
10 年	1.08	400.4	1.04	406.3	0.99	420.5
20 年	1.32	434.2	1.26	429.1	1.20	424.4
30 年	1.37	435.4	1.30	429.2	1.25	424.5
40 年	1.42	435.5	1.34	429.8	1.29	424.6
50 年	1.46	436.1	1.37	430.7	1.33	425.5

在不考虑上游建库的情况下，对于排沙运行水位 451m、446m、441m 方案，运行至 10 年末，库区泥沙淤积量分别为 1.16 亿 m^3、1.12 亿 m^3、1.06 亿 m^3，坝前深泓高程分别为 403.1m、410.2m、423.9m；运行至 20 年末，库区泥沙淤积量分别为 1.40 亿 m^3、1.33 亿 m^3、1.28 亿 m^3，坝前深泓高程分别为 434.9m、429.7m、424.2m；运行至 30 年末，库区泥沙淤积量分别为 1.48 亿 m^3、1.41 亿 m^3、1.34 亿 m^3，坝前深泓高程分别为 435.1m、430.0m、424.7m。

在考虑上游 N—J 水电站建设对入库泥沙影响的情况下，对于排沙运行水位 451m、446m、441m 方案，运行至 10 年末，库区泥沙淤积量分别为 1.08 亿 m^3、1.04 亿 m^3、0.99 亿 m^3，坝前深泓高程分别为 400.4m、406.3m、420.5m；运行至 20 年末，库区泥沙淤积量分别为 1.32 亿 m^3、1.26 亿 m^3、1.20 亿 m^3，坝前深泓高程分别为 434.2m、429.1m、424.4m；运行至 30 年末，库区泥沙淤积量分别为 1.37 亿 m^3、1.30 亿 m^3、1.25 亿 m^3，坝前深泓高程分别为 435.4m、429.2m、424.5m。

从泥沙淤积计算成果可以看出，排沙水位越低，库区泥沙淤积越小，坝前泥沙淤积高程越低。坝前泥沙淤积高程主要取决于排沙运行水位，考虑上游建库后，库区泥沙淤积量有所减少，坝前泥沙淤积高程有所降低，但水库运行 20 年后（基本达到冲淤平衡）坝前泥沙淤积高程差别不大。水库运行 20 年后，排沙运行水位 451m、446m、441m 方案的坝前深泓高程基本维持在 435m、430m 和 425m 左右。从泥沙淤积量和坝前泥沙淤积高程来看，排沙水位低的方案对取水防沙和电站正常运行较为有利。

（2）调节库容

不同工况不同运行年限下的水库剩余调节库容见表 5.14 和表 5.15。

在不考虑上游建库的情况下，对于排沙运行水位 451m、446m、441m 方案，水库运行 10 年后，正常蓄水位以下库容分别为 0.38 亿 m^3、0.41 亿 m^3、0.47 亿 m^3，死库容分别为 0.13 亿 m^3、0.13 亿 m^3、0.17 亿 m^3，调节库容分别为 0.25 亿 m^3、0.28 亿 m^3、0.30 亿 m^3；水库运行 20 年后，正常蓄水位以下库容分别为 0.21 亿 m^3、0.26 亿 m^3、0.29 亿 m^3，死库容分别为 0.04 亿 m^3、0.07 亿 m^3、0.11 亿 m^3，剩余调节库容分别为 0.17 亿 m^3、0.18 亿 m^3、0.18 亿 m^3。

此后，随着水库运行年限的增加，水库剩余调节库容变化不大。

表 5.14　　不同排沙水位水库库容比较表(不考虑上游建库)

运行年限	排沙水位 451m			排沙水位 446m			排沙水位 441m		
	正常蓄水位以下库容/亿 m^3	死库容/亿 m^3	调节库容/亿 m^3	正常蓄水位以下库容亿 m^3	死库容/亿 m^3	调节库容/亿 m^3	正常蓄水位以下库容/亿 m^3	死库容/亿 m^3	调节库容/亿 m^3
10 年	0.38	0.13	0.25	0.41	0.13	0.28	0.47	0.17	0.30
20 年	0.21	0.04	0.17	0.26	0.07	0.18	0.29	0.11	0.18
30 年	0.19	0.04	0.16	0.23	0.06	0.16	0.26	0.09	0.17
40 年	0.18	0.04	0.14	0.21	0.06	0.15	0.24	0.08	0.16
50 年	0.16	0.03	0.13	0.18	0.04	0.14	0.21	0.07	0.15

表 5.15　　不同排沙水位水库库容比较(考虑 N—J 水电站)

运行年限	排沙水位 451m			排沙水位 446m			排沙水位 441m		
	正常蓄水位以下库容/亿 m^3	死库容/亿 m^3	调节库容/亿 m^3	正常蓄水位以下库容/亿 m^3	死库容/亿 m^3	调节库容/亿 m^3	正常蓄水位以下库容/亿 m^3	死库容/亿 m^3	调节库容/亿 m^3
10 年	0.44	0.16	0.28	0.47	0.16	0.31	0.54	0.20	0.33
20 年	0.24	0.05	0.20	0.29	0.08	0.21	0.35	0.13	0.22
30 年	0.23	0.05	0.18	0.28	0.08	0.20	0.33	0.12	0.21
40 年	0.23	0.05	0.18	0.27	0.08	0.19	0.31	0.11	0.20
50 年	0.22	0.04	0.18	0.26	0.07	0.19	0.30	0.11	0.19

在考虑上游 N—J 水电站建设对入库泥沙影响的情况下，对于排沙运行水位 451m、446m、441m 方案，水库运行 10 年后，正常蓄水位以下库容分别为 0.44 亿 m^3、0.47 亿 m^3、0.54 亿 m^3，死库容分别为 0.16 亿 m^3、0.16 亿 m^3、0.20 亿 m^3，调节库容分别为 0.28 亿 m^3、0.31 亿 m^3、0.33 亿 m^3；水库运行 20 年后，正常蓄水位以下库容分别为 0.24 亿 m^3、0.29 亿 m^3、0.35 亿 m^3，死库容分别为 0.05 亿 m^3、0.08 亿 m^3、0.13 亿 m^3，剩余调节库容分别为 0.20 亿 m^3、0.21 亿 m^3、0.22 亿 m^3。此后，随着水库运行年限的增加，水库剩余调节库容略有减少。

从比较结果来看，运行相同年限时，各方案剩余的调节库容基本相当，运行期头 10 年，调节库容损失速度较快，20 年后水库调节库容变化不大，在不考虑上游建库的情况下调节库容在 0.15 亿 m^3 左右，考虑上游 N—J 水电站后调节库容略有增加，基本维持在 0.20 亿 m^3 左右。各方案调节库容均大于电站所需日调节库容 673 万 m^3。从保持调节库容的角度来看，各方案差别不大，对排沙运行水位选择不构成制约。

(3)坝前泥沙淤积

根据库区一维泥沙淤积分析计算成果，对于排沙运行水位451m、446m、441m方案，在考虑上游N—J水电站建设对入库泥沙影响的情况下，水库运行至30年末，坝前泥沙淤积高程分别为435.4m、429.2m和424.5m，均低于电站进水口引水渠前沿拦沙坎的高程440.0m，但是451m方案已经超过了电站进水口底板高程430.5m，电站进水口存在淤堵的风险。

根据坝区泥沙淤积三维数值模拟计算成果，除排沙水位451m方案外，其余各方案水库运行20年后基本达到冲淤平衡，电站取水口和排沙孔口门前仅有少量淤积，能满足坝前排沙和电站进水口“门前清”要求，保证电站取水发电。

因此为满足电站进水口“门前清”要求，从偏安全角度考虑，水库排沙运行水位宜低于451m。

(4)发电量

排沙水位不同，电站停机排沙的时间也不相同。根据典型年日径流调节计算成果统计(表5.16)，对于排沙运行水位451m、446m、441m方案，平均每年停机排沙时间约为17d、17d和18d。当排沙运行水位由451m降至446m，电站多年平均年发电量由32.10亿kW·h减少至32.06亿kW·h，减少0.04亿kW·h；当排沙运行水位由446m降至441m，电站多年平均年发电量由32.06亿kW·h减少至31.92亿kW·h，减少0.14亿kW·h。排沙水位越低，电站每年停机排沙时间越长，对电站发电量影响越大。从发电量的角度来看，排沙运行水位451m方案较优。

表5.16　　不同排沙水位电站动能指标比较

项目	排沙水位451m	排沙水位446m	排沙水位441m
正常蓄水位/m	461	461	461
死水位/m	451	451	451
排沙分级流量/(m^3/s)	2100	2100	2100
停机排沙时间/d	17	17	18
装机容量/MW	720	720	720
多年平均年发电量/(亿kW·h)	32.10	32.06	31.92
装机年利用小时数/h	4459	4452	4434

(5)水工布置

按照排沙水位时泄洪排沙孔的泄流能力不小于两年一遇洪峰流量，对应枢纽总泄流能力不小于五年一遇洪峰流量进行水工布置，排沙水位越高，所需泄洪排沙孔规模越小，对应工程投资也越少。从经济性角度来看，排沙运行水位高的方案，投资相对较低。

综上所述，排沙水位越低，越有利于减少库区泥沙淤积量，降低坝前泥沙淤积高程，排沙水位低的方案对取水防沙和电站正常运行较为有利；从保持调节库容的角度来看，各方案差别不大，均可以满足电站所需日调节库容要求，对排沙运行水位选择不构成制约；坝区泥沙淤积三维数值模拟计算表明，为满足电站进水口“门前清”要求，排沙运行水位宜低于 451m；从发电效益角度来看，排沙水位越低，电站每年停机排沙时间越长，对电站发电量影响越大，排沙水位高的方案相对较优；从水工布置角度来看，为满足排沙水位运行时枢纽的泄流能力要求，各方案的水工布置方案有所不同，排沙运行水位高的方案，投资相对较低。

因此根据枢纽的排沙效果，在满足电站进水口“门前清”和调节库容要求基础上，从经济性角度考虑，初步推荐卡洛特水电站汛期排沙运行水位为 446m，枢纽相应泄流能力为 5085m^3/s，其中泄洪排沙孔的泄流能力为 2582m^3/s，可满足水库汛期排沙要求。

5.2.4 排沙调度运行方式

综合上述比选结果，考虑工程运行安全，兼顾发电与排沙，推荐卡洛特水电站排沙流量按两级控制，第一级排沙流量为 1400m^3/s，相应排沙水位为 456m；第二级排沙流量为 2100m^3/s，相应排沙水位为 446m。具体排沙调度运行方式如下：

1）当入库流量大于 1400m^3/s，但小于 2100m^3/s 时，在尽量满足电站机组满发的情况下，允许水库水位降至 456m 运行；

2）当入库流量大于 2100m^3/s，水库降水位排沙，每天的水位降幅初步按不超过 5m 控制，直至排沙运行水位 446m，当水库水位降至 451m 以下，电站停机；

3）当入库流量小于 2100m^3/s 时，水库开始充蓄，蓄水期间控制库水位上涨率不超过 10m/d，当库水位高于 451m，且发电水头满足机组安全运行要求时，电站开机运行，当库水位达到 456m 时，若入库流量大于 1400m^3/s，水库可维持在 456m 运行，否则库水位可逐步回蓄至正常蓄水位 461m。

5.3 泥沙实验

5.3.1 一维水沙数学模型

5.3.1.1 泥沙基本资料

卡洛特水库坝址以上流域年均悬移质输沙量为 3315 万 t，相应含沙量为 1.28kg/m^3；参考工程河段上下游梯级相关泥沙设计成果，推移质输沙量取悬移质输沙量的 15%，则推移质输沙量为 497 万 t；卡洛特水库坝址总输沙量为 3812 万 t。坝址泥沙年内分配主要集中在 4—8 月，占全年近 90%，见表 5.17。

表 5.17　　卡洛特水电站坝址泥沙年内分配成果

项目	1月	2月	3月	4月	5月	6月	7月	8月	9月	10月	11月	12月	年
输沙量/万t	14.85	33.20	160.45	406.15	743.50	732.81	672.31	363.1	128.35	31.26	15.01	13.73	3315
百分比/%	0.45	1.00	4.84	12.25	22.43	22.11	20.28	10.95	3.87	0.94	0.45	0.41	100

悬移质颗粒级配采用2013年5—8月阿扎德帕坦站实测悬移质颗粒级配的整编成果，中值粒径0.027mm，见表5.18。

表 5.18　　阿扎德帕坦站悬移质颗粒级配

粒径级/mm	0.002	0.004	0.008	0.016	0.031	0.062	0.125	0.250	0.500	1.000
小于某粒径沙量百分数/%		9.8	24.8	35.6	54.8	79.7	86.7	92.9	97.9	100

5.3.1.2　库区一维全沙水沙数学模型的建立与验证

(1)模型建立

1)基本方程组。

水流运动方程和连续方程：

$$\frac{\partial Z}{\partial x}+J_f+\frac{1}{2g}\frac{\partial U^2}{\partial x}+\frac{1}{g}\frac{\partial U}{\partial t}=0 \tag{5.3-1}$$

$$\frac{\partial Q}{\partial x}+\frac{\partial A}{\partial t}=0 \tag{5.3-2}$$

悬移质泥沙连续方程：

$$\frac{\partial (QS_i)}{\partial x}+\frac{\partial (AS_i)}{\partial t}+\alpha B(S_i-S_{*i})\omega_i=0 \quad (i=1,2,\cdots 8) \tag{5.3-3}$$

水流挟沙力方程：

$$S_*=S_*(U,Z,\omega\cdots) \tag{5.3-4}$$

推移质输沙率方程：

$$G_b=G_b(U,Z,d,\cdots) \tag{5.3-5}$$

悬移质河床变形方程：

$$\frac{\partial (QS)}{\partial x}+\frac{\partial (\gamma'_s\Delta A_1)}{\partial t}+\frac{\partial (AS)}{\partial t}=0 \tag{5.3-6}$$

推移质河床变形方程：

$$\frac{\partial (G_b)}{\partial x}+\frac{\partial (\gamma'_s\Delta A_2)}{\partial t}=0 \tag{5.3-7}$$

式中，Z——水位；

Q——流量；

J_f——能坡；

U——流速；

A——过水面积；

g——重力加速度；

S、S_*——断面平均含沙量及水流挟沙力；

G_b——推移质输沙率；

γ'_s——干容重；

ΔA_1、ΔA_2——悬移质和推移质断面冲淤面积；

B——水面宽度；

x——沿程距离；

t——时间；

ω——泥沙颗粒静水沉速；

脚标“i”——第 i 粒径组；

d——粒径；

α——恢复饱和系数(淤积取值为 0.25，冲刷取值为 1.0)。

2)数值方法。

由于所研究的问题是长时期、长河段内发生的，在实际计算时对基本方程组进行了简化。简化的假定是将整个计算时段划分成若干小的计算时段，将长河段划分为若干个短河段，且在计算时段内，短河段内除 ΔA 以外，其他因子不变，即按恒定流考虑，而在不同时段，不同河段各因子可以不同，并忽略微小量 $\frac{\partial U}{\partial t}$、$\frac{\partial (AS)}{\partial t}$ 等。

经差分方程变换、整理得如下应用方程。

水面线计算式：

$$Z = z_0 + \frac{n^2 Q^2 \Delta x}{2}\left(\frac{B^{4/3}}{A^{10/3}} + \frac{B_0^{4/3}}{A_0^{10/3}}\right) + \frac{U_0^2 - U^2}{2g} \tag{5.3-8}$$

悬移质含沙量变化方程：

$$S_i = S_{*i} + (S_{oi} - S_{*oi})e^{-Y} + (S_{*oi} - S_{*i})Y^{-1}(1 - e^{-Y}) \quad (i = 1,2,\cdots,8) \tag{5.3-9}$$

式中：

$$Y = \frac{\alpha \omega_i \Delta x}{q}$$

$$S_{*i} = K_i S_{*m}$$

$$S_{*m} = k\left(\frac{U^3}{gh\omega_m}\right)^m$$

采用 $m=0.92, k/gm=0.03$，得 $S_{*m}=0.03\dfrac{Q^{2.76}B^{0.92}}{A^{3.68}\omega_m{}^{0.92}}$

$$\omega_m{}^{0.92}=\sum_{i=1}^{8}P_i\omega_i{}^{0.92}$$

式中：K_i——分组挟沙力系数，采用窦国仁公式：

$$K_i=\frac{(P_i/\omega_i)^{\beta}}{\sum_{i=1}^{8}(P_i/\omega_i)^{\beta}}$$

式中：P_i——悬移质级配，由下式计算：

$$P_i=\begin{cases}P_{oi} & \text{（平衡）}\\ \dfrac{G_{soi}-\Delta G_{si}}{\sum(G_{soi}-\Delta G_{si})} & \text{（不平衡）}\end{cases}$$

悬移质引起的河床变形：

$$\Delta Z_1=\sum_{i=1}^{8}\frac{(Q_0S_{0i}-QS_i)\Delta t}{\gamma'_{si}B\Delta x} \tag{5.3-10}$$

推移质输沙率采用长江科学院分析确定的推移质输沙经验曲线求得（图 5.3）。输沙曲线的关系式为：

$$\frac{V_d}{\sqrt{gd}}\sim\frac{q_s}{d\sqrt{gd}} \tag{5.3-11}$$

式中，$V_d=\dfrac{m+1}{m}/\left(\dfrac{h}{d}\right)^{-\frac{1}{m}}U, m=4.7\left(\dfrac{h}{d_{50}}\right)^{0.06}$。

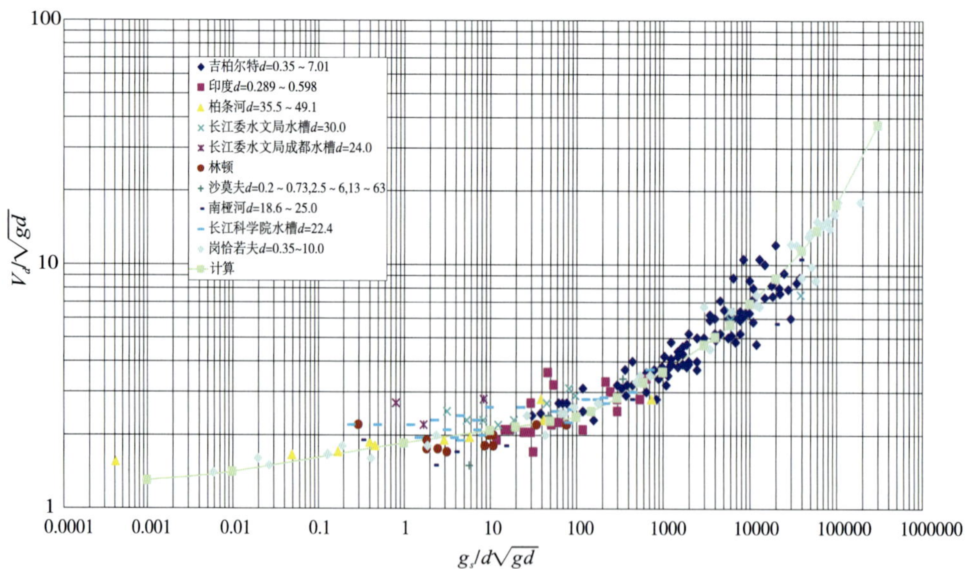

图 5.3　推移质输沙经验曲线

泥沙起动流速公式（张瑞瑾公式）为：

$$U_c=(\frac{h}{d})^{0.14}\sqrt{17.6\frac{\rho_s-\rho}{\rho}d+0.000000605\frac{10+h}{d^{0.72}}} \tag{5.3-12}$$

推移质引起的河床变形为：

$$\Delta Z_2=\sum_{i=9}^{16}\frac{(G_{boi}-G_{bi})\Delta t}{\gamma'_{si}B\Delta x} \tag{5.3-13}$$

河床总变形为：

$$\Delta Z=\Delta Z_1+\Delta Z_2 \tag{5.3-14}$$

断面形态修改：

宽浅断面沿湿周等厚变形修改；窄深断面按水平变形修改。

式中：Δt——时段；

Δx——两断面间距；

S_i、S_{*i}——分组含沙量及挟沙力；

S_{*m}——断面总的挟沙力；

q——单宽流量；

ω_m——非均匀沙平均沉速；

k 和 m——挟沙力系数和指数；

β——指数，取 1/6；

U_d——近床面流速；

U_c——床沙起动流速；

d——粒径；

H——水深；

qb——推移质单宽输沙率；

G_b——推移质总输沙率；

G_s——断面悬移质输沙率；

脚标“0”——已知断面。

3)计算流程。

在含沙量不大的河道，扩散理论是适用的。扩散理论有一个前提，即紊流中的泥沙颗粒运动不受相邻颗粒运动的影响，因而可对混合沙的每一组粒径单独分析，然后把各粒径组的部分成果加起来，就得到总的结果。

基于上述理论，在求解时采用分别求解各粒径组的含沙量、冲淤量所引起的河床变形，然后将各粒径组的结果合起来就得到了河床变形的总结果。该方法的优点在于物理概念明确，简单易行。由于按粒径分组计算冲淤量，在同样的边界与水力因素的条件下，能自动进行悬移质中的粗颗粒与河床中的细颗粒交换，达到“淤粗悬细”的结果，在冲刷过程中河床自行完成粗化过程，形成粗化保护层。

求解方程组时采用非耦合解，每个计算时段分 3 步计算，第一步推求水面线，算出各断面的水力要素；第二步求各河段各组泥沙（包括推移质和悬移质）的冲淤量；第三步修改横断面形态。

长江科学院用上述方法研制了河道冲淤变形计算程序（HELIU-2 软件），程序采用模块化方法编制。

（2）模型验证

为检验上述水流泥沙数学模型的可靠性，需对其进行验证。由于该工程所处河段无实测资料可供验证，选择了具有实测资料的汉江干流丹江口水库的汉江库区进行验证计算。验证结果表明，数学模型计算的水库库区泥沙冲淤变化，无论淤积总量、淤积分布，还是淤积后水位，成果与实测资料都吻合较好，误差在允许范围之内。长江科学院自行研制的“HELIU-2”库区一维全沙数学模型已在乌东德、亭子口、汉江孤山、金沙江金沙水电站、刚果（金）英加 3 低水头项目、尼泊尔西赛提水电站、巴基斯坦玛尔水电站、缅甸萨尔温江孟东水电站等国内外数十座大中型水利枢纽工程中成功应用，并且该模型也是《水电水利工程泥沙设计规范》（DL/T 5089—1999）中推荐使用的模型，因此该模型可用于卡洛特水电站的库区泥沙淤积计算。

5.3.1.3 水库泥沙淤积计算条件与结果分析

（1）水库泥沙淤积计算条件

1）计算河段及断面选取。

计算河段为卡洛特坝址至库尾河段，全长约 30km，共划分 48 个断面，平均断面间距 0.6km。

2）典型年的选择和进口水沙条件。

卡洛特水电站库区泥沙淤积计算典型系列选用 1981—1990 年，典型系列坝址处年均径流量为 271.3 亿 m^3，较多年平均年径流量（1970—2010 年）偏离 5.0%。典型系列年年均输沙量为 3222 万 t，较多年平均输沙量（1970—2010 年）偏离 −2.8%。以上资料说明，典型系列的代表性较强，包括了年水量的丰、中、枯及年输沙量的大、中、小等多种类型的组合情况。推移质泥沙量取悬移质输沙量的 15%，即典型系列年推移质输沙量为 483.3 万 t。卡洛特水电站库区泥沙淤积计算典型年平均水沙特征见表 5.19。

表 5.19 卡洛特水电站典型系列年入库水沙统计结果

年份	径流量/亿 m^3	输沙量/万 t	含沙量/(kg/m^3)
1981 年	272.8	3443	1.26
1982 年	230.2	1887	0.69
1983 年	316.0	4443	1.63
1984 年	216.3	1806	0.66

续表

年份	径流量/亿 m^3	输沙量/万 t	含沙量/(kg/m^3)
1985 年	176.3	1117	0.41
1986 年	309.1	4126	1.51
1987 年	345.9	4637	1.70
1988 年	281.1	2931	1.07
1989 年	270.3	3520	1.29
1990 年	294.5	4312	1.58
10 年平均	271.3	3222	1.18
1970—2010 年平均	258.3	3315	1.28
比多年平均偏离	5.0%	−2.8%	

泥沙淤积计算中还考虑了上游梯级建设对卡洛特水电站入库泥沙的影响。根据上游电站的设计报告分析,N—J 水电站年均入库沙量 1500 万 t,推移质输沙量约 225 万 t,按这部分推移质淤积在上游库内考虑,则 N—J 水电站拦截推移质后典型系列年推移质输沙量为 258.3 万 t。

(2)泥沙淤积计算结果分析

1)库区泥沙淤积总量(含推移质)。

由于卡洛特水电站库沙比较小,泥沙问题较严重。建库后,坝前正常蓄水位较天然情况约抬高 70m,改变了天然条件下的水流特性,降低了河道输沙能力,引起泥沙大量落淤,库区泥沙淤积发展迅速。

同方案库区泥沙淤积总量见表 5.20 和图 5.4。由计算结果可以看出:在卡洛特水电站单独运行条件下,相同排沙水位方案相比(方案 3、方案 5 和方案 7),排沙分级流量越小,泥沙淤积量越少;相同排沙分级流量方案相比(方案 1、方案 5 和方案 9),排沙水位越低泥沙淤积量越少;相同排沙水位与流量组合条件下,考虑上游 N—J 水电站的方案比不考虑的方案的泥沙淤积量减少。水库运行 10 年末各方案泥沙淤积总量为 0.99 亿~1.16 亿 m^3,各方案推移质 10 年内均可运动至坝前;水库运行 20 年末各方案泥沙淤积总量为 1.20 亿~1.40 亿 m^3;水库运行 50 年末各方案泥沙淤积总量为 1.33 亿~1.62 亿 m^3。

表 5.20　　卡洛特水电站泥沙淤积量统计结果　　(单位:亿 m^3)

方案	方案 1	方案 2	方案 3	方案 4	方案 5	方案 6	方案 7	方案 8	方案 9	方案 10
排沙水位	441m		446m						451m	
排沙流量	2100m^3		2000m^3		2100m^3		2200m^3		2100m^3	
上游建库情况	工况 1	工况 2	工况 1	工况 2	工况 1	工况 2	工况 1	工况 2	工况 1	工况 2
10 年	1.06	0.99	1.11	1.03	1.12	1.04	1.13	1.06	1.16	1.08
20 年	1.28	1.20	1.32	1.24	1.33	1.26	1.35	1.28	1.40	1.32

续表

上游建库情况	工况 1	工况 2	工况 1	工况 2	工况 1	工况 2	工况 1	工况 2	工况 1	工况 2
30 年	1.34	1.25	1.38	1.27	1.41	1.30	1.42	1.32	1.48	1.37
40 年	1.41	1.29	1.44	1.31	1.47	1.34	1.48	1.37	1.55	1.42
50 年	1.47	1.33	1.51	1.35	1.55	1.37	1.55	1.41	1.62	1.46

拟定了 10 种方案计算卡洛特水电站库区泥沙淤积量：①方案 1。排沙水位 441m，排沙流量 2100m³/s，上游未建库（工况 1）。②方案 2。排沙水位 441m，排沙流量 2100m³/s，上游建库（工况 2）。③方案 3。排沙水位 446m，排沙流量 2000m³/s，上游未建库（工况 1）。④方案 4。排沙水位 446m，排沙流量 2000m³/s，上游建库（工况 2）。⑤方案 5。排沙水位 446m，排沙流量 2100m³/s，上游未建库（工况 1）。⑥方案 6。排沙水位 446m，排沙流量 2100m³/s，上游建库（工况 2）。⑦方案 7。排沙水位 446m，排沙流量 2200m³/s，上游未建库（工况 1）。⑧方案 8。排沙水位 446m，排沙流量 2200m³/s，上游建库（工况 2）。⑨方案 9。排沙水位 451m，排沙流量 2100m³/s，上游未建库（工况 1）。⑩方案 10。排沙水位 451m，排沙流量 2100m³/s，上游建库（工况 2）。

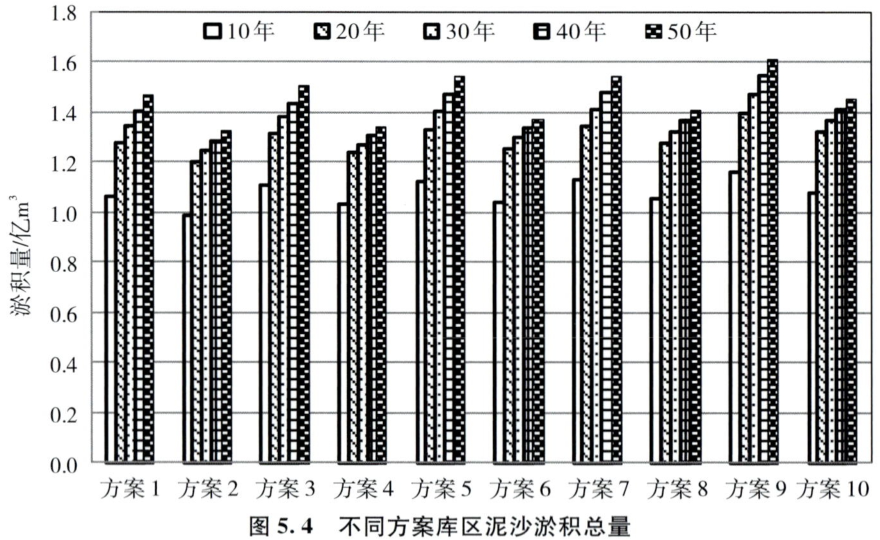

图 5.4　不同方案库区泥沙淤积总量

2）水库排沙比及平衡时间。

各方案水库排沙比成果见表 5.21。根据计算成果分析，由于卡洛特水电站库沙比较小，泥沙淤积发展迅速。水库运行 10 年各方案悬移质排沙比为 63.0%～68.1%。水库运行 20 年各方案悬移质排沙比已达到 95.1%～100.2%。

表 5.21　　卡洛特水电站悬移质排沙比统计结果　　(单位:%)

方案	方案 1	方案 2	方案 3	方案 4	方案 5	方案 6	方案 7	方案 8	方案 9	方案 10
10 年	68.1	66.6	66.3	64.8	65.7	64.4	65.3	63.9	64.2	63.0
20 年	98.8	95.3	99.6	95.8	99.9	95.8	100.2	95.8	99.5	95.1
30 年	105.0	102.5	106.0	103.6	105.5	103.2	105.9	103.2	106.0	103.6
40 年	103.4	102.3	105.1	102.9	105.0	103.4	105.8	103.5	106.0	103.3
50 年	102.4	103.0	104.5	103.3	104.6	104.1	105.8	105.1	106.7	104.9

根据《水电水利工程泥沙设计规范》(DL/T 5089—1999),当库区悬移质排沙比达到90%以上,即可认为水库泥沙淤积呈相对平衡状态。故卡洛特水电站运行 20 年内各方案均已达到相对平衡状态。但仍需指出的是,由于水库入库泥沙中推移质占比达 15%左右,后期推移质持续淤积,虽然由于淤粗悬细的作用,前期淤下的少量悬移质被重新冲起,但总体来看,后期仍有一定的淤积发展。

3)库容损失及坝前泥沙淤积高程。

水库蓄水运用后,库区泥沙淤积必将会引起水库库容的损失。由于卡洛特水电站泥沙淤积较为严重,淤积三角洲运动至坝前时间较短,库容损失速度较快。不同方案库容损失见表 5.22 至表 5.25。水库运用 10 年末时,各方案正常蓄水位下库容损失 0.98 亿～1.14 亿 m^3,死水位下库容损失 0.83 亿～0.90 亿 m^3,调节库容损失 0.16 亿～0.24 亿 m^3;水库运用 20 年末时,正常蓄水位下库容损失 1.17 亿～1.31 亿 m^3,死水位下库容损失 0.90 亿～0.99 亿 m^3,调节库容损失 0.27 亿～0.32 亿 m^3。

表 5.22　　卡洛特水电站正常蓄水位下库容损失　　(单位:亿 m^3)

运行年限	方案 1	方案 2	方案 3	方案 4	方案 5	方案 6	方案 7	方案 8	方案 9	方案 10
10 年	1.05	0.98	1.09	1.03	1.11	1.05	1.12	1.06	1.14	1.08
20 年	1.23	1.17	1.25	1.21	1.26	1.23	1.27	1.24	1.31	1.28
30 年	1.26	1.19	1.28	1.23	1.29	1.24	1.31	1.26	1.33	1.29
40 年	1.28	1.21	1.30	1.24	1.31	1.25	1.31	1.27	1.34	1.29
50 年	1.31	1.22	1.33	1.25	1.34	1.26	1.35	1.27	1.36	1.30

表 5.23　　卡洛特水电站死水位下库容损失　　(单位:亿 m^3)

运行年限	方案 1	方案 2	方案 3	方案 4	方案 5	方案 6	方案 7	方案 8	方案 9	方案 10
10 年	0.86	0.83	0.90	0.87	0.90	0.87	0.90	0.87	0.90	0.87
20 年	0.92	0.90	0.94	0.94	0.96	0.95	0.97	0.96	0.99	0.98
30 年	0.94	0.91	0.96	0.95	0.97	0.95	0.97	0.96	0.99	0.98
40 年	0.95	0.92	0.97	0.95	0.97	0.95	0.98	0.97	0.99	0.98
50 年	0.96	0.92	0.98	0.95	0.99	0.96	0.99	0.96	1.00	0.99

表 5.24　　卡洛特水电站调节库容损失　　（单位：亿 m^3）

运行年限	方案 1	方案 2	方案 3	方案 4	方案 5	方案 6	方案 7	方案 8	方案 9	方案 10
10 年	0.19	0.16	0.20	0.17	0.21	0.18	0.22	0.19	0.24	0.21
20 年	0.31	0.27	0.31	0.27	0.31	0.28	0.31	0.28	0.32	0.29
30 年	0.32	0.28	0.32	0.29	0.33	0.29	0.34	0.30	0.33	0.31
40 年	0.33	0.29	0.33	0.29	0.34	0.30	0.34	0.30	0.35	0.31
50 年	0.34	0.30	0.35	0.30	0.35	0.30	0.36	0.30	0.36	0.31

不同方案全库区泥沙淤积纵剖面见图 5.5 至图 5.14。不同方案坝前泥沙淤积后深泓高程成果见表 5.25 和表 5.26。天然情况下坝前为“V”形断面，初始运行时在 461m 水位下坝前横断面面积为 16387m^2。水库运用 20 年内，坝前泥沙呈强烈淤积状态，主要表现为河槽集中淤积、滩地大幅淤积、河宽明显束窄的现象，逐渐过渡为“U”形断面；20 年末，各方案坝前深泓高程 424.16～434.92m，坝前断面过水面积减少 83%～89%。水库运用 20 年后，坝前泥沙淤积变缓，坝前断面变化不大。

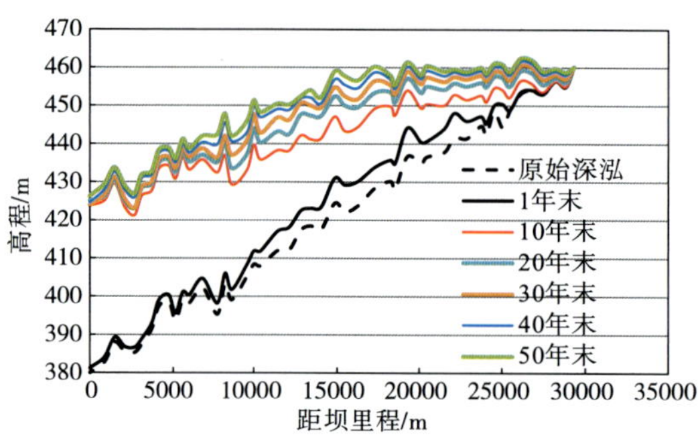

图 5.5　方案 1 纵剖面变化图

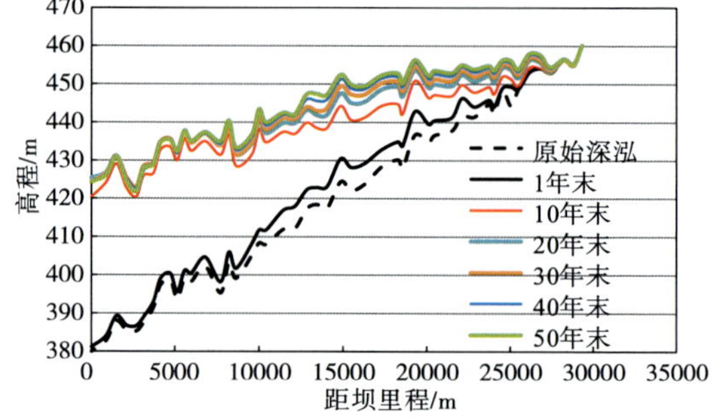

图 5.6　方案 2 纵剖面变化图

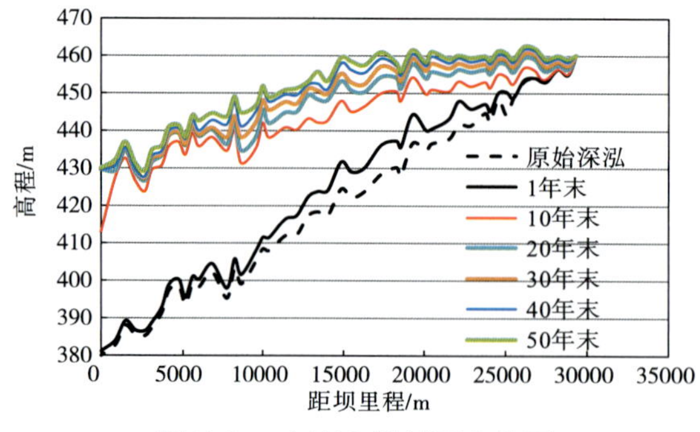

图 5.7　方案 3 纵剖面变化图

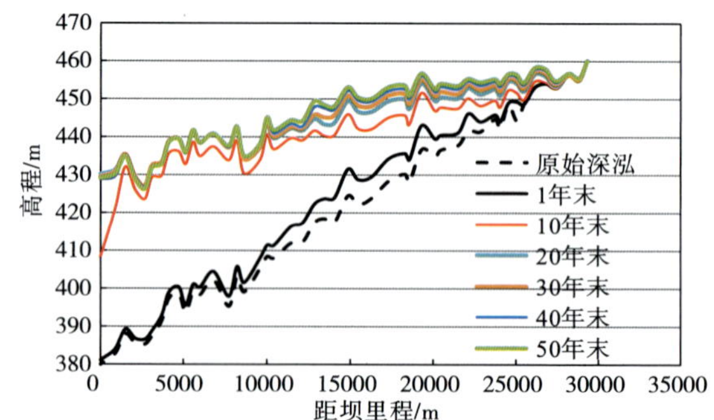

图 5.8　方案 4 纵剖面变化图

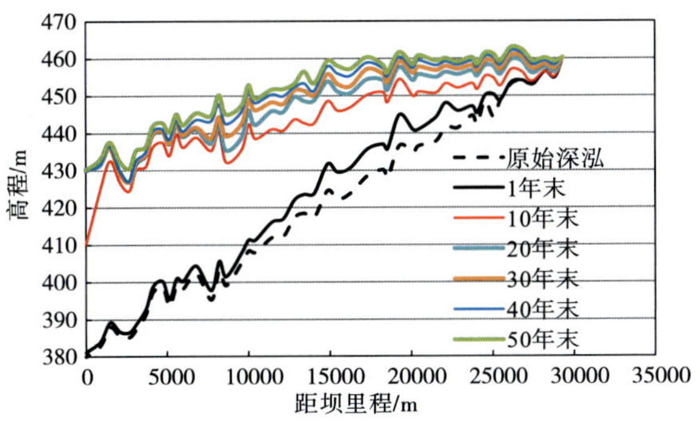

图 5.9　方案 5 纵剖面变化图

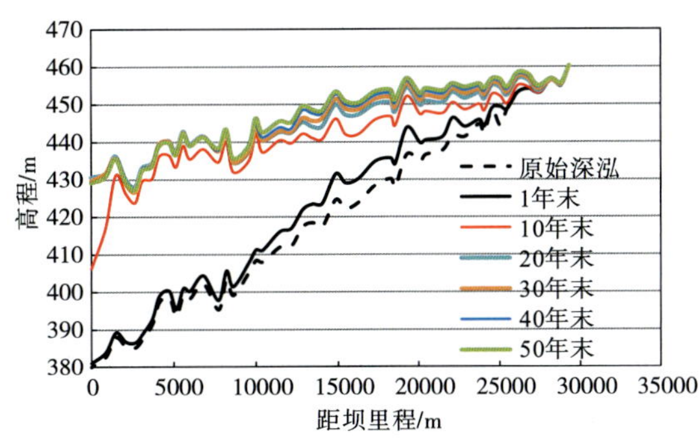

图 5.10　方案 6 纵剖面变化图

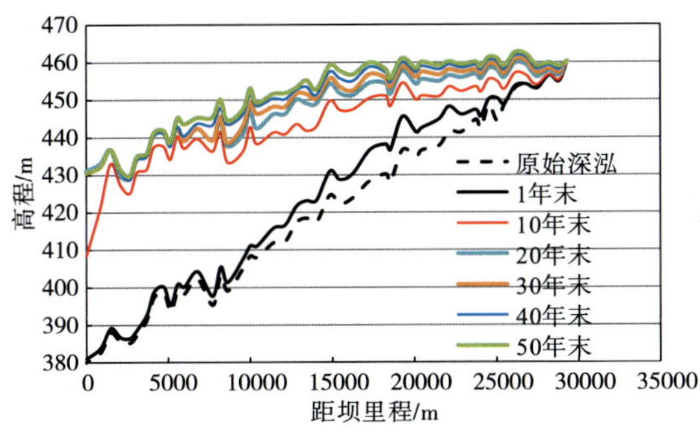

图 5.11　方案 7 纵剖面变化图

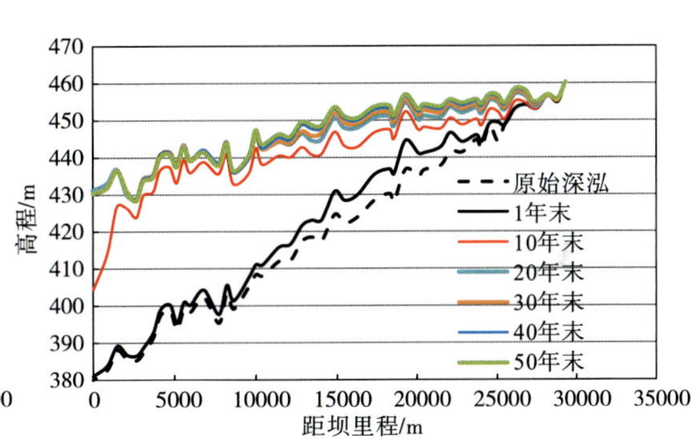

图 5.12　方案 8 纵剖面变化图

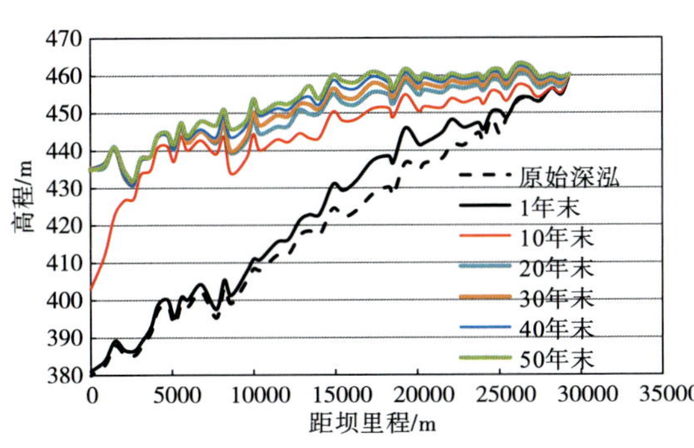

图 5.13　方案 9 纵剖面变化图

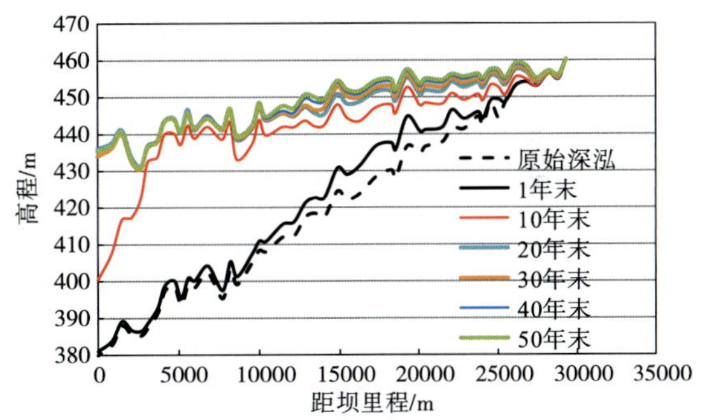

图 5.14　方案 10 纵剖面变化图

表 5.25　　卡洛特水电站坝前深泓高程　　(单位:m)

运行年限	方案 1	方案 2	方案 3	方案 4	方案 5	方案 6	方案 7	方案 8	方案 9	方案 10
10 年	423.89	420.51	413.05	408.44	410.20	406.30	408.51	404.35	403.12	400.42
20 年	424.16	424.43	429.56	428.87	429.72	429.10	430.46	430.32	434.92	434.15
30 年	424.66	424.49	429.66	429.33	429.99	429.24	430.56	430.34	435.11	435.43
40 年	425.10	424.58	429.76	429.57	430.20	429.75	430.65	430.42	435.30	435.47
50 年	426.40	425.47	430.13	430.21	430.50	430.68	431.16	431.24	435.37	436.09

表 5.26　卡洛特水电站坝前断面过水面积　（单位：m^2）

运行年限	方案 1	方案 2	方案 3	方案 4	方案 5	方案 6	方案 7	方案 8	方案 9	方案 10
10 年	6225	6823	7579	8508	8024	8853	8232	9175	9163	9907
20 年	2656	2705	2349	2370	2173	2241	1984	2081	1745	1688
30 年	2149	2326	2040	2120	1907	1956	1977	1994	1583	1663
40 年	2114	2321	2025	2080	1886	1945	1966	1992	1570	1552
50 年	1988	2314	1893	2059	1865	1904	1961	1985	1556	1548

5.3.2　三维水沙数学模型

5.3.2.1　模型的建立与验证

（1）水流模型基本方程及求解方法

采用基于 Boussinesq 各向紊动同性假定的三维雷诺时均 NS 方程作为控制方程。分别使用(x^*,y^*,z^*,t^*)、(x,y,σ,t)表示 z、σ 坐标系，在 σ 坐标系下水流连续性方程、三维雷诺时均 NS 方程可表示如下：

$$\frac{\partial \eta}{\partial t}+\frac{\partial uD}{\partial x}+\frac{\partial vD}{\partial y}+D\frac{\partial \omega}{\partial \sigma}=0 \tag{5.3-15}$$

$$\frac{\mathrm{d}u}{\mathrm{d}t}=-g\frac{\partial \eta}{\partial x}-\frac{g}{\rho_0}\int_{z^*}^{H_{R+\eta}}\frac{\partial \rho}{\partial x^*}\mathrm{d}z^*+\frac{1}{D}\frac{\partial}{\partial \sigma}\left(\frac{K_{mv}}{D}\frac{\partial u}{\partial \sigma}\right)+K_{mh}\left(\frac{\partial^2 u}{\partial x^{*2}}+\frac{\partial^2 u}{\partial y^{*2}}\right)-\left[\frac{\partial q}{\partial x}+\frac{\partial q}{\partial \sigma}\frac{\partial \sigma}{\partial x^*}\right] \tag{5.3-16}$$

$$\frac{\mathrm{d}v}{\mathrm{d}t}=-g\frac{\partial \eta}{\partial y}-\frac{g}{\rho_0}\int_{z^*}^{H_{R+\eta}}\frac{\partial \rho}{\partial y^*}\mathrm{d}z^*+\frac{1}{D}\frac{\partial}{\partial \sigma}\left(\frac{K_{mv}}{D}\frac{\partial v}{\partial \sigma}\right)+K_{mh}\left(\frac{\partial^2 v}{\partial x^{*2}}+\frac{\partial^2 v}{\partial y^{*2}}\right)-\left[\frac{\partial q}{\partial y}+\frac{\partial q}{\partial \sigma}\frac{\partial \sigma}{\partial y^*}\right] \tag{5.3-17}$$

$$\frac{\mathrm{d}w}{\mathrm{d}t}=\frac{1}{D}\frac{\partial}{\partial \sigma}\left(\frac{K_{mv}}{D}\frac{\partial w}{\partial \sigma}\right)+K_{mh}\left(\frac{\partial^2 w}{\partial x^{*2}}+\frac{\partial^2 w}{\partial y^{*2}}\right)-\frac{1}{D}\frac{\partial q}{\partial \sigma} \tag{5.3-18}$$

式中，u、v、w——水流在水平 x^*、y^* 方向和垂向 z^* 方向的流速分量；

t——时间；

g——重力加速度；

H_R——参考面高度；

η——H_R 以上水深，

h——H_R 以下测深；

$D=\eta+h$；

q——动水压强；

ρ_0、ρ——参考密度和混合流体的平均密度；

K_{mh}、K_{mv}——动量方程中的水平、垂向涡黏性系数；

垂向 σ 变换可表示为 $\sigma=(z^*-\eta)$，ω 为 σ 坐标系下的垂向流速。

$$\omega=\frac{\mathrm{d}\sigma}{\mathrm{d}t^*}=\frac{w}{D}-u\left(\frac{\sigma}{D}\frac{\partial D}{\partial x}+\frac{1}{D}\frac{\partial \eta}{\partial x}\right)-v\left(\frac{\sigma}{D}\frac{\partial D}{\partial y}+\frac{1}{D}\frac{\partial \eta}{\partial y}\right)-\left(\frac{\sigma}{D}\frac{\partial D}{\partial t}+\frac{1}{D}\frac{\partial \eta}{\partial t}\right) \tag{5.3-19}$$

模型混合使用有限差分—有限体积法求解。动量方程采用有限差分法求解，连续性方程、自由水面方程采用有限体积法求解，可严格保证水量守恒。采用平面无结构网格可适应不规则水域边界，采用垂向 σ 坐标可实时贴合自由水面和河床变化、较好地处理复杂的三维地形。

(2)泥沙模型基本方程及求解方法

泥沙模型主要考虑悬移质运动，不考虑推移质运动的影响。经过垂向 σ 坐标变换后，悬移质泥沙输运方程为：

$$\frac{\partial C}{\partial t}+u\frac{\partial C}{\partial x}+v\frac{\partial C}{\partial y}+(\omega-\omega_s)\frac{\partial C}{\partial \sigma}=K_{Sh}\left(\frac{\partial^2 C}{\partial x^{*2}}+\frac{\partial^2 C}{\partial y^{*2}}\right)+\frac{1}{D}\frac{\partial}{\partial \sigma}\left(\frac{K_{Sv}}{D}\frac{\partial C}{\partial \sigma}\right) \tag{5.3-20}$$

式中，C——泥沙浓度；

ω_s——σ 坐标系下泥沙的沉速；

K_{Sv}、K_{Sh}——垂向的、水平的泥沙扩散系数。

上式中水平扩散项此处未展开。

直接使用底层网格中心泥沙浓度 C_1 代替推移质层顶面水体泥沙浓度 C_b，并引入综合恢复饱和系数 α 同时考虑不平衡输沙和上述换算的综合作用。经过变化后，泥沙输运方程在水流底层的边界条件为

$$\left[K_{Sv}\frac{1}{D}\frac{\partial C}{\partial \sigma}+w_s C\right]_{z=\delta}=\alpha w_s(C_1-C_a) \tag{5.3-21}$$

式中，C_a——近底泥沙平衡浓度；

δ——推移质层厚度。

与泥沙输运方程河床边界条件相对应的河床变形方程为

$$\rho'\frac{\partial Z_b}{\partial t}=\alpha w_s(C_1-C_a) \tag{5.3-22}$$

式中，Z_b——床面高程；

ρ'——河床组成物质的干密度。

在进行分组泥沙输运计算时，将上述各式中的代表泥沙粒径、泥沙沉速等换成该组泥沙的对应值；将各组泥沙分别当作不同物质处理，它们的输运方程、河床变形方程等均可套用式(5.3-20)至式(5.3-22)。采用武汉大学韦直林方法计算(或分配)各组泥沙的挟沙力级配、近底平衡浓度和调整床沙级配。坝区泥沙淤积体的水下坍塌是水库运行中后期的重要现象。本模型在处理底孔前淤积体水下坍塌问题时采用基于"水下休止角"的淤积

体水下坍塌判别方法。

(3)工程方案及其模型处理技术

在计算中设定孔口不再过流的判断标准为：当孔口淤积面积(厚度)占孔口过流面积(高度)超过50%时，认为该孔口在接下来的系列年水沙计算中不再过流，其出流流量均匀分配给其他出流孔口。

(4)数学模型计算网格与参数

综合考虑拟建工程所在河段的河势及水文资料等因素，选取坝前长约5km的水库河段作为三维数模的计算河段，采用1/500地形。根据初始时刻河床泥沙级配组成实测成果，对整个计算河段分段给定床沙各层厚度及级配。采用四边形无结构网格剖分计算区域，网格节点数为6566个。沿水流和垂直水流方向的网格尺度分别为15～20m、8～10m。σ网格分10层以保证足够的垂向分辨率。

在计算过程中，干湿动边界临界水深h_0取0.1m。三维水流数模计算涉及的主要参数有紊动粘性系数、床面阻力系数等。紊动粘性系数采用GLS紊流模型计算，床面阻力系数采用下式计算：

$$C_{Db}=\max\left\{\left[\frac{1}{\kappa}\ln\left(\frac{\delta_b}{k_s}\right)\right]^{-2},C_{Db\min}\right\} \tag{5.3-23}$$

式中，δ_b——底层网格的高度的一半；

k_s——床面粗糙高度，取$3d_{90}$，$25\sim35d_{50}$。

根据金腊华(1990)调研，国内已建水库坝前的泥沙水下休止角观测值一般为18°～30°，本计算取24°。

5.3.2.2 泥沙淤积计算结果

根据坝区一维泥沙淤积计算成果，推荐水库排沙水位为446m。三维泥沙淤积计算中拟定了4种排沙启动流量方案进行研究(表5.27)。各方案电站过流占总径流的比例分别为78.46%、69.06%、70.74%、73.65%。

表5.27　　排沙启动流量计算方案

方案	排沙启动临界流量/(m^3/s)	电站过流占总径流的比例/%
1	2460(2年一遇)	78.46
2	2000	69.06
3	2100	70.74
4	2200	73.65

各方案研究结果表明，方案3为满足水库排沙要求的临界工况；而方案4无法满足排沙要求，故该方案相关成果未列入报告。

(1)坝区泥沙淤积预测(方案 1)

进口水沙条件选取 1981—1990 年水文系列为水库冲淤预测计算的典型系列,设定计算时段为 20 年,即将上述 10 年水文年系列循环 2 次。三维水沙数学模型计算采用的进口水沙过程由一维不平衡输沙数学模型计算得到。

出口边界条件利用空库水位—库容曲线进行上述 20 年水文系列的水库调洪演算,得到各泄流孔的逐日出流过程,作为三维数学模型的出口边界条件。由于各孔口出流均不相同,为叙述方便,将电站进水口从上游往下游依次编号为 1# ~4#,将泄洪排沙孔从左至右依次编号为 1#、2#,将溢洪道泄洪表孔从左至右依次编号为 1# ~6#。根据计算成果,在 10 年水文年系列中,各孔口的出流量统计见表 5.28。在出口边界含量沙按“0 梯度条件”控制。

表 5.28　　10 年系列各孔口出流量统计

部位	编号	水量/亿 m^3	百分比/%
电厂进水口(占 78.46%)	1#	637.84	23.52
	2#	420.55	15.51
	3#	420.04	15.49
	4#	649.48	23.95
泄洪排沙孔	1#	289.45	10.67
	2#	286.56	10.56
泄洪表孔		8.28	0.30
合计		2712.20	

根据三维数模计算结果,方案 2 在水库运行 15 年之后,坝区的泥沙淤积总量呈现出冲淤交替的形式,深泓较稳定(纵向起伏在 428～432m),表明水库淤积已经达到动态平衡。

1)坝区河道冲淤量及冲淤过程。

在 10 年末、15 年末、20 年末统计河段悬移质累计淤积量分段统计见表 5.29。从淤积总量来看(38# ～44# 断面),10 年末、15 年末、20 年末河道淤积量分别为 2182.56 万 m^3、3235.88 万 m^3、3276.79 万 m^3。在水库运行 15 年之后,坝区的泥沙淤积总量基本不再发生变化,已达平衡状态。图 5.15 给出了统计河段内悬移质累计淤积量随时间变化的过程曲线(以下简称淤积曲线)。由三维数模计算结果可知,在枯季坝区河道的淤积较缓慢(此时段来沙少,淤积曲线较平),在洪水季节坝区河道的淤积较迅速(此时段来沙多,淤积曲线较陡)。

表 5.29　在系列年预测计算中统计断面悬移质累计淤积量

起止断面	10 年末/万 m^3	15 年末/万 m^3	20 年末/万 m^3
38# ～39#	484.20	705.08	711.11
39# ～40#	313.48	452.06	447.53
40# ～41#	310.01	464.41	454.38
41# ～42#	251.57	389.36	379.38
42# ～43#	381.42	563.28	558.73
43# ～44#	441.88	661.69	725.66
合计	2182.56	3235.88	3276.79

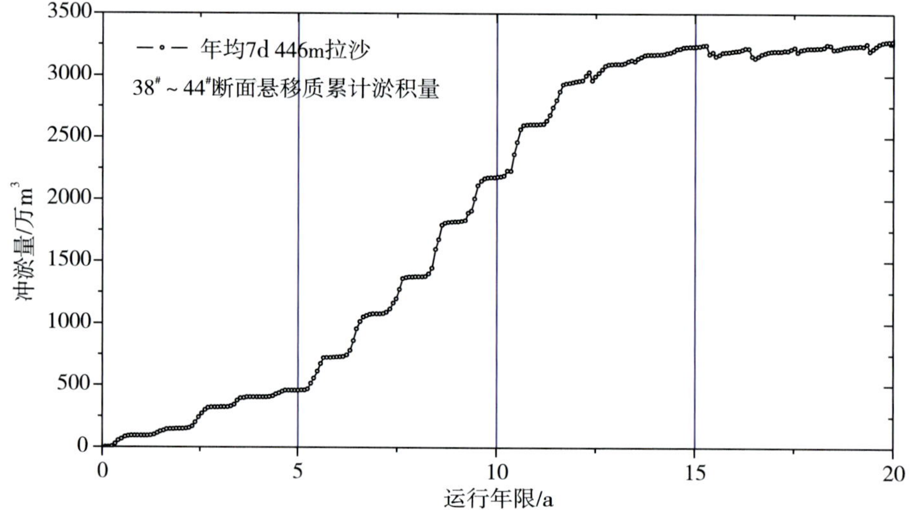

图 5.15　河道冲淤量随时间变化(年均 7d 446m 拉沙)

2)坝区河道河床冲淤平面分布及孔前淤积状态。

图 5.16 给出了水库运行 15 年末河道冲淤分布，图 5.17 给出了水库运行 15 年末坝前河道冲淤地形，图 5.18 给出了水库运行 10 年末、15 年末坝前淤积三维形态。

由图 5.16 至图 5.18 可知，计算区域总体表现为河槽集中淤积、滩地大幅淤积的形态，10 年末淤积厚度 1～46m，15 年末淤积厚度 1～60m。

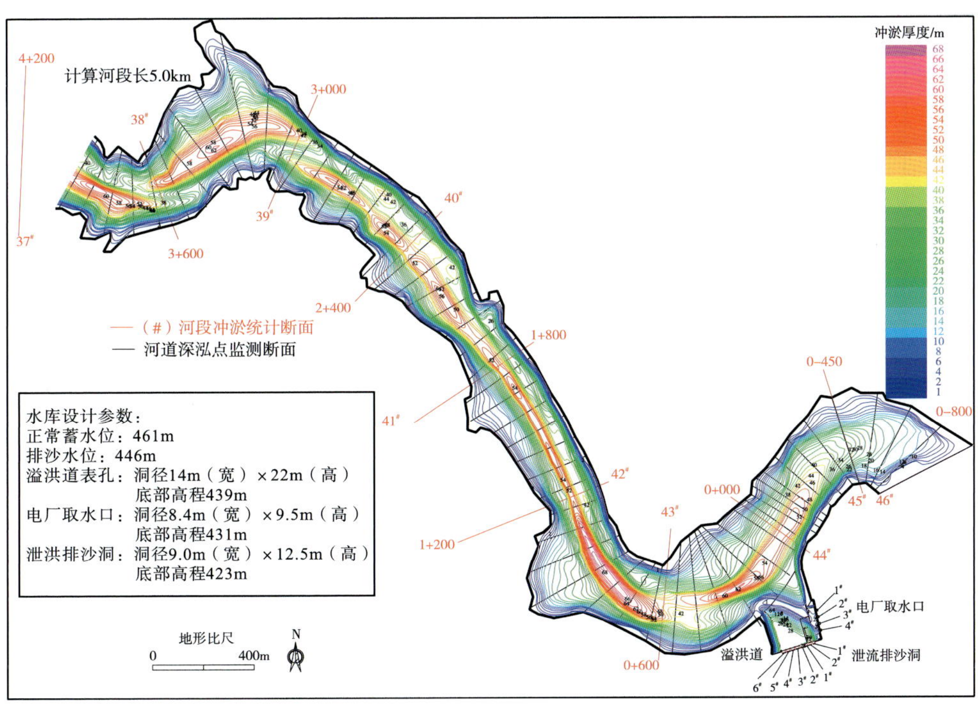

图 5.16　15 年末河道冲淤分布(年均 7d 446m 拉沙)

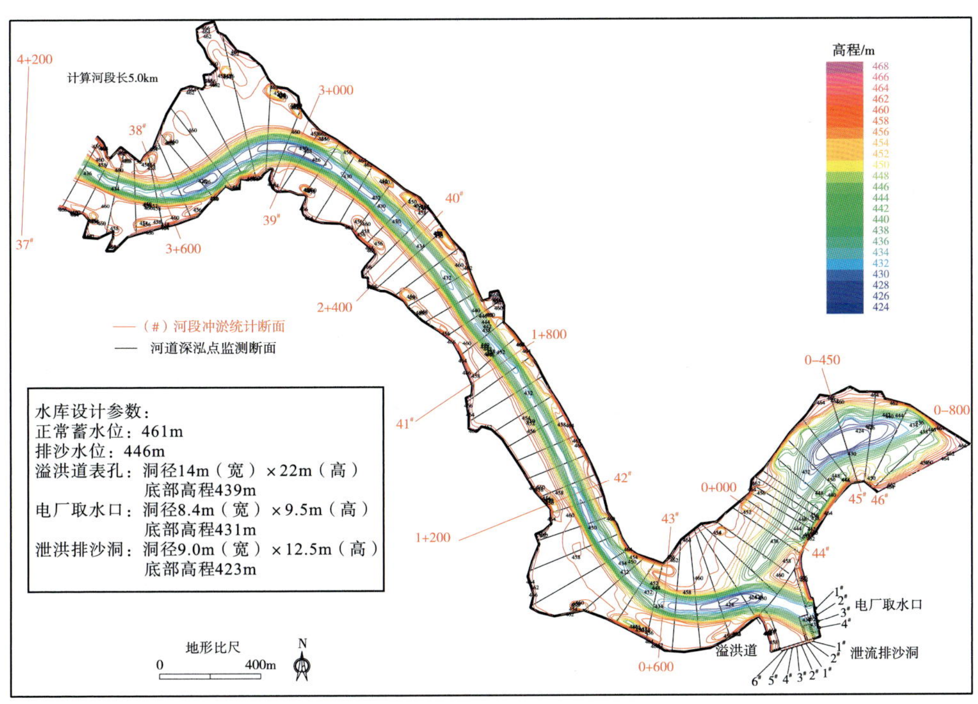

图 5.17　15 年末坝前河道冲淤地形(年均 7d 446m 拉沙)

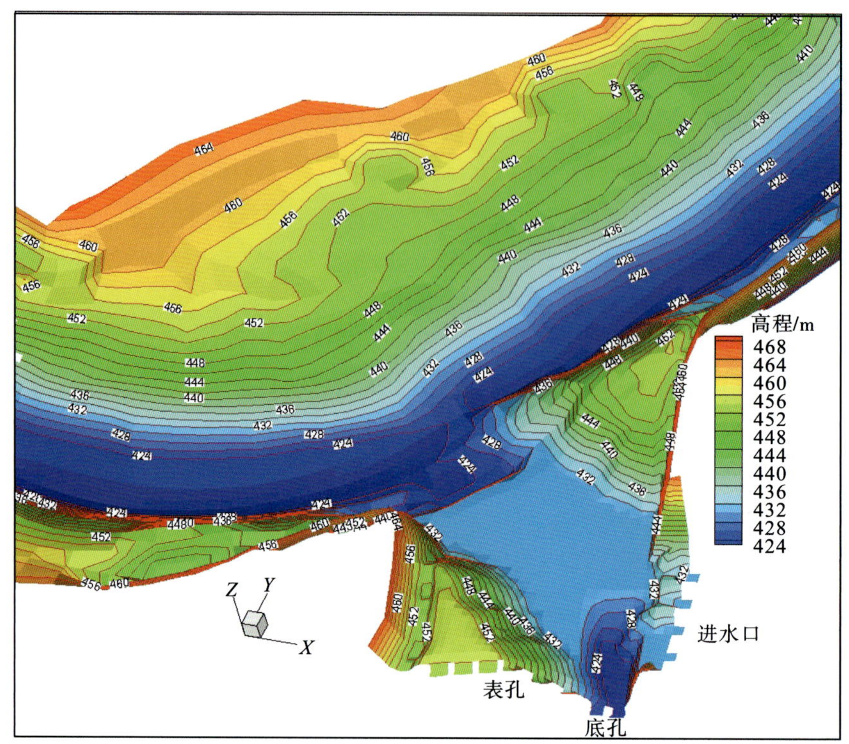

(a)10 年末

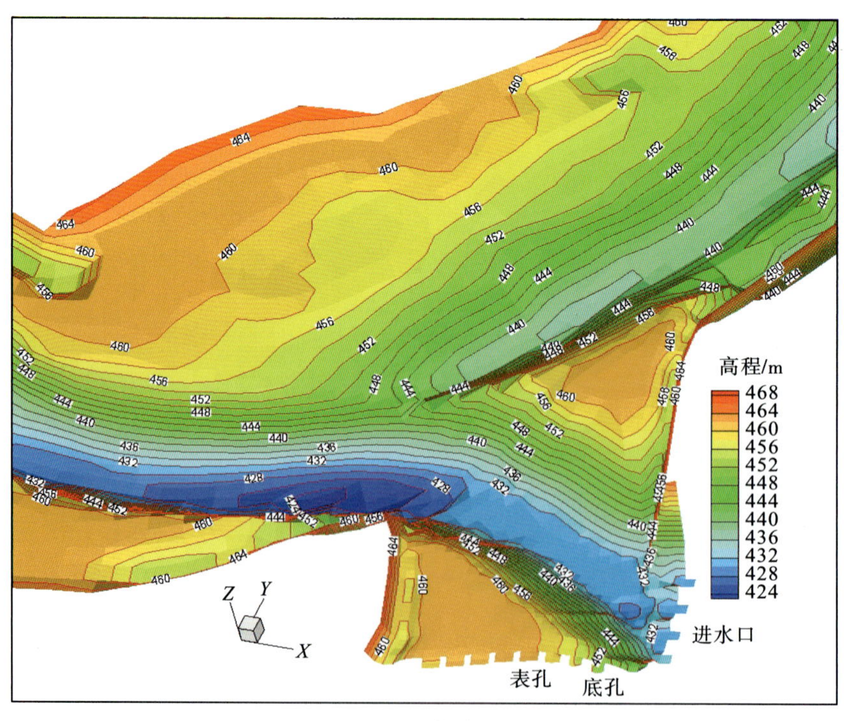

(b)15 年末

图 5.18　10 年末、15 年末坝前淤积三维形态(年均 7d 446m 拉沙)

3)孔口出流排沙过程与能力分析。

图 5.19 为电厂进水口前河床高程逐日变化过程。

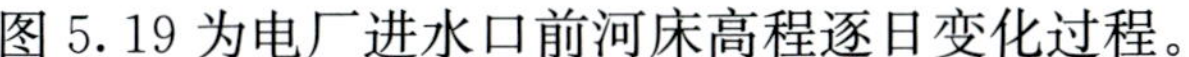

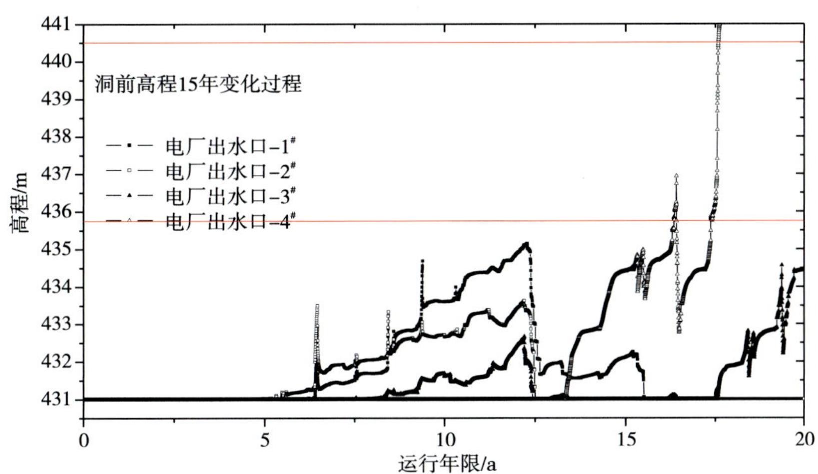

图 5.19 电厂进水口前河床高程逐日变化过程

从拉沙能力来看，在水库运行前 10 年，由于大部分的泥沙均在库区淤积，运动到泄洪排沙孔前的泥沙数量较少，泄洪排沙孔的拉沙能力是足够的。在水库运行中后期，随着外围河床淤积加厚、河道深泓抬高，在“方案 1”调度方式下，泄洪排沙孔拉沙能力不足以带走外围河床淤积层的坍塌泥沙，泄洪排沙孔的拉沙能力显著不足。水库运行中后期拉沙能力不足的原因主要是汛期拉沙时间太短。

(2)坝区泥沙淤积预测(方案 2)

本方案计算在方案 2 运行方式下 10 年末计算结果(地形)的基础上进行。受初始地形条件的制约，如下两方面的计算结果仅供参考：水库泥沙淤积发展到泄洪排沙孔的时间；水库泥沙淤积平衡的时间。在 10 年水文年系列中，各孔口的出流量统计见表 5.30。在出口边界含沙量按“0 梯度条件”控制。

表 5.30　　10 年系列各孔口出流量统计

部位	编号	水量/亿 m^3	百分比/%
电厂进水口(占 69.06%)	1#	574.64	21.18
	2#	357.54	13.17
	3#	356.16	13.12
电厂进水口(占 69.06%)	4#	585.70	21.58
泄洪排沙孔	1#	416.53	15.35
	2#	415.93	15.33
泄洪表孔		7.32	0.27
合计		2713.82	

根据三维数模计算结果，方案 2 在水库运行 20 年之后，坝区的泥沙淤积发展有限，已基本达到平衡，纵向深泓高程起伏在 426～432m。

1）坝区河道冲淤量及冲淤过程。

在 10 年末、15 年末、20 年末河段悬移质累计淤积量分段统计见表 5.31。从淤积总量来看（38# ～44# 断面），10 年末、15 年末、20 年末河道淤积量分别为 2182.56 万 m^3、2357.41 万 m^3、3005.32 万 m^3。

表 5.31　在系列年预测计算中统计断面悬移质累计淤积量

起止断面	10 年末/万 m^3	15 年末/万 m^3	20 年末/万 m^3
38# ～39#	484.20	523.80	692.48
39# ～40#	313.48	329.33	408.26
40# ～41#	310.01	333.66	415.44
41# ～42#	251.57	268.47	343.64
42# ～43#	381.42	415.33	523.44
43# ～44#	441.88	486.82	622.06
合计	2182.56	2357.41	3005.32

图 5.20 给出了统计河段内悬移质累计淤积量随时间变化的过程曲线。由三维计算结果可知，在水库运行 20 年之后，坝区的泥沙淤积发展有限，基本达到平衡。

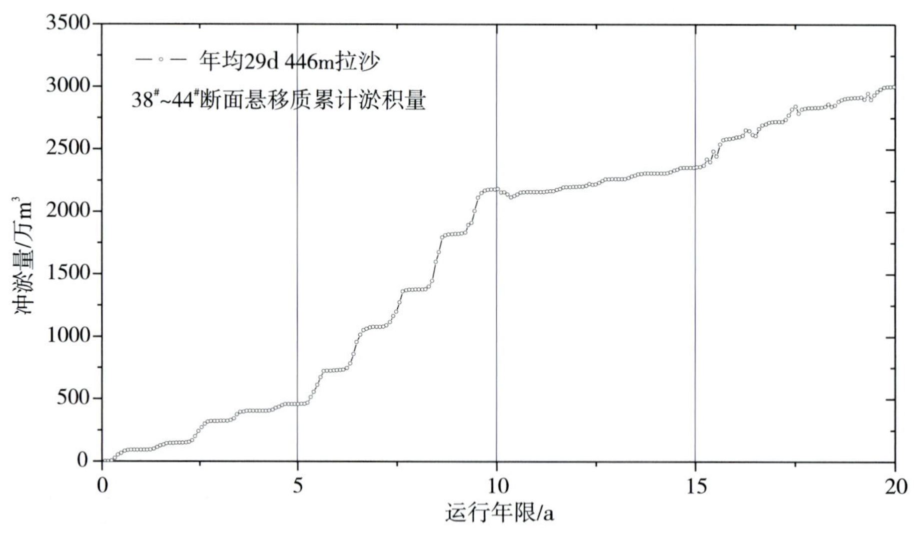

图 5.20　悬移质累计淤积量变化过程

2）坝区河道河床冲淤平面分布及孔前淤积状态。

图 5.21 给出了水库运行 20 年末河道冲淤分布，图 5.22 给出了水库运行 20 年末坝前河道冲淤地形，图 5.23 给出了水库运行 20 年末坝前淤积三维形态。

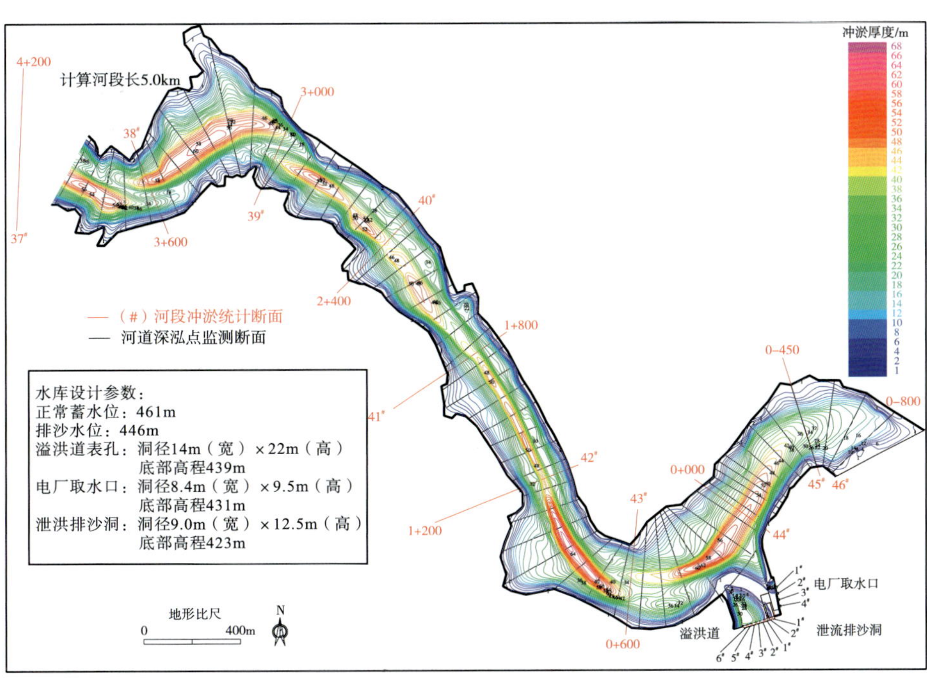

图 5.21　20 年末河道冲淤分布(年均 29d 446m 拉沙)

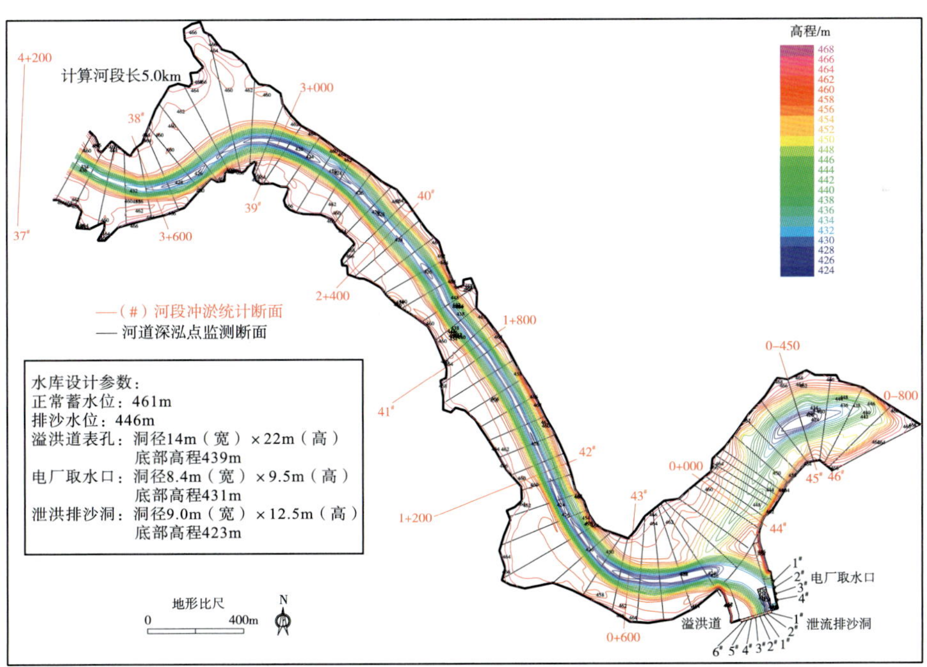

图 5.22　20 年末坝前河道冲淤地形(年均 29d 446m 拉沙)

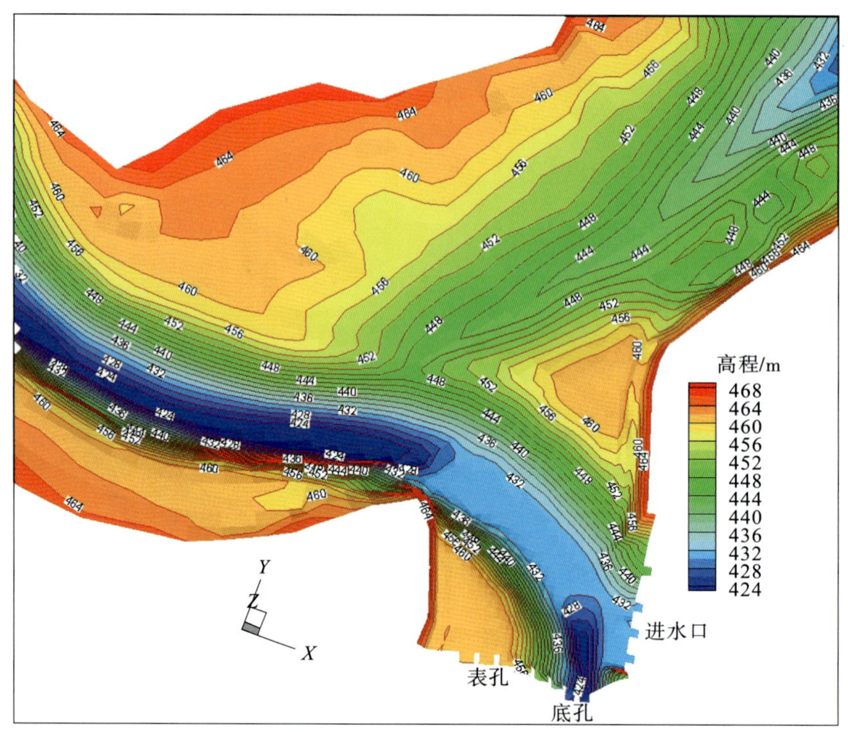

图 5.23 坝前淤积三维形态(年均 29d 446m 拉沙)(20 年末)

由图 5.21 至图 5.23 可知，计算区域总体表现为河槽集中淤积、滩地大幅淤积的形态，15 年末淤积厚度在 1～50m，20 年末淤积厚度为 1～60m。

3)孔口出流排沙过程与能力分析。

图 5.24 为上、下游两个泄洪排沙孔进口前河床高程逐日变化过程。

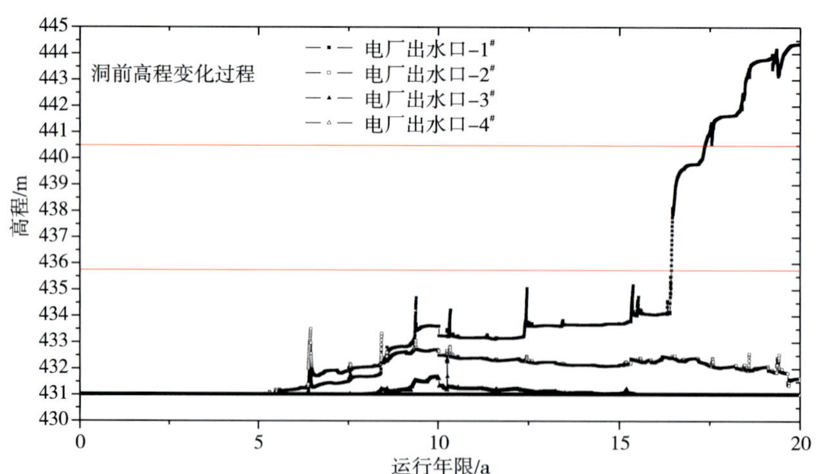

图 5.24 上、下游两个泄洪排沙孔进口前河床高程逐日变化过程

根据三维数模计算结果，在仅考虑悬移质泥沙的条件下，水库在“方案 2”调度方式下基本可正常运行 20 年。

(3)坝区泥沙淤积预测(方案3)

在10年水文年系列中,各孔口的出流量统计见表5.32。在出口边界含量沙按"0梯度条件"控制。

表5.32　10年系列各孔口出流量统计

部位	编号	水量/亿 m^3	百分比/%
电站进水口(占70.74%)	1#	707.86	26.10
	2#	475.34	17.53
	3#	403.01	14.86
	4#	333.47	12.30
泄洪排沙孔	1#	284.91	10.50
	2#	499.24	18.40
泄洪表孔		8.32	0.31
合计		2712.15	

本计算在方案3运行方式下10年末计算结果(地形)的基础上进行。受初始地形条件的制约,如下两方面的计算结果仅供参考:水库泥沙淤积发展到泄洪排沙孔的时间;水库泥沙淤积平衡的时间。另外,调整电站运用的优先级为:1#>2#>3#>4#;调整了泄洪排沙孔运用的优先级,调整后为2#>1#;假定溢洪道开挖区的底高程均与泄洪排沙孔前沿高程(423.0m)持平,以便泄洪排沙孔前冲沙漏斗能充分发展。

根据三维数模计算结果,在方案3调度下,在水库运行第16年后,坝区的泥沙淤积将基本达到平衡,纵向深泓高程起伏在426~432m。

1)坝区河道冲淤量及冲淤过程。

在10年末、15年末、20年末统计河段悬移质累计淤积量分段统计见表5.32。从淤积总量来看(38#~44#断面),10年末、15年末、20年末河道淤积量分别为2182.56万 m^3、2961.37万 m^3、3079.84万 m^3。在水库运行16年之后,坝区的泥沙淤积已基本达到平衡。

表5.33　在系列年预测计算中统计断面悬移质累计淤积量

起止断面	10年末/万 m^3	15年末/万 m^3	20年末/万 m^3
38#~39#	484.20	677.60	689.91
39#~40#	313.48	429.20	434.65
40#~41#	310.01	430.77	433.70
41#~42#	251.57	350.13	356.15
42#~43#	381.42	503.58	522.93
43#~44#	441.88	570.09	642.50
合计	2182.56	2961.37	3079.84

图 5.25 给出了统计河段内悬移质累计淤积量随时间变化的过程曲线(以下简称“淤积曲线”)。由三维计算结果可知,在枯季坝区河道的淤积较缓慢(淤积曲线较平),在洪水季节坝区河道的淤积较迅速(淤积曲线较陡)。从淤积曲线可以看出,在水库运行的第 10～15 年(少沙年),坝区泥沙淤积继续缓慢发展;在水库运行 16 年之后,坝区的泥沙淤积已基本达平衡。

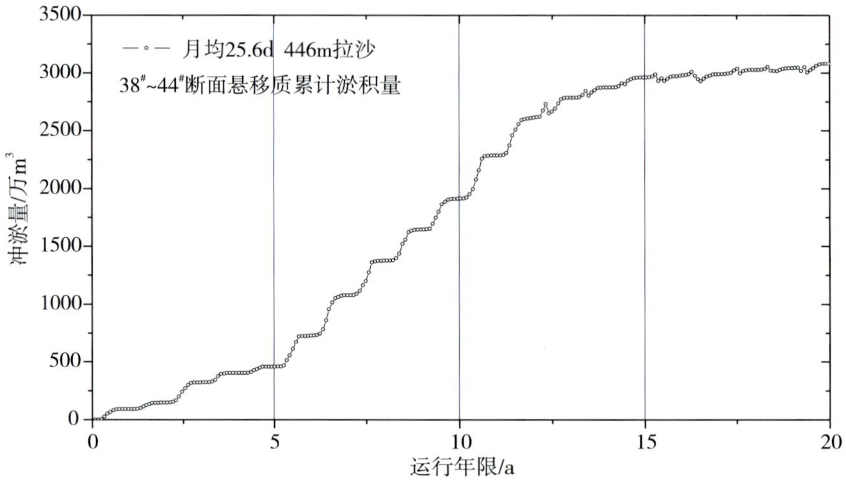

图 5.25　悬移质累计淤积量变化

2)坝区河道河床冲淤平面分布及孔前淤积状态。

图 5.26 给出了水库运行 20 年末河道冲淤分布,图 5.27 给出了水库运行 20 年末坝前河道冲淤地形,图 5.28 给出了水库运行 15、20 年末坝前淤积三维形态。

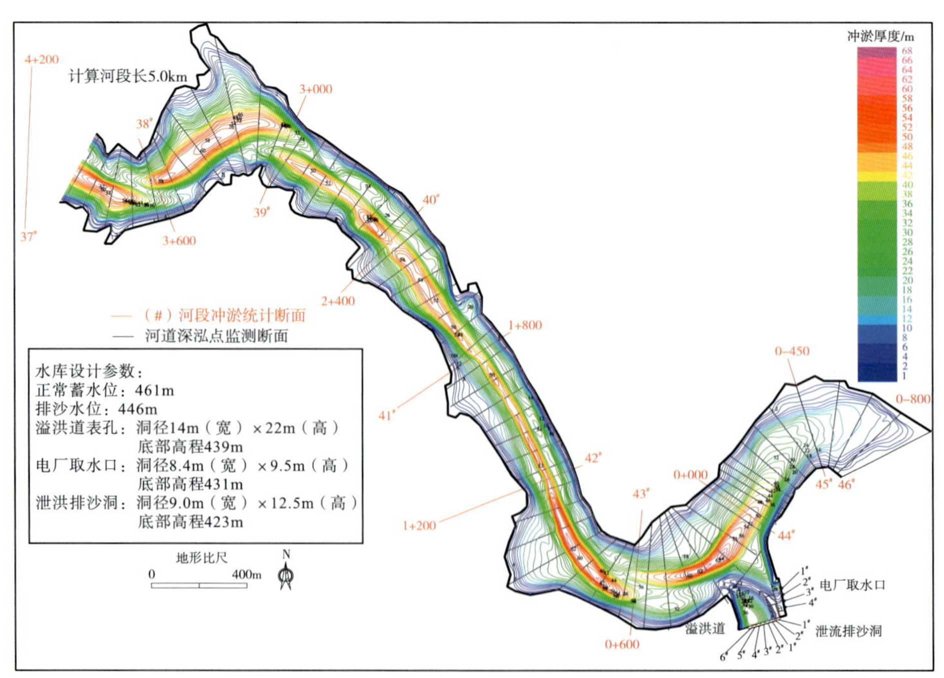

图 5.26　20 年末河道冲淤分布(年均 26d 446m 拉沙)

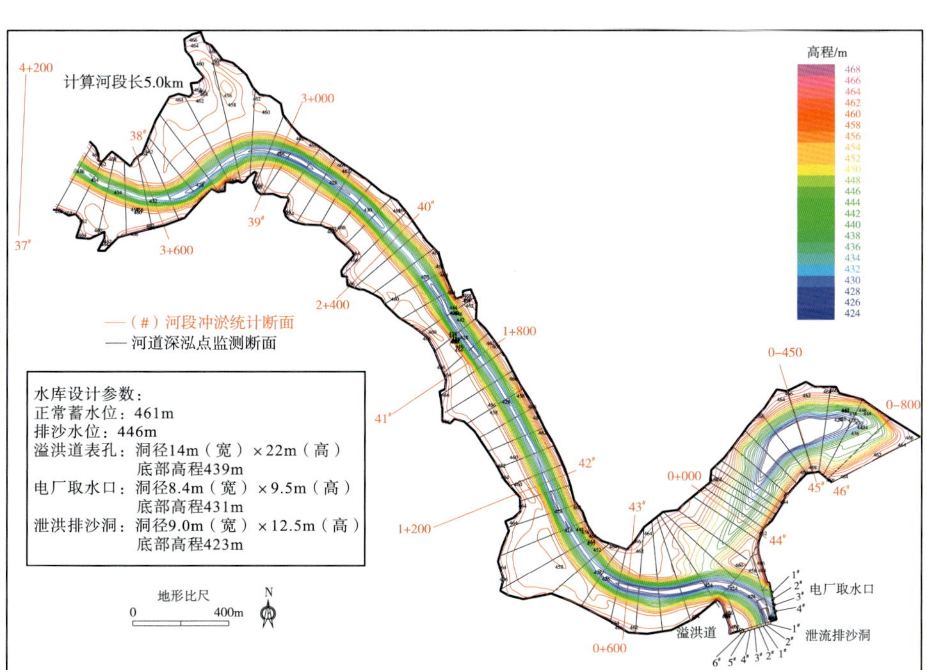

图 5.27　20 年末坝前河道冲淤地形(年均 26d 446m 拉沙)

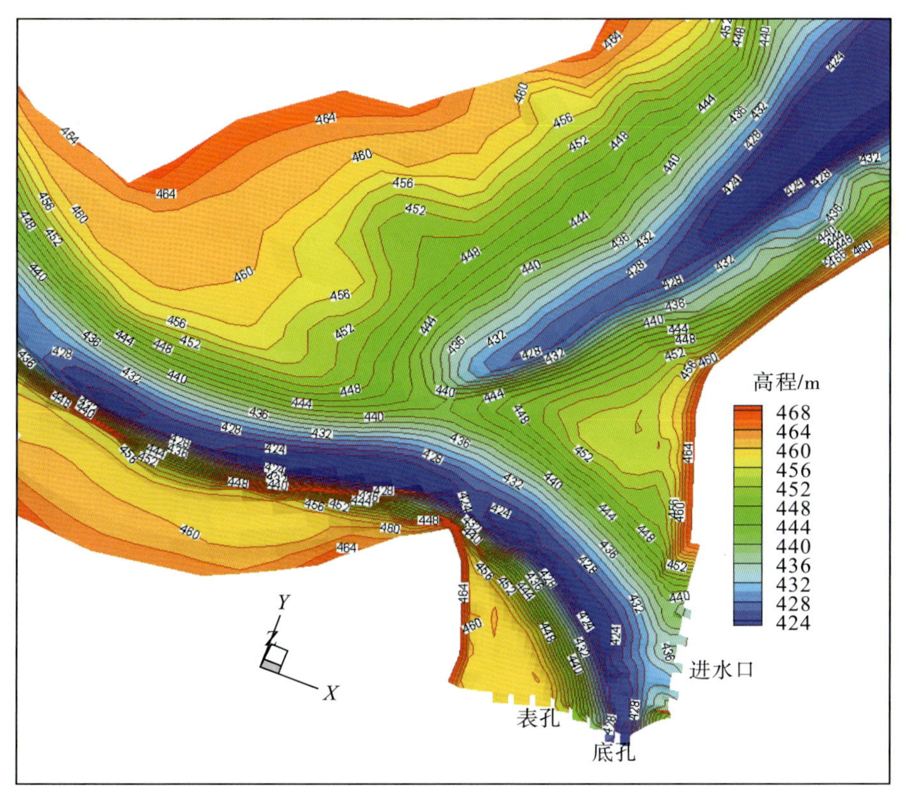

(a)15 年末

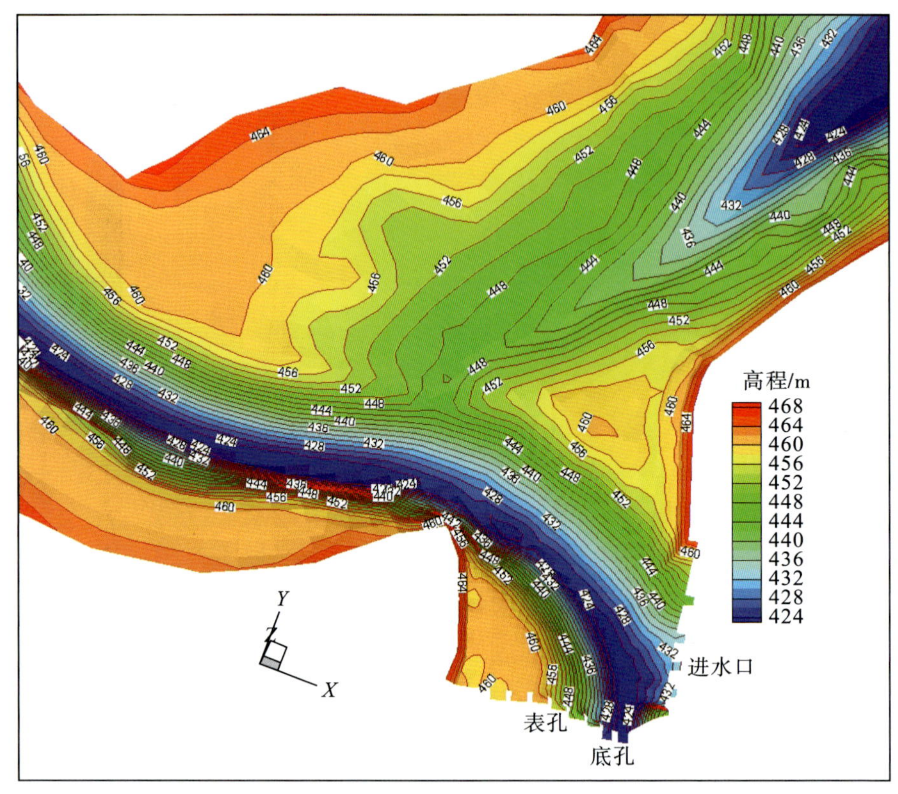

(b)20 年末

图 5.28　15、20 年末坝前淤积三维形态(年均 25.6d 446m 拉沙)

由图 5.26 至图 5.28 可知，计算区域总体表现为河槽集中淤积、滩地大幅淤积的形态，在 15 年末淤积厚度在 1～56m，20 年末淤积厚度在 1～60m。

3)孔口出流排沙过程与能力分析。

图 5.29 为上、下游两个泄洪排沙孔进口前河床高程逐日变化过程。

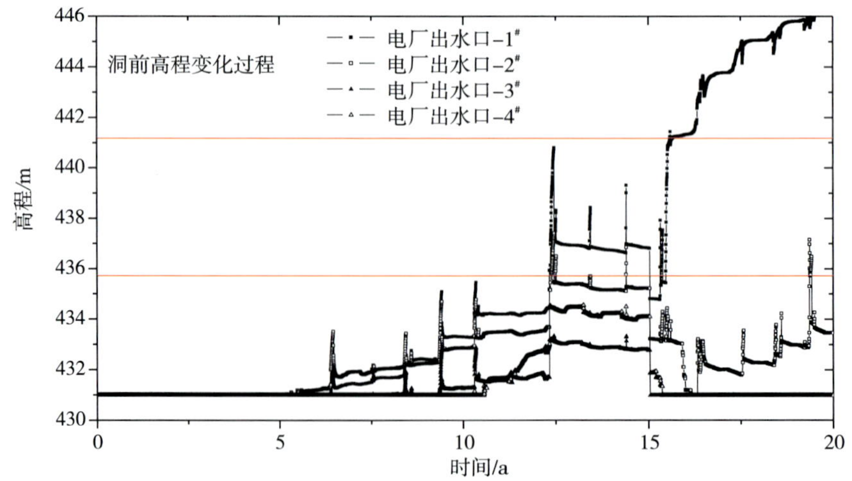

图 5.29　上、下游两个泄洪排沙孔进口前河床高程逐日变化过程

根据计算结果，调整 1# ～4# 电厂运行优先级为 1# ＞2# ＞3# ＞4#，调整泄洪排沙孔运行优先级为 2# ＞1# 后，改善了排沙效果；进水渠开挖高程整体降低至 423.0m 后，泄洪排沙孔冲沙漏斗获得充分发展，排沙效果进一步改善。

5.3.3 泥沙整体模型试验

5.3.3.1 模型设计、制作及验证

(1)模型设计

为避免因模型变率而影响水流阻力相似，模型比尺按水流运动相似和泥沙运动相似等模型相似律确定。采用几何比尺 1∶100 的正态整体模型。为尽可能反映上游河势对坝前水流、河床冲淤、电站过机泥沙的影响，模型范围为坝址上游约 9km，坝址下游约 2.5km，全长约 11.5km。

模型设计考虑了模型几何相似、水流运动相似、悬移质泥沙运动相似、沙质推移质运动相似及推移质运动相似。

1)模型几何相似。

根据试验目的和选沙情况，模型采用几何比尺为 1∶100 的正态模型。

水平比尺：$\lambda_l=100$

垂直比尺：$\lambda_h=100$

2)水流运动相似。

水流运动相似主要应满足重力相似、阻力相似和水流连续定律。

流速比尺为：$\lambda_u=\lambda_h^{1/2}=10$

流量比尺：$\lambda_Q=\lambda_l\lambda_h^{3/2}=100000$

糙率比尺为：$\lambda_n=\lambda_h^{2/3}/\lambda_l^{1/2}=2.15$

水流运动时间比尺为：$\lambda_{t_1}=\lambda_l/\lambda_u=10$

式中，α——比尺符号；

l、h、u、Q、n、t_1——平面尺度、垂直尺度、流速、流量、河床糙率、水流运动时间。

3)悬移质泥沙运动相似。

①沉降相似。

卡洛特水电站坝址悬移质颗粒级配实测成果显示，中值粒径 0.032mm，悬移质级配中粒径小于 0.1mm 的泥沙约占全部悬移质泥沙的 80.0%。根据斯托克斯沉降速度计算公式，在模型水温与原型水温基本接近时，可得到满足悬移运动相似的模型沙粒径比尺：

$$\lambda_{d(悬)}=\lambda_\omega^{1/2}/\lambda_{\frac{\gamma_s-\gamma}{\gamma}}^{1/2}$$

悬移质中床沙质部分的沉降相似条件同沙质推移质：

$$\lambda_{d(沙)}=\frac{\lambda_h^{4/13}}{\lambda_{(\gamma_s-\gamma)}^{7/13}}$$

②起动相似。

起动相似应满足：$\lambda_{u_c}=\lambda_u$，悬移质中床沙质部分的起动相似条件同沙质推移质。

$$\lambda_{d(沙)}=\frac{\lambda_h}{\lambda_{(\gamma_s-\gamma)}^{7/5}\cdot\lambda_k^{14/5}}$$

对小于 0.1mm 的泥沙要求满足扬动相似。

另外也可以现场取样进行水槽实验来确定原型沙的起动流速，进而根据起动流速比尺确定模型沙的起动流速，再次通过水槽试验来确定模型沙的粒径。

③挟沙相似。

模型含沙量要求满足 $\lambda_s=\lambda_{s_*}$

$$\lambda_s=\lambda_{s_*}=\frac{\lambda_{k_s}\cdot\lambda_{\gamma_s}}{\lambda_{(\gamma_s-\gamma)}}$$

④河床变形相似。

根据河床变形方程，河床变形时间比尺 $\lambda_{t(悬)}$ 为：

$$\lambda_{t(悬)}=\frac{\lambda_h^2\cdot\lambda_{\gamma''}}{\lambda_{q(s)}}$$

式中，$\lambda_{\gamma''}$ ——悬沙干容重比尺；

$\lambda_{q(s)}$ ——悬移质单宽输沙率比尺，$\lambda_{q(s)}=\lambda_u\lambda_h\lambda_s$ 。

此外，采用扩散理论导出的含沙量沿垂线分布公式，当模型与原型的悬浮指标 $\frac{\omega}{k\upsilon_*}$ 相等时，则含沙量沿垂线分布相似，即要求 $\frac{\omega}{k\upsilon_*}=idem$，正态模型满足上述要求时，$\lambda_\omega=\lambda_{\upsilon_*}$，式中，$\lambda_{\upsilon_*}$ 为摩阻流速比尺。

当悬移质满足沉降相似和挟沙能力相似时，即能满足异重流发生条件、运行及淤积等方面的相似。在选定模型沙后，上述所有比尺的值即可计算确定。

4）沙质推移质运动相似。

①起动相似：$\lambda_{u_0}=\lambda_v$ 。

长江床沙质起动流速经验公式为：

$$u_0=K'\left(\frac{\gamma_s-\gamma}{\gamma}\right)^{1/2}(gd)^{1/2}\left(\frac{H}{d}\right)^{1/7}$$

$$\lambda_{d(沙)}=\frac{\lambda_h}{\lambda_{(\gamma_s-\gamma)}^{7/5}\cdot\lambda_{k'}^{14/5}}$$

式中，$\lambda_{k'}$ ——原型床沙质与模型沙起动流速系数比尺。

②沉降相似。

沙质推移质颗粒在沉降过程中主要属于过渡区：

$$\lambda_{d(沙)}=\frac{\lambda_h^{4/13}}{\lambda_{(\gamma_s-\gamma)}^{7/13}}$$

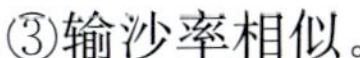

③输沙率相似。

模型与原型沙的相似条件满足：

$$\lambda_{Q(S、沙)}=\lambda_{Q(S、床)}$$

式中，$Q_{(S、沙)}$、$Q_{(S、床)}$——沙质推移质与悬沙中床沙质输沙率。

④河床变形相似。

根据河床变形方程，河床变形时间比尺 $\lambda_{t(沙)}$ 为：

$$\lambda_{t(沙)}=\frac{\lambda_h^2\cdot\lambda_{\gamma''}}{\lambda_{q(沙)}}$$

式中，$\lambda_{\gamma''}$——沙质推移质淤积物干容重比尺；

$\lambda_{q(沙)}$——沙质推移质单宽输沙率比尺。

5)推移质运动相似。

一般而言，推移质输沙量占悬移质输沙量的百分数很小。影响河床冲淤变化主要是悬移质中的床沙质部分，因此模型试验中将沙质推移质放在床沙质中一并考虑。卵石推移质在河床作推移运动，在模型中模拟这部分泥沙的运动规律主要是起动相似、输沙率相似和河床变形相似。

①起动相似：$\lambda_{u0}=\lambda_u$。

对于卵石推移质，起动相似是推移质模型设计的关键，其起动流速公式采用应用较广的沙莫夫起动流速公式：

$$v_0=1.14\sqrt{\frac{\gamma_s-\gamma}{\gamma}gd}\left(\frac{h}{d}\right)^{\frac{1}{6}}$$

当 $\lambda_v=\lambda_h^{1/2}$ 时，根据上式求得推移质粒径比尺：

$$\lambda_{d(卵)}=\lambda_{\mathrm{h}}/\lambda_{\frac{\gamma_s-\gamma}{\gamma}}^{\frac{7}{5}}$$

②输沙率相似。

一般来说，可根据沙莫夫公式或窦国仁公式导出卵石推移质输沙率比尺。由于影响卵石推移质输沙率的因素复杂，特别是由于河段卵石推移质输移过程中有间歇性，补给条件很难估计。因此通过公式计算同时参考同类泥沙模型的经验，求得卵石推移质输沙率比尺 $\lambda_{Q(卵)}$。

③河床变形相似。

根据河床变形方程，得到河床变形时间比尺 $\lambda_{t(卵)}$：

$$\lambda_{t(卵)}=\frac{\lambda_h^2\cdot\lambda_{\gamma'}}{\lambda_{Q(卵)}}$$

式中，$\lambda_{\gamma'}$——卵石干容重比尺；

$\lambda_{Q(卵)}$——卵石推移质输沙率比尺。

模型几何比尺及模型沙选定后，按相似准则，对各比尺进行计算，其中一部分通过验证试验确定。模型主要比尺汇总见表 5.34。

表 5.34　　模型各项比尺

相似条件	名称	符号	比尺值
几何相似	平面比尺	λ_L	100
	垂直比尺	λ_H	100
水流运动相似	流速比尺	$\lambda_V=\lambda_h^{1/2}$	10
	糙率比尺	$\lambda_n=\lambda_h^{1/6}$	2.15
	流量比尺	$\lambda_Q=\lambda_h^{5/2}$	100000
悬移质运动相似	沉速比尺	$\lambda_\omega=\lambda_V$	10
	起动流速比尺	$\lambda_{u_0}=\lambda_V$	10
	含沙量比尺	$\lambda_s=\lambda_{s_0}$	1
	粒径比尺	$\lambda_{d(悬)}=\lambda_h^{1/4}/\lambda_{\gamma_s-\gamma}^{1/2}$	1.4
	冲淤时间比尺	$\lambda_{t(悬)}=\lambda_h^2\lambda'_\gamma/\lambda_{q(s)}$	60
沙质推移质运动相似	沉速比尺	$\lambda_\omega=\lambda_V$	10
	起动流速比尺	$\lambda_{u_0}=\lambda_V$	10
	粒径比尺	$\lambda_{d(沙)}=\lambda_h/(\lambda_{\gamma_s-\gamma}^{7/5}\lambda_k^{14/5})$	1.4
	断面输沙率比尺	$\lambda_{Q_s(沙)}=\lambda_{Q_s(床)}$	40000
	冲淤时间比尺	$\lambda_{t(沙)}=\lambda_h^2\lambda''_\gamma/\lambda_{q(沙)}$	60
卵石推移质运动相似	起动流速比尺	$\lambda_{u_0}=\lambda_V$	10
	断面输沙率比尺	$\lambda_{g_s(卵)}$	20000
	粒径比尺	$\lambda_{d(卵)}=\lambda_h/(\lambda_{\gamma_s-\gamma}^{7/5}\lambda_k^{14/5})$	16.2
	冲淤时间比尺	$\lambda_{t(卵)}=\lambda_h^2\lambda_{\gamma_s}/\lambda_{g_s(卵)}$	130

(2)模型选沙

卡洛特水电站坝址附近悬移质颗粒级配实测成果见表 5.35，中值粒径 0.028mm。根据现场河床质取样分析(表 5.36)，床沙中值粒径 68.4mm，平均粒径 93.3mm，最大粒径 365mm。

表 5.35　　坝址附近悬移质颗粒级配实测成果

小于某粒径沙重百分数/%	9.8	24.8	35.6	54.8	79.7	86.7	92.9	97.9	100	d_{50}
粒径级/mm	0.004	0.008	0.016	0.031	0.062	0.125	0.25	0.5	1.0	0.028

表 5.36　　工程河段河床质泥沙颗粒级配

小于某粒径沙重百分数/%	2	5	10	25	50	75	100	150	200	250	300	350	400	d_{50}
粒径级/mm	7.0	15.1	22.6	34.9	45.6	51.6	58.2	77.4	89.0	93.1	93.1	93.1	100	68

模型沙采用经过筛分、选配的株洲精煤。株洲精煤的主要物理特征为：比重 1.33t/m³，干容重 0.75t/m³。由满足悬移质沉降相似的粒径比尺 $\lambda_d=1.4$，悬移质模型沙 $d_{50}=0.02$mm。悬移质泥沙模型设计级配及模型实际级配见表 5.37。

表 5.37　　悬移质泥沙级配

小于某粒径沙重百分数/%	9.8	24.8	35.6	54.8	79.7	86.7	92.9	97.9	100	d_{50}/mm
原型悬沙粒径/mm	0.004	0.008	0.016	0.031	0.062	0.125	0.250	0.500	1.000	0.028
模型沙设计粒径/mm	0.003	0.006	0.011	0.022	0.044	0.089	0.179	0.357	0.714	0.020
模型沙实际用粒径/mm	0.003	0.006	0.010	0.020	0.040	0.090	0.180	0.360	0.710	0.020

悬移质泥沙起动相似检验中，原型悬移质中值粒径 0.028mm，采用张瑞谨公式 $V_o=\left(\frac{h}{d}\right)^{0.14}\left(17.6\times1.65d+6.05\times10^{-7}\frac{10+h}{d^{0.72}}\right)^{1/2}$ 计算。模型沙起动流速根据水槽试验成果确定（表 5.38），在原型水深 15～30m 条件下，原型沙起动流速为 108～150cm/s，模型沙在水深 15～30cm，起动的流速为 10.0～12.0cm/s，两者比值为 10.2～13.8，模型沙基本可以满足起动相似。

在缺乏推移质实测资料的情况下，采用在 Pattan 水文站附近河道床沙取样分析所得的级配作为推移质级配，由满足卵石推移质起动相似的粒径比尺 $\lambda_d=16.2$，得推移质模型沙 $d_{50}=3$mm。卵石推移质泥沙模型设计级配及模型实际级配见表 5.39。

表 5.38　株洲精煤起动流速试验成果

粒径 d_{50}/mm	水深/cm	各种起动状态平均流速/(cm/s)			
		个别起动	少量起动	普遍起动	扬动
0.015	15～30		6.0～8.0	8.0～11.0	12.0～14.0
0.033	15～30	7.0～10.5	10.0～12.0	11.5～14.5	15.0～18.0
0.084	15～25	6.3～8.1	8.4～12.3	10.8～15.6	14.8～19.4
0.76	5～30	10.5～15.0	12.1～18.1	16.2～21.2	20.5～28.4
0.95	5～30	11.0～16.4	14.0～18.6	17.0～22.3	21.1～30.1
1.55	5～30	15.2～20.2	19.9～25.3	25.0～29.6	28.6～34.6

表 5.39　推移质模型沙级配

小于某粒径沙重百分数/%		10.6	18.1	25.4	36.7	51.1	64.8	74.5	82.4	90.8	90.8	90.8	90.8	100	d_{50}/mm
粒径/mm	原型	2	5	10	25	50	75	100	150	200	250	300	350	400	48
	模型设计值	0.12	0.31	0.62	1.54	3.09	4.63	6.17	9.26	12.35	15.43	18.52	21.60	24.69	2.97
	实际采用值	0.12	0.31	0.62	1.50	3.00	4.60	6.20	9.30	12.40	15.40	18.50	21.60	24.70	3.00

注：粒径比尺为 16.2。

(3)模型制作

为尽可能反映上游河势对坝前水流、河床冲淤、电站泥沙的影响,模型范围为坝址上游约 9km,坝址下游约 2.5km,全长约 11.5km。高程范围为 380~470m。

模型制作严格按照《水工(常规)模型试验规程》(SL 155—2012)和《河工模型试验规程》(SL 99—2012)的要求控制精度。根据实测河道地形图制作定床模型。模型制作采用断面法,共布置 280 个横断面,断面平均间距约为 0.5m。鉴于山区河道地形变化复杂,对于局部地形复杂、变化较大处,如河床上的礁石、石梁、深潭等,采用散点法对平面形态和高程进行细致塑造。定床模型制模完成后进行了竣工测量,模型高程制作精度在±1mm 以内,平面位置误差±1cm 左右,符合《河工模型试验规程》(SL 99—2012)要求,见图 5.30、图 5.31。

图 5.30 卡洛特水电站泥沙模型坝区

图 5.31 卡洛特水电站泥沙模型电站进水口

(4)模型试验系统及量测技术

河工模型试验是依据几何、水流及泥沙运动相似的要求,在物理模型上进行河道演变和工程方案实施效果的试验研究,以及探索枢纽运用后坝区泥沙问题等。对于河工物理模型试验而言,试验成果的质量在很大程度上取决于量测技术和试验的控制水平。

模型供水供沙系统采用潜水混流泵和离心泵供水,并根据潜水混流泵和离心泵的控制特点,分别采用目前最新流量控制方式——变频器恒流控制模式和变频器稳压控制模式。该供水供沙系统由 2 台 45kW 潜水轴流泵、3 台螺杆泵、2 台 DN400 和 2 台 DN100 电磁流量计、2 台 DN500 和 2 台 DN100 电动阀门组、水泵变频器控制柜、加沙泵变频控制柜、螺杆泵组、系统控制台等部分组成(图 5.32、图 5.33)。根据模型含沙量、放水流量和加沙池浓度,自动控制加沙泵工作,并自动控制加沙流量的大小,利用计算机变频控制技术实现供水流量和加沙流量的调节控制(图 5.34)。

经过多年持续研制和开发,现有多套流场实时测量系统(VDMS)、二维与三维超声流速仪(ADV)、含沙量自动测量系统、数控模型断面切割机和动床模型地形自动测量系统等先进的试验量测设备与软件。这些先进的量测仪器、设备为项目研究工作的顺利有效开展提供了物质保证。

图 5.32　模型现场布置

图 5.33　供水系统

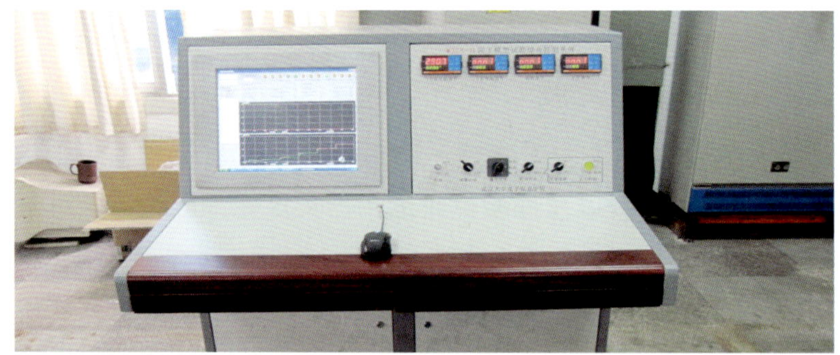

图 5.34　试验控制平台

模型试验过程中需要进行流速流态测量，目前有多种类型的流速仪器设备，如粒子图像流场测速系统、声学多普勒流速仪（ADV）、电阻式旋浆流速仪、红外光电式旋浆流速采集仪、流速仪升降器等。

研制开发的流场测量实时测量系统（Velocity Distribution Measuring System，VDMS）是基于粒子图像测速技术（PIV）中的粒子跟踪测速技术（PTV）研制开发的大范围同步测速系统。作为粒子图像测速技术（PIV）的一种，粒子跟踪测速技术（PTV）是通过跟踪单个粒子的运动轨迹来得到流体的运动速度，已广泛应用于水工模型、河工模型和港工模型等试验系统中表面流速场的测量。该系统可实现对大范围的恒定流或非恒定流试验表面流场的实时测量，快速方便地得到模型试验范围研究区域内的流场、断面流速分布以及单个或多个测点的流速矢量变化过程。

流速测量除采用传统的电阻式旋浆流速仪和红外光电式旋浆流速采集仪外，还采用了先进的声学多普勒流速仪（ADV），见图 5.35，并用流速仪升降器控制流速仪传感器入水测量，以获得不同水深点的流速值。

研制开发的新型的河床模型三维地形仪为 URI-Ⅲ型三维模型自动地形测量系统，见图 5.36。该系统应用了两种测量方法：利用超声技术实现水下地形的无接触快速扫描测量和利用阻抗原理实现洲面、边滩、浅滩的测量。通过计算机控制，根据地形条件的变化自动交换两种测量方式，实现全断面地形的测量。

图 5.35 ADV 流速测量系统

图 5.36 自动地形测量系统

泥沙颗粒级配与粒径分析采用英国马尔文公司的 MS-2000 型激光衍射粒度分析仪。该系统在软件的指引下完成设置和自动操作，可消除人为操作误差和外部环境影响；测量范围为 0.02～2000μm；误差＜±1%（NIST 标准粒子，D_{50}）；测量速度快，1min 之内可以获得测量结果，可以快速地将测量结果反馈到模型试验控制过程中。

研制开发的河工模型断面板自动排序系统（PABS），把工控自动制模技术应用到河工模型制模断面板的制作中，将计算机技术和数控机床设备技术融为一体，实现了模型断面板的机械化自动制作。

（5）验证试验

模型验证试验内容包括清水验证和浑水验证两部分。其中，清水验证主要进行定床水面线和典型断面流速分布相似性验证；浑水验证主要进行动床浑水试验以验证模型泥沙冲淤部位及数量与原形的相似性。水面线验证主要是通过调整模型糙率和微地形达到不同水位下与原型糙率相似。模型采用小砾石在模型河床上加糙。验证水面线采用流量为 900m^3/s 的实测水面线成果进行。水面线验证结果（表 5.40）表明，模型与原型水面线基本一致，模型水位误差小于±1mm，模型综合阻力与原型基本相似。典型断面流速分布验证资料采用流量 990m^3/s 时 3 个断面实测流速分布成果。验证结果（表 5.41）表明，模型断面各条垂线平均流速与原型接近，相对偏差在±8%左右，典型断面模型流速分布与原型基本相似。模型进口水沙条件采用Pattan水文站实测流量、含沙量过程进行概化，尾门水位依据厂址水位流量关系插补，复演地形进行浑水地形验证。从验证试验结果来看，模型复演地形与原型泥沙冲淤部分及冲淤厚度基本一致，断面形态较为一致。

表5.40　定床模型水位验证成果　（单位：m）

水尺	$Q=900\text{m}^3/\text{s}$		
	原型	模型	偏差
10#水尺	407.60	407.69	−0.09
9#水尺	406.86	406.81	0.05
8#水尺	406.05	406.1	−0.05
7#水尺	404.14	404.08	0.06
6#水尺	403.10	403.18	−0.08
5#水尺	401.14	401.06	0.08
4#水尺	399.75	399.02	0.73
3#水尺	398.21	398.23	−0.02
2#水尺	396.75	396.69	0.06
1#水尺	395.00	395.05	−0.05

表5.41　断面垂线平均流速分布验证

断面	项目	$Q=990\text{m}^3/\text{s}$						
K9	起点/m	30.2	39.9	53.7	70.0	93.2	100	
	原型/(m/s)	0.93	1.97	2.69	2.85	1.82	0.74	
	模型/(m/s)	0.88	2.05	2.55	2.90	1.78	0.71	
	偏差/%	−5.4	4.1	−5.2	1.8	−2.2	−4.1	
K3	起点/m	31.3	37.5	41.5	50.9	63.3	69.1	
	原型/(m/s)	0.60	1.83	3.08	3.20	2.10	1.23	
	模型/(m/s)	0.57	1.95	2.95	3.15	2.26	1.18	
	偏差/%	−5.0	6.6	−4.2	−1.6	7.6	−4.1	
K1	起点/m	29.7	36.6	49.3	56.2	64.3	72.3	76.1
	原型/(m/s)	1.77	1.99	3.26	3.57	2.59	1.60	0.82
	模型/(m/s)	1.69	2.15	3.16	3.60	2.47	1.60	0.85
	偏差/%	−4.5	8.0	−3.1	0.8	−4.6	−3.1	3.7

综上所述，模型验证结果符合《河工模型试验规程》(SL 99—2012)要求，模型与原型在水面线、流速分布、泥沙冲淤等方面是基本相似的，满足了模型与原型相似的要求，模型可用于方案试验。

5.3.3.2 枢纽运用期水流条件试验

(1)试验条件

建库前(天然情况)工程河段共选取 4 级典型流量作为试验特征流量,分别是 819m^3/s(多年平均流量)、1248.4m^3/s(电站满发流量)、2460m^3/s(2 年一遇流量)、6740m^3/s(10 年一遇流量)和 12000m^3/s(50 年一遇流量)。模型出口(尾门)水位按厂房处的水位流量关系插补成果控制。

枢纽运用期水流试验共选取 3 级典型流量作为试验特征流量,分别是 1248.4m^3/s(电站满发流量,坝前水位 461m)、2586m^3/s(2 个泄洪排沙孔在水位 446m 时的泄流量)和 5190m^3/s(枢纽在水位 446m 时的总泄流量)。

坝前水位和枢纽调度原则按设计要求控制。模型出口(尾门)水位按长江科学院数模计算成果控制。枢纽运用初期水流试验和枢纽运用 20 年末水流试验模型出口水位分别采用数模提供的相应时段水位值控制。水流试验放水要素见表 5.42。

表 5.42　水流试验放水要素

工况	流量/(m^3/s)	流量特征	坝前水位/m	坝下游 1.6km 处水位/m		
				建库前	运用初期(空库)	运用 20 年末(冲淤平衡)
建库前	819.0	多年平均		389.40		
	1248.4	电站满发		390.95		
	2460.0	2 年一遇		394.77		
	6740.0	10 年一遇		402.97		
	12000.0	50 年一遇		410.00		
建库后	1248.4	电站满发	461		391.13	391.13
	2460.0	2 年一遇	461		394.77	394.77
	2586.0	2 个泄洪排沙孔下泄量	446		395.09	395.09
	5190.0	枢纽下泄量	446		400.45	400.45

枢纽运用初期(空库)水流试验模型河床地形采用该河段实测地形作为定床模型试验地形。枢纽运用 20 年末水流试验模型河床地形采用枢纽运用至 20 年末坝区河段淤积地形。

卡洛特水电站是以发电为单一任务的发电工程,具有日调节性能,枢纽调度原则为:电站不承担下游防洪任务,防洪调度方式采用"敞泄"方式进行调度,调洪原则为:水库调洪起调水位为排沙水位,当入库流量小于或等于库水位相应的泄洪能力时,按入库流量下泄;若入库流量大于库水位相应的泄洪能力时,按泄洪能力下泄。

电站发电调度运行方式为:结合水库的排沙要求,水库水位自正常蓄水位降至排沙运行水位(446m)期间,若库水位高于或等于 451m,电站正常发电,水库水位低于 451m,电站停机；水库水位自排沙运行水位逐步回蓄至正常蓄水位期间，当水库水位高于451m且发电水头大于机组的最小水头时，电站发电运行。

(2)试验成果

1)坝区河势变化。

天然情况工程河段平面形态从上游至下游依次呈顺直形、“C”字形、顺直形和“几”字形，河段内两岸山体陡峻，河谷窄深，水流湍急，横断面均为“V”字形，河势稳定，年际河道冲淤基本平衡。

工程建成后，枢纽过流较天然情况明显改变，来流主要通过溢洪道和电站下泄，坝区特别是近坝段河道的水流条件和边界条件均将发生一定改变，坝区河势发生相应的调整。

坝上游河段(长10km)，主要由窄深的峡谷组成。水库蓄水后，坝前水位抬高，原河槽中的两岸滩地和凸岸高滩被淹没，原来控制河势的部分节点失去控制作用，河道由原来的山区性河道转变为峡谷型水库，河道主流线发生一定的摆动，河势产生一定的调整。

试验结果表明，枢纽运用初期：①坝区上游弯道段(S1～S6)长约8km为窄深弯曲峡谷河段，中枯水河槽河宽60～200m，高水河宽200～350m，河底高程386～408m。河道两岸为中低山，河谷成“V”字形，岸坡陡峻，坡比为1∶2～1∶4，最缓处S3断面右岸坡比为1∶7，岸线对水流的控导作用较强，建库后河道主流线位置与建库前基本相同，河势无明显变化。②坝区近坝段(J6～J1)为河湾上段，长约2km，河谷成“V”字形，河宽150～350m，河底高程382～388m。河道左岸近岸平均坡度25°～30°，局部38°～42°，高程424～462m，坡顶为宽缓面坡，高程510～600m；右岸河湾地块岸坡上陡下缓，下部坡度25°～35°，上部为台阶状陡崖地形。枢纽运用后，中、枯水期坝前水位抬高50～70m，洪水期坝前水位抬高45～50m。由于拦河大坝的修建，使原来走主河道的水流全部通过新建溢洪道下泄，原主河道主流较建库前有较大的调整(表5.43)，坝前主河道形成不同程度的回流缓流区，受水库调度影响溢洪道形成不同的下泄通道。

表5.43　枢纽运用期坝区河段主流线横向移动距离

河段	断面	距坝里程/km	枢纽运用初期流量/(m^3/s)			
			1248.4	2460	2586	5190
坝区上游段	S1	8.00	-30	-30	-2	-4
	S2	6.80	-18	-19	0	-13
	S3	5.40	3	4	-17	14
	S4	3.90	27	14	72	25
	S5	2.80	0	0	-14	0
	S6	2.00	0	0	0	-5

续表

河段	断面	距坝里程/km	枢纽运用初期流量/(m^3/s)			
			1248.4	2460	2586	5190
近坝段	J6	1.40	9	12	8	4
	J5	1.30	22	22	2	34
	J4	1.18	65	60	47	75
	J3	0.97	58	55	27	53
	J2	0.73	44	45	14	46
	J1	0.50	50	47	25	44

注:"+"右移,"—"左移。

当流量 1248.4m^3/s、坝前水位 461m 时,电站为满发流量,原来走主河道的水流全部通过电站下泄,坝前主河道则形成回流缓流,原主河道主流线较建库前右移 50～65m,主流贴近右岸;此时,来流全部进入溢洪道,主流线贴溢洪道进口右缘自西向东进入电站进水口。

当流量 2460m^3/s、坝前水位 461m 时,泄洪排沙孔均匀开启,来流全部通过溢洪道下泄,原主河道为回流缓流,主流线较建库前右移 45～60m,主流贴近右岸;溢洪道内主流贴进口右缘自西向东流入。

当流量 2586m^3/s、坝前水位 446m 时,电站停机,泄洪排沙孔敞泄,来流全部通过溢洪道下泄,原主河道主流线贴近右岸较建库前右移 14～47m;溢洪道内主流贴进口右缘自西向东流入,逐渐过渡至泄洪排沙孔集中下泄。

当流量 5190m^3/s、坝前水位 446m 时,电站停机,泄洪表孔和泄洪排沙孔敞泄,来流全部通过溢洪道下泄,原主河道主流线贴近右岸较建库前右移 44～75m;溢洪道内主流贴右岸过溢洪道控制段下泄。

2)坝区流速流态变化。

坝区上游河段河道最大表面流速试验结果见表 5.44。

表 5.44　坝区上游河段河道最大表面流速

流量/(m^3/s)	断面范围	天然流速/(m/s)	枢纽运用初期/(m/s)	枢纽运用 20 年末/(m/s)
1248.4	S1～S2	2.95～3.53	0.16～0.20	0.25～0.43
	S3～S4	3.28～3.96	0.12～0.16	0.22～0.31
	S5～S6	1.87～2.65	0.12～0.16	0.25～0.38
2586	S1～S2	4.73～5.57	0.41～0.49	0.56～0.75
	S3～S4	3.73～4.54	0.35～0.38	0.52～0.61
	S5～S6	3.65～5.07	0.37～0.41	0.57～0.66

续表

流量/(m^3/s)	断面范围	天然流速/(m/s)	枢纽运用初期/(m/s)	枢纽运用20年末/(m/s)
5190	S1～S2	6.76～7.14	0.88～0.96	1.12～1.27
	S3～S4	5.21～5.56	0.68～0.92	0.95～1.22
	S5～S6	5.66～7.25	0.80～0.84	1.11～1.18

试验成果表明：枢纽运用初期，当流量1248.4m^3/s、坝前水位461m时，受水库蓄水的影响，坝区上游段河道流速较建库前均大幅减小，建库后，模型进口顺直段（S1～S2）主河槽最大表面流速0.16～0.20m/s，弯道段（S3～S4）最大表面流速0.12～0.16m/s，顺直微弯段（S5～S6）最大表面流速0.12～0.16m/s。当流量2586m^3/s、泄洪排沙孔敞泄、坝前水位降至446m时，坝区上游段河道流速较建库前均大幅减小，模型进口顺直段（S1～S2）主河槽最大表面流速0.41～0.49m/s，弯道段（S3～S4）最大表面流速0.35～0.38m/s，顺直微弯段（S5～S6）最大表面流速0.37～0.41m/s。当流量5190m^3/s、溢洪道敞泄、坝前水位446m时，坝区上游段河道流速较建库前均大幅减小，模型进口顺直段（S1～S2）主河槽最大表面流速0.88～0.96m/s，弯道段（S3～S4）最大表面流速0.68～0.92m/s，顺直微弯段（S5～S6）最大表面流速0.80～0.84m/s。

坝区上游段流场观测结果表明：当中枯水期流量小于等于1248.4m^3/s、坝前正常蓄水位461m时，4台机组满发，受蓄水影响，坝区上游段水位较建库前抬高45～55m，水流平顺，主流基本居中下行；当汛期流量2586m^3/s、坝前水位446m时，电站停机，坝区上游段水位较建库前抬高25～40m；当流量5190m^3/s、坝前水位446m、溢洪道敞泄时，坝区上游段水位较建库前抬高15～30m，水流平顺，进口顺直段（S1～S2）河道主流居中，弯道段（S3～S4）主流近凹岸，顺直微弯段（S5～S6）主流逐渐过渡居中。试验观测显示，在不同流量下，坝区上游弯道段（S3～S4）均存在缓流回流区，分别位于S3和S4断面的左右岸，其回流强大随流量的增加而略有增加。

枢纽运用20年末，坝区上游段的河道流速断面分布与枢纽运用初期基本相似，流速值较运用初期有所增加，主要原因是枢纽运用内河段流速普遍偏小，排沙能力不大，20年末库区泥沙淤积达到基本平衡时，库区河段产生大量淤积，致使河道过流断面减小，流速增大。

由此可见，枢纽运行不同时期，在汛期流量小于等于5190m^3/s、坝前水位446m和枯水期流量不大于1248.4m^3/s、坝前水位461m时，河段流速均远远小于建库前流速，无论汛期还是枯水期水流挟沙能力都大为减弱，库区河段将普遍发生大量泥沙淤积。

为了解近坝段水流结构，为库区泥沙输移规律以及坝前淤积体时空分布的分析提供水流动力条件方面的支持，利用ADV高精度声学多普勒流速仪进行坝前不同断面流速横向、垂向分布瞬时流速观测。试验结果表明（表5.45至表5.47，图5.37至图5.39），枢纽运用初期，受水库蓄水的影响，正常蓄水时近坝段水位较建库前抬高约70m，排沙运用期近坝段水位较建库前抬高约50m，因原主河道水流主要通道改为溢洪道泄出，在近坝段形成逆时针方向约1300m×300m（长×宽）回流缓流区，其流速较建库前减小，水流挟沙能力大为减弱，泥沙将大量落淤。

表 5.45 坝区近坝段河道最大表面流速

流量/(m^3/s)	断面范围	天然流速/(m/s)	枢纽运用初期/(m/s)	枢纽运用20年末/(m/s)
1248.4	J6～J4	2.35～2.53	0.11～0.20	0.28～0.32
	J3～J2	2.53～2.73	0.05～0.07	0.05～0.17
	J1	2.54～2.63	0.03～0.05	0.03～0.15
2586	J6～J4	3.59～5.02	0.32～0.59	1.23～1.63
	J3～J2	5.02～5.15	0.19～0.29	0.21～0.47
	J1	3.55～3.79	0.05～0.07	0.05～0.08
5190	J6～J4	5.48～6.23	1.01～1.21	1.83～2.69
	J3～J2	6.28～6.51	0.42～0.45	0.99～1.51
	J1	5.65～5.84	0.20～0.22	0.20～0.25

表 5.46 坝区近坝段河道垂线平均流速

流量/(m^3/s)	断面范围	天然流速/(m/s)	枢纽运用初期/(m/s)	枢纽运用20年末/(m/s)
1248.4	J6～J4	2.30～2.41	0.18～0.26	0.25～0.30
	J3～J2	2.40～2.52	0.05～0.15	0.05～0.19
	J1	2.35～2.54	0.03～0.04	0.03～0.09
2586	J6～J4	3.47～4.82	0.53～0.63	1.07～1.40
	J3～J2	4.85～4.97	0.08～0.23	0.08～0.61
	J1	3.38～3.62	0.04～0.13	0.04～0.15
5190	J6～J4	5.21～5.89	0.88～1.16	1.25～2.56
	J3～J2	5.95～6.14	0.22～0.45	0.85～1.21
	J1	5.48～5.65	0.13～0.15	0.15～0.21

表 5.47 坝区近坝段河道近底流速

流量/(m^3/s)	断面范围	枢纽运用初期/(m/s)	枢纽运用20年末/(m/s)
1248.4	J6～J4	0.14～0.22	0.17～0.28
	J3～J2	0.05～0.19	0.08～0.21
	J1	0.02～0.03	0.02～0.03
2586	J6～J4	0.06～0.47	0.89～1.59
	J3～J2	0.06～0.26	0.08～0.32
	J1	0.05～0.07	0.04～0.08

续表

流量/(m^3/s)	断面范围	枢纽运用初期/(m/s)	枢纽运用20年末/(m/s)
5190	J6～J4	0.08～0.95	1.12～2.29
	J3～J2	0.21～0.67	0.20～0.35
	J1	0.04～0.05	0.03～0.05

图 5.37　近坝段河道流场(H=461m、Q=1248.4m^3/s)

图 5.38　近坝段河道流场(H=446m、Q=2586m^3/s)

图 5.39 近坝段河道流场(H=446m、Q=5190m^3/s)

枢纽运用20年末，近坝段河道产生大量淤积，淤积后高程为430m，河道主槽普遍淤厚30～40m，致使河道过流断面较空库时大为减小，流速显著增大，近坝段的逆时针方向回流缓流区有所收缩。

3)溢洪道及电站进水口前流速流态。

试验结果表明(表5.48至表5.50，图5.40至图5.42)，当枢纽运用初期，流量为1248.4m^3/s、坝前水位461m时，溢洪道形成顺时针方向回流缓流区，回流范围为220m×200m(长×宽)，最大表面回流流速0.43m/s，最大垂线平均流速0.41m/s，最大底流流速0.41m/s，进水口前底流流速1.37～1.97m/s。当流量为2586m^3/s、坝前水位446m时，溢洪道形成的顺时针方向回流区较1200m^3/s时向溢洪道前收缩，回流范围为86m×120m(长×宽)，最大表面回流流速2.02m/s，垂线平均流速2.49m/s，底流流速3.01m/s；电站进水口前同时形成顺时针方向100m×25m(长×宽)范围的回流区，其最大表面回流流速0.94m/s，近底流速0.81～1.05m/s，泄洪排沙孔进口处底流流速约3m/s。当流量为5190m^3/s、坝前水位446m时，溢洪道未出现回流现象，最大表面流速2.65m/s，垂线平均流速2.93m/s，底流流速3.09m/s。此时，泄洪排沙孔进口底流流速约3.1m/s，电站进水口前近底流流速1.06～1.20m/s。

表 5.48　溢洪道引水渠最大表面流速

流量/(m^3/s)	断面范围	枢纽运用初期/(m/s)	枢纽运用 20 年末/(m/s)
1248.4	D7～D8	0.24～0.29	0.38～0.41
	D2～D6	0.32～0.43	0.38～0.46
	D1	0.05～0.08	0.05～0.10
2586	D7～D8	0.84～0.95	2.07～2.14
	D2～D6	1.17～1.46	1.81～2.02
	D1	1.12～2.02	1.23～2.10
5190	D7～D8	2.16～2.68	3.57～4.16
	D2～D6	2.25～2.65	2.85～3.51
	D1	2.22～2.57	2.56～3.39

表 5.49　溢洪道引水渠最大垂线平均流速

流量/(m^3/s)	断面范围	枢纽运用初期/(m/s)	枢纽运用 20 年末/(m/s)
1248.4	D7～D8	0.29～0.34	0.39～0.42
	D2～D6	0.39～0.41	0.40～0.45
	D1	0.08～0.10	0.08～0.10
2586	D7～D8	0.82～0.89	1.85～2.12
	D2～D6	1.18～1.52	1.64～2.08
	D1	1.57～2.49	2.12～2.30
5190	D7～D8	2.29～2.35	2.63～3.89
	D2～D6	2.35～2.44	2.76～3.17
	D1	2.15～2.93	2.67～3.40

表 5.50　溢洪道引水渠最大近底流流速

流量/(m^3/s)	断面范围	枢纽运用初期/(m/s)	枢纽运用 20 年末/(m/s)
1248.4	D7～D8	0.30～0.34	0.39～0.41
	D2～D6	0.28～0.32	0.38～0.40
	D1	0.08～0.13	0.11～0.22
2586	D7～D8	0.88～0.96	1.99～2.09
	D2～D6	1.14～1.59	1.48～1.84
	D1	2.94～3.01	3.16～3.75
5190	D7～D8	2.20～2.31	2.83～3.86
	D2～D6	2.27～2.33	3.01～3.52
	D1	2.09～3.09	2.77～3.54

图 5.40 溢洪道流场($H=461\text{m}$、$Q=1248.4\text{m}^3/\text{s}$)

图 5.41 溢洪道流场($H=446\text{m}$、$Q=2586\text{m}^3/\text{s}$)

图 5.42 溢洪道流场($H=446\text{m}$、$Q=5190\text{m}^3/\text{s}$)

枢纽运用 20 年末，溢洪道内泥沙产生大量淤积，淤积后高程为 430～440m，两个主要回流缓流区最大淤积厚度为 10～18m，河道过流断面较空库时大为减小，流速显著增大。

综上所述，枢纽运用不同时期，坝区上游段河势未发生大的变化，河道主流线位置、断面流速分布与建坝前基本相同，局部河段（弯道段）主流略有调整，对主流线的影响范围主要集中在近坝段主河道。究其原因，一是枢纽建成后，原主河道基本不过流，水流改为溢洪道泄出，改变了原河道的边界条件，引起河势的调整。二是枢纽建成后，受枢纽调度的影响，溢洪道出流受到人为控制，引起该河段主流走向发生一定变化。

5.3.3.3 枢纽运用20年系列泥沙淤积试验

(1)试验条件

根据一维数学模型计算结果，卡洛特枢纽运用20年末，水库排沙比已达95.1%～100.2%，坝区河段基本达到冲淤平衡。为此，确定模型放水试验时间为20年。

模型进口的流量、悬移质含沙量、推移质输沙率，悬移质和推移质级配以及模型出口水位均按照长江科学院卡洛特枢纽一维数学模型计算成果控制。卡洛特水电站库区一维泥沙淤积计算典型系列选用1981—1990年。该系列年包括了大水大沙、中水中沙、枯水少沙等不同典型情况的水沙条件，基本能反映多年平均情况。初定模型放水试验时间为20年，将上述10年水文年系列循环2次，根据库区泥沙淤积计算得到逐日水沙系列成果，作为模型试验的进口水沙过程。在卡洛特水电站库区泥沙淤积计算中，考虑了上游N—J水电站(2016年建成投产)和阿扎德帕坦水电站蓄水拦沙的影响。

模型起始地形采用卡洛特枢纽坝区河段实测1/500河道地形作为模型试验初始地形，模型坝址上游9km和坝址下游2.5km皆为定床。

电站发电调度运行方式为：结合水库的排沙要求，水库水位自正常蓄水位降至排沙运行水位(446m)期间，若库水位高于或等于451m，电站正常发电，水库水位低于451m，电站停机；水库水位自排沙运行水位逐步回蓄至正常蓄水位期间，当水库水位高于451m且发电水头大于机组的最小水头时，电站发电运行。水库排沙调度运行方式为：当入库流量大于机组满发流量($1248.4m^3/s$)，但小于$1540m^3/s$，利用水库在461～458m的调节库容，集中6个小时加大泄量排沙；当入库流量大于$1540m^3/s$，但小于$2100m^3/s$时，利用水库调节库容，一天分两次集中6个小时加大泄量排沙；当入库流量大于$2100m^3/s$时，水库降水位排沙，每天的水位降幅初步按不超过5m控制，水库需3d降至排沙运行水位，当水库水位降至451m后，电站停机排沙；当入库流量小于$2100m^3/s$时，水库水位逐步回蓄至正常蓄水位461m，回蓄期间每天的水位上涨初步按不超过10m控制。

模型尾门距坝址下游2.5km，结合坝址和厂房水位流量关系，插补得模型尾门控制水位过程。

试验过程中，为加快试验进度，将不起造床作用的枯水时段($Q<500m^3/s$)略去，模型每年实际输沙总量仍与数学模型计算年输沙总量相近。

(2)试验成果

1)坝区主河道泥沙淤积变化。

水库蓄水运用后，坝区上游河段坝前水位抬高，流速减小，河道输沙能力降低，河床呈淤积状态，淤积量随水库运用年限的增加而逐年增大直至淤积平衡。试验中对枢纽运用至18

年末与20年末的河道淤积地形进行了对比观测，二者已比较接近(增量约为5%)，表明枢纽运用至20年末坝区河段泥沙已基本达到动态平衡。

试验结果表明(表5.51)，枢纽运用5年末，坝区上游8km河段主河道内泥沙累积淤积量为1176.4万m^3，其中，上游段累积淤积量为982.5万m^3，近坝段累积淤积量为186.0万m^3，溢洪道引水渠内累积淤积量为7.9万m^3。枢纽运用10年末，坝区上游8km河段累积淤积量为2170.3万m^3，其中，上游段累积淤积量为1783.9万m^3，近坝段累积淤积量为368.6万m^3，溢洪道引水渠内累积淤积量为17.8万m^3。枢纽运用15年末，坝区上游8km河段累积淤积3636.3万m^3，上游段累积淤积量为2876万m^3，近坝段累积淤积量为731.1万m^3，溢洪道引水渠内累积淤积量为29.1万m^3。枢纽运用20年末，坝区河段累积淤积量为4782.3万m^3(上游段累积淤积量为3786.4万m^3、近坝段累积淤积量为958.0万m^3、溢洪道引水渠内累积淤积量为37.6万m^3)。

表5.51　　坝区主河道泥沙淤积量变化　　(单位：万m^3)

枢纽运用年限	坝区上游河段(6.5km)	近坝段(1.65km)	溢洪道引水渠(220m)	全河段(8km)
5年末	982.5	186.0	7.9	1176.4
10年末	1783.9	368.6	17.8	2170.3
15年末	2876.0	731.1	29.1	3636.2
18年末	3578.5	932.8	35.2	4546.5
20年末	3786.4	958.3	37.6	4782.3

卡洛特枢纽运用后，坝区主河道受蓄水影响，水位抬高，水流趋于平缓，淤积三角洲从上游逐渐向坝前运动，坝区主河道基本以淤槽为主(平淤)，弯道凸岸、高边滩及岸线凹陷的回水沱段也发生一定的淤积，河道滩槽位置与建库前相比未发生大的变化。试验结果见表5.52。

表5.52　　坝区主河道泥沙淤积厚度变化　　(单位：m)

枢纽运用年限项目		坝区上游河段(KQ12#～KQ1#，6.5km)		坝区近坝段(BQ1#～BQ9#，1.65km)		全河段(10km)	
		高边滩	河槽	高边滩	河槽	高边滩	河槽
5年末	最大值	4.0	18.2	3.0	22.8	4.0	22.8
	平均值	0.6	6.6	0.4	7.3	0.5	7.1
10年末	最大值	9.0	30.5	5.7	30.6	9.0	30.6
	平均值	0.95	13.2	0.95	11.3	0.95	12.4
15年末	最大值	13.1	39.2	9.3	46.5	13.1	46.5
	平均值	2.0	20.3	1.8	21.0	1.9	20.9

续表

枢纽运用年限项目		坝区上游河段（KQ12#～KQ1#，6.5km）		坝区近坝段（BQ1#～BQ9#，1.65km）		全河段（10km）	
		高边滩	河槽	高边滩	河槽	高边滩	河槽
20 年末	最大值	15.7	41.3	12.3	51.7	15.7	51.7
	平均值	3.2	26.1	3.3	27.6	3.2	27.4

注：表中河槽淤积最大值为断面深泓位置，平均值为 430m 高程河宽；高边滩为两岸 430m 高程以上。

从淤积横断面分布来看，上游河段（KQ1#～KQ12#）由于河谷狭窄，水深流急，以槽累积平淤为主（如 KQ10#、KQ3# 断面），在河道弯道段（如 KQ8#、KQ6# 断面）河槽累计淤积的同时，边滩也大量淤积；近坝河段（BQ1#～BQ9#）水流平缓，以全断面淤积为主（如 BQ8#～BQ1# 断面）。

从累积淤积高程沿程分布变化可见，试验初始阶段（第 1 年至第 5 年）表现为全河段普遍淤积，其中模型进口和坝前段淤积速率较大，河段比降较初始期变化不大；试验中期（第 5 年至第 15 年）表现为全河段累计淤积极大发展，上游段淤积速率明显小于下游段和坝前段，河段比降逐步调平，淤积三角洲逐渐运动至坝前；试验后期（第 15 年至第 20 年），河段淤积速率逐渐减弱，河段比降进一步趋向平稳，河段冲淤进入动态平衡。

枢纽运用 5 年末，坝区上游主河道 8km 河段范围内主河槽泥沙平均淤厚约 7m，最大槽淤厚 22.8m；边滩平均淤厚约 0.5m，最大淤厚 4m。其中，上游段（KQ1#～KQ12#），高边滩平均淤厚 0.6m，最大淤厚 4m，槽平均淤厚 6.6m，最大淤厚近 20m；近坝段（BQ1#～BQ9#），高边滩平均淤厚 0.4m，最大淤厚 3m，槽平均淤厚约 7.3m，最大淤厚 22.8m。枢纽运用 20 年末，坝区上游主河道 8km 河段范围内主河槽泥沙平均淤厚约 27.4m，最大槽淤厚 51.7m；边滩平均淤厚约 3.2m，最大淤厚 15.7m。其中，上游段（KQ1#～KQ12#），高边滩平均淤厚 3.2m，最大淤厚 15.7m，槽平均淤厚 26.1m，最大淤厚近 41.3m；近坝段（BQ1#～BQ9#），高边滩平均淤厚 3.3m，最大淤厚 12.3m，槽平均淤厚约 27.6m，最大淤厚 51.7m。

综上所述，枢纽运用 20 年末坝区河段泥沙已基本达到冲淤平衡，坝上游 8km 河段泥沙累积淤积量为 4782.3 万 m^3，平均淤厚 27.4m，最大淤厚 51.7m。试验河段顺直段以河槽平淤为主，弯道衔接段以凸岸高边滩淤积为主，近坝段为全断面淤积。

2）溢洪道进水渠泥沙冲淤变化。

溢洪道引水渠进口布置在河湾地块上游右岸，穿越河湾后，下游出口位于“S”形河湾的尾部。枢纽运用后，溢洪道成为水流下泄的主要通道。由前述水流条件试验可知，在枢纽运用过程中，溢洪道引水渠内将形成不同程度的回流缓流淤积区，其淤积量随枢纽运用年限的增加而增大，并向冲淤平衡方向发展。

从平面分布来看，水流进入溢洪道引水渠后，在进口处贴右岸，其后，逐步过渡到左岸，从电站和泄洪排沙孔下泄。由前述水流条件试验可知，枢纽运用期间在溢洪道引水渠内形成两处较大的回流缓流区，一处为进口左岸，一处为引水渠末端右侧，该两处也是泥沙大量落淤的区域。另外，随着枢纽运用年限增加，溢洪道引水渠主流区逐渐呈累计淤积，见图 5.43 至图 5.46。

图 5.43 枢纽运用 5 年末溢洪道引水渠泥沙淤积分布模型试验实况

图 5.44 枢纽运用 10 年末溢洪道引水渠泥沙淤积分布模型试验实况

图 5.45 枢纽运用 15 年末溢洪道引水渠泥沙淤积分布模型试验实况

图 5.46 枢纽运用 20 年末溢洪道引水渠泥沙淤积分布模型试验实况

从淤积横断面分布看，随着试验的进行，溢洪道引水渠进口（D6# ～D8# ）泥沙累计淤积，受上游河势影响（溢洪道位于弯道右岸凸岸段），进口断面右侧为主流顶冲区，泥沙累计淤积量不大，枢纽运用 5 年、10 年、15 年和 20 年泥沙累计淤积至最大高程分别为 432.1m、433.5m、435.8m 和 436.8m（D8# ）；进口断面近左岸侧（冲沙槽）为回流缓流区，泥沙则持续淤积，枢纽运用 5 年、10 年、15 年和 20 年泥沙累计淤积至最大高程分别为 425.6m、428.4m、434.8m 和 440.6m（D8# ）。溢洪道中部（D3# ～D5# ），水流主要通过电站和泄洪排沙孔下泄，主流走断面中部偏左部位，枢纽运用 5 年、10 年、15 年和 20 年泄洪排沙孔引水槽内泥沙累计淤积最大高程分别为 425.6m、426.9m、430.0m 和 432.1（D4# ），泄洪表孔侧引水渠内泥沙累计淤积最大高程分别为 432.9m、435.8m、437.3m 和 439.2m（D4# ）。溢洪道引水渠末段（D1# ～D2# ）泥沙主要淤积在右侧(回流缓流区)，枢纽运用5年、10年、15年和20年泄洪排沙孔引水槽内泥沙累计淤积最大高程分别为432.8m、437.1m、441.0m和442.6(D1#)。

枢纽运用20年后，溢洪道引水渠沿程累计淤积高程逐渐降低，泄洪排沙孔引水槽沿程累计淤积高程从440.6m逐渐降至430m(顺水流长度约为300m)，纵向坡比约为1∶30，在电站进水口侧的横向坡比为1∶5～1∶8。

枢纽运用期内，溢洪道引水渠基本以河槽平淤为主。枢纽运用5年末、10年末、15年末和20年末，溢洪道引水渠内累积淤积泥沙量分别为7.9万m^3、17.8万m^3、29.1万m^3和37.6万m^3。

试验结果表明，随着枢纽运用年限的增加，溢洪道内泥沙累计淤积厚度逐渐增大，见表5.53至表5.56。枢纽运用20年末，原高程431m平台，淤积后高程为439.7～442.8m，平均淤积厚度4.8～8.8m，最大淤积厚度11.8m；原高程423m泄洪排沙孔引水槽，淤积后高程为430.5～441.8m，平均淤积厚度7.5～17.38m，最大淤积厚度18.8m。

表5.53　溢洪道引水渠泥沙淤积厚度(5年末)　(单位:m)

断面号	电站进水口(430.5m)		泄洪排沙孔引水槽(423m)		泄洪表孔引水渠(431m)	
	最大值	平均值	最大值	平均值	最大值	平均值
D1#			2.00	1.78	2.50	1.36
D2#	0.30	0.23	2.30	2.08	2.40	1.40
D3#	0.50	0.37	2.60	2.18	2.50	1.60
D4#	0.40	0.33	2.70	2.54	1.90	1.30
D5#	0.20	0.20	3.30	2.93	2.00	1.71
D6#			3.30	2.82	2.00	1.57
D7#			3.60	3.34	1.90	1.56
D8#			3.10	2.36	1.70	1.27

表5.54　溢洪道引水渠泥沙淤积厚度(10年末)　(单位:m)

断面号	电站进水口(430.5m)		泄洪排沙孔引水槽(423m)		泄洪表孔引水渠(431m)	
	最大值	平均值	最大值	平均值	最大值	平均值
D1#			3.5	3.13	6.1	2.17
D2#	0.3	0.2	2.9	2.90	4.2	2.60
D3#	1.9	0.8	6.6	4.87	4.3	3.45
D4#	0.5	0.3	5.0	4.25	5.1	3.26
D5#	3.1	1.6	7.0	4.93	5.0	3.60
D6#			6.2	4.36	5.1	4.12
D7#			7.3	6.02	7.0	4.39
D8#			7.1	5.45	4.6	3.23

表 5.55 溢洪道引水渠泥沙淤积厚度(15 年末) (单位:m)

断面号	电站进水口(430.5m)		泄洪排沙孔引水槽(423m)		泄洪表孔引水渠(431m)	
	最大值	平均值	最大值	平均值	最大值	平均值
D1#			5.1	4.90	10.00	3.85
D2#	0.3	0.2	4.9	4.77	6.52	4.36
D3#	1.5	0.7	7.3	6.08	6.50	5.77
D4#	3.2	1.3	7.6	7.15	9.00	5.09
D5#	4.4	3.1	9.6	7.83	7.20	5.98
D6#			10.0	7.48	8.10	6.69
D7#			13.8	11.58	9.00	6.92
D8#			14.0	12.35	8.30	6.60

表 5.56 溢洪道引水渠泥沙淤积厚度(20 年末) (单位:m)

断面号	电站进水口(430.5m)		泄洪排沙孔引水槽(423m)		泄洪表孔引水渠(431m)	
	最大值	平均值	最大值	平均值	最大值	平均值
D1#			8.2	7.50	11.60	4.81
D2#	0.7	0.55	7.5	7.13	9.62	6.00
D3#	2.3	1.00	7.8	7.13	8.70	7.97
D4#	3.6	1.47	9.9	9.25	11.10	6.52
D5#	7.1	4.83	12.6	10.75	8.70	7.78
D6#			12.9	11.08	10.70	8.48
D7#			15.9	15.36	11.80	8.81
D8#			18.8	17.38	11.00	8.36

3)电站进水口前泥沙冲淤变化。

电站进水口利用溢洪道引水渠侧向引水,电站进水口引水渠宽 108m,长 12～23m,底板高程 430.50m。电站进水口前布置拦沙坎,坎顶高程 440.00m,拦沙坎与进水塔相距 12～23m。

试验结果表明(表 5.57、表 5.58、图 5.47 至图 5.50),枢纽运用 20 年后,电站进水口前 7～12m 范围泥沙有少量淤积,主要淤积部位为拦沙坎附近区域。从试验结果来看,现有排沙设施和排沙运行调度方式基本可保证电站正常引水发电。

表 5.57　　电站进水口前 10m 淤积高程　　（单位：m）

枢纽运用年限	机组			
	1#	2#	3#	4#
5 年末	430.7	430.9	431.0	430.5
10 年末	432.0	433.0	431.5	430.8
15 年末	434.4	434.1	432.0	431.2
20 年末	435.8	434.4	432.2	431.5

注：机组编号从上游至下游依次增加。

表 5.58　　拦沙坎附近（进水口前 12～23m）淤积高程　　（单位：m）

枢纽运用年限	机组			
	1#	2#	3#	4#
5 年末	431.0	431.2	431.2	431.2
10 年末	431.7	431.4	431.3	431.3
15 年末	435.4	433.3	432.8	431.5
20 年末	440.5	438.3	433.0	431.7

注：机组编号从上游至下游依次增加。

图 5.47　枢纽运用 5 年电站进水口泥沙淤积分布

图 5.48　枢纽运用 10 年电站进水口泥沙淤积分布

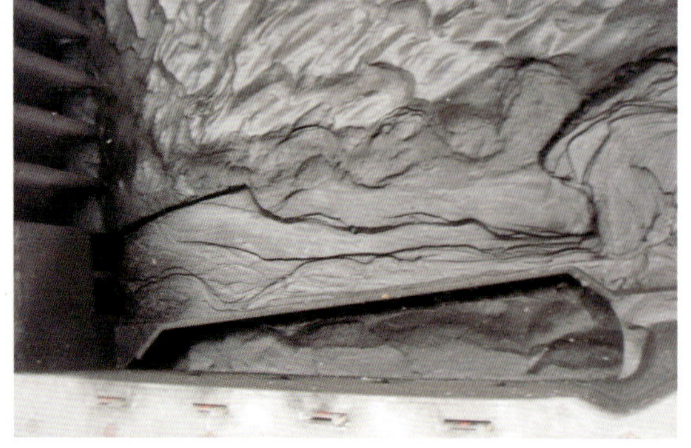

图 5.49　枢纽运用 15 年电站进水口泥沙淤积分布

图 5.50　枢纽运用 20 年电站进水口泥沙淤积分布

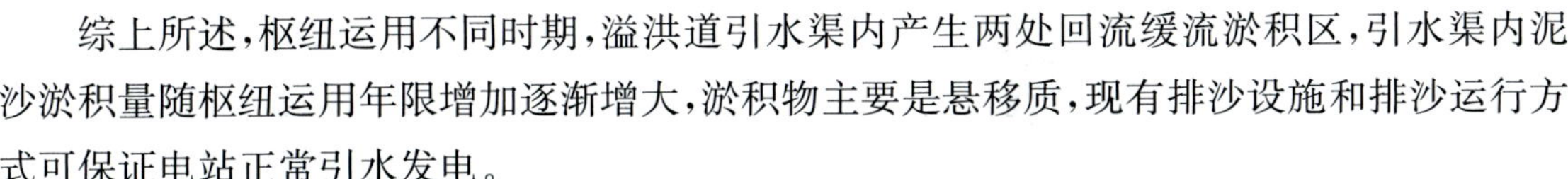

综上所述，枢纽运用不同时期，溢洪道引水渠内产生两处回流缓流淤积区，引水渠内泥沙淤积量随枢纽运用年限增加逐渐增大，淤积物主要是悬移质，现有排沙设施和排沙运行方式可保证电站正常引水发电。

4)电站过机水流含沙量和粒径。

水库蓄水后，坝前水位抬高，进入坝区泥沙主要为悬移质。坝前水流的悬移质含沙量与粒径，在横向分布上为中间稍大两侧较小，在垂线分布上为底部略大于上层，但由于坝前水流紊动较强，因此这种差异不明显。

模型试验表明，枢纽运用后，进入坝区河段的泥沙主要是悬移质，通过机组的水流含沙量和粒径变化随枢纽运用年限的增加而变化。

试验期间，根据电站发电调度运行方式，水库正常蓄水期(461m)，流量平均为 $800m^3/s$，模型进口水流含沙量平均为 $0.63kg/m^3$，通过机组的水流含沙量为 $0.05kg/m^3$ 以下；汛前降水排沙和汛后蓄水期间，流量平均为 $2060m^3/s$，模型进口水流含沙量平均为 $1.81kg/m^3$，通过机组的水流含沙量为 $1.2kg/m^3$ 以下。

枢纽排沙运用期间，水流含沙量试验结果见表 5.59。在枢纽运用过程中，过机泥沙粒径原型值最大为 0.02mm，基本无粗沙过机问题。

表 5.59　　枢纽运用不同时期过坝含沙量及粒径原型值变化

枢纽运用时间	流量/(m^3/s)	含沙量及粒径	模型进口	电站进水口	泄洪排沙孔
1年(中水大沙年)	2844	$S/(kg/m^3)$	2.594	2.602	2.622
		D_{50}/mm	0.008988	0.009072	0.009170
3年(大水大沙年)	2622	$S/(kg/m^3)$	2.692	2.751	2.722
		D_{50}/mm	0.010906	0.009058	0.009576
	2508	$S/(kg/m^3)$	2.727	2.632	2.625
		D_{50}/mm	0.015988	0.010304	0.009632
6年(大水大沙年)	2494	$S/(kg/m^3)$	3.450	3.492	3.550
		D_{50}/mm	0.015638	0.015540	0.013594
7年(大水中沙年)	1995	$S/(kg/m^3)$	1.785	1.652	1.632
		D_{50}/mm	0.013692	0.010962	0.013958
	2480	$S/(kg/m^3)$	2.340	2.375	2.352
		D_{50}/mm	0.009436	0.010164	0.010192
10年(中水大沙年)	2468	$S/(kg/m^3)$	2.910	2.985	2.872
		D_{50}/mm	0.008988	0.008288	0.008148
11年(中水大沙年)	2196	$S/(kg/m^3)$	2.218	2.425	2.513
		D_{50}/mm	0.011858	0.019082	0.018606

续表

枢纽运用时间	流量/(m^3/s)	含沙量及粒径	模型进口	电站进水口	泄洪排沙孔
13年（大水大沙年）	2208	S/(kg/ m^3)	1.949	1.912	1.865
		D_{50}/mm	0.03143	0.019908	0.018536
15年（小水小沙年）	1598	S/(kg/ m^3)	1.718	1.523	1.618
		D_{50}/mm	0.013986	0.00952	0.00952
17年（大水大沙年）	1995	S/(kg/ m^3)	1.767	1.772	1.543
		D_{50}/mm	0.0196	0.0196	0.0154
	2480	S/(kg/ m^3)	2.112	2.321	2.458
		D_{50}/mm	0.014	0.01302	0.01638
20年（中水大沙年）	2281	S/(kg/ m^3)	2.643	2.543	2.451
		D_{50}/mm	0.0168	0.014	0.0126
	2468	S/(kg/ m^3)	2.78	2.795	2.791
		D_{50}/mm	0.01316	0.012278	0.012236

5）坝前淤积物粒径。

枢纽运用不同时期，坝前淤积物粒径有所不同。枢纽运用5年末，溢洪道引水渠淤积物中值粒径原型值为0.03738～0.04046mm，坝前及近坝段淤积物中值粒径原型值为0.01778～0.02436mm；枢纽运用10年末，溢洪道引水渠淤积物中值粒径原型值为0.06311～0.0700mm，坝前及近坝段淤积物中值粒径原型值为0.08270～0.1482mm；枢纽运用15年末，溢洪道引水渠淤积物中值粒径原型值为0.1088～0.1161mm，坝前及近坝段淤积物中值粒径原型值为0.0967～0.1096mm；枢纽运用20年末，溢洪道引水渠淤积物中值粒径原型值为0.0498～0.0557mm，坝前及近坝段淤积物中值粒径原型值为0.0066～0.1415mm。

5.3.4 结论及建议

5.3.4.1 结论

（1）数学模型

采用一维、三维水沙数学模型分别研究水库库区、水库坝区的泥沙淤积特性，得到如下主要结论。

1）一维数学模型研究。

综合考虑上游梯级的建设情况，结合初拟的排沙运行水位451m、446m和441m方案及排沙启动流量2000m^3/s、2100m^3/s、2200m^3/s，拟定10种泥沙淤积计算方案。

根据多方案计算结果的比较分析，推荐水库运行方式为：排沙运行水位446m，排沙启动流量2100m^3/s。

2）三维数学模型研究。

三维数学模型模拟了电站进水口、泄洪排沙孔、泄洪表孔等部位库内的泥沙淤积形态，

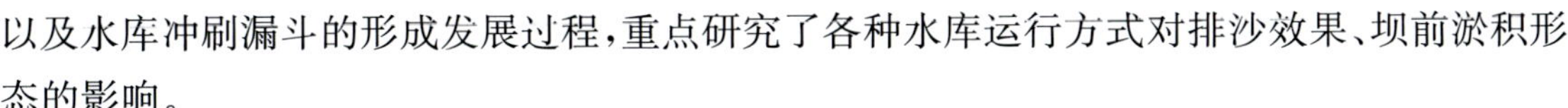

以及水库冲刷漏斗的形成发展过程，重点研究了各种水库运行方式对排沙效果、坝前淤积形态的影响。

研究成果表明，“方案 3”运行方式较合适。

(2)泥沙整体模型

1)枢纽建成运用后，坝区河段整体河势未发生大的变化，河道滩、槽位置，主流线和深泓线走向与建坝前基本相同；局部河势有一定调整，主要影响范围在溢洪道和坝前段。枢纽不同运用期内，受蓄水影响，水位较建库前抬高，水流趋于平缓，流速均远远小于建库前，且坝前及溢洪道进水渠内将形成不同程度的回流缓流区，无论汛期还是枯水期水流挟沙能力大为减弱，坝区河段泥沙将大量淤积。

2)枢纽运用 20 年末，坝区河段泥沙累积淤积量为 4782.3 万 m^3，平均淤积厚度 27.4m，最大淤积厚度 51.7m。试验河段顺直段以河槽平淤为主，弯道衔接段以凸岸高边滩淤积为主，近坝段为全断面淤积。枢纽运用 18 年末与 20 年末的河道淤积地形对比观测表明，二者淤积量较接近(增量约为 5%)，表明枢纽运用至 20 年末坝区河段泥沙已基本达到动态平衡。

3)枢纽运用 20 年末，溢洪道引水渠内共累积淤积泥沙 37.6 万 m^3，以河槽平淤为主。枢纽运用不同时期，溢洪道均产生两处回流缓流淤积区，当回流缓流区淤积到一定程度后，淤积主要在溢洪道主流区内发生。溢洪道内泥沙淤积量随枢纽运用年限的增加逐渐增大，淤积物主要是悬移质。枢纽运用 20 年末，溢洪道原高程 431m 平台，淤积后高程为 439.7～442.8m，平均淤积厚度 4.8～8.8m，最大淤积厚度 11.8m；原高程 423m 冲沙槽，淤积后高程为 430.5～441.8m，平均淤积厚度 7.5～17.38m，最大淤积厚度 18.8m。枢纽运用 20 年末，冲沙槽沿程累计淤积高程 440.6～430m，形成纵向坡比 1∶30 和横向坡比 1∶5～1∶8 的冲沙区。

4)枢纽运用 20 年末，电站厂前 7～12m 范围泥沙有一定淤积，主要淤积部位为拦沙坎附近区域。电站 1 号机组前泥沙累计最大淤积厚度约 10m，淤积后高程为 440.5m，且淤积物前缘距进水口约为 7m，坡比约为 1∶3；2 号机组前泥沙累计最大淤积厚度约 7.8m，淤积后高程为 438.3m，且淤积物前缘距进水口约为 9m，坡比约为 1∶5；3 号机组前泥沙累计最大淤积厚度约 2.5m，淤积后高程为 433.0m，且淤积物前缘距进水口约为 12m，坡比约为 1∶3；4 号机组前泥沙有少量淤积，淤积厚度约 1.2m。电厂进水口区纵向坡比为 1∶8～1∶10。从试验结果来看，基本可保证电站取水，但厂前一定区域的泥沙淤积问题应给予重视。

5)随着枢纽运用年限的增加，坝区泥沙淤积朝平衡方向发展，通过电厂机组的水流含沙量和粒径变化随枢纽运用年限的增加而变化。枢纽运用过程中，过机泥沙主要是悬移质。

5.3.4.2 建议

1)溢洪道布设在弯道凹岸侧，为主流顶冲位置。模型水流条件试验表明，在高水发电时，坝区河段水面平缓，流速较小，溢洪道进口右岸区域流态较为稳定；当流量逐渐加大，该区域流速逐渐增加，低水冲沙运用时，溢洪道进口右岸顶冲作用明显，近岸流速较大，且水流不畅。为改善溢洪道右岸进口区域的流速流态，减少泥沙淤积，建议在枢纽布置设计中对该区域岸线开挖形态进行优化。

2)枢纽电站布置时，需解决好电站取水防沙问题，通常情况下电站取水口应位于弯道的凹岸，引取含沙量较小的水流，同时为充分发挥枢纽泄洪建筑物的排沙作用，电站应尽量布置在泄洪建筑物一侧，使枢纽泄洪时可将电站厂前的泥沙带往下游。

本枢纽溢洪道布设在弯道凹岸侧，电站位于溢洪道下游左岸并设置拦沙坎。拦沙坎的设置，一方面可以起屏障作用，拦蓄推移质；另一方面使得电站进水口 440m 高程以下形成一定范围的屏蔽区，使得悬移质越过拦沙坎后引起进水口淤积。模型试验结果表明，电站厂前 7～12m 范围泥沙微有淤积，主要淤积部位为拦沙坎附近区域，泥沙累计最大淤积厚度达 10m，淤积后高程为 440.5m，且淤积物前缘距进水口最短距离约为 7m。在水库运用 20 年试验期间年内 85%以上的时段电站引水发电，基本可保证电站取水，但厂前一定区域的泥沙淤积问题应给予重视。

模型试验表明，在典型系列年淤积试验期间，年内洪水期流量为 1500～3400m^3/s，在进行淤积地形基础上的泄流能力试验时，洪水期流量较大，电站关闭，洪水主要从冲沙洞和溢流坝表孔泄出，由于坝区河段河道泥沙的累计淤积，致使行洪断面急剧减小，洪水挤压河道，在泄洪冲沙的同时，严重的可导致电站拦沙坎内全部淤塞。由此，在电站运用期间遭遇大洪水时应特别关注枢纽运用安全。

3)枢纽溢洪道布置在河道主流顶冲弯道凹岸，在汛期遭遇大洪水时，在洪水和泥沙的共同作用下可能诱发局部变化，建议给予关注。

5.4 防沙排沙工程方案

卡洛特水电站开发的单一功能为发电，防沙排沙的主要目的是：①为了长期运行后水库有足够的库容，用于发电调度；②避免泥沙经引水隧洞进入水轮发电机组，造成机电设备磨蚀。

为确保上述两项功能的实现和工程的发电效益，结合类似工程的经验，卡洛特水电站应考虑高程合适的泄洪排沙设施，并可考虑在电站进水口部位设置拦沙坎，避免泥沙由引水隧洞进入水轮机组。如果将泄洪排沙设施布置在电站进水口，确保电站进水口“门前清”，将是最佳的防沙排沙方案。

考虑卡洛特水电站的洪水及泥沙特性，综合坝址区工程地质条件，将泄洪排沙孔和电站进水口集中布置，可满足水库降低水位排沙和厂房进水口“门前清”要求，在溢洪道控制段的较低高程设置泄洪排沙孔。为节省工程投资，泄洪排沙孔的孔口数量及规模同样按排沙水位 446m 时能够下泄两年一遇洪水洪峰流量（2460m^3/s）进行设置，即 2 孔 9m×10m（宽×高）泄洪排沙孔。排沙孔进口底板高程 423m，洪水调度是其余泄量均由上部表孔下泄，尽量减少低高程的泄洪规模，减少溢洪道整体工程量。同时，泄洪排沙孔还兼顾了在低水位时的泄洪排沙清库功能，以满足高地震区大型土石坝设置放空设施的需要，起到放空水库的作用。

为保证电站最低引水高程高于水库冲淤平衡高程，并在各运行条件下减少大粒径泥沙进入引水流道，进水口直接布置在溢洪道控制段前沿，利用中孔排沙，避免单独设置排沙设

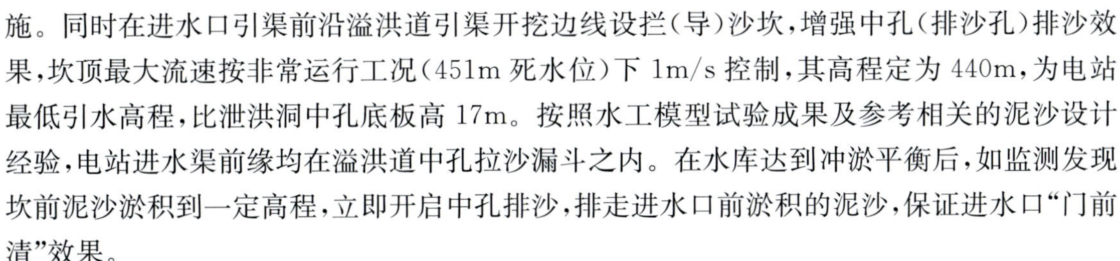

施。同时在进水口引渠前沿溢洪道引渠开挖边线设拦（导）沙坎，增强中孔（排沙孔）排沙效果，坎顶最大流速按非常运行工况（451m 死水位）下 1m/s 控制，其高程定为 440m，为电站最低引水高程，比泄洪洞中孔底板高 17m。按照水工模型试验成果及参考相关的泥沙设计经验，电站进水渠前缘均在溢洪道中孔拉沙漏斗之内。在水库达到冲淤平衡后，如监测发现坎前泥沙淤积到一定高程，立即开启中孔排沙，排走进水口前淤积的泥沙，保证进水口“门前清”效果。

根据坝址河段泥沙粒径分析成果，小于 0.25mm 粒径的泥沙占悬移质比例约为 92%，电站最低引水高程为 440m，取渠内表层水引水发电，可明显减少大粒径泥沙过机。

水工试验成果表明，各工况下进水口流态较好，未发现有漩涡漏斗，泄洪排沙孔运行时，能保证进水口“门前清”。泥沙模型试验成果表明，枢纽运行 5 年后进水口拦沙坎内淤积基本达到平衡状态，淤积高程小于 0.5m，不影响电站引水发电。

5.5 关键技术

5.5.1 库沙比水库排沙调度关键技术

巴基斯坦境内河流泥沙含量普遍较大，如印度河平均含沙量 2～3kg/m^3。20 世纪 70 年代在印度河干流建成的塔贝拉等水库，由于缺乏有效的排沙工程措施和排沙调度运行方式，水库运行不到 40 年，泥沙淤积使库容损失了 30%以上，导致调节能力降低，影响了水库效益的正常发挥和使用寿命。卡洛特水电站下游已建成的曼格拉水库，因库区泥沙淤积，水库的总库容减少了近 20%，影响了灌溉和发电，被迫将大坝整体抬高 9.144m，正常蓄水位也相应抬升。由此可见，巴基斯坦境内水库泥沙淤积问题均较为突出。

卡洛特水电站坝址处控制流域面积 2.67 万 km^2，多年平均流量 819m^3/s，多年平均年径流量 258.3 亿 m^3；多年平均悬移质输沙量约 3300 万 t，多年平均悬移质含沙量 1.28kg/m^3。水库正常蓄水位 461m，正常蓄水位以下库容 1.52 亿 m^3，水库库沙比仅约为 5.2。

借鉴我国多沙河流的水库规划设计和排沙调度研究成果，结合卡洛特水电站工程特点及水沙特性，比较选用了汛期相机低水位排沙的运行方式，即当入库流量超过拟定的排沙流量，将水库水位降至排沙水位运行。通过一维和三维数学模型计算结果，以及物理模型验证，水库排沙效果较好，可基本满足电站长期有效运行。

长江设计院在卡洛特水电站泥沙管理研究中，结合数学和物理模型实验，通过多次修改方案，首次在含沙量不太大、库沙比小的水电站设计中，总结提出了库沙比小的水库排沙调度运行方式，包括拟定两级排沙流量和排沙水位及相应的调度运行方式，解决了类似水库保持长期运行的难题，可应用于其他水库调度之中。

但是，由于排沙时机的选择与入库水量密切相关，每年排沙次数和排沙时间存在差异，尤其是停机排沙时间的不确定，对电站和电网影响均较大，可结合购电协议中对电站每年排沙次数和排沙时间的要求，进一步完善排沙调度运行方式。同时，从排沙运行水位比较结果来看，在不考虑库岸稳定的情况下，第二级排沙水位越低，水库排沙效果越好，而电量损失影响不大。

卡洛特水电站建成后，根据实际运行情况，可考虑进一步降低排沙水位，甚至敞泄排沙。

5.5.2 数学模型关键技术

项目优化数值模拟技术手段，集成凝练模型算法与算法，提高精度与效率，形成了国家发明专利。

（1）多种技术手段集成与优化

1）不平衡坡降法拦沙计算。

卡洛特水电站，为吉拉姆河干流梯级枢纽的第四级，上游有已建或拟建水利枢纽，采用不平衡坡降法进行了上游梯级水库拦沙计算，成果作为梯级枢纽调节后的本项目入库水沙条件。

2）一维全沙不平衡输沙数学模型。

卡洛特水电站库区多年平均条件下泥沙淤积过程与淤积规律，计算所需时限长，一维全沙不平衡输沙数学模型已开发应用几十年，并成功应用于多座大中小型水库库区泥沙淤积规律研究中。在全库区若采用二维、三维数学模型则所需参数率定验证基本数据不足，且计算耗时长。综合比选，全库区泥沙淤积数学模型计算采用一维全沙不平衡输沙数学模型，并为三维水沙数学模型计算提供边界条件。

3）三维水沙数学模型。

电厂取水口、泄流排沙洞等出流孔口前的泥沙淤积形态及水库冲刷漏斗的形成发展过程、水沙过程更复杂多变，且相关数据对工程相关设计具有举足轻重的作用，采用三维水沙数学模型可在立体空间内更真实地模拟其变化形态与发展过程，结合一维大范围长时段计算分析，成果更全面，支撑依据更为充足。

（2）一维水沙数学模型模拟技术手段的集成与优化

1）一种河道断面地形重构方法。

卡洛特水电站库区地形横纵向复杂，应用了一种河道断面地形重构方法，具体步骤为：获取初始河道断面地形，辨识水上和水下地形的分界位置；对水上地形进行平滑；对水下地形进行重构，方法是多点外推、距离加权；二者合并，获得完整的重构后的断面地形。该方法可以弥补基于 DEM 数据插值得到的河道断面地形的不足，提高河道地形的质量。

2）一种水位梯度的加权平均计算方法。

一维水沙数值模拟过程中水位变幅大，常导致模拟的水位不稳定，卡洛特水电站库区地形横纵向复杂，水沙淤积计算过程中对水位进行了优化，具体步骤为：确定当前要计算的网格结点编号 i 及其左、右的网格结点编号 $i-1$、$i+1$；获取网格 $i-1$、i、$i+1$ 的水位 z_s、水深 h、流速 u、过水断面面积 A 数据；计算网格 i 左、右界面的水位梯度；计算网格 i 左、右界面水位梯度的加权系数 wL、wR；通过加权计算得到计算网格 i 的水位梯度。本研究可以根据不同需求而使用相应的水位梯度计算方法，具有稳定性好、精度高等优点。

3）一种水库超饱和输沙状态下恢复饱和系数计算方法。

泥沙运动的数值模拟更为复杂，其计算过程中的恢复饱和系数计算尤为重要。卡洛特水电站库区水沙淤积计算过程中对此进行了优化，具体步骤为：采集目标水库实测水文、泥沙数据，推求超饱和输沙状态下近似分组挟沙力 S_*；分河段、分流量级、分粒径组求解恒定均匀流条件下悬移质泥沙连续方程，计算水库超饱和输沙状态下恢复饱和系数，建立水库超饱和输沙状态下恢复饱和系数计算公式。本方法贴合水库超饱和输沙状态下泥沙运动过程，可更为简单且准确地建立超饱和输沙状态下恢复饱和系数计算公式，所需资料较已有方法更易收集，且能直接应用于水库泥沙淤积数值模拟中。

(3)三维水沙数学模型模拟技术手段的集成与优化

1)C—D 无结构网格上的三维自由水面非静水压力流动模型算法。

为准确模拟垂向运动尺度较大的水流运动，模型建立过程中基于压力分裂模式和半隐方法提出了 C—D 无结构、z 坐标网格上的三维非静水压力流动模型的构造方法。模型先在忽略动水压强项的隐式部分的条件下求解控制方程，获得比较接近的初始解；再考虑动水压强项的隐式部分并求解一个关于它的三维 Poisson 方程，计算更容易收敛。该模型算法与传统的 C 网格上的非静水模型算法相比，增加了对水平切向动量方程的求解，消除了因 C 网格的简化处理所带来的精度损失。控制方程用有限体积—有限差分法离散，自由水面用水位函数法处理。对水位 η 和动水压强 q 分别采用不同的隐式因子以兼顾各自稳定和精度的要求。压力分裂模式、θ 半隐方法和欧拉—拉格朗日方法(ELM)等的联合使用使得本模型具有简单、稳定、高效的特点。

2)水库冲刷漏斗形成发展的数值模拟。

由于天然河道边界条件复杂和三维水沙数学模型计算量大的双重限制，尚未见到采用三维水沙数学模型模拟水库冲刷漏斗形成发展的实际工程案例。在模拟巴基斯坦卡洛特水电站库区坝前冲刷漏斗过程中，首次研发应用了在实际工程中模拟水库冲刷漏斗形成发展的三维数值模拟方法。具体实施与优点：使用平面非结构、垂向 sigma 网格并采用 θ 半隐时间离散框架、欧拉—拉格朗日方法等，使模型具有良好的天然河道复杂边界适应能力、计算稳定性，多核并行计算技术使得模拟速度有了数倍提升；三维模型与一维模型冲淤量计算值分段差别为－17.0%～15.8%，总量差别为－2.1%；三维非恒定流模型水流、泥沙计算时间步长分别取 1min、2min，在 24 线程并行平台上，完成 20 年的系列年计算耗时 6～8d。所采用的三维数值模拟方法和研究成果可为同类研究和工程设计提供参考。

该项目的主要专利相关成果如下：

1)赵瑾琼等，一种水库超饱和输沙状态下恢复饱和系数计算方法，发明专利，湖北，CN201710341033.6[P].2017-08-25。

2)赵瑾琼等，一种基于边界缝合与拓展的复杂水域网格再生方法，发明专利，湖北，CN201910409907.6[P].2019-08-09。

3)赵瑾琼等，一种水位梯度的加权平均计算方法，发明专利，湖北，CN202010383921.6[P].2020-09-22。

4)赵瑾琼等，一种河道断面地形重构方法，发明专利，湖北，CN202010502328.9[P].2020-10-02。

5.5.3 物理模型关键技术

项目集成了一流的模型测控技术，并优化了模型沙制备过程，形成了国家发明专利。

卡洛特坝区泥沙物理模型位于长江科学院九万方科研基地，模型范围为坝址上游约9km，坝址下游约2.5km，全长约11.5km。卡洛特水电站枢纽主要挡水建筑物为一座沥青混凝土心墙堆石坝，其他相关建筑物包括引水发电系统、泄洪冲沙洞和泄洪道。其中，引水发电厂房、泄洪冲沙洞和泄洪道位于坝上游右岸。枢纽泥沙尤其是坝前淤积的研究具有三维性很强的特点，因此模型必须设计为几何正态模型。卡洛特水库属于河道型水库，河道形态影响库区水流泥沙运动，加上水库坝前河道形态较为复杂，坝前淤积体的形成以及形态更容易受到上游河段形态的影响。因此模型模拟范围的确定必须充分考虑上游河段河势对坝前水流的影响。库区泥沙淤积的来源主要考虑上游来沙（或上游枢纽下泄悬移质）及区间来沙。根据一维数学模型计算可知，水库运用6年后推移质已经运动至本河段内，因此模型应设计为全沙模型（推移质和悬移质），同时满足推移质和悬移质泥沙运动相似。以上均在物理模型有精确模拟，工程河段局部水位、流场及冲淤等模拟精度也得以提高。

物理模型拥有先进的模型量测控制系统，大大提高了模型试验数据的精度和测量的效率，为提出准确可靠的试验成果提供了前提条件。具体有：①清华大学研制开发的流场实时测量系统（VDMS），用于对坝区附近各级流量下的表面流场进行观测比较，具有较强的直观性；②自动水位跟踪系统，可以定时记录沿程水位的变化情况，并在此基础上研发了实用新型专利“河工模型试验水边界识别测量系统”；③开发了微粉磨机粒径精密控制设备的控制方法，形成泥沙级配自动粉磨技术，可以智能生成模型沙级配，并申报成功国家发明专利“一种用于微粉磨机粒径精密控制设备的控制方法”。

先进的模型量测设备，以及在试验过程中开展的研发工作，不但保证了模型的试验精度与可靠性，同时已进行了相关推广应用，大大提高了行业内的河流模型模拟技术。项目组所开发的专利方法与系统，具有较好的可操作性，使模型试验条件及成果水平在行业内处于领先地位。

该研究取得的主要相关成果如下：

1）李志晶，张玉琴，金中武，周银军，王军，李大志，黄建成，闫霞，吴华莉，栾春婴。基于数字图像的床沙表层级配观测分析方法及系统，发明专利，ZL 201610425105.0；

2）周银军，卢金友，姚仕明，吴华莉，王军，金中武，邓彩云，闫霞，李志晶，周若，刘小斌，周森，李健，程传国，马秀琴。兼顾床面稳定和快速排水的河工模型排水系统，发明专利，ZL 201720225880.1；

3）范北林，郭炜，徐海涛，金中武，惠钢桥，王军，周银军，刘小斌，陈义武。一种用于微粉磨机粒径精密控制设备的控制方法，发明专利，ZL201210422919.0；

4）周银军、卢金友、姚仕明、徐海涛、金中武，李志晶，闫霞，吴华莉，高瑜。枢纽泥沙实体模型设计及后处理系统，V1.0，2019SR1104678。

6 枢纽布置及主要建筑物

6.1 前期工作概述

卡洛特水电站枢纽布置方案确定经历了一个长期的过程。1984 年蒙特利尔工程有限公司(MONENCO)最先提出在吉拉姆河卡洛特桥附近建设卡洛特水电站，推荐的坝轴线位于卡洛特桥下游 300m，水库正常蓄水位 433m，设计流量 215m^3/s，装机容量 93MW，多年平均年发电量 7.27 亿 kW·h。1994 年巴基斯坦水电发展署(WAPDA)和德国技术合作公司(GTZ)对该水电站项目进行了复核，经过现场查勘，对原设计方案进行了优化，其中水库正常蓄水位仍维持 433m，调整后，设计流量 550m^3/s，装机容量 240MW，多年平均年发电量 16.13 亿 kW·h。2007 年受巴基斯坦 ATL 公司委托，由澳大利亚雪山公司(SMEC)、巴基斯坦 Mirza 联合工程服务公司(MAES)及工程总咨询公司(EGC)组成的咨询联合体，于 2009 年 9 月编制完成《卡洛特水电站可行性研究报告》，可研报告通过较为详细的地质勘测和分析计算，提出卡洛特桥下游 200m 的坝址不合适，建议将坝址移至卡洛特桥上游 1.75km 处，电站开发方式调整为径流式开发，将正常蓄水位调整为 461m，推荐电站的设计流量为 1200m^3/s，装机容量 720MW，电站多年平均年发电量 34.36 亿 kW·h。可研阶段推荐方案挡水发电建筑物主要包括大坝、溢洪道、引水隧洞和发电厂房等，总库容 1.6 亿 m^3，见图 6.1。挡水建筑物采用弧形混凝土重力坝，坝顶高程 468m，最大坝高 91m。泄水建筑物由 8 个 7m×14m 的溢流表孔和 6 个 6.2m×11m 的泄洪排沙孔组成。发电建筑物布置于右岸，采用引水式地下电站，装机 4 台，总装机容量 720MW。

2010 年 10 月及 2011 年 4 月，长江设计院先后组织专业人员编制完成了《巴基斯坦卡洛特水电站可行性研究报告评估意见》和《巴基斯坦卡洛特水电站可行性研究报告评估意见补充评估意见》，经充分评估后认为：

1)咨询联合体提出的设计方案中坝址径流和泥沙成果基本合理，但坝址设计洪水可能偏小。

2)咨询联合体地勘实物量少，缺平硐及现场原位试验成果，推荐的岩石力学参数取值不合理，地下厂房围岩分类偏好。

3)洞室围岩为砂岩、粉砂岩、黏土岩，评估认为岩性软弱，力学参数低，不宜兴建地下厂房，建议比较地面厂房。

4)坝址区基岩软弱，地震烈度高，需重视大坝安全及抗滑稳定问题。

5)原设计方案工程量偏小，未进行详细的施工组织设计。

随着地质勘探工作的深入，经深入重力坝和沥青混凝土心墙堆石坝方案对比研究，认为重力坝深层滑动及不均匀沉陷等问题较为突出，基础处理措施复杂，工程技术风险较大。堆石坝方案可利用河湾缓坡地形布置开敞式溢洪道和排沙设施，防洪安全和排沙效果有保障；坝区建筑物开挖料可直接用于堆石坝填筑，天然建筑材料料源和施工工期保证性较高，工程建设风险较小，且堆石坝对地形地质条件的适应性较好，经综合分析，选择以沥青混凝土心墙堆石坝为挡水建筑物的代表性枢纽布置方案比较。

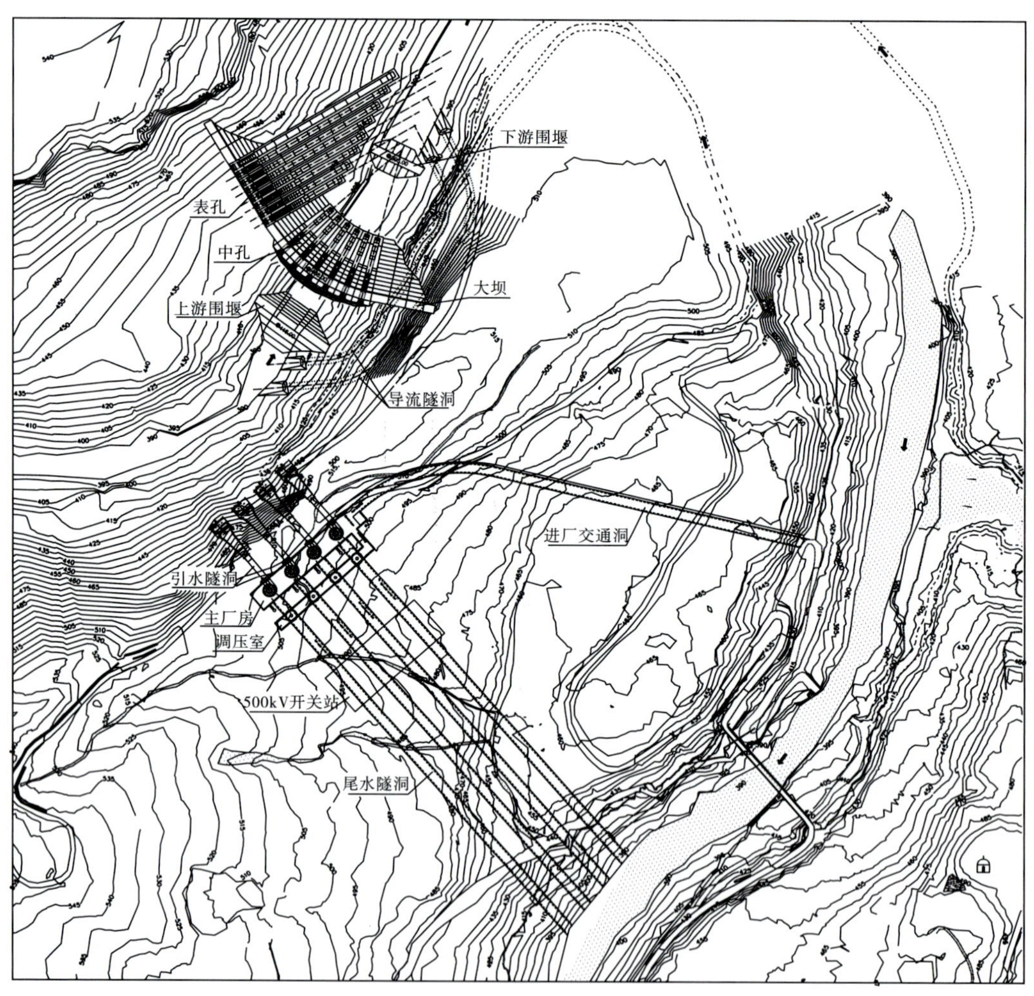

图 6.1　咨询联合体可研报告枢纽布置方案

6.2 工程等级及设计安全标准

6.2.1 工程等级及建筑物级别

卡洛特水电站正常蓄水位 461m，正常蓄水位以下库容 1.52 亿 m^3；电站装机容量 720MW(4×180MW)，多年平均年发电量 32.06 亿 kW·h。

根据《防洪标准》(GB 50201—94)和《水电枢纽工程等级划分及设计安全标准》(DL 5180—2003)的规定，本工程为Ⅱ等大(2)型工程，大坝、溢洪道、引水发电建筑物等主要永久性水工建筑物为 2 级建筑物，次要建筑物为 3 级建筑物，主要和次要水工建筑物结构安全级别均为Ⅱ级。

6.2.2 洪水设计标准

根据《防洪标准》(GB 50201—94)和《水电枢纽工程等级划分及设计安全标准》(DL 5180—2003)的规定，确定永久性水工建筑物的洪水标准及相应洪水重现期的洪峰流量见表 6.1。

表 6.1 水工建筑物洪水设计标准

主坝坝型	建筑物名称	正常运用		非常运用	
		洪水重现期/a	洪峰流量/(m^3/s)	洪峰重现期/a	洪峰流量/(m^3/s)
沥青混凝土心墙堆石坝	壅、泄洪建筑物	500	20700	5000	29600
	电站厂房	200	17300	500	20700
	消能防冲建筑物	50	12200		

6.2.3 抗震设计标准

根据巴基斯坦卡洛特水电站项目 EPC 招标文件第Ⅳ卷参考资料附件 7 地震危险性分析结果，卡洛特水电站工程场址区坝址 50 年超越概率为 10%的基岩水平峰值加速度值为 263.3gal(0.26g)。

按照《水工建筑物抗震设计规范》(DL 5073—2000)和《水电工程防震抗震研究设计及专题报告编制暂行规定》(水电规计〔2008〕24 号)规定，卡洛特水电站壅水建筑物抗震设防类别为乙类，非壅水建筑物抗震设防类别为丙类。因此壅水建筑物和非壅水建筑物均采用基本烈度作为设计烈度，设计地震加速度代表值取基准期 50 年超越概率 10%的地震动峰值加速度，其值为 263.3gal(0.26g)；同时，为了与前期工作衔接，采用雪山公司完成的可研报告中的设计地震动参数 0.31g(250 年超越概率 2%地震动峰值加速度)对壅水建筑物的稳定性进行了复核。

6.2.4 设计安全标准

6.2.4.1 建筑物安全超高

1)本工程壅水建筑物为2级建筑物，根据《水电枢纽工程等级划分及设计安全标准》(DL 5180—2003)的规定，本工程壅水建筑物采用的安全超高见表6.2。

表6.2 壅水建筑物安全超高

建筑物类型和运用状况		安全超高/m
溢洪道控制段	正常运用洪水	0.5
	非常运用洪水	0.4
沥青混凝土心墙堆石坝	正常运用洪水	1.0
	非常运用洪水	0.7

2)本工程沥青混凝土心墙堆石坝的沥青混凝土心墙顶部在水库正常运用洪水位以上的安全超高取0.7m，且沥青混凝土心墙顶部高程不低于非常运用时的水库静水位。

3)本工程地震基本烈度为Ⅷ度，沥青混凝土心墙堆石坝坝顶超高中计入地震涌浪高度，其值取1.5m；同时，坝顶超高中计入坝体和坝基在地震作用下的附加沉陷量，其值取最大坝高的1%。

6.2.4.2 建筑物结构稳定应力安全标准

(1)土石坝坝坡抗滑稳定安全系数

根据《水电枢纽工程等级划分及设计安全标准》(DL 5180—2003)和《碾压式土石坝设计规范》(DL/T 5395—2007)的有关规定，土石坝坝坡最小抗滑稳定安全系数应不低于表6.3规定的数值。

表6.3 土石坝坝坡的最小抗滑稳定安全系数

计算方法	计算工况		
	正常运用条件	非常运用条件Ⅰ	非常运用条件Ⅱ
计及条块间作用力	1.35	1.25	1.15
不计及条块间作用力	1.25	1.15	1.05

(2)溢洪道控制段应力及稳定控制标准

根据《溢洪道设计规范》(DL/T 5166—2002)和《水工建筑物抗震设计规范》(DL 5073—2000)对溢洪道控制段坝体分别按承载能力极限状态和正常使用状态进行计算和验算。

1)承载能力极限状态设计。

在承载能力极限状态下对坝体结构断面、结构及坝基岩体进行强度和抗滑稳定计算。

对于承载能力极限状态计算设计，采用下列极限状态设计表达式：

$$\gamma_0 \Psi S(\cdot) \leqslant \frac{1}{\gamma_d} R(\cdot)$$

$$R(\cdot) = \frac{f_k}{\lambda_m}$$

式中，γ_0——结构重要性系数，本工程的结构安全级别为Ⅱ级，取 1.0；

Ψ——设计状况系数，对应于持久状况、短暂状况和偶然状况，分别取用 1.0、0.95 和 0.85；

γ_d——结构系数，按表 6.4 采用；

$S(\cdot)$——作用效应函数；

$R(\cdot)$——结构及构件的抗力函数；

f_k——材料性能的标准值；

γ_m——材料性能的分项系数，按表 6.5 和表 6.6 采用。

2)正常使用极限状态。

按材料力学方法进行坝体上、下游面混凝土拉应力验算。

对于正常使用极限状态设计，采用下列极限状态设计表达式：

$$\gamma_0 S(\cdot) \leqslant C/\gamma_d$$

式中，C——结构的功能限值。

表 6.4　　结构系数

序号	项目	组合类型	结构系数	备注
1	抗滑稳定极限状态设计式	基本组合	1.20	
		偶然组合（不考虑地震作用）	1.20	
		偶然组合（考虑地震作用）	2.70	拟静力法
			0.65	动力法
2	混凝土强度极限状态设计式	基本组合	1.80	
		偶然组合（不考虑地震作用）	1.80	
		偶然组合（考虑地震作用）	2.80（抗压）	拟静力法
			2.10（抗拉）	
			1.30（抗压）	动力法
			0.70（抗拉）	

表 6.5　　静态作用和材料性能分项系数(不考虑地震)

静态作用				材料性能			
自重			1.00	混凝土强度		抗压强度 f_c	1.50
水压力	静水压力		1.00	抗剪断强度	混凝土/基岩	摩擦系数 f'_R	1.30
	动水压力	时均压力	1.05			黏聚力 c'_R	3.00
		离心力	1.10		混凝土/混凝土	摩擦系数 f'_c	1.30
		冲击力	1.10			黏聚力 c'_c	3.00
		脉动压力	1.30		基岩/基岩	摩擦系数 f'_d	1.40
扬压力	渗透压力		1.20			黏聚力 c'_d	3.20
	浮托力		1.00		软弱结构面	摩擦系数 f'_d	1.50
淤沙压力			1.20			黏聚力 c'_d	3.40
浪压力			1.20	—	—	—	—

表 6.6　　静态作用和材料性能分项系数(地震工况)

计算方法	结构	静态作用		材料性能		
动力法	溢洪道控制段	水压力	1.0	混凝土强度		1.5
		浮托力	1.0	坝基	摩擦系数	1.3
		渗透压力	1.2		黏聚力	3.0
		混凝土容重	1.0	—	—	—
	其他混凝土结构	1.0		1.0		
拟静力法		1.0		1.0		

对应正常使用极限状态，坝体上、下游面拉应力控制标准为：作用效应的短期组合和长期组合情况下，坝踵和坝体上游面的垂直应力不出现拉应力(考虑扬压力)，短期组合下游面垂直拉应力不大于 100kPa。坝体上下游面应力标准见表 6.7，建基面应力控制标准见表 6.8。

表 6.7　　坝体上下游面应力标准

建筑物级别	坝体最大压应力		坝体拉应力			
	长期组合	短期组合	长期组合	短期组合	长期组合	短期组合
2	小于坝体混凝土抗压强度		坝踵不得出现拉应力		坝体上游面不得出现拉应力	坝体下游面垂直拉应力≤100kPa

表 6.8　　建基面应力控制标准

建筑物级别	建基面最大压应力		建基面拉应力	
	长期组合	短期组合	长期组合	短期组合
2	小于地基允许压应力		不得出现拉应力	≤100kPa

(3)电站建筑物整体稳定及基础应力控制标准

1)进水口整体稳定控制标准。

根据《水电站进水口设计规范》(DL/T 5398—2007)规定，进水口的整体抗滑稳定性、抗浮稳定性及抗倾覆稳定性分别按如下公式计算。

$$\gamma_0 \Psi \sum P_R \leqslant (f'_{RK} \sum W_R + c'_{Rk} A_R / \gamma_{c'}) / \gamma_d$$

$$\gamma_0 \Psi \sum U_R \leqslant \sum M'_R / \gamma_d$$

$$\gamma_0 \Psi \sum M_0 \leqslant \sum M_S / \gamma_d$$

2)电站厂房整体稳定控制标准。

根据《水电站厂房设计规范》(NB/T 35011—2013)，地面厂房整体抗滑采用抗剪断公式：

$$\gamma_0 \Psi \sum P_d \leqslant \frac{1}{\gamma_d}\left(\frac{f_k}{\gamma_f} \sum W_d + \frac{c_k}{\gamma_c} A\right)$$

抗浮稳定性按下列公式计算：

$$\gamma_0 \Psi (U_{fd} + U_{sd}) \leqslant \frac{1}{\gamma_d} \sum W_d$$

3)建基面应力控制标准。

根据规范规定，电站进水口及电站厂房建基面应力控制标准见表 6.9。

表 6.9　　建基面应力控制标准

建筑物级别	建基面最大压应力		建基面拉应力	
	基本组合	特殊组合	基本组合	特殊组合
2	小于地基允许压应力		不得出现	≤0.1MPa

4)建筑物边坡抗滑稳定安全标准。

根据《水电枢纽工程等级划分及设计安全标准》(DL 5180—2003)规定，确定本工程 2 级和 3 级水工建筑物的边坡级别均为 2 级。根据《水电水利工程边坡设计规范》(DL/T 5353—2006)的有关规定，枢纽工程区边坡均属 A 类边坡，溢洪道进水渠、泄槽和下游消能区边坡，以及电站进水口边坡及厂房后边坡为 2 级边坡。

采用平面刚体极限平衡方法中的下限解法进行边坡稳定计算时，按规范规定的抗滑稳定安全系数中值确定本工程边坡抗滑稳定安全标准，见表 6.10。

表 6.10　　卡洛特水电站边坡最小抗滑稳定安全系数

边坡级别	A 类(枢纽工程区边坡)		
	持久状况	短暂状况	偶然状况
2 级	1.20	1.10	1.05

6.3　工程特性及主要设计参数

卡洛特水电站主要设计参数及工程特性见表 6.11。

表 6.11　　卡洛特水电站工程特性

序号	项目名称	单位	数量	备注
一	水文			
1	流域面积			
	全流域	万 km^2	6.35	吉拉姆河
	工程坝址以上	万 km^2	2.67	
2	利用的水文系列年限	年	41	1969—2010 年，1993 年缺测
3	多年平均年径流量	亿 m^3	258.3	
4	代表流量			
	多年平均流量	m^3/s	819	
	实测最大流量	m^3/s	14730	1992 年，阿扎德帕坦站，瞬时最大洪峰
	实测最小流量	m^3/s	106	1972 年 1 月 6 日，日平均流量
	调查历史最大流量	m^3/s	14730	1992 年 9 月 10 日
	设计洪水流量(P=0.2%)	m^3/s	20700	
	校核洪水流量(P=0.05%)(混凝土重力坝)	m^3/s	26000	
	校核洪水流量(P=0.02%)(当地材料坝)	m^3/s	29600	
	2%洪水流量	m^3/s	12200	
	5%洪水流量	m^3/s	9020	

续表

序号	项目名称	单位	数量	备注
5	洪量			
	设计最大洪量(p=0.2%,7d)	亿 m^3	42.3	
	校核最大洪量(p=0.02%,7d)	亿 m^3	54.1	
6	泥沙			
	多年平均悬移质年输沙量	万 t	3315	
	多年平均含沙量	kg/m^3	1.28	
	实测最大含沙量	kg/m^3	60.8	2006 年 7 月 28 日
	多年平均推移质年输沙量	万 t	497	
二	水库			
1	水库水位			
	校核洪水位	m	467.06	5000 年一遇
	设计洪水位	m	461.13	500 年一遇
	正常蓄水位	m	461	
	死水位	m	458	
	排沙运行水位	m	446	
2	正常蓄水位对应水库面积	km^2	5.54	
3	水库容积			
	总库容	万 m^3	18810	校核洪水位以下
	正常蓄水位以下库容	万 m^3	15200	
	调节库容	万 m^3	4905	正常蓄水位至死水位
	死库容	万 m^3	10295	死水位以下
4	库容系数	%	0.19	调节库容/平均年径流量
5	调节特性		日调节	
6	水量利用系数	%	76.5	
三	下泄流量及相应下游水位			
1	设计洪水时最大泄量	m^3/s	20378	
	相应下游水位	m	418.08	
2	校核洪水时最大泄流	m^3/s	28299	
	相应下游水位	m	424.75	
3	电站额定流量	m^3/s	312.1	单机
	相应下游水位	m	386.66	

续表

序号	项目名称	单位	数量	备注
四	工程效益指标			
	装机容量	MW	720	
	保证出力($P=90\%$)	MW	116.1	引水式、装机4台
	多年平均年发电量	亿kW·h	32.06	
	装机发电年利用小时数	h	4452	
五	主要建筑物及设备			
1	挡水建筑物			
	型式		沥青混凝土心墙堆石坝	
	地基特性		砂岩、泥质粉砂岩、粉砂质泥岩	
	地震动峰值加速度	g	0.26	设计
			0.31	复核
	坝顶高程	m	469.5	
	最大坝高	m	95.5	
	坝顶长度	m	460	
2	泄水建筑物			
(1)	型式		溢洪道	
	地基特性		砂岩、泥质粉砂岩、粉砂质泥岩	
	溢流堰顶高程	m	表孔439,泄洪排沙孔423	为进口高程
	数量	孔	表孔6,泄洪排沙孔2	
	表孔孔口尺寸	m	14×22	宽×高
	泄洪排沙孔孔口尺寸	m	9×10	宽×高
	最大单宽流量	$m^3/(s\cdot m)$	表孔287.1,泄洪排沙孔232.4	
	消能方式		挑流	
(2)	工作闸门型式		弧形门	
	工作闸门启闭机械数量	套	表孔6,泄洪排沙孔2	
	工作闸门启闭机械型式		液压机	
	工作闸门启闭机械容量	kN	表孔:2×4500,泄洪排沙孔:2×2000	
	检修闸门型式		表孔:叠梁,泄洪排沙孔:定轮门	
	检修闸门数量	扇	表孔2,泄洪排沙孔2	

续表

序号	项目名称	单位	数量	备注
	检修闸门尺寸(宽×高)	m	表孔:15×23, 泄洪排沙孔:10×13	
	检修闸门启闭机械型式		表孔:门机,泄洪排沙孔: 与表孔共用门机	
	检修闸门启闭机械数量	套	1(共用)	
	检修闸门启闭机械容量	kN	2×1600/500	
	设计泄洪流量	m^3/s	20378	
	校核泄洪流量	m^3/s	28299	
3	输水建筑物			
	设计流量	m^3/s	1248.4	
(1)	进水口			
	型式		岸塔式	
	地基特性		砂岩、粉砂质泥岩	
	进口中心高程	m	436.25	
	进水口拦沙槛顶高程	m	440.00	
	进水口快速工作门型式	扇	滑动门	
	进水口快速工作门数量	扇	4	
	进水口检修门数量	扇	1	
	进水口工作门启闭机械型式		液压启闭机	
	进水口工作门启闭机械	台	4	
	进水口工作门启闭机械容量	kN	1600/3000	
(2)	引水隧洞			
	数量	条	4	
	地基特性		粉砂质泥岩/泥质粉砂岩/砂岩	
	洞径	m	9.6	
	长度	m	303.19～330.52	
	断面型式	m	圆形	
	衬砌型式		混凝土/钢管	
	设计水头	m	65	
(3)	压力钢管			
	条数	条	4	

续表

序号	项目名称	单位	数量	备注
	内径 1	m	9.6	
	内径 2	m	7.9	
	总长	m	343.52	
	设计水头	m	116.5	
(4)	尾水平台			
	地基特性		砂岩/粉砂质泥岩/泥质粉砂岩	
	长度	m	164.9	
	宽度	m	17.5	
4	电站厂房			
	型式		地面厂房	
	地基特性		砂岩/粉砂质泥岩/泥质粉砂岩	
	主厂房尺寸(长×宽×高)	m×m×m	164.90×27×60.5	
	厂房顶高程	m	419	
	水轮机安装高程	m	382.50	
	尾水管底板高程	m	362.50	
	机组中心距	m	27	
	尾水检修门型式		平面滑动门	
	尾水检修门数量	套	8	
	尾水检修门启闭机械型式		门机	
	尾水检修门启闭机械容量	kN	2×630	
5	开关站	座	1	
	地基特性		砂岩/粉砂质泥岩/泥质粉砂岩	
	面积(长×宽)/层数	m^2/层	111.4×16/2	
6	主要机电设备			
(1)	水轮机	台	4	
	型号		HL(232)-LJ-640	
	额定出力	MW	182.7	
	额定转速	r/min	100	
	吸出高度	m	−4.16	
	转轮直径	m	6.4	
	最大水头	m	79.34	

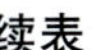

续表

序号	项目名称	单位	数量	备注
	最小水头	m	50	
	额定水头	m	65	
	加权平均水头	m	69.12	
	额定流量	m^3/s	312.1	
(2)	发电机	台	4	
	型号		SF180-60/1510	
	额定容量	MW/MVA	180/200	
	发电机功率因数		0.9	
	额定电压	kV	15.75	
7	输电线路			
	输电电压	kV	500	
	回路数	回	2	
六	施工特性			
1	施工导流			
(1)	导流方式		一次性拦断河床、隧洞导流	
	导流流量	m^3/s	6740	全年10%最大瞬时
(2)	上游围堰			
	型式		土石围堰	
	最大高度	m	55	
	防渗型式		混凝土防渗墙接土工膜心墙	
(3)	下游围堰			
	型式		土石围堰	
	最大高度	m	27.5	
	防渗型式		混凝土防渗墙接土工膜心墙	
(3)	导流隧洞			
	数量	条	3	
	尺寸	m	12.5	圆形
2	施工工期			
	准备期	月	19	
	第一台机组发电工期	月	53	
	总工期	月	60	

6.4 坝型选择

卡洛特水电站坝址区属中低山地貌，吉拉姆河在坝址区内呈“几”字形展布，在右岸形成宽约 700m 的河湾地块。场区内出露基岩地层主要为新近系中新统纳格利组（N_{na}^{1}）地层，坝基岩体由相间分布的砂岩、细砂岩、泥质粉砂岩及粉砂质泥岩等组成，厚至薄层不等厚互层，砂岩、细砂岩饱和抗压强度 20～30MPa，泥质粉砂岩及粉砂质泥岩饱和抗压强度 8～15MPa；岩层倾向 SEE，倾角 7°～10°。与混凝土坝比较，沥青混凝土心墙堆石坝坝基应力小，对地质条件的适应性更好；沥青混凝土心墙堆石坝可充分利用建筑物开挖有用料；坝址区混凝土骨料缺乏，沥青混凝土心墙堆石坝方案混凝土骨料需求量较少，施工工期保障性更高，投资可控性更好。同时，就现有工程实践经验而言，国内外利用软岩筑坝已有较多的成功经验（表 6.12、表 6.13）。

表 6.12　　国外软岩筑坝部分工程实例

工程名称	国别	修建时间	最大坝高/m	坝型	筑坝材料	坝坡	
						上游	下游
契伏坝	哥伦比亚	1974	237	斜心墙堆石坝	溢洪道开挖石英岩、泥岩板岩、千枚岩	1∶1.8	1∶1.8
卡尔台尔	美国	1969	141	心墙堆石坝	外坝壳为石英岩、内坝壳为泥质板岩及千枚岩	1∶1.9	1∶1.8
萨买尔斯威尔	美国	1966	119	斜心墙堆石坝	中等硬度系里砂岩和页岩	1∶2.25	1∶1.75～1∶2.25
鱼梁濑	日本	1965	115	心墙堆石坝	黏板岩、砂岩、开挖石渣	1∶2.5	1∶2.0
濑户	日本	1980	110.5	心墙堆石坝	砂岩、页岩及砂页岩互层	1∶2.5	1∶2.0
水窑	日本	1969	105	心墙堆石坝	砂岩、页岩及开挖石渣	1∶2.5	1∶2.0
里恩拜恩	英国	1971	90	心墙堆石坝	泥岩	1∶2	1∶1.75
大雷	日本	1975	87	心墙堆石坝	黏板岩、开挖石渣		
寺内	日本	1977	83	心墙堆石坝	片岩	1∶2.7	1∶2.0
安东	韩国	1976	83	心墙堆石坝	风化花岗岩		

表 6.13　　中国部分软岩筑坝工程实践

坝名	所在地	坝高/m	地震烈度	坝型	岩石饱和抗压强度/MPa	坝料	坝坡(1∶m)		建成年份
							上游	下游	
碧口	甘肃	101	Ⅷ	心墙坝	10～30	千枚岩、凝灰岩	1.8～2.5	1.7～2.5	1975
云龙	云南	77	Ⅶ	心墙坝		砂岩、白云岩、泥岩、页岩	1.8	1.75～1.85	2004
白莲河	湖北	69		心墙坝		花岗岩、风化砂	1.77～4.70	1.64～2.40	1960
澄碧河	广西	68		心墙坝	10～30	含砾土	1∶2.5～4.0	2～4	1961
徐村	云南	65	Ⅷ	心墙坝		板岩、风化砂岩	1.85	1.55	2000
观音洞	重庆	66		沥青心墙坝	8～10	石渣	2.5～2.7	2.0～2.2	

6.5 枢纽布置方案

卡洛特水电站大坝拟布置于卡洛特桥上游约1km处，坝址河谷地形较狭窄，坝顶高程469.5m，宽度约400m，右岸为河湾地块，便于布置枢纽建筑物，引水隧洞横穿右岸山脊可获得下游河段约4m水头。坝址区属中低山地貌，吉拉姆河在坝址区内呈“几”字形展布，在“几”字形右岸侧形成宽约700m的河湾地块。场区内出露基岩地层主要为新近系中新统纳格利组(N_1^{na})地层，坝基岩体由相间分布的砂岩、细砂岩、泥质粉砂岩及粉砂质泥岩等组成，厚至薄层不等厚互层，砂岩、细砂岩饱和抗压强度20～30MPa，泥质粉砂岩及粉砂质泥岩饱和抗压强度8～15MPa；岩层倾向SEE，倾角7°～10°。与混凝土坝比较，沥青混凝土心墙堆石坝坝基应力小，对地质条件的适应性更好；沥青混凝土心墙堆石坝可充分利用建筑物开挖有用料；坝址区混凝土骨料较为缺乏，考虑沥青混凝土心墙堆石坝方案对混凝土骨料需求量较少，施工工期保障性更高，投资可控性更好。经深入方案比选后，确定本工程的坝型为沥青混凝土心墙堆石坝。根据确定的坝型，结合坝址区地形地质条件，进行枢纽布置方案比选。

6.5.1 枢纽布置原则

卡洛特水电站工程主要包括沥青混凝土心墙坝、引水发电系统、导流洞和泄洪排沙建筑物等，枢纽布置应考虑遵循以下原则：

1)考虑远期吉拉姆河流域规划和近期工程建设相结合。

2)坝址附近洪水峰高量大，建筑物泄洪流量大，泄洪消能问题十分突出，枢纽布置时应优先考虑泄洪消能建筑物的布置，确保泄洪消能的安全。

3）合理解决排沙建筑物布置、冲沙型式和引水系统发电的问题。

4）工程的单一任务为发电，枢纽布置应尽可能保证发电效益的最大化。

5）电站厂房尽可能布置在大坝下游，以合理利用水头差，减少工程量，厂房引水隧洞尽可能利用地质条件相对较好的微新砂岩层。

6）尽可能便于建设期和运行期的管理，坝址所在的吉拉姆河左岸为巴基斯坦经济相对较为发达的旁遮普省，右岸位于民族宗教因素较为复杂的克什米尔地区，工程的运行管理牵涉到两个地区的利益纠纷，枢纽布置应尽可能考虑上述因素的影响。

6.5.2 上、下坝线枢纽布置方案

根据坝址的地形地质条件，初步拟定了两条沥青混凝土心墙堆石坝比选坝轴线，即上坝线大坝和溢洪道相邻布置、下坝线大坝和溢洪道分散布置的方案。根据对坝址枢纽布置格局研究，上坝线和下坝线沥青混凝土心墙堆石坝各拟定了一种枢纽布置方案（图 6.2 和图 6.3）。

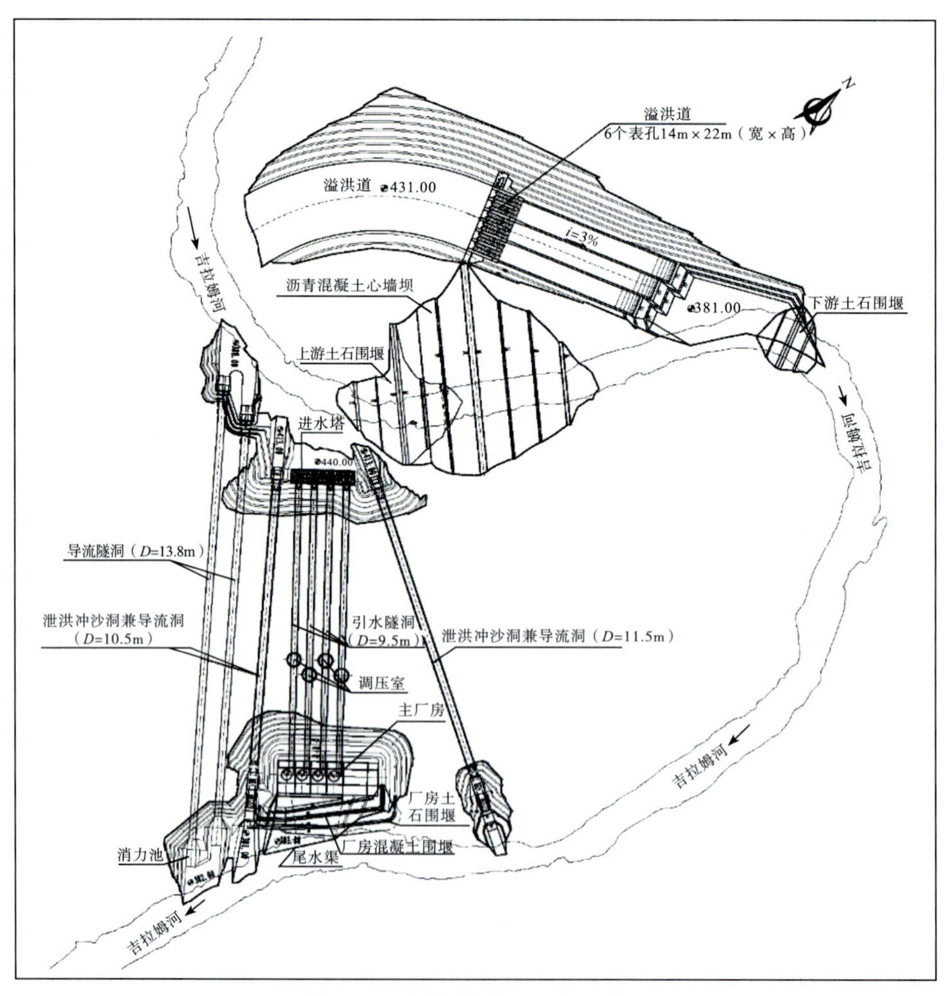

图 6.2 上坝线枢纽布置方案

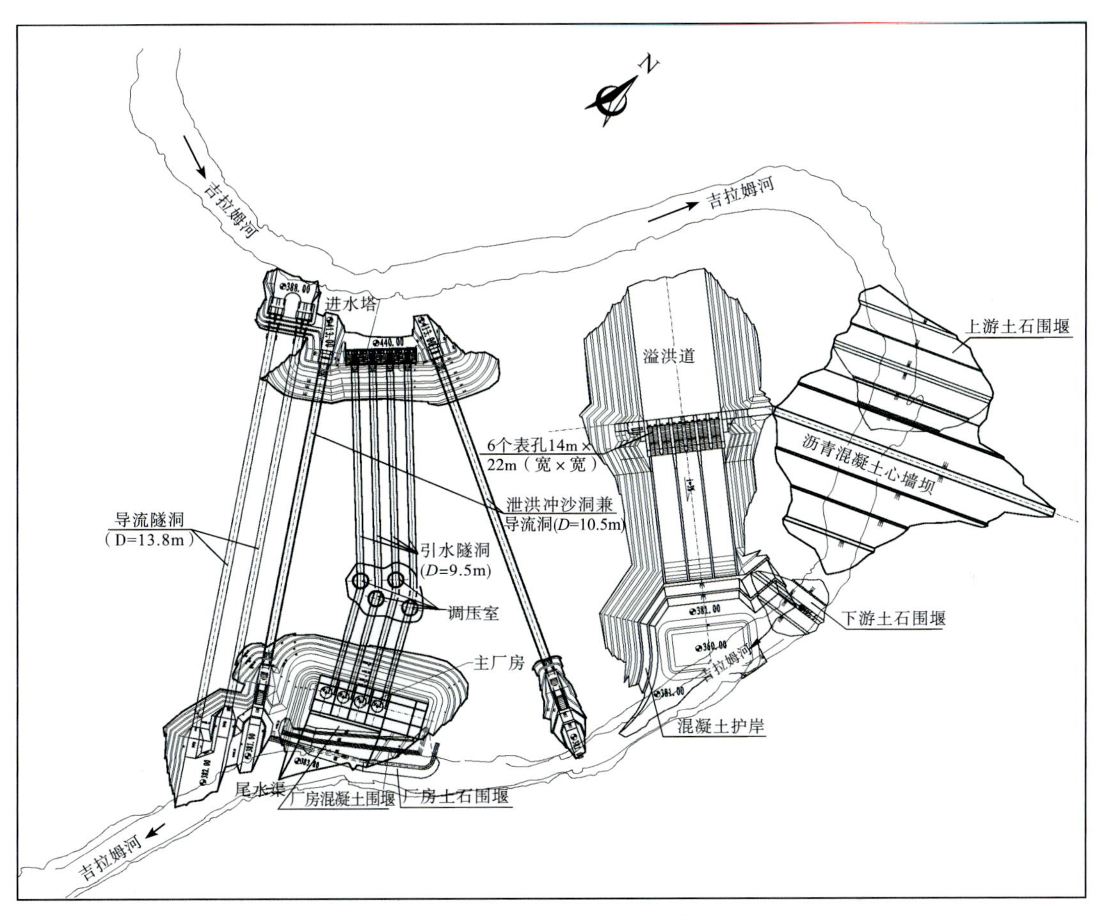

图 6.3　下坝线枢纽布置方案一

上坝线大坝轴线较短，溢洪道开挖料上坝距离近，但引水发电系统、泄洪排沙洞和导流洞集中布置在河湾山脊，布置相对拥挤，基本无调整余度，施工组织难度大，引水发电隧洞、泄洪排沙洞和导流洞洞线均相较于下坝线要长。下坝线处地形均较开阔，地质条件较简单；溢洪道、发电建筑物不存在重大工程地质问题，地形地质条件相当。下坝线枢纽布置充分利用了河流河湾地形布置建筑物，引水线路最短，但大坝、引水发电系统和泄洪排沙洞集中布置在河湾湾头，布置较为紧凑，受河湾和下游左岸冲沟影响，调整余度小，右岸河湾地块施工场地受溢洪道占压影响，可利用面积较少；场内道路与对外交通的联系在溢洪道施工期有影响，开挖利用料运距较远。

经综合比较，下坝线枢纽布置方案充分利用了河湾地形布置建筑物，引水线路最短，溢洪道斜穿山脊，其溢洪道与河道夹角较小，归槽条件较好，出水位于厂房尾水下游，泄洪及冲刷淤积对电站的正常运行影响小，经计算，下坝线工程量省，优于上坝线。因此推荐下坝线为沥青混凝土心墙堆石坝的坝轴线。

6.5.3 下坝线枢纽布置比选方案

在上述下坝线枢纽布置方案中，虽然发电引水隧洞、导流洞和泄洪排沙洞洞线短，但存在溢洪道与大坝距离远，溢洪道开挖料上坝运输距离远等问题。为论证布置方案的合理性，进一步对枢纽布置方案进行调整（图 6.4），具体为河床下坝线布置沥青混凝土心墙堆石坝，右岸河湾地块从上游至下游依次布置 2 条导流洞、2 条泄洪排沙洞、引水发电建筑物和 6 个表孔溢洪道，其中 2 条泄洪排沙洞布置于电站进水口两侧。大坝上、下游布置全年挡水土石围堰，采用导流洞和泄洪排沙洞联合泄流的导流运用方式，溢洪道与大坝相邻布置。

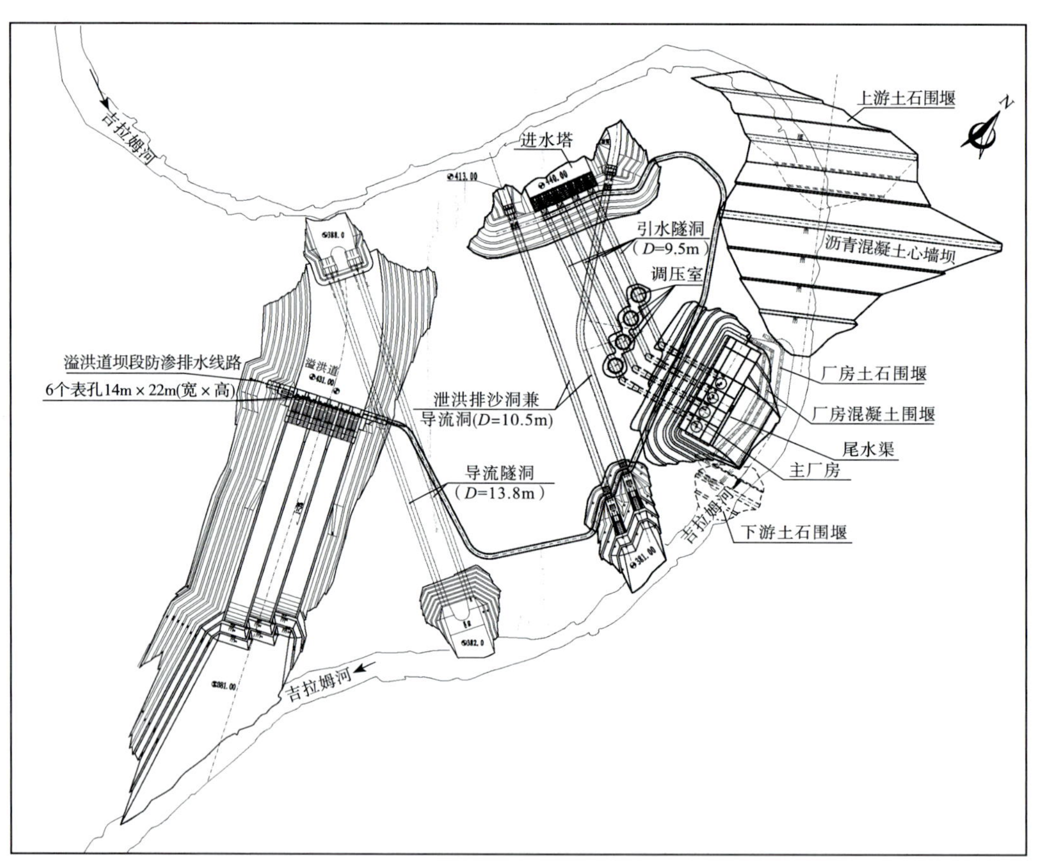

图 6.4　下坝线枢纽布置方案二

经综合比较，下坝线调整后的大坝与溢洪道集中布置方案主要区别在于溢洪道和引水发电系统的位置不同，泄洪排沙洞和导流洞布置亦随之相应变化，二者工程量基本相当，但调整后的方案溢洪道出水位于厂房尾水上游，泄洪及冲刷淤积等均对电站的正常运行有影响，不利于工程的发电效益，不建议采用溢洪道出口在上游，电站厂房在下游的枢纽布置方案。

6.5.4 下坝线枢纽布置方案优化

根据上述方案比选可知，下坝线沥青混凝土心墙坝与溢洪道分散布置的方案为较优方案，在下坝线心墙坝方案一枢纽布置格局的基础上，对枢纽布置方案进行了进一步的优化研究工作，主要研究内容如下：

1)对下坝线枢纽布置方案进一步优化调整，包括将溢洪道控制段向下游移动，减小溢洪道轴线与下游原河道夹角以改善下泄水流归槽条件；调整导流洞出口位置，以减少对卡洛特大桥的影响。原布置方案溢洪道轴线与下游河道夹角约为46°，与类似工程相比，泄洪角度偏大，为使溢洪道下游出流更顺畅，调整溢洪道轴线与下游主河床轴线夹角为35°左右，较原方案减小11°。在平面上，以溢洪道控制段坝轴线与天然地形线470m等高线的交点作为溢洪道控制段布置的控制点，将原方案一溢洪道控制段整体向下游移动，进一步减少溢洪道开挖。

2)在溢洪道引水渠内侧布置电站进水口，将厂房位置整体向下游移动，缩短引水发电隧洞长度，取消电站引水隧洞调压室；在溢洪道控制段布置泄洪排沙孔冲沙，取消泄洪排沙洞。

3)将导流洞出口布置于卡洛特桥下游，避免出口开挖中断大桥交通，可保留卡洛特桥作为施工准备期交通用桥。

6.5.5 推荐枢纽布置方案

根据坝址区的地形地质条件，在优化调整后的下坝线枢纽布置基础上，本着“安全可靠、经济合理、技术先进、风险可控”的设计原则，确定推荐的枢纽布置方案(图6.5)。

1)利用溢洪道引水渠侧布置电站进水口，同时将厂房位置整体下移，以缩短引水隧洞长度，取消调压室，降低了工程地质风险，减少了工作面，更有利于施工布置。

2)在溢洪道控制段较低高程布置泄洪排沙孔，取消原方案一的泄洪排沙洞，将电站进水口尽量靠近溢洪道表孔布置，排沙效果更优，且进一步减少了地下洞室规模，降低了工程地质风险。

为保证电站进水口“门前清”，考虑在电站进口位置，沿溢洪道引渠左边线设置拦沙坎，进水塔以不挖470m高程地形线为基准，与拦沙坎拉开一定距离保证水力过渡，同时缩短引水隧洞长度，取消调压室。主厂房顺地形线布置在卡洛特大桥上游约130m处。

大坝上、下游围堰布置基本不变，厂房尾水围堰调整为预留岩埂型式；导流隧洞调整至厂房上游，由于新的枢纽布置格局取消泄洪排沙洞，改为泄洪排沙孔，导流期间无法利用，因此导流隧洞由方案一的2条直径13.8m的圆形洞改为3条直径12.5m的圆形洞。

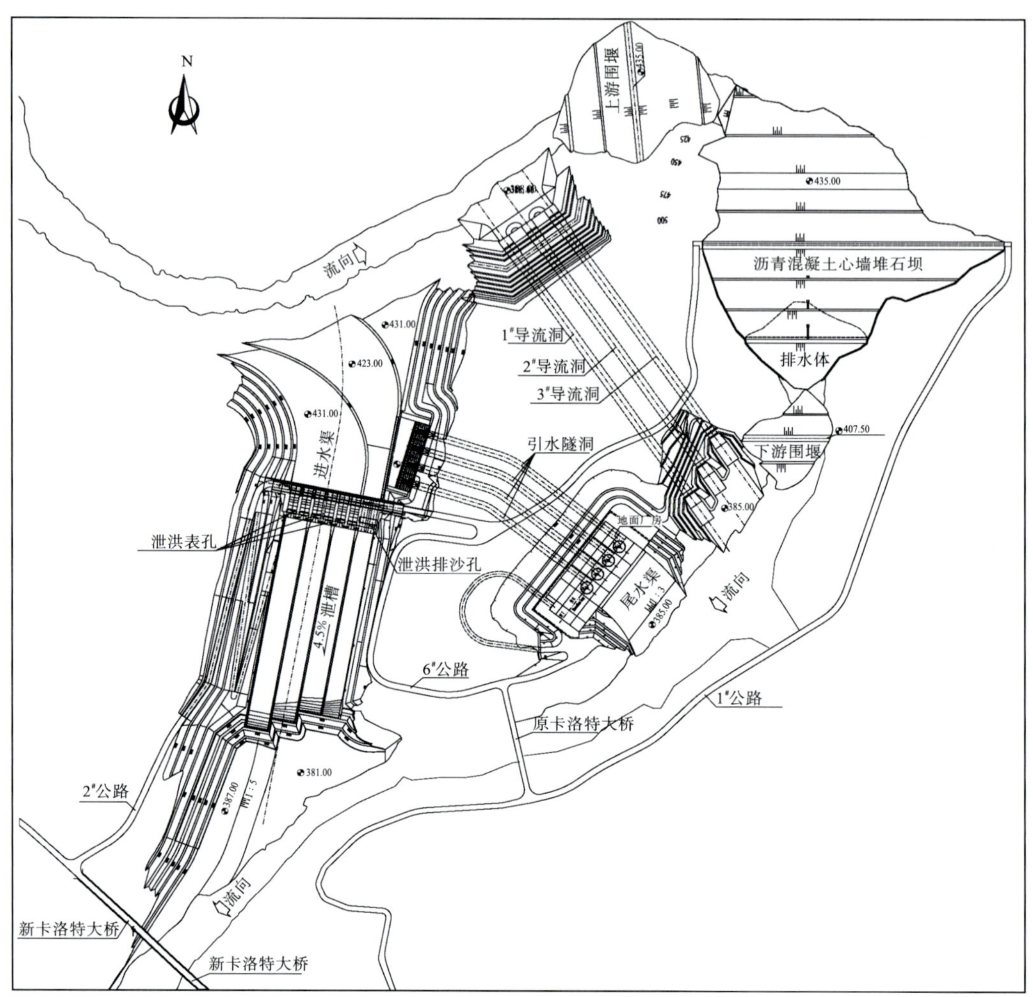

图 6.5　推荐枢纽布置方案

为满足水库降低水位排沙和厂房进水口"门前清"的要求，在溢洪道控制段设置泄洪排沙孔，按满足库水位 446m 时下泄两年一遇洪水洪峰流量（2460m^3/s）进行设置。泄洪排沙孔可兼顾低水位泄洪排沙清库和设置放空设施部分放空水库两方面的用途。溢洪道泄洪排沙孔紧邻电站引水隧洞进水口布置，可确保拉沙效果。取消泄洪排沙洞后，施工工作面减少，施工条件较好，且电站主厂房永久交通可完全布置在右岸，避免了从左岸克什米尔地区绕行。

推荐枢纽布置挡水建筑物为沥青混凝土心墙堆石坝的方案，坝顶高程 469.5m，坝顶设 1.2m 高防浪墙，墙顶高程 470.5m，坝顶宽度 12m，坝顶长度约 456m，大坝最大坝高 95.5m，上游和下游坡比均为 1∶2.25，可研阶段推荐上游围堰和大坝结合的方案。

在"几"字形河湾地块的右岸横穿山脊布置泄洪消能建筑物，根据泄流能力计算，需设置 6 个泄洪表孔，孔口尺寸为 22m×14m（长×宽），表孔溢流堰顶高程 439m；为确保电站进水口“门前清”并顺利排除库内泥沙，在靠近电站进水口的坝段设 2 个泄洪排沙孔，排沙孔尺寸为 9m×10m（宽×高），排沙孔底板高程为 423.0m。溢洪道泄洪表孔和泄洪孔后接泄槽。两孔泄洪排沙孔共用 1 个泄槽，6 孔泄洪表孔分 3 个泄槽，每 2 孔共用一个泄槽，共分为 4 个区。泄槽轴线采用直线，与上游控制段的轴线相互垂直，设计泄槽底坡为 4.5%。溢洪道各区的泄槽均采用挑流消能的方式，共设 4 个挑流鼻坎，除泄洪表孔右区挑流鼻坎采用半径 60m、挑角 30°的连续式挑流鼻坎外，其他各区鼻坎均采用扭鼻坎的型式。

引水发电建筑物采用岸边引水式地面厂房，布置在右岸，岸塔式进水口位于泄洪洞之间，引水线路绕坝布置，4 条引水隧洞内径 9.5～7.9m，长度为 401～455m，主厂房（包括安装场）总尺寸为 170.4m×27.0m×60.5m（长×宽×高），总装机容量 720MW，机组安装高程 382.5m。

施工导流采用全年围堰一次拦断河床、导流隧洞泄流的导流方式。大坝上游围堰顶部高程 433.0m，下游围堰顶部高程 405.5m；在电站厂房尾水渠预留岩埂围堰，第 4 年 10 月前按全年挡水围堰设计，堰顶高程 404.0m，第 4 年 10 月将围堰拆除至枯水期围堰，堰顶高程 392.5m，待尾水渠施工完成后全部拆除；在溢洪道进水渠上游和下游消能区均预留岩埂作为围岩，进口围岩高程为 434.5m，消能区出口围堰高程 402.0m。施工完成，上述围堰均需拆除。

6.6 枢纽布置关键技术问题

卡洛特水电站洪水峰高量大，溢洪道建基岩体岩性软弱，抗冲能力差。枢纽布置设计中最关键的问题是合理确定泄洪消能建筑物的布置，宏观枢纽布置方案均围绕泄洪消能的需要和工程安全展开。解决泥沙问题是枢纽布置设计的难点。经充分论证，选择溢洪道布置 2 孔泄洪排沙孔与电站进水口毗邻的布置方案，利用汛期冲沙排沙的运用方式，可确保厂房进水口“门前清”，相较于泄洪排沙洞的方案，可节省工程直接投资，避免软岩地质条件成洞和排沙洞经常冲沙运用造成的风险。施工组织的科学设计，是枢纽布置设计中应关注的重点内容，卡洛特水电站选择溢洪道和沥青混凝土心墙坝分散布置，引水发电系统和导流洞位于其间的枢纽布置方案，可兼顾经济性和施工组织合理性的要求。根据地形、地质和运行条件，导流隧洞、引水发电系统和溢洪道布置紧凑，均位于吉拉姆河右岸旁遮普省，便于运行期的维护和管理。卡洛特水电站枢纽布置在设计选定方案后，经过充分的整体模型试验，各水工建筑物的水工模型试验成果与设计是吻合的，验证了枢纽布置设计的合理性。

在卡洛特水电站枢纽布置设计中，消能、防冲和泥沙问题是最为核心的问题。为论证推荐的枢纽布置方案合理性，并为后续结构设计提供依据，卡洛特水电站枢纽布置设计研究中开展了枢纽布置 1∶100 水工整体模型试验和 1∶100 泥沙整体模型试验。水工整体模型试验成果表明:泄洪建筑物规模合适,溢洪道上游进水渠渠内流速缓慢,水流平顺,呈水库型水流特性;溢洪道上游引渠内流速缓慢,水流平顺,成水库型水流特性;表孔、泄洪排沙孔采用挑流消能、消能区采用混凝土护岸带防淘墙的形式进行消能防护是可行的,泄洪对发电效益影响较小,整体泄洪消能布置可行。泥沙整体模型试验成果表明:高水位条件下溢洪道的泄流能力受水库淤积影响较小,冲淤平衡后溢洪道的泄流能力仍满足要求。防沙排沙设施的布置和规模合适,可保证水库必要的调节库容和电站进水口“门前清”,可基本实现运行期正常引水发电。经模型试验验证,推荐的枢纽布置溢洪道泄洪消能整体布置方案是合理的。

7 沥青混凝土心墙堆石坝

7.1 地质条件

7.1.1 坝址区总体地质条件

沥青混凝土心墙堆石坝坝址位于吉拉姆河中上游河段，坝址区属中低山地貌，两岸临江岸坡山顶地面高程一般为510～870m。吉拉姆河呈“几”字形穿越坝址区，在右岸形成宽约700m的河湾地块。吉拉姆河枯水期水面宽30～60m，水面高程388～391m，相应水深一般为6～8m。坝址区地形封闭，左岸山体浑厚；右岸河湾地块高程461m处宽380～700m，不存在地形垭口。

坝址区内出露基岩地层主要为新近系中新统纳格利组（N_{1na}）以及多克帕坦组（N_{1dh}）地层，岩性主要为中砂岩、细砂岩、泥质粉砂岩及粉砂质泥岩等，不同岩性所占大致比例分别为：泥岩、粉砂质泥岩23.8%，泥质粉砂岩、粉砂岩32.0%，中粗砂岩38.0%，细砂岩6.2%。岩石较软弱，属较软岩—软岩。

坝址区在构造上处于左岸卡拉托特向斜SW翼与右岸纳湾背斜NE翼之间的宽缓单斜岩层部位，岩层产状平缓且较稳定，岩层倾角7°～10°。

坝址区断层、层间剪切带不发育，主要构造形迹为裂隙，左岸岸边基岩出露地段发育两组裂隙，其中规模较大的一组与河流方向大致平行，走向一般50°～60°，倾向NW（倾河流一侧），倾角75°～85°；另一组走向与第1组基本垂直，长度受第1组控制，多短小。右岸河湾地块上、下游侧距陡崖25～50m范围地表发育两组裂隙，第一组与陡崖近于平行，走向35°～65°，河湾上游倾NW、下游倾SE（倾河流一侧），倾角60°～80°；第二组裂隙与第一组裂隙近于正交，倾角一般70°～85°，延伸一般受第一组裂隙限制，较短小。

按赋存条件划分，区内地下水主要为基岩孔隙裂隙水和第四系松散层孔隙潜水。基岩孔隙裂隙水主要赋存于砂岩中，一般为中等—贫含水，由于存在泥岩、泥质粉砂岩等相对不透水岩层呈夹层或互层分布，形成多层状水文地质结构，并通过裂隙通道运移。区内各类岩石总体透水性较弱，从不同岩类之间差异来看，中砂岩、细砂岩相对于其他岩类透水性稍大。

坝址区分布地层主要为新生界磨拉石建造的陆源碎屑沉积岩地层，岩石总体具有时代新、成岩胶结程度较差、岩石较软弱的特点，岩性较复杂，较软岩与软岩呈不等厚互层状分布，因此具有发育软弱夹层的条件。坝址区部分厚层中砂岩（如N_{1na}^{4-1}层中部）层间局部分布少量的不连续泥质粉砂岩、泥岩透镜体，但大多未见构造挤压及软化、泥化现象，未见软弱夹层分布。

河床及两岸岩体主要为中砂岩、细砂岩、泥质粉砂岩及粉砂质泥岩等，呈互层状分布，其中微新中砂岩、细砂岩等较软岩岩体工程地质分类为Ⅲc类，微新粉砂岩、泥质粉砂岩、粉砂质泥岩等软岩岩体工程地质分类为Ⅳc类，微新泥岩岩体工程地质分类为Ⅴ类。

7.1.2 施工过程中揭露地质情况

7.1.2.1 地质结构

2016年卡洛特水电站主体工程开工，2018年沥青混凝土心墙坝基础开挖。在大坝基础开挖过程中，未揭露到断层及层间剪切带分布。

大坝左岸、河床部分、右岸岩体均主要发育两组结构面，主要结构面特征见表7.1。

表7.1 大坝心墙主要结构面产状

部位	J_1			J_2		
	走向/°	倾向/°	倾角/°	走向/°	倾向/°	倾角/°
左岸	315～348（NW～NNW）	225～258（SW～SWW）	60～83	350～10（近N）	75～110（近E）	10～20
河床	350～19（近N）	80～115（近E）	10～18	333～345（NNW）	243～255（SWW）	58～70
右岸	320～348（NW～NNW）	50～78（NE～NEE）	65～81	354～18（近N）	84～108（近E）	10～19

由表7.1可知，大坝心墙左、右岸均发育走向NW、NNW组及近N向结构面，河床发育走向近N组及NNW组结构面。左岸走向NW～NNW组结构面以倾SW～SWW组为主；河床走向NNW组结构面以倾SWW组为主；右岸走向NW～NNW组结构面以倾NE～NEE为主；左岸、河床、右岸走向近N组结构面均倾向近E，以岩层层面居多。

结构面长度一般以1.5～5m为主，少量5～10m，个别可达20m，结构面宽度一般小于1mm，少量为0.5～4mm；结构面主要无充填或充填岩屑，少量为钙质、泥质或铁质浸染。结构面倾角总体以陡倾角为主，中倾角及缓倾角次之，缓倾角以层面居多。

在大坝心墙编录过程中，底板共编录到比较明显的裂隙密集带2处，均位于8#坝块，即LM1、LM2。其中，LM1发育于N_{1dh}^{1-1-1}层砂岩岩体中，桩号K0+58.6～K0+60，裂隙产状228°∠56°，间距2～6cm，裂隙长0.8～1.3m；LM2发育于N_{1dh}^{1-1-1}层粉砂质泥岩岩体中，桩号K0+53.3～K0+54.8，裂隙产状55°∠80°，间距4～8cm，裂隙长0.3～0.6m。这两处裂隙密集部位短小裂隙发育，岩体较破碎，典型照片见图7.1、图7.2。

图 7.1 LM1 裂隙密集带

图 7.2 LM2 裂隙密集带

7.1.2.2 水文地质

大坝心墙开挖后揭露的地下水出露点较少，局部砂岩与泥质岩分界线附近见少许地下水出露，流量小。桩号 K0+240 处上游边坡、K0+274.30 及 K0+62.5 处心墙底板各揭露出地下水出露点，流量分别为 1L/min 、2L/min、0.1L/min。

前期勘察设计过程中，大坝部位共进行了 168 段钻孔压水试验，成果统计见表 7.2，区内各类岩石总体透水性较弱，微新岩体吕荣值 $q<10$Lu 的试段占试验总段数的 96.4%，$q<3$Lu 的试段占试验总段数的 92.2%，微新岩体一般透水性为微弱。岩体透水性受岩体风化程度影响较大，弱风化岩体，一般具弱透水性，局部达中等透水性。此外，由于卸荷影响，靠近岸坡两侧存在长大陡倾裂隙，压水试验过程中可见明显不起压现象。

表 7.2 不同岩性岩体钻孔压水试验成果统计

岩性	风化状态	总段数/段	100>q≥10Lu		10Lu>q≥3Lu		q<3Lu	
			段数/段	百分比/%	段数/段	百分比/%	段数/段	百分比/%
粉砂质泥岩夹泥质粉砂岩互层	弱风化	4	0	0	0	0	4	100
	微新	89	4	4.5	1	1.1	84	94.4
砂岩（含粉砂岩）	弱风化	5	1	20.0	0	0	4	80.0
	微新	70	1	1.4	6	8.6	63	90.0
合计		168	6	3.6	7	4.2	155	92.2

在固结灌浆和帷幕灌浆施工期间，高程 386m 以下，施工单位完成的Ⅰ序孔（含先导孔）压水试验成果见表 7.3。

从表 7.3 可以看出，高程 386m 以下固结灌浆、帷幕灌浆浅层段（1～3 段）、帷幕灌浆深层段（3 段以下）钻孔压水试验中，$q<3$Lu 的试段分别占试验总段数的 50.0%、74.2%、71.2%。与 Level 1 阶段勘察成果相比，该段岩体透水性略有增大。

表 7.3　　施工期大坝高程 386m 以下岩体钻孔压水试验成果统计

试验位置	总段数/段	$q \geq 100$Lu		$100 > q \geq 10$Lu		$10\text{Lu} > q \geq 5$Lu		$5\text{Lu} > q \geq 3$Lu		<3Lu	
		段数/段	百分比/%	段数/段	百分比/%	段数/段	百分比/%	段数/段	百分比/%	段数/段	百分比/%
固结灌浆	8	1	12.5	3	37.5	0	0	0	0	4	50.0
帷幕灌浆 1～3 段	31	0	0	6	19.4	0	0	2	6.5	23	74.2
帷幕灌浆 3 段以下	59	0	0.0	10	16.9	2	3.4	5	8.5	42	71.2

7.1.2.3　岩体风化及卸荷

左岸岩体强风化带厚度一般为 2～6m，弱风化带厚度一般为 5～10m；河床及漫滩部位强风化带岩体厚度为 0～2.0m，弱风化带厚度一般为 5～15m；右岸强风化带厚度为 0～3m；弱风化带厚度一般为 2～16m。

大坝两岸卸荷带发育明显，可分为强、弱卸荷带两带：强卸荷带水平深度一般为 6～15m，带内卸荷裂隙发育较密集，一般间距 0.5～0.8m，强卸荷带内岩体一般呈强—弱风化状态。弱卸荷带水平深度一般为 10～25m，带内卸荷裂隙一般间距 1～3m，张开宽度 0.1～1cm，带内岩体一般呈弱风化至微新状态。

7.1.2.4　软弱夹层

根据软弱夹层的性状，大坝心墙地基软弱夹层均为Ⅱ类破碎夹泥层和Ⅲ类泥化夹层，无Ⅰ类破碎夹层分布。揭露到的软弱夹层特征见表 7.4、图 7.3 和图 7.4。

表 7.4　　大坝心墙岩体软弱夹层特征

心墙混凝土仓号	夹层编号	桩号	高程/m	宽度/cm	长度/m	产状(倾向∠倾角)/°	特征
37、38	J_1	K0+273～K0+288	375.5～382	15～25，最宽 150	33	20～65∠12～32	Ⅱ类破碎夹泥层，发育于 N_{1na}^{3-3-1} 层厚层状砂岩中，夹层部位为泥岩，呈强—弱风化，以薄层状为主，夹层颜色灰色为主，杂褐黄色团块，总体较破碎，夹极薄层—薄层状灰黄色泥质，夹层在下游侧边坡较厚，上游边坡次之，心墙底板部位较薄，下游边坡在高程 379～380m 处泥岩经风化淘蚀作用形成小岩腔，可探深度大于 5m

续表

心墙混凝土仓号	夹层编号	桩号	高程/m	宽度/cm	长度/m	产状(倾向∠倾角)/°	特征
30	J_2	K0+213～K0+217.5	392～393	1～15	4.4	105∠12	Ⅱ类破碎夹泥层，发育于$N_{1na}{}^{4-1}$层砂岩体中，强风化，薄层状，夹层颜色以灰黑色为主，杂褐黄色泥质，夹层沿坝轴线方向渐厚
14、15	J_3	K0+103～K0+114.2	443.5～446	1～10	23.8	98∠9～12	Ⅱ类破碎夹泥层，发育于$N_{1dh}{}^{1-1-1}$层粉砂岩与泥质粉砂岩层面上，极薄层—薄层状，夹层颜色以褐黄色为主，强风化状。少量物质主要呈破碎状，偶见泥质
12、13	J_4	K0+92.2～K0+97.6	445.5～444.82	2～5	10.5	95∠10～12	Ⅲ类泥化夹层，发育于$N_{1dh}{}^{1-1-1}$层粉砂岩与泥质岩层面上部10～15cm，夹层为褐黄色泥质及岩屑，夹层附近岩体微渗水，浸水后岩体湿
45、46	J_5	K0+331.65～K0+342.7	393.7～393.1	5～20	13.1	96∠11	Ⅱ类破碎夹泥层，发育于$N_{1na}{}^{3-3-2}$层厚层状泥质粉砂岩与$N_{1na}{}^{3-3-1}$层厚层状砂岩层面，夹层物质为褐黄色泥质岩，较破碎，夹泥质，夹层附近岩体微渗水，浸水后岩体较湿
9	J_6	K0+63.7～K0+72.0	448.5～449.30	3～5	8.34	94∠10	Ⅱ类破碎夹泥层，发育于$N_{1dh}{}^{1-1-1}$层砂岩与泥质岩层面，夹层为褐黄色泥质岩，强风化状，夹层附近岩体微渗水，浸水后岩体湿，紧贴该夹层上部厚20～50cm砂岩体浸水后湿软，强风化状

图 7.3　J_3 Ⅱ类破碎夹泥层

图 7.4　J_5 Ⅱ类破碎夹泥层

大坝心墙施工期揭露的软弱夹层，规模小，多顺层发育，受开挖爆破及风化的影响，性状较围岩差，多数属Ⅱ类破碎夹泥层，局部渗水，延伸长度一般为 4.4～33m，宽度一般小于 20cm，其中 J_1 长度 33m，局部宽度最宽达 150cm，在开挖后已进行灌浆封闭处理。

7.1.3　地质评价

7.1.3.1　临时边坡

大坝心墙上、下游临时边坡设计坡比为 1∶1，其中 1# ～14# 坝段坡高一般为 8～28m，局部 2～3m，其他坝段一般小于 15m，以浅挖为主。边坡除 8# ～13# 坝段上游坡顶为厚 2～4m 的阶地砂砾石堆物外，其他均为新近系 $N_{1dh}{}^{1-1-2}$～$N_{1na}{}^{3-3-1}$ 层基岩，强风化—弱风化状，岩性为砂岩及泥质岩。边坡开挖过程中地下水揭露较少。

边坡裂隙较发育，开挖后即对泥质类岩质边坡进行了喷混凝土保护，心墙两侧边坡主要为横向坡，边坡总体稳定。

7.1.3.2　心墙地基

大坝心墙地基由新近系 $N_{1dh}{}^{1-1-2}$～$N_{1na}{}^{3-3-1}$ 层基岩组成，强风化—弱风化状，岩性为砂岩及泥质岩，均开挖至弱风化岩体，心墙地基地层岩性见表 7.5。

表 7.5　大坝心墙建基岩体

序号	桩号	坝段	地层	岩性
1	K0+000～K0+109.47	1# ～15#	$N_{1dh}{}^{1-1-2}$	粉砂岩、细砂岩与粉砂质泥岩互层
2	K0+109.47～K0+144.62	15# ～20#	$N_{1na}{}^{1-1-1}$	砂岩
3	K0+144.62～K0+152.31	20# ～21#	$N_{1na}{}^{4-3-2}$	粉砂质泥岩夹砂岩、粉砂岩
4	K0+152.31～K0+166.19	21# ～23#	$N_{1na}{}^{4-3-1}$	砂岩
5	K0+166.19～K0+182.55	23# ～26#	$N_{1na}{}^{4-2}$	粉砂质泥岩
6	K0+182.55～K0+215.33	26# ～30#	$N_{1na}{}^{4-1}$	砂岩、粉砂岩，局部泥质粉砂岩

续表

序号	桩号	坝段	地层	岩性
7	K0＋215.33～K0＋248.18	30#～34#	$N_{1na}{}^{3-3-2}$	粉砂质泥岩、泥质粉砂岩，局部砂岩
8	K0＋248.18～K0＋342.81	34#～46#	$N_{1na}{}^{3-3-1}$	砂岩夹粉砂质泥岩与泥质粉砂岩互层
9	K0＋342.81～K0＋370.93	47#～51#	$N_{1na}{}^{3-3-2}$	泥质粉砂岩，局部为砂岩
10	K0＋370.93～K0＋395.43	51#～54#	$N_{1na}{}^{4-1}$	砂岩
11	K0＋395.43～K0＋445.25	54#～61#	$N_{1na}{}^{4-2}$	粉砂质泥岩、泥质粉砂岩
12	K0＋445.25～K0＋452.71	62#～63#	$N_{1na}{}^{4-3-1}$	砂岩
13	K0＋452.71～K0＋460.00	63#～64#	$N_{1na}{}^{4-3-2}$	粉砂质泥岩

大坝心墙开挖前后除左、右岸裂隙发育优势方向，发育的软弱夹层有变化外，其他地质条件与前期勘察成果基本相当。

此外，根据灌浆前压水资料对比来看，浅层岩体透水性明显增大，分析其可能的地质原因主要为：①心墙基座均位于缓倾层状软岩上，由于岩体强度低，在基座基坑开挖爆破过程中，如果爆破参数与施工方法控制不当，极易引起心墙基础及两侧岩体的开裂和破坏（图 7.5），边坡中可见长大不规则爆破裂缝（AL221），宽 3～10cm，无充填，无地下水活动痕迹，该部位在前期勘察过程 ZK117 钻孔中岩芯为完整砂岩（图 7.6）。②岩体卸荷导致表层岩体松弛，产生卸荷裂隙，岩体渗透性加大。③岩层产状平缓，以及局部软弱夹层的存在，上部盖重较薄，灌浆过程中压力过大引起的地层抬动会对岩层造成损伤，引起岩层渗透性增大。

图 7.5　大坝心墙桩号 0＋273～0＋280 38 仓上游边坡爆破裂缝 AL221

图 7.6　大坝心墙桩号 0＋273～0＋280 38 仓基面附近 ZK117 孔 $N_{1na}{}^{3-3-1}$ 层砂岩

7.2 沥青混凝土心墙堆石坝布置与结构设计

7.2.1 沥青混凝土心墙堆石坝布置

大坝布置于主河床，坝轴线为直线，方位角 NE62.43°，与原河流接近正交，见图 7.7。

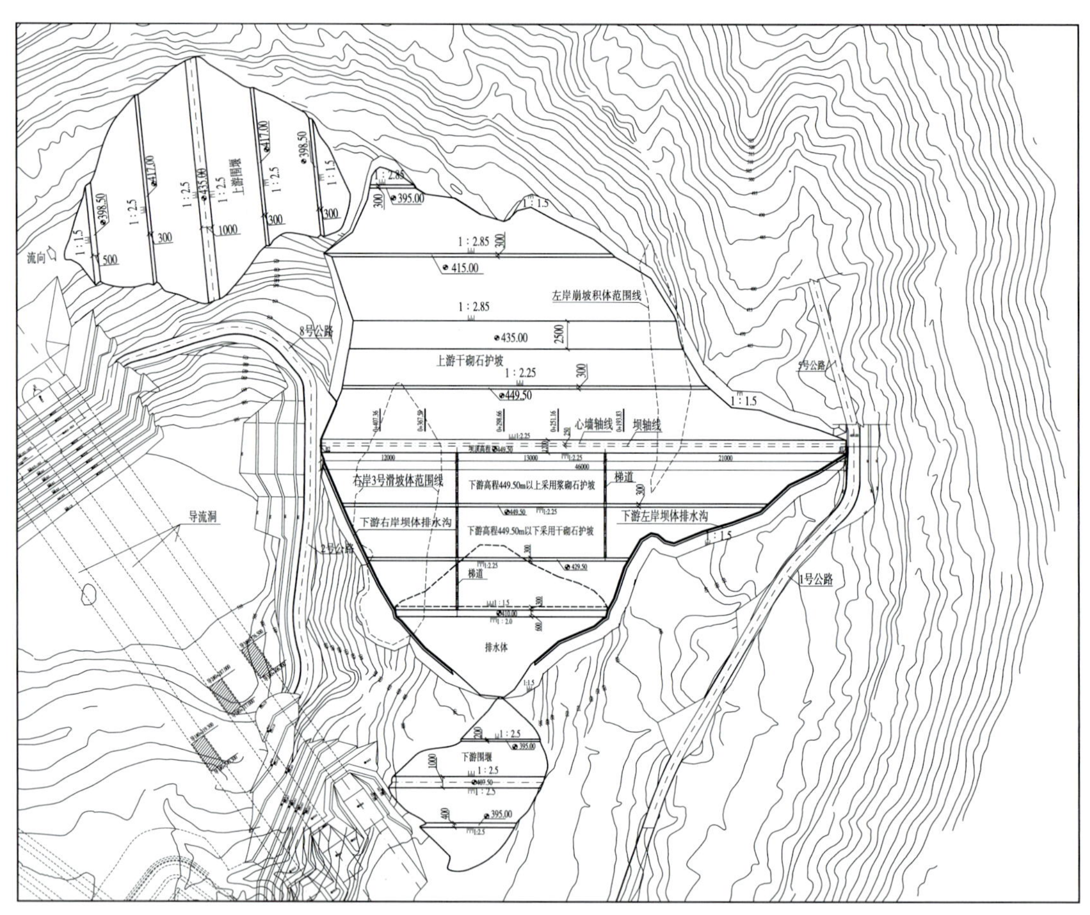

图 7.7　大坝及上游围堰不结合方案平面布置

坝顶高程 469.5m，坝顶轴线长 460.0m，坝顶宽度 12.0m，最大坝高 95.5m。大坝上游坝坡采用上陡下缓型式，高程 435m 以上坡比为 1∶2.25，高程 435m 以下坡比为 1∶2.85，在高程 435m 设置宽 25m 的马道，并在高程 449.5m、415m 和 395m 分别设置宽 3.0m 的马道。大坝下游坝坡采用上缓下陡型式，在高程 410.0m 以上坝坡为 1∶2.25，高程 410.0m 以下坝坡为 1∶2.0，并在下游坝面高程 429.5m、449.5m 设置宽 3m 的马道，下游排水体顶部高程 410.0m 平台宽 6m。

沥青混凝土心墙顶高程 468.7m，为梯形结构，顶部有高度为 70cm 的等厚段，厚度为 60cm，向下逐渐加厚，心墙变厚段上(下)游坡度均为 1∶0.004，底部最大厚度为 1.312m；心

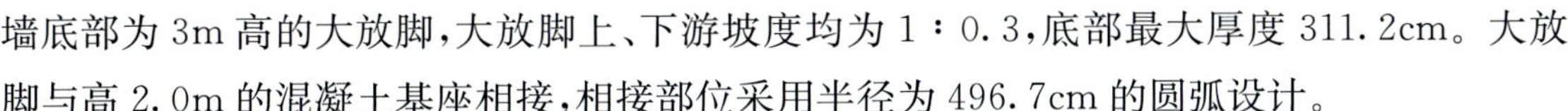

墙底部为3m高的大放脚，大放脚上、下游坡度均为1∶0.3，底部最大厚度311.2cm。大放脚与高2.0m的混凝土基座相接，相接部位采用半径为496.7cm的圆弧设计。

7.2.2 坝顶高程及坝顶构造

(1)坝顶高程

水库正常蓄水位461m，校核洪水位467.06m(P=0.02%)，设计风速为：正常运用条件26m/s，非常运用条件13m/s。根据1∶500地形图，确定风区长度为460m。

坝顶超高按《碾压式土石坝设计规范》(DL/T 5395—2007)确定，采用不同计算公式计算的坝顶高程成果见表7.6。

表7.6　坝顶高程计算成果汇总

计算公式	运行条件	水位/m	超高/m	地震涌浪高度/m	地震附加沉降/m	坝顶高程/m
官厅公式	正常蓄水	461.00	2.184			463.18
	设计洪水	461.13	2.184			463.31
	校核洪水位	467.06	1.244			468.30
	正常蓄水+地震	461.00	1.244	1.5	0.96	464.70
莆田公式	正常蓄水	461.00	2.019			463.02
	设计洪水	461.13	2.019			463.15
	校核洪水位	467.06	1.175			468.24
	正常蓄水+地震	461.00	1.175	1.5	0.96	464.64
鹤地公式	正常蓄水	461.00	2.324			463.32
	设计洪水	461.13	2.324			463.45
	校核洪水位	467.06	1.255			468.32
	正常蓄水+地震	461	1.255	1.5	0.96	464.72

考虑波浪爬高、风壅水面高度、安全加高、地震涌浪高度和地震附加沉降等因素后，大坝坝顶高程由校核洪水位控制，计算得到坝顶高程为468.32m。因溢洪道控制段坝顶高程由校核洪水位加门机大梁高度控制，其值为469.5m，考虑到挡水建筑物中土石坝坝顶高程不应低于混凝土建筑物坝顶高程，确定沥青混凝土心墙堆石坝坝顶高程为469.5m。坝顶上游设置防浪墙，防浪墙顶高程为470.5m，防浪墙与沥青混凝土心墙形成防渗整体。

(2)坝顶宽度

根据《碾压式土石坝设计规范》(DL/T 5395—2007)规定，考虑正常运行条件下坝顶交通、消防和监测设施布置等，并考虑遭遇设防烈度地震，坝顶下游部分出现浅层局部滑落时，剩余坝顶堆石体仍能具备支承上游防浪墙和沥青混凝土心墙的作用，同时仍有足够坝顶剩余宽度确保震后抢修。

根据《水工设计手册》(第 2 版第 6 卷)中建议，坝顶宽度宜用以下公式进行计算：

$$B=\sqrt{H}$$

式中，B——坝顶宽度，m；

H——坝高，m。

卡洛特沥青混凝土心墙坝最大坝高 95.5m，根据上式计算坝顶宽度为 9.8m。

考虑到卡洛特沥青混凝土心墙坝设计地震峰值加速度为 0.26g，复核地震峰值加速度为 0.31g，坝顶宽度受抗震因素影响较大，参考已建国内外部分高地震区土石坝坝顶宽度，归纳见表 7.7。

表 7.7　部分高地震区土石坝坝顶宽度取值情况

名称	坝型	坝高/m	设防烈度	地震峰值加速度/g	坝顶宽度/m	状态
去学	沥青混凝土心墙坝	164.2	Ⅷ	0.234(100 年超越概率 2%)	15	已建
冶勒	沥青混凝土心墙坝	124.5	Ⅷ	0.25(50 年超越概率 10%)	14	已建
狮子坪	砾石土心墙坝	136.0	Ⅷ	0.287(100 年超越概率 2%)	12	已建
大石门	沥青混凝土心墙坝	129.0	Ⅸ	0.64(100 年超越概率 2%)	12	在建
泸定	黏土心墙坝	79.5	Ⅷ	0.251(50 年超越概率 10%)	12	已建
下坂地	沥青混凝土心墙坝	78.0	Ⅷ	0.309	10	已建
吉林台一级	面板堆石坝	157.0	Ⅸ	0.462	12	已建
紫坪铺	面板堆石坝	158.0	Ⅷ	0.500	12	已建
阿尔塔什	面板堆石坝	164.8	Ⅷ	0.327	12	在建

综上考虑，确定坝顶宽度为 12m。

(3)人行道

为满足坝顶照明、观测、消防管沟布置的需要，在坝顶上游边设置人行道，宽 2.0m，混凝土结构，人行道路面下布置电缆和消防管沟，沟表面为钢筋混凝土盖板；人行道下游边设置照明灯柱。

(4)路面

按 3 级公路标准设计坝顶公路路面，路面净宽 7.5m，沥青混凝土路面，路面向下游侧倾斜，坡度为 1%，以利于坝顶路面排水。

(5)坝顶防浪墙

坝顶上游侧设置钢筋混凝土防浪墙，墙厚 0.3m，与上游侧人行道连成整体，墙顶高程 470.5m，高出人行道路面 1.0m，防浪墙底部高程 468.0m，高于水库最高静水位，且与沥青混凝土心墙相连接。防浪墙分块尺寸为 15m，块间设橡胶止水，并埋设在沥青混凝土心墙内。

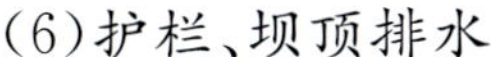
(6)护栏、坝顶排水

为保护行人安全，坝顶下游侧设护栏。

为便于排除坝顶雨水，下游侧混凝土护栏混凝土墩沿坝轴线方向每 2.0m 设一个 10cm×10cm 的排水孔。

7.2.3 坝坡

大坝坝坡的确定原则：①由于坝体填筑料主要来源于建筑物开挖料中的砂岩和泥质粉砂岩，岩石强度较低，大坝坝坡宜采用相对较缓的坡比以保证坝坡稳定；②满足建筑物的抗震要求；③根据坝体填筑料物理力学试验确定的抗剪强度参数，通过抗滑稳定计算，确定满足抗滑稳定需要的坝体断面和坝坡。

卡洛特筑坝料为砂岩，饱和抗压强度为 12～30MPa，属软岩。相较于硬岩料，软岩颗粒之间胶结程度较差，受气候环境（降雨、暴晒）和碾压施工影响，岩块崩解、颗粒破碎，从而减小了坝壳料的渗透性，影响坝坡稳定性，同时岩块解体也会进一步降低填筑料的抗剪强度，从而进一步降低坝坡稳定性。国内外部分软岩、风化岩筑心墙坝工程实例见表 7.8。

表 7.8　部分心墙坝土石坝坝上、下游坝坡坡比

名称	地区	坝壳料	坝高/m	坝比
水洼	日本	砂岩、页岩、开挖石渣	105.0	上游 1∶2.5，下游 1∶2.0
碧口	甘肃	千枚岩、凝灰岩	101.8	上游 1∶1.8～1∶2.5， 下游 1∶1.7～1∶2.5
柘林	江西	石英砂岩、板岩石渣	62.0	上游 2.75～3.0，下游 2.5～3.0
占河	湖北	代替料	51.0	上游 2.25～3.0，下游 2.0～2.5
黄材	湖南	板岩、页岩风化土	60.5	上游 3.0～4.0，下游 2.5～4.0

从表 7.8 可以看出，软岩心墙坝坝坡基本缓于 1∶2.0。根据坝料的填筑要求，经坝坡稳定计算并参照其他类似工程经验，确定大坝上游坝坡采用上陡下缓型式，高程 435m 以上坡比为 1∶2.25，高程 435m 以下坡比为 1∶2.85，在高程 435m 设置宽 25m 的马道，并在高程 449.5m、415m 和 395m 分别设置宽 3.0m 的马道。大坝下游坝坡采用上缓下陡型式，在高程 410.0m 以上坝坡为 1∶2.25，高程 410.0m 以下坝坡为 1∶2.0，并在下游坝面高程 429.5m、449.5m 设置宽 3m 的马道，下游排水体顶部高程 410.0m，平台宽 6m。

7.2.4 沥青混凝土心墙与岩基的连接

沥青混凝土心墙顶高程 468.7m，为梯形结构，顶部有高度为 70cm 的等厚段，厚度为 60cm，向下逐渐加厚，心墙变厚段上、下游坡度均为 1∶0.004，底部最大厚度为 1.312m；心墙底部为 3m 高的大放脚，大放脚上、下游坡度均为 1∶0.3，底部最大厚度 311.2cm。大放脚与高 2.0m 的混凝土基座相接，相接部位采用半径为 496.7cm 的圆弧设计。

基座分缝内设置一道铜止水，并在分缝底部设置止水基座，止水深入止水基座内，以确保止水效果良好。

同时，根据《土石坝沥青混凝土面板和心墙设计规范》（SL 501—2010），心墙与岸坡、基础等刚性建筑物连接部位应做好止水设计。岸坡较陡时，设置止水铜片，有利于防止心墙与基座之间拉裂形成渗漏通道，但应做好止水埋设工作，确保止水部位沥青混凝土的施工质量。

卡洛特沥青混凝土心墙坝基座左岸坡比 1∶1.2～1∶6，右岸坡比 1∶0.9～1∶3，在心墙与基座之间设置一道沿基座轴线的纵向止水，减少心墙与基座之间由变形导致渗漏的风险。

基座配筋主要是为了限裂，在桩号 K0＋101.030m～K0＋361.137m 的河床部位采用双层双向配筋，两岸部位采用单层双向钢筋。钢筋间距 20cm，直径 20～32mm（沿基座轴线方向）和 22～32mm（垂直于基座轴线方向），钢筋保护层在基座顶部厚 50cm，横缝处为 25cm，其他部位均为 10cm。

为保证基座的稳定，基座与基岩采用锚杆连接，锚杆采用 HRB400 钢筋，直径 32mm，间排距 2m×2m，长 9m，深入基岩 7.4m，锚杆与基座顶部钢筋网相焊接。

每个止水基座内设置 4 根 φ20 的锚筋，长 1.5m，入岩 0.9m。

7.2.5 抗震措施

（1）坝顶超高

冶勒、大石门、下坂地、管帽舟等沥青混凝土心墙坝坝顶高程均采用“正常蓄水位＋地震”非常运用工况作为计算标准。地震涌浪高度一般采用 0.5～1.5m。大石门地震涌浪高度采用 1.5m，地震沉陷采用 2.0m；下坂地地震涌浪高度采用 1.5m，地震沉陷采用 2.2m；管帽舟地震涌浪高度采用 1.2m，地震沉陷采用 1.1m。

对于地震沉陷，从国内外实例资料看，如果坝体质量良好，且不存在地基液化问题，在地震烈度Ⅶ度、Ⅷ度地区，地震引起的坝顶沉陷并不明显，一般不超过坝高（包括地基厚度）的 0.5%～1.0%。

卡洛特沥青混凝土心墙坝，正常蓄水位至坝顶高程有 7.5m 超高，至防浪墙顶超高有 8.5m，在设计地震作用下，地震涌浪高度按 1.5m 计。根据坝体三维动力有限元分析，计算坝顶地震永久沉陷最大值为 40.8cm。因此卡洛特大坝坝顶超高可抵御发生地震时可能的地震涌浪和坝体震陷。

（2）坝顶宽度及坝坡

参照吉林台、紫坪铺等强震区已建和在建工程经验，确定卡洛特水电站大坝坝顶宽度为 12.0m。坝体上游坝坡为 1∶2.25～1∶2.85，下游坝坡上缓下陡，坡比为 1∶2.0～1∶

2.25，可保证大坝在遭遇设计地震时，堆石体对上游防浪墙的支撑以及大坝坝坡的稳定。

(3)上游弃渣增加抗震稳定性

在大坝与上游围堰之间设置弃渣场，对坝体上游坝坡形成压坡，经坝坡稳定性分析可知，上游弃渣可进一步增加大坝上游坝坡的抗震稳定性。

(4)加强坝面保护

根据坝体三维动力计算成果，大坝下游顶部以下约 1/4 最大坝高范围内的坝坡在遭遇设防地震时，有产生局部滑移失稳的可能，因此对于高程 449.5m 以上坝下游坡采取浆砌块石保护，以增强整体性，其余上、下游护坡采用干砌块石。

(5)水库具备降低水位的条件

卡洛特水电站，溢洪道布置 6 个堰顶高程 439.0m、孔口尺寸均为 14m×22m 的泄洪表孔，以及 2 个进口底板高程 423.0m、出口尺寸为 9m×10m(宽×高)的泄洪冲沙孔，按照枯期 10 月 10 年一遇月平均流量($462m^3/s$)计算，库水位可在 8d 内降低至 430m，库水位从 10 月上旬至第二年 2 月底均可维持在 431m 以下，大坝具备低水位检修的条件。

(6)设置土工格栅

土石坝震害实例、振动台模型试验及地震动力反应分析均表明，坝体上部 1/5～1/4 坝高范围内为坝体抗震的薄弱部位。为提高地震时顶部坝坡的稳定性，减少地震引起的永久变形，强震区的高土石坝通常需要在坝顶采取抗震加固措施，主要有土工格栅、钢筋网等。

糯扎渡心墙堆石坝等则采用的是在堆石体中铺设钢筋网，并加盖板进行加固。钢筋的刚度大，变形小，然而工程实践发现，在潮湿和含水量大的环境中钢筋存在锈蚀问题，使加筋效果受到严重影响，同时钢筋适应周围土体变形能力也不如土工格栅。

土工格栅主要依靠其与堆石体间的相互作用以及格栅网眼所具有的特殊嵌锁和咬合作用，限制其上下堆石体的侧向变形，增加堆石体结构的稳定性，提高堆石体的抗剪强度和改善其变形特性。例如，冶勒沥青混凝土心墙坝、瀑布沟心墙堆石坝、泸定水电站黏土心墙堆石坝等高土石坝都采用了土工格栅加固措施(表 7.9)。

表 7.9　部分国内外高地震区土工格栅设置成果

工程名称	抗震烈度	设置部位	土工格栅物理力学参数
冶勒	基本烈度为Ⅷ度，设防烈度为Ⅸ度	2624.5～2634.5m 每隔 2m 一层，2634.5m 以上，每隔 1m 一层	采用 028 型组合连接格栅，其单条极限抗拉强度≥250MPa，纵向极限抗拉力≥150kN/m，极限延伸率≤8%，延伸率在3%时的抗拉力≥60kN/m，横向抗拉力≥80kN/m。土工格栅纵横向应有一定的整体性，格栅横向之间应连接可靠，接头抗拉强度≥50kN/m

续表

工程名称	抗震烈度	设置部位	土工格栅物理力学参数
瀑布沟	设防烈度为Ⅷ度	810～834m 高程之间垂直间距 2m、835～855m 高程之间垂直间距 1m，水平最大宽度 30m	采用双向抗拉型土工格栅，每幅格栅内的网眼边长为 120～150mm；纵向（主拉力向）极限抗拉强度，每延米纵向拉伸屈服力 150kN；纵向伸长率为 2%时，其每延米抗拉力应不小于 85kN；横向极限抗拉强度，每延米横向拉伸屈服力 150kN；栅横向伸长率为 2%时，每延米抗拉力应不小于 85kN；纵向屈服伸长率不大于 8%，横向屈服伸长率不大于 8%
泸定	基本烈度为Ⅷ度，设计按 50 年基准期超越 10%为 0.251g	在坝体高程 1350m 以上坝体堆石和过渡区设置竖向间距 2m 的柔性土工格栅，并在 1365m、1371m、1377m 设置水平混凝土抗震框格梁	
大石门	基本烈度为Ⅷ度，设计地震 50 年超越概率 10%为 0.52g	坝体上、下游 2262.5m 高程以上至坝顶一定区域范围内，上游每隔 1.6m，下游每隔 2.4m 铺设一层钢塑土工格栅	
下坂地	基本烈度为Ⅷ度，水平峰值加速度 0.309g	上游高程 2942m 马道至坝顶采用土工格栅加固，层距 1m，顺河向铺设长度为 15m	
管帽舟	基本烈度Ⅶ度，设计烈度 7.7 度（0.166g）	河床段沥青混凝土心墙上、下游 660～679m 高程范围内铺设土工格栅，间距 2m，边缘处需要反包，反包长度为 3m	
雅砻	设计烈度Ⅷ度（0.226g）	上、下游一级马道高程 4112.4m 以上，上下游坝坡 20m 范围内设置抗震土工格栅，格栅每 2m 一层	土工格栅延伸率在 2%时抗拉力不小于 45kN/m，横向抗拉力不小于 80kN/m，垂直坝轴线水平方向单位面积坝体筋材抗拉力可达到 37.5kN/m^2。上、下层土工格栅端头对折搭接固定并设一定的搭接长度

经类比国内外强震区高坝工程实例，选择采用土工格栅加筋，在坝内上游高程 445.4m 以上、下游高程 447.6m 以上至坝顶区域内铺设土工格栅。上、下层之间间距 1.6m（堆石料摊铺层厚 80cm），以增强坝体顶部的抗震能力。

土工格栅材料和工艺主要考虑塑料焊接格栅（图 7.8）和塑料拉伸格栅（图 7.9）。

图 7.8　塑料焊接格栅

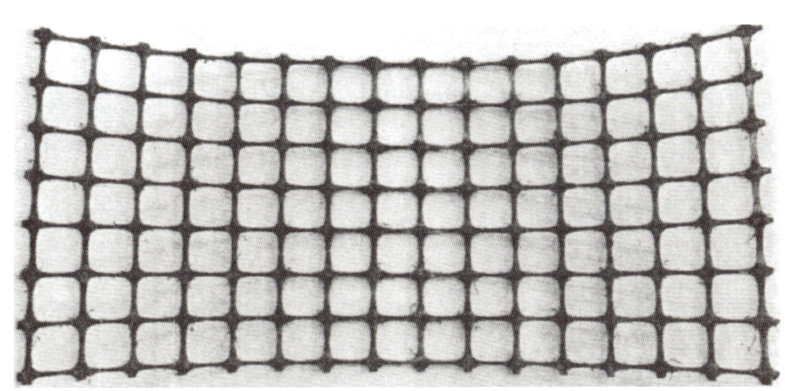

图 7.9　塑料拉伸格栅

塑料焊接格栅的原材料主要以聚丙烯（PP）为主，采用预拉伸的聚丙烯塑料土工条带，通过超声波粘结而成，具有网格尺寸多样、材质轻便、格栅肋条强度大的优点，但格栅的节点强度一般较低，用在堆石体加筋时容易出现断裂，特别是焊接的节点处容易出现脱开，因此不采用塑料焊接格栅。

塑料拉伸土工格栅是以专用的高密度聚乙烯（HDPE）或聚丙烯为原料，经挤出压成薄板再冲轧成规则网格，通过拉伸成型。因网格栅条较细，适用于细颗粒较多的软岩筑坝情况。因此选择塑料拉伸土工格栅。

土工格栅技术指标要求见表 7.10。

表 7.10　　土工格栅技术指标要求

名称	规格	拉伸强度/(kN/m)	2%拉伸率时的拉伸强度/(kN/m)	5%拉伸率时的拉伸强度/(kN/m)	标称伸长率/%
聚丙烯单拉塑料格栅	TGDG80	≥80	≥26	≥48	≤10

7.2.6　坝体计算

7.2.6.1　坝坡稳定计算

(1)计算方法

根据《碾压式土石坝设计规范》(DL/T 5395—2007)的规定，坝坡稳定计算采用计及条块间作用力的简化毕肖普法，地震荷载采用拟静力法计算。

(2)计算参数

2014 年 1—4 月，长江科学院完成卡洛特水电站 Level1 阶段室内土工试验，2018 年 5—11 月，长江科学院依据现场碾压试验推荐的密度和级配曲线完成了 Level2 阶段室内土工试验，根据成果确定了坝坡稳定计算材料物理力学参数，见表 7.11。

表 7.11　　坝坡稳定计算材料物理力学参数

材料编号	材料名称	干密度	饱和密度	线性强度指标	
		$\gamma_d/(t/m^3)$	$\gamma_s/(t/m^3)$	$\varphi/°$	c/kPa
1	堆石Ⅰ	2.15	2.35	30	15
2	堆石Ⅱ	2.14	2.34	35	15
3	堆石Ⅲ	2.12	2.30	35	12
4	石渣混合料	2.10	2.32	33	10
5	过渡料	2.19	2.38	36	10
6	垫层料	2.19	2.38	36	10
7	排水棱体	2.20	2.39	34.5	10

(3)计算工况及特征水位

大坝坝坡抗滑稳定计算工况及相应特征水位见表 7.12。坝体浸润线确定原则为：上、下游坝体浸润线水位与对应工况上、下游水位齐平；下游边坡水位骤降工况的浸润线采用渗流非稳定流计算成果。

表 7.12　　坝坡稳定性分析计算工况、特征水位及稳定控制标准

工况编号	工况	部位	上游水位/m	下游水位/m	运用条件	规范规定最小安全系数
1	竣工期	上、下游坡	426.00	无水	非常运行Ⅰ	1.25
2	正常水位	上、下游坡	461.00	386.66	正常运行期	1.35
3	设计水位	上、下游坡	461.13	418.40	正常运行期	1.35
4	校核水位	上、下游坡	467.06	425.83	非常运行Ⅰ	1.25
5	排沙水位	上游坡	446.00	395.05	正常运行期	1.35
6	设计地震(0.26g)	上、下游坡	461.00	386.66	非常运行Ⅱ	1.15
7	复核地震(0.31g)	上、下游坡	461.00	386.66	非常运行Ⅱ	1.15
8	上游水位骤降1	上游坡	校核水位降到正常水位	386.66	非常运行Ⅰ	1.25
9	上游水位骤降2	上游坡	从正常水位到排沙水位	386.66	非常运行Ⅰ	1.25
10	下游水位骤降3	下游坡	461.13	设计洪水位到发电水位391.30	非常运行Ⅰ	1.25
11	下游水位骤降4	下游坡	467.06	校核水位到发电水位391.30	非常运行Ⅰ	1.25

(4)大坝典型断面计算成果分析

大坝坝坡抗滑稳定计算最小安全系数成果见表7.13,大坝上、下游坝坡临界滑裂面位置见图7.10至图7.16。

表 7.13　　大坝坝坡抗滑稳定计算最小安全系数成果(不考虑上游弃渣)

<table>
<tr><th>工况编号</th><th>工况</th><th>部位</th><th>抗滑稳定安全系数</th><th>运行条件</th><th>规范规定最小安全系数</th></tr>
<tr><td rowspan="2">1</td><td rowspan="2">竣工期</td><td>上游坡</td><td>1.91</td><td rowspan="2">非常运行Ⅰ</td><td rowspan="2">1.25</td></tr>
<tr><td>下游坡</td><td>1.74</td></tr>
<tr><td rowspan="2">2</td><td rowspan="2">正常水位</td><td>上游坡</td><td>1.94</td><td rowspan="4">正常运行工况</td><td rowspan="4">1.35</td></tr>
<tr><td>下游坡</td><td>1.74</td></tr>
<tr><td rowspan="2">3</td><td rowspan="2">设计水位</td><td>上游坡</td><td>1.94</td></tr>
<tr><td>下游坡</td><td>1.74</td></tr>
<tr><td rowspan="2">4</td><td rowspan="2">校核水位</td><td>上游坡</td><td>2.04</td><td rowspan="2">非常运行Ⅰ</td><td rowspan="2">1.25</td></tr>
<tr><td>下游坡</td><td>1.74</td></tr>
<tr><td rowspan="2">5</td><td rowspan="2">排沙水位</td><td>上游坡</td><td>1.95</td><td rowspan="2">非常运行Ⅰ</td><td rowspan="2">1.25</td></tr>
<tr><td>下游坡</td><td>1.74</td></tr>
</table>

续表

工况编号	工况	部位	抗滑稳定安全系数	运行条件	规范规定最小安全系数
6	正常水位遇地震(0.26g)	上游坡	1.26	非常运行Ⅱ	1.15
		下游坡	1.30		
7	正常水位遇地震(0.31g)	上游坡	1.17		
		下游坡	1.24		
8	校核水位降到正常水位	上游坡	1.82	非常运行Ⅰ	1.25
9	正常水位降到排沙水位	上游坡	1.47		
10	设计水位降到发电水位	下游坡	1.57		
11	校核水位降到发电水位	下游坡	1.54		

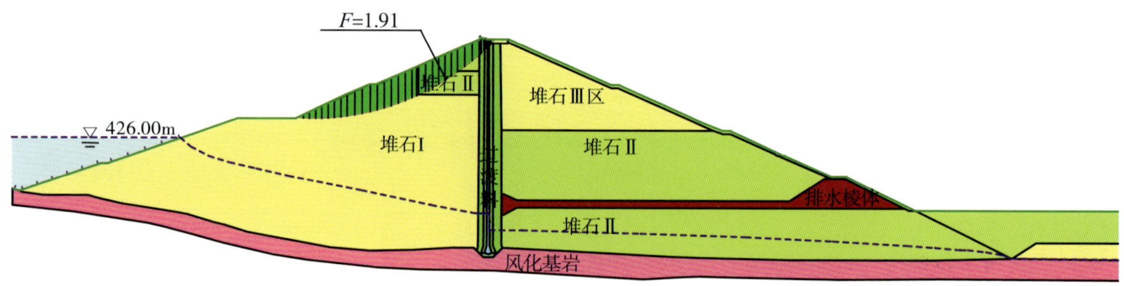

(a)上游边坡

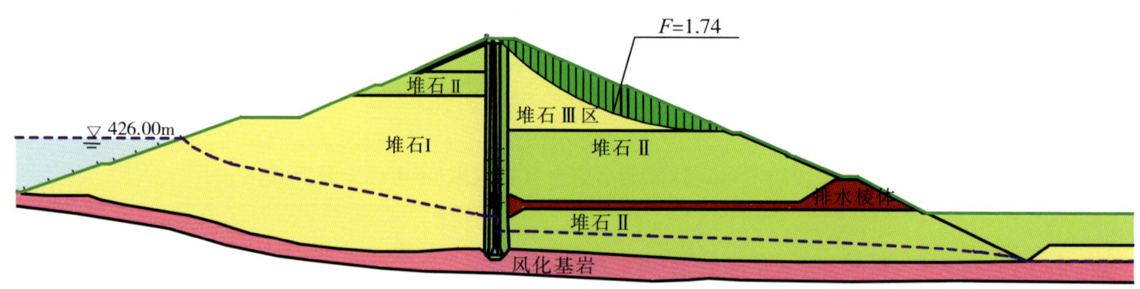

(b)下游边坡

图 7.10 竣工期坝坡稳定分析成果

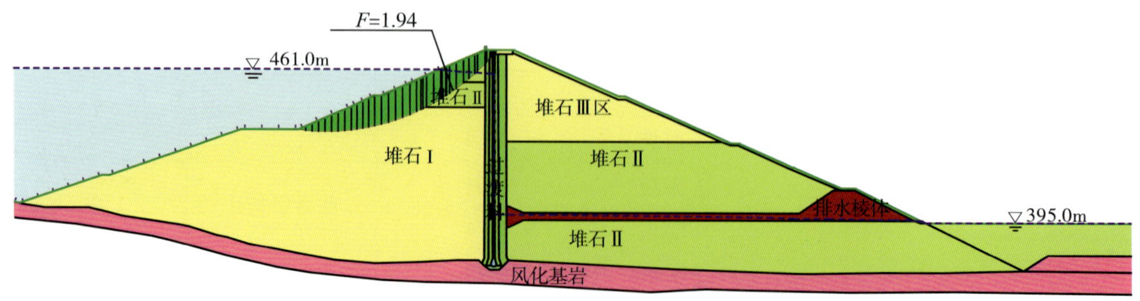

(a)上游边坡

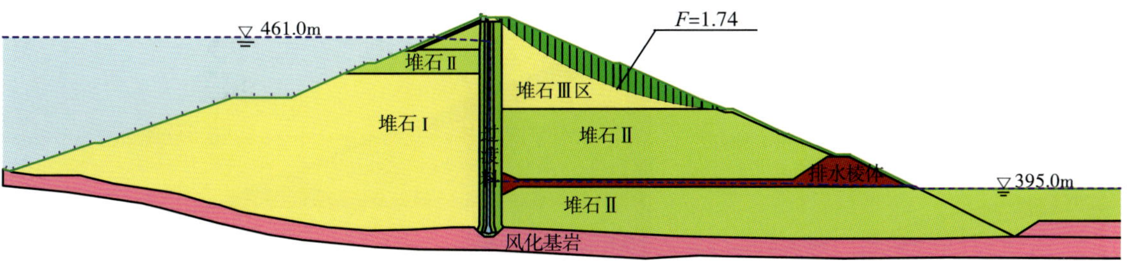

(b)下游边坡

图 7.11　蓄水期正常水位工况下坝坡稳定分析成果

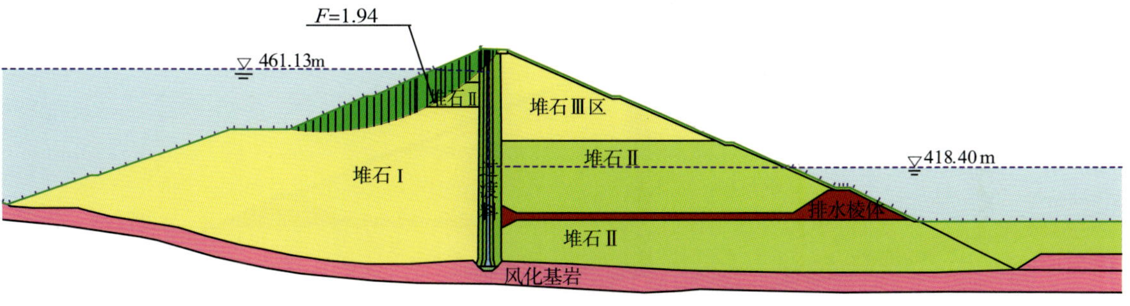

(a)上游边坡

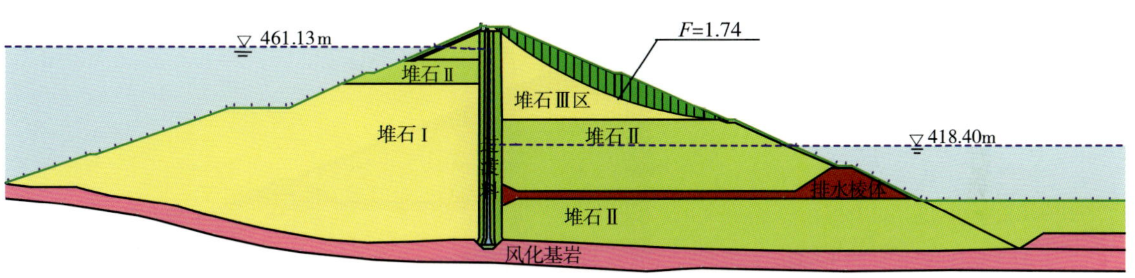

(b)下游边坡

图 7.12　蓄水期设计水位工况下坝坡稳定分析成果

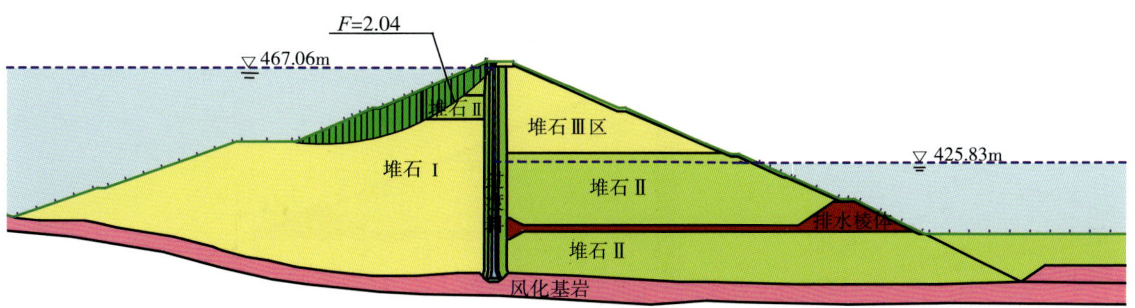

(a)上游边坡

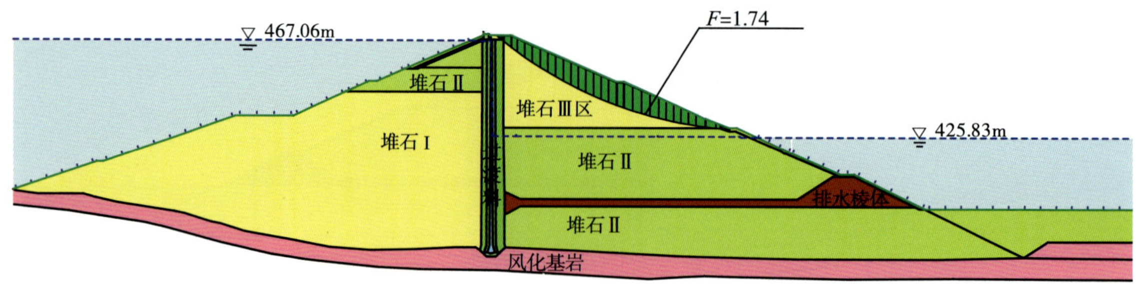

(b)下游边坡

图 7.13　蓄水期校核水位工况下坝坡稳定分析成果

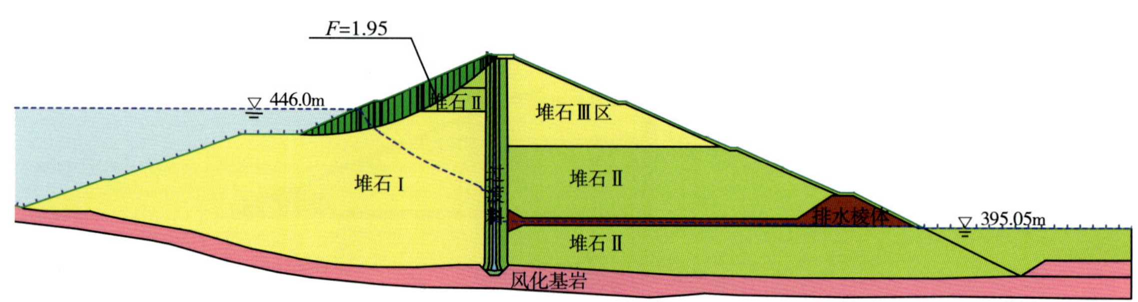

(a)上游边坡

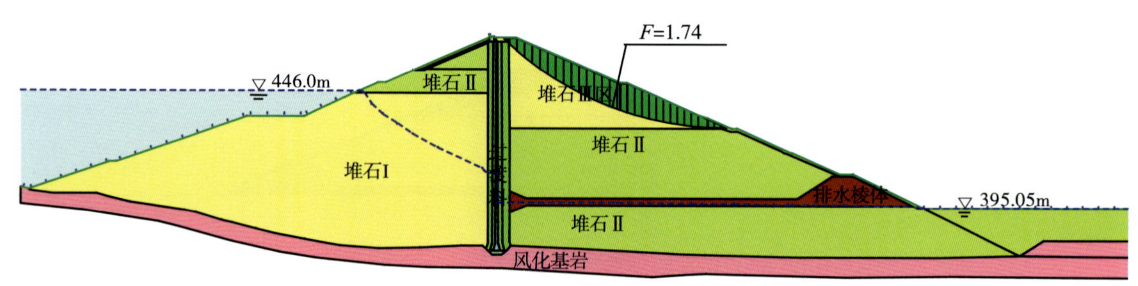

(b)下游边坡

图 7.14　排沙水位工况坝坡稳定分析成果

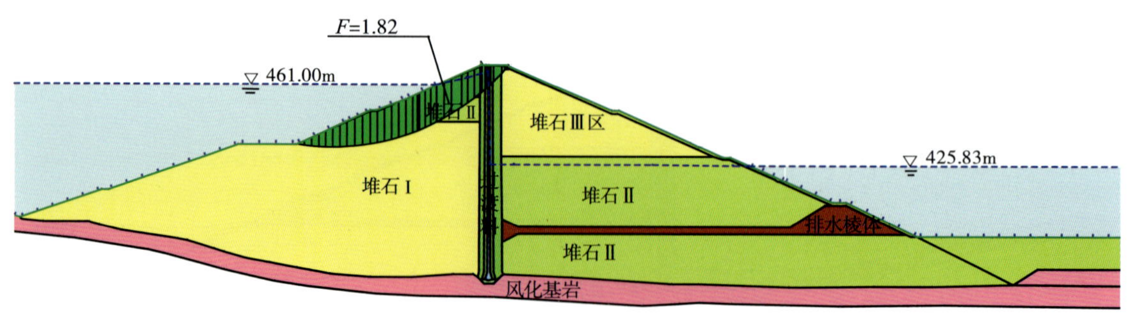

(a)上游边坡校核水位骤降至正常水位

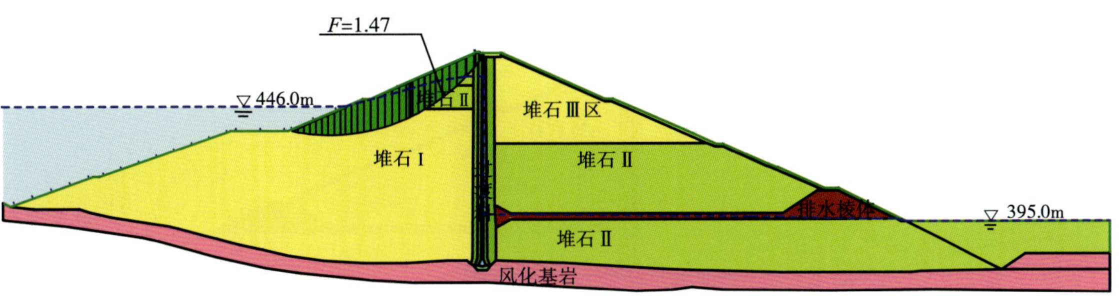

(b)上游边坡正常水位骤降至排沙水位

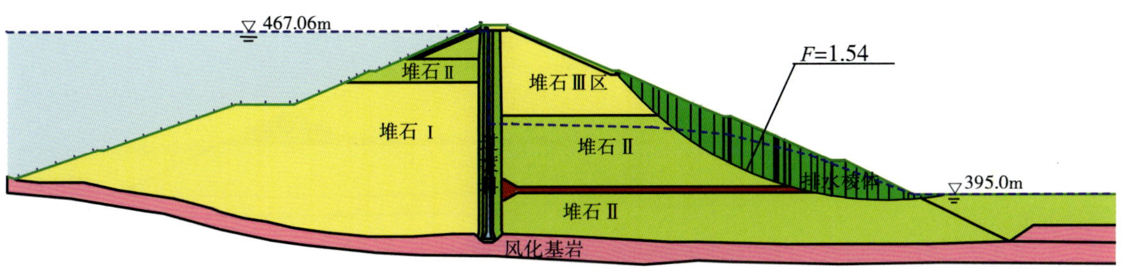

(c)下游边坡校核水位骤降至发电水位

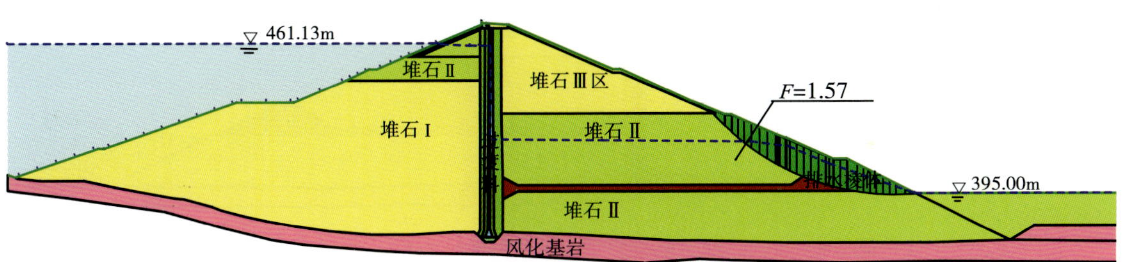

(d)下游边坡设计水位骤降至发电水位

图 7.15　水位骤降期坝坡稳定分析成果

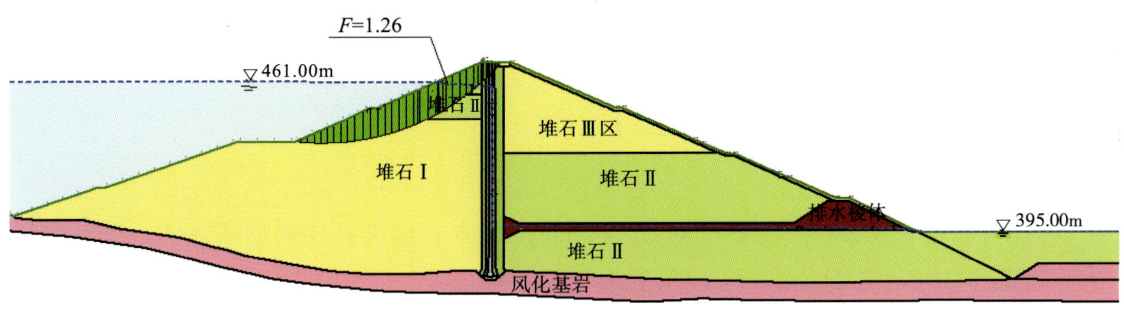

(a)上游边坡(地震加速度 0.26g)

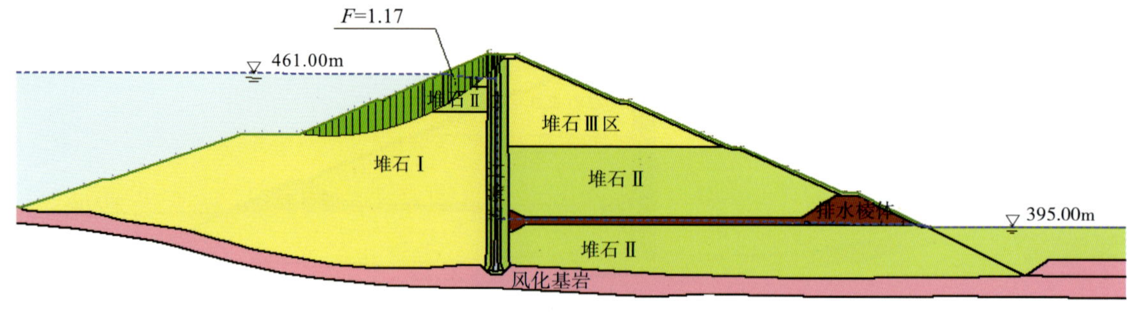

(b)上游边坡(地震加速度 0.31g)

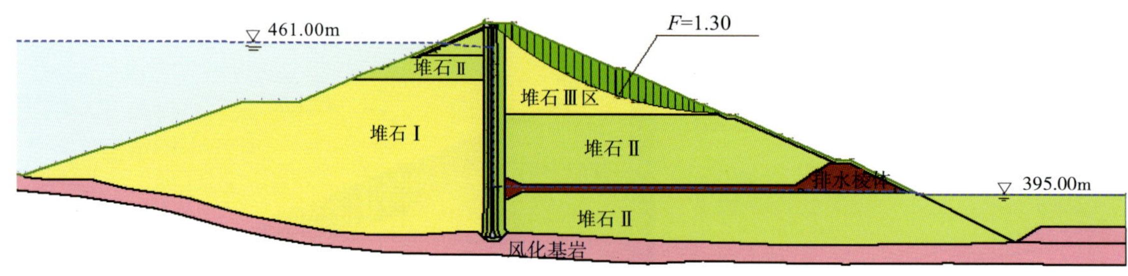

(c)下游边坡(地震加速度 0.26g)

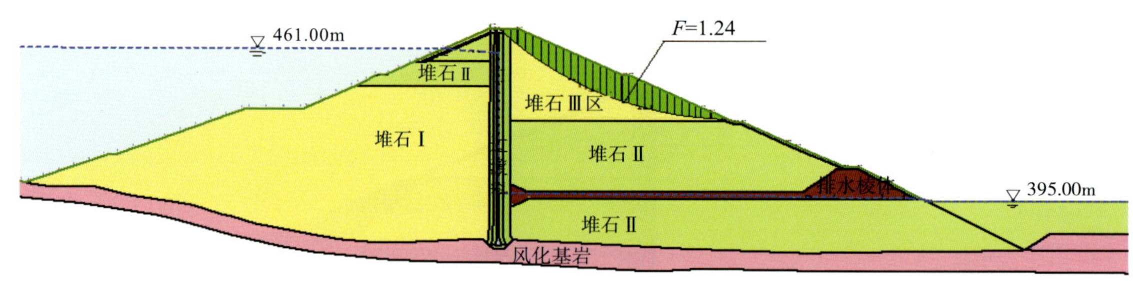

(d)下游边坡(地震加速度 0.31g)

图 7.16　地震工况坝坡稳定分析成果

从表 7.13 的计算成果可以看出,大坝上、下游坝坡抗滑稳定计算的控制工况均为非常运用条件Ⅱ(正常水位+Ⅷ度地震)工况,上、下游坝坡抗滑稳定安全系数分别为 1.26 和 1.30,满足规范要求。经采用 0.31g 地震加速度复核,大坝上、下游坝坡抗滑稳定安全系数分别为 1.17 和 1.24,亦满足坝坡稳定要求。

7.2.6.2　渗流计算

为提供确定有效渗控措施的依据,建立沥青混凝土心墙堆石坝典型断面的二维计算模型,通过渗流场计算分析各计算工况下的渗流场分布。

(1)计算条件

1)防渗线路地形条件。

心墙轴线左岸发育有低漫滩(图 7.17),高程 400～410m,宽 40～70m,低漫滩与河床之间 15°左右坡度相接;右岸漫滩不发育,沿岸以缓坡为主。

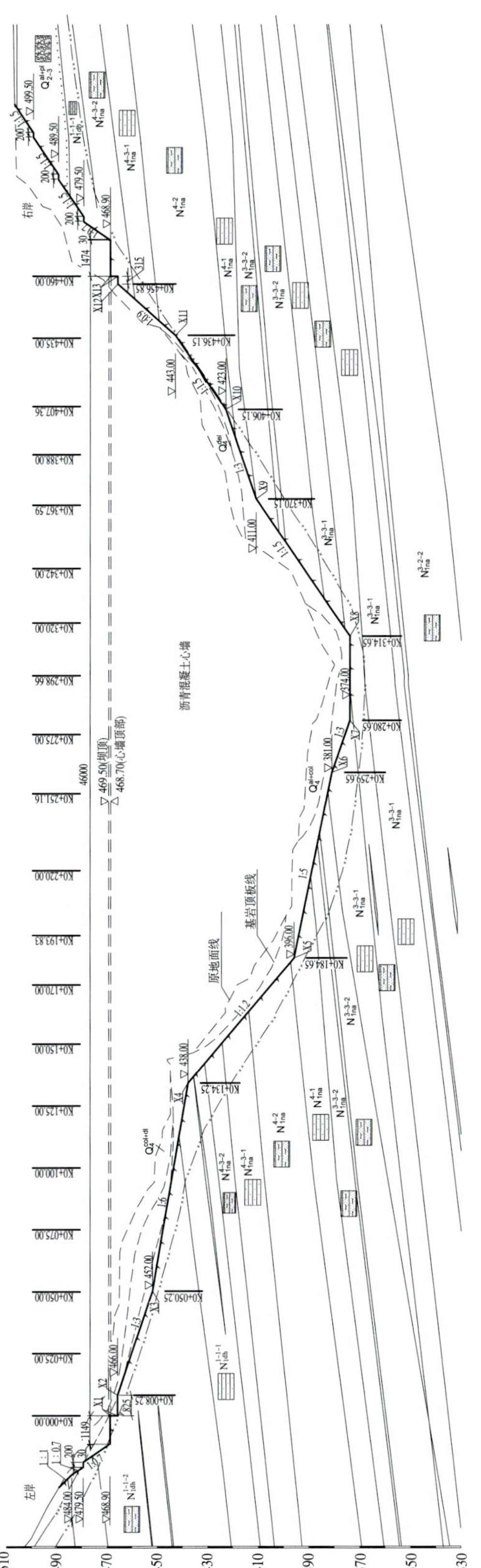

左岸
右岸
高程/m
510
490
470
450
430
410
390
370
350
330
沥青混凝土心墙
469.50(坝顶)
468.70(心墙顶部)
原地面线
基岩顶板线
图例：粉砂质泥岩与泥质粉砂岩互层
砂岩
砂砾卵石
碎块石
碎块石土
砾质土
第四系与基岩界线（虚线为推测）
地层界线（虚线为推测）
弱风化带下限
强风化带下限

图7.17 心墙轴线剖面

左岸岸坡发育二级河流阶地，均为基座阶地，其中Ⅰ级阶地阶面高程 425～440m，宽 25～60m，Ⅱ级阶地阶面高程 455～470m，宽 45～80m，二者以 25°左右坡度相接，各阶面向河床及下游微倾。Ⅰ级阶地前缘地形受岩性控制，形成台阶状陡崖，可分二级，单级高一般为 8～12m，二级陡坎在坝轴线上游部位近乎合并，并与河床低漫滩相接。

右岸岸坡地形受岩性控制，高程 420m 以下地形坡度 35°～40°；高程 320～440m 地形相对较缓，坡度一般为 12°～25°，高程 440～455m 为陡崖，高 6～9m；高程 455m 以上地形较陡，一般为 40°左右。

2)地层岩性及岩体透水性。

地层岩性详见 7.1 节。

钻孔压水试验成果统计表明，区内各类岩石总体透水性较弱，不同岩类吕荣值 $q<10$Lu 的试段均占试验总段数的 95％以上，$q<3$Lu 的试段所占比例为 85％以上，而 $q<1$Lu 的试段所占比例为 60％以上。岩体透水性受岩体风化程度影响较大，特别是弱风化粉砂质泥岩，岩体透水性 $q\geqslant10$Lu 的试段占弱风化中砂岩试段总数的 22.2％，微新岩体一般透水性微弱。从不同岩类之间差异来看，中砂岩、细砂岩相对于其他岩类透水性稍大。

3)初拟防渗方案。

大坝坝基防渗采用“防渗灌浆帷幕”方案，具体如下：

①大坝防渗帷幕线路。

大坝防渗帷幕沿沥青混凝土心墙混凝土垫座轴线向两岸展布，左岸帷幕出坝端后向山体内直线延伸 60m，右岸帷幕接至与正常蓄水位等高的地下水位线，帷幕出坝端在坝肩公路上向下游转折并延伸 135m。大坝防渗帷幕线路全长约 700m。

②防渗标准和帷幕底线。

根据沥青混凝土心墙坝防渗要求，设计防渗标准确定为：高程 445m 以下的大坝帷幕防渗标准为灌后基岩透水率 $q\leqslant3$Lu，高程 445m 以上的大坝帷幕及两岸山体段帷幕防渗标准为灌后基岩透水率 $q\leqslant5$Lu。

经对防渗帷幕线路的工程地质、水文地质条件及坝高、坝体结构综合分析，防渗帷幕底线拟定为：大坝河床坝段帷幕底线高程为 335m，向左岸逐渐抬升至高程 445m；向右岸逐渐抬升至高程 418m，沿高程 418m 向右水平延伸包络局部透水率大的透镜体后再逐渐抬升至高程 445m。

③帷幕灌浆孔布置。

综合考虑坝址区地质条件、设计防渗标准，大坝高程 445m 以下布置双排帷幕灌浆孔，孔距 2.5m，排距 0.8m，其中上游浅排帷幕灌浆孔深 25m；大坝高程 445m 以上及两岸山体段防渗帷幕布置单排帷幕灌浆孔，孔距 2m。

(2)二维渗流场分析

1)计算方法和计算软件。

坝基范围内的渗流场为承压流场，采用有限元法进行数值模拟。各向异性稳定渗流场的控制方程为：

$$\mathrm{div}(\overline{\overline{K}}\ \mathrm{grad}H)=0 \tag{7.2-1}$$

式中，$\overline{\overline{K}}$——二阶对称渗透张量；

H——渗流场的水头函数。

式(7.2-1)可以用有限元方法求解。在给定边界条件下，式(7.2-1)等价于泛函极值问题：

$$X(H)=\frac{1}{2}\iiint_D \overline{\overline{K}}\begin{bmatrix}(\frac{\partial H}{\partial x})^2 & \frac{\partial H}{\partial x}\frac{\partial H}{\partial y} & \frac{\partial H}{\partial x}\frac{\partial H}{\partial z}\\ \frac{\partial H}{\partial y}\frac{\partial H}{\partial x} & (\frac{\partial H}{\partial y})^2 & \frac{\partial H}{\partial y}\frac{\partial H}{\partial z}\\ \frac{\partial H}{\partial z}\frac{\partial H}{\partial x} & \frac{\partial H}{\partial z}\frac{\partial H}{\partial y} & (\frac{\partial H}{\partial z})^2\end{bmatrix}\mathrm{d}x\mathrm{d}y\mathrm{d}z=\min \tag{7.2-2}$$

x,y,z 为笛卡尔坐标系中的 3 个坐标，y 轴正向铅直向上，且不妨假定按顺时针方向从地理北极到 x 轴的夹角为 α_x。用形函数 N 和离散单元结点上的水头值构成水头插值函数，根据极值原理可以得到线代数方程组：

$$\sum_{e=1}^{n}\frac{\partial X^e(H)}{\partial H_i}=0 \tag{7.2-3}$$

式中，i 和 e——单元和单元结点序号；

n——单元总数。

$$\frac{\partial X^e(H)}{\partial H_i}=[K]^e[H]=\int_{V_e}[B]^{\mathrm{T}}\overline{\overline{K}}[B]\mathrm{d}v[H] \tag{7.2-4}$$

式中，V_e——单元体积；

$[K]^e$——单元传导矩阵；

$[B]$——单元的几何矩阵。

$$[B]=\begin{bmatrix}\frac{\partial N_1}{\partial x} & \frac{\partial N_2}{\partial x} & \cdots & \frac{\partial N_m}{\partial x}\\ \frac{\partial N_1}{\partial y} & \frac{\partial N_2}{\partial y} & \cdots & \frac{\partial N_m}{\partial y}\\ \frac{\partial N_1}{\partial z} & \frac{\partial N_2}{\partial z} & \cdots & \frac{\partial N_m}{\partial z}\end{bmatrix} \tag{7.2-5}$$

实际工程问题中，渗透张量 $\overline{\overline{K}}$ 显得不够直观，通常愿意用主渗透张量表示。对于非均质各向异性渗流场，不同单元的主渗透张量可能不一样。假设单元 e 的主渗透张量的长度分别为 K_1，K_2，K_3，走向分别为 $\alpha_1,\alpha_2,\alpha_3$，倾向分别为 β_1,β_2,β_3，则由主渗透张量确定的坐标系 u,v,w 与工程计算坐标系之间的转换关系为：

$$[x\quad y\quad z]=[u\quad v\quad w]R \tag{7.2-6}$$

其中，转换矩阵：

$$R=\begin{bmatrix}\frac{\partial x}{\partial u} & \frac{\partial y}{\partial u} & \frac{\partial z}{\partial u}\\ \frac{\partial x}{\partial v} & \frac{\partial y}{\partial v} & \frac{\partial z}{\partial v}\\ \frac{\partial x}{\partial w} & \frac{\partial y}{\partial w} & \frac{\partial z}{\partial w}\end{bmatrix}=\begin{bmatrix}\cos(\alpha_x-\alpha_1)\cos\beta_1 & -\sin\beta_1 & \sin(\alpha_x-\alpha_1)\cos\beta_1\\ \cos(\alpha_x-\alpha_2)\cos\beta_2 & -\sin\beta_2 & \sin(\alpha_x-\alpha_2)\cos\beta_2\\ \cos(\alpha_x-\alpha_3)\cos\beta_3 & -\sin\beta_3 & \sin(\alpha_x-\alpha_3)\cos\beta_3\end{bmatrix} \tag{7.2-7}$$

各单元在其主渗透张量坐标系下，有：

$$[B']=\begin{bmatrix}\frac{\partial N_1}{\partial u} & \frac{\partial N_2}{\partial u} & \cdots & \frac{\partial N_m}{\partial u}\\ \frac{\partial N_1}{\partial v} & \frac{\partial N_2}{\partial v} & \cdots & \frac{\partial N_m}{\partial v}\\ \frac{\partial N_1}{\partial w} & \frac{\partial N_2}{\partial w} & \cdots & \frac{\partial N_m}{\partial w}\end{bmatrix}=R[B] \tag{7.2-8}$$

于是式(7.2-4)就成为如下形式：

$$\frac{\partial X^e(H)}{\partial H_i}=\int_{V_e}[B']^{\mathrm{T}}\begin{bmatrix}K_1 & 0 & 0\\ 0 & K_2 & 0\\ 0 & 0 & K_3\end{bmatrix}[B']\mathrm{d}v[H] \tag{7.2-9}$$

按式(7.2-9)形成单元刚度矩阵时，只需要给出单元的主渗透张量，概念直观，而且可以在统一的工程计算坐标系下直接形成总刚度矩阵。

单宽流量公式也可以做同样推导：

$$q=\overline{\overline{K}}\begin{bmatrix}\frac{\partial H}{\partial x}\\ \frac{\partial H}{\partial y}\\ \frac{\partial H}{\partial z}\end{bmatrix}=R^{\mathrm{T}}\begin{bmatrix}K_1 & 0 & 0\\ 0 & K_2 & 0\\ 0 & 0 & K_3\end{bmatrix}R\begin{bmatrix}\frac{\partial H}{\partial x}\\ \frac{\partial H}{\partial y}\\ \frac{\partial H}{\partial z}\end{bmatrix} \tag{7.2-10}$$

稳定渗流场有如下 3 种典型的模型边界条件：

$$H=f_1(x,y,z) \tag{7.2-11}$$

$$\overline{\overline{K}}\begin{bmatrix}\frac{\partial H}{\partial x}\\ \frac{\partial H}{\partial y}\\ \frac{\partial H}{\partial z}\end{bmatrix}=f_2(x,y,z) \tag{7.2-12}$$

$$H+\alpha\frac{\partial H}{\partial n}=\beta \tag{7.2-13}$$

它们分别被称作第一、二、三类边界。n 为边界外法线方向，α,β 为常数。

心墙坝二维渗流场计算采用 GMS 软件中的 SEEP2D 模块。

2)渗流模型。

模型范围为:计算模型底部隔水边界约取至基岩面以下 400m,高程为－26.0m。模型上下游各取 500m。根据地质资料,河床坝段 1 吕荣分界线高程约为 330m,模型中考虑帷幕底线深至 1Lu 分界线,即帷幕底线高程为 330m。计算模型概化断面见图 7.18,有限元模型见图 7.19。

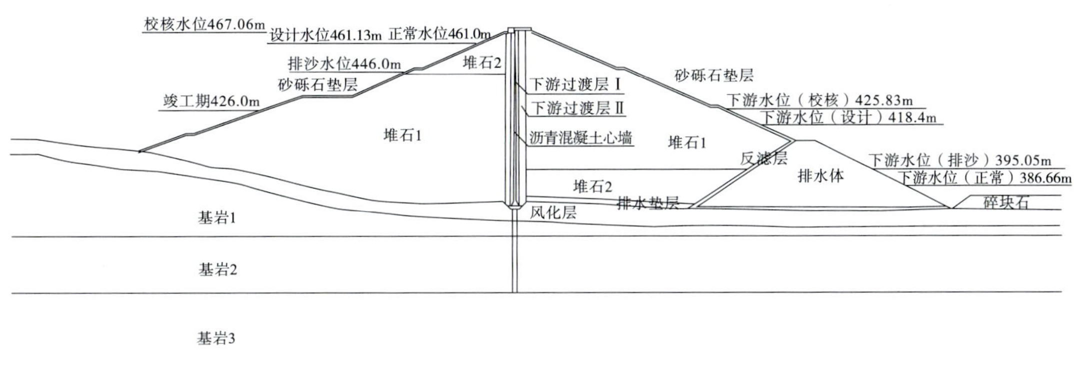

图 7.18 计算模型概化断面

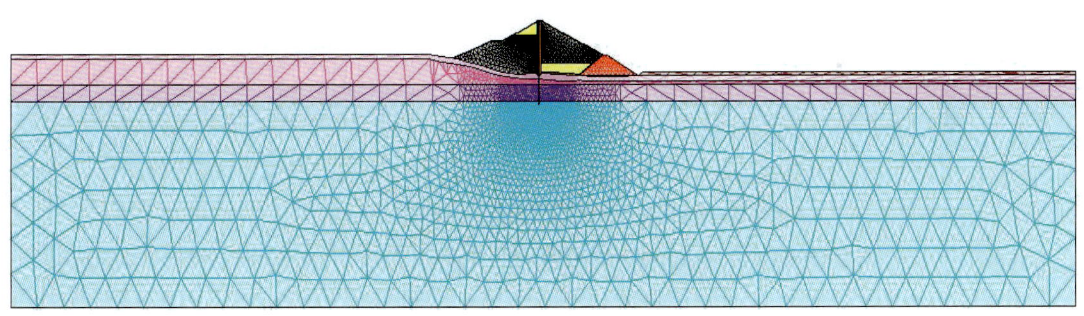

图 7.19 二维渗流计算模型

3)参数分区及计算方案。

坝体材料渗透参数依据类似工程经验按常规土料取值的同时,还根据本项工程拟采用软岩筑坝的实际情况,结合渗透变形试验成果确定坝壳料参数。坝基单排帷幕底线高程 330m,厚度按设计尺寸取值。参数分区及渗透系数取值见表 7.14。

表 7.14 参数分区及渗透系数

渗透性分区	渗透分区材料	渗透系数/(cm/s)
K1	堆石区Ⅰ	1.0×10^{-2}(水平),5.0×10^{-5}(垂直)
K2	堆石区Ⅱ	5.0×10^{-2}(水平),5.0×10^{-3}(垂直)

续表

渗透性分区	渗透分区材料	渗透系数/(cm/s)
K3	砂砾石垫层	1.0×10^{-1}
K4	沥青混凝土心墙	1.0×10^{-8}
K5	过渡层Ⅰ	1.0×10^{-3}
K6	过渡层Ⅱ	1.0×10^{-3}
K7	排水垫层	1.0×10^{-3}
K8	碎块石覆盖层	1.0×10^{-1}
K9	排水体	1.0×10^{0}
K10	帷幕	3.0×10^{-5}
K11	风化层	1.0×10^{-4}
K12	基岩 1	5.0×10^{-5}
K13	基岩 2	3.0×10^{-5}
K14	基岩 3	1.0×10^{-5}

4)计算方案。

根据不同的水位成果选取了 5 种计算方案，见表 7.15。

表 7.15　　沥青混凝土心墙坝渗流计算方案

方案	计算条件	备注
F1	上游水位 426.00m，下游无水	竣工期
F2	上游水位 461.00m，下游水位 386.66m	正常水位
F3	上游水位 461.13m，下游水位 418.40m	设计水位
F4	上游水位 467.06m，下游水位 425.83m	校核水位
F5	上游水位 446.00m，下游水位 395.05m	排沙水位

5)渗流计算成果及分析。

计算成果见表 7.16，渗流场等势线分布见图 7.20 至图 7.24。

表 7.16　　二维渗流计算成果

方案	心墙下游面最大水平比降	下游堆石区比降		排水垫层最大比降		下游堆石区自由面最大高程/m	单宽流量/(m^3/(d·m))
		水平	垂直	水平	垂直		
F1	28.56	<0.01	<0.01	<0.01	<0.01	379.3	0.59
F2	61.54	<0.01	<0.01	<0.01	<0.01	387.3	0.91
F3	35.9	<0.01	<0.01	<0.01	<0.01	418.5	0.51
F4	34.5	<0.01	<0.01	<0.01	<0.01	425.9	0.50
F5	42.1	<0.01	<0.01	<0.01	<0.01	395.2	0.72

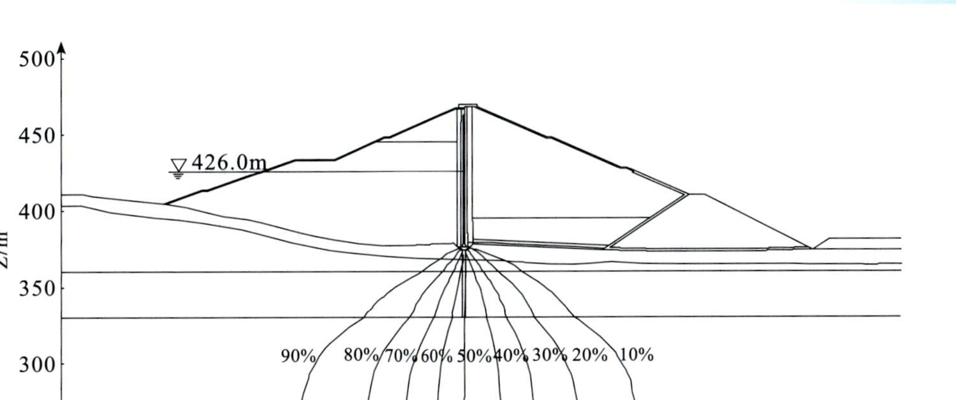

图 7.20　沥青混凝土心墙坝计算方案 F1 渗流场等势线分布

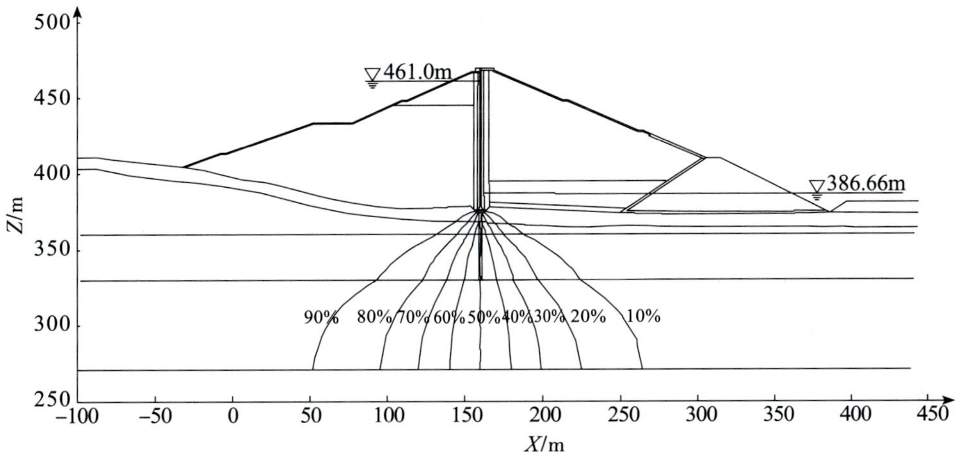

图 7.21　沥青混凝土心墙坝计算方案 F2 渗流场等势线分布

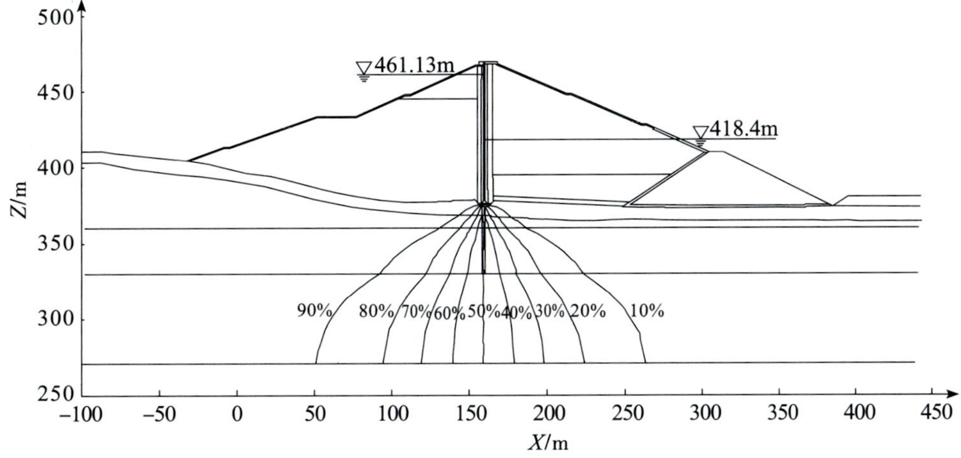

图 7.22　沥青混凝土心墙坝计算方案 F3 渗流场等势线分布

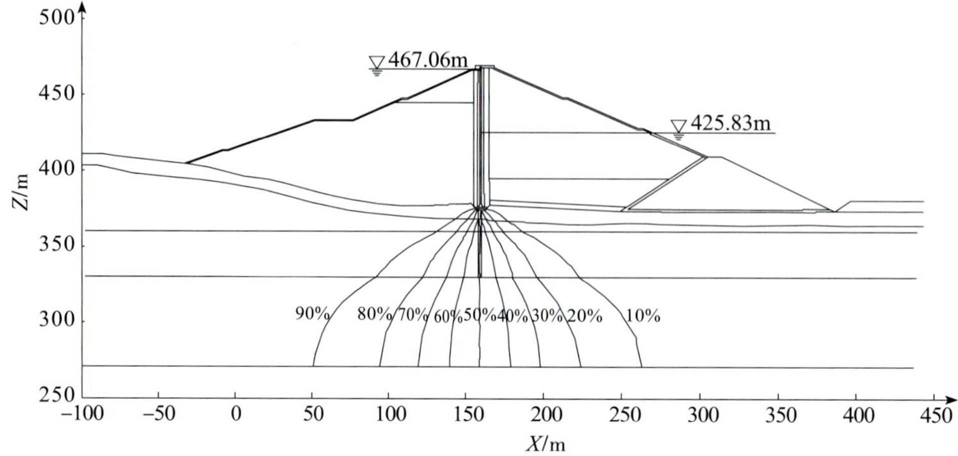

图 7.23　沥青混凝土心墙坝计算方案 F4 渗流场等势线分布

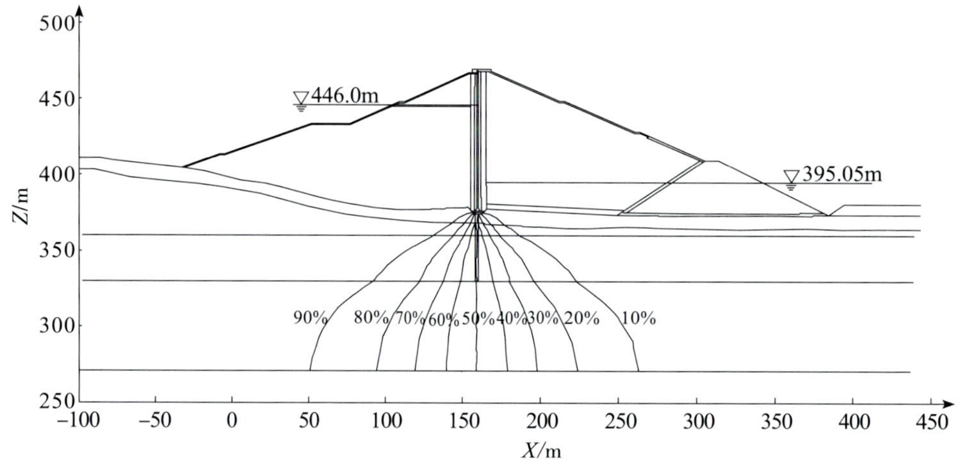

图 7.24　沥青混凝土心墙坝计算方案 F5 渗流场等势线分布

方案 F1 中，竣工期的上游水位为 426.0m，下游无水。计算结果显示，沥青混凝土心墙最大水平比降为 28.56；心墙上游面水位接近上游水位 426.0m，经过心墙后，其下游堆石区自由面高程降至 379.3m，心墙下游堆石区及排水垫层的渗透比降均小于 0.01，坝体满足渗透稳定性要求。坝体单宽流量为 0.59 $m^3/(d \cdot m)$，渗漏量较小。

方案 F2 中，正常水位条件下，上下游水位差 74.34m，坝基帷幕渗透系数为 3Lu，帷幕深度至 330m 高程，与 1Lu 基岩相接。该方案计算结果显示，沥青混凝土心墙最大水平比降为 61.54；心墙上游面水位接近上游水位 461.0m，经过心墙后，其下游堆石区自由面高程降至 387.3m，仅比下游水位 386.66m 高出 0.64m，这说明帷幕与沥青混凝土心墙相结合的防渗体系渗流控制效果较好，心墙承担了 99.14%的水头损失，心墙下游堆石区及排水垫层的渗透比降均小于 0.01，坝体满足渗透稳定性要求。坝体单宽流量 0.91$m^3/(d \cdot m)$，渗漏量较小。

方案 F3 上游水位为 461.13m，下游水位为 418.40m，上下游水位差为 42.73m，其余条件同方案F2。该方案中，由于下游水位提高至418.4m，因此心墙下游堆石区自由面最高达418.5m。心墙承受了99.77%的压力水头，心墙结合帷幕的防渗效果显著。下游堆石区及排水垫层最大比降均小于0.01。与F2相比，由于上下游水位差减小，坝体单宽流量减小至0.51 $m^3/(d\cdot m)$。

方案F4为校核水位工况，与方案F3相比上下游水位均有升高，其他条件均相同，计算结果及等势线分布与方案F3非常接近。心墙下游面最大比降为34.5，比方案F3略小，心墙下游自由面高程为425.9m，仅高出下游水位0.07m，心墙承受99.83%的水头损失，心墙结合帷幕的防渗效果显著。下游堆石区及排水垫层的比降均小于0.01，坝体满足渗透稳定性要求。坝体单宽流量比方案F3略小，为0.5$m^3/(d\cdot m)$。

方案F5上游水位为446.0m，下游水位为395.05m，上下游水位差为50.95m，其余条件同前述方案。与方案F2正常水位工况相比，该方案中，由于上游水位下降，下游水位抬升，沥青混凝土心墙最大水平比降为42.1，较方案F2小。心墙下游堆石区自由面最高达395.2m，心墙承受99.71%的压力水头，心墙结合帷幕的防渗效果显著。下游堆石区及排水垫层的最大比降均小于0.01，与F2相比，由于上下游水位差减小，坝体单宽流量减小至0.72 $m^3/(d\cdot m)$。

5种工况计算得到的渗流场分布无明显差别，仅在局部有变化。不同水位工况条件下，沥青混凝土心墙防渗效果均很好，承担了99%以上的水头损失。坝体渗流渗透点均较低，对坝体稳定较有利。上游库水入渗流量总体较小，心墙下游堆石区和排水垫层渗透比降很小，满足渗透稳定要求，设计采取的渗控措施是合理的。

(3)三维渗流分析

在Level 1阶段根据大坝与上游围堰结合方案，进行了沥青混凝土心墙坝的三维渗流分析。二维渗流分析成果分析表明：由于沥青心墙承担了坝体99%以上的水头，坝体分区的变化对渗流场影响很小，因此三维渗流成果设计成果仍具有用于确定防渗方案的参考意义。

1)计算方法和计算软件。

①有限元支配方程及定解条件。

三维稳定渗流场的渗流支配方程为：

$$-\frac{\partial}{\partial x_i}\left(k_{ij}\frac{\partial h}{\partial x_j}\right)+Q=0 \tag{7.2-14}$$

式中，x_i——坐标，$i=1,2,3$；

k_{ij}——二阶对称的渗透张量，描述岩体的渗透各向异性；

h——总水头，$h=x_3+p/\gamma$为总水头，x_3为位置水头，p/γ为压力水头；

Q——渗流域中的源或汇项。

计算所用边界条件如下(图7.25)：

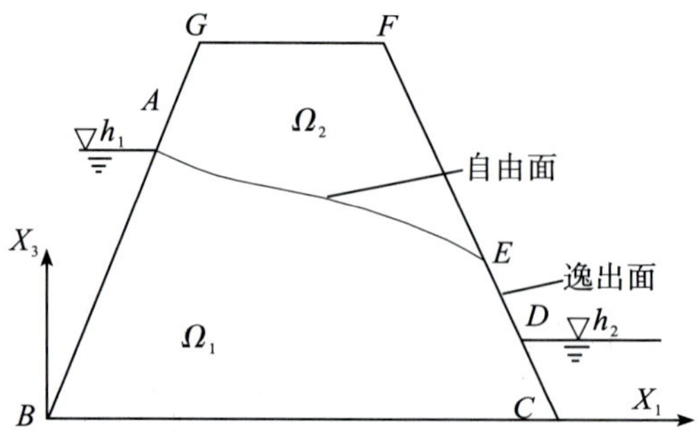

图 7.25　渗流计算所用边界

$$h\mid_{\Gamma_1}=h_1 \text{ 或 } h_2 \tag{7.2-15}$$

$$-k_{ij}\frac{\partial h}{\partial x_j}n_i\mid_{\Gamma_2}=q_n \tag{7.2-16}$$

$$-k_{ij}\frac{\partial h}{\partial x_j}n_i\mid_{\Gamma_3}=0 \text{ 且 } h=x_3 \tag{7.2-17}$$

$$-k_{ij}\frac{\partial h}{\partial x_j}n_i\mid_{\Gamma_4}\geqslant 0 \text{ 且 } h=x_3 \tag{7.2-18}$$

式中，h_1、h_2——已知水头函数；

n_i——渗流边界面外法线向余弦，$i=1,2,3$；

Γ_1——已知水头的第一类渗流边界条件，$\Gamma_1=AB$、CD；

Γ_2——已知渗流量的第二类渗流边界条件，$\Gamma_2=GA$、GF、FE、BC；

Γ_3 为位于渗流域中渗流实区和虚区之间的渗流自由面，$\Gamma_3=AE$；

Γ_4——渗流逸出面，出逸点 E 的具体位置待求，$\Gamma_4=ED$；

q_n——边界面法向流量，流出为正。

②非稳定渗流场计算方法及 US3D 模块。

在自然条件下，水工建筑物和岩土体内的水流运动不仅限于饱和区域，饱和区与非饱和区之间存在着水量交换，采用饱和非饱和理论统一求解流场，既能够真实地反映地下水流场分布和水流运动规律，还可以避免确定自由面位置带来的边界非线性求解困难。

连续介质中的饱和非饱和水流运动可用下列 Richards 势函数方程描述：

$$\mathrm{div}\rho K(\theta)\vec{\nabla}H=\frac{\partial(\rho\theta)}{\partial t} \tag{7.2-19}$$

式中，H——总水头势，也就是全水头；

θ——介质的含水率；

$K(\theta)$——水力传导率函数，它在同一介质层中随含水率的变化而变化；

t——时间变量。

假定 X_1、X_2 为笛卡尔坐标系中水平面上的两个坐标，X_3 为正向向上的铅直坐标，则总水头势 H 可以表示为：$H(X_1,X_2,X_3)=h(X_1,X_2,X_3)+X_3$，其中变量 h 在饱和区为正压力水头，在非饱和区为负压力水头，即与介质的含水率互为函数关系。$K(\theta)$ 和 $h(\theta)$ 是反映介质水力特性的重要参数，也决定了非饱和流区域内的参数非线形特征。含水率与介质的空隙（包括裂隙和孔隙）率 n 和饱和度 S_w 的关系为：$\theta=nS_w$，这样式(7.2-19)也可表示为：

$$\mathrm{div}\rho K(h)\vec{\nabla}(h+X_3)=\frac{\partial(\rho nS_w)}{\partial t}\frac{\partial h}{\partial t}=\left[nS_w\frac{\partial\rho}{\partial h}+\rho S_w\frac{\partial n}{\partial h}+\rho\frac{\partial\theta}{\partial t}\right]\frac{\partial h}{\partial t} \quad (7.2\text{-}20)$$

式中，右端括号中的第一项是水密度随压力而变化时引起的水量的变化，第二项是含水层孔隙率随水压力变化时引起的水量的变化。注意到 S_w 在饱和区为 1，而在非饱和区不妨假定 $\frac{\partial n}{\partial h}=0$ 和 $\frac{\partial\rho}{\partial h}=0$。式(7.2-20)右端括号中的第二项决定于介质的水份特征曲线 $h(\theta)$，称 $\frac{\partial\theta}{\partial h}=C(h)$ 为容水率，显然 $C(h)$ 在饱和区为零。对于水而言，ρ 可近似取 1，这样式(7.2-20)可进一步简化为：

$$\mathrm{div}K(h)\vec{\nabla}(h+X_3)=[aS_s+C(h)]\frac{\partial h}{\partial t} \quad (7.2\text{-}21)$$

式(7.2-21)为饱和非饱和流模型的控制方程。式中 a 在饱和区，即 $S_w=1$ 时为 1，在非饱和区即 $S_w<1$ 时为 0；S_s 称为贮水率，它包括了式(7.2-20)右端括号中的前两项，综合反映水压力变化时含水层空隙率和水密度的变化引起的水量的变化，对于承压含水层，它反映的是单位体积含水层介质的弹性释放和贮水能力。

模型的初始条件表示为：

$$h(X_i,0)=h_0(X_i) \quad (7.2\text{-}22)$$

模型的边界条件包括已知水头条件和已知流量条件。

已知水头条件：

$$H(X_i,t)=h(X_i,t)+X_3=f_1(X_i,t) \quad (7.2\text{-}23)$$

已知流量条件：

$$\left[K_{ij}(h)\frac{\partial h}{\partial X_j}+K_{i3}\right]n_i=-f_2(X_i,t) \quad (7.2\text{-}24)$$

n_i 边界面的单位法向矢量，最典型的已知流量边界是降水入渗边界。

式(7.2-21)所示的控制方程为参数非线形方程。采用 Galerkin 有限元法，时间上采用隐式或中心差分法，通过迭代实现非线性方程组的线性化，并采用预调整的共轭梯度法解方程组。

将式(7.2-21)进一步简化为如下形式：

$$L(H)=\vec{\nabla}A\vec{\nabla}H-B\frac{\partial H}{\partial t}=0 \quad (7.2\text{-}25)$$

式中，$A=K(h)$，$B=C(h)+aS_s$。

在经过有限单元剖分的计算区域 G 内，每个单元内的势函数可以用形函数近似地表达为：

$$H(X_i,t)=N_n(X_i)H_n(t) \qquad (n=1,2,\cdots,N) \quad (7.2\text{-}26)$$

$N_n(X_i)$ 为形函数，$H_n(t)$ 是时间的函数，将式(7.2-22)代入式(7.2-25)后有：

$$L(H)=R \tag{7.2-27}$$

式中，R——残差，如果 R 趋近于零，则 $H(X_i,t)$逼近微分方程的精确解。

为此，要求 R 在整个计算域内满足：

$$\int_G Rw\mathrm{d}G=0 \tag{7.2-28}$$

式中，w——权函数。这样通过残差加权积分为零求势函数的方法为加权残差积分法。

当 w 采用特定函数，如以下采用形函数 N 时则称为 Galerkin 法：

$$w_k(X_i)=N_k(X_i) \qquad (n=1,2,\cdots,N) \tag{7.2-29}$$

由式(7.2-25)、式(7.2-28)、式(7.2-29)可得：

$$\int_G N_n\left[\vec{\nabla} A\ \vec{\nabla}\ N_m H_m - B\frac{\partial N_m H_m}{\partial t}\right]\mathrm{d}G=0 \tag{7.2-30}$$

运用 Green 公式得：

$$\int_G A\ \vec{\nabla}\ N_n\ \vec{\nabla}\ N_m H_m\mathrm{d}G+\oint_s AN_m\ \vec{\nabla}\ N_m H_m n\mathrm{d}s+\int_G BN_n\frac{\partial N_n H_n}{\partial t}\mathrm{d}G=0 \tag{7.2-31}$$

对于离散化的整个计算区域有：

$$\sum_{i=1}^{n}[\int_{Gi}A_i\ \vec{\nabla}\ N_n\ \vec{\nabla}\ N_m H_m\mathrm{d}G+\int_{Gi}B_iN_i\frac{\partial N_m H_m}{\partial t}\mathrm{d}G-\oint_{si}A_iN_m\ \vec{\nabla}\ N_m H_m n\mathrm{d}s=0 \tag{7.2-32}$$

对于等参数有限元，式(7.2-14)成为：

$$A_{nm}h_m+F_{nm}\frac{\mathrm{d}h_m}{\mathrm{d}t}=Q_n-B_n-D_n \tag{7.2-33}$$

其中：

$$A_{nm}=\sum_{e=1}^{n}K_{ij}\int_{Ge}\frac{\partial N_n^e\partial N_m^e}{\partial X_i\partial X_j}\mathrm{d}G \tag{7.2-34}$$

$$\begin{cases}F_{nn}=\sum_{e=1}^{n}\int_{Ge}(CN_n^e+N_n^e aS_s)\mathrm{d}G\\ F_{nn}=0 \qquad\qquad (n\neq m)\end{cases} \tag{7.2-35}$$

$$Q_n=-\sum_{e=1}^{n}\oint_{Se}VN_n^e\mathrm{d}s=-\sum{}_e(S_nV)_n \tag{7.2-36}$$

$$B_n=\sum_{e=1}K_{i3}\int_{Ge}\frac{\partial N_n^e}{\partial X_i}\mathrm{d}G \tag{7.2-37}$$

$$D_n=\sum_{e=1}^{n}\int_{Ge}SN_n^e\mathrm{d}G \tag{7.2-38}$$

式(7.2-36)是流量边界点的贡献，其中 V 是边界上的水流强度，S_n 是结点的控制面积。

式(7.2-38)是域内源汇项的贡献,S 是源或汇的强度。

上述积分通过高斯积分进行。当时间上采用隐式差分时,式(7.2-33)成为:

$$\left(A_{nm}^{K+\frac{1}{2}}+\frac{F_{nm}^{k+\frac{1}{2}}}{\Delta t_k}\right)h_m^{k+1}=Q_n^{k+\frac{1}{2}}-B_n^{K+\frac{1}{2}}-D_n^{k+\frac{1}{2}}+\frac{F_{nm}^{k+\frac{1}{2}}}{\Delta t_k}h_m^k \quad (n=1,2,3,\cdots,N) \tag{7.2-39}$$

上式形同如下的矢量方程:

$$Ax=b \tag{7.2-40}$$

通过采用预调整的共轭梯度法解上述方程组,并通过迭代,直至误差向量达到误差控制要求。

三维渗流计算分析采用有限元法,使用长江科学院自主开发的 SFA1.0 中的 SSC-3D 模块。

2)计算模型。

采用三维有限元法,建立心墙坝坝体和坝基整体三维渗流模型,分析不同工况条件下的渗流场特征,评价渗控措施效果。

计算模型原点取帷幕左坝肩端点。x 轴正向为顺河向指向下游;y 轴正向指向左岸;z 轴正向竖直向上。计算模型的平面范围取 $-500\text{m}\leqslant x\leqslant 500\text{m}$,$-920\text{m}\leqslant y\leqslant 175\text{m}$(图 7.26);模型底部高程 100m,即建基面以下约 270m 处。

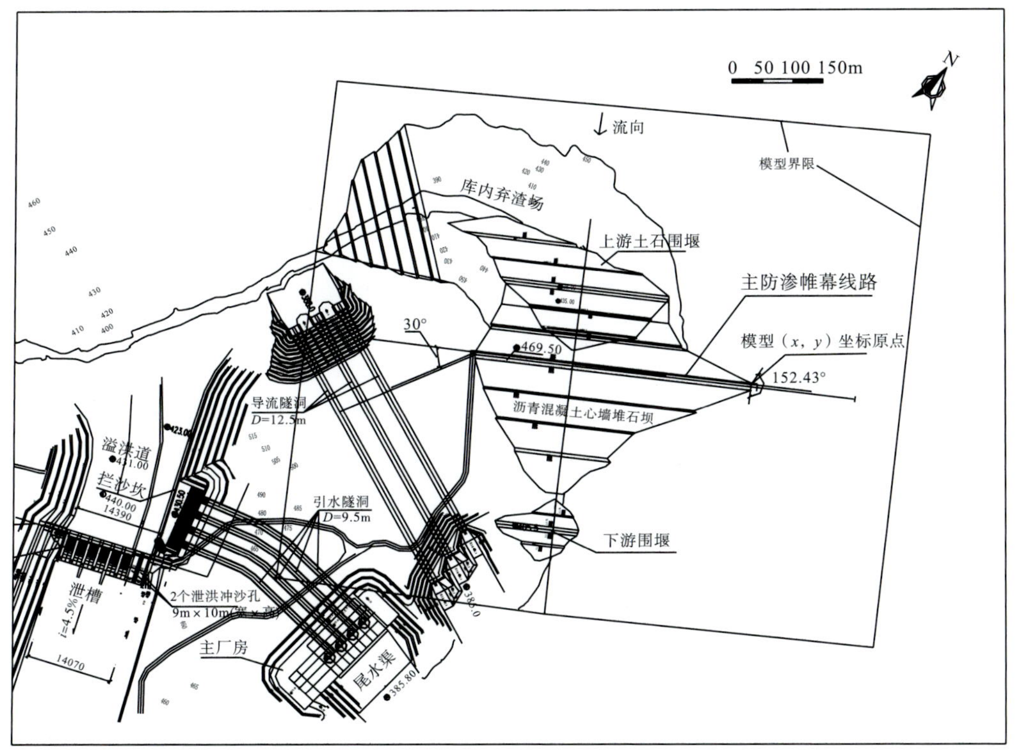

图 7.26 卡洛特水电站枢纽布置及三维渗流场模型范围

根据水文地质资料和地形资料，左岸地下水位从上游向下游逐步降低，从左岸坝肩向山体内逐步抬高后再逐步降低。计算模型中，山脊处地下水位值由上游至下游按 550m 至 515m 线性插值；右岸按相对不透水的内部边界处理。双排帷幕厚度取 3m，单排帷幕厚度取 2m。坝轴线剖面渗透分区见图 7.27。

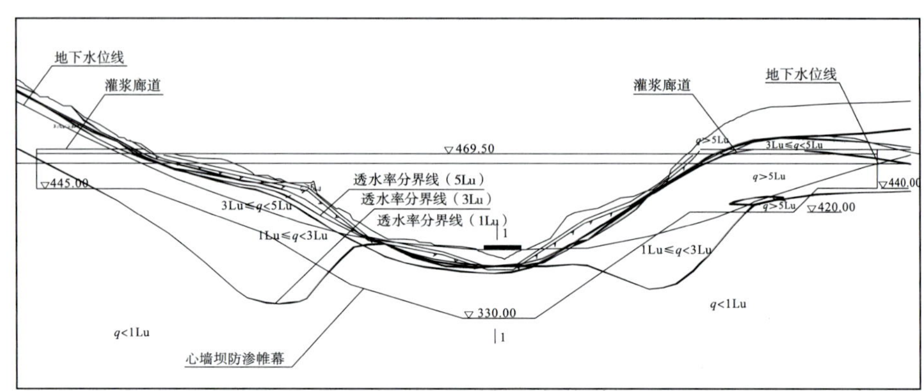

图 7.27　卡洛特水电站坝轴线渗控剖面展示

网格单元以 8 结点六面体空间等参单元为主，局部区域采用 6 节点五面体空间等参单元进行过渡，最终形成疏密有致的三维渗流场有限元计算网格。网格结点 61655 个，单元 56456 个，计算模型见图 7.28。

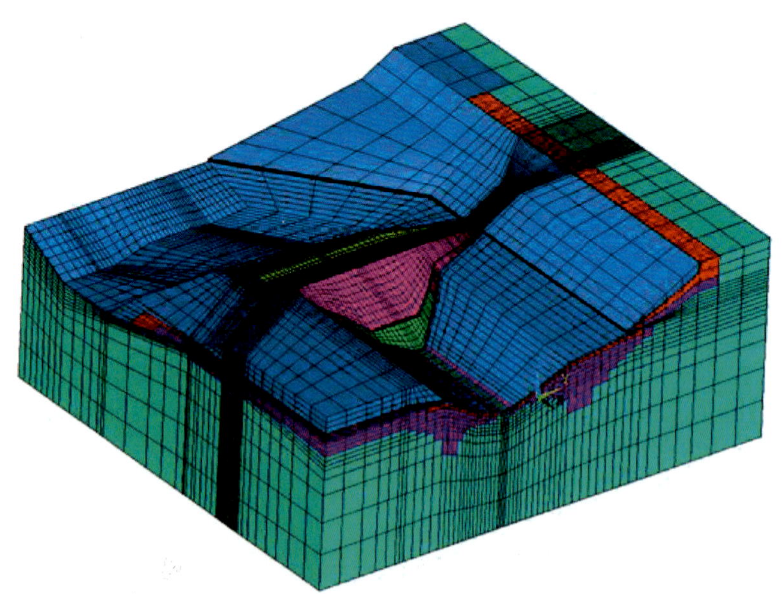

图 7.28　卡洛特水电站整体三维渗流模型

坝体材料渗透参数根据堆石料和砂砾石料渗透性试验成果并参考类似工程经验确定；基岩渗透系数根据大坝轴线工程地质剖面按高程区分。材料分区及渗透系数取值见表 7.17，表中岩层 1 表示透水率 $q<1\text{Lu}$ 地层，岩层 2 表示透水率 $1\text{Lu}<q<3\text{Lu}$ 地层，表中岩层 3 表示

透水率 3Lu$<q<$5Lu。

表 7.17　　坝体及坝基三维渗流计算材料分区及渗透系数取值

渗透性分区	渗透分区材料	各工况下的渗透系数/(cm/s)
K1	岩层 1	1.0×10^{-5}
K2	岩层 2	3.0×10^{-5}
K3	岩层 3	5.0×10^{-5}
K4	风化层	1.0×10^{-4}
K5	沥青混凝土心墙	1.0×10^{-8}
K6	过渡层	1.0×10^{-3}
K7	堆石区Ⅰ	1.0×10^{-2}(水平)、5.0×10^{-5}(垂直)
K8	堆石区Ⅱ	5.0×10^{-2}(水平)、5.0×10^{-3}(垂直)
K9	上游围堰	1.0×10^{-1}
K10	围堰防渗	5.0×10^{-5}
K11	排水棱体	1.0×10^{0}
K12	防渗帷幕	3.0×10^{-5}(河床坝基)、5.0×10^{-5}(两岸山体)
K13	排水垫层	1.0×10^{-3}

本次整体三维模型中堆石区各向异性程度根据设计要求，按照饱和稳定流计算的各向异性方案同样考虑。

3)计算方案。

计算方案见表 7.18，主帷幕设计标准 $q\leqslant$3Lu，相应渗透系数取值为 3.0×10^{-5}cm/s，两岸渗透性$>$5Lu 岩层内帷幕取 5Lu，渗透性$>$3Lu 岩层内帷幕取 3Lu，渗透性$<$3Lu 岩层内帷幕按岩层渗透性取值。

表 7.18　　心墙坝及坝基整体三维渗流计算方案

计算方案	计算条件	备注
F1	上游水位 461.0m，下游水位 386.66m	正常水位

4)计算成果及分析。

根据三维渗流场计算结果，选取 2 个剖面和 1 个水平切面画出水头等值线图，其中 P_1 为心墙坝最大典型剖面($y=-470$m)，P_2 为帷幕线下游 3m($x=3$m)、平行大坝轴线的剖面，P_3 为高程 441m($z=441$m)处的水平切面。$P_1\sim P_3$ 剖面位置见图 7.29。水头等值线见图 7.30 至图 7.32。大坝渗漏量为 88.0m^3/d。

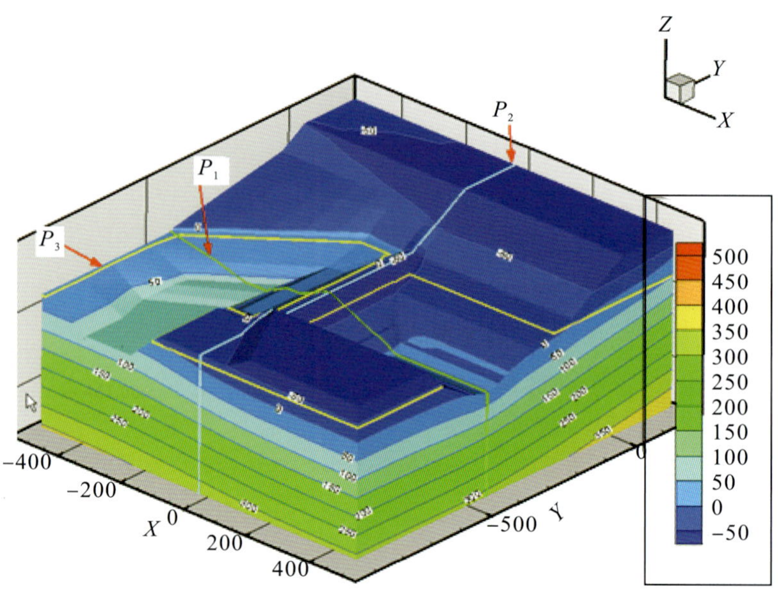

图 7.29 渗流场压力水头分布图(单位:m)

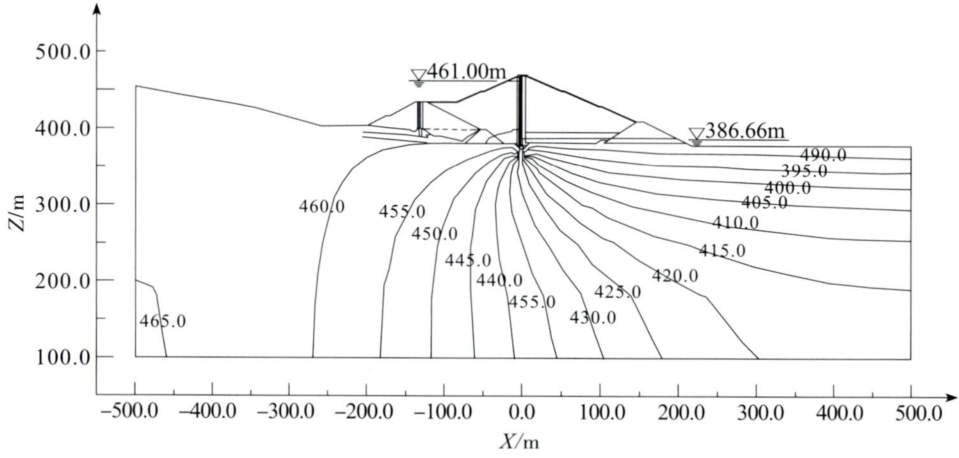

图 7.30 渗流场 P_1 剖面水头等值线

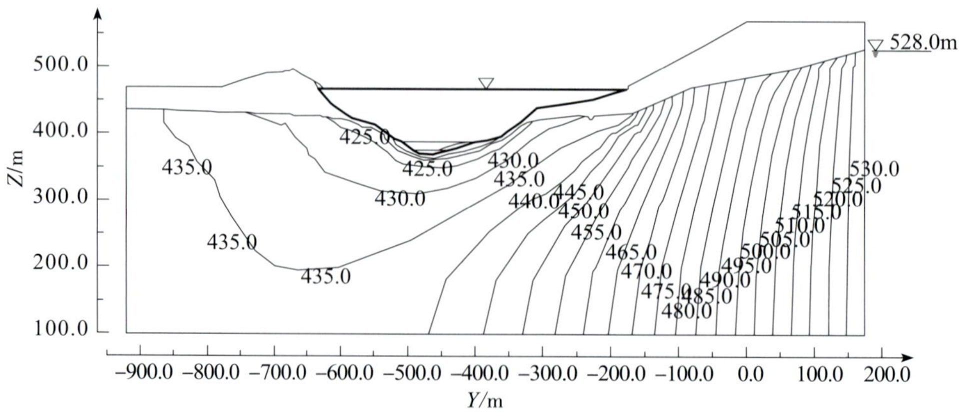

图 7.31 渗流场 P_2 剖面水头等值线

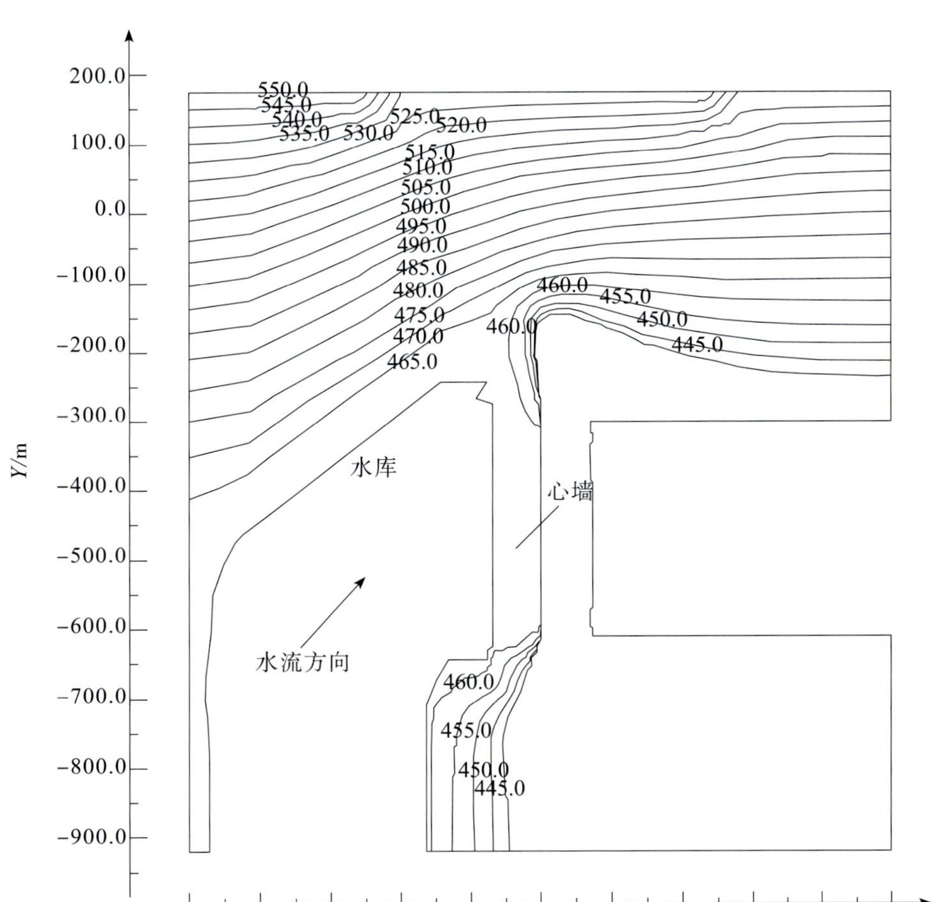

图 7.32　渗流场 P_3 剖面水头等值线

在坝基和两岸山体防渗帷幕、坝体防渗墙及下游排水体的联合作用下，坝基上游库水、下游尾水以及左右岸地下水得到了有效控制。坝体下游侧处于较低的压力范围内，实现了降低下游侧坝体自由面的目的。左岸山体地下水位相对较高，右岸山体地下水接近库水位，但在山体帷幕阻隔及下游岸坡较强渗透性地层排泄作用下，两岸坝肩下游侧山体坡面渗透点均较低，接近下游河床水位。

P_1 剖面水头等值线分布表明，心墙上游面水位接近上游水位 461.0m，经过心墙的水压力大幅削减，心墙下游侧自由面高程降至 387.20m，自由面几乎呈水平状态。沥青混凝土心墙承担了 99.0%的压力水头，表明心墙有极强的防渗作用，且渗透性较强的下游过渡料和下游排水体起到了显著的排泄作用，因此坝体心墙后渗流自由面较低，渗透点接近下游水位。

在坝体下游堆石区、排水垫层最大水平和垂直渗透比降均小于 0.01，根据渗透变形试验成果，计算所得渗透比降均远远小于破坏比降，因此满足渗透稳定要求。

综上所述，上游库水入渗流量总体较小，沥青混凝土心墙防渗效果均很好，承担了 99%以上的水头损失。坝体和坝后两岸山坡渗流渗透点均较低，对边坡和坝体稳定较有利。心墙下游堆石区和排水垫层渗透比降很小，满足渗透稳定要求，设计渗控措施是合理的。

7.2.6.3 坝体三维动力有限元分析

为深入了解卡洛特电站沥青心墙坝在地震作用下坝体的应力与变形情况，对坝体进行了三维静、动力有限元应力应变分析。

(1)计算方法

1)堆石体本构模型。

静力计算中，堆石材料采用 Duncan E—B 本构模型，沥青混凝土心墙采用 Duncan-Chang E—μ 模型。

动力计算中，考虑到堆石体的非线性特性，筑坝材料采用等效线性黏—弹性模型，筑坝材料的最大动剪切模量计算公式为：

$$G_{\max}=K\cdot P_a\cdot\left(\frac{\sigma'_m}{P_a}\right)^n$$

式中，K、n——由试验确定的参数；

σ'_m——工程大气压，$\sigma'_m=(\sigma'_1+\sigma'_2+\sigma'_3)/3$，$\sigma'_1$、$\sigma'_2$、$\sigma'_3$ 为作用于试样的有效主应力。

2)特殊边界模拟。

对于沥青混凝土心墙与上下游过渡区接触面，采用接触面单元进行模拟，接触单元采用 Mohr-Coulomb 接触模型。

3)地震永久变形。

土石坝地震永久变形分析采用 Serff 和 Seed 等提出的整体变形计算方法。在排水条件下进行动三轴试验，沈珠江给出残余体应变与残余剪应变随应力状态和振次变化的关系为：

$$\Delta\varepsilon_{vr}=c_1\gamma_d^{c_2}\exp(-c_3S_l^2)\frac{\Delta N}{1+N}$$

$$\Delta\gamma_r=c_4\gamma_d^{c_5}S_l^2\frac{\Delta N}{1+N}$$

式中，$\Delta\varepsilon_{vr}$——残余体积应变增量；

$\Delta\gamma_r$——残余剪切应变增量；

γ_d——动应变幅值；

S_l——剪应力比；

N、ΔN——总振动次数及其时段增量；

c_1、c_2、c_3、c_4、c_5——试验参数。

4)坝坡抗滑稳定计算方法。

运用有限元法计算坝坡的静应力和每一瞬时的动应力，分析坝坡的稳定性。作用于滑动面的法向应力 σ_N 和切向应力 τ_N 表示为：

$$\sigma_N=\frac{\sigma_x+\sigma_y}{2}-\frac{\sigma_x-\sigma_y}{2}\cos2\alpha-\tau_{xy}\sin2\alpha$$

$$\tau_N=\frac{\sigma_x-\sigma_y}{2}\sin^2\alpha-\tau_{xy}\cos2\alpha$$

式中，σ_x，σ_y，σ_{xy}——对动力情况 $\sigma_x=(\sigma_x^s+\sigma_x^d)$，$\sigma_y=(\sigma_y^s+\sigma_y^d)$，$\tau_{xy}=(\tau_{xy}^s+\tau_{xy}^d)$，其中：$\sigma_x^s$ 为单元的静水平应力；σ_x^d 为单元的动水平应力；σ_y^s 为单元的静竖向应力；σ_y^d 为单元的动竖向应力；τ_{xy}^s 为单元静剪应力；τ_{xy}^d 为单元动剪应力；α 为单元滑动面切向与水平向的夹角。

每一时刻坝体的动力稳定安全系数为：

$$F_s=\frac{\sum_{i=1}^{n}(c_i+\sigma_i\tan\varphi_i)l_i}{\sum_{i=1}^{n}\tau_i l_i}$$

式中，c_i、φ_i——第 i 单元土体的凝聚力和内摩擦角；

l_i——第 i 单元滑弧面的长度；

σ_i、τ_i——第 i 单元滑弧面上法向应力和切向应力(静应力和动应力的叠加值)。

(2)计算参数

根据岩土物理力学试验成果，并参考类似工程经验，确定坝体填筑料三维静力计算参数(表 7.19)。其中，上游围堰的混合料采用弱风化砂岩的试验参数，沥青混凝土心墙的计算参数主要参照三峡茅坪溪沥青混凝土心墙坝现场碾压施工中检测试样的成果。

表 7.19　坝体三维静力计算坝体填筑材料 $E—\mu$ 或 $E—B$ 模型参数

坝料	干密度/(g/cm³)	K	n	K_b	m	R_f	G	F	D	c'/kPa	φ/°	Φ_0/°	$\Delta\varphi$/°
堆石Ⅱ	2.15	638	0.20	290	0.21	0.74				38	34.9	39.1	3.3
堆石Ⅰ	2.10	510	0.21	180	0.20	0.78				19	30.9	34.7	3.4
过渡料	2.19	809	0.22	309	0.27	0.85				47	37.7	41.8	3.0
排水棱体	2.20	1000	0.38			0.85	0.295	0.33	0.22	10	40		
沥青混凝土	2.43	413	0.25			0.57	0.387	0.13	11.6	200	35.5		

注：上游围堰石渣混合料参数取值同堆石Ⅰ。

坝体填筑料的动力计算参数采用卡洛特大坝填筑料的动力试验成果，其动模量参数见表 7.20，堆石料的动剪切模量与动剪应变、动阻尼比与动剪应变的关系见表 7.21 至表 7.23，动力试验成果与同类工程比较较为合理。沥青混凝土的动力参数参照西藏拉洛水利枢纽沥青混凝土心墙的动力试验成果取值，其动模量参数、动弹模量与动剪应变、动阻尼比与动剪应变关系见表 7.24、表 7.25。残余变形参数由动力残余变形试验成果并参考类似工程得到，具体见表 7.26。混凝土基座(C25)按线弹性材料考虑，其参数取值为：

$\rho_d=2.40\mathrm{g/cm^3}$，$E=2.4\times10^4\mathrm{MPa}$，$v=0.167$，动力计算时将混凝土弹模提高 30%，阻尼比取 0.05。

表 7.20　　动剪模量系数 k 与指数 n 取值

试验材料	Kc	k	n
弱风化砂岩与泥质粉砂岩混合料	1.5	1388.3	0.4405
微新砂岩料	1.5	1846.2	0.4348
砂砾石料	1.5	2747.7	0.4530

表 7.21　　弱风化砂岩与泥质粉砂岩混合料动剪应变与动剪模量、阻尼比关系

$\sigma_3=300\mathrm{kPa}$			$\sigma_3=600\mathrm{kPa}$			$\sigma_3=900\mathrm{kPa}$			$\sigma_3=1200\mathrm{kPa}$		
γ_d	Gd/Gd_{max} /%	λ_d /%	γ_d	Gd/Gd_{max} /%	λ_d /%	γ_d	Gd/Gd_{max} /%	λ_d /%	γ_d	Gd/Gd_{max} /%	λ_d /%
1.08E—05	97.1	6.1	4.75E—05	90.0	4.7	7.45E—05	90.0	4.9	1.10E—04	76.1	4.4
3.56E—05	91.2	5.9	1.05E—04	85.0	6.3	1.12E—04	85.0	5.7	1.65E—04	67.9	5.9
8.96E—05	80.0	13.2	1.71E—04	72.5	10.7	1.88E—04	80.0	8.0	2.89E—04	62.3	9.6
2.27E—04	62.9	15.9	2.45E—04	60.2	11.7	4.04E—04	64.1	10.2	4.27E—04	54.8	11.2
4.17E—04	48.6	19.5	4.86E—04	46.9	14.6	5.69E—04	55.1	12.5	6.85E—04	47.4	11.6
7.06E—04	35.7	19.6	7.50E—04	41.7	17.1	8.82E—04	45.9	13.8	1.08E—03	41.2	12.5
1.33E—03	27.6	20.6	1.20E—03	34.8	17.0	1.45E—03	38.0	14.1	1.68E—03	35.5	14.0
2.81E—03	18.8	19.8	1.93E—03	28.3	17.3	2.45E—03	30.1	15.6	2.91E—03	28.5	13.8
5.62E—03	12.7	20.7	3.11E—03	22.0	17.8	4.82E—03	21.4	16.0	4.35E—03	24.5	15.2
1.07E—02	8.3	22.1	6.25E—03	14.6	18.8	9.26E—03	14.3	17.9	1.04E—02	14.1	16.9
			1.17E—02	9.5	19.9						

注：固结比为 1.5。

表 7.22 微新砂岩料动剪应变与动剪模量、阻尼比关系

σ_3=300kPa			σ_3=600kPa			σ_3=900kPa		
γ_d	Gd/Gd_{max} /%	λ_d /%	γ_d	Gd/Gd_{max} /%	λ_d /%	γ_d	Gd/Gd_{max} /%	λ_d /%
1.08E—05	90.0	3.6	4.75E—05	95.1	2.9	7.45E—05	97.6	1.7
3.56E—05	83.8	8.8	1.05E—04	94.6	3.4	1.12E—04	96.0	2.0
8.96E—05	72.2	11.6	1.71E—04	90.2	6.0	1.88E—04	95.1	1.5
2.27E—04	58.2	18.5	2.45E—04	86.8	6.3	4.04E—04	92.7	3.4
4.17E—04	47.8	19.0	4.86E—04	84.4	8.3	5.69E—04	89.3	5.4
7.06E—04	37.3	21.6	7.50E—04	50.2	16.6	8.82E—04	72.0	12.7
1.33E—03	28.1	24.3	1.20E—03	54.6	14.8	1.45E—03	59.3	15.6
			1.93E—03	38.6	20.3	2.45E—03	45.2	21.0
			3.11E—03	29.8	22.9			

注：固结比为1.5。

表 7.23 砂砾石料动剪应变与动剪模量、阻尼比关系

σ_3=300kPa			σ_3=600kPa			σ_3=900kPa			σ_3=1200kPa		
γ_d	Gd/Gd_{max} /%	λ_d /%	γ_d	Gd/Gd_{max} /%	λ_d /%	γ_d	Gd/Gd_{max} /%	λ_d /%	γ_d	Gd/Gd_{max} /%	λ_d /%
1.08E—05	95.1	7.3	4.75E—05	95.6	5.8	7.45E—05	97.1	12.7	1.10E—04	95.6	4.0
3.56E—05	92.0	11.9	1.05E—04	95.6	9.7	1.12E—04	95.6	14.1	1.65E—04	93.2	7.6
8.96E—05	84.0	19.5	1.71E—04	88.8	12.8	1.88E—04	87.3	19.5	2.89E—04	90.2	10.2
2.27E—04	75.1	22.4	2.45E—04	82.0	18.4	4.04E—04	75.3	20.6	4.27E—04	85.9	13.2
4.17E—04	61.0	22.6	4.86E—04	68.1	20.5	5.69E—04	59.7	21.0	6.85E—04	67.4	14.6
7.06E—04	46.5	24.0	7.50E—04	53.1	20.8	8.82E—04	49.0	21.5	1.08E—03	51.6	16.7
1.33E—03	31.9	23.4	1.20E—03	43.3	22.0	1.45E—03	40.3	21.5	1.68E—03	39.5	18.0
			1.93E—03	32.7	21.5	2.45E—03	30.7	21.0	2.91E—03	28.9	18.5
			3.11E—03	20.0	21.4				4.35E—03	12.4	21.0

注：固结比为1.5。

表 7.24　沥青混凝土动剪模量系数 k 与指数 n 取值

试验材料	K_c	k	n
沥青混凝土	1.5	800	0.50

表 7.25　沥青混凝土动剪应变与动弹模量、阻尼比关系

σ_3=100kPa			σ_3=300kPa			σ_3=500kPa			σ_3=700kPa		
动剪应变/10^{-3}	动弹模量/MPa	动阻尼比	动剪应变/10^{-3}	动弹模量/MPa	动阻尼比	动剪应变/10^{-3}	动弹模量/MPa	动阻尼比	动剪应变/10^{-3}	动弹模量/MPa	动阻尼比
0.113	166.3	0.0199	0.151	365.0	0.0132	0.146	463.5	0.0006	0.103	530.7	0.0113
0.192	165.4	0.0321	0.217	362.7	0.0269	0.221	471.9	0.0195	0.124	534.3	0.0021
0.265	166.3	0.0612	0.323	356.8	0.0453	0.323	467.1	0.0357	0.193	533.9	0.0116
0.277	158.4	0.0059	0.461	353.1	0.0544	0.462	455.4	0.0526	0.376	526.4	0.0350
0.414	159.8	0.0646	0.830	341.9	0.0763	0.602	449.3	0.0588	0.617	514.6	0.0491
0.554	163.8	0.0818	0.980	337.0	0.0861	0.803	440.3	0.0634	0.947	498.5	0.0606
0.878	157.1	0.1080	1.180	330.7	0.0920	1.128	420.3	0.0802	1.392	484.7	0.0741
1.273	155.1	0.1167				1.600	408.1	0.0949	1.920	462.5	0.0950
1.635	157.0	0.1314				1.900	395.0	0.1322			

注：固结比为 1.5。

表 7.26　残余变形计算参数（沈珠江模型）

试验材料	C_1	C_2	C_3	C_4	C_5
弱风化砂岩与泥质粉砂岩混合料	0.0003	0.2202	0	0.0991	0.4505
微新砂岩料	0.0017	0.9626	0	0.3452	0.8125
砂砾石料	0.0051	0.9138	0	0.1193	0.5951

坝基岩体按线弹性材料考虑，粉砂质泥岩弹性模量 E=3GPa，泊松比 0.3，密度 2.32g/cm^3；砂岩弹性模量 E=5GPa，泊松比 0.25，密度 2.32g/cm^3。

（3）计算模型

坝基、坝体堆石体和沥青混凝土心墙采用八结点六面体等参单元，为适应边界的不规则形状，采用少量六结点三棱柱单元及四面体单元进行连接，三维动力有限元计算模型见图 7.33 和图 7.34。

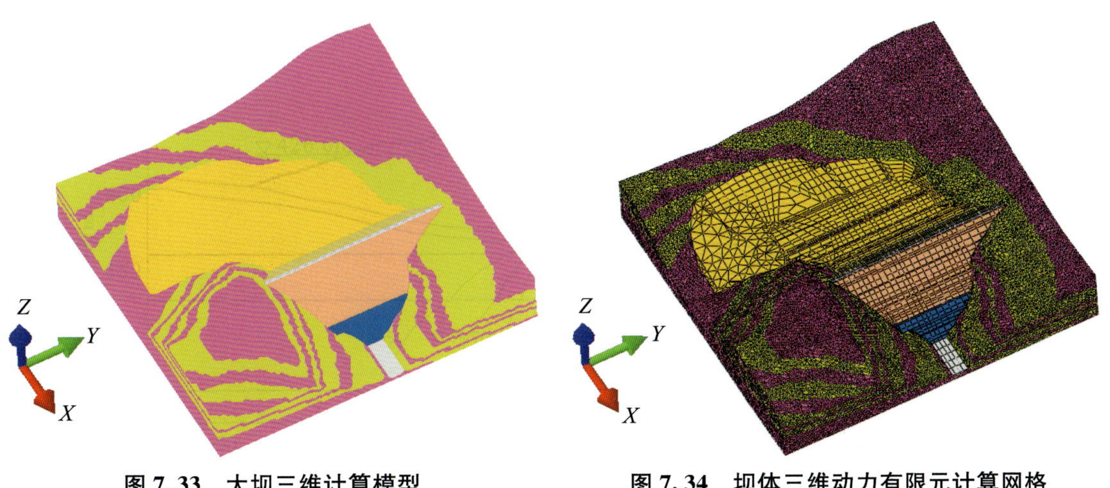

图 7.33　大坝三维计算模型　　　　图 7.34　坝体三维动力有限元计算网格

(4)地震动输入

卡洛特水电站沥青混凝土心墙堆石坝抗震设防类别为乙类，设计地震加速度代表值取基准期 50 年超越概率 10%的基岩峰值水平加速度，其值为 0.26g，同时采用咨询联合体可研报告中的基本设计地震动参数 0.31g 进行复核。

采用时程分析法对大坝进行三维动力有限元分析，动力输入采用无质量弹性地基，地震波分别采用规范谱人工地震波(规范波)、场地谱人工地震波(场地波)、印度 Koyna 地震实测波，根据《水工建筑物抗震设计规范》(DL 5073—2000)，竖向加速度分量取水平向加速度分量的 2/3。计算用地震持续时间为 20s，时间间隔为 0.01s。

1)规范谱人工地震波(规范波)。

场地特征周期按现行《水工建筑物抗震设计规范》(DL 5073—2000)规定取值，其中土石坝计算场地取 0.3s；反应谱的最大值 $\beta_{max}=2.0$。各方向加速度时程曲线及其反应谱见图 7.35。

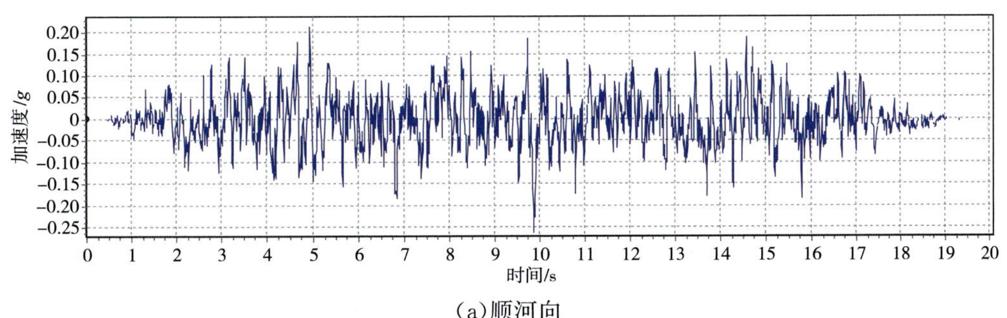

(a)顺河向

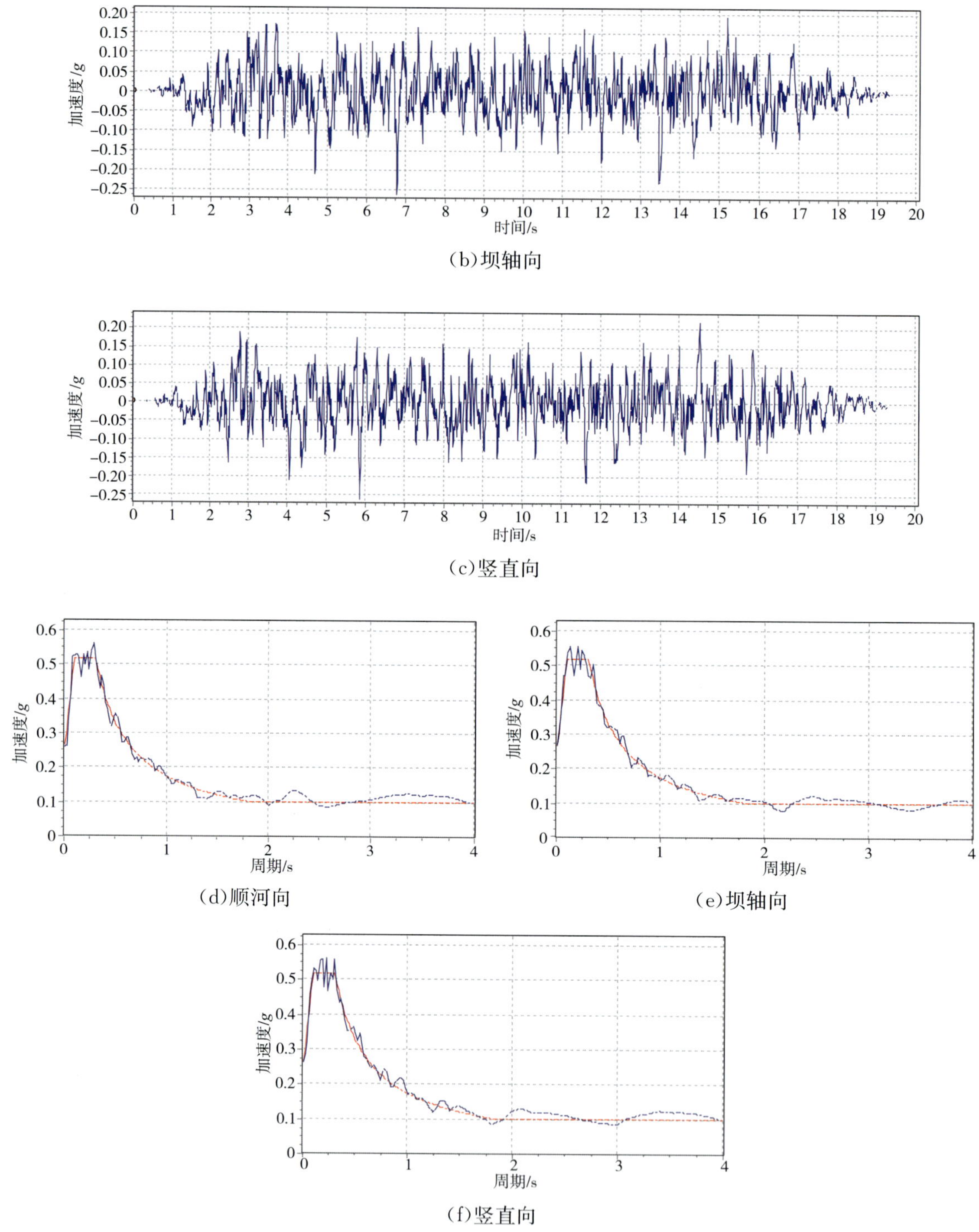

图 7.35　设计地震规范波加速度时程曲线及其反应谱

2)场地谱人工地震波(场地波)。

根据地震安全评价报告给出的地震动参数,反应谱特征周期 Tg 为 0.4s,反应谱的最大值 β_{max} 为 2.2,由此合成的各方向加速度时程曲线及其反应谱见图 7.36。

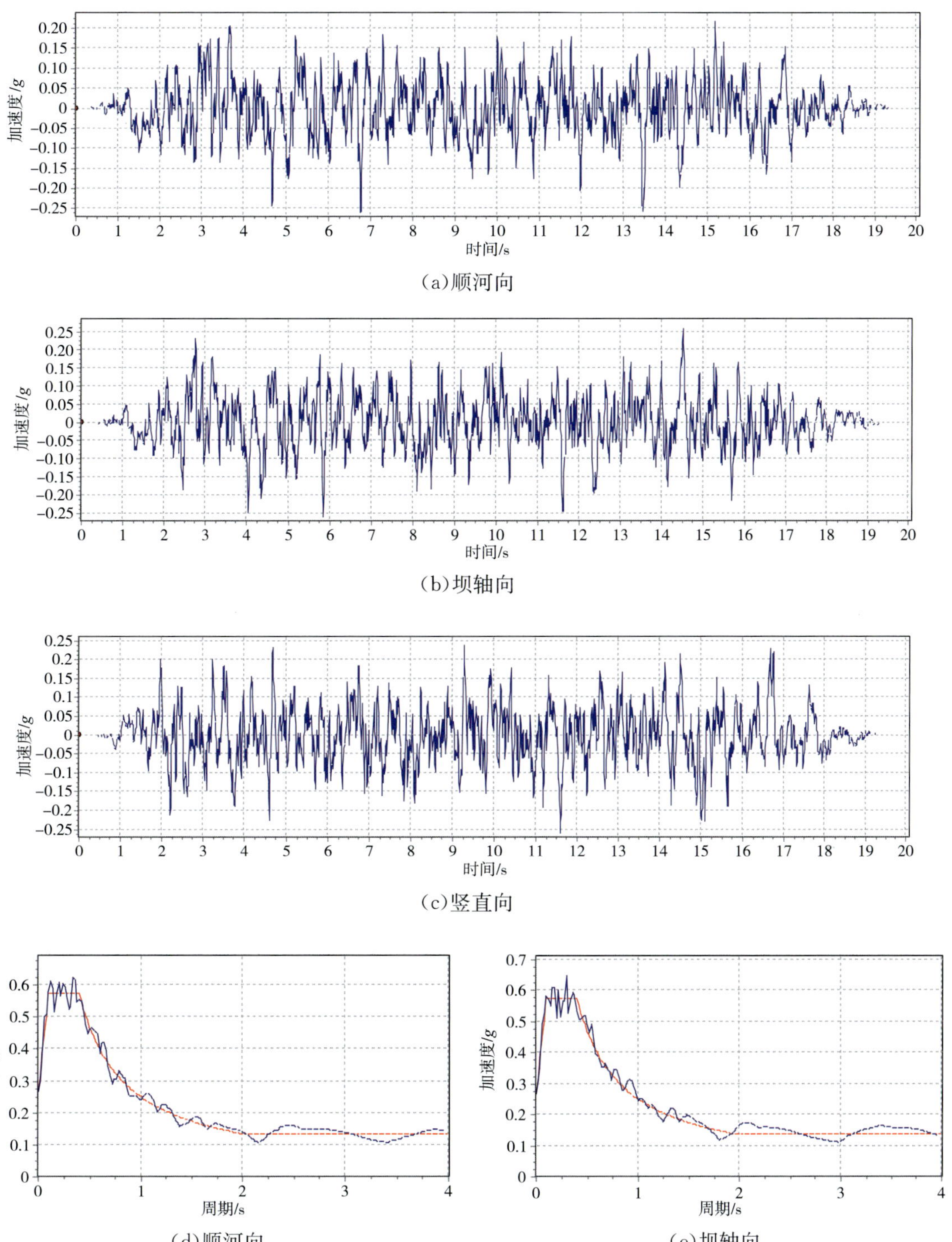

(a)顺河向

(b)坝轴向

(c)竖直向

(d)顺河向

(e)坝轴向

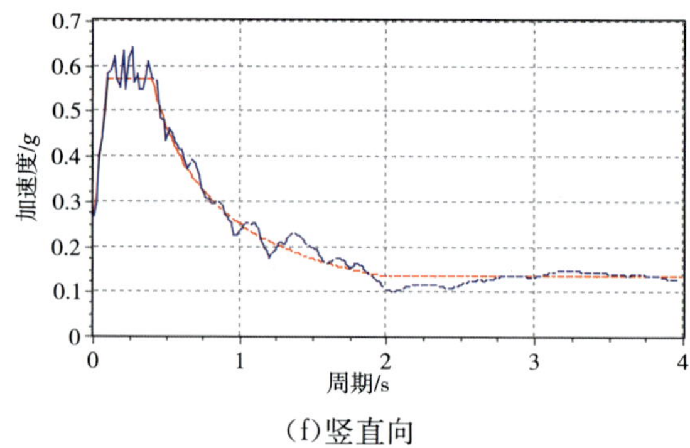

(f)竖直向

图 7.36　设计地震场地波加速度时程曲线及其反应谱

3)印度 Koyna 地震实测波。

实测波采用与巴基斯坦相邻的印度 1967 年 Koyna 地震监测数据，各方向加速度时程曲线见图 7.37。

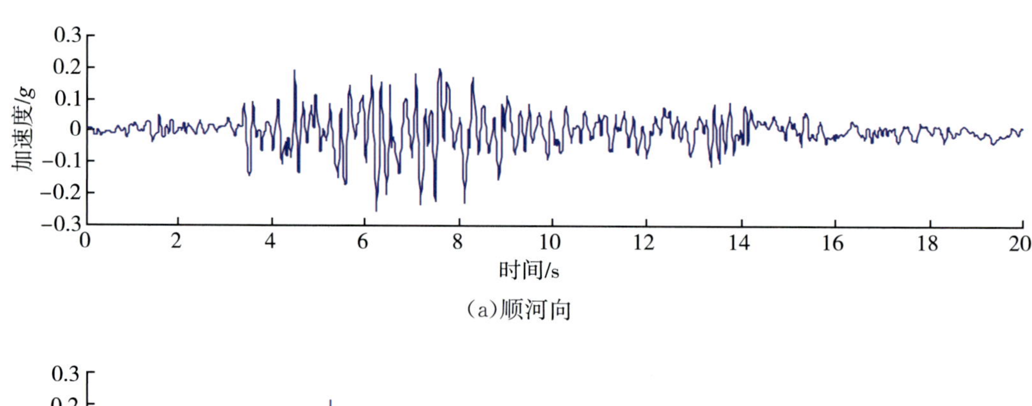

(a)顺河向

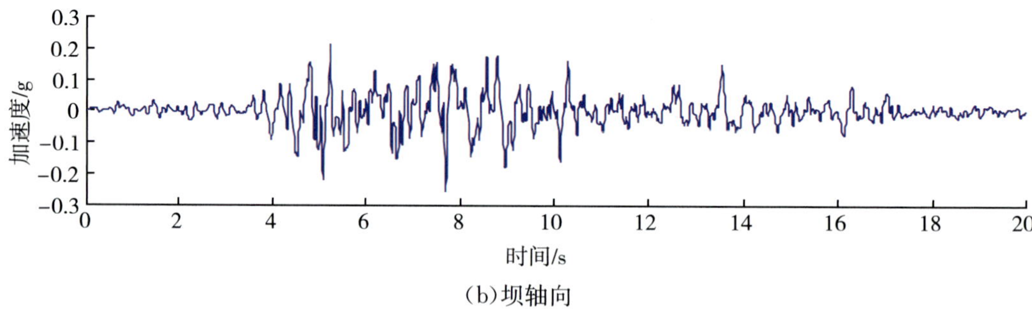

(b)坝轴向

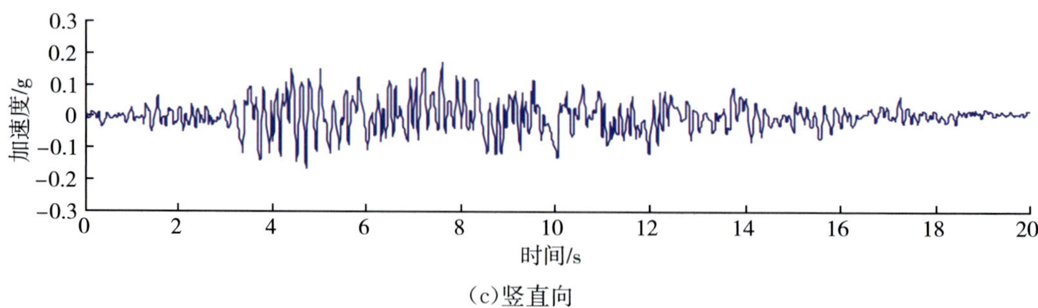

(c)竖直向

图 7.37　设计地震 Koyna 波加速度时程曲线

(5)加载过程

大坝静力计算考虑完建期和蓄水期两种计算工况，并模拟分层填筑与蓄水过程，然后将静力计算结果作为时程动力计算的初始状态进行三维动力计算。大坝填筑采用 32 个加载级，蓄水采用 5 个加载级，每级分 5 个增量步。模拟顺序为：施加地基初应力→上游围堰分级填筑→大坝分级填筑→分级蓄水。

(6)坝体三维静力有限元分析

沥青混凝土心墙堆石坝三维静力有限元计算应力与变形特征值见表 7.27 和表 7.28。坝体和沥青混凝土心墙的变形、应力和应力水平等值线见图 7.38 至图 7.39。

表 7.27　坝体三维静力有限元应力变形计算极值成果

模型	工况	沉降/cm	向上游水平位移/cm	向下游水平位移/cm	沿坝轴线/cm		压应力最大值/MPa	
					河谷向左岸	河谷向右岸	大主应力	小主应力
无弃渣	完建期	112	18.6	33.9	15.3	11.7	−2.74	−1.22
	蓄水期	108	15.6	41.4	15.4	11.9	−2.48	−1.23
有弃渣	蓄水期	108	14.9	42.2	15.3	11.9	−2.49	−1.23

注：拉应力为正，压应力为负。

表 7.28　沥青混凝土心墙三维静力有限元应力变形计算极值成果

模型	工况	沉降/cm	向下游水平位移/cm	坝轴向位移/cm	压应力最大值/MPa		拉应力(MPa)	应力水平
					大主应力	大主应力		
无弃渣	完建期	109	4.2	14.8	−2.53	−1.22	0.04	0.68
	蓄水期	102	18.7	14.9	−2.29	−1.16	0.03	0.58
有弃渣	蓄水期	102	19.0	14.9	−2.49	−1.23	0.03	0.58

注：拉应力为正，压应力为负。

计算结果表明：

1)蓄水期坝体最大沉降 108cm，占最大坝高的 1.1%，说明坝体的分区和填筑设计是合理的。

2)蓄水期心墙沿顺河向位移最大值为 18.7cm，其最大挠跨比约为 0.19%，心墙发生挠曲破坏的可能性很小；心墙仅在顶部小范围存在的拉应力，最大值仅为 0.04MPa，心墙应力水平最大值为 0.68MPa，受力状态良好，不会发生剪切破坏。蓄水期心墙上游面水压力与竖向应力比最大值为 0.58，心墙不会发生水力劈裂破坏。

3)上游弃渣对坝体的应力变形影响较小。

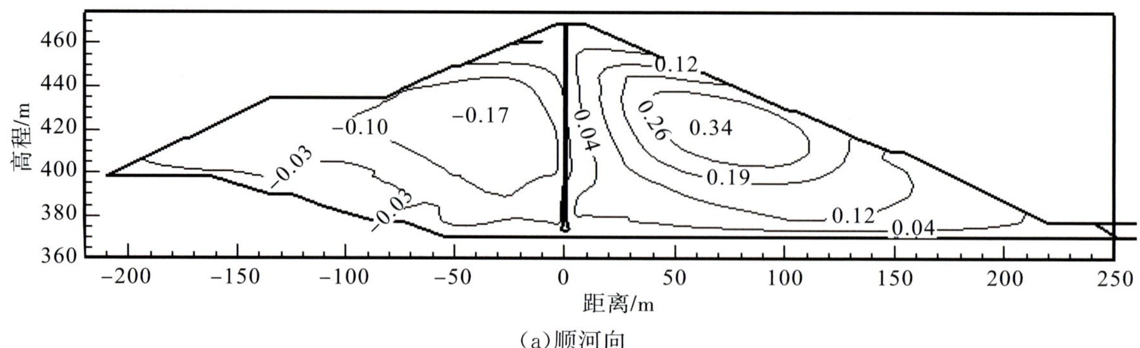

(a)顺河向

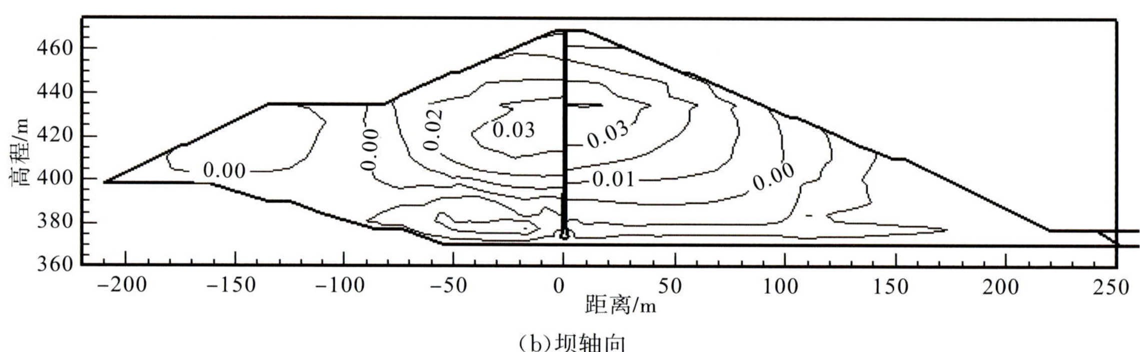

(b)坝轴向

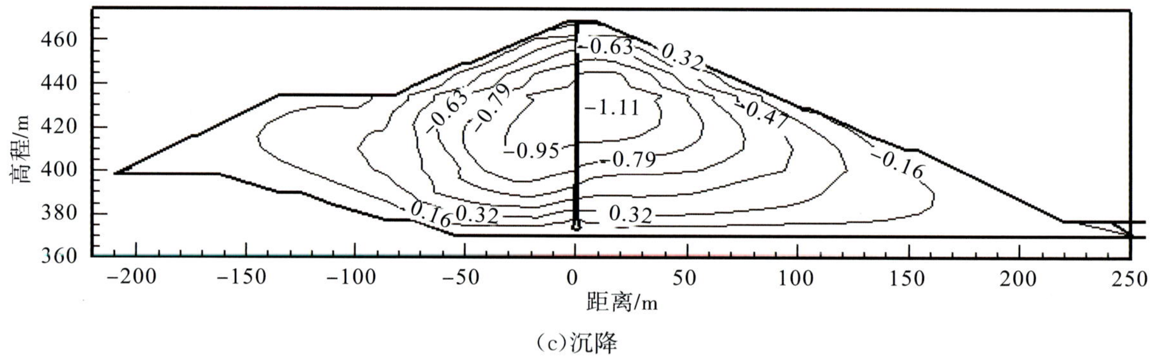

(c)沉降

图 7.38　完建期坝体最大断面位移等值线分布(单位:m)

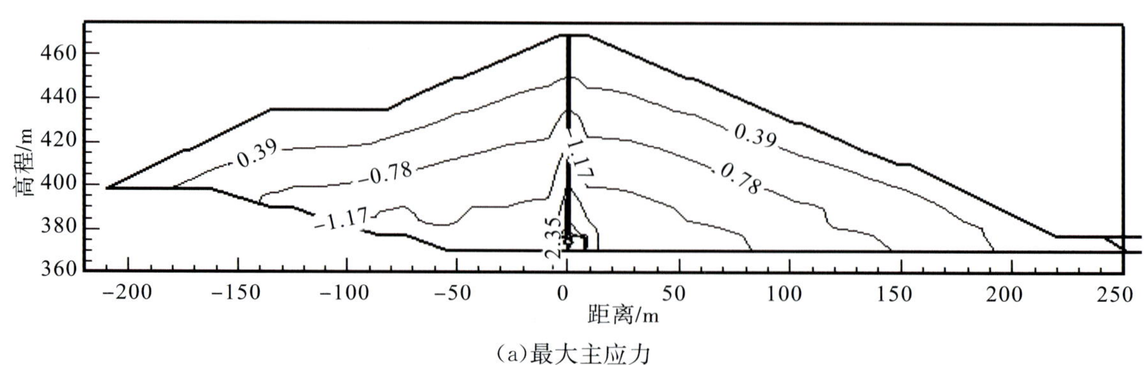

(a)最大主应力

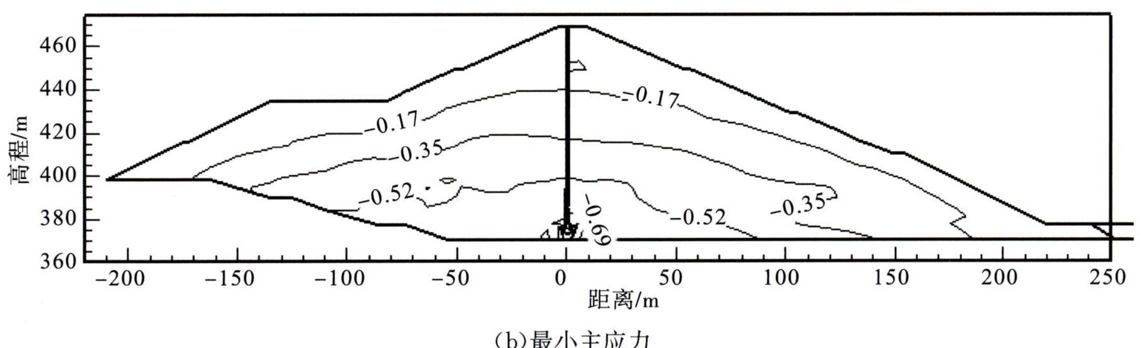

（b）最小主应力

图 7.39　完建期坝体最大断面主应力等值线分布(单位:MPa)

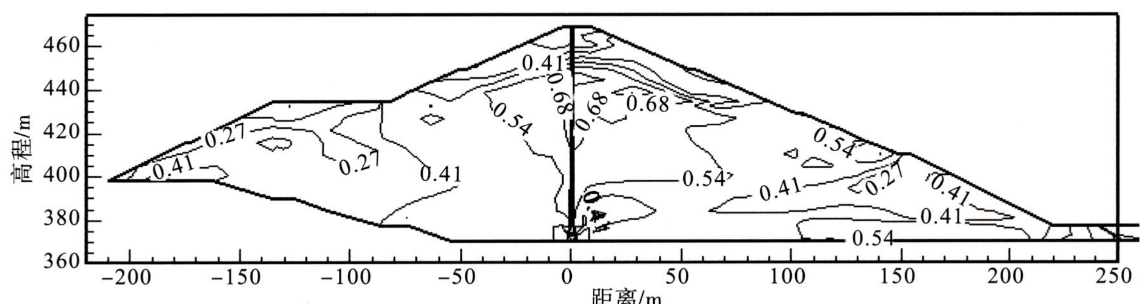

图 7.40　完建期坝体最大断面应力水平等值线分布(单位:MPa)

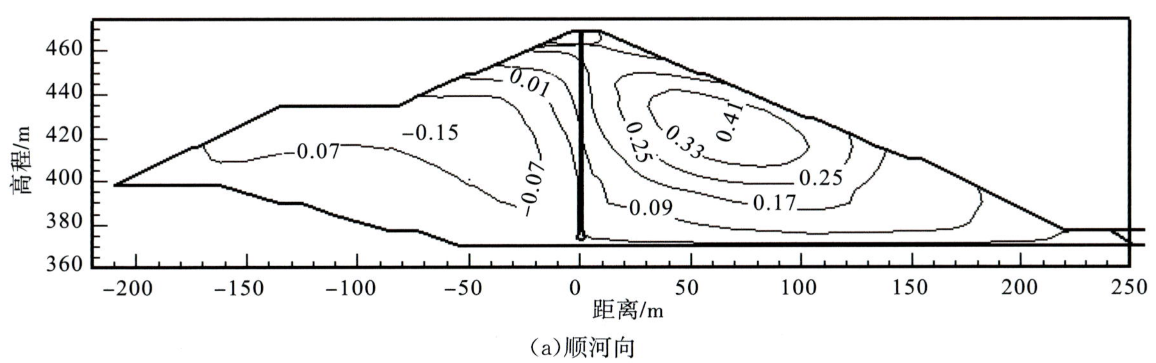

（a）顺河向

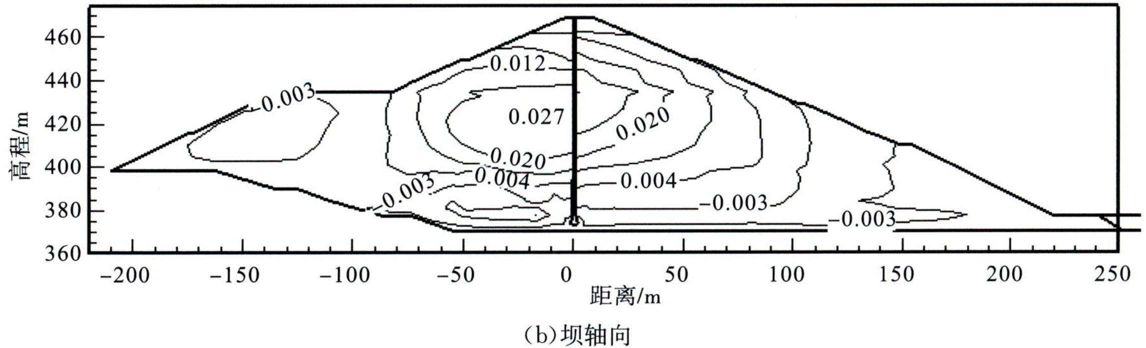

（b）坝轴向

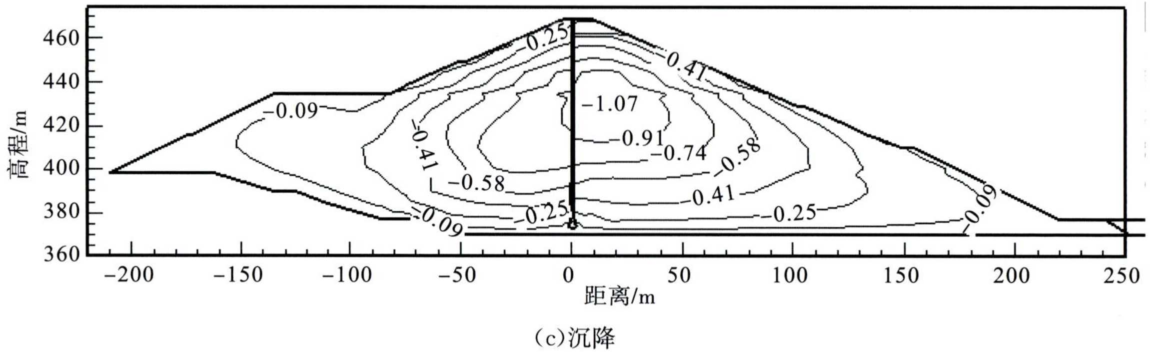

（c）沉降

图 7.41　蓄水期坝体最大断面位移等值线分布（单位：m）

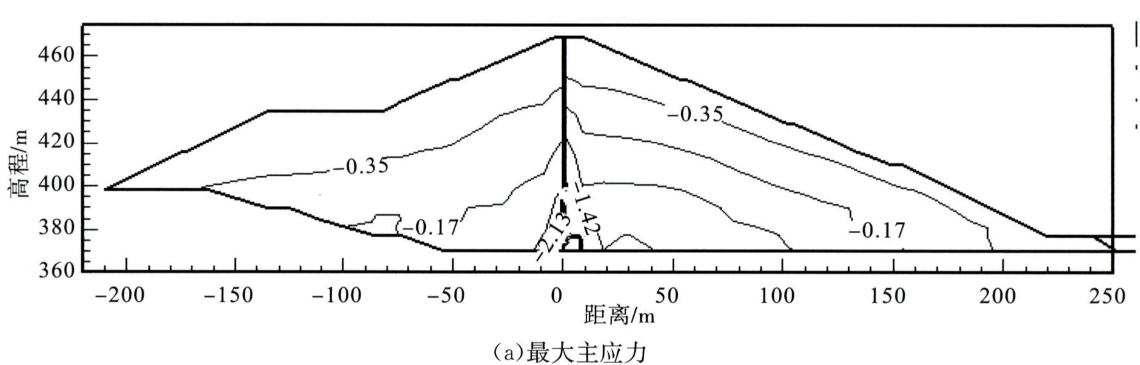

（a）最大主应力

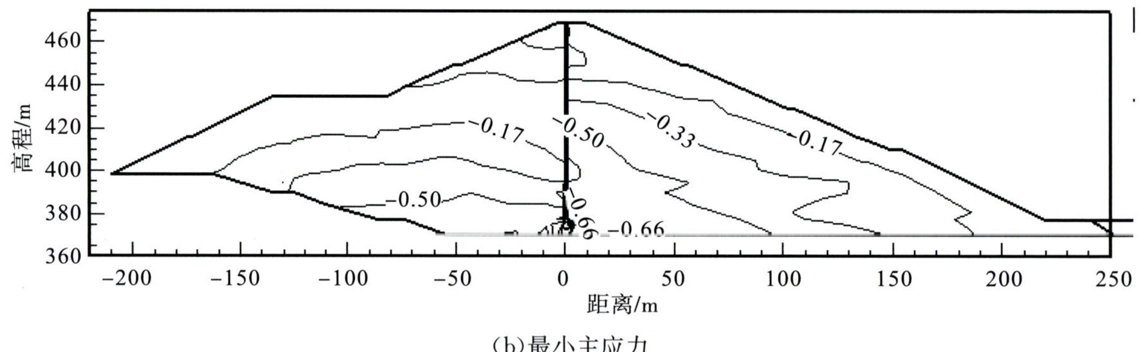

（b）最小主应力

图 7.42　蓄水期坝体最大断面主应力等值线分布（单位：MPa）

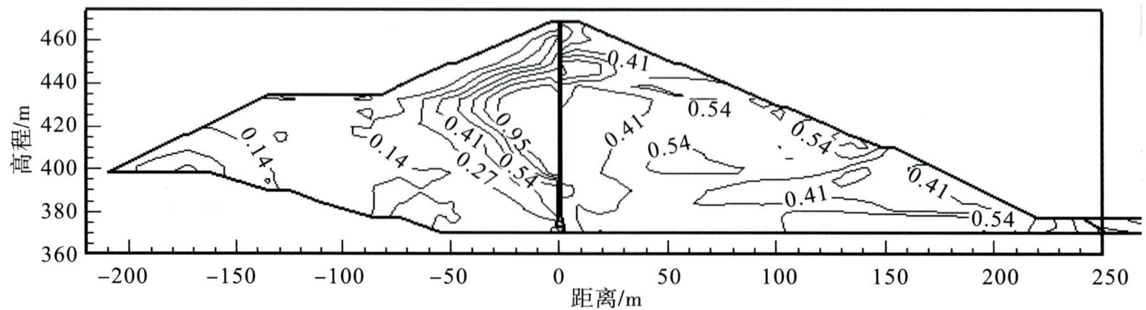

图 7.43　蓄水期坝体最大断面应力水平等值线分布（单位：MPa）

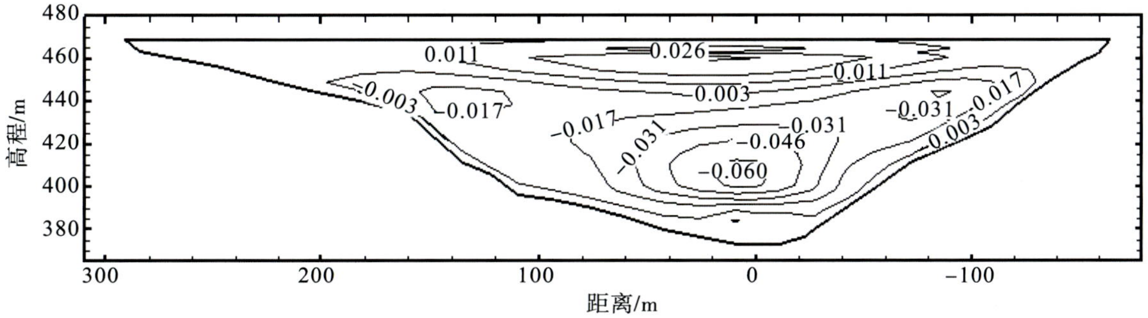

(a)顺河向

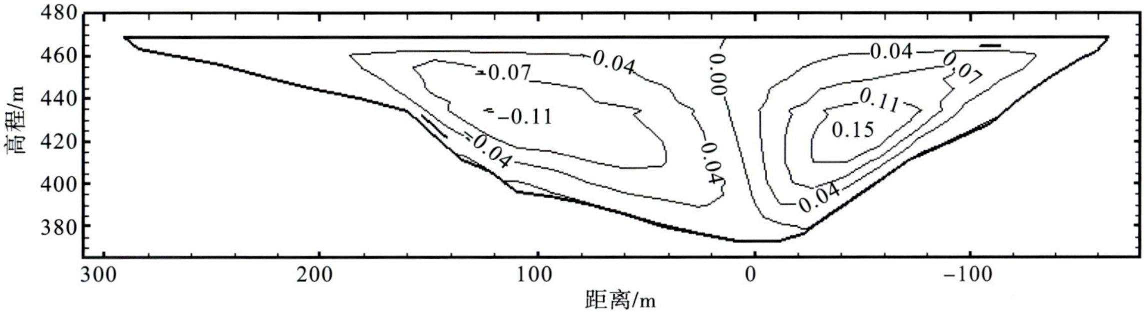

(b)坝轴向

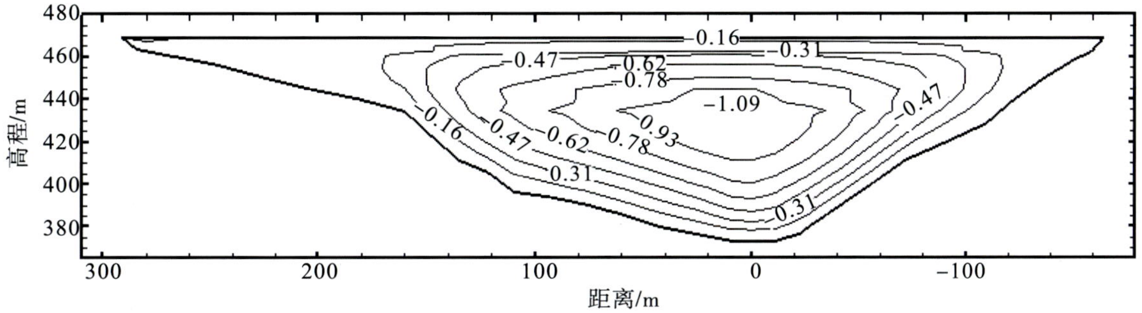

(c)沉降

图 7.44 完建期心墙变形沿高程分布图(单位:m)

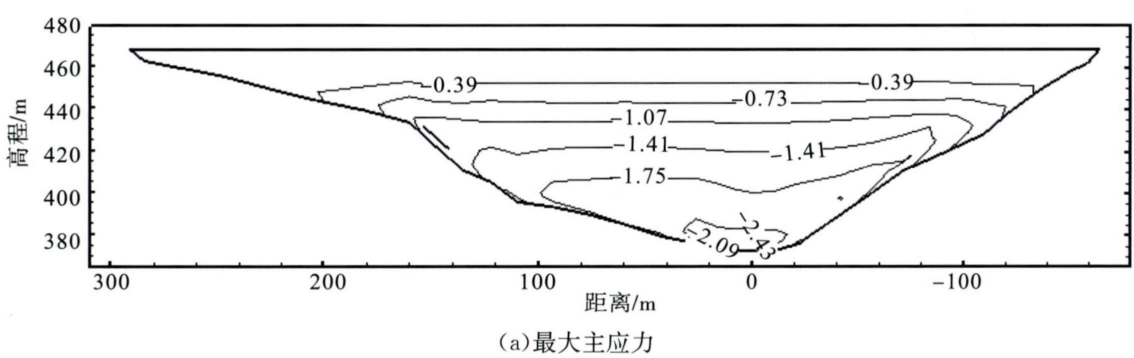

(a)最大主应力

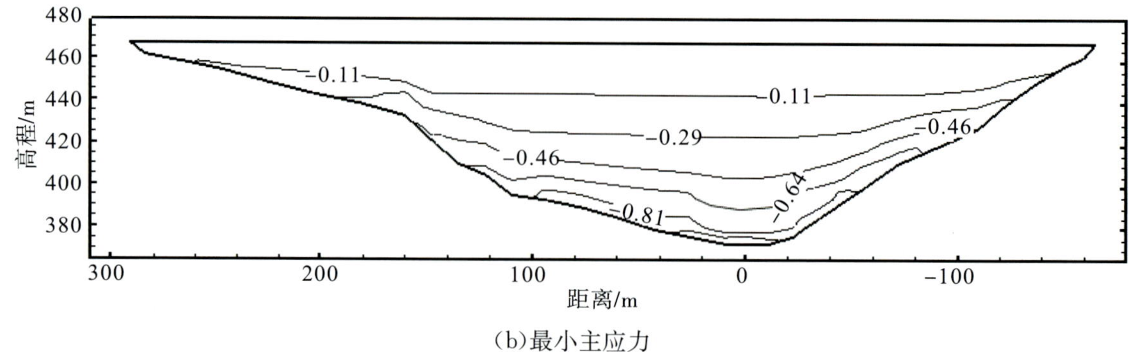

(b)最小主应力

图 7.45　完建期心墙主应力沿高程分布(单位:MPa)

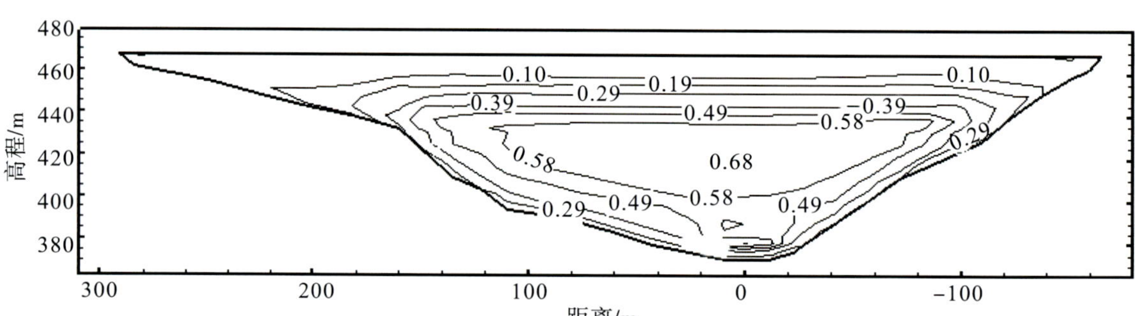

图 7.46　完建期心墙应力水平沿高程分布(单位:MPa)

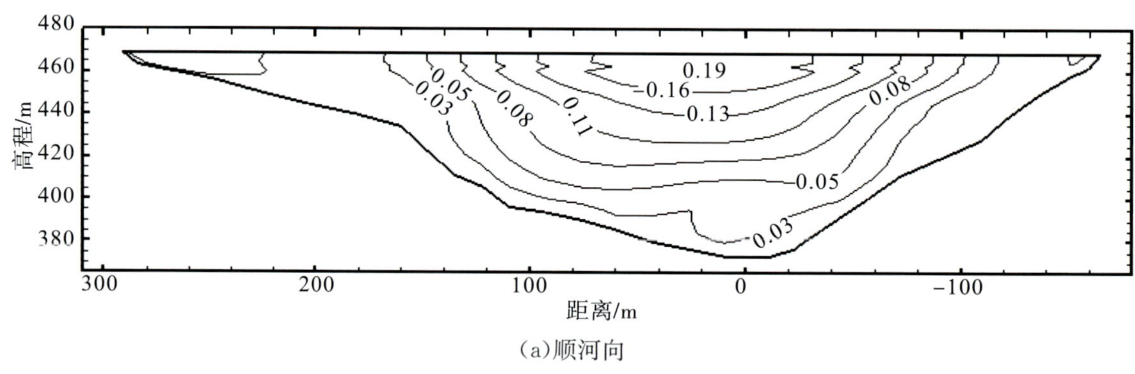

(a)顺河向

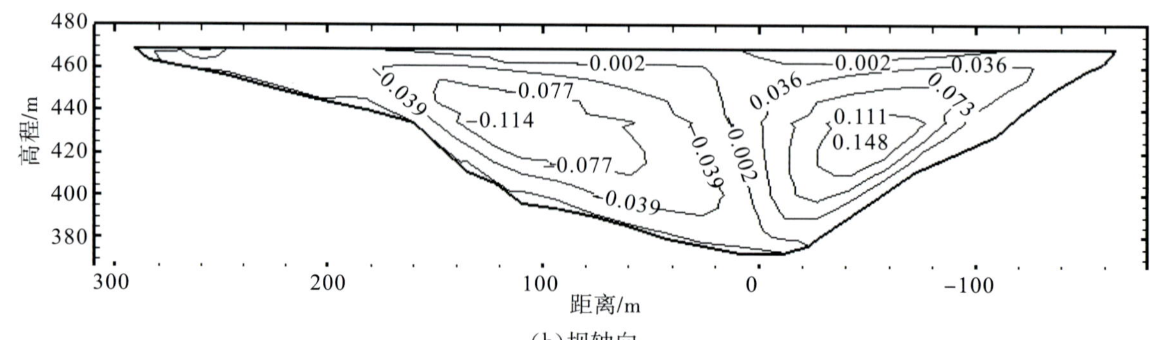

(b)坝轴向

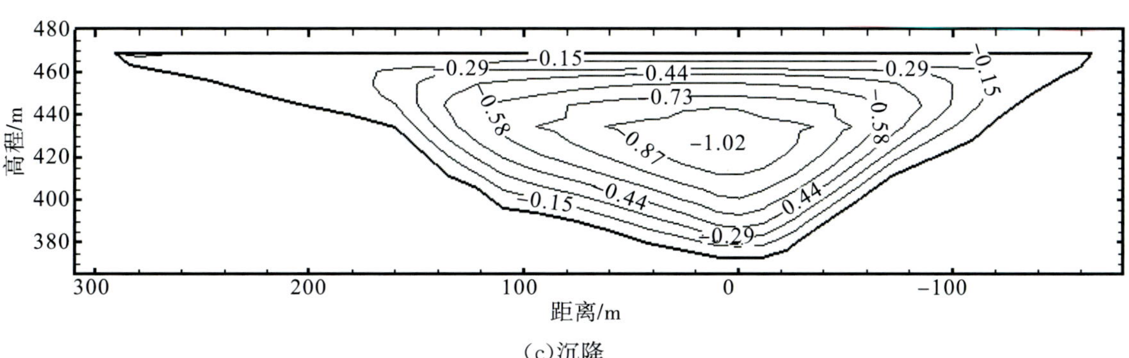

(c)沉降

图 7.47　蓄水期心墙变形沿高程分布(单位:m)

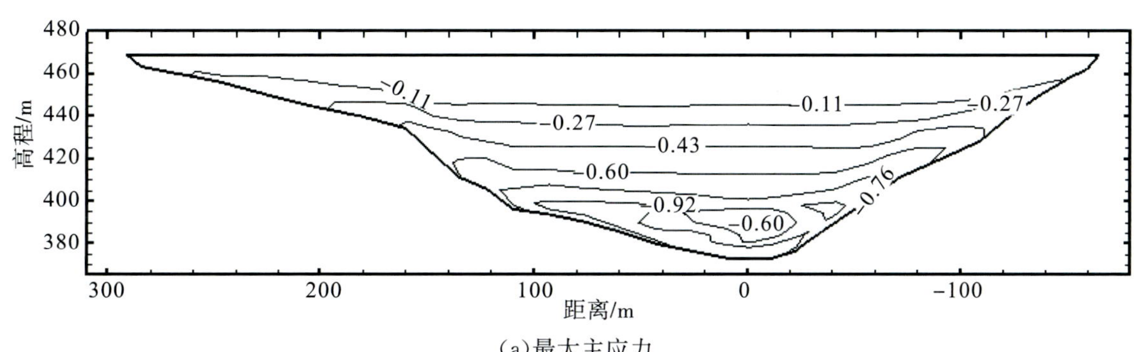

(a)最大主应力

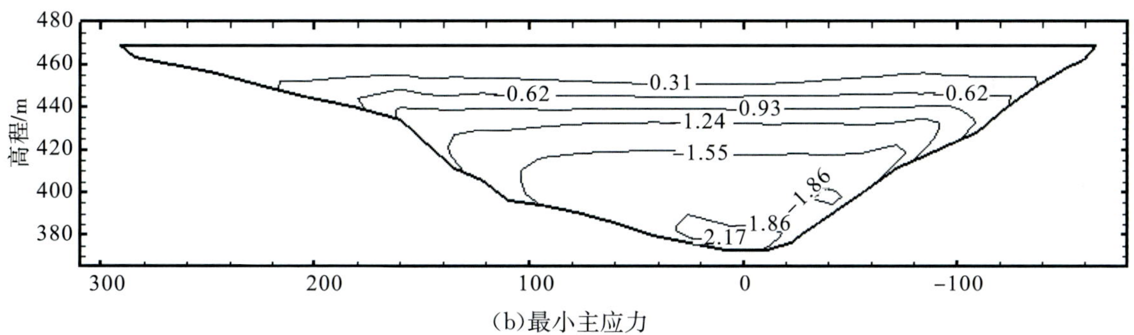

(b)最小主应力

图 7.48　蓄水期心墙主应力沿高程分布(单位:MPa)

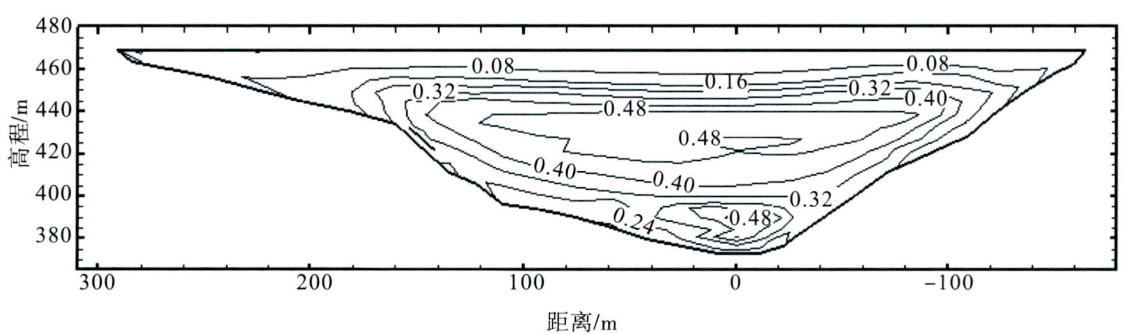

图 7.49　蓄水期心墙应力水平沿高程分布(单位:MPa)

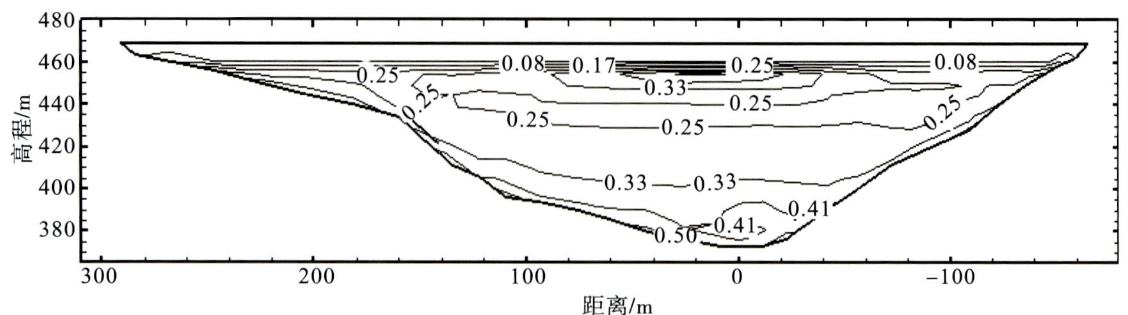

图 7.50　蓄水期心墙上游面水压力与竖向应力比值

(7)地震作用下的三维动力反应分析

1)坝体加速度。

坝体最大横断面上加速度反应成果见表 7.29，坝顶附近加速度反应成果见表 7.30。

表 7.29　坝体加速度反应最大值

模型	超越概率	地震波	顺河向			坝轴向			竖直向		
			最大值/(m/s^2)	放大倍数	位置	最大值/(m/s^2)	放大倍数	位置	最大值/(m/s^2)	放大倍数	位置
无弃渣	设计地震	规范波	6.12	2.35	435m平台	4.90	1.88	435m平台	3.75	2.17	435m平台
		场地波	6.73	2.59	435m平台	6.52	2.51	上游围堰	4.70	2.71	坝顶
		Koyna 波	5.76	2.22	坝顶	5.60	2.15	坝顶	3.88	2.24	坝顶
	复核地震	规范波	6.93	2.23	435m平台	5.47	1.76	上游围堰	4.28	2.04	435m平台
有弃渣	设计地震	规范波	5.05	1.94	坝顶	4.26	1.64	下游坝坡	3.33	1.92	坝顶

表 7.30　坝顶附近加速度反应最大值

模型	超越概率	地震波	顺河向		坝轴向		竖直向	
			最大值/(m/s^2)	放大倍数	最大值/(m/s^2)	放大倍数	最大值/(m/s^2)	放大倍数
无弃渣	设计地震	规范波	5.25	2.02	4.02	1.55	3.40	1.96
		场地波	5.86	2.25	5.74	2.21	4.70	2.71
		Koyna 波	5.76	2.22	5.60	2.15	3.88	2.24
	复核地震	规范波	6.02	1.94	4.50	1.45	4.05	1.93
有弃渣	设计地震	规范波	5.05	1.94	3.71	1.43	3.33	1.92

场地波设计地震最大断面最大加速度等值线见图 7.51，场地波设计地震心墙纵剖面最大加速度等值线见图 7.52。

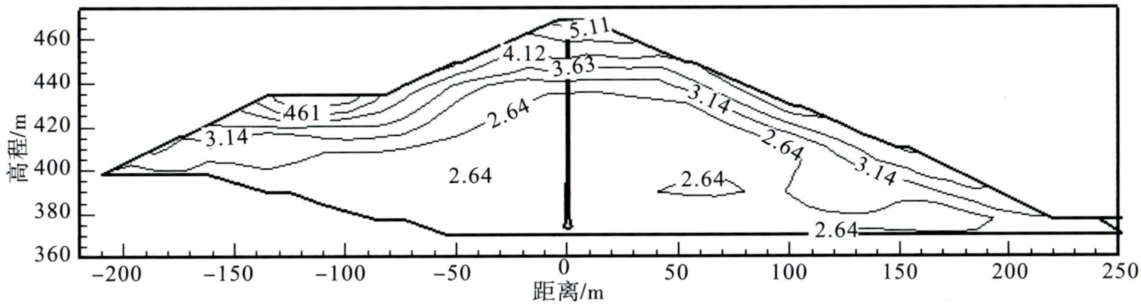

(a)顺河向

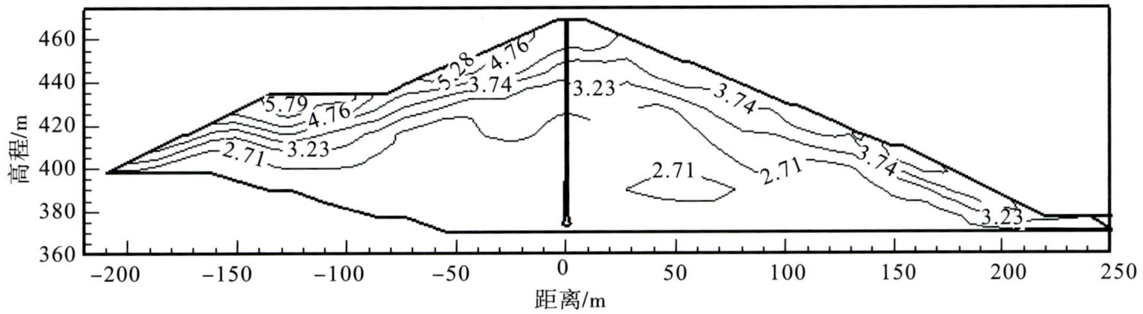

(b)坝轴向

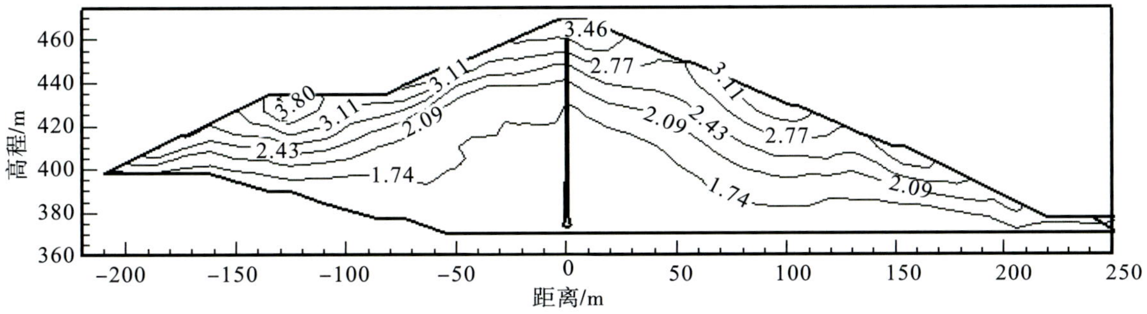

(c)竖直向

图 7.51　场地波设计地震最大断面最大加速度等值线(单位:m/s²)

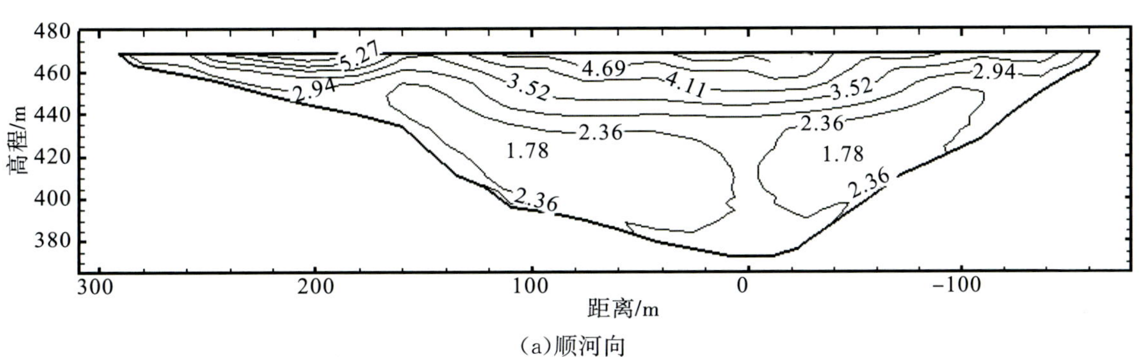

(a)顺河向

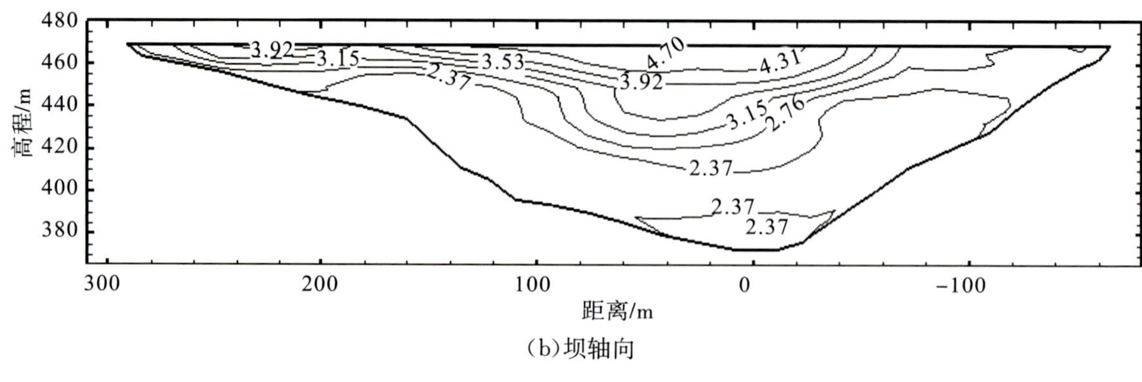

(b)坝轴向

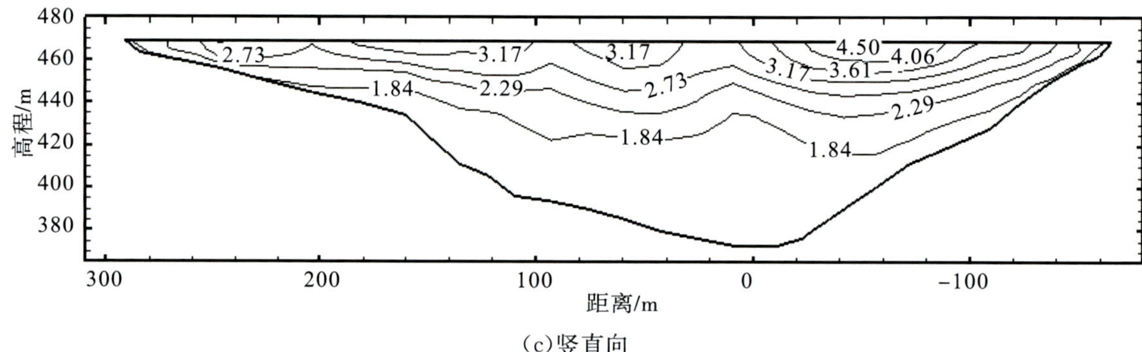

(c)竖直向

图 7.52 场地波设计地震心墙纵剖面最大加速度等值线（单位：m/s^2）

由计算成果可知，场地波输入计算的坝体 3 个方向加速度放大系数最大。由图 7.50 和图 7.51 可知，最大断面 3 个方向的最大绝对加速度分布基本上随坝高的增加而增大，最大加速度发生在坝体顶部。

2）坝体动位移。

坝体动位移最大值见表 7.31。在场地波作用下，坝体最大动位移等值线分布见图 7.53、图 7.54。

表 7.31 坝体最大断面动位移最大值

模型	超越概率	地震波	顺河向	坝轴向	竖直向
			最大值/cm	最大值/cm	最大值/cm
无弃渣	设计地震	规范波	6.8	5.1	2.4
		场地波	10.5	7.9	3.4
		Koyna 波	10.7	8.4	3.2
	复核地震	规范波	8.6	6.3	2.7
有弃渣	设计地震	规范波	7.1	5.2	2.3

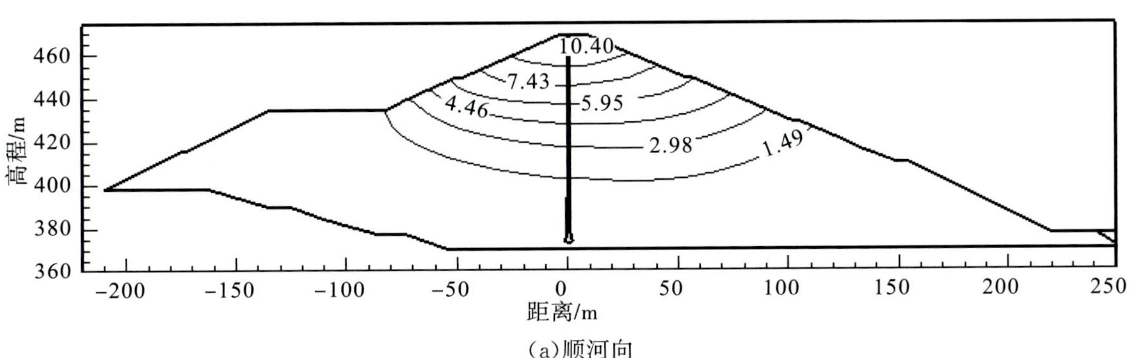

(a)顺河向

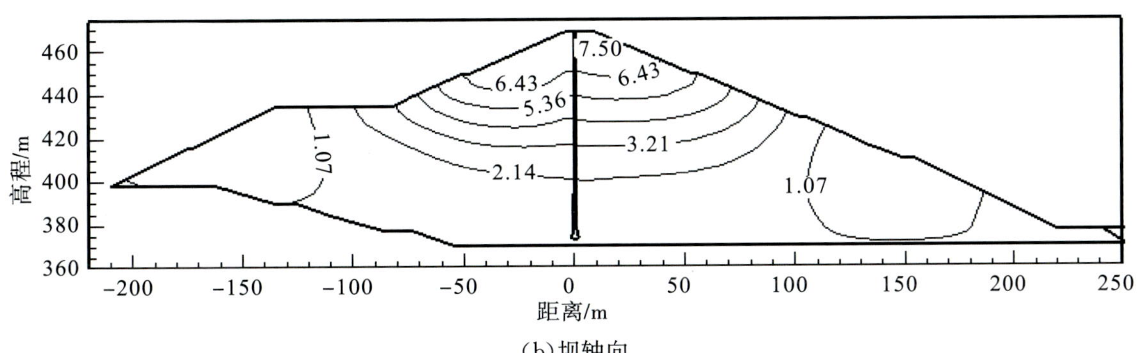

(b)坝轴向

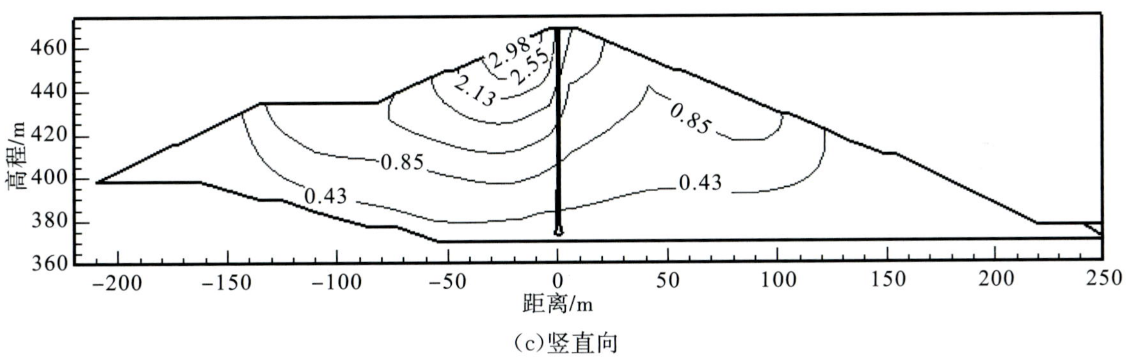

(c)竖直向

图 7.53　场地波设计地震最大断面最大动位移等值线(单位:cm)

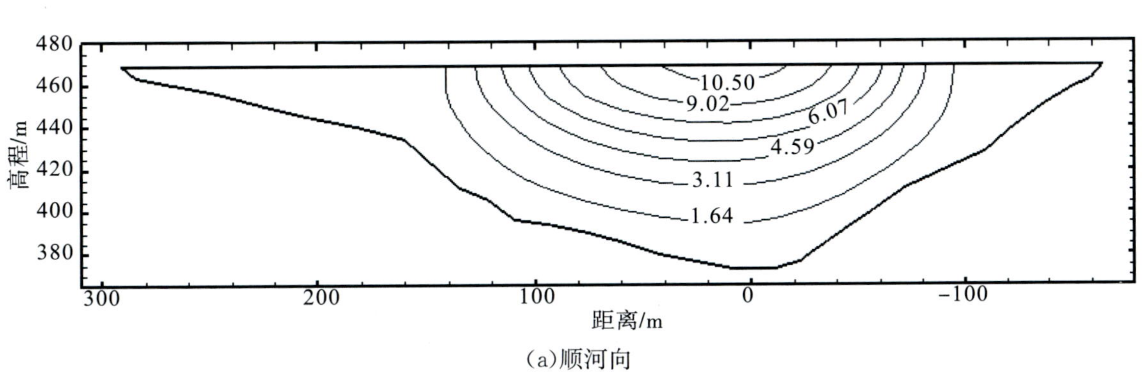

(a)顺河向

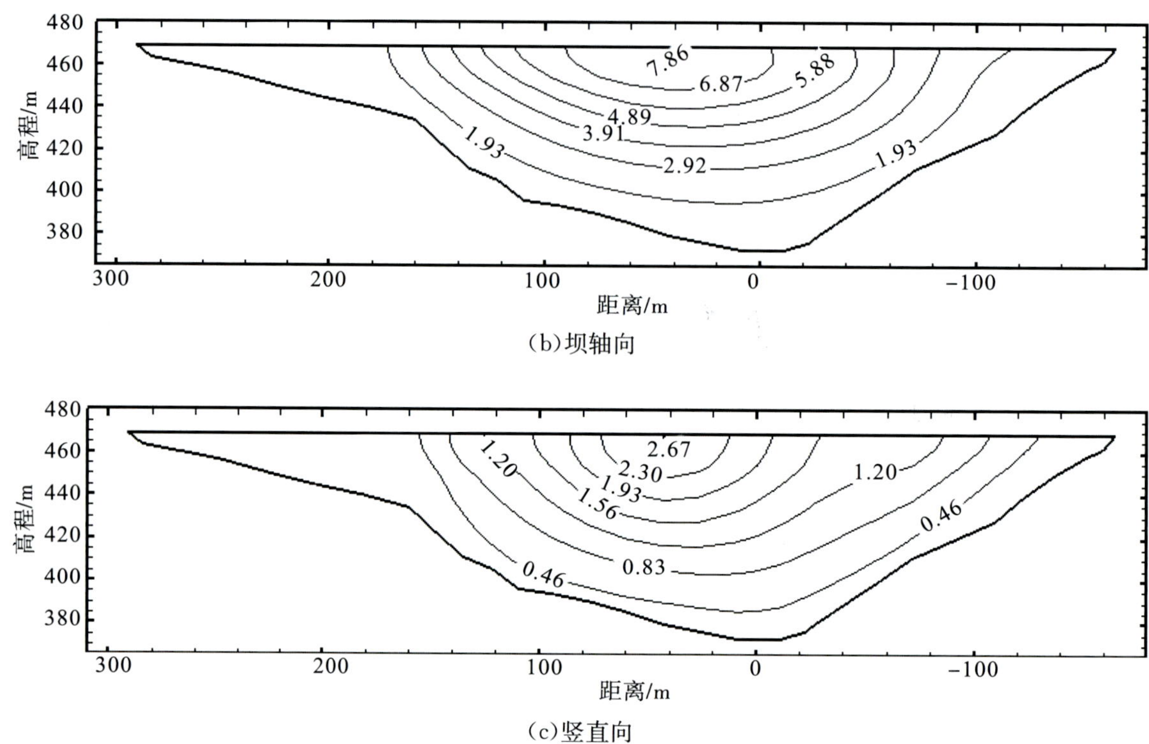

(b)坝轴向

(c)竖直向

图 7.54　场地波设计地震心墙纵剖面最大动位移等值线(单位:cm)

由计算成果可知,各方向的动位移均随坝高增加而增大,在坝顶达到最大值,坝前弃渣仅对坝体顺河向大动位移稍有影响,对坝体其他方向的动位移影响较小。

3)心墙动应力。

沥青混凝土心墙动拉应力最大值与该位置的静应力叠加后的结果见表 7.32。场地波作用下沥青混凝土心墙动拉应力最大值与该位置的静应力叠加后的应力值等值线分布见图 7.55。

表 7.32　心墙动拉应力最大值与静应力叠加后应力最大值　(单位:MPa)

模型	超越概率	地震波	顺河向	坝轴向	竖直向
无弃渣	设计地震	规范波	0.07	0.02	0.04
		场地波	0.09	0.05	0.05
		Koyna 波	0.08	0.04	0.05
	复核地震	规范波	0.08	0.03	0.05
有弃渣	设计地震	规范波	0.08	0.02	0.04

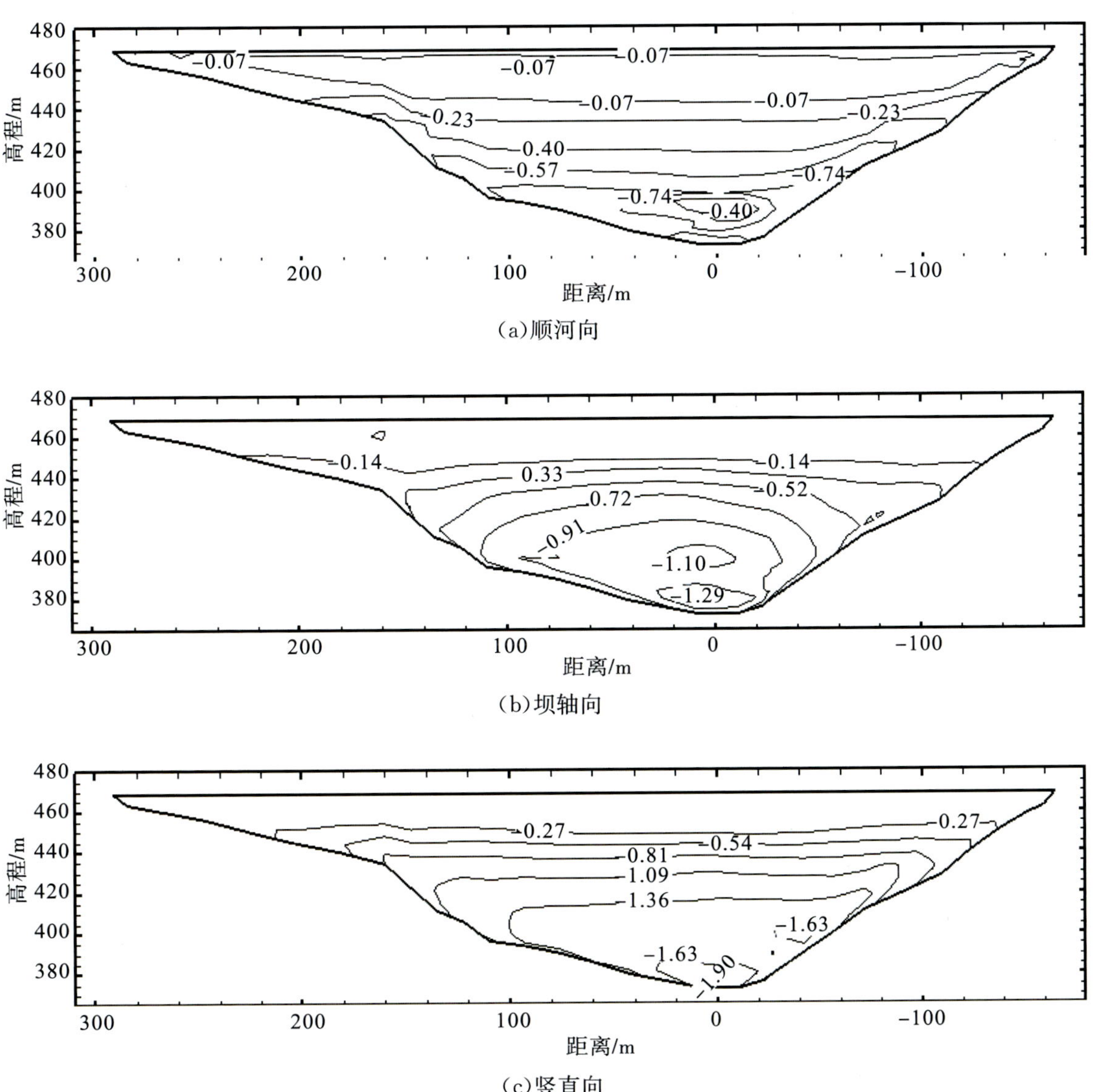

(a)顺河向

(b)坝轴向

(c)竖直向

图 7.55　场地波设计地震心墙最大动拉应力与静应力叠加后等值线分布(单位:MPa)

由计算成果可知,在地震作用下,心墙动拉应力最大值与该位置的静应力叠加后,绝大部分表现为压应力,仅在局部存在最大值为 0.09MPa 的拉应力,小于沥青混凝土的抗拉强度,沥青混凝土心墙是安全的。

4)坝体的永久变形。

大坝的永久变形极值见表 7.33,国内外土石坝遭遇地震后的永久变形值见表 7.34,大坝最大断面的地震永久变形示意见图 7.56,场地波设计地震下坝体最大断面震陷永久位移和水平永久位移等值线见图 7.57 和图 7.58。

表 7.33　　卡洛特大坝永久变形极值

项目	无弃渣				有弃渣
	设计地震			复核地震	设计地震
	规范波	场地波	Koyna 波	规范波	规范波
水平永久位移/cm	18.7	22.1	22.3	20.1	18.8
震陷永久位移/cm	32.3	40.8	39.2	35.3	31.8

表 7.34　　国内外土石坝遭遇地震后的永久变形值

工程名称	紫坪铺	科高蒂	英菲尔罗尼	公伯峡
所属国家	中国	智利	墨西哥	中国（三维计算）
坝高/m	156	84	60	139
地震峰值加速度/g	—	0.20	0.12	0.20
坝顶沉陷/cm	74.4	38.1	13.0	35.1

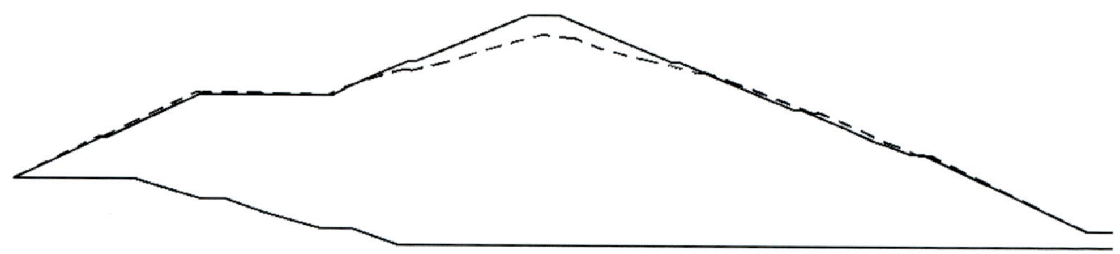

图 7.56　大坝典型剖面永久变形轮廓线

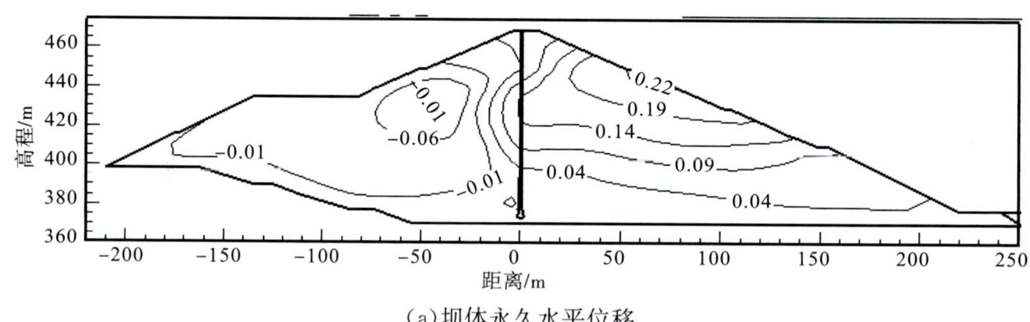

(a)坝体永久水平位移

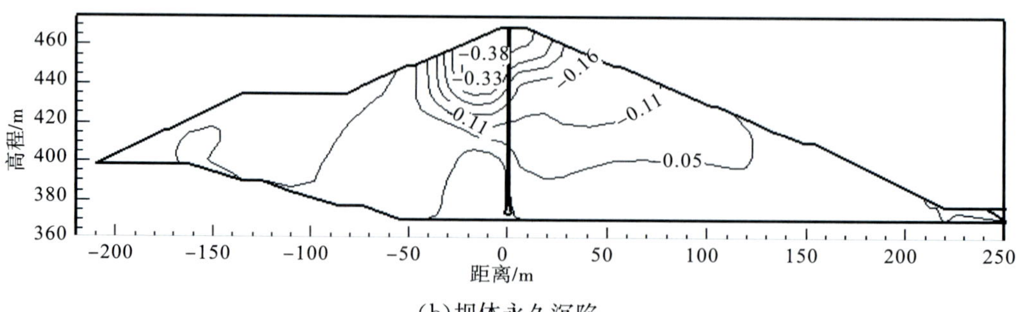

(b)坝体永久沉陷

图 7.57　场地波设计地震最大断面永久位移等值线(单位:m)

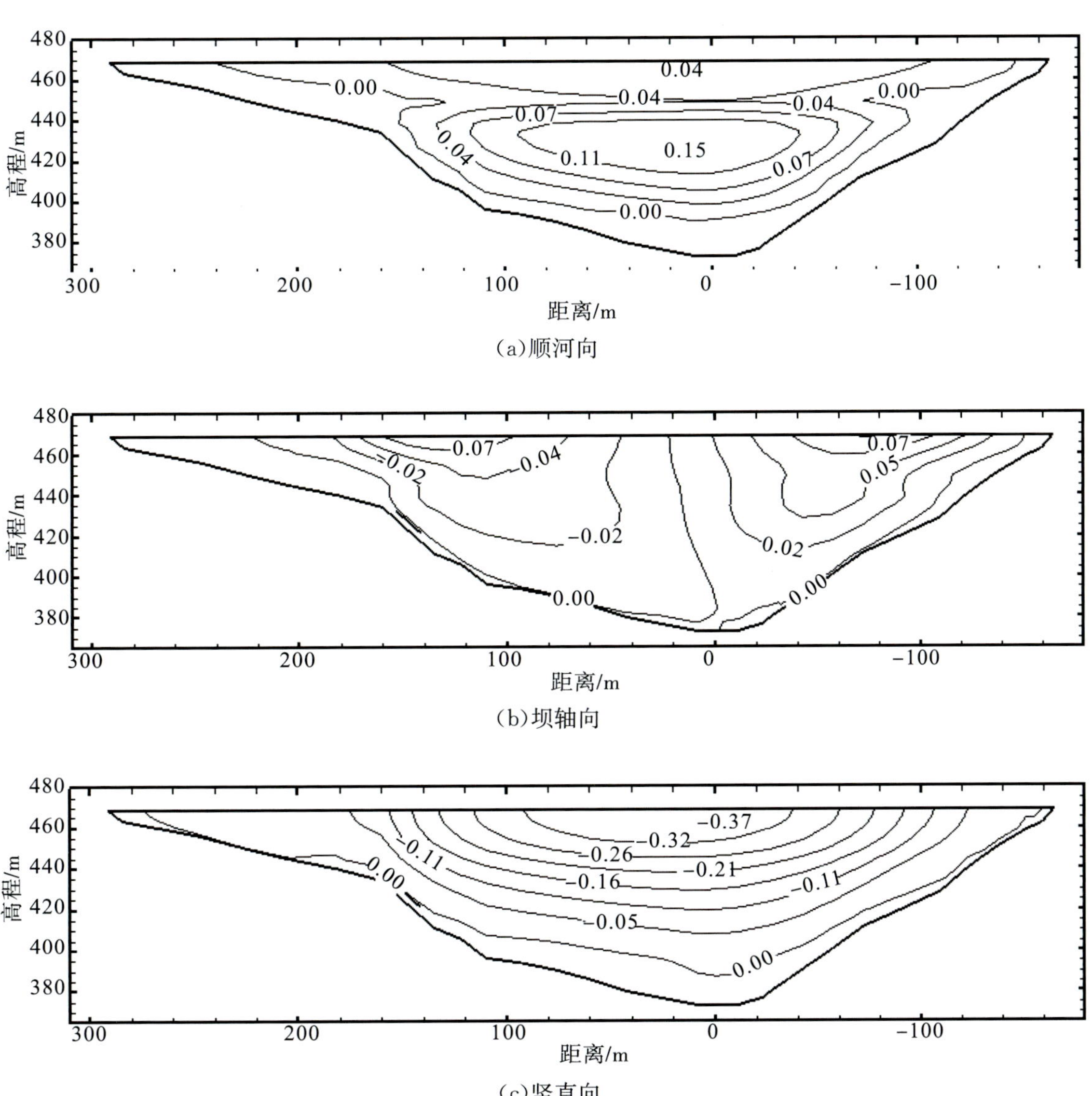

(a)顺河向

(b)坝轴向

(c)竖直向

图 7.58 场地波设计地震心墙纵剖面永久变形(单位:m)

由计算成果可知,坝体震陷位移随坝高增加而增大,在坝顶部靠上游面达到最大。坝体主要发生向下游的水平永久位移,最大值发生在下游坡面坝高约 2/3 以上部位。场地波设计地震作用下坝体震陷位移最大值为 40.8cm,永久水平位移最大值为 22.1cm。由表 7.32 可知,卡洛特大坝的永久变形极值较为合理。

5)坝坡动力稳定性。

采用动力有限元计算得到大坝上下游坝坡的最小抗滑稳定安全系数成果,见表 7.35。场地波设计地震作用下的上、下游坡面最小抗滑稳定安全系数时程及其对应的滑裂面见图 7.59 和图 7.60。

表 7.35　　大坝上下游坝坡动力稳定计算结果

地震输入		无弃渣				有弃渣
		设计地震			复核地震	设计地震
		规范波	场地波	Koyna 波	规范波	规范波
上游坝坡	抗滑稳定最小安全系数	1.21	1.16	1.18	1.17	1.52
下游坝坡	抗滑稳定最小安全系数	1.15	1.10	1.09	1.12	1.16

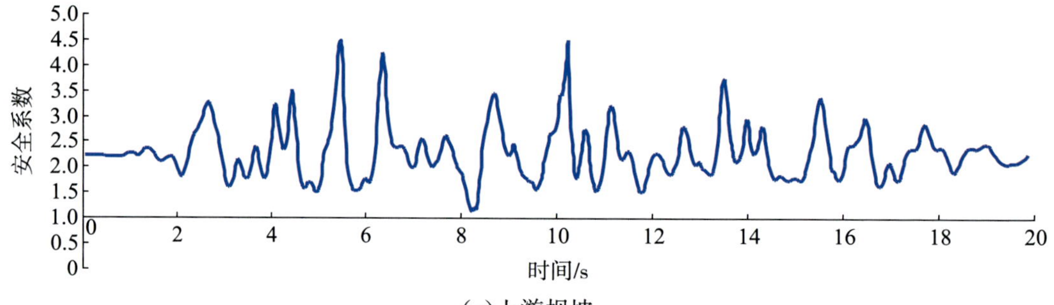

(a)上游坝坡

安全系数

时间/s

(b)下游坝坡

图 7.59　场地波设计地震坝坡抗滑稳定最小安全系数时程曲线

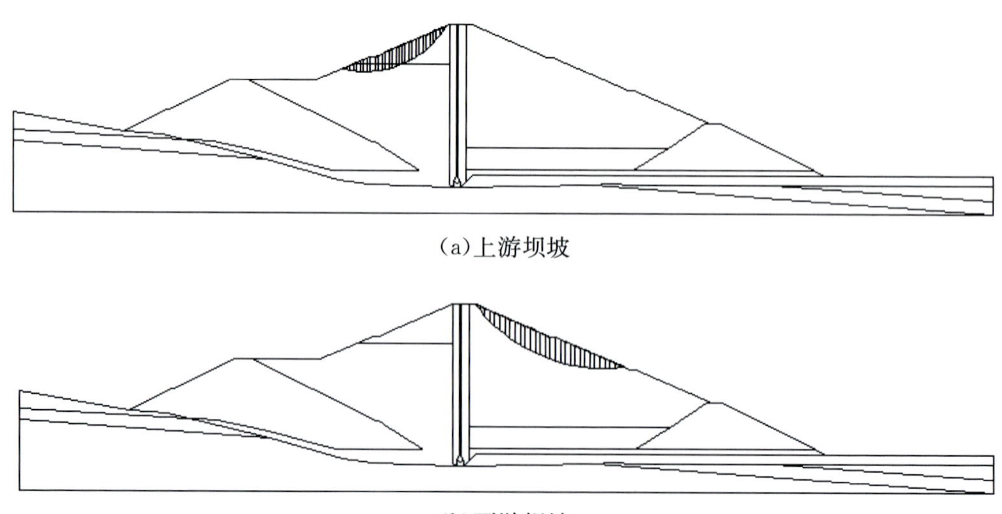

(a)上游坝坡

(b)下游坝坡

图 7.60　坝体最危险滑动面(场地波设计地震)

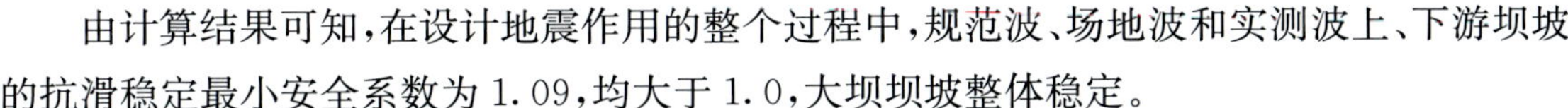

由计算结果可知，在设计地震作用的整个过程中，规范波、场地波和实测波上、下游坝坡的抗滑稳定最小安全系数为1.09，均大于1.0，大坝坝坡整体稳定。

7.2.6.4 沥青混凝土心墙堆石坝安全性评价

卡洛特水电站河床沥青混凝土心墙堆石坝属2级壅水建筑物，抗震设防类别为乙类，地震基本烈度和设计烈度均为Ⅷ度。经对沥青混凝土心墙堆石坝进行坝坡稳定分析和三维静动力分析得出以下结论：

1)大坝上、下游坝坡抗滑稳定的控制性工况为正常水位遇地震，其坝坡最小稳定安全系数为1.236，各工况下的坝坡抗滑稳定安全系数均满足规范要求。

2)考虑坝前弃渣后，大坝上游坝坡抗滑稳定安全系数均有所提高，表明坝前弃渣对大坝上游边坡抗滑稳定有利。

3)三维静力计算成果表明，上游弃渣对坝体的应力变形影响较小，蓄水期坝体最大沉降108cm，占最大坝高的1.1%，说明坝体的分区和填筑设计是合理的。

4)蓄水期心墙沿顺河向位移最大值为18.7cm，其最大挠跨比约为0.19%，心墙发生挠曲破坏的可能性很小。心墙应力水平最大值为0.68，受力状态良好，不会发生剪切破坏。蓄水期心墙上游面水压力与竖向应力比最大值为0.58，心墙不会发生水力劈裂破坏。

5)场地波输入计算的坝体3个方向加速度放大系数最大。最大断面3个方向的最大绝对加速度分布基本上随坝高的增加而增大，坝体加速度反应和动位移最大值均出现在坝体顶部。

6)在地震作用下，心墙动拉应力最大值与该位置的静应力叠加后，绝大部分表现为压应力，仅在局部存在最大值为0.09MPa的拉应力，小于沥青混凝土的抗拉强度，沥青混凝土心墙是安全的。

7)坝体震陷位移随坝高增加而增大，在坝顶部靠上游面达到最大。坝体主要发生向下游的水平永久位移，最大值发生在下游坡面坝高约2/3以上部位。场地波设计地震作用下坝体震陷位移最大值为40.8cm，永久水平位移最大值为22.1cm。由表7.32可知，卡洛特大坝的永久变形极值较为合理。

8)在设计地震作用的整个过程中，动力时程法计算得到的上、下游坝坡的抗滑稳定最小安全系数1.09，均大于1.0，大坝坝坡整体稳定。

综合分析，各种工况下，坝体是安全的。

7.3 沥青混凝土心墙堆石坝筑坝材料设计

7.3.1 坝体材料分区

7.3.1.1 坝体材料分区设计过程

在进入Level 2阶段后，大坝典型剖面结构及材料分区见图7.61。

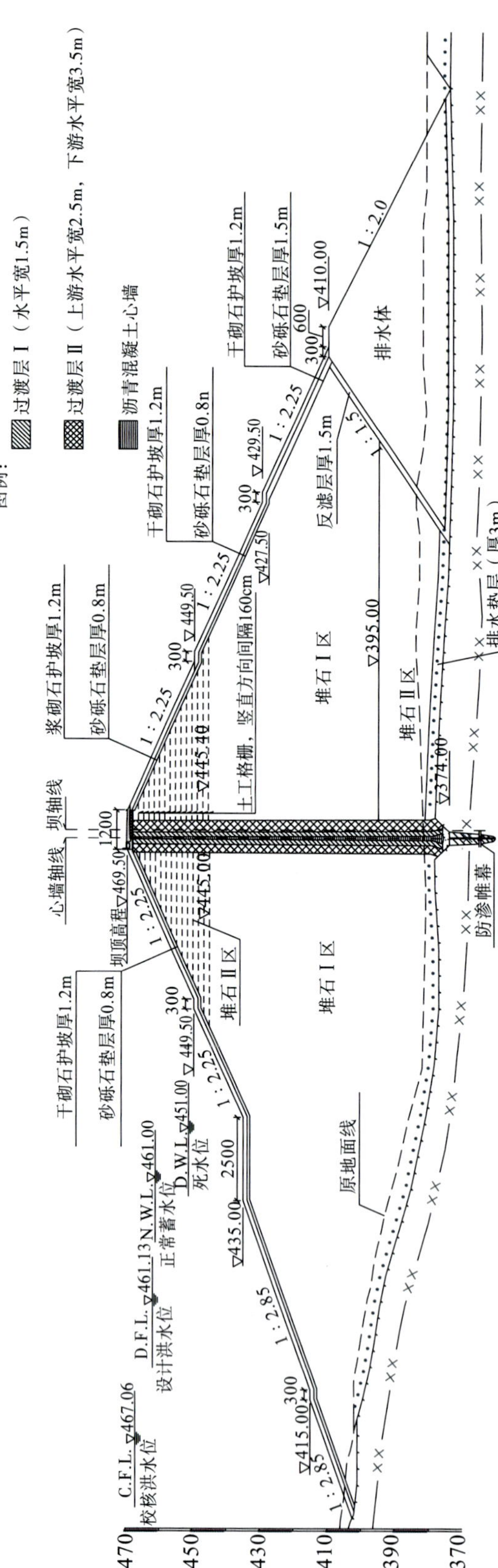

图7.61　Level 2阶段大坝典型剖面及材料分区

2018 年 8 月，在收到现场碾压试验成果后发现，现场碾压试验成果存在“爆破料级配曲线差异性较大，细颗粒含量多；孔隙率和渗透性差异大”等问题。为推动工程进展，并配合项目业主工程师审查，以及堆石坝碾压试验和设计成果咨询会议的召开，大坝分区设计中的堆石料和沥青混凝土心墙主要参数均取自 Level 1 阶段的室内试验成果，部分堆石料的碾压填筑参数根据现场碾压试验成果进行了调整，其中包括将堆石Ⅰ区和Ⅱ区小于 0.075mm 颗粒含量从小于 4%调整为小于 5%；堆石Ⅰ区和Ⅱ区的微新砂岩堆石料小于 5mm 颗粒含量从小于 25%调整为小于 30%。

2018 年 12 月，结合当时的试验成果和设计成果，总承包商在北京组织召开了卡洛特水电站沥青混凝土心墙堆石坝碾压试验及设计成果专家咨询会议，专家咨询会主要意见和建议有：①当前碾压实验推荐的工艺参数基本合适。现场碾压试验表明，堆石体填筑料摊铺、碾压后破碎明显，5mm 以下细颗粒含量明显增加，对堆石料渗透性和级配影响较大，达不到原设计要求。建议在已有试验成果的基础上，进一步复核碾压试验的有效性，对直接开挖上坝料开展爆破、填筑复核试验研究，进一步确定爆破与碾压参数。②坝基排水体应具有稳定、可靠的性能。考虑大坝长久安全运行，建议在已有排水设计的基础上，优化大坝后排水体的分区，并考虑采用可靠的砂砾石加工料进行填筑。③根据试验成果，在做好排水设计的基础上，对堆石坝坝体分区进行优化，进一步复核调整堆石料区小于 5mm 细颗粒含量和渗透系数控制指标，以合理利用开挖料。

2018 年 12 月底，卡洛特电力公司聘请的业主独立工程师中国水利水电科学研究院徐泽平教授级高级工程师就卡洛特水电站大坝填筑料相关问题进行专项咨询，并提出了咨询意见，主要如下：①应尽可能利用好砂岩料，扩大堆石Ⅱ区（砂岩料区），减小堆石Ⅰ区（砂岩和粉砂岩混合料区）。②砂岩与粉砂岩混合料应用于上游侧死水位以下及下游侧干燥区并在表面采用砂岩块石保护。③应通过碾压试验确定施工中合适的加水量，并提高碾压质量以减小蓄水后堆石体的形变。砂砾石料组成的过渡料有利于协调坝体变形。④软岩特性导致碾压后细颗粒较多，应设置覆盖包括两岸在内的整个下游坝体的排水带，并采取有效措施保证其可靠性。

结合上述专家咨询意见，根据 2018 年已经完成的大坝填筑料现场碾压实验和室内试验成果，更新 Level 2 阶段坝体断面及材料分区设计，主要包括：①提高了微新砂岩的填筑范围，并明确指定混合料和渣场堆存料的填筑区域；②根据各个分区的特点，优化了大坝填筑料设计参数；③将坝体排水设计作为大坝设计控制的重点，加强了排水区布置；④排水料不再采用微新砂岩，全部采用砂砾石，并筛掉排水料 5mm 以下的细颗粒，以保证排水效果；⑤提高了排水体渗透系数控制指标，所有排水料渗透系数均不小于 $i\times10^{-1}$ cm/s；⑥在坝体顶部堆石区一定范围内增加土工格栅，以提高抗震性能。

更新后的坝体断面见图 7.62。

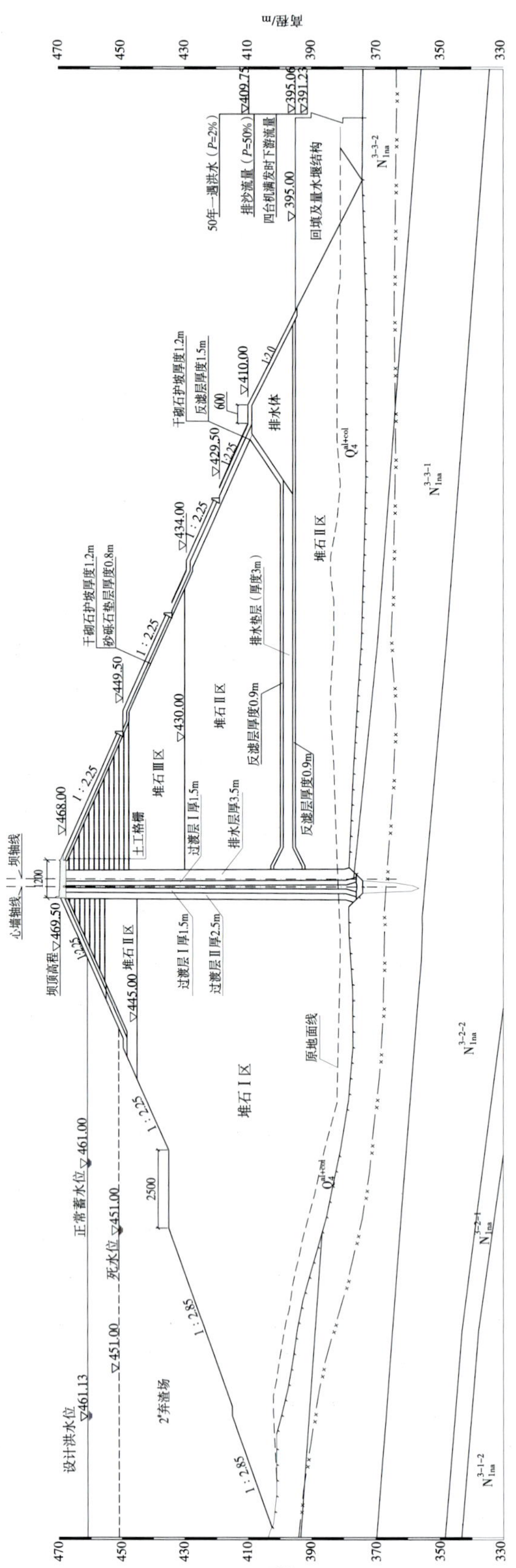

图7.62 Level 2阶段大坝典型剖面及材料分区（最终方案）

7.3.1.2 坝体分区设计

(1)沥青混凝土心墙

1)心墙轴线型式。

去学水电站坝址河谷狭窄，宽高比为1.34，考虑到狭窄河谷中心墙轴线布置成凸向上游的弧线，可以发挥“拱效应”，改善心墙和基座混凝土的应力状态，在设计过程中曾提出采用弧形坝轴线方案。后经计算发现直线形和弧线形心墙方案计算结果差异较小，但是弧线形心墙工程量和施工难度较大，去学水电站采用了直线心墙轴线。

卡洛特沥青混凝土心墙坝左右岸地形左缓右陡，坝体左半部分宽高比为2.5，右半部分宽高比为1.3，地形条件限制使得弧线形心墙轴线难以发挥“拱效应”。因此卡洛特沥青混凝土心墙坝采用直线心墙轴线。

2)心墙布置型式。

沥青混凝土心墙布置有竖直心墙、倾斜心墙和下部竖直、上部倾斜心墙组合。

倾斜心墙整体结构形式与面板堆石坝相似，心墙受力和变形也类似面板。但是倾斜心墙使得沥青混凝土心墙防渗面积增大(增加8%～15%的沥青混凝土工程量)，与两岸连接的基础防渗线增长，基础防渗工程量较大，增加两岸边坡的开挖量，并且因为需要错台上升，施工控制困难，工期增长，后期维修加固困难，相比面板堆石坝没有明显优越性。南瓜坪沥青混凝土心墙坝坝轴线上游右岸即岩体碎裂带，倾斜心墙将面临与面板堆石坝相同的防渗轴线，需要穿过岩体碎裂带带来的基础处理及防渗问题。因此倾斜心墙并不适宜本研究。

下部竖直、上部倾斜组合式心墙介于竖直心墙与倾斜心墙之间，虽然可以降低下游浸润线，增加坝体下游干燥区域，有利于增加坝体深层滑动的稳定性，但是工程下游存在坝坡稳定起控制作用的浅层花湖，采用这样复杂的形式对于坝体稳定意义不大，且心墙与岸坡岩石基础衔接难度大，沥青混凝土用量大，施工复杂，增加了机械化施工难度，延长了工期。因此下部竖直、上部倾斜组合式心墙也不适宜本研究。

竖直心墙对坝基和坝壳沉降适应性好，在心墙出现裂缝后有利于自愈，与岸坡及坝基基岩衔接相对容易，防渗面积小，施工简单。竖直心墙在蓄水后心墙与基座接触面上的法向应力比倾斜或组合式更大，而法向应力大对接触面防渗有利。另外从已建工程来看，国内外的碾压式沥青混凝土心墙基本都为竖直心墙，如去学、大石门、冶勒、茅坪溪等。《土石坝沥青混凝土面板和心墙设计规范》(SL 501—2010)也推荐采用竖直心墙。因此卡洛特沥青混凝土心墙坝采用竖直心墙型式。

3)心墙厚度。

沥青混凝土心墙厚度可根据坝高、工程级别、抗震需要和施工条件等选定。《土石坝沥青混凝土面板和心墙设计规范》(SL 501—2010)推荐心墙底部最大厚度(不含扩大段)宜为坝高的1/110～1/70，顶部厚度不宜小于40cm。

国内外部分沥青混凝土心墙坝心墙厚度见表7.36。

表 7.36　　国内外部分沥青混凝土心墙坝心墙厚度

序号	坝名	国家	年份	心墙高/m	心墙厚/cm	底部厚度/心墙高
1	去学	中国	2017	132.00	60～150	1/88
2	大石门	中国	2020	130.40	70～140	1/93
3	冶勒	中国	2005	125.00	60～120	1/104
4	茅坪溪	中国	2003	94.00	50～120	1/78
5	黄金坪	中国	2016	75.20	60～110	1/68
6	阿拉沟	中国	2014	103.76	60～110	1/94
7	官帽舟	中国	2015	105.00	60～120	1/87.5
8	五一	中国	2018	95.00	60～120	1/79
9	尼雅	中国	在建	127.70	60～140	1/91
10	高岛(东)	中国	1978	105.00	80～120	1/87.5
12	Storglomvatn	挪威	1997	120.00	50～130	1/92
13	Storvatn	挪威	1987	90.00	50～80	1/112.5

表 7.36 所列 13 座大坝心墙高度在 75.2～132m，心墙顶部厚度在 50～80cm，底部厚度/心墙高在 1/68～1/112.5。其中，心墙顶部厚度为 60cm 的占到了 57%，而在心墙顶部厚度为 60cm 的 7 座大坝中，除冶勒外，其余 6 座的心墙底部厚度/心墙高度在 1/68～1/94 的范围内。

而沥青混凝土心墙的变化，有上下等厚型、渐变型和阶梯型。其中，上下等厚型是除基础扩大段外，心墙从底到顶保持厚度不变。这种形式施工简单，但是会造成一定的浪费，心墙的应力应变状态也不好，一般都在低坝中采用，洞塘坝坝高 48m，采用 50cm 厚的等厚心墙；渐变型即除基础扩大段以外，心墙从底到顶采用同一坡比由厚到薄均匀变化。这种结构较为合理，受力状态最好，不会造成应力集中，但是施工工艺要求较高，去学（两侧坡比 1∶0.00349）、茅坪溪（两侧坡比 1∶0.004）、冶勒（60～120cm）等均采用此种型式心墙；阶梯型即除基础扩大段外，心墙厚度从底到顶由厚到薄分段变化，每段内保持同一厚度，这种形式在前两种形式上发展而来，在一定程度上避免了施工控制复杂的问题，但是容易在厚度变化的局部造成应力集中。

卡洛特沥青混凝土心墙顶部高程 468.0m，高于水库最高静水位 467.06m，满足超高要求。

沥青混凝土心墙为梯形结构，顶宽 0.6m，向下逐渐加厚，心墙上、下游坡度均为 1∶0.004，底部最大厚度为 1.31m，心墙最大高度 89.25m，底部厚度/心墙高度为 1/68；心墙底部为 4m 高的大放脚，大放脚上、下游坡度均为 1∶0.3，底部最大厚度 3.7m。大放脚与宽 4.0m、高 3.0m 的混凝土基座相接。

4)心墙扩大段。

《土石坝沥青混凝土面板和心墙设计规范》(SL 501—2010)要求心墙与基础、岸坡的连接应设置混凝土基座。同时,规范要求心墙与基座和刚性建筑物连接处,应采用厚度逐渐扩大的形式连接。国内外部分沥青混凝土心墙坝心墙与基座连接扩大段尺寸见表7.37。

表7.37　　国内外部分沥青混凝土心墙坝心墙与基座连接扩大段尺寸

序号	坝名	扩大段高度/m	扩大段坡比
1	去学	3.0	1∶0.25
2	大石门	2.4	1∶0.25
3	冶勒	1.8	1∶0.33
4	茅坪溪	3.0	1∶0.30
5	黄金坪	2.0	1∶0.30
6	尼雅	3.0	1∶0.15～1∶0.35

参照表7.37中工程,卡洛特沥青混凝土心墙坝心墙扩大段高度取3.0m,扩大段上、下游坡比取1∶0.3。扩大段部位表面凿毛,喷涂0.15～0.2kg/m^{2}阳离子乳化沥青,待充分干燥后,再涂一层厚度为1～2cm的砂质沥青玛蹄脂。

(2)过渡层

沥青混凝土心墙墙体薄,自身抗力小,在坝体中主要起荷载传递作用。心墙两侧的过渡区能为心墙提供支撑,防止墙体侧向变形过大,协调心墙与坝壳料的变形,当心墙出现渗漏时,过渡区的粉细料还能起到自愈作用。

过渡区最小厚度为1.5～3m,应根据坝壳填筑料、坝高和部位等确定,堆石坝、高坝选用较大值,位于地震区和岸坡坡度有明显变化的部位宜适当加厚。过渡区设一个区的宽度大多在2～3m,如茅坪溪、尼尔基、洞塘工程,过渡区设两个区的,如冶勒Ⅰ区1.3～1.6m,Ⅱ区2～4m。国内外部分碾压式沥青混凝土心墙土石坝过渡区厚度实例见表7.38。

表7.38　　国内外部分碾压式沥青混凝土心墙土石坝过渡区厚度实例

序号	坝名	过渡区厚度
1	去学	2m(过渡区Ⅰ)/2～4m(过渡区Ⅱ)
2	大石门	4～7m(2216m以下7m厚)
3	冶勒	1.3～1.6m(过渡区Ⅰ)/2～4m(过渡区Ⅱ)
4	茅坪溪	2～3m
5	黄金坪	1.5m(过渡区Ⅰ)/3m(过渡区Ⅱ)
6	尼雅	3m
7	坎尔其	1m(过渡区Ⅰ)/3m(过渡区Ⅱ)

续表

序号	坝名	过渡区厚度
8	尼尔基	3m
9	洞塘	2m
10	下坂地	3m

过渡区和心墙同时铺筑和碾压时对心墙受力、变形有利。在同时摊铺和碾压的时候，过渡区的宽度不宜小于 1m，最大宽度取决于摊铺机。

综合上述条件，为更好地协调心墙和坝壳料的变形，使得坝体填筑料过渡更为平缓，心墙上下游设置过渡区Ⅰ水平宽度 1.5m，上游过渡区Ⅰ外侧设置过渡区Ⅱ，水平宽度 2m；下游过渡区Ⅰ外侧设置排水层，水平厚度 3m。过渡区Ⅰ、过渡区Ⅱ和排水层均采用砂砾石料填筑。

(3)堆石区

根据现场碾压试验成果、料源规划和专家意见，堆石料区设计主要如下：

1)下游最高水位以下的区域，高程 430m 以下全部为堆石Ⅱ区，上游水位变幅区(高程 445.0m 以上)为堆石Ⅱ区。Ⅱ区堆石料要求最高，对填筑料抗滑稳定、渗透性和变形均有较高要求，均采用建筑物开挖有用料中的微新砂岩料。

2)将下游干燥区(高程 430m 以上)设置堆石Ⅲ区。该区要求其次，同样采用建筑物开挖有用料中的微新砂岩，仅填筑施工指标与堆石Ⅱ区有所差别。

3)根据现场渣场转存料储量和土石方平衡设计成果，在上游高程 445.0m 以下设置堆石Ⅰ区，并进一步对上游Ⅰ区(高程 445m 以下)进行细分，分为Ⅰ-A 区和Ⅰ-B 区。堆石料Ⅰ-A 区采用渣场转存的微新砂岩料或直接上坝的微新砂岩与泥质粉砂岩混合料。堆石料Ⅰ-B 区采用渣场转存的微新砂岩料。因为堆石Ⅰ区在上游水位变幅区以下，且被上游 2# 渣场(顶部高程为 451m)完全覆盖，所以该区抗滑稳定和渗透性要求并不高，控制的重点是后期变形，特别是蓄水后的湿化变形。

(4)排水垫层

坝体填筑料属软岩，根据现场碾压试验成果，填筑料碾压施工后细颗粒含量较多(小于 5mm 颗粒含量超过 30%)、渗透系数较低。排水成为控制工程安全的核心问题之一。为形成“L”形排水系统，增加排水效果，保持下游区坝体干燥，在沥青混凝土心墙下游设置竖向排水层兼做心墙下游过渡层Ⅱ，厚 3.5m。由于下游量水堰顶部高程为 395m，为了使排水通畅，在下游河床坝底底部高程 395.9m 设置水平排水垫层，厚 3m。排水垫层与下游坝体堆石料接触面设置 0.9m 厚反滤层，以保护排水系统不被淤堵。排水料与反滤料全部采用砂砾石料，并筛掉排水料 5mm 以下的细颗粒，以保证排水效果。

(5)排水体

为及时排除通过沥青混凝土心墙渗透进入下游坝体的水，在坝体下游侧设置下游排水体，与沥青混凝土心墙下游侧的“L”形排水系统相连接，构成坝体的排水系统。

下游排水体顶部高程 410.0m，顶部宽 6.0m，上游坡比 1∶1.5，下游坡比均为 1∶2。排水体采用建筑物开挖有用料中的新鲜砂岩填筑。

(6)护坡

为避免坝体堆石料风化，保证坡面稳定和增强大坝的抗震能力，在大坝上游坝坡表面设置厚 1.2m 的块石护坡；下游坡面高程 449.5m 以上采用厚 1.2m 浆砌石护坡，高程 449.5m 以下采用厚 1.2m 的干砌石护坡；护坡下设置厚 0.8m 的砂砾石垫层。护坡块石要求采用微新砂岩，岩块平均块径与堆石体平均块径大致相当。

7.3.2 料源选择

(1)堆石料料源

本工程建筑物开挖工程量大，坝体堆石料主要采用开挖有用料中的微新及弱风化砂岩和微新泥质粉砂岩。微新砂岩的天然块体平均密度为 $2.38g/cm^3$，饱和抗压强度 12.0～30.0MPa；微新泥质粉砂岩的天然块体平均密度为 $2.35g/cm^3$，饱和抗压强度 13.0～15.0MPa。

(2)过渡料料源

过渡料采用质地致密，具有较高的抗压强度、抗水性和抗风化能力的河床砂砾石料，优先从比珥料场开采，不足部分从那拉料场开采。

7.3.3 筑坝材料设计

7.3.3.1 Level 1 阶段

(1)坝体堆石料

堆石料Ⅰ区和Ⅱ区为大坝的主要支撑体，为保证排水通畅和减小坝体的变形，要求堆石料具有低压缩性、较高的抗剪强度和良好的透水性。堆石Ⅰ区采用微新及弱风化砂岩、泥质粉砂岩；堆石Ⅱ区采用微新砂岩。室内试验研究了堆石料的压实特性、压缩变形特性、抗剪强度、应力应变关系及动力特性等。

堆石料的最大粒径为 800mm；堆石Ⅰ区料径小于 5mm 的颗粒含量小于 25%，堆石Ⅱ区粒径小于 5mm 颗粒含量小于 20%；粒径小于 0.1mm 颗粒的含量小于 4%，级配连续。堆石Ⅰ区料设计干密度采用 $2.10g/cm^3$，相应孔隙率为 21%；堆石Ⅱ区料设计干密度采用 $2.15g/cm^3$，相应孔隙率为 19%。

试验测定堆石料最大干密度为 $2.13～2.24g/cm^3$。弱风化砂岩、弱风化砂岩与泥质粉砂岩混合料按照最大干密度的 96%～97%控制试验密度时，干样状态条件下，0.1～0.2MPa 压力范围内的压缩模量值为 41.6～46.2MPa，压缩系数为 $0.026～0.030MPa^{-1}$，均具有较低的压缩性；微新砂岩、弱风化砂岩与泥质粉砂岩混合料、微新砂岩与泥质粉砂岩混合料按照最大干密度的94%控制试验密度时，饱和状态条件下，0.1～0.2MPa压力范围内的压缩模量值为8.5～12.4MPa，压缩系数为0.107～0.154MPa^{-1}，具有中低压缩性；当微新砂岩按照最大干密度的96%控制试验密度时，饱和状态条件下，0.1～0.2MPa压力范围内的压缩模量值为20.9MPa，压缩系数为0.062MPa^{-1}，具有低压缩性。

大型三轴剪切试验成果见表7.39。

表7.39　坝体填筑料三轴剪切试验成果

坝料	试验控制条件		抗剪强度指标				E—B模型参数				
	干密度/(g/cm^3)	压实度/%	C'/kPa	φ'/°	Φ_0/°	$\Delta\varphi$/°	k	n	kb	m	Rf
弱风化砂岩（第一次取料）	2.15	97	77	35.2	42.7	5.6	580	0.26	272	0.13	0.81
弱风化砂岩与泥质粉砂岩混合料（第一次取料）	2.15	96	19	30.9	34.7	3.4	510	0.25	230	0.20	0.78
弱风化砂岩与泥质粉砂岩混合料（第二次取料）	2.05	94	67	29.2	38.2	7.2	520	0.24	290	0.20	0.78
微新砂岩（第二次取料）	2.00	94	38	34.9	39.1	3.3	638	0.20	290	0.21	0.74
	2.05	96	25	36.0	40.0	3.5	674	0.24	277	0.25	0.82
微新砂岩与泥质粉砂岩混合料（第二次取料）	2.04	94	15	34.4	36.7	2.0	524	0.22	300	0.16	0.77

注：微新砂岩与泥质粉砂岩混合料、弱风化砂岩与泥质粉砂岩混合料混合比均为1∶1。

（2）过渡料

过渡料采用质地致密，具有较高的抗压强度、抗水性和抗风化能力的河床砂砾石料，优先从比珥料场开采，不足部分从那拉料场开采。根据工程经验和试验成果表明，当过渡料最大粒径小于80mm时，易保证过渡层非线性模量与心墙非线性模量的匹配和过渡层的均质性。限制5mm、0.075mm颗粒数量能提高过渡层的排水性。因此根据《土石坝沥青混凝土面板和心墙设计规范》（DL/T 5411—2009）的规定，确定过渡料采用颗粒级配连续的砂砾石料，最大粒径不超过80mm，小于5mm粒径的含量为25%～35%，小于0.075mm粒径含量小于5%，设计干密度采用2.19g/cm^3。

现阶段从坝址附近的比珥砂砾石料场取3组试样，在剔除超过80mm粒径颗粒，减少小于5mm颗粒含量后，0.5～5mm粒径颗粒含量偏少，0.1～0.5mm粒径颗粒含量相对偏多，天然砂砾石料为级配不良砾。因此需重新设计过渡层砂砾石料的级配，经重新设计后的过渡料级配见表7.40和图7.63。

表 7.40 过渡料(砂砾石料)设计级配 (单位:%)

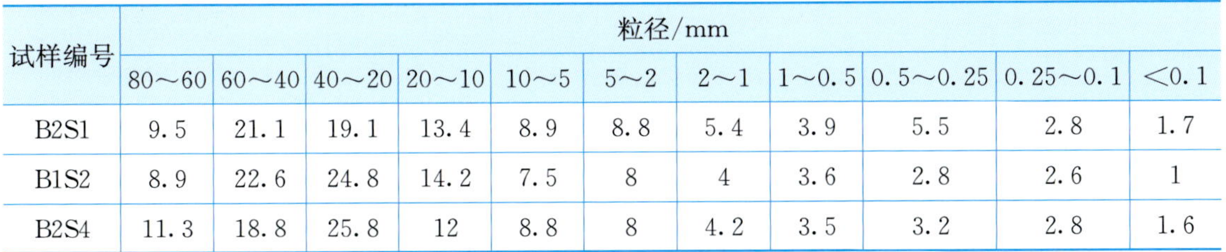

试样编号	粒径/mm										
	80～60	60～40	40～20	20～10	10～5	5～2	2～1	1～0.5	0.5～0.25	0.25～0.1	<0.1
B2S1	9.5	21.1	19.1	13.4	8.9	8.8	5.4	3.9	5.5	2.8	1.7
B1S2	8.9	22.6	24.8	14.2	7.5	8	4	3.6	2.8	2.6	1
B2S4	11.3	18.8	25.8	12	8.8	8	4.2	3.5	3.2	2.8	1.6

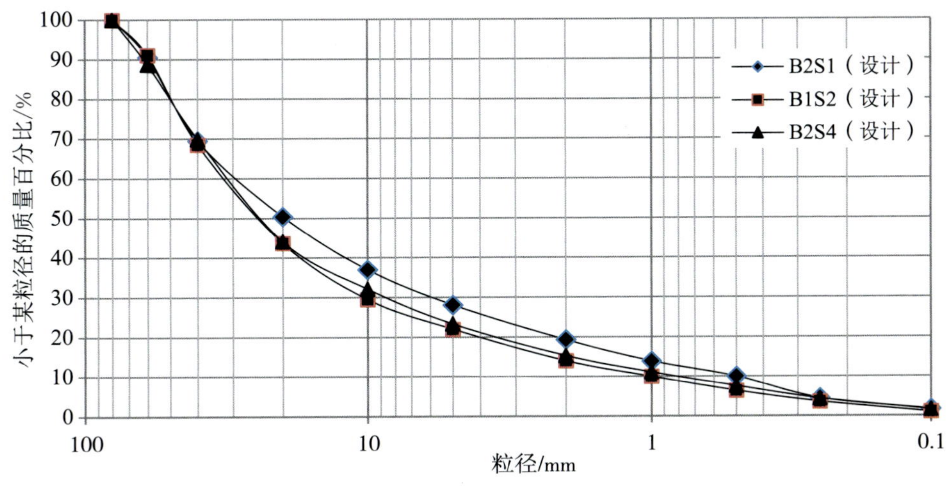

图 7.63 过渡料设计级配曲线

相对密度试验成果见表 7.41。

表 7.41 过渡料相对密度试验成果

试样编号	最小干密度/(g/cm^3)	最大干密度/(g/cm^3)	相对密度 Dr=0.75 对应的干密度/(g/cm^3)
B2S1	1.976	2.273	2.19
B1S2	1.981	2.286	2.20
B2S4	1.982	2.271	2.19

过渡料渗透系数 $k=10^{-1}\sim10^{-3}$ cm/s,渗透变形试验成果见表 7.42。

表 7.42 过渡料渗透变形试验成果

试验分类	试验干密度/(g/cm^3)	渗透系数/(cm/s)	临界比降	破坏比降	变形形式	破坏形式
B2S1	2.20	4.76×10^{-3}	0.39	1.69	管涌	过渡型
B1S2	2.19	2.41×10^{-1}	0.16	/	管涌	/
B2S4	2.19	1.80×10^{-1}	0.20	/	管涌	/

过渡料压缩试验成果见表 7.43。试验成果表明,过渡料具有较低的压缩性。

表 7.43　　过渡料压缩试验成果

试样编号	试验密度/(g/cm³)	各压力范围的压缩模量 Es/MPa					压缩系数 av_{1-2}/(MPa^{-1})
		0～0.1	0～0.2	0～0.4	0～0.8	0～1.6	
B2S1	2.19	22.0	40.2	64.4	85.1	109.2	0.030
B1S2	2.20	24.2	48.3	70.7	87.8	103.4	0.025
B2S4	2.19	20.0	34.3	56.4	71.9	91.2	0.035

根据击实试验成果，对砂砾石过渡料进行三轴压缩剪切试验。在最大围压 1.2MPa 下，进行饱和固结排水剪切试验。试验干密度和试验成果见表 7.44。

表 7.44　　过渡料三轴试验成果

试样编号	试验控制条件		抗剪强度指标				E—B 模型参数				
	干密度/(g/cm³)	相对密度	C'/kPa	φ'/°	Φ_0/°	$\Delta\varphi$/°	k	n	k_b	m	R_f
B2S1	2.19	0.75	47	37.7	41.8	3.0	809	0.22	309	0.27	0.85
B1S2	2.20	0.75	40	37.8	41.7	3.0	828	0.21	233	0.37	0.85
B2S4	2.19	0.75	35	38.1	41.2	2.4	852	0.20	309	0.21	0.85

（3）坝体填筑料动力特性

对坝体填筑料开展了开挖有用料中的弱风化砂岩与泥质粉砂岩混合料、微新砂岩料及过渡层天然砂砾石料的动三轴试验。动力试验制备的试样干密度取设计干密度，围压分 300kPa、600kPa、900kPa 和 1200kPa 四级，其动力试验成果见表 7.45 至表 7.49。

表 7.45　　动剪模量系数 k 与指数 n 取值

试验材料	Kc	k	n
弱风化砂岩与泥质粉砂岩混合料	1.5	1388.3	0.4405
微新砂岩料	1.5	1846.2	0.4348
砂砾石料	1.5	2747.7	0.4530

表 7.46　　弱风化砂岩与泥质粉砂岩混合料动剪应变与动剪模量、阻尼比关系

σ_3=300kPa			σ_3=600kPa			σ_3=900kPa			σ_3=1200kPa		
γd	Gd/Gd_{max}/%	λ_d/%	γ_d	Gd/Gd_{max}/%	λ_d/%	γ_d	Gd/Gd_{max}/%	λ_d/%	γ_d	Gd/Gd_{max}/%	λ_d/%
1.08E−05	97.1	6.1	4.75E−05	90.0	4.7	7.45E−05	90.0	4.9	1.10E−04	76.1	4.4
3.56E−05	91.2	5.9	1.05E−04	85.0	6.3	1.12E−04	85.0	5.7	1.65E−04	67.9	5.9

续表

$\sigma_3=300kPa$			$\sigma_3=600kPa$			$\sigma_3=900kPa$			$\sigma_3=1200kPa$		
γd	Gd/Gd_{max} /%	λ_d /%	γ_d	Gd/Gd_{max} /%	λ_d /%	γ_d	Gd/Gd_{max} /%	λ_d /%	γ_d	Gd/Gd_{max} /%	λ_d /%
8.96E—05	80.0	13.2	1.71E—04	72.5	10.7	1.88E—04	80.0	8.0	2.89E—04	62.3	9.6
2.27E—04	62.9	15.9	2.45E—04	60.2	11.7	4.04E—04	64.1	10.2	4.27E—04	54.8	11.2
4.17E—04	48.6	19.5	4.86E—04	46.9	14.6	5.69E—04	55.1	12.5	6.85E—04	47.4	11.6
7.06E—04	35.7	19.6	7.50E—04	41.7	17.1	8.82E—04	45.9	13.8	1.08E—03	41.2	12.5
1.33E—03	27.6	20.6	1.20E—03	34.8	17.0	1.45E—03	38.0	14.1	1.68E—03	35.5	14.0
2.81E—03	18.8	19.8	1.93E—03	28.3	17.3	2.45E—03	30.1	15.6	2.91E—03	28.5	13.8
5.62E—03	12.7	20.7	3.11E—03	22.0	17.8	4.82E—03	21.4	16.0	4.35E—03	24.5	15.2
1.07E—02	8.3	22.1	6.25E—03	14.6	18.8	9.26E—03	14.3	17.9	1.04E—02	14.1	16.9
			1.17E—02	9.5	19.9						

注：固结比为1.5。

表 7.47　　微新砂岩料动剪应变与动剪模量、阻尼比关系

$\sigma_3=300kPa$			$\sigma_3=600kPa$			$\sigma_3=900kPa$		
γ_d	Gd/Gd_{max} /%	λ_d/%	γ_d	Gd/Gd_{max} /%	λ_d/%	γ_d	Gd/Gd_{max} /%	λ_d/%
1.08E—05	90.0	3.6	4.75E—05	95.1	2.9	7.45E—05	97.6	1.7
3.56E—05	83.8	8.8	1.05E—04	94.6	3.4	1.12E—04	96.0	2.0
8.96E—05	72.2	11.6	1.71E—04	90.2	6.0	1.88E—04	95.1	1.5
2.27E—04	58.2	18.5	2.45E—04	86.8	6.3	4.04E—04	92.7	3.4
4.17E—04	47.8	19.0	4.86E—04	84.4	8.3	5.69E—04	89.3	5.4
7.06E—04	37.3	21.6	7.50E—04	50.2	16.6	8.82E—04	72.0	12.7
1.33E—03	28.1	24.3	1.20E—03	54.6	14.8	1.45E—03	59.3	15.6
			1.93E—03	38.6	20.3	2.45E—03	45.2	21.0
			3.11E—03	29.8	22.9			

注：固结比为1.5。

表 7.48　砂砾石料动剪应变与动剪模量、阻尼比关系

σ_3=300kPa			σ_3=600kPa			σ_3=900kPa			σ_3=1200kPa		
γ_d	Gd/Gd_{max} /%	λ_d /%	γ_d	Gd/Gd_{max} /%	λ_d /%	γ_d	Gd/Gd_{max} /%	λ_d /%	γ_d	Gd/Gd_{max} /%	λ_d /%
1.08E—05	95.1	7.3	4.75E—05	95.6	5.8	7.45E—05	97.1	12.7	1.10E—04	95.6	4.0
3.56E—05	92.0	11.9	1.05E—04	95.6	9.7	1.12E—04	95.6	14.1	1.65E—04	93.2	7.6
8.96E—05	84.0	19.5	1.71E—04	88.8	12.8	1.88E—04	87.3	19.5	2.89E—04	90.2	10.2
2.27E—04	75.1	22.4	2.45E—04	82.0	18.4	4.04E—04	75.3	20.6	4.27E—04	85.9	13.2
4.17E—04	61.0	22.6	4.86E—04	68.1	20.5	5.69E—04	59.7	21.0	6.85E—04	67.4	14.6
7.06E—04	46.5	24.0	7.50E—04	53.1	20.8	8.82E—04	49.0	21.5	1.08E—03	51.6	16.7
1.33E—03	31.9	23.4	1.20E—03	43.3	22.0	1.45E—03	40.3	21.5	1.68E—03	39.5	18.0
			1.93E—03	32.7	21.5	2.45E—03	30.7	21.0	2.91E—03	28.9	18.5
			3.11E—03	20.0	21.4				4.35E—03	12.4	21.0

注：固结比为1.5。

表 7.49　残余变形计算参数（沈珠江模型）

试验材料	C1	C2	C3	C4	C5
弱风化砂岩与泥质粉砂岩混合料	0.0003	0.2202	0	0.0991	0.4505
微新砂岩料	0.0017	0.9626	0	0.3452	0.8125
砂砾石料	0.0051	0.9138	0	0.1193	0.5951

（4）坝体填筑料设计参数

坝体填筑料设计控制指标见表7.50和表7.51。

表 7.50　　过渡层和排水垫层设计控制指标

材料	控制级配			压实干密度/(g/cm³)	渗透系数/(cm/s)
	<0.075mm颗粒含量/%	<5mm颗粒含量/%	最大粒径/mm		
过渡层、坝基排水垫层和下游护坡砂砾石垫层	<5	25～35	80	2.19	$>1\times10^{-3}$

表 7.51　　坝体堆石料设计控制指标

材料	<0.1mm颗粒含量/%	<5mm颗粒含量/%	最大粒径/mm	控制压实干密度/(g/cm³)	控制孔隙率/%
堆石Ⅰ区（微新及弱风化砂岩、新鲜的泥质粉砂岩）	<4	<25	800	2.10	21
堆石Ⅱ区（微新砂岩）	<4	<20	800	2.15	19

根据岩土物理力学试验并参考其他类似工程经验，确定大坝填筑料的物理力学参数见表 7.52。

表 7.52　　坝体填筑料非线性 E—B 模型参数

坝料	干密度/(g/cm³)	K	n	Kb	m	Rf	Kur	Φ_0/°	$\Delta\varphi$/°
堆石Ⅱ	2.15	638	0.20	290	0.21	0.74	1276	39.1	3.3
堆石Ⅰ	2.10	510	0.21	180	0.20	0.78	1020	34.7	3.4
过渡料	2.19	809	0.22	309	0.27	0.85	1618	41.8	3.0

7.3.3.2　Level 2 阶段

根据现场碾压试验成果和专家咨询意见，对筑坝材料设计进行调整，主要变化如下。

1）根据现场碾压试验成果，软岩填筑料碾压后渗透性较差，坝体排水成为控制工程安全的核心问题之一。因此排水料全部采用渗透性能可靠的砂砾石料，并筛掉 5mm 以下的细颗粒，以保证排水效果。

2）将排水体料的渗透系数控制指标由$\geqslant i\times10^{-3}$cm/s 调整为$\geqslant i\times10^{-1}$cm/s，即所有排水料渗透系数均$\geqslant i\times10^{-1}$cm/s。

3）为了便于控制，将堆石料渗透系数明确指定$\geqslant i\times10^{-3}$cm/s。

4）根据现场碾压试验成果，坝体填筑料属软岩，碾压后细颗粒含量较多，因此将堆石料Ⅱ区和堆石料Ⅲ区小于 5mm 颗粒含量由 25%分别放宽至 30%和 35%，以利于现场施工控制。

5）将砂砾石料（过渡料、护坡垫层料、反滤料和排水料）的相对密度 Dr 控制由 0.8 提高为 0.85。

最终确定筑坝材料设计参数及碾压要求见表 7.53。

表 7.53　坝体填筑料设计参数及压实标准

项目		过渡料Ⅰ	过渡料Ⅱ	排水层	排水垫层和排水体	反滤层	护坡砂砾石垫层	堆石料Ⅰ-A	堆石料Ⅰ-A，堆石料Ⅰ-B	堆石料Ⅱ	堆石料Ⅲ
填料来源		砂砾石料						微新砂岩、微新泥质粉砂岩	微新砂岩		
利用方式		系统加工	系统加工	系统加工	系统加工	系统加工	系统加工	微新泥质粉砂岩（直接上坝）与微新砂岩混合比例不超过30%	渣场转运	直接上坝	直接上坝或渣场转存
孔隙率/相对密度 Dr		≥0.85	≥0.85	≥0.85	≥0.85	≥0.85	≥0.85	≤21%	≤21%	≤19%	≤19%
颗粒级配	最大粒径/mm	80	150	150	150	20或40	20或40	800	800	800	800
	<5mm颗粒含量/%	25～35	10～20					<42	<42	<35	<38
	<0.075mm颗粒含量/%	<5	<5			<5		<5	<5	<5	<5
	级配	级配良好	级配良好	级配良好	级配良好	级配良好	级配良好	级配连续	级配连续	级配连续	级配连续
渗透系数/cm/s		$\geqslant i\times10^{-3}$	$\geqslant i\times10^{-3}$	$\geqslant i\times10^{-1}$	$\geqslant i\times10^{-1}$	$10^{-3}\sim10^{-2}$	$\geqslant i\times10^{-3}$	—	—	$\geqslant i\times10^{-3}$	$\geqslant i\times10^{-3}$

7.3.4 现场碾压试验

在 Level 2 阶段,根据规范要求,对大坝填筑料进行了现场碾压试验,为 Level 2 阶段大坝填筑料设计提供了依据。

7.3.4.1 主要碾压设备和机具参数

主要碾压设备见表 7.54。

表 7.54 主要碾压设备

序号	设备名称型号	单位	数量	序号	设备名称型号	单位	数量
1	25t 翻斗车	台	6	3	推土机	台	1
2	洒水车	台	1	4	21t 振动碾	台	1

试验选用 AtlasCopco 戴纳派克(欧美)生产的 DYNAPAC CA610D 型振动碾,其主要性能指标见表 7.55。

表 7.55 DYNAPAC CA610D 型振动碾主要性能指标

振动力/kN	工作质量/t	压实宽度/m	钢轮模重/kg	静线压力/(kg/cm)	振幅/mm
317/213	20.65	1.8/1.1	1370	65.3	1.8～1.1

7.3.4.2 压实干密度、孔隙率与碾压遍数之间的关系

(1)堆石Ⅰ区碾压遍数与填筑料干密度、孔隙率的关系

压实厚度 80cm、压实厚度 100cm 不同碾压遍数与填筑料压实干密度及孔隙率的关系曲线见图 7.64 至图 7.67。从图 7.64 至图 7.67 可以看出,洒水量 0%、2%、4%试验区的压实干密度均随碾压遍数的增多而呈增大趋势,孔隙率随碾压遍数的增多呈减小的趋势。

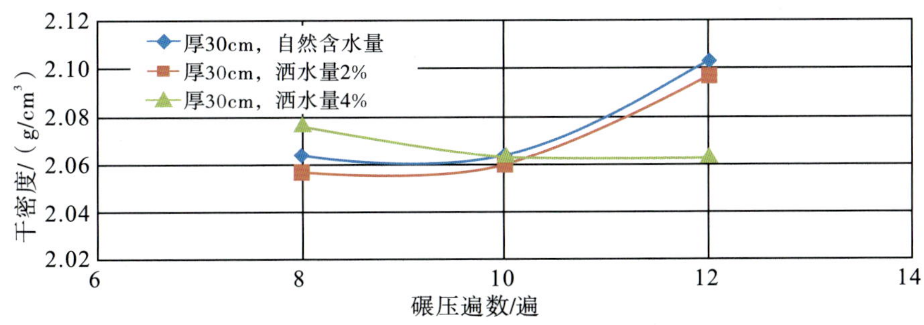

图 7.64 堆石Ⅰ区压实厚度 80cm 碾压遍数与填筑料干密度关系曲线

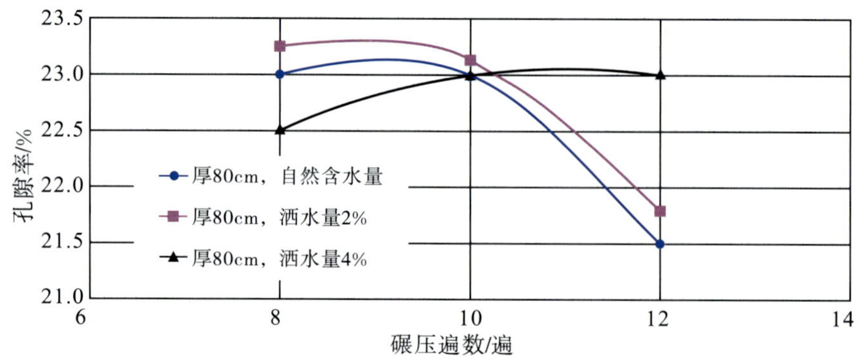

图 7.65　堆石Ⅰ区压实厚度 80cm 碾压遍数与填筑料压实孔隙率关系曲线

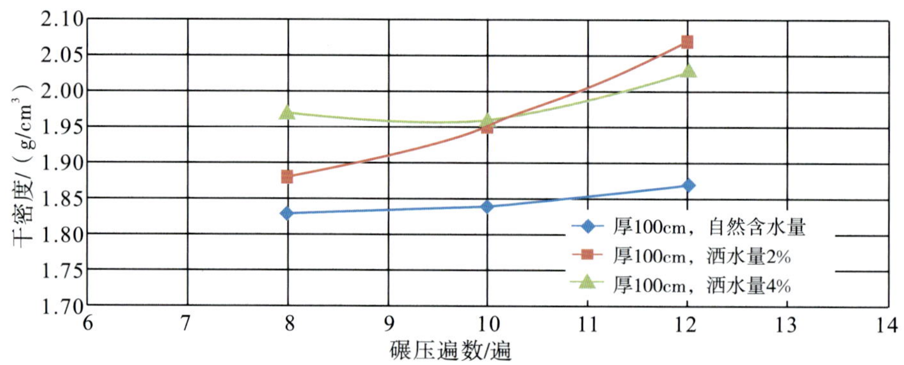

图 7.66　堆石Ⅰ区压实厚度 100cm 碾压遍数与填筑料干密度关系曲线

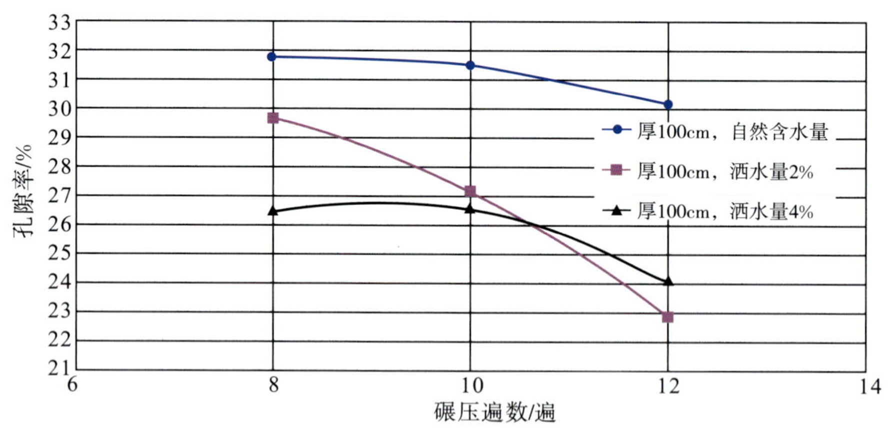

图 7.67　堆石Ⅰ区压实厚度 100cm 碾压遍数与填筑料干密度孔隙率关系曲线

(2)堆石Ⅱ区碾压遍数与填筑料干密度、孔隙率的关系

压实厚度 100cm、压实厚度 120cm 不同碾压遍数与填筑料压实孔隙率及孔隙率的关系曲线见图 7.68 至图 7.73。从图 7.68 至图 7.73 可以看出，在压实厚度为 80cm 时，洒水量 0%、2%、6%试验区的压实干密度在碾压遍数为 8 遍时最大，孔隙率在碾压遍数为 8 遍时最小，洒水量 0%试验区的压实干密度最大；在压实厚度为 100cm 时，洒水量 0%、2%、4%试验

区的压实干密度均随碾压遍数的增多而呈增大趋势，孔隙率随碾压遍数的增多呈减小的趋势，洒水量0%试验区的压实干密度最大；在压实厚度为120cm时，洒水量0%、1.5%、3%试验区的压实干密度均随碾压遍数的增多而呈增大趋势，孔隙率随碾压遍数的增多呈减小的趋势，洒水量1.5%试验区的压实干密度最大。

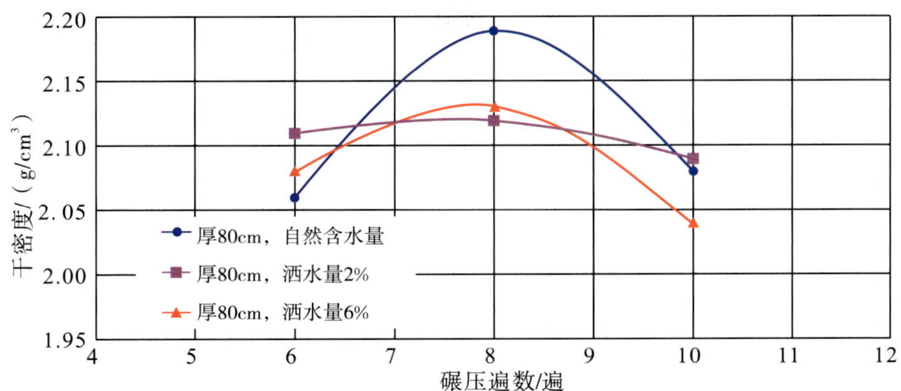

图7.68　堆石Ⅱ区压实厚度80cm碾压遍数与填筑料干密度关系曲线

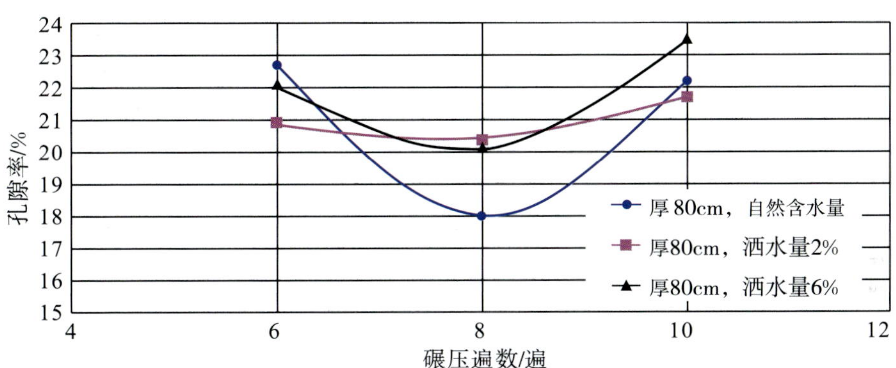

图7.69　堆石Ⅱ区压实厚度80cm碾压遍数与填筑料压实孔隙率关系曲线

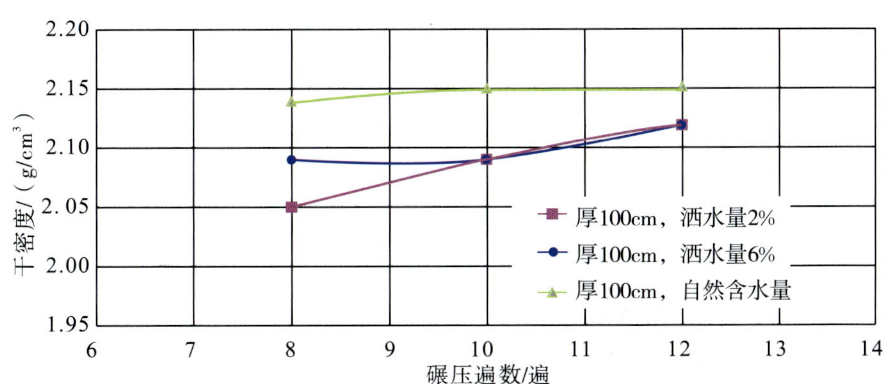

图7.70　堆石Ⅱ区压实厚度100cm碾压遍数与填筑料干密度关系曲线

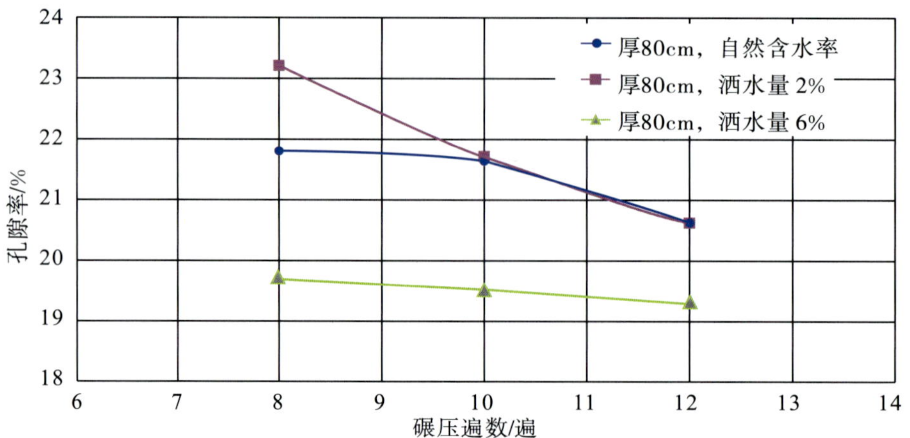

图 7.71　堆石Ⅱ区压实厚度 100cm 碾压遍数与填筑料压实孔隙率关系曲线

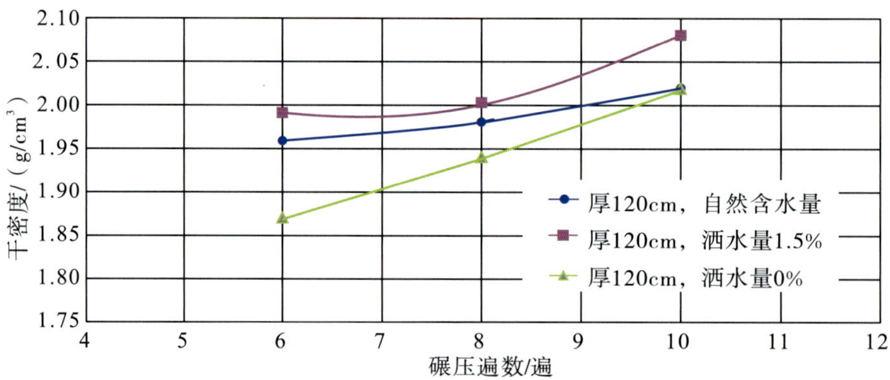

图 7.72　堆石Ⅱ区压实厚度 120cm 碾压遍数与填筑料干密度关系曲线

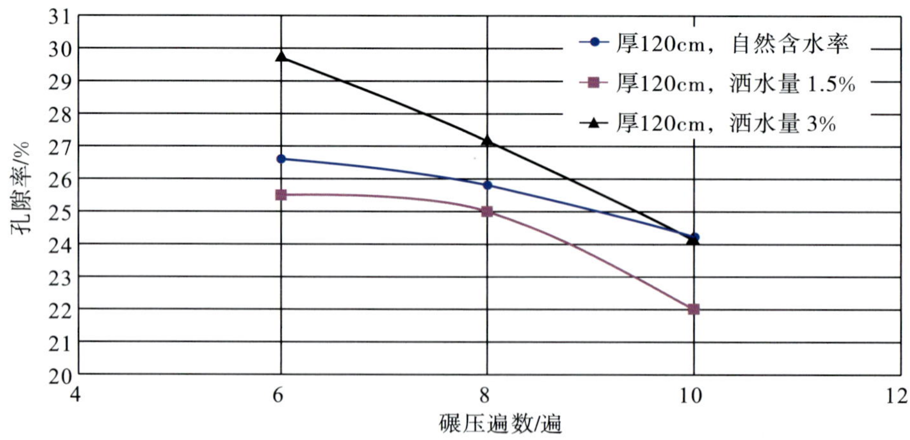

图 7.73　堆石Ⅱ区压实厚度 120cm 碾压遍数与填筑料压实孔隙率关系曲线

7.3.4.3　坝料碾压后的渗透特性

堆石Ⅰ区和堆石Ⅱ区在不同压实厚度、不同加水率和不同碾压遍数下渗透系数见表 7.56 至表 7.60。

表 7.56　　堆石Ⅰ区压实厚度 80cm 碾压后渗透系数

含水率	碾压遍数	渗透系数/($i\times10^{-3}$)
厚度 80cm，天然含水	碾压遍数 8 遍	4.90
	碾压遍数 10 遍	11.30
	碾压遍数 12 遍	3.00
厚度 80cm，加水 2%	碾压遍数 8 遍	1.43
	碾压遍数 10 遍	0.59
	碾压遍数 12 遍	2.61
厚度 80cm，加水 4%	碾压遍数 8 遍	0.91
	碾压遍数 10 遍	17.00
	碾压遍数 12 遍	22.00

表 7.57　　堆石Ⅰ区压实厚度 100cm 碾压后渗透系数

含水率	碾压遍数	渗透系数/($i\times10^{-3}$)
厚度 100cm，天然含水	碾压遍数 8 遍	0.43
	碾压遍数 10 遍	0.82
	碾压遍数 12 遍	0.59
厚度 100cm，加水 2%	碾压遍数 8 遍	0.17
	碾压遍数 10 遍	7.02
	碾压遍数 12 遍	0.20
厚度 100cm，加水 4%	碾压遍数 8 遍	0.15
	碾压遍数 10 遍	1.09
	碾压遍数 12 遍	0.14

表 7.58　　堆石Ⅱ区压实厚度 80cm 碾压后渗透系数

含水率	碾压遍数	渗透系数/($i\times10^{-3}$)
厚度 80cm，加水 2%	碾压遍数 6 遍	0.86
	碾压遍数 8 遍	1.00
	碾压遍数 10 遍	0.40
厚度 80cm，加水 4%	碾压遍数 6 遍	2.54
	碾压遍数 8 遍	0.08
	碾压遍数 10 遍	1.11
厚度 80cm，加水 6%	碾压遍数 6 遍	1.15
	碾压遍数 8 遍	1.94
	碾压遍数 10 遍	0.36

表 7.59　堆石Ⅱ区压实厚度 100cm 碾压后渗透系数

含水率	碾压遍数	渗透系数/($i\times10^{-3}$)
厚度 100cm,天然含水	碾压遍数 8 遍	1.26
	碾压遍数 10 遍	1.56
	碾压遍数 12 遍	1.00
厚度 100cm,加水 2%	碾压遍数 8 遍	3.02
	碾压遍数 10 遍	1.37
	碾压遍数 12 遍	4.30
厚度 100cm,加水 4%	碾压遍数 8 遍	1.16
	碾压遍数 10 遍	0.77
	碾压遍数 12 遍	0.15

表 7.60　堆石Ⅱ区压实厚度 120cm 碾压后渗透系数

含水率	碾压遍数	渗透系数/($i\times10^{-3}$)
厚度 120cm,天然含水	碾压遍数 6 遍	0.66
	碾压遍数 8 遍	0.36
	碾压遍数 10 遍	0.77
厚度 120cm,加水 2%	碾压遍数 6 遍	0.15
	碾压遍数 8 遍	0
	碾压遍数 10 遍	0.23
厚度 120cm,加水 4%	碾压遍数 6 遍	0.90
	碾压遍数 8 遍	2.19
	碾压遍数 10 遍	1.78

7.3.4.4　主要试验结论

现场碾压试验主要完成对不同坝料、不同洒水量和不同碾压遍数等多种试验参数组合的碾压试验。对试验成果进行分析得出如下主要结论：

1)洒水量对压实效果的影响较小,碾压遍数则与压实效果有直接关系。对堆石料加水采用喷洒加水的方法,按重量法计算加水量,加水在碾压前完成。

2)堆石Ⅰ区推荐施工参数为 21t 振动碾,后退法铺料,试验压实厚度 80cm,天然含水率、碾压遍数为 12 遍。

3)堆石Ⅱ区推荐施工参数为 21t 振动碾,后退法铺料,试验压实厚度 80cm,天然含水率、碾压遍数为 8 遍。

7.3.5　沥青混凝土设计

沥青混凝土由粗骨料、细骨料、矿粉、沥青组成。粗骨料均采用料场开采的灰岩岩块进

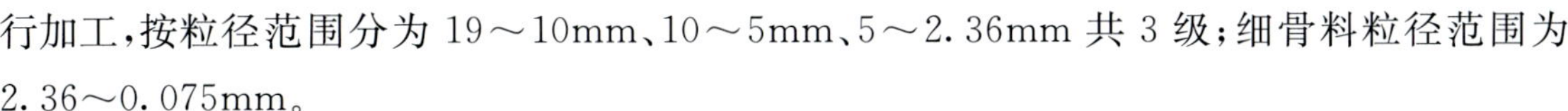

行加工，按粒径范围分为 19～10mm、10～5mm、5～2.36mm 共 3 级；细骨料粒径范围为 2.36～0.075mm。

填料采用灰岩经加工粉磨后粒径小于 0.075mm 的石粉。

(1)沥青

沥青采用质量标准为 SG70 的水工沥青。技术指标见表 7.61。

表 7.61　　沥青技术指标

<table>
<tr><th>序号</th><th colspan="2">项目</th><th>单位</th><th>指标</th><th>试验方法</th></tr>
<tr><td>1</td><td colspan="2">针入度(25℃,100g,5s)</td><td>1/10mm</td><td>60～80</td><td>GB/T 4509</td></tr>
<tr><td>2</td><td colspan="2">延度(5cm/min,15℃)</td><td>cm</td><td>≥150</td><td>GB/T 4508</td></tr>
<tr><td>3</td><td colspan="2">延度(1cm/min,4℃)</td><td>cm</td><td>≥10</td><td>GB/T 4508</td></tr>
<tr><td>4</td><td colspan="2">软化点(环球法)</td><td>℃</td><td>48～55</td><td>GB/T 4507</td></tr>
<tr><td>5</td><td colspan="2">溶解度(三氯乙烯)</td><td>%</td><td>≥99</td><td>GB/T 11148</td></tr>
<tr><td>6</td><td colspan="2">脆点</td><td>℃</td><td>≤−10</td><td>GB/T 4510</td></tr>
<tr><td>7</td><td colspan="2">闪点(开口法)</td><td>℃</td><td>260</td><td>GB/T 267</td></tr>
<tr><td>8</td><td colspan="2">密度(25℃)</td><td>g/cm³</td><td>实测</td><td>GB/T 8928</td></tr>
<tr><td>9</td><td colspan="2">含蜡量(裂解法)</td><td>%</td><td>≤2</td><td></td></tr>
<tr><td rowspan="5">10</td><td rowspan="5">薄膜烘箱后</td><td>质量损失</td><td>%</td><td>≤0.2</td><td>GB/T 5304</td></tr>
<tr><td>针入度比</td><td>%</td><td>≥68</td><td>GB/T 4509</td></tr>
<tr><td>延度(5cm/min,15℃)</td><td>cm</td><td>≥80</td><td>GB/T 4508</td></tr>
<tr><td>延度(1cm/min,4℃)</td><td>cm</td><td>≥4</td><td>GB/T 4508</td></tr>
<tr><td>软化点升高</td><td>℃</td><td>≤5</td><td>GB/T 4507</td></tr>
</table>

(2)骨料

粗骨料、细骨料及填料质量要求分别见表 7.62 至表 7.64。

表 7.62　　粗骨料主要技术指标

序号	项目	单位	指标	说明
1	表观密度	g/cm³	≥2.6	
2	与沥青黏附性	级	≥4	水煮法
3	针片状含量	%	≤25	颗粒最大最小尺寸比大于 3
4	压碎值	%	≤30	压力 400kN
5	吸水率	%	≤2	
6	含泥量	%	≤0.5	
7	耐久性	%	≤12	硫酸钠干湿循环 5 次的质量损失

表 7.63　　细骨料主要技术指标

序号	项目	单位	指标	说明
1	表观密度	g/cm^3	≥2.55	
2	吸水率	%	≤2	
3	水稳定等级	级	≥6	碳酸钠溶液煮沸 1min
4	耐久性	%	≤15	碳酸钠干湿循环 5 次的重量损失
5	有机质及泥土含量	%	≤2	

表 7.64　　填料技术指标

序号	项目		单位	指标	说明
1	表观密度		g/cm^3	>2.5	
2	含水率		%	<0.5	
3	亲水系数			≤1	煤油与水沉淀法
4	细度	0.6mm	%	100	
		0.15mm		>90	
		0.075mm		>80	
5	其他要求			不含有机质及泥土，不结团块	

（3）配合比

参考配合比见表 7.65，施工配合比通过下阶段试验确定。

表 7.65　　试验配合比参考范围

配合比参数				材料重量比/%		
级配指数	最大骨料 D_{max}/mm	填充料占矿料总重/%	沥青占沥青混合料总重/%	粗骨料 d=19～2.36mm	细骨料 d=2.36～0.075mm	d<0.075mm
0.35～0.44	19	10～14	6～7.5	57～55	33～31	10～14

7.4　基础处理

7.4.1　基础开挖

7.4.1.1　基础开挖

混凝土基座基础开挖至弱风化岩层，坝基范围内覆盖层全部挖除。

填筑施工前，应再次对坝基和岸坡填筑范围内的覆盖层、植被树根、树桩、杂草、垃圾、粉土、细砂、淤泥、腐殖土、石渣、根植土、危岩体、孤立松动岩块及全风化层等全部予以清除，直至露出基岩；使得坝基和岸坡填筑面应无松动岩块、悬挂体、陡坎、尖角等，对建基面验收后方可填筑。

对失水易风化的泥质粉砂岩和粉砂质泥岩，填筑前应对表面软化和泥化层进行清除，随挖除、随回填。

坝体填筑范围内的陡坎应开挖或利用混凝土（C15，三级配）回填至不陡于 1∶0.25 方可填筑。

7.4.1.2 缺陷处理

对混凝土基座基础面范围内开挖出露的泥质粉砂岩、粉砂质泥岩，应及时喷水泥砂浆予以保护。

如遇到较大的地质缺陷，如岩基中发育的断层、破碎带等，应在其表面铺设 90cm 反滤层后再在其上部填筑堆石料或排水料。

7.4.2 基岩固结灌浆

7.4.2.1 目的及范围

大坝基岩由砂岩、粉砂岩、细砂岩、泥质粉砂岩、粉砂质泥岩及泥岩等组成，呈互层状产出，岩性软弱。受开挖爆破影响，浅表层岩体将产生爆破裂隙和卸荷裂隙，从而影响基岩的整体性，降低岩体强度。为加固处理爆破、卸荷裂隙及构造裂隙等，提高基岩的整体性，减少其承载后的不均匀变形，并增加表层基岩的防渗能力，同时有利于帷幕灌浆升压施工，对大坝沥青混凝土心墙基岩进行全范围固结灌浆处理。

7.4.2.2 灌浆孔布置

沿沥青混凝土心墙混凝土基座（底宽 4m）轴线布置双排固结灌浆孔，孔排距为 2.5m×2.5m，梅花形布置。其中，上游排固结灌浆孔兼辅助帷幕灌浆孔，入岩深度 10m；下游排固结灌浆孔入岩深度 6m。

固结灌浆孔一般垂直于基座混凝土面布置，在基座混凝土表面坡度变化处，为保证固结灌浆孔孔底间距，适当调整灌浆孔角度。

7.4.2.3 固结灌浆主要施工技术要求

（1）施工方法和程序

固结灌浆采取有盖重法施工。固结灌浆孔分排、分序施工，按照“自上而下分段，孔内循环法”灌注。

固结灌浆施工程序为：抬动观测孔钻孔、仪器安装→物探（声波）测试孔钻孔、灌前测试、临时封孔保护→下游排第Ⅰ序固结灌浆孔钻孔、简易压水、灌浆、封孔→下游排第Ⅱ序固结灌浆孔钻孔、简易压水、灌浆、封孔→上游排第Ⅰ序固结灌浆孔钻孔、简易压水、灌浆、封孔→上游排第Ⅱ序固结灌浆孔钻孔、简易压水、灌浆、封孔→检查孔钻孔、压水试验、封孔→物探（声波）测试孔灌后扫孔、测试、封孔→抬动观孔封孔（相应部位帷幕灌浆完成后）。

(2)钻孔

固结灌浆孔、抬动观测孔、物探测试孔、质量检查孔孔径均为76mm。基座混凝土浇筑时，在固结灌浆孔、抬动观测孔、物探测试孔孔位预埋φ89mm钢导管或PVC导管，并用拉筋固定牢固，导管外露长度一般为10cm。

物探测试孔、质量检查孔应采用回转式钻机和金刚石钻头或硬质合金钻头钻进。固结灌浆孔、抬动观测孔可采用各式适宜的钻机和钻头钻进。

(3)压水试验

各序孔中应选取不少于5%的灌浆孔在灌浆前进行简易压水试验。灌前压水压力为灌浆压力的80%，且不大于1MPa。

(4)灌浆浆液

固结灌浆水泥采用强度等级为42.5级的普通硅酸盐水泥。水泥浆液水灰比采用3∶1、2∶1、1∶1、0.8∶1、0.5∶1(重量比)5个比级，开灌水灰比一般为3∶1。

(5)灌浆分段及压力

常规固结灌浆孔基岩段长为6m，采用全孔一段灌浆；固结兼辅助帷幕灌浆孔基岩段长划分为：第1段3m，第2段7m。

根据现场固结灌浆试验成果，大坝基岩固结灌浆压力为：常规固结灌浆孔Ⅰ序孔0.2～0.3MPa，Ⅱ序孔0.3～0.4MPa。固结兼辅助帷幕灌浆孔Ⅰ序孔第1段0.3～0.4MPa，第2段0.4～0.5MPa；Ⅱ序孔第1段0.4～0.5MPa，第2段0.5～0.6MPa。固结灌浆过程中应加强抬动变形观测及巡视，防止灌浆对建基面及结构安全造成影响。

灌浆时应采用分段升压灌注，灌浆压力应与注入率相适应，灌浆压力与注入率的关系按表7.66的标准控制。

表7.66　注入率与灌浆压力控制关系

注入率/(L/min)	>30	30～20	20～10	<10
灌浆压力/MPa	<0.3P	0.3P～0.5P	0.5P～0.8P	0.8P～1.0P

(6)抬动变形观测

单段灌浆或压水时，附近抬动孔的抬动变形允许值按200μm控制。

抬动变形观测一般情况下每5min测记一次读数，发生抬动时应加密测读，并加强抬动变形现场巡视。当发生抬动迹象时，应立即降压施工；当变形值上升速度较快或超过设计允许值时，应及时报告各工序操作人员卸压暂停施工并做好详细记录。

(7)结束标准

固结灌浆在规定压力下，当注入率不大于1L/min，继续灌注30min，灌浆即可结束。

(8)质量检查

固结灌浆质量检查以检查孔压水试验、物探孔声波测试、钻孔岩芯和灌浆记录等进行综

合评定。

大坝基岩固结灌浆声波测试合格标准为：灌后全孔声波平均值≥2700m/s 或平均提高率不小于 3%。

灌后压水检查孔根据现场地质条件及灌浆施工情况布置，检查孔的数量不应少于灌浆孔总数的 5%，垂直于基座混凝土面布置，入岩孔深为 6m。灌后压水检查压力为灌浆压力的 80%，且不大于 1.0MPa。压水检查在固结灌浆结束 3～7d 后进行，合格标准为灌后基岩透水率 $q \leqslant 5$Lu，单元工程检查孔孔段合格率应在 85%以上，不合格孔段的透水率值不超过设计规定值的 150%，且不集中。

7.4.3 大坝及两岸防渗

7.4.3.1 防渗帷幕线路平面布置

为截断层面、断层、裂隙等形成的渗漏通道，防止发生渗透破坏，减少渗漏量，保证水库正常蓄水，提高坝体稳定安全度，对沥青混凝土心墙坝坝基进行防渗处理。大坝坝基防渗采用“防渗灌浆帷幕”方案。

大坝防渗帷幕沿沥青混凝土心墙混凝土垫座轴线向两岸展布，左岸帷幕出坝端后向山体内直线延伸 60m；右岸帷幕出坝端在坝肩公路上向下游转折并延伸 135m，接至与正常蓄水位等高的地下水位线。大坝防渗帷幕线路全长约 700m。

7.4.3.2 防渗标准和帷幕底线

根据沥青混凝土心墙坝防渗要求，设计防渗标准确定为：高程 445m 以下的大坝帷幕防渗标准为灌后基岩透水率 $q \leqslant 3$Lu，高程 445m 以上的大坝帷幕及两岸山体段帷幕防渗标准为灌后基岩透水率 $q \leqslant 5$Lu。

经对防渗帷幕线路的工程地质、水文地质条件及坝高、坝体结构综合分析，防渗帷幕底线为：大坝河床坝段帷幕底线为高程 335m，向左岸逐渐抬升至高程 445m；向右岸逐渐抬升至高程 418m，沿高程 418m 向右水平延伸包络局部透水率大的透镜体后再逐渐抬升至高程 445m。

7.4.3.3 帷幕灌浆孔布置

综合考虑坝址区地质条件、设计防渗标准，大坝高程 445m 以下布置双排帷幕灌浆孔，孔距 2.5m，排距 0.8m，其中上游浅排帷幕灌浆孔深 25m；大坝高程 445m 以上及两岸山体段防渗帷幕布置单排帷幕灌浆孔，孔距 2m。

现场帷幕灌浆实施过程中，针对局部灌前透水率较大，或灌后自检不满足合格标准的部位，采取了增补灌浆孔的措施，以确保帷幕灌浆质量满足要求。增补灌浆孔一般采用水泥灌浆，对“灌前透水率大而注入量小”，水泥灌浆难以满足防渗要求的部位采用化学材料灌浆。

7.4.3.4 帷幕灌浆辅助工程

大坝河床坝段防渗帷幕在沥青混凝土心墙垫座混凝土面实施；两岸坝肩平台部位防渗

帷幕在坝肩公路路面实施；左岸山体段防渗帷幕在左岸灌浆平洞兼排水洞内实施，右岸山体段防渗帷幕在右岸灌浆平洞内实施。

大坝左岸灌浆平洞兼排水洞和右岸灌浆平洞开挖断面均为城门洞形，长度分别为60m和135m，净断面尺寸均为3m×3.5m（宽×高），采用钢筋混凝土衬砌。底板混凝土衬砌厚度为50cm，侧墙、顶拱衬砌厚度为40cm，衬砌顶拱进行回填灌浆。平洞底板中间设一排φ28螺纹钢筋锚杆，间距1m，深入基岩3m。

针对围岩条件较差（Ⅲ～Ⅴ类围岩）的洞段，为确保洞室稳定和施工期安全，施工过程中须及时进行挂网喷锚一次支护，一次支护不得侵占永久衬砌断面。

7.4.3.5 水泥帷幕灌浆主要施工技术要求

根据大坝高程386m以下现场灌浆试验成果、相关咨询会议精神、《水工建筑物水泥灌浆施工技术规范》（DL/T 5148—2021），结合卡洛特水电站具体工程特点、地质条件，制定了大坝帷幕灌浆施工技术要求。

（1）一般要求

帷幕灌浆必须具备下述条件方可开始相应部位的施工：①相应部位的基岩固结灌浆完成并检查合格；②抬动变形观测装置安装完毕且能进行正常测试工作；③相应部位的基座分缝沥青封闭及上下游侧的挂网喷混凝土施工按相关设计文件完成；④相应部位的勘探孔（洞）封堵完成。

帷幕灌浆施工顺序一般为：孔位测量放样→抬动观测孔钻孔、观测设施埋设→先导孔钻孔、取芯、压水、灌浆、封孔→常规帷幕灌浆孔分排、分序钻孔、压水、灌浆、封孔→质量检查孔钻孔、取芯、压水、封孔→抬动观测孔封孔等。

大坝填筑前，应完成相应部位的帷幕灌浆施工并检查合格。水库蓄水或阶段蓄水过程中，应完成相应蓄水位以下的帷幕灌浆施工及其质量检查和验收工作。

（2）灌浆材料

帷幕灌浆水泥采用强度等级不低于42.5级的普通硅酸盐水泥，或强度指标和主要参数满足42.5级普通硅酸盐水泥的其他水泥。

水泥灌浆一般使用纯水泥浆液。注入量较大部位，可在水泥浆液中掺入早强剂等外加剂，其品种及掺量应通过试验确定。

（3）钻孔

帷幕灌浆先导孔孔口管段孔径不小于φ91mm，以下各段孔径为φ76mm；常规帷幕灌浆孔孔口管段孔径为φ91mm，以下各段孔径不小于φ56mm。质量检查孔和抬动观测孔孔径为φ76mm。

帷幕灌浆孔（含先导孔）、抬动观测孔、压水检查孔均应采用回转式钻机和金刚石钻头或硬质合金钻头钻进。

帷幕灌浆终孔段灌前透水率大于设计防渗标准，应自动分段加深钻灌至满足上述标准

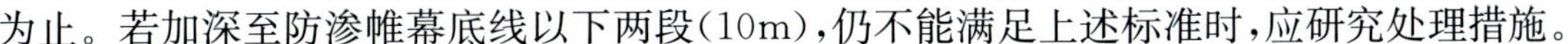

为止。若加深至防渗帷幕底线以下两段(10m),仍不能满足上述标准时,应研究处理措施。

(4)抬动变形观测

单段灌浆或压水时,附近抬动孔的抬动变形允许值按 200μm 控制。

抬动变形观测一般情况下每 5min 测记一次读数,发生抬动时应加密测读,并加强抬动变形现场巡视。当发生抬动迹象时,应立即降压施工;当变形值上升速度较快或超过设计允许值时,应及时通知各工序操作人员卸压暂停施工并做好详细记录。

(5)压水试验

灌前压水采用简易压水,每 3~5min 测读一次流量,连续测读 4 次。压水压力采用对应灌浆孔段压力的 60%,且不大于 0.7MPa(双排帷幕区)或 0.6MPa(单排帷幕区),按照峰值压力控制,最大流量按不大于 20L/min 控制。如压水过程中发生水力劈裂或抬动,应及时降低压力进行压水。

孔底段灌前压水试验采用孔口封闭压水时,如灌前透水率大于设计防渗标准,则必须改用孔内阻塞压水,阻塞器阻塞于受灌段以上 50cm 处。

灌后压水检查采用单点法压水,压水压力按表 7.67 控制。

表 7.67　灌后压水检查压力　(单位:MPa)

段次	第 1 段	第 2 段	第 3 段	第 4 段	第 5 段及以下
单排帷幕区	0.30	0.30	0.35	0.40	0.50
双排帷幕区,水头小于 50m 部位	0.35	0.35	0.40	0.45	0.55
双排帷幕区,水头大于 50m 部位	0.40	0.40	0.45	0.50	0.60

(6)灌浆方法

帷幕灌浆可采用“小口径钻孔、孔口封闭、自上而下分段、孔内循环法”(以下简称“孔口封闭灌浆法”)灌注、“自上而下分段,孔内阻塞法”(以下简称“自上而下分段灌浆法”)灌注或者上部孔口封闭灌浆法、下部自上而下分段灌浆法的“综合灌浆法”。采取孔口封闭灌浆法时,如浅层岩体承压能力较差时,深部岩体宜采用自上而下分段灌浆法灌注。

帷幕灌浆按分排、分序加密原则进行。

采用孔口封闭灌浆法时,帷幕灌浆孔第 1 段(接触段)、第 2 段采用孔内循环灌浆法进行灌注,第 1 段灌注时阻塞器应阻塞在混凝土与基岩接触面以上混凝土内。孔口管深度一般按垂直坡面深入基岩 6m,且最大深度不超过 9m 控制。

采用自上而下分段灌浆法时,第 1 段灌注时阻塞器应阻塞在混凝土与基岩接触面以上混凝土内;以下各段灌浆时,灌浆塞应阻塞在受灌段段顶以上 50cm 处。

两岸坝肩平台部位的帷幕灌浆孔,第 1 段灌注时阻塞器可阻塞在混凝土与基岩接触面以下约 50cm 处。

(7)灌浆分段和灌浆压力

灌浆孔段的段长和灌浆压力一般按表 7.68、表 7.69 控制。补灌孔采用后灌排Ⅲ序孔灌浆压力。

表 7.68　　大坝单排帷幕区灌浆孔段长和灌浆压力

孔序	段长	主帷幕孔压力/MPa	
		Ⅰ、Ⅱ序孔	Ⅲ序孔
第 1 段	坡面入岩 3m	0.5	0.5～0.6
第 2 段	坡面入岩 3m	0.6	0.6～0.7
第 3 段	5m	0.7	0.8
第 4 段	5m	0.8	0.9
第 5 段	5m	0.9	1.0
第 6 段及以下各段	5m，孔底段最大 7m	1.0	1.0

注：表中灌浆压力为回浆管紧邻孔口处传感器峰值压力控制值。

表 7.69　　大坝双排帷幕区段长和灌浆孔灌浆压力

孔序	段长	主帷幕孔/MPa		副帷幕孔/MPa	
		Ⅰ、Ⅱ序孔	Ⅲ序孔	Ⅰ、Ⅱ序孔	Ⅲ序孔
第 1 段	坡面入岩 3m	0.5	0.6	0.6	0.6～0.7
第 2 段	坡面入岩 3m	0.6	0.7	0.7	0.7～0.8
第 3 段	5m	0.7	0.8	0.8	0.9
第 4 段	5m	0.8	0.9	0.9	1.0
第 5 段	5m	0.9	1.0	1.0	1.0～1.2
第 6 段及以下各段	5m，孔底段最大 7m	1.0	1.0	1.0	1.0～1.2

注：表中灌浆压力为回浆管紧邻孔口处传感器峰值压力控制值。现场实施过程中，双排帷幕区局部升压困难部位，可在表中的灌浆压力基础上降低 0.10～0.15MPa。

灌浆时应采用分级升压法灌注，灌浆压力应与注入率相适应，灌浆压力与注入率的关系参考表 7.70 的标准控制。升压中因岩体抬动或发生劈裂等不能达到规定设计压力时，以不发生抬动或岩体劈裂的最大压力灌浆结束。

表 7.70　　注入率与灌浆压力控制关系

注入率/(L/min)	>15	15～10	10～5	<5
灌浆压力/MPa	<$0.3P$	0.3～$0.5P$	0.5～$0.8P$	0.8～$1.0P$

注：P 为各部位各分段设计灌浆压力。

(8)浆液配比及变换

浆液水灰比采用 5∶1、3∶1、2∶1、1∶1、0.8∶1、0.5∶1(重量比)等 6 个比级。开灌水灰比一般为 3∶1。补灌孔灌前透水率超标、灌浆发生“吃水不吃浆”的相邻孔段，开灌水灰比可采用 5∶1。

(9)灌浆结束标准和封孔

在设计压力下,注入率不大于1.0L/min后,继续灌注30min,可结束灌浆。

灌浆孔及其质量检查孔采用"全孔灌浆法"封孔。灌浆孔封孔灌浆压力采用该灌浆孔的最大灌浆压力;质量检查孔封孔灌浆压力一般采用灌浆孔的最大灌浆压力,如发生抬动或劈裂,可适当降低封孔灌浆压力。封孔灌浆持续时间不少于1h。

(10)质量检查

帷幕灌浆质量以检查孔压水试验成果为主,结合钻孔取芯、灌浆记录(灌前压水试验、灌浆、钻孔测斜、抬动变形观测)等成果等进行综合评定,必要时辅以孔内电视摄像检查。

高程445m以下的大坝坝基帷幕灌浆(双排帷幕区)质量检查合格标准为灌后基岩透水率$q \leqslant 3$Lu,高程445m以上的大坝坝基及两岸山体段帷幕灌浆(单排帷幕区)质量检查合格标准为灌后基岩透水率$q \leqslant 5$Lu。检查孔压水试验,坝体心墙基座混凝土与基岩接触段透水率的合格率应为100%;其余各段合格率应不小于90%,不合格试段的透水率不超过设计规定值的150%,且不合格试段的分布不集中,灌浆质量可评为合格。

7.4.3.6 化学材料帷幕灌浆主要施工技术要求

1)材料。采用环氧树脂或其他化学材料,灌浆材料应满足《地基与基础处理用环氧树脂灌浆材料》(JC/T 2379—2016)的要求,材料的使用应符合相应产品的要求。

2)钻孔。钻孔孔径为56mm,灌浆钻孔应采用回转式钻机和金刚石钻头或硬质合金钻头钻进。钻孔完成后,应将进浆管连接在空压机上,压风赶尽孔内积水。

3)灌浆方法。化学灌浆采用"孔内阻塞,自下而上分段灌浆"。

4)分段与压力。孔口第一段长2m,以下各段长3m。灌浆压力参照水泥灌浆压力确定。对灌浆注入率较大的孔段,应降低灌浆压力,限流灌注,暂按控制注入率不大于0.3L/(min·m)执行。升压中因岩体抬动或发生劈裂等不能达到规定设计压力时,以不发生抬动或岩体劈裂的最大压力灌浆结束。

5)结束标准。灌浆段在最大设计压力下,注入率不大于0.02L/(min·m)后,继续灌注30min或达到胶凝时间。

6)特殊情况处理。灌浆过程中,如阻塞器绕塞,可适当调整灌浆段长;如发现冒浆、漏浆时,根据具体情况可采用嵌缝、表面封堵、低压、限流、间歇灌注等方法处理;在灌浆过程中,如吸浆量较大,且长时间内不减小,超出受灌范围,可采取降低灌浆压力,缩短浆液凝固时间,增大浆液黏度或使用间歇灌浆法处理,间歇时间根据配方、配比及裂隙大小等情况,并结合现场具体情况确定。

7)质量检查与合格标准。压水检查要求及合格标准同该部位水泥灌浆。

8)其他施工要求应参照《水工建筑物化学灌浆施工规范》(DL/T 5406—2010)及该部位水泥帷幕灌浆施工执行。

7.4.4 大坝固结灌浆和帷幕灌浆现场动态调整

7.4.4.1 调整原因

卡洛特水电站大坝基岩为砂岩和泥岩互层，岩性软弱，岩体承压能力低，同时心墙混凝土基座盖重薄、覆盖范围小，基座两侧岩体风化严重，主要灌浆布置和施工工艺须通过现场灌浆试验确定。现场灌浆试验完成前，考虑工程实际需求，设计根据勘察地质资料及工程经验进行了 Level 2（施工图）设计，同时明确主要工程参数等须根据灌浆试验成果进一步确定。

根据现场灌浆试验及施工过程揭示，由于爆破、卸荷等原因，岩体渗透性发生了较大变化，浅层岩体灌前透水率普遍较大，深部岩体局部透水率也较大，如河床部位 DBZW-1-Ⅰ-161 号孔第 7～9 段（入岩孔深 26～41m）灌前透水率均大于 10Lu；右岸岸坡部位 DBZW-1-Ⅰ-201、DBZW-1-Ⅰ-217 号孔第 3～9 段（入岩孔深 5～41m）灌前透水率均大于 10Lu；右岸坝肩公路处 DBZW-Ⅲ-240 号孔第 1～11 段（入岩孔深 0～51m）灌前透水率均大于 10Lu，多段压水不起压。局部宽大裂隙发育，如 DBZW-Ⅲ-240 号孔多次复灌，合计注入量超过 18t。

灌浆过程中外漏、抬动、劈裂问题十分突出（基座外侧灌浆外漏见图 7.74），灌浆施工难度极大。

图 7.74 基座外侧灌浆外漏

7.4.4.2 主要调整内容

根据现场灌浆试验及实际灌浆揭示情况，设计密切跟踪现场灌浆施工过程和灌后压水检查，在 Level 2（施工图）设计基础上，对灌浆布置和施工工艺进行了及时调整，主要变更内容如下：

(1)增设充填灌浆孔

为充填基岩表层宽大裂隙，利于固结灌浆正常升压灌注，并将表层基岩与基座混凝土连成整体，防止灌浆抬动破坏基座混凝土，在固结灌浆前增设充填灌浆孔。

每个坝段布置不少于 2 个充填灌浆孔，孔位交错布置在心墙轴线两侧，在固结灌浆孔和轴线中间位置，孔深为入岩 0.5m，充填灌浆孔典型布置见图 7.75。充填灌浆孔如 1 孔或 2 孔注灰量大于 100kg，则另行增加 1～2 孔。

充填灌浆孔按固结灌浆技术要求进行灌浆，开灌水灰比为 1∶1。如无异常，以下游排固结灌浆Ⅰ序孔目标压力 0.4MPa 灌浆；如发生抬动，应及时降压，并以抬动值不超过 50μm 对应的灌浆压力正常灌注结束。

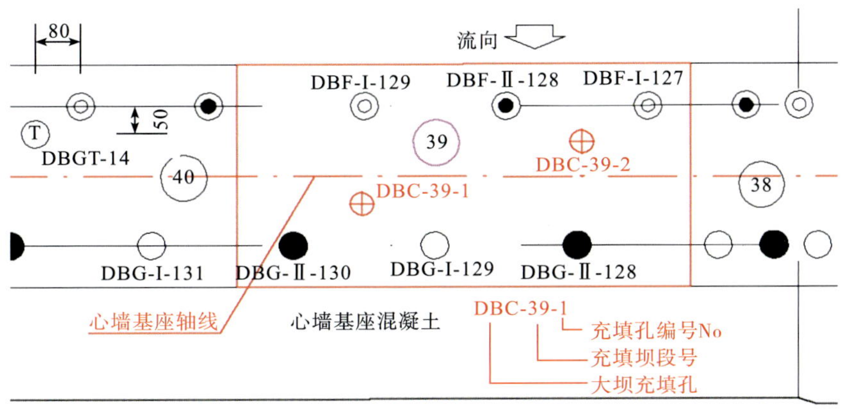

图 7.75 充填灌浆孔典型布置

充填灌浆孔单孔最大注灰量一般按 500kg 控制，岩体宽大裂隙发育部位视情况可按 800kg 控制，大注入量时每灌入约 150kg 应间歇一次。

充填灌浆孔两孔注灰量均小于 100kg 的坝段，待凝 24h 后可进行相应坝段的固结灌浆；否则，应待凝 72h 方可进行相应坝段的固结灌浆。

(2)加强外漏封堵

为保证灌浆工程顺利实施，防止外漏影响升压灌注和灌浆质量，需加强外漏封堵的控制。外漏封堵采取系统封堵与随机封堵相结合的方式进行。

大坝心墙混凝土基座上、下游侧坡面挂网喷混凝土，具体范围为：上游侧开挖边坡全坡面，并向上游延伸 3m，如未形成开挖边坡及坡高小于 2m 的部位，向上游延伸 6m；下游侧泥质开挖边坡，并向下游延伸 3m，顺坝轴向与两侧砂岩部位搭接 2m。挂网喷混凝土层厚度为 12cm。

基座上下游侧的个别宽大裂隙（如 37 坝段上下游侧宽大裂隙，最大宽约 10cm）采取裂隙封闭后灌浆处理；41 坝段下游侧集水井清基后，底部浇筑混凝土封闭。通过上述系统封堵措施后，有效减小了外漏的概率，降低了外漏处理的难度。

压水、灌浆过程中对坝块分缝或两侧岩体外漏部位，应及时采取棉纱、钢钎、速凝砂浆、围压等措施进行处理。每段灌浆开始前应备足相关堵漏材料，以备随时使用。灌浆前及灌浆后宜对可能及已发生的外漏点进行处理。

外漏封堵困难时，如果外漏量明显小于注入量，按正常灌浆程序进行灌注；若外漏量与注入量相当，且均较大，则采取变浆、间歇等方法使外漏得到控制后，再正常灌注结束。

(3)加强抬动控制

在深部抬动观测孔(入岩 20m)的基础上，增设坝段分缝处的抬动观测(图 7.76)，同时监测基岩抬动与混凝土抬动。

图 7.76　坝段分缝处抬动观测

灌浆或压水过程中发生抬动时，应及时降压，且后期不再升压，以抬动对应的灌浆压力正常为准结束灌注。

常规固结灌浆孔(含补充固结灌浆孔)完成封孔时孔内加设锚固钢筋，钢筋直径与基岩锚杆一致，锚筋长度与孔深一致，锚筋下设时应安设对中装置。

(4)调整灌浆和压水检查压力

1)大坝两岸坝肩平台及灌浆平洞部位岩体裂隙发育，灌浆外漏严重，注入量大，灌浆难度大。为降低灌浆难度，尽量避免发生抬动、劈裂等，结合灌浆所在部位作用水头分析，对灌浆压力适当调整，调整后的灌浆压力见表 7.71。

表 7.71　大坝坝肩平台及两岸灌浆平洞内调整后灌浆压力　(单位：MPa)

分段	Ⅰ、Ⅱ序孔	Ⅲ序孔
1(入岩 0～3m)	0.3	0.3～0.4
2	0.4	0.4～0.5
3	0.5	0.6
4	0.6	0.7
5	0.7	0.8
第 6 段及以下各段	0.8	0.8

2)大坝60～64坝段、右岸公路段及右岸灌浆平洞洞口0+000.00～0+021.00段岸坡陡峭，卸荷较严重，岩体裂隙发育，承压能力低，灌浆难度大。考虑该部位作用水头较小，为降低灌浆难度，尽量避免发生抬动、劈裂等，同时避免影响岸坡稳定，对灌浆和压水检查压力适当调整。调整后灌浆及压水检查压力见表7.72。

表7.72 调整后灌浆及压水检查压力 (单位:MPa)

分段	60～63坝段		64坝段及右岸公路段		右岸灌浆平洞洞口0+000.00～0+021.00段
	灌浆压力	压水检查压力	灌浆压力	压水检查压力	压水检查压力
1(入岩0～3m)	0.25	0.20	0.20	不检查	不检查
2	0.30	0.20	0.25	0.20	0.20
3	0.35	0.25	0.30	0.20	0.25
4	0.40	0.30	0.35	0.25	0.30
5	0.50	0.35	0.40	0.30	0.30
第6段及以下各段	0.60	0.35	0.50	0.30	0.30

(5)加深加密水泥灌浆

大坝帷幕灌浆部分孔段灌前透水率较大，或灌浆施工完成后压水检查透水率不满足合格标准，为保证帷幕灌浆质量，对局部进行了加深加密灌浆，具体见表7.73。

表7.73 加深加密水泥灌浆孔

序号	变更部位	变更原因	变更情况	变更孔布置	变更孔深/m
1	52～54坝段	灌后压水检查透水率不满足合格标准	补充一排帷幕灌浆孔	铅直布置，孔距为2.5m	至防渗帷幕底线
2	36～46坝段	已完成灌浆孔浅部孔段普遍灌前透水率较大，深部部分孔段灌前透水率较大	补充一排浅帷幕灌浆孔和3个深帷幕灌浆孔	补充浅帷幕灌浆孔轴线位于基座轴线下游侧0.3m处，孔距2.5m	补充浅孔入岩深8m;补充3个深孔入岩深25m或40m;上游副排防渗帷幕DBFW-Ⅲ-72、DBFW-Ⅰ-76～DBFW-Ⅲ-90、DBFW-Ⅲ-94灌浆孔加深至主排防渗帷幕底线
3	21～32、47～51、55和56坝段	浅部孔段普遍灌前透水率较大	加密一排浅帷幕灌浆孔	加密孔位于基座轴线下游侧0.2m处，孔距2.5m,共52孔，铅直布置	入岩2段，长度约为垂直于坡面入岩6m,且入岩不小于8m

续表

序号	变更部位	变更原因	变更情况	变更孔布置	变更孔深/m
4	1～10坝段	灌后压水检查透水率不满足合格标准	补充一排帷幕灌浆孔	孔距1m	Ⅰ、Ⅱ、Ⅲ序孔：1、2坝段和10坝段至原帷幕底线，3～9坝段入岩4段（16m）；Ⅳ序孔入岩3段（11m）
5	50和51坝段	灌后压水检查透水率不满足合格标准	补充一排帷幕灌浆孔	孔距1m	孔深至原设计防渗帷幕底线
6	17～20、57～59坝段	灌前透水率较大	补充一排帷幕灌浆孔	17～20坝段补灌孔孔距2.5m；57～59坝段补灌孔孔距1.25m	17～20坝段补灌孔、57～59坝段补灌Ⅰ、Ⅱ、Ⅲ孔深度至原设计主排防渗帷幕底线，Ⅳ序孔深度为入岩3段(11m)
7	19～23坝段	泥岩性状较差，卸荷相对严重，地质条件较差，现场部分孔段灌前透水率仍较大	进一步补充一排帷幕灌浆孔	补充帷幕灌浆孔轴线位于基座轴线上游侧0.2m处，孔距1.25m	孔深至原设计主排防渗帷幕底线
8	大坝右岸坝肩及近岸	地质条件较差，部分孔段灌前透水率较大	补充一排帷幕灌浆孔	补灌孔孔距2m	坝肩、右岸公路及灌浆平洞1～4衬砌段内灌浆孔深度至设计帷幕底线，灌浆平洞5～10衬砌段孔深一般为11～16m

(6)局部补充化学灌浆

大坝基岩灌浆过程中局部由于细微裂隙发育，灌前透水率大，水泥灌浆注入量小，水泥灌浆效果不佳，经研究决定针对性采取了化学灌浆进行补充灌浆，具体包括：①大坝48～49坝段补充单排化学灌浆孔，补充化学灌浆孔共18个，孔距为0.75m，其中HG-49-6～HG-49-9号孔深为入岩21m，其余孔深为入岩11m；②大坝50和51坝段补充单排化学灌浆孔，补充灌浆孔共13个，均铅直布置，孔距为1m，HG-50-1和HG-50-4号孔深度为11m(入岩3段)，其余孔深度为入岩21m(入岩5段)；③现场实施过程中，对左岸4、10、17～25、31～32坝段，以及右岸47～51、57～63坝段，根据现场灌浆情况，对水泥灌浆效果较差的个别灌浆孔段，周边增设随机化学灌浆孔。

7.5 沥青混凝土心墙堆石坝关键技术问题研究

7.5.1 缓倾薄盖重软岩灌浆抬动控制的重要性

土石坝基岩灌浆施工在混凝土基座或趾板上进行，混凝土厚度一般为0.6～2.0m，盖重薄且覆盖范围较小，建基面岩体一般为弱风化上部或者强风化下部，同时可能存在复杂不良地质条件和影响因素，例如：①开挖爆破使岩体裂隙进一步张开，岩体裂隙较发育；②岩体缓倾，易形成抬动；③岩性软弱，岩体承压能力低；④卸荷裂隙发育；⑤局部断层等地质缺陷，岩体破碎等。

复杂地质条件下薄盖重灌浆时极易发生抬动、外漏，造成升压困难，灌浆难以正常结束，影响灌浆效果。另外，由于大坝心墙基座或趾板不设置灌浆廊道，工程蓄水以后检修和补灌困难。因此合适的抗抬措施、灌浆控制工艺对保障正常升压灌注，保证灌浆质量具有重要意义。

7.5.2 灌浆抬动机理分析

(1)抬动发生力学分析

一般认为，灌浆抬动的原因为浆液对地层做功，其功率为灌浆压力 P 与注入率 Q 的乘积，控制灌浆抬动就是调节好灌浆压力与注入率的关系，使 PQ 值在合适的范围内。

根据力学原理，岩体发生抬动本质为受力失去平衡。将岩体裂隙简化为单条水平裂隙，灌浆过程中岩体典型受力见图 7.77。

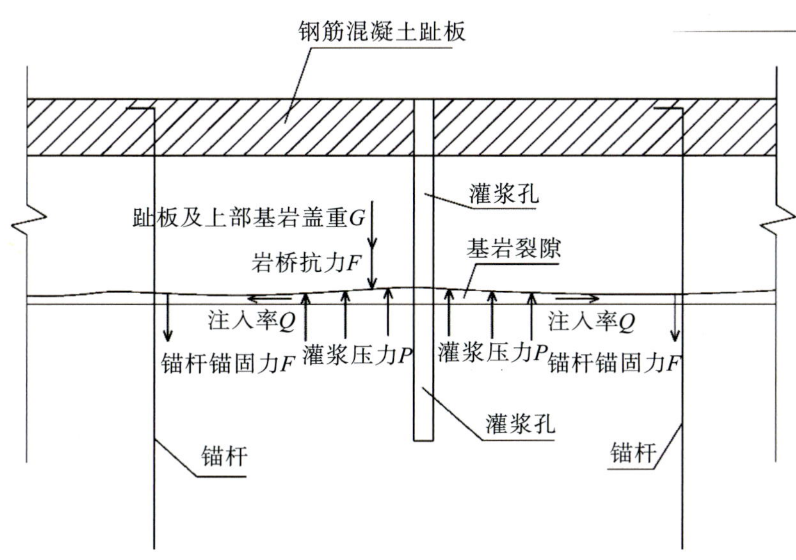

图 7.77 灌浆过程中岩体典型受力

1)抬动力。

岩体产生的抬动力由灌浆压力产生，抬动力大小与灌浆压力、裂隙发育程度、建基面清理质量、裂隙产状等相关。

①灌浆压力越大，对裂隙面产生的抬动力越大。同时，灌浆压力在浆液沿裂隙传导过程中，将逐步衰减，引起抬动的面压力逐渐减小。一般浆液越浓，黏度越大，裂隙开度越小，灌浆压力衰减越快，引起的抬动力越小。

②由于灌浆压力通过裂隙面作用在上部岩体中，裂隙越发育，灌浆压力的作用面积越

大，产生的抬动力就越大。盖重混凝土与基岩接触面、建基面清理质量不高时，盖重混凝土与基岩接触不充分，灌浆压力在接触面的作用面积就越大，产生的抬动力越大。

③裂隙倾角问题，灌浆压力作用于裂隙面时，仅有向上的分力才可能引起抬动，故陡倾裂隙抬动极少，缓倾裂隙抬动相对较多。

2）抗抬力。

岩体的抗抬力主要包含盖重压力、锚固力、岩桥抗力，分别分析如下：

①盖重压力由灌浆时上覆混凝土或岩体的自重产生，1m 厚度混凝土或基岩产生的抗抬应力为 0.020～0.024MPa。上覆盖重越厚，抗抬能力越强。

②锚固力由基座或趾板锚杆产生，按锚杆充分锚固，Φ32 锚杆按间距 2m×2m 计算，能产生的抗抬力约为 0.05MPa。

③岩桥抗力与上覆岩体厚度、岩体完整性、岩体刚度、岩桥跨度等相关，上覆岩体厚度越大、岩体完整性越好、刚度越大、岩桥跨度越小，岩桥能产生的抗力越大。同时，盖重混凝土通过接触面黏聚力及锚杆作用，与基岩结合成整体，有利于共同作用，产生更大的岩桥抗力。

（2）浆液对抬动的作用

灌浆过程中，浆液除对岩体产生直接抬动力外，对裂隙产生劈裂作用和沉积充填作用。

1）劈裂作用。

灌浆过程中，浆液在裂隙中流动时，对裂隙边缘存在劈裂作用，使裂隙进一步张开。灌浆压力越大、岩体裂隙胶结越差，越容易劈裂张开。劈裂作用即浆液对岩体做功过程。

裂隙劈开进一步扩大了浆液的流动通道，灌浆压力作用面积增大，增大了抬动力；同时裂隙劈开增大了岩桥跨度，减少了岩桥抗力。因此浆液的劈裂作用容易使岩桥产生抬动。

压水过程中，对岩体产生的劈裂作用与浆液类似，由于水的黏度更小，相同压力下对岩体的劈裂作用更强。

2）沉积充填作用。

灌浆过程中，浆液沉积会逐渐充填裂隙，使灌浆孔附近裂隙开度变小、较远处裂隙逐渐闭合。裂隙充填作用使灌浆压力作用面积变小，加快灌浆压力衰减，有利于增强岩体抗抬能力。

因此灌浆发生抬动后，应及时降低灌浆压力，减少浆液对岩体的劈裂作用，同时可利于浆液的沉积充填，增强岩体抗抬能力后再升压灌注。

（3）抬动的产生及控制分析

根据以上岩体受力及浆液对岩体作用的分析，抬动的产生及控制分析如下：

1）当灌浆压力 P 较小时，注入率 Q 相对较小，浆液进入裂隙灌注，未能劈裂岩体，岩桥抗抬能力较强，岩体不产生抬动。

2）当灌浆压力 P 增大，注入率 Q 增大，浆液灌浆功率 PQ 大于岩体抗劈裂能力后，浆液做功使岩体劈裂，增大浆液压力作用面积，增加了岩桥跨度，岩体抬动力增加，抗抬力减小，岩体受力失去平衡，发生抬动；如不及时降低压力 P，岩体劈裂范围将进一步扩大，注入率 Q 持续增加，抬动继续增大，岩体承压能力进一步降低。

3）岩体发生抬动后，如及时降低灌浆压力 P，减小注入率 Q，浆液灌浆功率 PQ 减小，不再对岩体产生劈裂作用；如果此时灌浆压力 P 作用面积大，岩桥抗抬能力弱，岩体仍可能受力不平衡而抬动；如浆液沉积充填作用使岩体抗抬能力得到一定增强，可根据灌浆情况，在控制注入率 Q 的前提下，适当升压灌注。

4）当建基岩体软弱破碎或缓倾裂隙非常发育时，灌浆压力作用面积大，注入率 Q 很小也可能产生抬动，即便采取限流、降压等措施，也可能难以取得好的效果。因此抬动控制宜通过控制升压过程，防止灌浆压力产生岩体劈裂抬动，分排分序逐级升压，每级升压都产生增强岩体抗抬特性的正效应，尽可能在不抬动条件下灌浆，即主动防抬。

7.5.3 缓倾薄盖重软岩抗抬措施

岩体一旦发生抬动后，抗抬能力进一步降低，将极大增加后续灌浆的难度。因此需要尽量控制在不抬动条件下灌浆，如发生抬动，则及时采取措施控制抬动量。

（1）控制抬动不利条件

主动控制抬动发生的不利影响因素，须从基岩开挖爆破控制、灌前压水、灌浆压力控制、合理施工组织多方面控制。

1）开挖岩体质量控制。

趾板基岩开挖过程中，应严格控制爆破，尽量减少爆破裂隙数量及开度，减少灌浆压力作用面积，同时有利于增强岩桥抗力，提高岩体抗抬能力。

浇筑趾板混凝土前，应保证清基质量良好，确保趾板混凝土与基岩紧密结合，避免结合面灌浆时产生面压。

帷幕灌浆前，对趾板基岩进行系统固结灌浆，有利于填充基岩宽大裂隙，增强岩体帷幕灌浆实施前的抗抬能力。

2）灌前压水。

由于水的黏聚力小，对地层劈裂作用更强，且压水对地层裂隙没有充填加固作用，因此须严格控制灌前压水不对岩体产生劈裂破坏作用。由于灌前压水的目的是为获得岩体灌前透水率情况，在趾板等压力敏感部位灌前压水可适当降低灌前压水压力。本灌浆试验在试验B区帷幕灌浆中，第1、2段灌前压水采用60%灌浆压力，最大注入率按10L/min控制，可有效控制压水对岩体劈裂破坏。

3）灌浆压力控制。

趾板灌浆对压力敏感，须严格控制灌浆压力，灌浆压力控制主要从以下几个方面进行。

①合适的设计灌浆压力，趾板对灌浆压力敏感，一般不宜采用过大的灌浆压力，特别是浅部孔段，灌浆压力须严格论证，采用分排分序逐渐升压灌注，可有效控制抬动，取得较好灌浆效果。

②合适的升压过程，控制注入率。注入率过大引起灌浆功率过大，可能引起岩体劈裂抬动，灌浆过程中需控制升压过程，一般灌浆中限制注入率不大于30L/min，趾板浅部岩体应进一步限制注入率，以有效控制抬动。同时，灌浆过程中，灌浆压力应与注入率相匹配。

③适当加长孔口管。采用孔口封闭灌浆时，由于孔口管下部孔段均须承受最大灌浆压力，为避免浅部岩体承受深部较大灌浆压力时发生破坏，可适当加长孔口管。

④压力精准操控。压力表安装在孔口，以避免管路压力损失，尽可能真实反映孔内压力；灌浆泵应及时维护，保证输出压力稳定，必要时可增设稳压罐等设施确保压力稳定；灌浆记录员应精细操作，避免粗放操作导致瞬时压力过大。

4)合理施工组织。

灌浆施工时，须合理安排施工，避免邻近孔段同时灌浆。已发生抬动的孔段，应待凝后再施工邻近孔段。

由于灌浆完成后，裂隙内压力须随浆液逐渐凝固而消散，如邻近区域内灌浆强度过大，短时间内灌浆孔段较多而浆液未能充分凝固，裂隙内压力易逐渐累积而发生抬动。因此须合理安全总灌浆工期，避免机组密度过大，灌浆强度过高。

(2)产生抬动后的控制

1)灌前压水产生抬动。

灌前压水如发生抬动，则应及时适当降压，直至不继续抬动，由于压水对浆液没有充填作用，降压后不应再提高压力，保持不继续抬动压力至压水结束。

灌前压水产生抬动后，该段灌浆时初始压力应略小于压水抬动压力灌浆，尽量避免灌浆压力过大而抬动。

2)灌浆抬动。

灌浆过程中如产生抬动，则应适当降低灌浆压力，减小注入率，当抬动不再继续上升后稳压灌注，待浆液对裂隙进行一定充填后，再逐渐升压灌注。如升压过程中抬动值继续增大，则须再次降压。

抬动值稳定后的升压过程不能按照一般的 $P—Q$ 关系进行灌注，容易由升压过快导致再次抬动，应根据逐级升压、缓慢升压的原则进行升压，利用浆液的充填抗抬效应抵消升压灌注的劈裂上抬效应，以阻止抬动再次发生。根据本次试验研究，在一般能实现抬动变形受控的前提下，达到设计压力下正常灌浆结束的目的。

如累计抬动值达到允许抬动值，灌浆压力仍未达到正常结束条件，则须结束灌浆后待凝复灌。

8 泄洪消能建筑物

8.1 泄洪消能方案设计

8.1.1 泄洪消能基本条件

卡洛特水电站坝址位于吉拉姆河中上游河段，坝址区属中低山地貌，两岸临江岸坡山顶地面高程一般为510～870m。吉拉姆河呈“几”字形穿越坝址区，在右岸形成宽约700m的河湾地块。吉拉姆河枯水期水面宽30～60m，水面高程388～391m，相应水深一般为6～8m。坝址区地形封闭，左岸山体浑厚；右岸河湾地块高程461m处宽380～700m，不存在地形垭口。

坝址区为以“新近系”为主的地层，岩性软弱、岩层近水平分布。岩性主要为砂岩及泥质粉砂岩、粉砂质泥岩互层。坝址区构造不发育，未见较大断层分布。岩体风化厚度不大，但差异风化明显。卸荷裂隙较发育，但深度不大。泥质粉砂质、粉砂质泥岩具有“失水干裂、遇水软化”的特性，对含水量变化敏感。

溢洪道建基岩体质量类别均属ⅢC类～ⅣC类，岩性软弱，具微弱透水性，防渗条件较好。微风化泥质粉砂岩、粉砂质泥岩互层抗冲能力差，地基地质条件差，应采取防冲刷措施。

工程区地震烈度高，基本烈度为Ⅷ度，溢洪道设计地震加速度代表值为0.26g，建基面抗滑稳定复核地震加速度代表值为0.31g。工程洪水峰高量大，校核洪水标准为5000年一遇，相应洪峰流量为29600m^3/s，设计洪水标准为500年一遇，相应洪峰流量为20700m^3/s，消能防冲洪水标准为50年一遇，相应洪峰流量为12200m^3/s，最大泄洪落差超过49.39m。

8.1.2 泄洪消能布置原则

卡洛特水电站工程具有“水头高、泄量大、水库淤积问题突出、地震烈度高、地质条件复杂”的特点。根据工程的泄洪规模和枢纽布置特点，结合工程区的地形、地质条件、水文特性、水库调度特点，拟定泄洪消能建筑物布置原则如下：

1）本工程水库库容相对较小，无防洪库容，调节能力小，枢纽泄洪频繁，泄洪建筑物需运行灵活，安全可靠，选择泄洪设施规模宜在国内外已有工程范围内；在满足排沙要求的基础上，尽量选用超泄能力强的表孔泄洪运用。

2）本工程库沙比约为5，泥沙淤积问题较突出，为集中水流冲沙、拉沙，需设置规模适当、高程相对较低的排沙洞或排沙孔口，并尽量集中布置在电站进水口附近，确保电站进水口“门前清”。

3）在确保大坝安全和河岸稳定的前提下，合理调配溢洪道孔口开启方式，充分利用水垫厚度，综合考虑消能区岩石的抗冲能力，合理确定消能区的防护规模。

8.1.3 泄洪方案设计

8.1.3.1 泄洪布置方案比较

根据国内外工程经验，土石坝一般采用岸边溢洪道或泄洪洞作为泄洪设施。在坝址区内吉拉姆河平面形态呈一“几”字形河湾，并在右岸形成宽约700m的河湾地块。根据坝址区地形地质条件及枢纽布置格局，宜在右岸河湾地块布置泄洪排沙建筑物。

但是，当校核洪水流量大于设计洪水流量较多时，一般工程经验宜考虑能否依据大坝上游坝址区附近的地形地质条件，将正常溢洪道和非常溢洪道分开布置，以节省工程投资。因卡洛特水电站坝址区没有将正常溢洪道和非常溢洪道分开布置的适宜地形条件，若采取分开布置的方案，则非常溢洪道的开挖和混凝土工程量同样较大，经济上并不具备优势。因此本工程不考虑单独设置非常溢洪道的方案。

在泄洪建筑物型式的选择方面，考虑卡洛特水电站的洪水及泥沙特性，结合各枢纽布置方案，主要比较了以下几种型式：①溢洪道（仅设表孔）与岸边泄洪排沙洞联合泄洪排沙的方案；②溢洪道（设泄洪表孔和泄洪排沙孔）的泄洪排沙方案；③溢洪道（设表孔和泄洪排沙孔）泄洪排沙＋导流洞改建永久泄洪洞的方案。

（1）溢洪道（仅设表孔）与岸边泄洪排沙洞联合泄洪方案

此方案泄洪排沙洞孔口规模尺寸按照满足水位446m时下泄两年一遇排沙流量（2460m^3/s）进行设置，其余泄量均由溢洪道表孔下泄，以尽量减少泄洪排沙洞洞室规模和工程量。

溢洪道设6个孔口尺寸为14m×22m（宽×高，下同）的泄洪表孔，溢流前缘宽119m，进水渠均长301.7m，控制段长56.5m，泄槽及挑坎段长238.2m，出水渠段均长161.4m，全长757.8m。6个表孔最大泄流量为26238m^3/s，最大单宽流量为312m^3/（s·m）。

2条泄洪排沙洞（8m×9m）布置在厂房进水口两侧，兼顾后期导流用。泄洪排沙洞采用有压洞，进口底板高程413m，洞径10.5m，洞长504.3m、489.4m（总长993.7m，但有160m长在引水隧洞下方穿过，洞间岩体厚度8.3m）。泄洪排沙洞最大泄量3362m^3/s，洞内最大流速约20m/s。

溢洪道和泄洪排沙洞均采用挑流消能。溢洪道出口与下游河床中心线交角约45°，下泄水流归槽条件相对较好；泄洪排沙洞出口与下游河床中心线交角约65°，水流归槽条件较差。水工模型试验表明，此方案由于泄洪排沙洞出口与河道中心交角较大，下泄水流顶冲对岸岸坡，岸边流速值随下泄流量增加而增大，最大值约为6.39m/s。在水流流态方面，泄洪排沙洞连同电站进水口布置在右岸河湾湾头地块，泄洪排沙洞开启泄洪时，河湾湾头处水流绕流，在引水隧洞下方穿过的泄洪排沙洞进口存在较大立轴漩涡。

此外，泥沙数值计算成果表明，该方案电站进水口与泄洪排沙洞均位于河湾湾头地块，泄洪排沙洞位于电站进水口两侧，河道泥沙淤积后，泄洪排沙洞的侧向拉沙效果有限，无法有效解决电站进水口的“门前清”问题，因此不推荐采用此方案。

(2)溢洪道(设表孔和泄洪排沙孔)泄洪排沙方案

为满足水库降低水位排沙和厂房进水口“门前清”要求，在溢洪道控制段的较低高程设置泄洪排沙孔。泄洪排沙孔的孔口数量及大小规模同样按在排沙水位 446m 时能够下泄两年一遇洪水洪峰流量($2460m^3/s$)进行设置，其余泄量均由上部表孔下泄，尽量减少低高程的泄洪规模，减少溢洪道整体工程量，同时，泄洪排沙孔还兼顾了在低水位时的泄洪排沙清库功能，可起到放空水库的作用。

此方案溢洪道同样设 6 个孔口尺寸为 14m×22m 的表孔，溢洪道泄洪排沙孔的布置位置和数量不同，比较了两种子方案：①在溢洪道靠电站进水口一侧集中设 2 个 9m×10m(宽×高)的泄洪排沙孔，进口底板高程为 423m(以下简称“两排沙孔方案”)，见图 8.1；②在溢洪道设 4 个表孔闸墩(不含溢洪道轴线所在闸墩)，将表孔闸墩厚度由 5m 增至 10m，在 4 个闸墩上各开设一个 5m×8m(宽×高)的泄洪排沙孔，进口底板高程为 423m(以下简称“四排沙孔方案”)，见图 8.2。

上述两方案泄洪流量基本相当，两排沙孔方案由于排沙孔靠近电站进水口，对电站进水口的“门前清”作用应优于四排沙孔方案。另外，四排沙孔方案为避免表孔和泄洪排沙孔同时泄流时泄槽流态紊乱，各泄洪排沙孔泄槽与表孔泄槽之间均设置隔墙，此举大大增加了溢洪道的混凝土工程量，从工程造价比较，两孔泄洪排沙孔方案也较优。

两排沙孔方案表孔计算最大泄量 $25410m^3/s$，表孔最大单宽流量 $302m^3/(s·m)$，泄洪排沙孔最大泄量 $4190m^3/s$，最大单宽流量 $233m^3/(s·m)$。

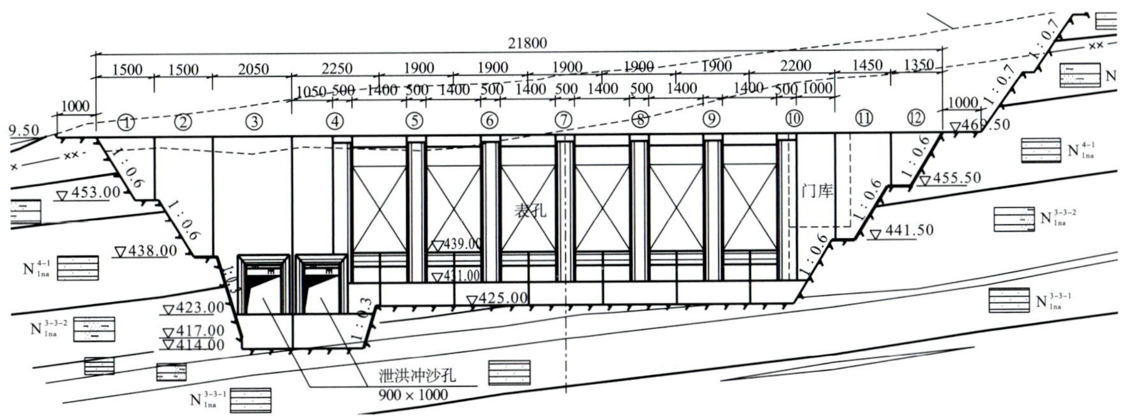

图 8.1 两排沙孔方案溢洪道控制段上游立视图

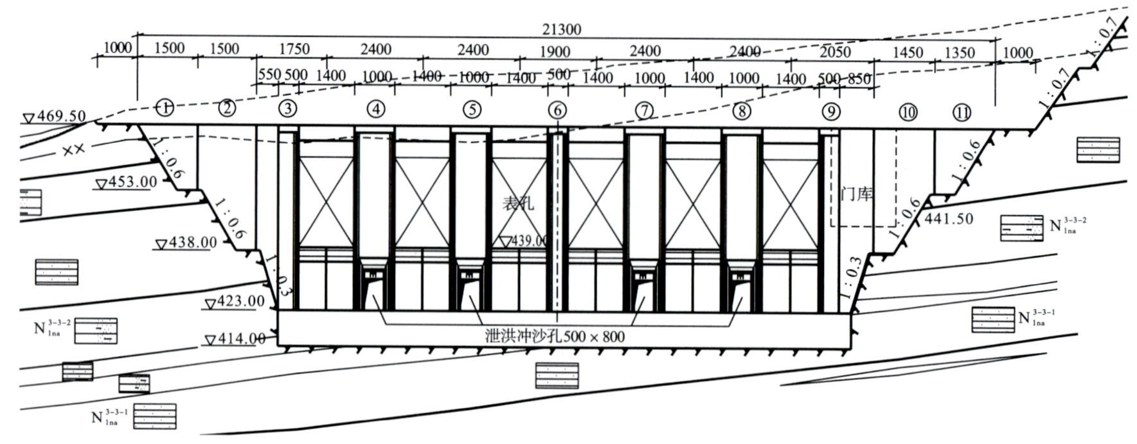

图 8.2　四排沙孔方案溢洪道控制段上游立视图

(3)溢洪道(设表孔和泄洪排沙孔)＋导流洞改建永久泄洪洞方案

在溢洪道(设表孔和泄洪排沙孔)泄洪排沙方案基础上，研究将导流洞后期改建永久利用的可行性。施工期 3 条导流洞最大泄量约 6500m^3/s，若考虑导流洞永久利用，则可以减少溢洪道孔口规模，考虑排沙要求，不宜取消或减少泄洪排沙孔孔口数量和尺寸，在满足同等泄洪规模的条件下，可减少一孔表孔，孔口尺寸由 14m×22m 调整为 14m×21m。该方案表孔最大泄量由 25410m^3/s 降为 18938m^3/s，表孔单宽流量由 302$m^3/(s \cdot m)$降为 270$m^3/(s \cdot m)$，可减轻溢洪道出口下游的消能防冲负担。

由于卡洛特水电站水库库容较小，库沙比约为 5，水库泥沙淤积问题较突出，导流洞进口高程与原河床基本同高，因此导流洞不能直接利用，需抬高进口高程改建后利用。

由于坝址区岩体以软岩为主，地质条件较差，且导流洞规模较大，因此导流洞不宜采取竖井漩流式泄洪洞改建方案，可采取传统的“龙抬头”改建方式。“龙抬头”型式改建方案，重点比选了“龙抬头”型式的有压泄洪洞和无压泄洪洞方案。

对于“龙抬头”型式无压泄洪洞方案，考虑作为永久泄洪建筑物设计标准的下游设计水位较高，设计洪水时下游水位 418.08m，高出导流洞洞顶高程 394.80m 达 23.28m，校核洪水时下游水位 424.75m，高出导流洞洞顶高程达 30.95m。而 4 台机组满发时下游尾水水位则为 391.30m，整个下游尾水水位变幅较大，无法保证导流洞永久利用段在各尾水工况下均为明流出流，在下游水位淹没导流洞洞顶后，龙抬头无压段的掺气水流将在导流洞永久利用段内形成有压空腔，若排气不畅将引起一系列相关问题，严重时甚至影响“龙抬头” 型式无压泄洪洞的安全运行。故选择将 3 条导流洞改建为“龙抬头”型式有压泄洪洞(图 8.3)。

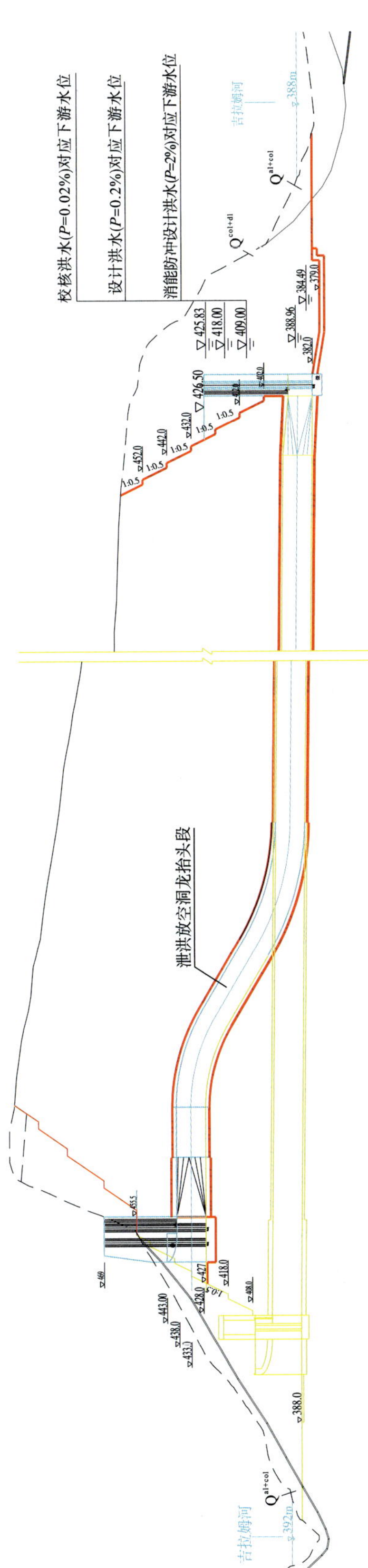

图8.3 “龙抬头”型式有压泄洪洞纵剖面布置

根据一维泥沙淤积计算及推荐枢纽布置方案的泥沙物理模型试验成果，主河床深泓淤沙高程 435m，考虑岸边淤沙高程有所抬高，初拟“龙抬头”型式有压泄洪洞进口底板高程为 440m。龙抬头段隧洞洞径与导流洞隧洞洞径相同，单条龙抬头段隧洞长 195.6m。出口设平面工作闸门，闸门尺寸为 10m×11m（宽×高），水流出闸室后采用底流消能，消力池底板高程 379.0m。泄洪洞采用平面工作闸门，闸门最大操作水头约 84m，挡水总水压力达 84860kN，操作水头和总水压力均较大。另外，平面工作闸门局部开启存在流激振动问题，对门体及结构受力均不利，不宜局部开启运行，因此“龙抬头”型式有压泄洪洞应优先采用敞泄运行方式。

8.1.3.2 泄洪方案选择

以上 3 种泄洪布置，从水力学运行条件讲，“溢洪道（仅设表孔）与岸边泄洪排沙洞联合泄洪方案”在溢洪道的出口流态、泄洪排沙洞的泄洪消能、进口流态方面稍有不足，通过水工试验研究和后期体型修改有完善的可能。“溢洪道（设表孔和泄洪排沙孔）泄洪排沙方案”对电站“门前清”的作用稍强于方案一，水力学运行条件较优。“溢洪道（设表孔和泄洪排沙孔）＋导流洞改建永久泄洪洞（龙抬头型式有压泄洪洞）方案”经过研究，从水力学运行条件来讲，技术上可行。但从经济性来讲，龙抬头有压泄洪洞的内水压力较大、周边围岩地质条件较差，改造工程量较大。从表 8.1 对以上 3 种泄洪布置方案的泄洪建筑物工程量对比中可以看出，溢洪道设表孔和泄洪排沙孔泄洪排沙方案经济上较优。

表 8.1 泄洪排沙布置方案主要工程量对比

<table>
<tr><th colspan="2" rowspan="2">主要工程量</th><th colspan="3">溢洪道（仅设表孔）与岸边泄洪排沙洞联合泄洪方案</th><th colspan="2">溢洪道（设表孔和泄洪排沙孔）泄洪排沙方案</th><th colspan="3">溢洪道（设表孔和泄洪排沙孔）＋导流洞改建永久泄洪洞方案</th></tr>
<tr><th>溢洪道（6 表孔）</th><th>2 条岸边泄洪排沙洞</th><th>合计</th><th>6 表孔＋2 排沙孔</th><th>6 表孔＋4 排沙孔</th><th>溢洪道（5 表孔＋2 排沙孔）</th><th>3 条导流洞龙抬头改建工程量（含导流洞永久利用段衬砌加厚）</th><th>合计</th></tr>
<tr><td rowspan="3">开挖</td><td>覆盖层开挖/万 m^3</td><td>78.04</td><td>6.36</td><td>84.40</td><td>94.57</td><td>92.44</td><td>75.36</td><td>0.90</td><td>76.26</td></tr>
<tr><td>石方明挖/万 m^3</td><td>702.36</td><td>57.24</td><td>759.60</td><td>851.09</td><td>831.94</td><td>678.27</td><td>8.97</td><td>687.24</td></tr>
<tr><td>石方洞挖/万 m^3</td><td></td><td>14.29</td><td>14.29</td><td></td><td></td><td></td><td>16.61</td><td>16.61</td></tr>
<tr><td colspan="2">开挖小计/万 m^3</td><td>780.40</td><td>77.89</td><td>858.29</td><td>945.66</td><td>924.37</td><td>753.64</td><td>26.47</td><td>780.11</td></tr>
<tr><td colspan="2">现浇混凝土/万 m^3</td><td>38.26</td><td>10.92</td><td>49.18</td><td>43.67</td><td>52.23</td><td>41.47</td><td>14.86</td><td>56.33</td></tr>
<tr><td colspan="2">钢筋、钢材/t</td><td>11988.78</td><td>11154.43</td><td>23143.21</td><td>13825.42</td><td>16455.97</td><td>13115.22</td><td>18326.48</td><td>31441.70</td></tr>
</table>

续表

<table>
<tr><th rowspan="2">主要工程量</th><th colspan="3">溢洪道(仅设表孔)与岸边泄洪排沙洞联合泄洪方案</th><th colspan="2">溢洪道(设表孔和泄洪排沙孔)泄洪排沙方案</th><th colspan="3">溢洪道(设表孔和泄洪排沙孔)+导流洞改建永久泄洪洞方案</th></tr>
<tr><th>溢洪道(6 表孔)</th><th>2 条岸边泄洪排沙洞</th><th>合计</th><th>6 表孔+2 排沙孔</th><th>6 表孔+4 排沙孔</th><th>溢洪道(5 表孔+2 排沙孔)</th><th>3 条导流洞龙抬头改建工程量(含导流洞永久利用段衬砌加厚)</th><th>合计</th></tr>
<tr><td>锚索/根</td><td>714.00</td><td>100.00</td><td>814.00</td><td>661.00</td><td>692.00</td><td>564.00</td><td>50.00</td><td>614.00</td></tr>
<tr><td>金属结构安装/t</td><td>4310.00</td><td>1130.00</td><td>5440.00</td><td>5600.00</td><td>5495.00</td><td>4845.00</td><td>1680.00</td><td>6525.00</td></tr>
</table>

综上所述,卡洛特水电站采用水力学运行条件较好、经济性较优的溢洪道设表孔和泄洪排沙孔的泄洪排沙布置方案。

8.1.3.3 表孔、泄洪排沙孔数量及尺寸选择

(1)表孔数量及孔口设置高程、孔口尺寸比选

本工程泄洪规模大而水库库容较小,5000 年一遇校核洪水洪峰流量为 29600m^3/s,在不考虑水库调蓄作用下,扣除泄洪排沙孔最大泄量约 4190m^3/s,表孔需要下泄的最大泄量约 25410m^3/s。表孔宜采用较大的孔口尺寸,且堰顶下游的堰面曲线采用流量系数大,超泄能力强的 WES 幂曲线。由于本坝址区岩石普遍为软岩,消能区岩石抗冲刷能力较差,因此表孔设计单宽流量不宜过大。参考已有工程经验,结合目前表孔溢流单宽流量以及孔口尺寸水平,表孔单门静水压力一般控制在 3000~4000t,宽高比为 1.5~2.0,表孔初拟 438m、439m、440m 和 441m 堰顶高程,按流量调节后上游最高水位控制在 467~468m 为原则进行各种孔口尺寸比较,孔口数量及尺寸比较见表 8.2。

表 8.2　　表孔孔口数量及尺寸比较

<table>
<tr><th>数量/个</th><th>孔口尺寸/m</th><th>单门静水压力/t</th><th>表孔中墩厚度/m</th><th>表孔溢流前缘宽度/m</th><th>上游最高水位/m</th><th>表孔堰顶最大单宽流量/(m³/(s·m))</th></tr>
<tr><td rowspan="2">5</td><td>15×22</td><td>3630</td><td>6</td><td>99</td><td>469.13</td><td>337.2</td></tr>
<tr><td>15×23</td><td>3968</td><td>6</td><td>99</td><td>468.16</td><td>337.97</td></tr>
<tr><td rowspan="2">6</td><td>14×21</td><td>3087</td><td>5</td><td>109</td><td>468.09</td><td>301.80</td></tr>
<tr><td>14×22</td><td>3388</td><td>5</td><td>109</td><td>467.06</td><td>302.50</td></tr>
<tr><td rowspan="2">7</td><td>13×20</td><td>2600</td><td>5</td><td>121</td><td>467.72</td><td>278.84</td></tr>
<tr><td>13×21</td><td>2867</td><td>5</td><td>121</td><td>466.76</td><td>279.48</td></tr>
</table>

根据表 8.2,采用 5 个表孔,因表孔数量较少,虽表孔溢流前缘宽度较小,可以减少溢洪

道开挖和混凝土工程量，但表孔单宽流量较大，而下游消能区岩石抗冲刷能力较差，较不利于消能防冲设计，因此5个表孔方案不予采用。

7个表孔方案较小的表孔单宽流量可以减轻下游消能负担，但其溢流前缘宽度较大，溢洪道开挖和混凝土工程量均较大，且按照一般工程经验，7个表孔最大下泄单宽流量约280m³/(s·m)，其消能区也应采取工程防护措施保护挑坎和消能区两岸岸坡。因此推荐采用各项指标适中的6个表孔方案。对于6表孔14m×21m和14m×22m两种孔口尺寸，经泄流能力计算，14m×21m和14m×22m孔口对应的上游最高水位分别为468.09m和467.13m，14m×21m孔口比14m×22m孔口壅高水位约1m，挡水建筑物坝顶高程增加，工程规模增大。

综合考虑，推荐溢洪道采用6个孔口尺寸为14m×22m的表孔。表8.3为部分国内外当地材料坝溢洪道下泄流量大于10000m³/s的孔口尺寸资料，从表8.3中可以看出，选定的表孔尺寸与大多数工程相当。

表8.3　部分泄量大于10000m³/s的河岸式溢洪道表孔规模统计

坝名	所在国家	表孔孔数/个	孔口尺寸/(宽×高，m×m)	最大下泄流量/(m³/s)
糯扎渡	中国	8	15×20	31318
水布垭	中国	5	14×21.8	18320
辛戈	巴西	12	14.83×20.76	33000
阿里亚	巴西	4	14.5×18.5	11000
赛格雷多	巴西	6	14×20	15800
卡洛特	巴基斯坦	6	14×22	25410

(2)泄洪排沙孔数量及孔口设置高程、孔口尺寸比选

设置泄洪排沙孔的主要作用是排沙，其次兼顾水库放空。原《720MW卡洛特水电站可行性研究报告》(咨询联合体，2009年9月)按照国际上一般的排沙实践，建议排沙流量应大于年平均流量的2倍。本工程多年平均流量为819m³/s，故建议的排沙流量最低为1640m³/s。但根据国内规范要求，对排沙水位的泄流能力，应不小于两年一遇的洪峰流量(2460m³/s)。

在满足泄洪排沙要求的前提下，尽量减少孔口规模，缩短溢洪道控制段长度，初拟2孔泄洪排沙孔进行孔口底板高程和孔口尺寸的比选。根据目前国内一般的深孔设置规模，比选了几组泄洪排沙孔底板高程，见表8.4。

各组孔口尺寸均满足排沙水位的泄流能力要求，闸门操作水头、弧门总水推力均适中。为保证电站进水口“门前清”，排沙孔的进口底板高程应尽量低；为减少排沙孔自身被淤堵的风险，同时减少工程投资，排沙孔的进口底板高程应尽量高。综合以上考虑，推荐排沙孔进口底板高程为423m。

表 8.4　　泄洪排沙孔进口底板高程比较

泄洪排沙孔数量/个	孔口尺寸/(宽×高,m×m)	底板高程/m	排沙水位 446m 泄流能力/(m^3/s)	操作水头/m	单孔弧门总水推力/kN
2	9.5×10	425	2511	36	36773
2	9×10	423	2586	38	37160
2	8×10	421	2469	40	35096

在泄洪排沙孔进口底板高程为 423m 的基础上,对泄洪排沙孔的数量和尺寸进行了 1 个孔口、2 个孔口和 4 个孔口 3 种方案的比选。各方案主要特征参数对比见表 8.5,布置见图 8.4 至图 8.6。

表 8.5　　泄洪排沙孔孔口数量及尺寸比选

泄洪排沙孔数量/个	孔口尺寸/(宽×高,m×m)	底板高程/m	排沙水位 446m 泄流能力/(m^3/s)	操作水头/m	单孔弧门总水推力/kN
1	15.5×12	423	2458	38	72331
2	9×10	423	2586	38	37160
4	5×8	423	2469	38	17741

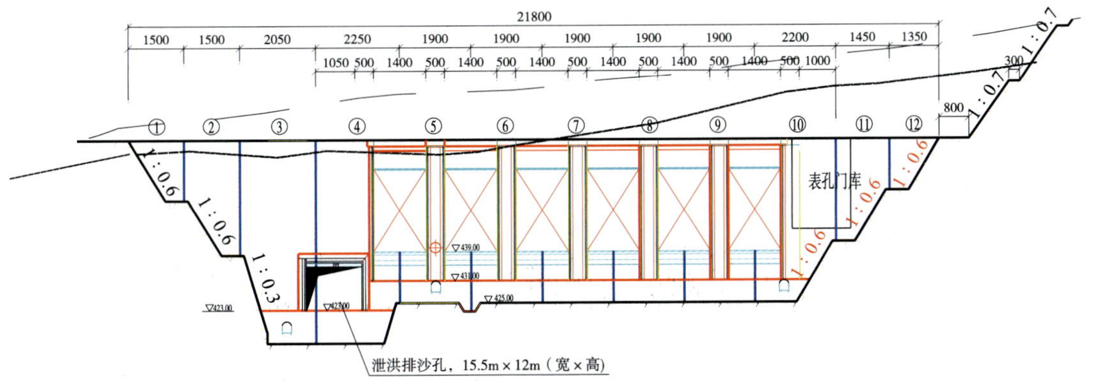

图 8.4　溢洪道控制段上游立视图(1 孔方案)

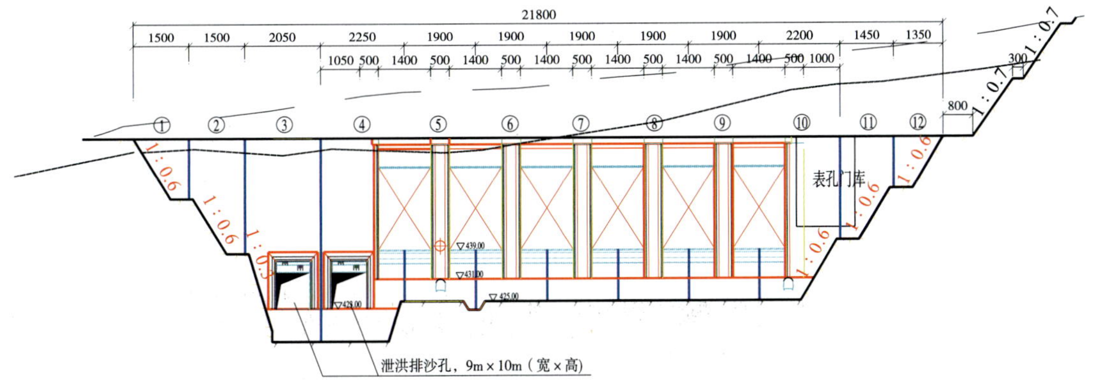

图 8.5　溢洪道控制段上游立视图(2 孔方案)

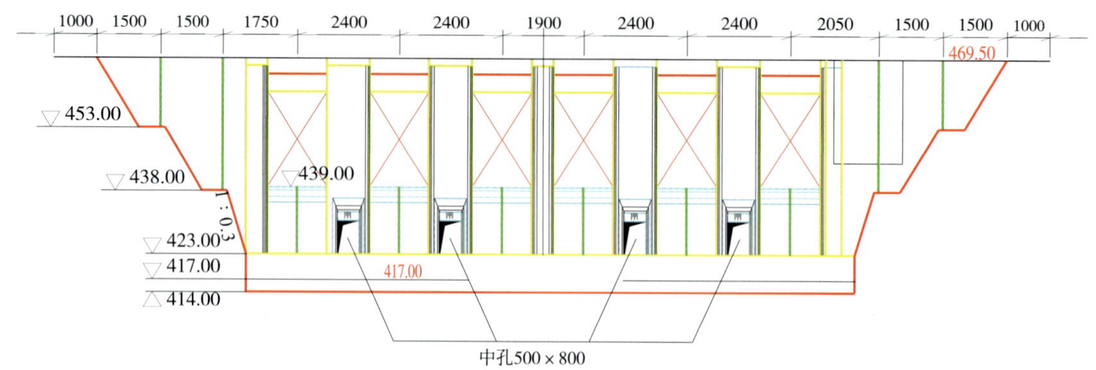

图 8.6 溢洪道控制段上游立视图(4 孔方案)

根据表 8.5,结合目前弧形工作门的结构、支承系统制造水平及工程经验,设置 1 个泄洪排沙孔,其弧门总水推力较大;2 个泄洪排沙孔弧门总水推力适中;4 个泄洪排沙孔弧门总水推力较小。在运行调度上,1 个泄洪排沙孔运行调度不灵活,单孔若出现突然事故无其他备用孔口,且在小流量泄洪排沙时,弧门经常处于局部开启状态且开启的相对高度较低,闸门结构稳定性受流激振动影响较大。2 个、4 个泄洪排沙孔运行调度相对较灵活,且孔口相对开度稍大。因此从金属结构制造水平、运行调度方面考虑,不宜采用 1 个泄洪排沙孔方案。

对比 2 个和 4 个泄洪排沙孔,其弧门水推力、孔口设置规模均适中,运行调度均较灵活,2 孔方案可集中水流排沙,保证电站进水口“门前清”;而 4 孔方案泄洪排沙孔分散布置,在相同排沙流量条件下,保电站进水口“门前清”的排沙效果较 2 孔方案差,且为避免表孔和泄洪排沙孔同时泄流时泄槽流态紊乱,在各泄洪排沙孔泄槽与表孔泄槽之间均需设置隔墙,工程投资较 2 孔方案增加较多。

综合考虑,推荐采用 2 孔进口底板高程 423m、孔口尺寸为 9m×10m 的泄洪排沙孔。

8.1.4 消能方案设计

常用的消能方式有面流、戽流、底流和挑流消能。面流消能水面波动剧烈,适用于水头较小的中、低坝,要求下游水位稳定,尾水较深,河床和两岸在一定范围内有较高抗冲能力的顺直河道,戽流也要求具有较深的尾水。本工程最大水头 79.34m,泄槽最大单宽流量 236.42m^3/(s·m),下游水位在 386.66～424.75m,按照消能区平均基岩底板高程 381.0m 计算,下游水深为 5.66～43.75m,水垫厚度偏小,水位变幅较大,因此不采用面流消能或戽流消能。

底流消能泄洪雾化较小,有利于下游近坝区边坡的保护。根据下游消能区地形及地质条件,若采用底流消能方案,消力池底板高程可定在 384.0m,消力池长度为 165m,上游最高水位至消力池池首底板的高差达到 83m。水力计算结果表明,下游护坦急流收缩断面处的流速达 34m/s,底流消能的临底流速相对较大,易对消力池底板产生冲刷破坏,脉动压力问题也比较突出。此外,底流消能大大增加溢洪道开挖及混凝土工程量。因此从水力学及工程量等方面考虑，不采用底流消能方案。

溢洪道上下游水头差为42.31～51.45m，表孔和泄洪排沙孔的最大单宽流量分别为302m³/(s·m)和233m³/(s·m)，下游消能区基岩主要为砂岩、粉砂质泥岩与泥质粉砂岩互层。若采用挑流消能，经计算，表孔和泄洪排沙孔的最大冲坑深度分别为32.84m和40.06m，冲坑后坡比均满足要求。因此表孔和泄洪排沙孔均推荐采用挑流消能。

8.2 泄洪消能建筑物布置

结合地形和地质条件，卡洛特水电站泄洪消能建筑物主要由溢洪道及其下游消能区组成，溢洪道进口布置在河湾地块上游段的右岸，穿越河湾地段后，下游出口位于"S"形河湾的尾部，呈近SEE向，溢洪道轴线与下游河道夹角约为35°。溢洪道轴线选择弧线接直线型式，圆弧段位于进水渠内，弧线半径为500m，夹角19.38°，弧线长度170.5m，直线段长度624.8m，溢洪道轴线总长795.3m。

泄洪消能建筑物为2级建筑物，由进水渠、控制段、泄槽、挑坎及下游消能区组成。

8.3 水力设计

8.3.1 泄流能力

溢洪道泄洪表孔泄流能力按开敞式实用堰公式计算：

$$Q=Cm\varepsilon\sigma_m B\sqrt{2g}H_0^{3/2}$$

式中，Q——流量，m^3/s；

C——上游堰坡影响系数；

m——流量系数；

ε——侧收缩系数；

σ_m——淹没系数；

B——表孔总净宽，m；

g——重力加速度，$9.81m/s^2$；

H_0——计入行近流速后的堰上水头，m。

溢洪道泄洪排沙孔在不同水位情况下，可能出现3种流态：

1)上游水位与进口底板的高程差$H_0\leqslant 1.2h$(下游水深)时，为明流流态，其泄流能力公式如下：

$$Q=m\sigma_s b\sqrt{2g}H_o^{3/2}$$

式中，Q——流量，m^3/s；

m——流量系数；

σ_s——淹没系数；

b——排沙孔出口净宽，m；

g——重力加速度，9.81m/s^2；

H_0——以排沙孔进口断面底板高程起算的上游总水头，m。

2）当 $1.2h<H_0\leqslant1.5h$ 时，泄洪排沙孔内流态为半有压流，其泄流能力公式为：

$$Q=\mu\omega\sqrt{2g(H-\eta a)}$$

式中，Q——流量，m^3/s；

μ——流量系数；

ω——排沙孔出口断面面积，m^2；

H——上游水面与排沙孔出口底板高程差，m；

η——排沙孔进口水流收缩系数；

a——排沙孔出口断面高度，m。

3）当 $H_0>1.5h$ 时，泄洪排沙孔内为有压流，其泄流能力公式为：

$$Q=\mu\omega\sqrt{2g(T_0-h_p)}$$

式中，Q——流量，m^3/s。

μ——流量系数。

ω——排沙孔出口断面面积，m^2。

T_0——上游水面与排沙孔出口底板高程差 T 及上游行近流速水头 $\frac{v_0^2}{2g}$ 之和，一般可认为 $T_0\approx T$，m。

h_p——排沙孔出口断面水流的平均单位势能，$h_p=0.5a+\overline{p}/\gamma$ 其中，a 为排沙孔出口断面高度，m；$\overline{p}/\gamma$ 为排沙孔出口断面水流的平均单位压能，取 $\overline{p}/\gamma=0.5a$。

根据《溢洪道设计规范》（DL/T 5166—2002）和水工模型试验成果，表孔单独泄流能力试验成果见表 8.6 及图 8.7，泄洪排沙孔单独泄流能力试验成果见表 8.7 及图 8.8，溢洪道与泄洪排沙孔联合泄流能力试验成果见表 8.8、表 8.9 及图 8.9，模型试验实测表孔和泄洪排沙孔联合泄流能力与设计计算值对比情况见表 8.10。

表 8.6　　溢洪道表孔单独泄流能力

模型实测值			计算值/(m^3/s)	差值/(m^3/s)	比例/%
$H_上$/m	Q/(m^3/s)	流量系数/m			
443.03	1005	0.334	972	33	3.39
444.79	1968	0.380	1805	163	9.03
447.93	4104	0.413	3788	316	8.34
451.59	6850	0.412	6659	191	2.86

续表

模型实测值			计算值/(m^3/s)	差值/(m^3/s)	比例/%
$H_上$/m	Q/(m^3/s)	流量系数/m			
455.23	10068	0.414	10074	−6	−0.06
458.81	13862	0.423	13880	−18	−0.13
463.10	18802	0.427	18979	−177	−0.94
466.76	23252	0.427	23712	−460	−1.94
468.72	26024	0.432	26408	−384	−1.46

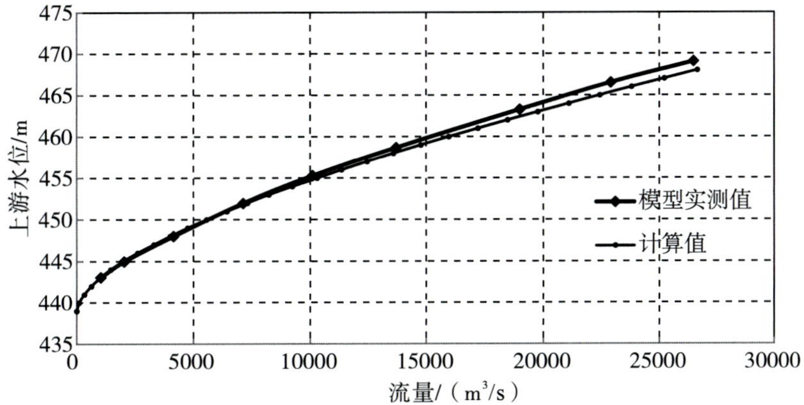

图 8.7 溢洪道表孔单独泄流能力曲线

表 8.7 泄洪排沙孔单独泄流能力

模型实测值			计算值/(m^3/s)	差值/(m^3/s)	比例/%
$H_上$/m	Q/(m^3/s)	流量系数/m			
429.43	395	—	397	−2	−0.51
433.02	775	—	796	−28	−3.52
435.23	1114	—	1082	37	3.41
439.35 *	1757	0.875	1395	347	24.87
440.67 *	1966	0.890	1487	461	31.00
445.38	2481	0.884	2518	−37	−1.47
452.87	3113	0.876	3194	−65	−2.04
461.15	3692	0.873	3803	−110	−2.90
467.90	4095	0.869	4241	−142	−3.35

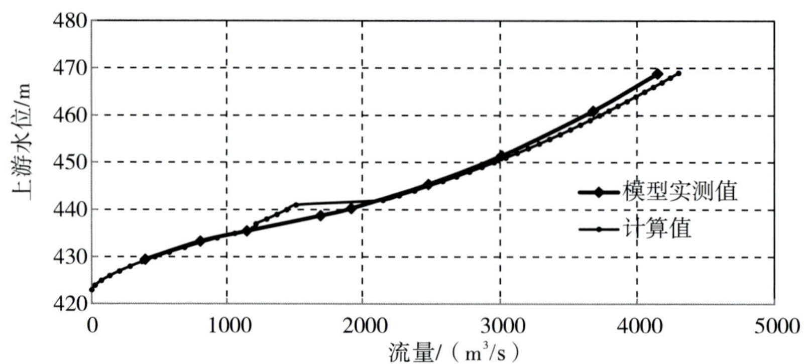

图 8.8　泄洪排沙孔单独泄流能力曲线

表 8.8　溢洪道与泄洪排沙孔联合泄流能力

模型实测值		计算值/(m^3/s)	差值/(m^3/s)	比例/%
$H_上$/m	Q/(m^3/s)			
429.61	414	402	12	2.99
433.35	813	833	−20	−2.40
435.67	1187	1110	77	6.94
438.81 *	1720	1633	87	5.33
441.24 *	2375	2382	−7	−0.29
448.31	6920	6975	−55	−0.79
452.20	10648	10682	−34	−0.32
457.24	15531	15177	354	2.33
460.70	19599	19239	360	1.87
462.48	21801	22741	−940	−4.13
466.95	27532	27935	−403	−1.44
468.41	29769	30082	−313	−1.04

表 8.9　溢洪道泄流能力

水位/m	6 孔表孔泄量/(m^3/s)	2 孔排沙孔泄量/(m^3/s)	溢洪道合计泄量/(m^3/s)
423.00		0	0
424.00		25	25
425.00		69	69
426.00		126	126
427.00		194	194
428.00		271	271
429.00		357	357
430.00		450	450

续表

水位/m	6孔表孔泄量/(m^3/s)	2孔排沙孔泄量/(m^3/s)	溢洪道合计泄量/(m^3/s)
431.00		551	551
432.00		672	672
433.00		794	794
434.00		920	920
435.00		1051	1051
436.00		1187	1187
437.00		1217	1217
438.00		1295	1295
439.00	0	1370	1370
440.00	105	1443	1547
441.00	312	1510	1822
442.00	595	2119	2714
443.00	959	2262	3221
444.00	1399	2374	3773
445.00	1914	2479	4393
446.00	2504	2582	5085
447.00	3169	2680	5849
448.00	3845	2774	6620
449.00	4562	2866	7428
450.00	5333	2954	8287
451.00	6157	3040	9197
452.00	7008	3123	10132
453.00	7893	3205	11098
454.00	8839	3285	12123
455.00	9840	3362	13202
456.00	10860	3438	14298
457.00	11898	3512	15411
458.00	12976	3584	16560
459.00	14093	3655	17748
460.00	15240	3725	18966
461.00	16416	3794	20210
462.00	17623	3861	21484

续表

水位/m	6孔表孔泄量/(m^3/s)	2孔排沙孔泄量/(m^3/s)	溢洪道合计泄量/(m^3/s)
463.00	18854	3927	22780
464.00	20111	3992	24103
465.00	21388	4056	25444
466.00	22696	4119	26815
467.00	24034	4181	28215
468.00	25402	4242	29644
469.00	26800	4302	31102

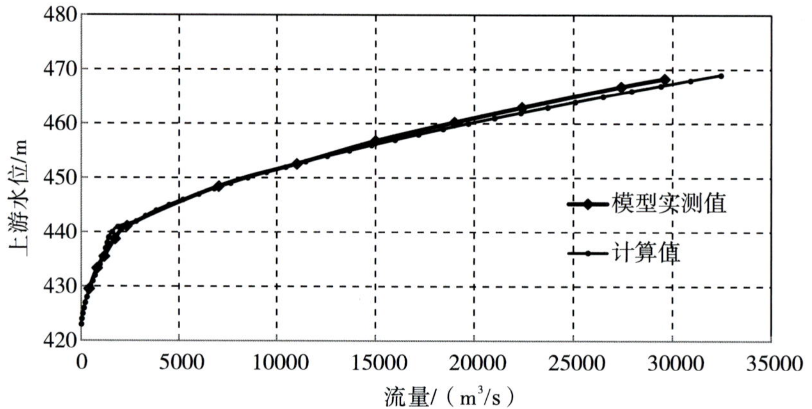

图 8.9　溢洪道与泄洪排沙孔联合泄流能力曲线

表 8.10　溢洪道表孔和泄洪排沙孔联合泄流能力

模型实测值		计算值/(m^3/s)	差值/(m^3/s)	误差/%
$H_上$/m	Q/(m^3/s)			
429.61	414	402	12	2.99
433.35	813	833	−20	−2.40
435.67	1187	1110	77	6.94
438.81*	1720	1633	87	5.33
441.24*	2375	2382	−7	−0.29
448.31	6920	6975	−55	−0.79
452.2	10648	10682	−34	−0.32
457.24	15531	15177	354	2.33
460.7	19599	19239	360	1.87
462.48	21801	22741	−940	−4.13
466.95	27532	27935	−403	−1.44
468.41	29769	30082	−313	−1.04

模型试验成果表明，表孔、泄洪排沙孔单独泄洪和联合泄洪时的泄流能力与设计泄流能力的误差在允许范围内，设计泄流能力满足要求。

8.3.2 洪水调洪设计

8.3.2.1 调洪利用原则

卡洛特水电站水库库容较小，不承担下游防洪任务，其洪水调度以确保大坝本身防洪安全为目标，起调水位为正常蓄水位 461m，采用敞泄运用方式，调洪计算原则如下：

1)当坝址洪水流量小于等于库水位相应的泄洪能力时，按来量下泄，维持库水位不变；

2)当坝址洪水流量大于库水位相应的泄洪能力时，按枢纽的泄流能力下泄，多余洪量存蓄在库中，库水位上涨；

3)洪峰过后，仍按泄流能力下泄，使库水位消落至正常蓄水位。

8.3.2.2 洪水调节成果

按照枢纽泄洪建筑物泄流能力，并遵循上述调洪原则进行洪水调节计算，卡洛特水电站洪水调节成果汇总见表 8.11。

表 8.11 卡洛特水电站洪水调节成果

洪水频率 P/%	洪峰流量/(m^3/s)	最高坝前水位/m	枢纽总流量/(m^3/s)	相应下游水位/m
0.02	29600	467.06	28299	424.75
0.2	20700	461.13	20378	418.08
2	12200	461.00	12200	409.75
10	6740	461.00	6740	402.80
20	4660	461.00	4660	399.68
2	2460	446.00	2460	394.55

上述设计计算成果表明，卡洛特溢洪道泄流能力可满足下泄各种设计频率洪水的要求。

8.3.3 水库放空设计

(1)放空设计条件

根据水文资料，卡洛特坝址区枯水期月份为 10 月至次年 2 月，因此正常情况下水库放空从 10 月开始。放空期间水库流量按 10 年一遇月平均流量进行计算。其流量值见表 8.12。本水库为日调节水库，为避免放空时水库库水位骤降带来的库岸稳定和大坝稳定问题，按照 1 天内库水位降低不超过 5m 控制下泄，电站机组过流和排沙孔过流即可满足下泄流量要求。

放空起始库水位为 461m，终止水位 423m。

表 8.12　坝址 10 年一遇月平均流量

项目	1月	2月	3月	4月	5月	6月	7月	8月	9月	10月	11月	12月
流量/(m^3/s)	321	543	1090	1790	2350	2410	2130	1540	922	462	343	325

(2)放空程序

水库放空从 10 月初开始，水库起始水位为 461m，库水位为 461m 至死水位 451m 时，由电站单独过流放空，放空时间为 2d；库水位降至死水位 451m 后，电站停机过流，由泄洪排沙孔单独过流，直至水库放空。各建筑物放空运行水位见表 8.13。

表 8.13　放空运行水位

泄水建筑物	运行水位/m
电站	461～451
泄洪排沙孔	451～423

(3)死水位以下放空时间计算

放空期间入库流量取 10 年一遇月平均流量，枯期 10 月（来流量 462m^3/s）开始放空计算，水库放空计算成果见表 8.14。当库水位 429m 时，来流量大于泄洪排沙孔敞泄泄量，因此库水位只能放空至水位 430m。水库由死水位 451m 放空至 430m 的时间约 5d。按 10 年一遇来水考虑，从 10 月上旬至第二年 2 月底，库水位均可维持在 431m 以下，此时水库剩余库容约 0.38 亿 m^3，水面以上坝高为 38.5m，工程具备放空检修条件。

表 8.14　水库放空计算成果

水库水位/m	库容 V/万 m^3	库容差 ΔV/万 m^3	各水位下泄流量/(m^3/s)	平均下泄流量/(m^3/s)	水库来流量/(m^3/s)	流量差/(m^3/s)	时间/d
451	10295		650				
		448.83		650.00	462	188.00	0.28
450	9846		650				
		389.17		650.00	462	188.00	0.24
449	9457		650				
		390.00		650.00	462	188.00	0.24
448	9067		650				
		390.00		650.00	462	188.00	0.24
447	8677		650				
		390.00		650.00	462	188.00	0.24
446	8287		650				
		390.19		650.00	462	188.00	0.24

续表

水库水位/m	库容 V/万 m³	库容差 ΔV/万 m³	各水位下泄流量/(m³/s)	平均下泄流量/(m³/s)	水库来流量/(m³/s)	流量差/(m³/s)	时间/d
445	7897		650				
		333.81		650.00	462	188.00	0.21
444	7563		650				
		336.00		650.00	462	188.00	0.21
443	7227		650				
		336.00		650.00	462	188.00	0.21
442	6891		650				
		336.00		650.00	462	188.00	0.21
441	6555		650				
		335.71		650.00	462	188.00	0.21
440	6219		650				

8.3.4 泄槽水力设计

溢洪道泄槽水面线根据能量方程，采用分段求和法进行计算。当水库位于校核洪水位 467.07m 时，溢洪道下泄流量最大，相应的泄槽水面线最高，此时溢洪道泄洪表孔计算的下泄流量为 24115m³/s，泄洪排沙孔下泄流量为 4184m³/s。因此本次主要复核计算了校核洪水位时泄槽水面线，计算成果见表 8.15 和表 8.16。

表 8.15　泄洪排沙孔泄槽最高水面线计算

断面	泄槽宽度/m	最大单宽流量 q/(m³/(s·m))	未掺气水深 h/m	断面平均流速 v/(m/s)	掺气水深修正系数 ζ	掺气后水深 h_b/m
泄槽起始断面(0+053.375)	24.00	174.33	6.75	25.83	1.40	9.19
73.375	24.70	169.39	6.44	26.15	1.40	8.79
113.375	24.70	169.39	6.38	26.54	1.40	8.75
153.375	24.70	169.39	6.29	26.93	1.40	8.66
193.375	24.70	169.39	6.21	27.30	1.40	8.58
233.375	24.70	169.39	6.13	27.65	1.40	8.50
293.375	24.70	169.39	6.02	28.14	1.40	8.39
311.805	24.70	169.39	5.99	28.28	1.40	8.36

表 8.16　　泄洪表孔泄槽左区、中区最高水面线计算

断面	泄槽宽度/m	最大单宽流量 $q/(m^3/(s\cdot m))$	未掺气水深 h/m	断面平均流速 $v/(m/s)$	掺气水深修正系数 ζ	掺气后水深 h_b/m
泄槽起始断面（0＋053.375）	33.00	243.59	9.19	26.50	1.40	12.60
73.375	35.00	229.67	8.40	27.02	1.40	11.58
113.375	35.00	229.67	8.25	27.51	1.40	11.43
153.375	35.00	229.67	8.11	27.99	1.40	11.29
193.375	35.00	229.67	7.99	28.44	1.40	11.16
233.375	35.00	229.67	7.87	28.87	1.40	11.05
293.375	35.00	229.67	7.80	29.45	1.40	11.01
1 区泄槽末端断面 311.805	35.00	229.67	7.75	29.63	1.40	10.97
2 区泄槽末端断面 331.805	35.00	229.67	7.70	29.82	1.40	10.92

上述计算的溢洪道泄槽水面线与模型试验获得水面线接近。计算成果表明，溢洪道泄槽左、右边墙和中隔墙的超高均能满足规范的要求。

8.3.5　消能防冲设计

溢洪道斜穿河湾山脊，消能方式为表孔右区采用等宽连续挑坎，反弧半径 60m，挑角 30°，泄洪排沙孔区、表孔左区及表孔中区均采用扭鼻坎型式。目前尚无针对扭鼻坎型式的水力计算公式，只能通过模型试验观测水力特性，因此以下只对表孔右区进行消能防冲计算。消能区岩石较软弱，综合考虑，下游消能防冲区基岩冲刷系数取 1.8。根据《溢洪道设计规范》(DL/T 5166—2002)计算挑距和冲坑深度。

表孔右区挑距及冲坑最大水垫深度计算结果见表 8.17。计算表明，表孔下游冲刷受大洪水控制。消能设计工况下，表孔右区泄槽下游冲坑底高程为 360.34m，相应至冲坑底部的挑距为 114.82m。

下游消能区为开挖渠道，渠道开挖底高程为 381～387m。表孔右区各工况冲坑后坡坡比均小于 1∶2.5，挑流鼻坎基础不受冲坑发展的影响。

表 8.17　　表孔右区挑流消能计算成果

洪水频率/%	坝前水位/m	下泄流量(单宽泄流量，$m^3/(s·m)$)	下游水位/m	挑流鼻坎高程/m	单宽流量/(m^3/s)	坎顶水面流速/(m/s)	水舌外缘至下游水面挑距/m	水舌外缘至冲坑底部挑距/m	冲坑水垫深度/m	估算冲坑深度/m	冲坑底部高程/m	备注
0.02	467.06	8038.33	424.75	417.15	236.42	28.14	74.89	135.68	70.59	32.84	354.16	联泄(6个表孔敞泄)
0.20	461.13	5525.33	418.08	417.15	162.51	26.39	71.70	119.81	58.78	27.70	359.30	联泄(6个表孔均匀控泄)
2	461.00	3579.00	409.75	417.15	105.26	25.93	76.27	114.82	49.41	26.66	360.34	联泄(4个表孔均匀控泄)
10	461.00	1698.00	402.80	417.15	49.94	22.75	66.17	91.08	35.13	19.33	367.67	联泄(2个表孔均匀控泄)

8.3.6 生态放水管水力设计

溢洪道控制段 7# 坝段和 9# 坝段闸墩设置两根生态放水管，见图 8.10 和图 8.11。

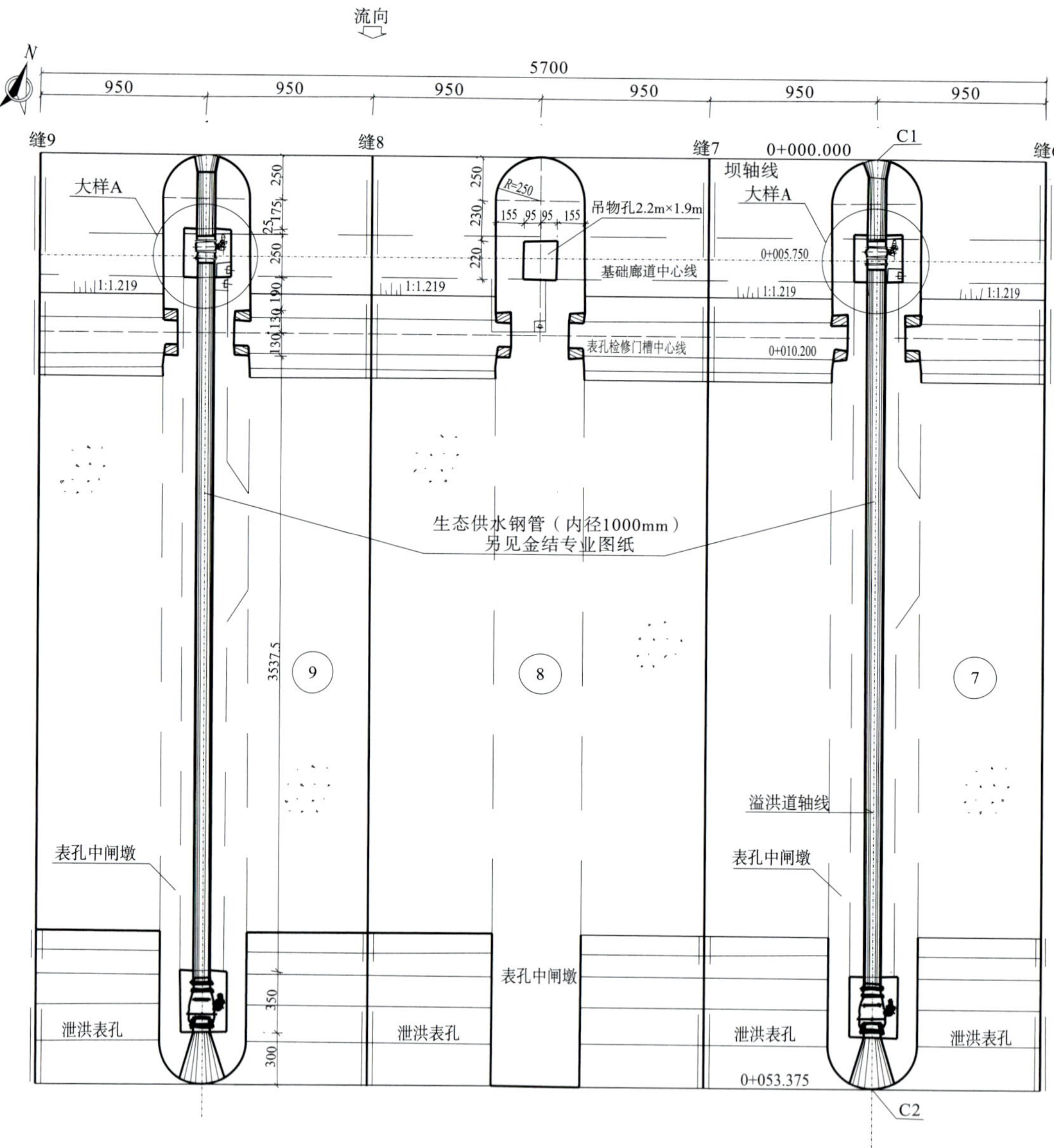

图 8.10 生态放水管平面布置

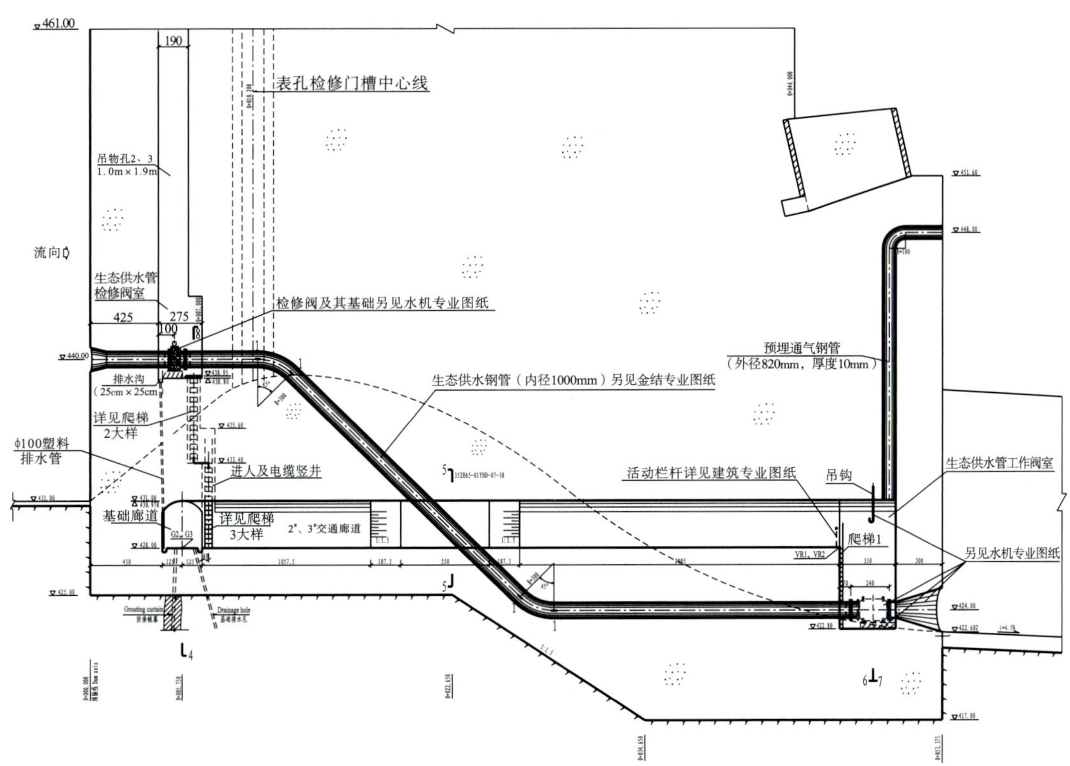

图 8.11 生态放水管纵剖面

生态放水管设计流量为 $15m^3/s$，根据设计流量，按以下有压短管公式计算生态供水管管径：

$$d=\sqrt{\frac{4Q}{\mu_c \pi \sqrt{2gH}}}$$

式中，d——供水管内径，m；

Q——流量，m^3/s；

μ_c——流量系数；

g——重力加速度，$9.81m/s^2$；

H——设计水头，m。

经计算确定生态供水管内径 $d=1m$，单根管生态流量计算成果见表 8.18。

表 8.18 溢洪道单根管生态流量计算

供水管直径 d/m	最小设计水头 H/m	管道长度/m	糙率 n	管截面积 A/m^2	沿程阻力系数 λ	局部损失合计	流量系数 μ_c	计算流量 $Q/(m^3/s)$
1.0	22.40	60	0.011	0.785	0.0151	2.29	0.489	8.04

8.4 水工模型试验

为论证现溢洪道泄洪消能整体布置方案的合理性，并为泄洪表孔、泄洪排沙孔体型和结构设计提供依据，长江设计院委托长江科学院开展了卡洛特水电站推荐方案的枢纽布置 1∶100 水工整体模型试验和 1∶100 泥沙整体模型试验研究、减压模型试验等研究工作。

8.4.1 水工整体模型试验研究

8.4.1.1 试验条件

(1)试验工况

水工模型试验重点研究各工况下的泄洪消能，以及电站进水口、电站尾水处的水流流态对电站运行的影响。模型试验条件见表 8.19。

表 8.19　　1∶100 水工模型试验条件

组次	洪水频率 P/%	总流量/(m^3/s)	溢洪道计算泄量/(m^3/s)	泄洪排沙孔计算泄量/(m^3/s)	电站流量/(m^3/s)	上游水位/m	下游水位(厂址)/m	闸门开启方式
1	0.02	28299	24115	4184	0	467.06	424.75	敞泄
2	0.2	20378	16576	3802	0	461.13	418.08	敞泄
3-1	2	12200	7158	3794	1248	461.00	409.75	表孔 4 孔均匀开启控泄(表孔左、中区组合)、泄洪排沙孔全部敞泄
3-2	2	12200	7158	3794	1248	461.00	409.75	表孔 4 孔均匀开启控泄(表孔中、右区组合)、泄洪排沙孔全部敞泄
4-1	10	6740	1698	3794	1248	461.00	402.80	表孔控泄(中区 2 孔均匀开启)、泄洪排沙孔全部敞泄
4-2	10	6740	1698	3794	1248	461.00	402.80	表孔控泄(右区 2 孔均匀开启)、泄洪排沙孔全部敞泄
5	20	4660	0	3412	1248	455.66	399.68	泄洪排沙孔全部敞泄
6	50	2460	0	2460	0	446.00	394.55	泄洪排沙孔 2 孔均匀控泄
7	—	1500	0	1500	0	446.00	392.25	泄洪排沙孔 2 孔均匀控泄
8	—	4288	0	3040	1248	451.00	399.03	泄洪排沙孔 2 孔敞泄

续表

组次	洪水频率 $P/\%$	总流量/(m^3/s)	溢洪道计算泄量/(m^3/s)	泄洪排沙孔计算泄量/(m^3/s)	电站流量/(m^3/s)	上游水位/m	下游水位(厂址)/m	闸门开启方式
9	—	1248	0	0	1248	461.00	391.30	电站机组满发
10-1	0.5	17300	12258	3794	1248	461.00	415.00	表孔控泄(6 表孔均匀开启)、泄洪排沙孔全部敞泄
10-2	0.5	17300	12258	3794	1248	461.00	415.00	1# ～4# 表孔均匀控泄,5# ～6# 表孔敞泄,泄洪排沙孔全部敞泄
10-3	0.5	17300	12258	3794	1248	461.00	415.00	1# 、2# 、5# 、6# 表孔均匀控泄,3# ～4# 表孔敞泄,泄洪排沙孔全部敞泄
10-4	0.5	17300	12258	3794	1248	461.00	415.00	1# ～2# 表孔均匀控泄,3# ～6# 表孔敞泄,泄洪排沙孔全部敞泄

(2)模型制作

本模型试验采用正态水工整体模型,模型按重力相似准则设计,几何比尺选定为1∶100($\lambda_L=\lambda_h=100$),相应其他比尺关系分别为:流量比尺 $\lambda_Q=\lambda_L{}^{2.5}=100000$,流速比尺 $\lambda_V=\lambda_L{}^{0.5}=10$,时间比尺 $\lambda_t=\lambda_L{}^{0.5}=10$,糙率比尺 $\lambda_n=\lambda_L{}^{1/6}=2.15443$。

试验模型长约25m,宽约14m,其中坝轴线上游模拟了溢洪道上游引渠、泄洪排沙孔、沥青混凝土心墙堆石坝及其上游的局部河道地形(高程480m以下);坝轴线下游模拟了地形长度约1.6km(高程435m以下),包括原吉姆河局部河床及溢洪道、电站厂房、导流洞等建筑物下游开挖渠道。

整个模型河道地形采用等高线法制作,溢洪道表孔坝面采用纯水泥砂浆制作,溢洪道泄槽、泄洪排沙孔及电站进出口采用有机玻璃制作。上游设置1个水尺,位于溢洪道上游引渠进口;下游设置1个水尺,位于溢洪道下游明渠出口新建卡洛特大桥处。

8.4.1.2 研究成果

(1)泄流能力

泄流能力模型试验成果见表8.6。

(2)流态

当堰前水位超过表孔堰顶高程439.0m时,随着上游水位逐渐升高,溢洪道表孔分区泄槽内开始有水跃形成，水跃形成位置逐渐下移，直至泄槽内水跃消失，出口形成挑流。分区单独运用时，表孔左区出口起挑水位约为446.8m，相应流量为1112m³/s；表孔中区出口起挑水位约为447.0m，相应流量为1157m³/s；表孔右区出口起挑水位约为451.4m，相应流量为2236m³/s。

当坝前水位超过泄洪排沙孔底板高程423.0m时，随着上游水位逐渐升高，泄洪排沙孔分区泄槽内开始有水跃形成，水跃形成位置逐渐下移，直至泄槽内水跃消失，出口形成挑流。泄洪排沙孔分区单独运用时，出口起挑水位约为439.3m，相应流量为1749m³/s。

1)引水渠水流流态。

当表孔和泄洪排沙孔联合下泄28299～20378m³/s流量（工况1～工况2）时，上游水流经右岸溢洪道及泄洪排沙孔下泄，溢洪道上游引渠内流速缓慢，水流平顺，成水库型水流特性；受上游河道弯道地形影响，上游来流偏右岸，进入引水渠时，两侧边坡附近均未见明显绕流形成。引渠内水流流向偏左，行至坝前时主流基本居中，流向偏左。表孔坝段左右侧存在一定程度的绕流，边表孔进流较不平衡，导致进口水流在门槽附近边墩侧水面较低；中间表孔进流较平顺，表孔中墩墩头处水面壅高约1.8m，孔内未见明显折冲水流。

当部分表孔、泄洪排沙孔和电站联合下泄12200～6740m³/s（工况3～工况4）流量时，上游流态与工况1和工况2相近。

各级工况条件下，电站进水口前水流平顺，未见吸气漩涡形成，仅在电站单独下泄1248m³/s流量时，在电站进口左侧及溢洪道引渠右侧区域有弱回流形成。

2)泄槽水流流态。

泄槽内水流未超出两侧隔墩边墙。在校核工况条件下，各表孔分区出口挑坎部分淹没，设计工况条件下，各分区出口挑坎处形成自由挑流，各工况水舌入水具体参数见表8.20。

表8.20　溢洪道挑流水舌入水参数　（单位：m）

工况	水舌内缘				水舌外缘				入水宽度			
	泄洪排沙孔	表孔左区	表孔中区	表孔右区	泄洪排沙孔	表孔左区	表孔中区	表孔右区	泄洪排沙孔	表孔左区	表孔中区	表孔右区
1	25	39	42	40	75	90	87	85	165			
2	20	40	52	38	73	72	76	72	160			
3-1	35	45	40	—	77	75	72	—	34	42	40	—
3-2	35	—	40	45	77	—	72	77	34	—	40	45
4-1	40	—	30	—	80	—	65	—	35	—	42	—
4-2	40	—	—	32	80	—	—	63	35	—	—	39
5	35	—	—	—	74	—	—	—	32	—	—	—
6	33	—	—	—	70	—	—	—	33	—	—	—
7	33	—	—	—	58	—	—	—	35	—	—	—

注：表中水舌内外缘距离以各挑坎出口下游壁面为0m，下游为正向，下同。

3)下游水流流态。

水舌落入下游消能区后，主流沿渠道右侧下行进入河道，部分水流冲击左岸后折向上游，引起上游河道250(工况1)～150m(工况2)范围内形成较强回流。溢洪道下泄水流经引渠汇入下游河道内，水面波动明显减弱，主流居于河道左侧。

当泄洪排沙孔和电站联合下泄4660(工况5)～1500m^3/s(工况7)流量时，泄洪排沙孔下泄水流均为自由挑流，未冲击坝下边坡，下泄水流主流沿渠道左侧下行进入河道，消能区右岸形成一股较大范围回流，回流宽度为130～110m；消能区上游河道未见大范围回流形成。

部分工况下游水流流态见图8.12至图8.14。

图8.12　工况3-2(P=2%)下游消能区流态

图8.13　工况4-2(P=10%)下游消能区流态

图8.14　工况5(P=20%)下游消能区流态

(3)水面线

试验对典型工况条件下 2# 泄洪排沙孔、5#（或 4#，工况 4 中 5#～6# 孔关闭）表孔及其相应泄槽分区的水面高程进行了测量。

1)表孔水面线。

试验成果表明：表孔闸墩墩头水面略有壅高，较坝前水位(孔中心线)高约 1.8m，表孔内水面较平顺，未见水流冲击弧门支铰。各工况条件下，泄槽内均未见水面超出隔墩边墙，见图 8.15。

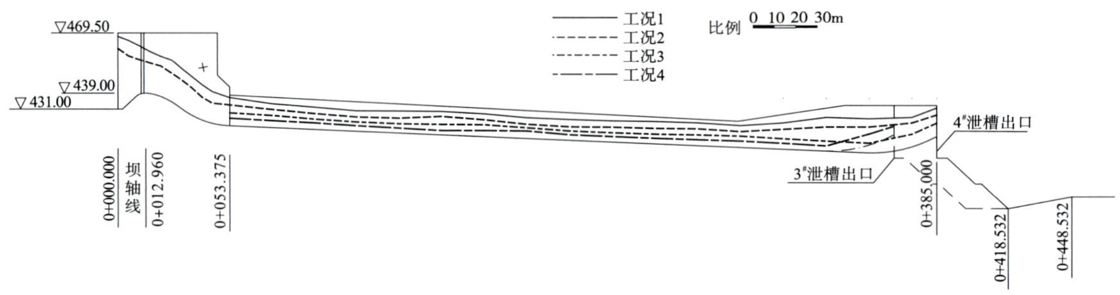

图 8.15　表孔及泄槽沿程水面线

2)泄洪排沙孔水面线。

试验成果表明：泄洪排沙孔压力出口后明流段，水面波动随流量减少而减小，水深最大为 10.50～8.20m，未见水流冲击弧门支铰。各工况条件下，泄槽内均未见水面超出隔墩边墙，见图 8.16。

3)水舌轨迹。

试验成果表明：泄洪排沙孔泄槽分区挑流水舌在工况 1～工况 6 条件下，于鼻坎后 10～40m 范围内上升至最高点，其高程为 432.00～428.50m；各工况条件下，均能形成挑流水舌，水舌冲击底板位置大致位于坎后 50～100m 范围内，水舌轨迹沿程水面线见图 8.17。

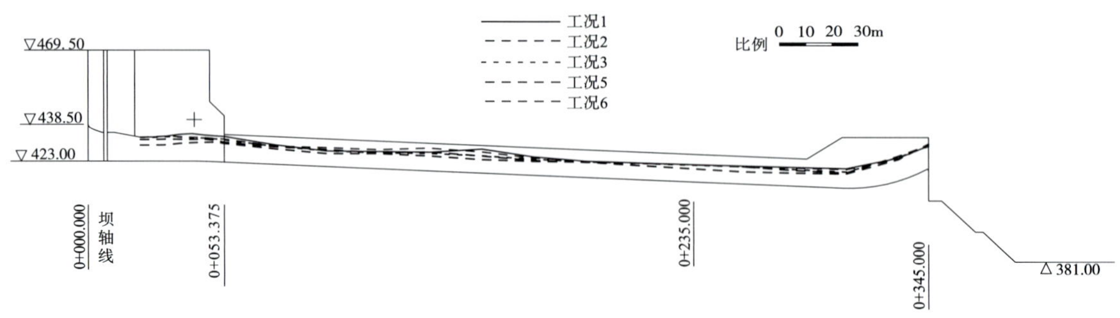

图 8.16　泄洪排沙孔及泄槽沿程水面线

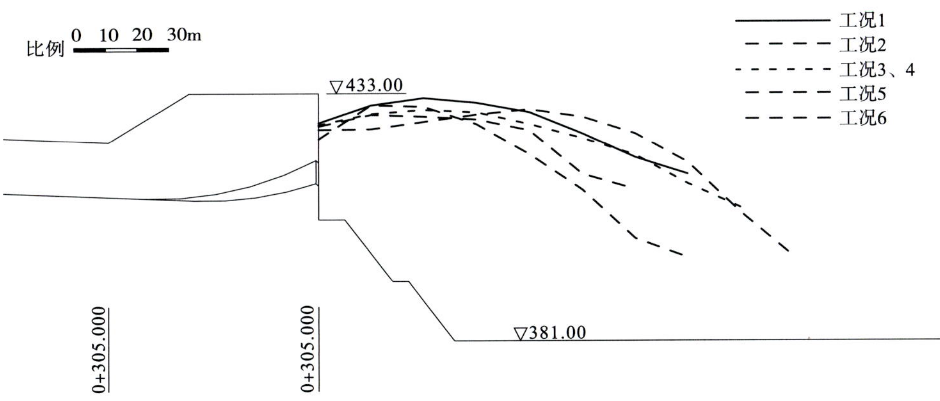

图 8.17 泄洪排沙孔水舌轨迹沿程水面线

表孔左区、中区和右区出口水舌在工况 1～工况 4 条件下，均可形成挑流水舌，于鼻坎后 10～30m 范围内上升至最高点，其高程为 436.95～427.25m；水舌冲击底板位置大致位于坎后 60～100m 范围内。水舌轨迹沿程水面线见图 8.18。

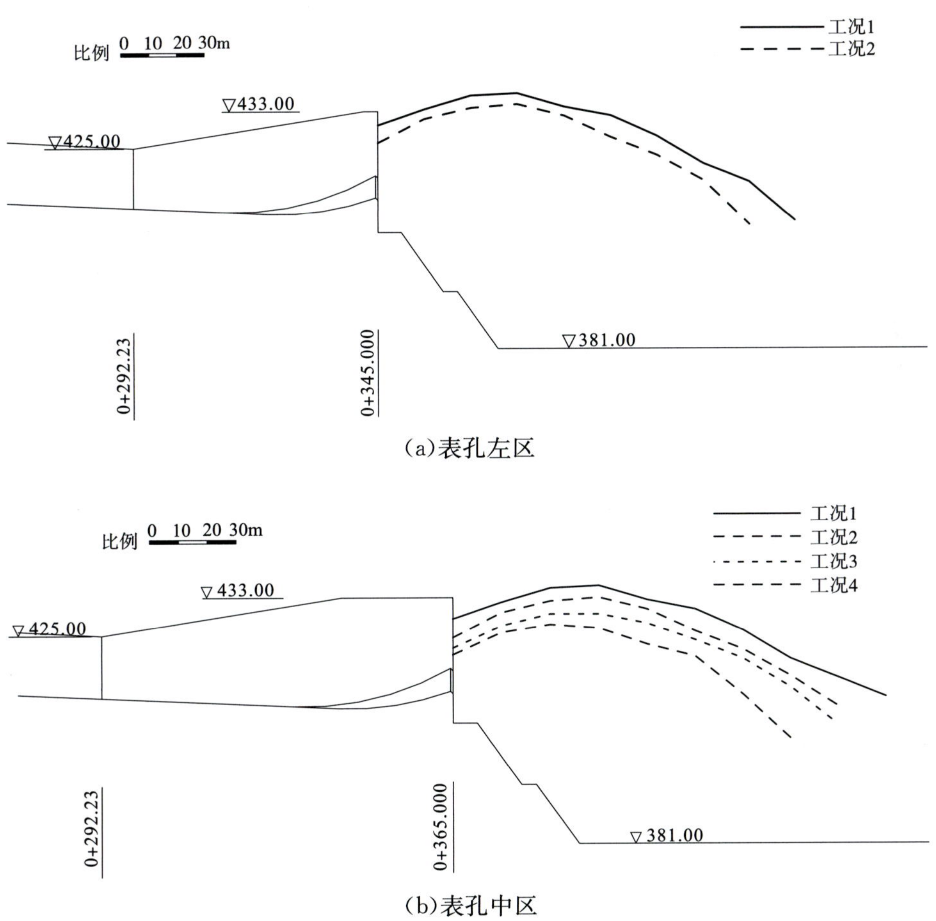

(a)表孔左区

(b)表孔中区

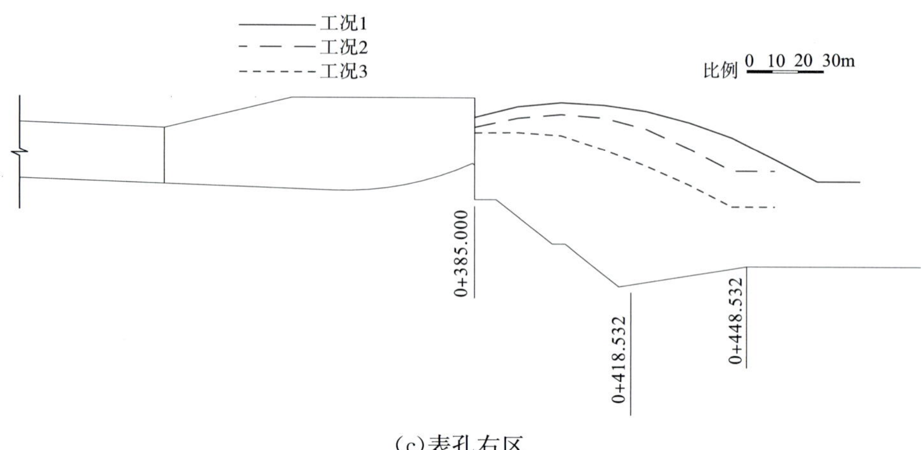

(c)表孔右区

图 8.18　表孔水舌轨迹沿程水面线

(4)流速

1)电站进口流速分布。

本试验对工况 3～工况 5 和工况 8～工况 9 条件下电站进口附近拦沙坎顶、电站引水渠内和电站进口处流速沿电站机组中心线及隔墩中心线进行了测量，试验成果见图 8.19 至图 8.23。

由试验成果可知：表孔、泄洪排沙孔和电站联合下泄 12200～6740m^3/s 流量(工况 3 和工况 4)时，拦沙坎坎顶流速最小值为 1.11～1.02m/s，电站引水渠内底部流速最小值为 0.53～0.42m/s，电站进口底部流速最小值为 1.82～1.67m/s，进口隔墩底部流速最小值为 1.08～0.66m/s。

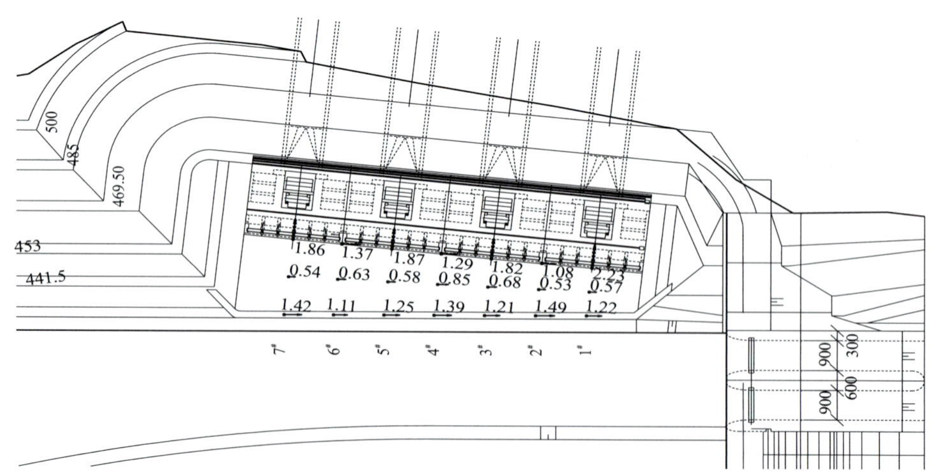

图 8.19　电站进口底部流速分布图(工况 3)

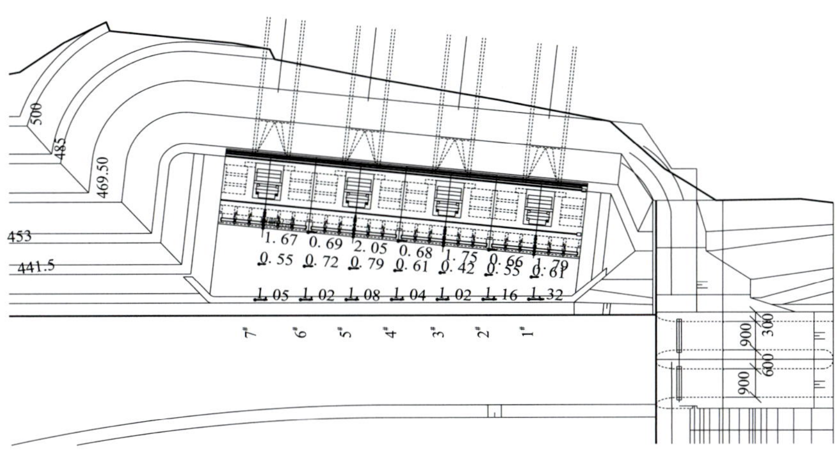

图 8.20　电站进口底部流速分布图(工况 4)

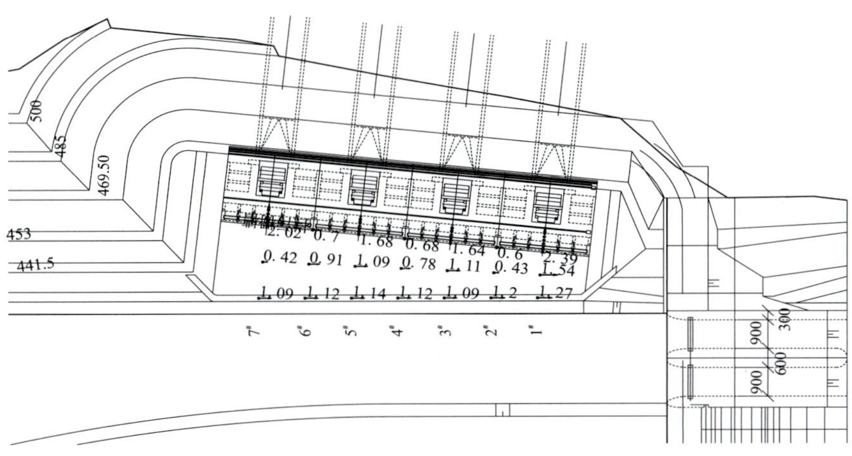

图 8.21　电站进口底部流速分布图(工况 5)

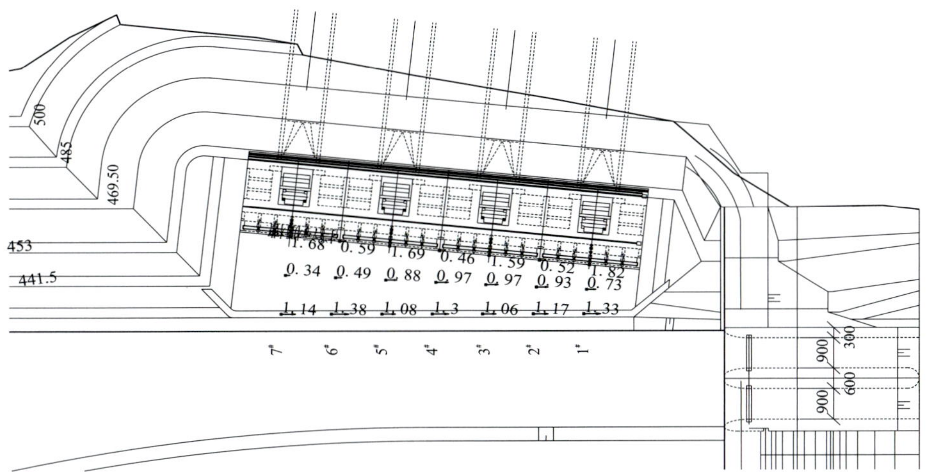

图 8.22　电站进口底部流速分布图(工况 8)

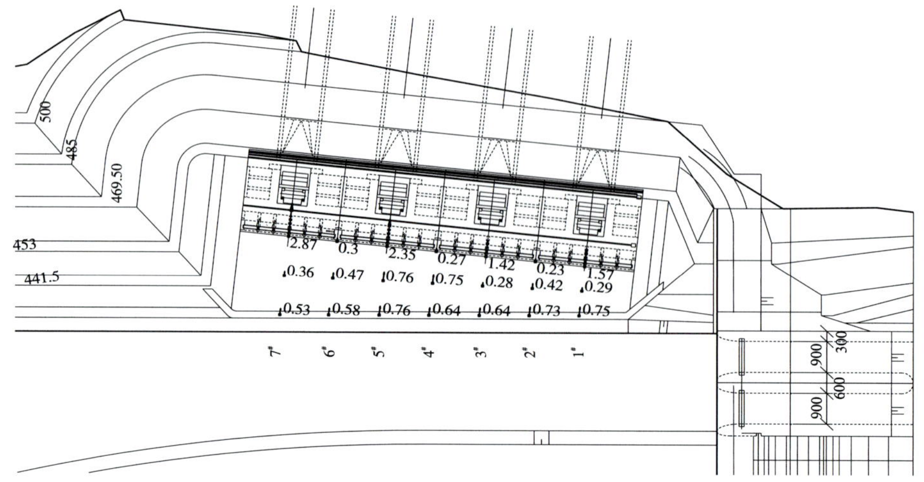

图 8.23 电站进口底部流速分布图(工况 9)

泄洪排沙孔和电站联合下泄 4660～4288m³/s 流量(工况 5 和工况 8)时，拦沙坎坎顶流速最小值为 1.09～1.06m/s，电站引水渠内底部流速最小值为 0.42～0.34m/s，电站进口底部流速最小值为 1.64～1.59m/s，进口隔墩底部流速最小值为 0.60～0.46m/s。

电站单独下泄 1248m³/s 流量(工况 9)时，拦沙坎坎顶流速为 0.76～0.53m/s，电站引水渠内底部流速为 0.76～0.28m/s，电站进口底部流速最小值为 1.42m/s，进口隔墩底部流速最小值为 0.23m/s。

2)下游河道流速分布。

试验对电站厂房尾水渠至溢洪道出口河段内河道流速分布进行了测量，测验成果见图 8.24 至图 8.29。由试验成果可知：试验工况范围内，当表孔和泄洪排沙孔联合下泄 28299～20378m³/s 流量时，部分下泄水流冲击左岸后折向上游，在溢洪道出口上游局部河道左岸和电站出口右岸附近形成两股明显回流，河道内最大回流流速为 7.12～4.98m/s，随下泄流量减小而减小。

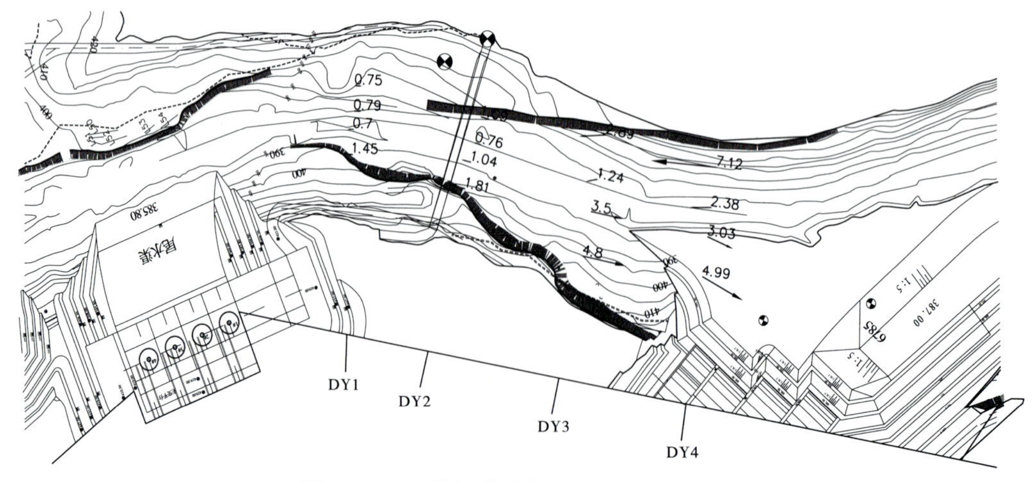

图 8.24 下游河道底部流速分布(工况 1)

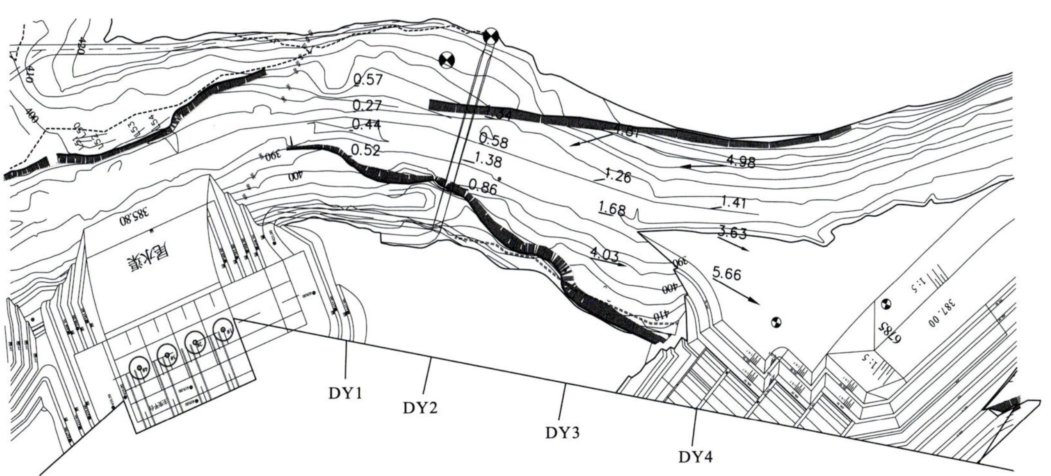

图 8.25 下游河道底部流速分布(工况 2)

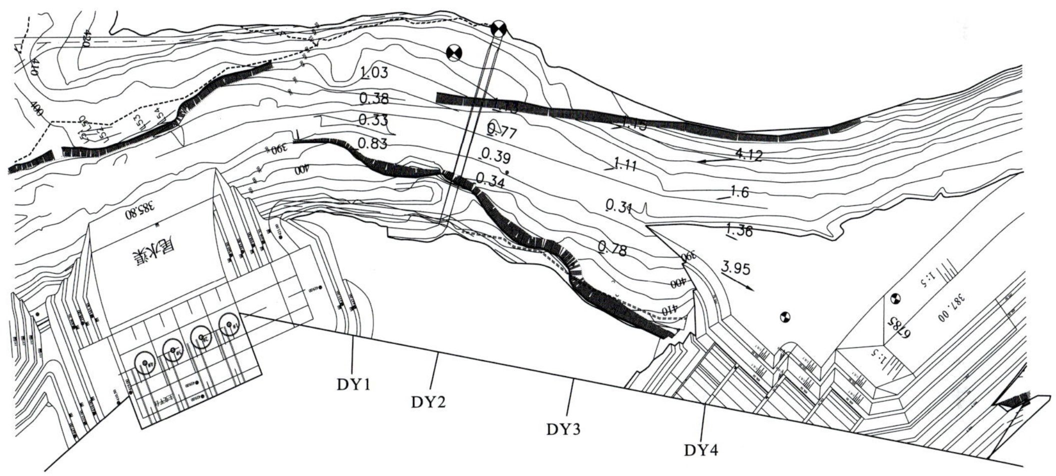

图 8.26 下游河道底部流速分布(工况 3)

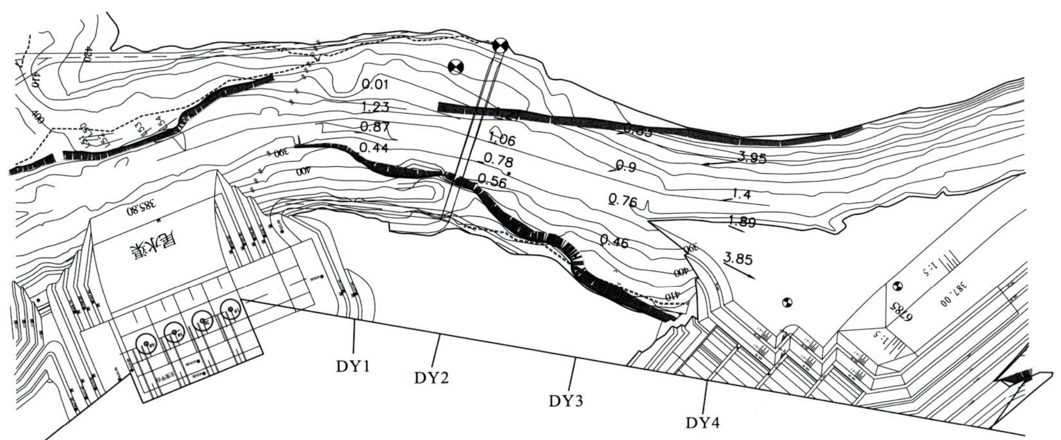

图 8.27 下游河道底部流速分布(工况 4)

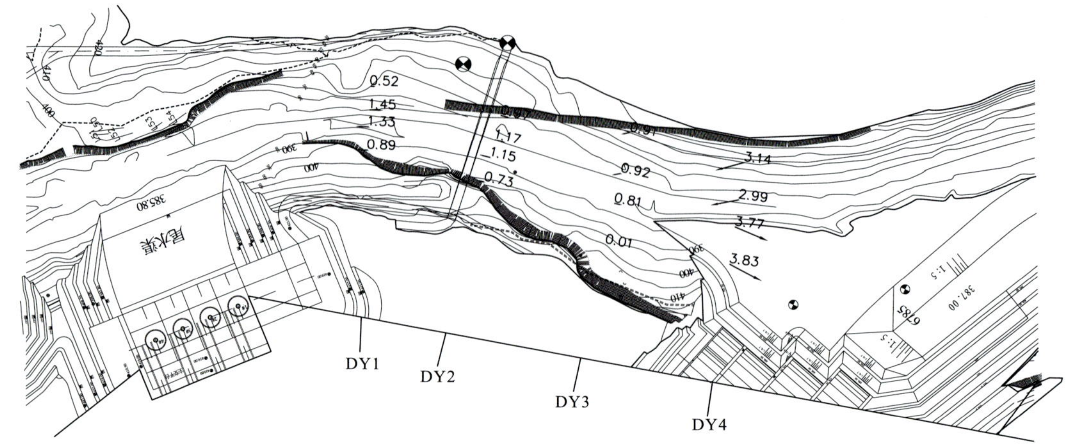

图 8.28　下游河道底部流速分布(工况 5)

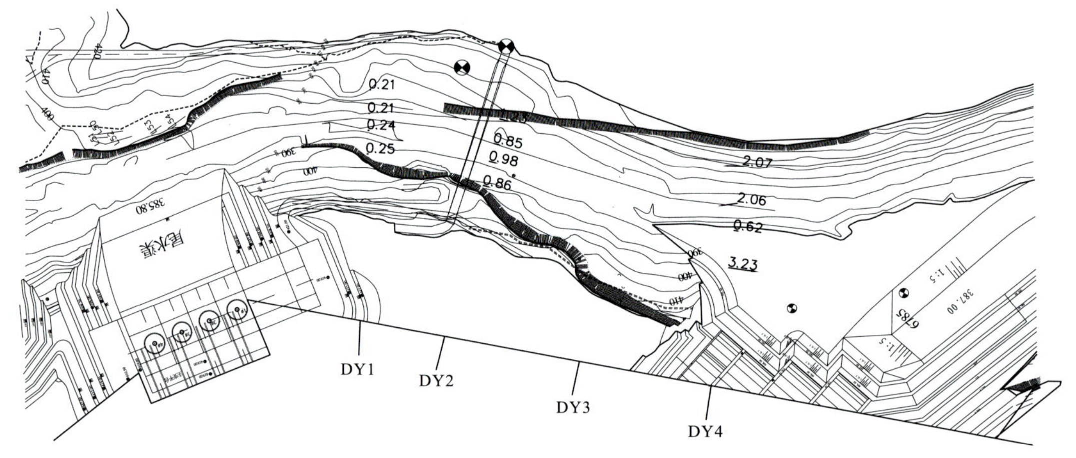

图 8.29　下游河道底部流速分布(工况 6)

当部分表孔、泄洪排沙孔和电站联合下泄 12200～6740m^3/s 流量时，溢洪道出口上游附近河道左岸回流流速最大值为 4.12～3.95m/s。

当泄洪排沙孔单泄或联合电站下泄 4660～2460m^3/s 流量时，河道内回流强度减弱，溢洪道出口上游附近河道左岸回流流速最大值为 3.14～2.07m/s。

3)溢洪道出口消能区及其下游河道流速分布。

由试验成果可知：当表孔和泄洪排沙孔联合下泄 28299～6740m^3/s 流量时，溢洪道表孔分区挑坎出坎水流流速最大值为 23.64～22.06m/s，泄洪排沙孔分区出口挑坎水流出坎流速最大值为 25.09～20.81m/s。当泄洪排沙孔联合电站或单独下泄 4660～2460m^3/s 流量时，泄洪排沙孔出口挑坎出坎水流流速最大值为 22.62 ～16.85m/s。

工况 1～工况 4 条件下，消能区内底部流速变化较大，流速最大值位于消能区对岸岸边，其最大值为 10.03～7.81m/s。

工况 5～工况 6 条件下，消能区内底部流速最大值位于下游渠道高程 381m 平台范围内，其最大值为 4.89m/s(工况 5)～7.56m/s(工况 6)。

各工况下，下游流速分布见图 8.30 至图 8.35。

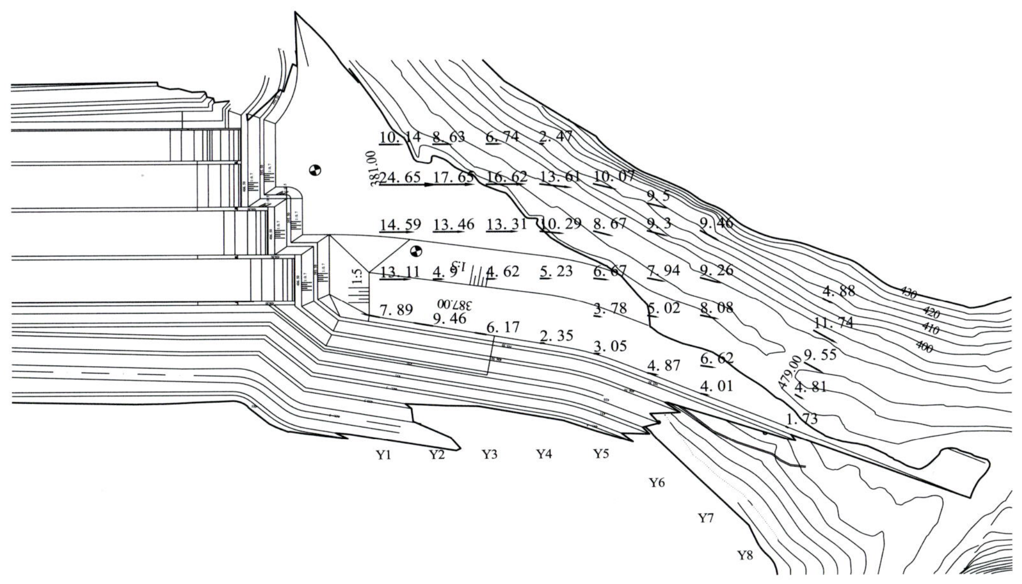

图 8.30　溢洪道出口消能区及下游河道底部表面流速分布(工况 1)

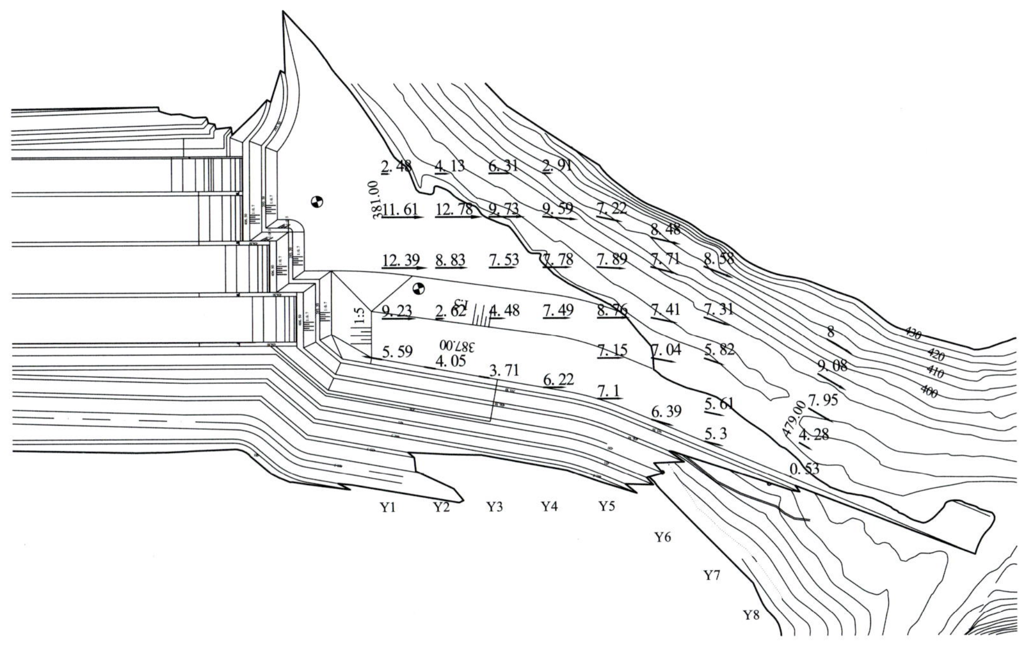

图 8.31　溢洪道出口消能区及下游河道底部表面流速分布(工况 2)

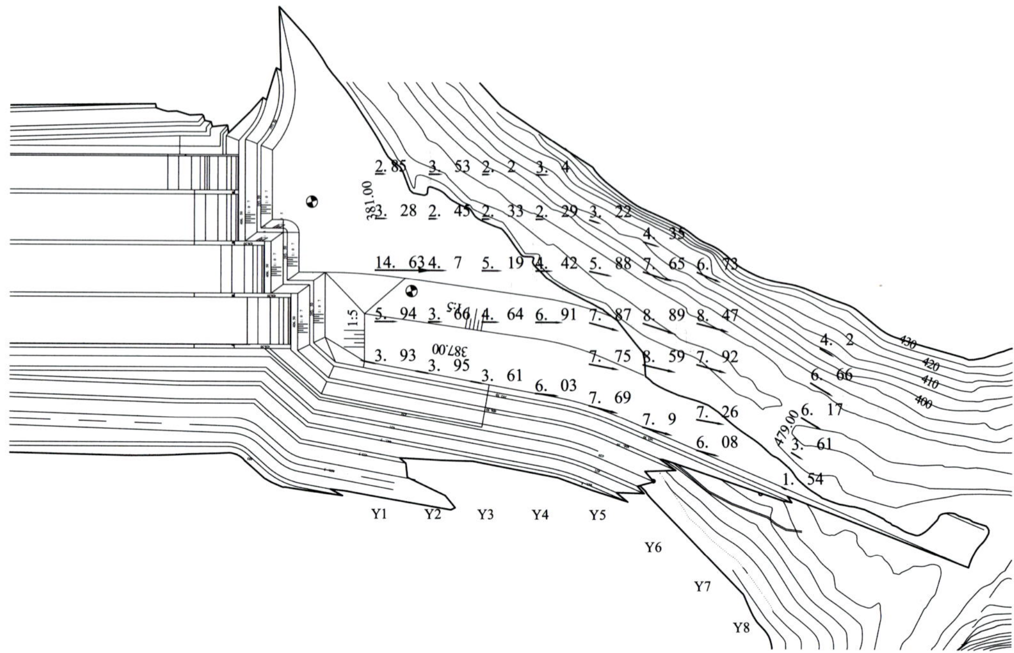

图 8.32　溢洪道出口消能区及下游河道底部表面流速分布(工况 3)

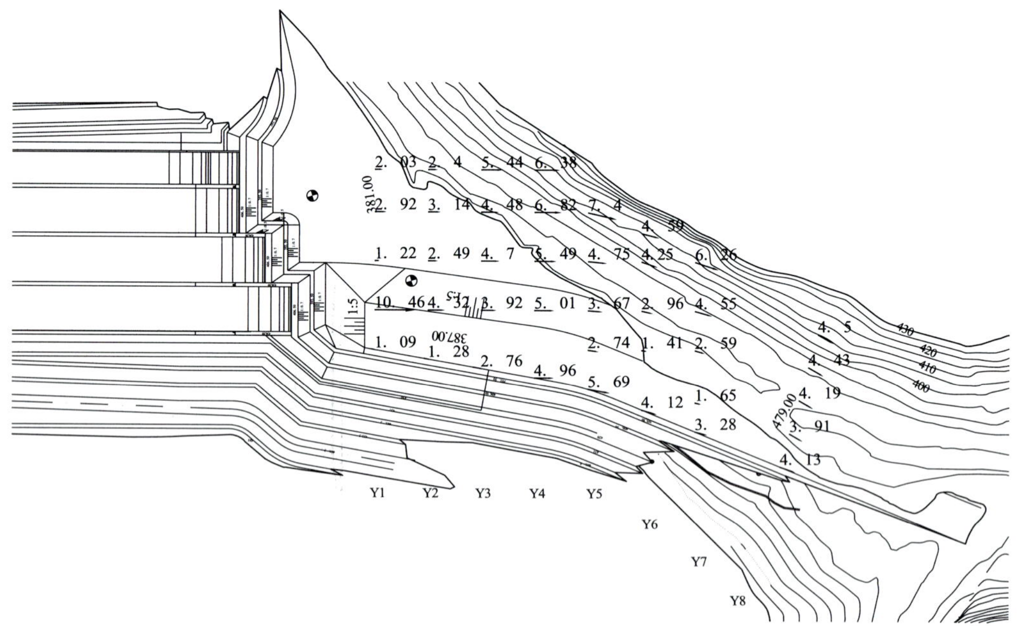

图 8.33　溢洪道出口消能区及下游河道底部表面流速分布(工况 4)

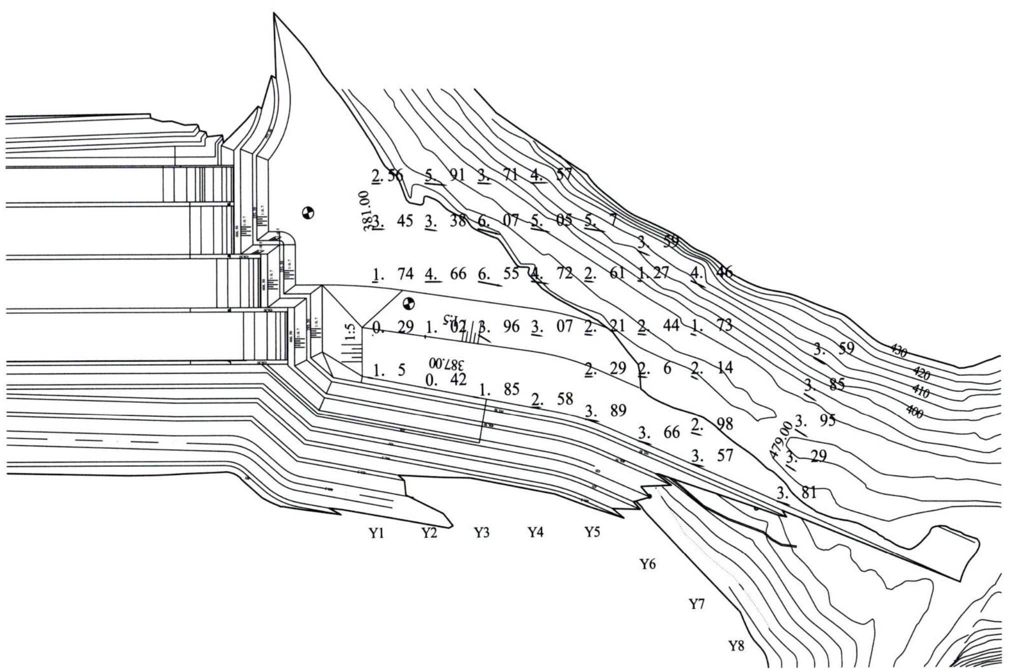

图 8.34 溢洪道出口消能区及下游河道底部表面流速分布(工况 5)

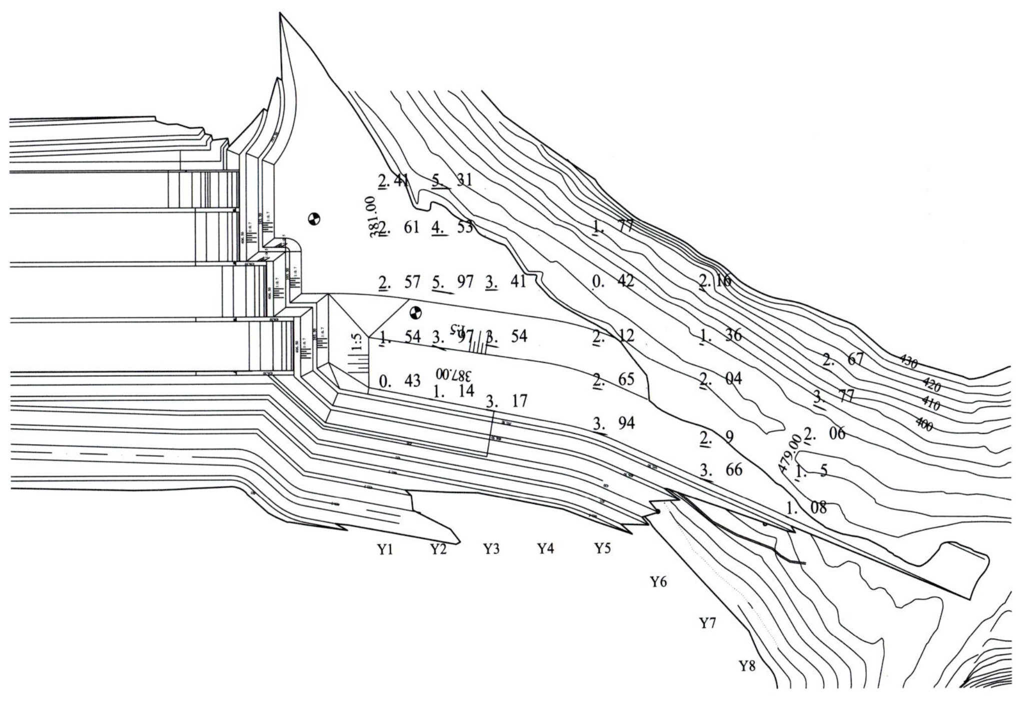

图 8.35 溢洪道出口消能区及下游河道底部表面流速分布(工况 6)

4)电站尾水波动。

电站尾水波动试验成果见表 8.21。

表 8.21　　电厂尾水出口波动情况

测点编号	距出口距离/m	位置	工况 3-2（P=2%，Q=12200m^3/s，$H_下$=409.75m，$B_{P\max(1/3)}$/m）	工况 4-1（P=10%，Q=6740 m^3/s，$H_下$=402.80m，$B_{P\max(1/3)}$/m）	工况 5（P=20%，Q=4660 m^3/s，$H_下$=399.68m，$B_{P\max(1/3)}$/m）	工况 8（Q=4288 m^3/s，$H_下$=399.03m，$B_{P\max(1/3)}$/m）	工况 9（Q=1248 m^3/s，$H_下$=391.30m，$B_{P\max(1/3)}$/m）	工况 10（P=0.5%，Q=17300 m^3/s，$H_下$=415.00m，$B_{P\max(1/3)}$/m）
1	5	左	0.63	0.62	0.53	0.40	0.28	0.95
2	5	中	0.65	0.56	0.64	0.49	0.27	0.85
3	5	右	0.77	0.66	0.55	0.45	0.19	0.99
4	68	左	0.65	0.56	0.49	0.41	0.33	0.87
5	68	中	0.46	0.45	0.40	0.37	0.21	0.85
6	68	右	0.64	0.55	0.40	0.37	0.25	0.87

注：$B_{P\max}$ 为从大到小排序波高的前 1/3 最大波高的平均值。

从表 8.21 中可以看出，在各电站过流工况下，电站尾水出口波动均随泄水建筑物泄流量的增大而增大。在 200 年一遇洪水工况（$P=0.5\%$，$Q=17300\text{m}^3/\text{s}$，$H_{下}=415.00\text{m}$）时，电站尾水出口 5m 处波高最大为 0.99m；在泄洪消能防冲设计工况（$P=2\%$，$Q=12200\text{m}^3/\text{s}$，$H_{下}=409.75\text{m}$）时，电站尾水出口 5m 处波高最大为 0.77m；在电站单独过流工况（$Q=1248\text{m}^3/\text{s}$，$H_{下}=391.30\text{m}$）时，电站尾水出口 5m 处波高最大为 0.28m。

（5）下游河床冲刷

各试验工况下，在挑射水流入水点下游河床、挑坎下部边坡及消能区左侧边坡坡脚、消能区对岸山体坡脚处形成冲坑。溢洪道坎下及消能区两侧坡脚冲刷特征点位置分布见图 8.36。

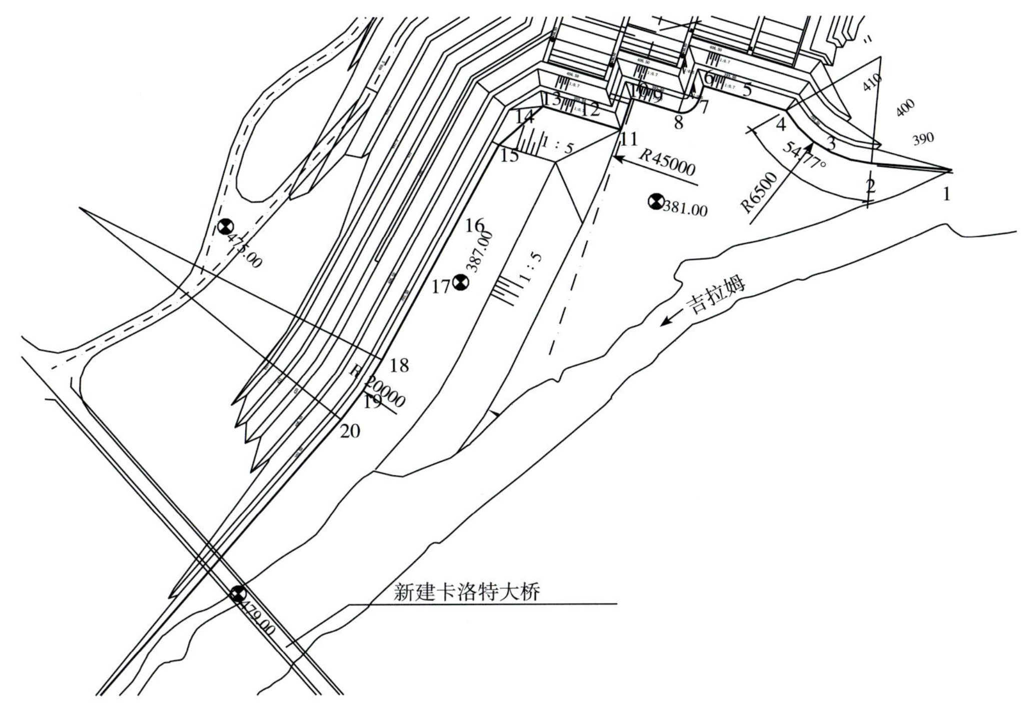

图 8.36　坎下及消能区两侧坡脚冲刷特征点位置分布

1）坡脚冲刷情况。

试验范围内，各工况下的冲刷情况见表 8.22、表 8.23 和图 8.37 至图 8.46。

表 8.22　坡脚冲刷最深点情况　（单位：m）

工况	挑坎下部边坡坡脚		消能区左侧边坡坡脚		消能区右侧边坡坡脚		消能区对岸山体坡脚	
	最深点高程	冲深	最深点高程	冲深	最深点高程	冲深	最深点高程	冲深
1	381.0	0	380.0	1.0	367.0	20.0	357.8	32.6
2	376.5	4.5	374.5	6.5	375.0	12.0	364.9	25.5
3-1	373.0	8.0	369.0	12.0	382.5	4.5	367.9	22.5

续表

工况	挑坎下部边坡坡脚		消能区左侧边坡坡脚		消能区右侧边坡坡脚		消能区对岸山体坡脚	
	最深点高程	冲深	最深点高程	冲深	最深点高程	冲深	最深点高程	冲深
3-2	381.0	0	378.5	2.5	379.5	7.5	384.4	6.0
4-1	378.0	3.0	378.0	3.0	383.0	4.0	380.4	10.0
4-2	378.0	3.0	378.5	2.5	374.0	13.0	381.9	8.5
5	376.5	4.5	381.0	0	381.0	6.0	383.4	7.0
6	376.0	5.0	381.0	0	387.0	0	390.4	0
7	379.0	2.0	381.0	0	387.0	0	390.4	0
10	379.5	1.5	377.0	4.0	377.0	10.0	374.9	15.5

表 8.23　坎下及消能区两侧坡脚冲刷情况

特征点	坡脚水平展开坐标 X/m	原坡脚高程/m	冲刷高程 Y(m)								冲深最大值/m
			工况 1 (P=0.02%)	工况 2 (P=0.2%)	工况 3-2 (P=2%)	工况 4-1 (P=10%)	工况 5 (P=20%)	工况 6 (P=50%)	工况 7 (Q=1500m^3/s)	工况 10 (P=0.5%)	
1	211.97	381	381.0	381.0	381.0	381.0	381.0	381.0	381.0	381.0	0.0
2	164.33	381	380.0	374.5	378.5	378.0	381.0	381.0	381.0	377.0	6.5
3	133.27	381	381.0	375.6	381.0	378.0	381.0	381.0	381.0	381.0	5.4
4	102.20	381	381.0	376.7	381.0	378.0	381.0	381.0	381.0	381.0	4.3
5	77.00	381	381.0	381.0	381.0	381.0	381.0	381.0	379.0	381.0	2.0
6	51.80	381	381.0	376.5	381.0	381.0	381.0	381.0	381.0	381.0	4.5
7	43.55	381	383.0	377.6	381.0	381.0	379.0	379.0	380.0	379.5	3.4
8	27.00	381	388.0	380.0	381.0	381.0	376.5	376.5	380.0	379.5	4.5
9	12.63	381	389.0	378.7	385.0	381.0	379.0	379.0	381.0	381.0	2.3
10	−1.75	381	390.0	381.0	390.0	381.0	381.0	381.0	381.0	381.0	0.0
11	−21.75	381	391.0	384.0	384.0	381.0	381.0	381.0	381.0	381.0	0.0
12	−45.42	381	387.0	388.5	385.0	381.0	381.0	381.0	381.0	385.5	0.0
13	−69.08	381	383.0	393.0	390.0	381.0	381.0	381.0	381.0	390.0	0.0
14	−86.42	384	376.0	384.0	385.5	382.0	384.0	376.0	384.0	387.0	8.0
15	−103.75	387	368.0	375.0	381.0	383.0	387.0	387.0	387.0	379.0	19.0
16	−144.37	387	367.0	375.0	379.5	383.0	387.0	387.0	387.0	377.0	20.0
17	−184.99	387	367.0	377.0	382.0	383.0	387.0	387.0	387.0	379.0	20.0
18	−250.12	387	383.0	392.0	395.0	387.0	387.0	387.0	387.0	395.0	4.0
19	−271.92	387	393.0	391.0	391.0	387.0	387.0	387.0	387.0	393.5	0.0
20	−293.72	387	391.0	390.0	387.0	387.0	387.0	387.0	387.0	393.5	0.0

注：坡脚展开坐标 X 以泄洪轴线处为 0，左侧为正，右侧为负。

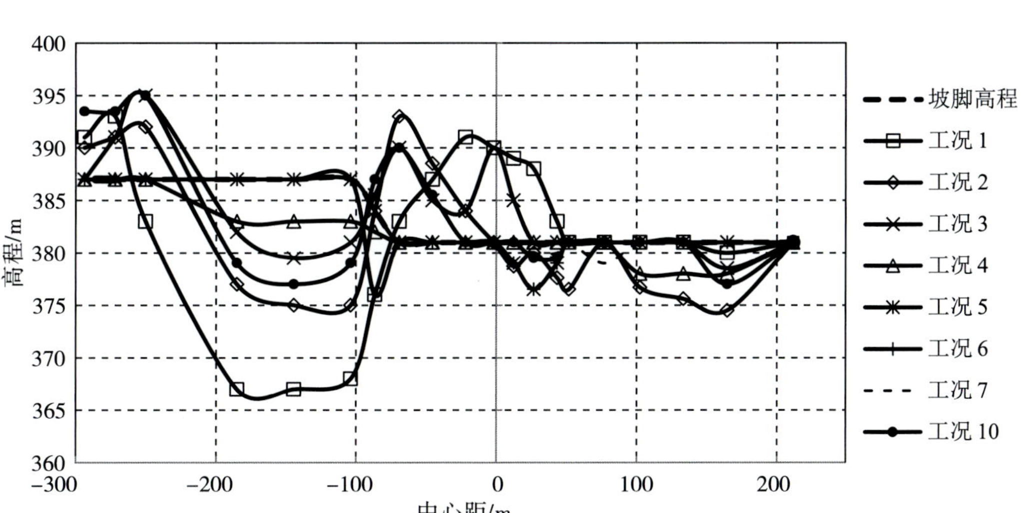

图 8.37 坎下及消能区两侧坡脚冲刷高程对比

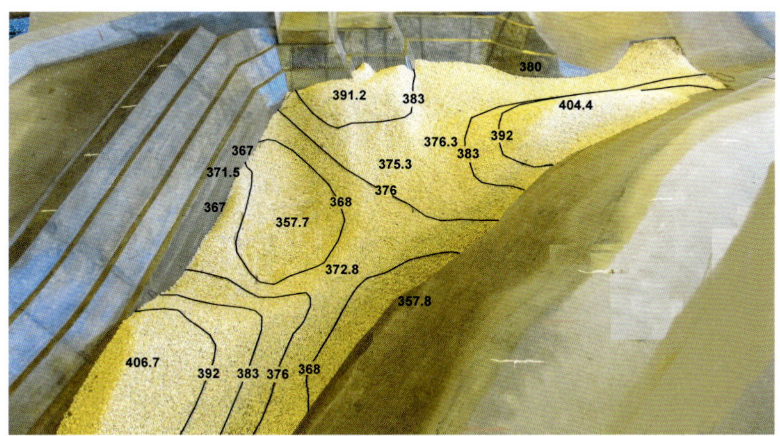

图 8.38 下游河床冲刷(工况 1)

图 8.39 下游河床冲刷(工况 2)

图 8.40　下游河床冲刷(工况 3-1)

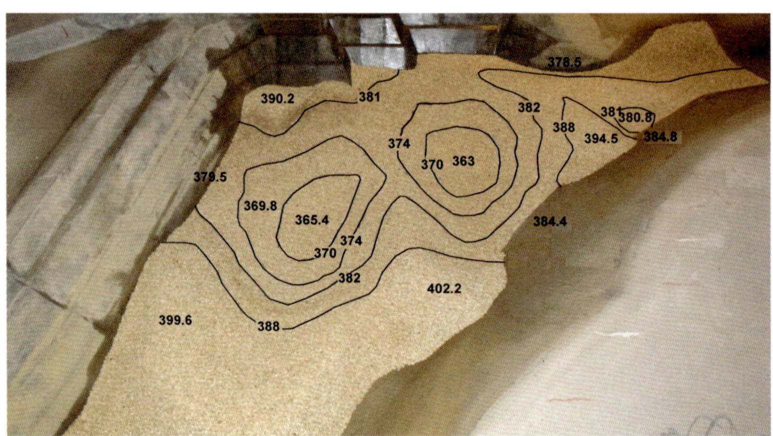

图 8.41　下游河床冲刷(工况 3-2)

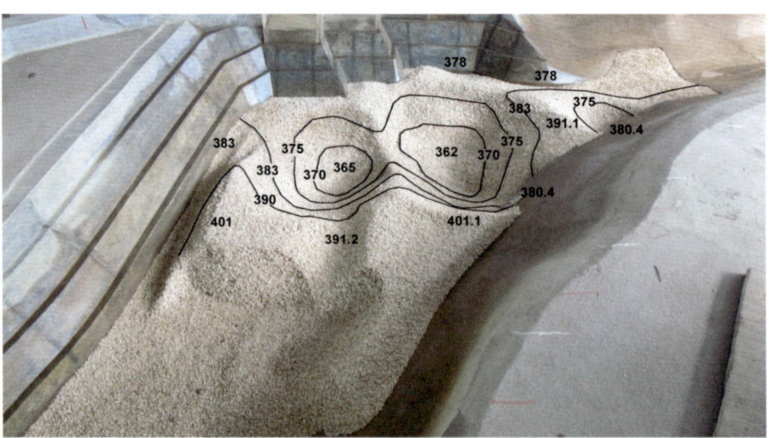

图 8.42　下游河床冲刷(工况 4-1)

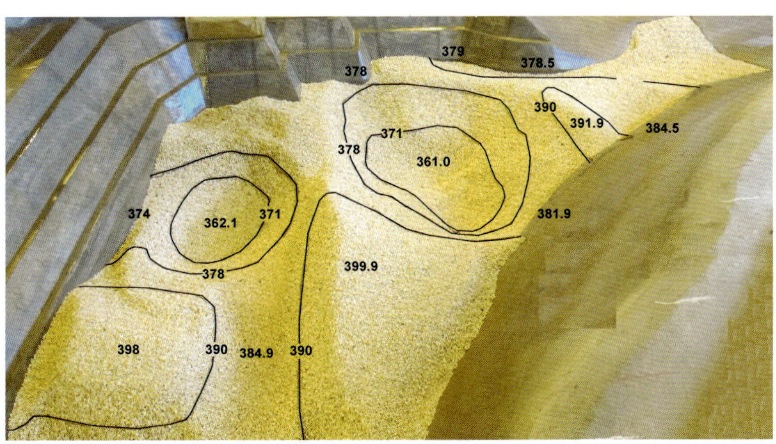

图 8.43　下游河床冲刷(工况 4-2)

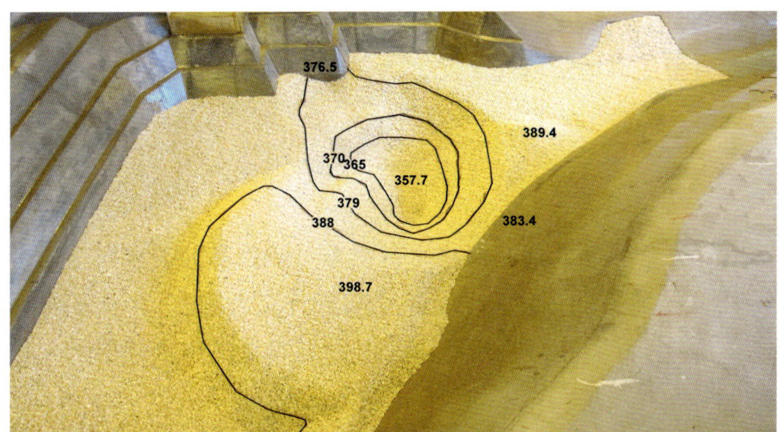

图 8.44　下游河床冲刷(工况 5)

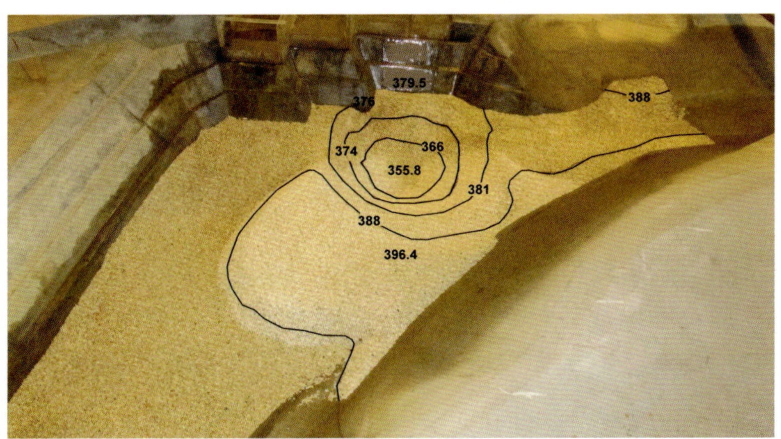

图 8.45　下游河床冲刷(工况 6)

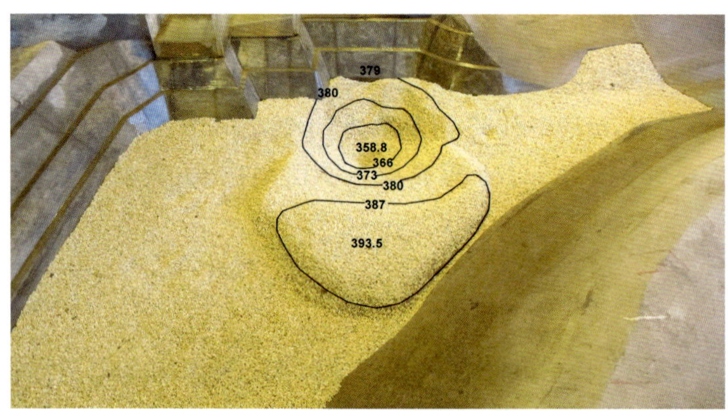

图 8.46　下游河床冲刷(工况 7)

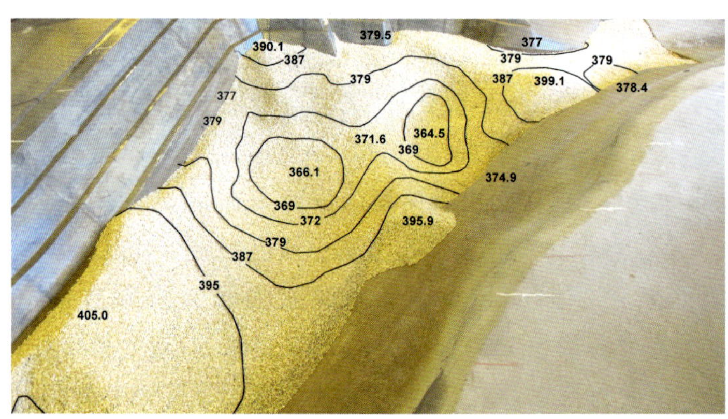

图 8.47　下游河床冲刷(工况 10)

各工况试验成果表明：当部分表孔、泄洪排沙孔和电站联合下泄 12200～6740m³/s 流量时，工况 3-2(表孔中区、右区组合运用)和工况 4-1(表孔中区运用)的运行方式下冲刷情况明显较优。表孔、泄洪排沙孔和电站联合下泄 17300m³/s 流量时，工况 10(1# ～2# 表孔均匀控泄，其余表孔和泄洪排沙孔敞泄)下的坎下坡脚、左侧坡脚和对岸山体坡脚处冲刷情况较好。

采用以上运行方式时，消能区左岸坡脚(1# ～4# 测点)冲刷最深位置位于圆弧段左侧起点附近，最大冲深约 6.5m(工况 2)，50 年一遇洪水及以下工况时最大冲深约 3m(工况 4-1)；坎下坡脚(4# ～13# 测点)冲刷最深位置位于表孔中区坡脚的圆弧连接段区域，最大冲深约 4.5m(工况 5)；消能区右岸坡脚(13# ～20# 测点)冲刷最深位置位于 1∶5 反坡后的直线段内，校核洪水工况时最大冲深约 20m，50 年一遇洪水及以下工况时最大冲深约 7.5m(工况 3-2)。消能区对岸山体坡脚最大冲深约 32.6m(工况 1)，50 年一遇洪水及以下工况时最大冲深约 10m(工况 4-1)。

2)冲刷坑情况。

由试验成果可知，当部分表孔、泄洪排沙孔和电站联合下泄 12200～6740m³/s 流量时，工况 3-2(表孔中区、右区组合运用)和工况 4-1(表孔中区运用)的运行方式下冲刷情况明显较优。下游河床冲坑情况见表 8.24。

表 8.24 模型试验冲坑情况

工况	左侧冲刷坑							右侧冲刷坑								
	最深点高程/m	原地面高程/m	冲深/m	距坎下坡脚距离/m	后坡比	桩号 X/m	中心距 Y/m	最深点高程/m	原地面高程/m	冲深/m	距坎下坡脚距离/m	后坡比	距右岸坡脚距离/m	右侧坡比	桩号 X/m	中心距 Y/m
1	376.3	381	4.7	64.2	1∶13.7	435	75.0	357.7	387	29.3	89.2	1∶3.8	38.29	1∶1.3	500	−38.0
2	372.0	381	9.0	70.2	1∶7.8	441	60.0	365.6	381	15.4	84.2	1∶5.5	37.42	1∶1.7	495	−38.0
3-1	359.5	381	21.5	92.2	1∶4.3	463	56.0	—	—	—	—	—	—	—	—	—
3-2	363.0	381	18.0	90.2	1∶5.0	461	60.0	365.4	381	15.6	89.2	1∶5.7	54.04	1∶2.5	500	−22.0
4-1	362.0	381	19.0	99.2	1∶5.2	470	69.8	365.0	381	16.0	92.2	1∶5.8	72.76	1∶3.3	483	0
4-2	361.0	381	20.0	84.2	1∶4.2	455	56.0	362.1	381	18.9	70.2	1∶3.7	35.48	1∶1.4	481	−37.5
5	357.7	381	23.3	84.2	1∶3.6	455	63.0	—	—	—	—	—	—	—	—	—
6	355.8	381	25.2	67.2	1∶2.7	438	47.0	—	—	—	—	—	—	—	—	—
7	358.8	381	25.2	57.2	1∶2.3	428	56.0	—	—	—	—	—	—	—	—	—
10	364.5	381	16.5	109.2	1∶6.6	480	56.0	366.1	381	14.9	84.2	1∶5.6	52.66	1∶2.5	475	−19.0

采用以上运行方式时，在泄洪消能设计工况条件下，溢洪道1#、2#分区（泄洪排沙孔及1#、2#表孔）挑射水流入水点下游河床形成主冲刷区，左侧冲坑冲刷较深，最深点高程为363.0m，冲深约18.0m，其最深点距表孔左区挑坎下部边坡坡脚约90.2m，后坡比约为1：5；右侧冲坑最深点高程为365.4m，冲深约15.6m，其最深点距表孔右区挑坎下部边坡坡脚约89.2m，后坡比约为1：5.7，最深点距消能区右岸坡脚约54.04m，右侧坡比约为1：2.5。

设计洪水工况下，左侧冲坑最深点高程为372.0m，冲深约9.0m，其最深点距2#分区挑坎下部边坡坡脚约70.2m，后坡比约为1：7.8，右侧冲坑最深点高程为365.6m，冲深约15.4m，其最深点距表孔右区挑坎下部边坡坡脚约84.2m，后坡比约为1：5.5，最深点距消能区右岸坡脚约38.29m，右侧坡比约为1：1.7。

校核洪水工况下，左侧冲坑最深点高程为376.3m，冲深约4.7m，其最深点距2#分区挑坎下部边坡坡脚约64.2m，后坡比约为1：13.7，右侧冲坑最深点高程为357.7m，冲深约29.3m，其最深点距表孔右区挑坎下部边坡坡脚约89.2m，后坡比约为1：3.8，最深点距消能区右岸坡脚约38.29m，右侧坡比约为1：1.3。

8.4.2 泥沙整体模型实验研究

卡洛特水电站推荐方案1：100泥沙整体模型试验主要成果如下：

1）枢纽运用至第20年末，坝区河段泥沙基本达到动态平衡，溢洪道引水渠内共累积淤积泥沙37.6万m^3，以河槽平淤为主，淤积物主要为悬移质；溢洪道引水渠原高程431m平台，淤积后高程为439.7～442.8m，平均淤厚4.8～8.8m，最大淤厚11.8m；原高程423m排沙槽，淤积后高程为430.5～441.8m，平均淤厚7.5～17.38m，最大淤厚18.8m，排沙槽沿程累计淤积高程440.6～430m，纵向坡比1：30，横向坡比1：5～1：8。

2）枢纽运用第20年末，电站进水口前7～12m范围内泥沙有一定淤积，主要淤积部位为拦沙坎附近区域。电站1#机组进水口前泥沙累计最大淤厚约10m，淤积后高程为440.5m，且淤积物前缘距进水口约7m，坡比约为1：3；2#机组进水口前泥沙累计最大淤厚约7.8m，淤积后高程为438.3m，且淤积物前缘距进水口约9m，坡比约为1：5；3#机组进水口前泥沙累计最大淤厚约2.5m，淤积后高程为433.0m，且淤积物前缘距进水口约12m，坡比约为1：3；4#机组进水口前泥沙有少量淤积，淤厚约1.2m。进水口区淤积泥沙纵向坡比为1：8～1：10。清理拦沙坎内淤沙有两种措施：水力排沙与人工清淤。水力排沙有两种布置方式：第一种为在坎内引水渠上设纵向排沙槽，由于进水塔与拦沙坎距离相对较小，排沙槽宽度受限，排沙距离有限，不能解决整个进水口前沿淤沙问题；第二种是在各独立进水塔间设置横向排沙廊道，汇合后将淤沙排至溢洪道泄槽中，该措施将加大进水塔的整体尺寸，从排沙需要水头、流量及廊道内流速等方面计算，设置横向排沙廊道工程投资约增加0.9亿元，同时将减少一定的发电量。因而本电站进水口坎内泥沙主要采用人工清淤的措施。泥沙模型试验表明，随着枢纽运用年限的增加，坝区泥沙淤积朝平衡方向发展，通过机组的水流含沙量和粒径变化随枢纽运用年限增加而变化。由于电站拦沙坎的拦蓄作用，电站进水口引渠内未见大的砾卵石推移质，过机泥沙主要为悬移质，电站尾水渠泥沙淤积最大粒径原型值为 0.14mm，满足额定水头小于 100m 电站沉沙池最小沉降粒径的要求。因而，现有排沙设施和排沙调度方式基本可保证电站正常引水发电。

溢洪道引水渠和电站进水口淤积横断面分布见图 8.48(由溢洪道控制段至引水渠进口的横断面编号依次为 D1#～D8#)。

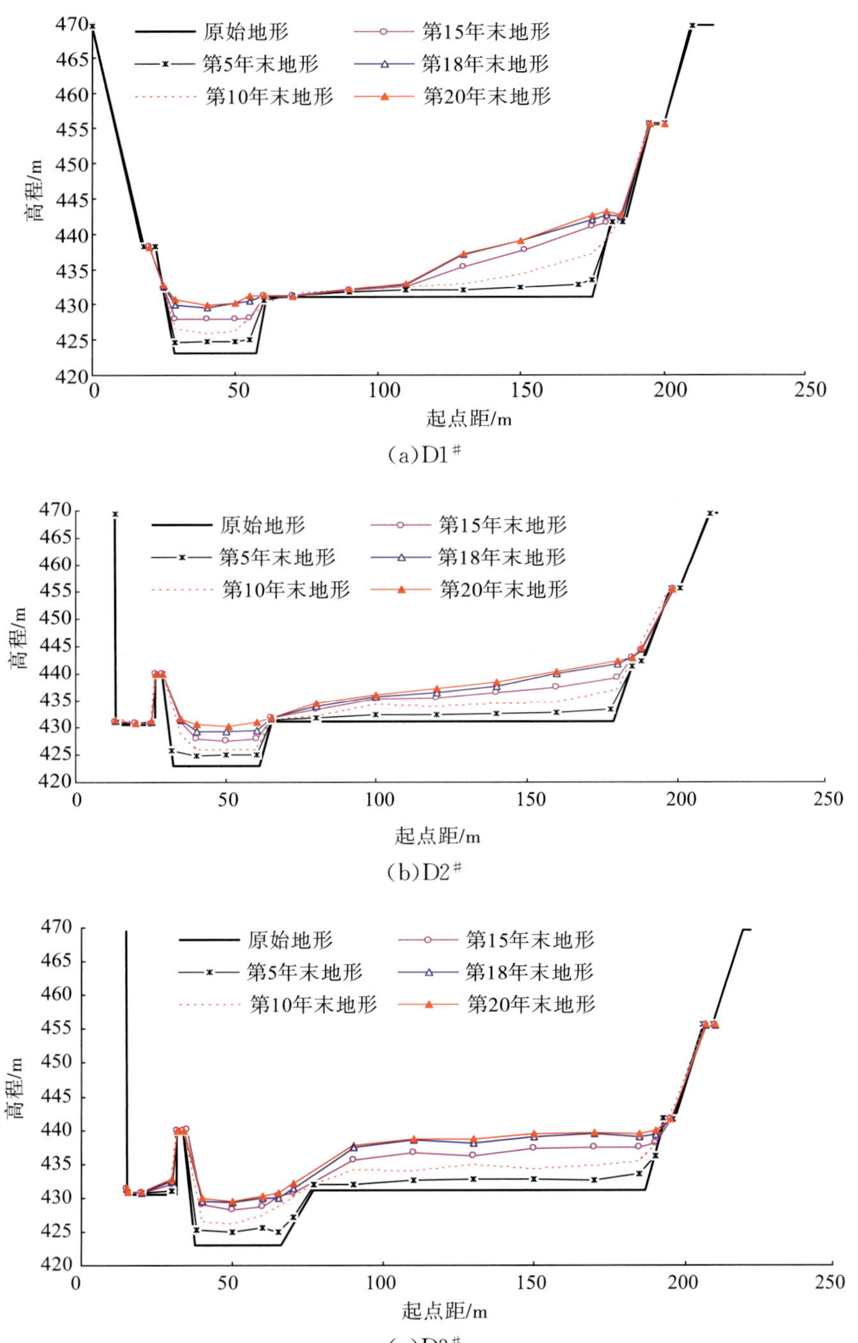

(a)D1#

(b)D2#

(c)D3#

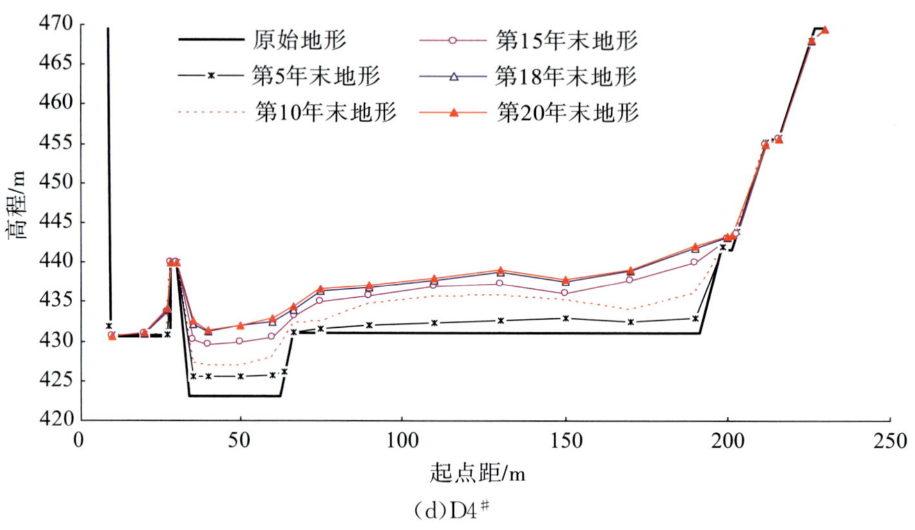

(d)D4[#]

原始地形
第5年末地形
第10年末地形
第15年末地形
第18年末地形
第20年末地形
高程/m
起点距/m
420
425
430
435
440
445
450
455
460
465
470
0
50
100
150
200
250

原始地形
第5年末地形
第10年末地形
第15年末地形
第18年末地形
第20年末地形
高程/m
起点距/m
420
430
440
450
460
470
480
0
50
100
150
200
250
300

原始地形
第5年末地形
第10年末地形
第15年末地形
第18年末地形
第20年末地形
高程/m
起点距/m
420
425
430
435
440
445
450
455
460
465
470
0
50
100
150
200
250
300

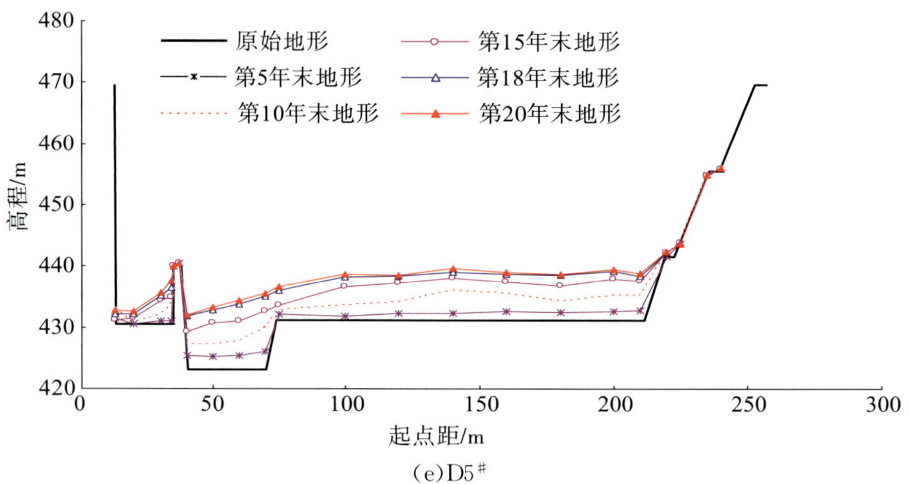

(e)D5[#]

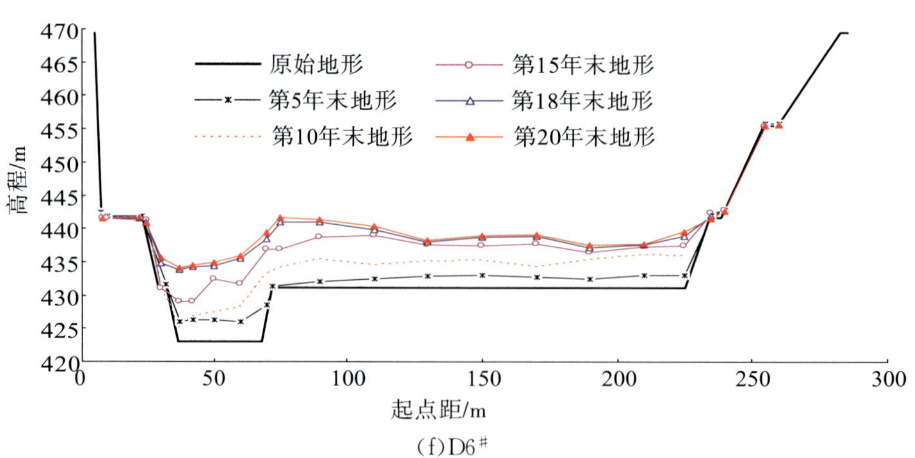

(f)D6[#]

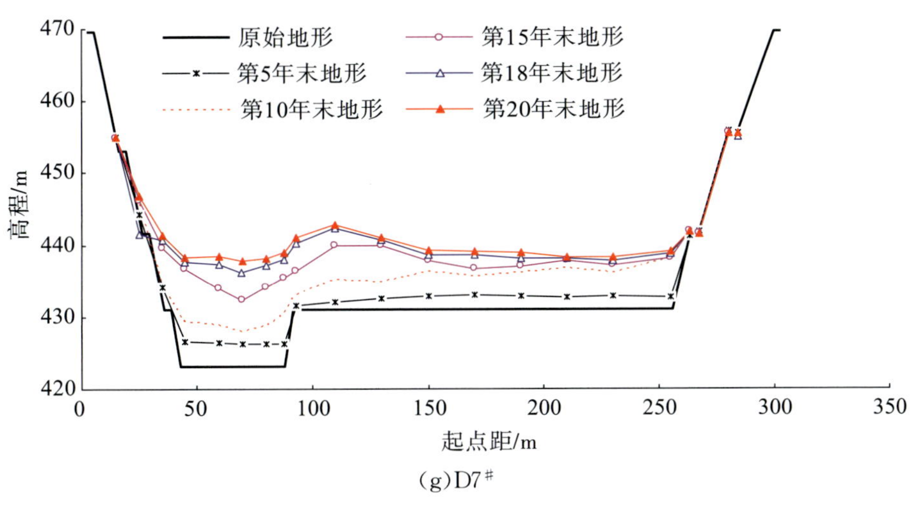

(g)D7#

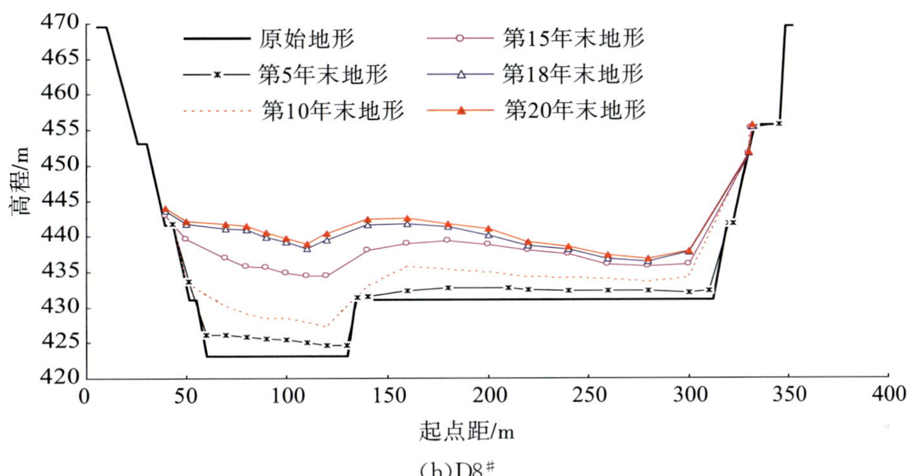

(h)D8#

图 8.48 溢洪道引水渠和电站进水口断面淤积变化

3)在将库区冲淤平衡地形固化的条件下，溢洪道表孔和泄洪排沙孔联合泄流能力试验结果表明：在大坝设计洪水位 461.13m 和校核洪水位 467.06m 条件下，淤积后溢洪道表孔与泄洪排沙孔联合泄流量试验值分别为 19733m^3/s 和 27390m^3/s，较淤积前泄流量(分别为 20131m^3/s 和 27701m^3/s)分别小 1.98%和 1.12%。表孔与泄洪排沙孔联合下泄设计和校核洪水流量时，淤积后库水位分别为 461.61m 和 467.68m，较淤积前(分别为 461.33m 和 467.45m)分布上涨约 0.28m 和 0.23m。表孔与泄洪排沙孔联合泄流能力对比曲线见图 8.49。

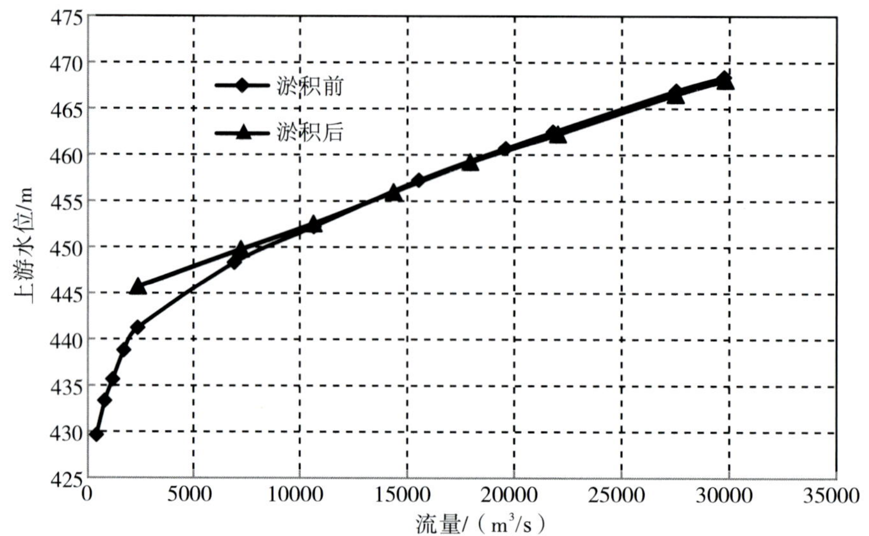

图 8.49　表孔与泄洪排沙孔联合泄流能力对比曲线

试验成果表明，高水位条件下溢洪道的泄流能力受水库淤积影响较小，冲淤平衡后溢洪道的泄流能力仍满足要求。经复核，沥青混凝土心墙堆石坝、溢洪道控制段和电站进水口坝顶高程仍为 469.5m。

8.4.3　减压模型试验研究

8.4.3.1　试验条件

（1）试验工况

试验共取 6 个库水位，水位控制条件见表 8.25。

表 8.25　运行水位控制条件

试验组次	1	2	3	4	5	6
库水位 $H_上$/m	467.06	463.50	461.00	455.66	451.00	446.00
备注	校核洪水位	$P\approx0.1\%$	正常蓄水位	$P=1\%$	死水位	排沙运行水位

减压试验相似真空度控制时，采用的库区多年平均大气压和库区常年平均水温分别为 99.64kPa（按照堰顶高程 439m 换算）和 18.20℃（水的饱和蒸汽压为 2.09kPa）。

（2）模型制作

本模型按照重力相似准则进行设计，几何比尺 $L_r=30$。采用透明有机玻璃进行加工制作，有机玻璃糙率 $n_m\approx0.008$，按照糙率比尺 $n_r=L_r^{1/6}=1.763$ 换算后的原型糙率约为 0.0141。模型连接处安装最大误差控制在 0.5mm，并进行光滑处理。

（3）研究方法

试验中，流量和动水时均压力资料在常压状态下进行量测，其中，流量用超声波流量计进行测量，时均压力采用常规测压管进行测量。水下噪声在减压状态下用水听器进行监测，然后由 Genesis 数据采集/瞬态记录仪进行记录和分析处理，获得噪声声压谱级△*SPL*。

根据试验研究及原型观测经验总结，当△*SPL*≈5dB 时，可视为空化初生；当△*SPL*＝5～10dB 时，为空化初生阶段；当△*SPL*＞10dB 时，为空化发展阶段。

8.4.3.2 泄洪排沙孔减压模型试验成果

(1)泄流能力

模型实测泄洪排沙孔泄流能力与设计计算值对比情况见表 8.26。

表 8.26 溢洪道泄洪排沙孔减压模型试验泄流能力

库水位 $H_上$/m	泄量 Q/(m^3/s)		差值/(m^3/s)	比例/%
	试验值	计算值		
467.06	2035	2092	−57	−2.72
461.69	1897	1920	−23	−1.20
455.66	1684	1705	−21	−1.23
451.00	1488	1520	−32	−2.11
445.4	1250	1260	−10	−0.79

试验成果表明，泄洪排沙孔的泄流能力较设计泄流能力的误差在允许范围内，设计泄流能力满足要求。

(2)时均压力

模型共布设 61 个时均压力测点，其中顶部中心沿程 17 个，侧墙沿程 24 个，底部中心沿程 20 个，模型时均压力测点布置参见图 8.50。顶部中心、侧墙和底部中心压力分布规律参见图 8.51 至图 8.53。试验成果表明，在各级库水位条件下，泄洪排沙孔时均压力沿程分布规律正常，无负压出现，满足设计要求。

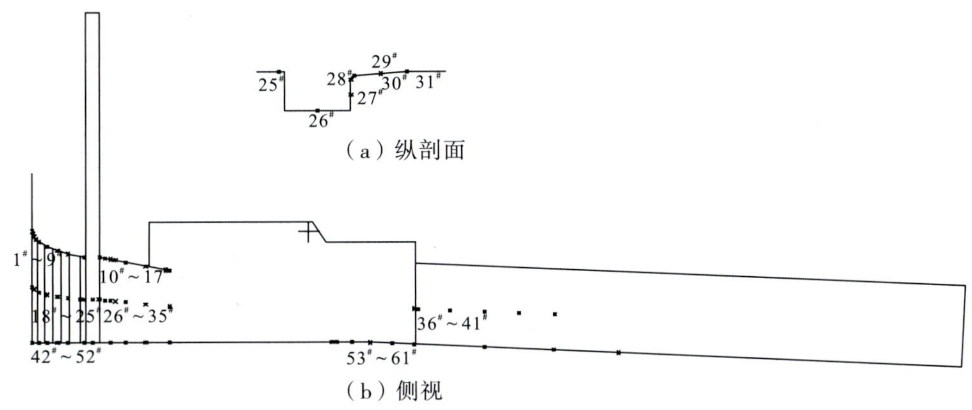

(a) 纵剖面

(b) 侧视

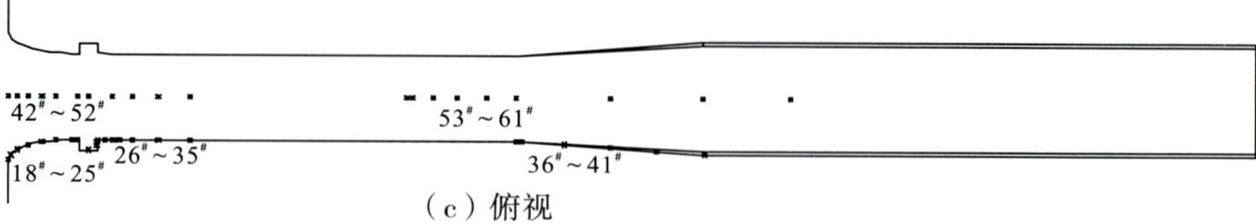

（c）俯视

图 8.50　时均压力测点布置

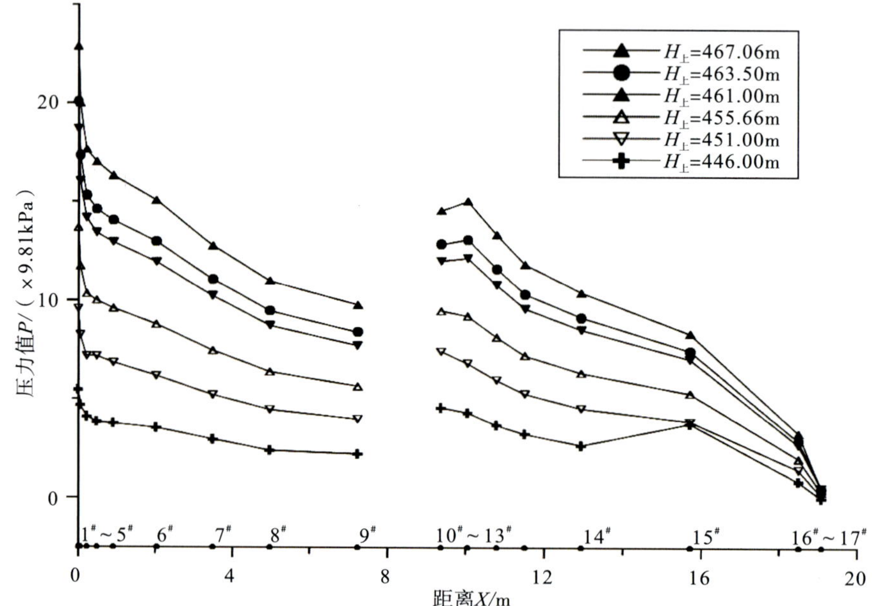

图 8.51　泄洪排沙孔顶部中心沿程时均压力分布

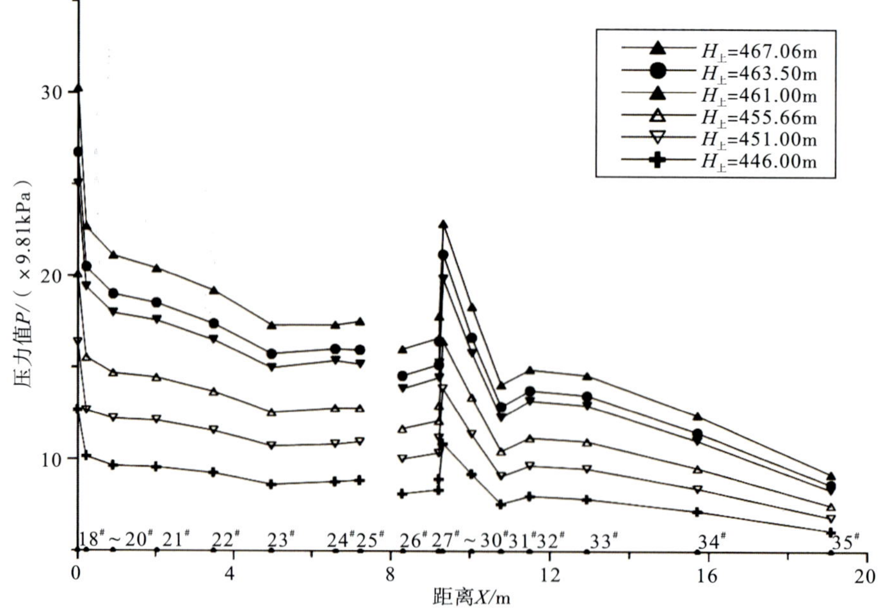

图 8.52　泄洪排沙孔侧墙沿程时均压力分布

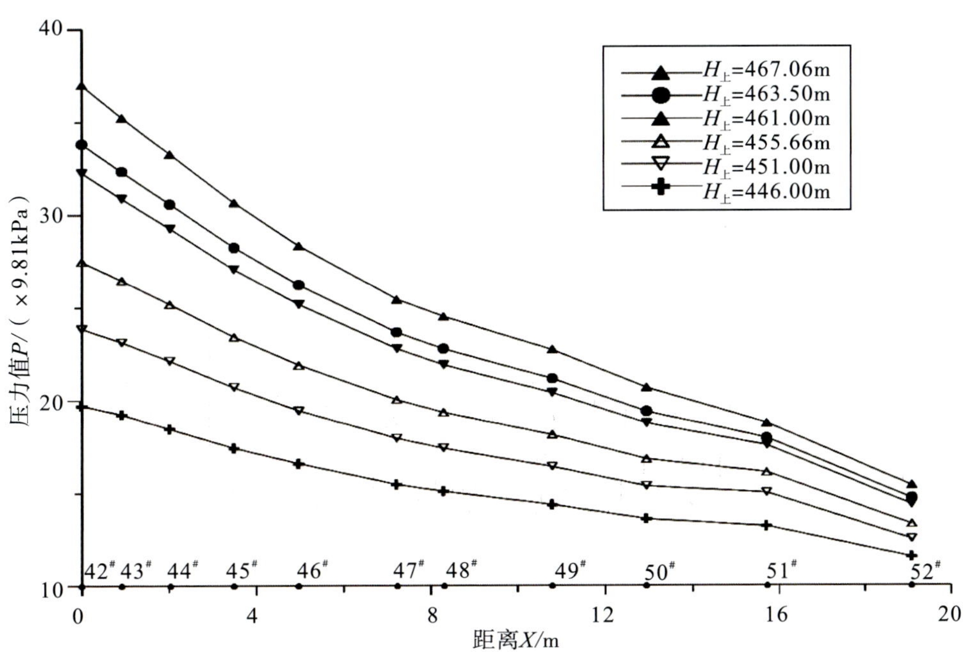

图 8.53 泄洪排沙孔底部中心沿程时均压力分布

(3)水下噪声

模型在孔顶、侧墙及底板易空化部位共布设 6 只水听器,水听器测点布置参见图 8.54。水下噪声谱级差最大值(高频段 80~200kHz)见表 8.27。

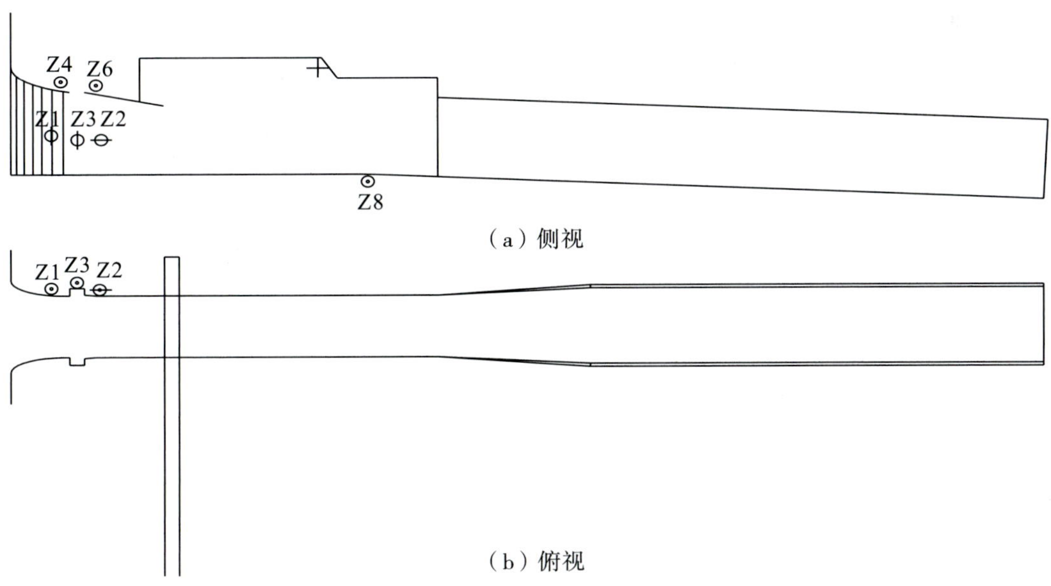

(a)侧视

(b)俯视

图 8.54 泄洪排沙孔水听器测点布置

表 8.27 水下噪声谱级差最大值(高频段 80～200kHz)对比 (单位:dB)

测点部位	上游水位/m				
	467.06	463.50	461.00	455.66	451.00
进口顶部曲线段 Z4	6	5	5	4	2
门槽下游壁与顶部交角区 Z6	5	3	3	3	2
进口侧缘曲线段 Z1	12	7	5	4	4
检修门槽区 Z3	11	9	8	7	6
门槽下游斜坡段 Z2	12	10	8	7	5
下游底板衔接段 Z8	10	9	7	6	5

试验成果表明,进口顶曲线段及门槽下游壁与顶部交角区无空化发生;进口侧曲线段、检修门槽区、门槽下游斜坡段及下游底板衔接段蒸汽型空化强度均未超出初生阶段,不致引起空蚀破坏,满足设计要求。

8.4.3.3 表孔减压模型试验成果

(1)流态与水面线

流态和水面线分别见图 8.55 和图 8.56。在各工况下,上游水流平顺,无明显漩涡形成。孔内检修门槽以前的水流呈中部凸起、两侧略低的流态。检修门槽后至出口段,水流呈中间凹进、两侧略高的水翅形态。检修门槽内有立轴漩涡产生,上部呈漏斗状,中下部逐渐变细为“带状”,顺门槽垂直延伸至坝面后产生挟气涡带,沿坝面下行。

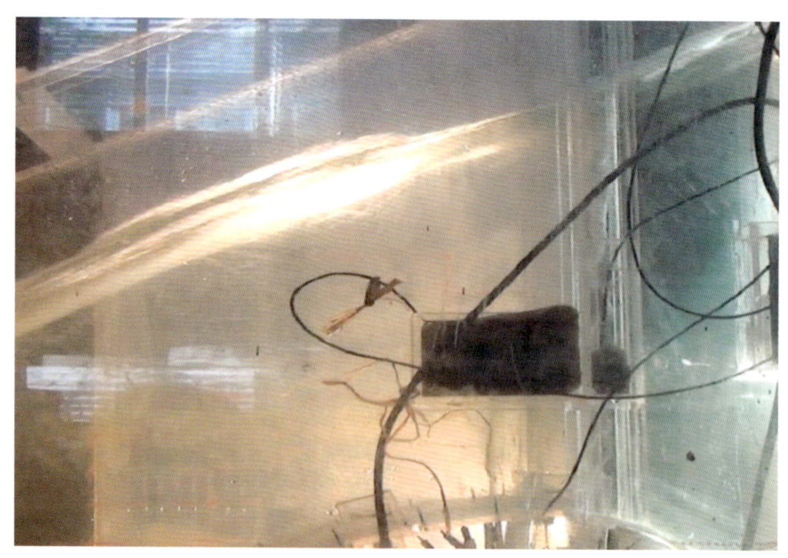

图 8.55 门槽区局部流态(校核洪水位工况)

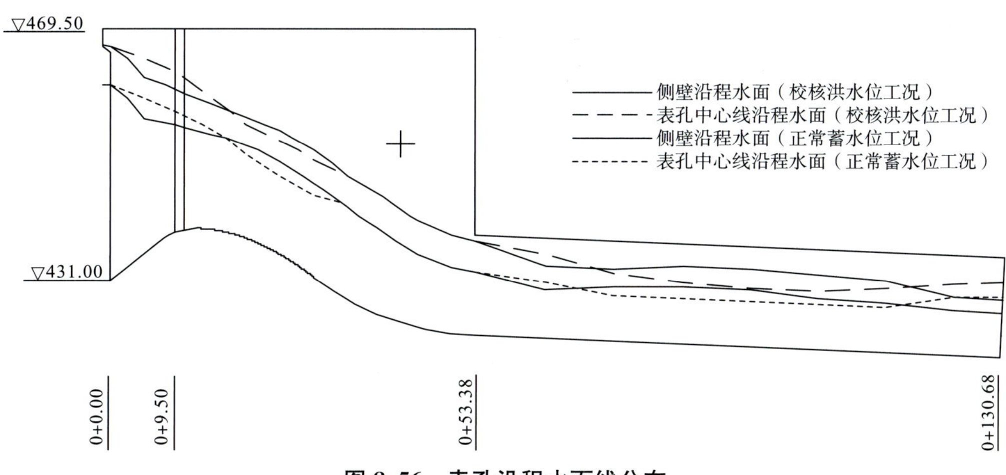

图 8.56 表孔沿程水面线分布

(2)泄流能力

模型实测表孔泄流能力与设计计算值对比情况见表 8.28。

表 8.28 溢洪道表孔减压模型试验泄流能力

库水位 $H_{上}$/m	泄量 $Q/(m^3/s)$		差值/(m^3/s)	比例/%
	试验值	计算值		
467.06	4136	4019	117	2.91
463.5	3326	3247	79	2.43
461.00	2810	2736	74	2.70
455.66	1868	1752	116	6.62
451.00	1125	1026	99	9.65

试验成果表明，表孔的泄流能力较设计泄流能力的误差在允许范围内，设计泄流能力满足要求。

(3)时均压力

模型共布设 46 个时均压力测点，其中溢流表孔底部中心沿程 22 个，表孔闸墩沿程及门槽区 24 个，模型时均压力测点布置参见图 8.57。底部中心、进口侧缘及门槽区和下游侧墙扩散段压力分布规律见图 8.58 至图 8.60。试验成果表明，各级库水位条件下，表孔时均压力沿程分布规律正常，无负压出现，满足设计要求。

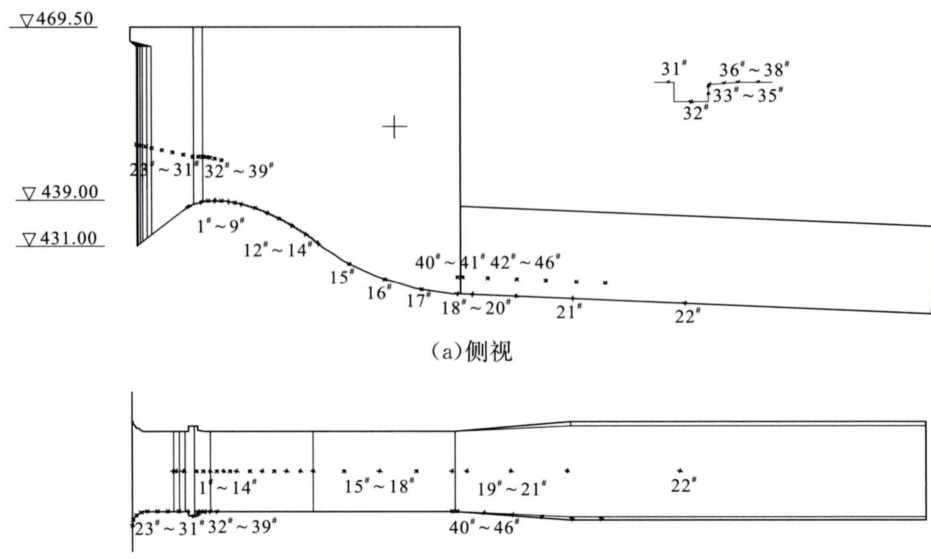

(a)侧视

(b)俯视

图 8.57　时均压力测点布置

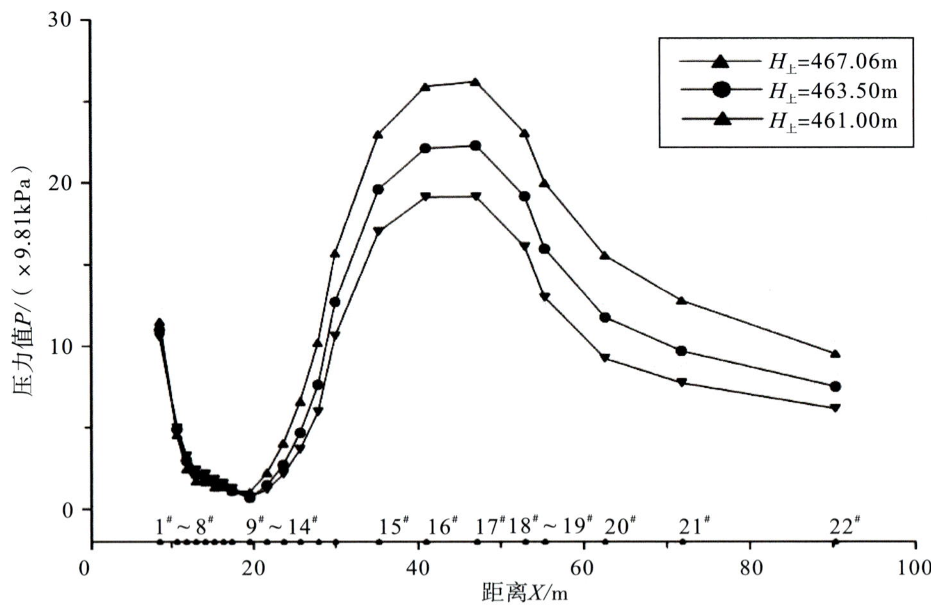

图 8.58　表孔底部中心沿程时均压力分布

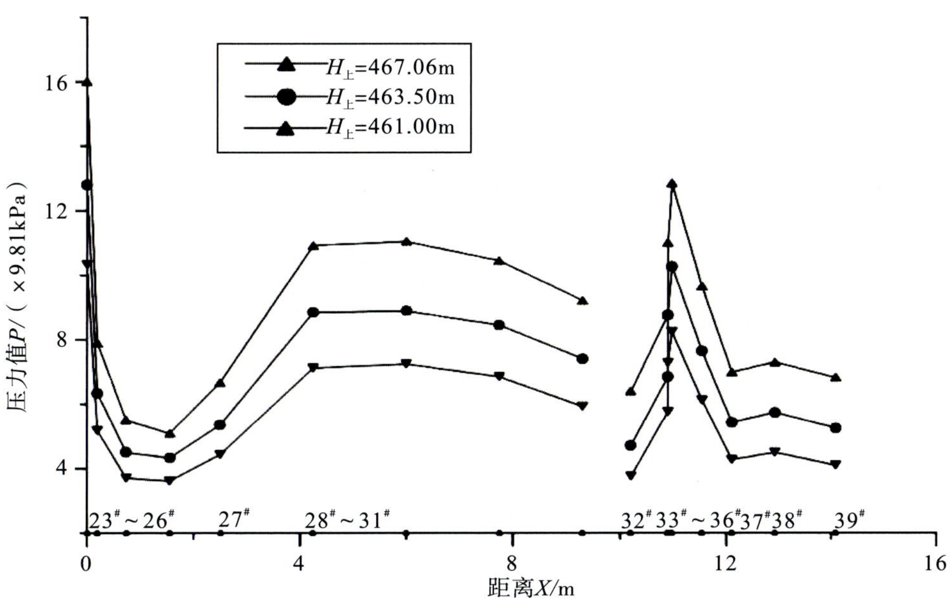

图 8.59 表孔进口侧缘及门槽区时均压力分布

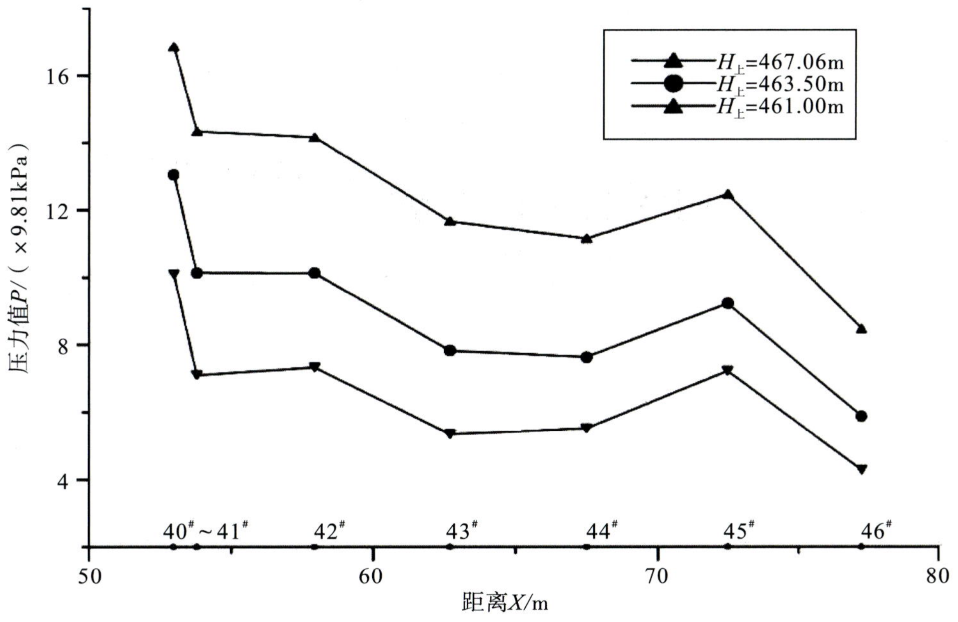

图 8.60 表孔下游侧墙扩散段时均压力分布

(4)水下噪声

模型在坝面及侧墙易空化部位共布设 5 只水听器，水听器测点布置参见图 8.61。水下噪声谱级差最大值(高频段 80～200kHz)见表 8.29。

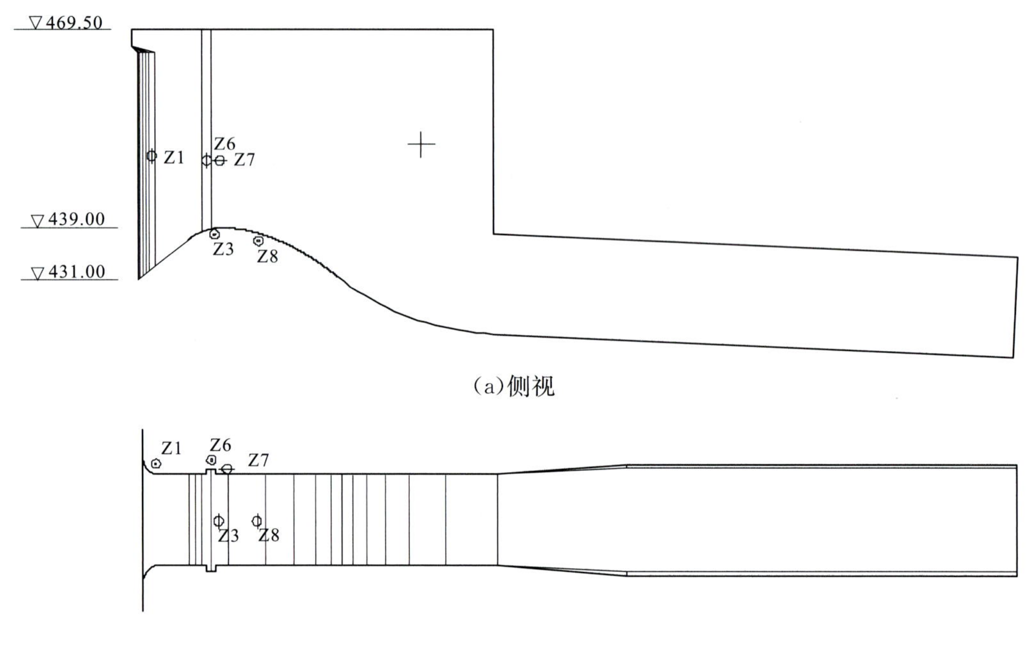

图 8.61　表孔水听器测点布置

表 8.29　水下噪声谱级差最大值(高频段 80～200kHz)对比　(单位:dB)

测点部位	上游水位/m		
	467.06	463.50	461.00
进口侧缘曲线段 Z1	7	5	4
检修门槽区 Z6	6	3	3
门槽下游斜坡段 Z7	9	6	6
堰头段 Z3	8	4	3
WES 曲线段 Z8	7	4	3

试验成果表明,各工况下进口侧缘曲线段、WES 曲线段、堰头段、检修门槽区和门槽下游斜坡段蒸汽型空化的强度均为初生阶段或无空化发生,发生空蚀破坏的可能性较小,不致引起空蚀破坏,满足设计要求。

8.4.4　小结

1)水工整体模型试验成果表明,泄洪建筑物规模合适,表孔、泄洪排沙孔采用挑流消能、消能区采用混凝土护岸带防淘墙的形式进行消能防护是可行的,泄洪对发电效益影响较小,整体泄洪消能布置可行。

2)泥沙整体模型试验成果表明,防沙排沙设施的布置和规模合适,可保证水库必要的调节库容和电站进水口“门前清”,可基本实现运行期正常引水发电。

3)泄洪排沙孔和泄洪表孔时均压力沿程分布规律正常,无负压出现,满足设计要求。进口顶曲线段及门槽下游壁与顶部交角区无空化发生;进口侧曲线段、检修门槽区、门槽下游斜坡段及下游底板衔接段蒸汽型空化强度均未超出初生阶段,不致引起空蚀破坏,满足设计要求。减压模型试验成果表明,泄洪排沙孔和泄洪表孔所采用的体型是合适的,各部位无不利流态出现,压力特性良好,不致引起空蚀破坏。经模型试验验证,推荐的表孔和泄洪排沙孔设计体型合理。

4)经模型试验验证,推荐的枢纽布置溢洪道泄洪消能整体布置方案基本合理。

8.5 结构设计

8.5.1 进水渠

进水渠轴线选择弧线接直线型式,弧线半径为500m,夹角19.38°,弧线长度170.5m,直线长度80m,总长250.5m。

进水渠大部分渠底高程为431.00m,泄洪排沙孔前局部渠底高程降低为423.00m。进水渠进口为非对称喇叭形,底宽在顺水流方向逐渐收缩,至控制段前与溢流前缘等宽。进水渠首端底宽约370m,末端底宽150.4m。首末端底宽之比约2.5。经计算,进水渠内堰前控制断面在设计洪水工况下其断面平均流速约3m/s,校核洪水工况平均流速约4m/s。

进水渠底板建基岩体由弱风化、微风化N_{1na}^{3-3-1}砂岩夹泥质粉砂岩、粉砂质泥岩互层及N_{1na}^{3-3-2}泥质粉砂岩、粉砂质泥岩互层组成,除进口段少量弱风化砂岩外均为微新岩体,岩体较破碎—较完整,岩体质量类别均属ⅢC类～ⅣC类,满足进水渠底板建基面要求。根据地质条件及进水渠内从进口至堰前流速由小变大的规律,考虑进水渠底板前弧线长度部分不予衬护,堰前80m范围内流速稍大,为减少水头损失及避免冲刷,布置30cm厚的混凝土板予以衬护。

进水渠横断面为复式断面。结合地质条件,进水渠左岸逆向坡开挖边坡坡比采用1∶0.5～1∶0.6,并分别在高程431m、441.5m、455.5m、469.5m、485m、500m、510m设置宽3m的马道。进水渠右岸为顺向坡,开挖边坡坡比采用1∶0.6～1∶0.7,并分别在高程441.5m、455.5m、469.5m、485m、500m设置宽3m的马道。对控制段前80m范围内的开挖边坡在469.5m高程以下布置30cm厚的混凝土板予以衬护。其余开挖边坡均布置系统锚杆并挂网喷混凝土支护。

8.5.2 控制段

8.5.2.1 结构设计

控制段建基岩体主要由微风化N_{1na}^{4-3-1}～N_{1na}^{3-3-1}砂岩及泥质粉砂岩、粉砂质泥岩互层组成。细砂岩、粉砂岩岩石呈巨厚层、厚层状结构,岩体较完整,岩体质量为ⅢC类,占控制段坝基的57.2%，泥质粉砂岩岩体质量为ⅣC类，占控制段坝基的42.8%。

控制段共设12个坝段，由8个溢流坝段和4个非溢流坝段组成，坝顶长度218m。

控制段3#～10#坝段为溢流坝段，溢流坝段3#坝段宽19.80m，4#坝段宽23.70m，5#～9#坝段宽度均为19.00m，10#坝段宽21.50m。溢流坝段总宽160.00m，共布置2个有压泄洪排沙孔和6个泄洪表孔。溢流坝段上游坝面为铅直面，顺河向长53.38m。

3#和4#坝段集中布置泄洪排沙孔，排沙孔进口底板高程为423.00m，孔口尺寸为9m×10m（宽×高），两个泄洪排沙孔之间隔墙厚6m，隔墙中部设置横缝。每个泄洪排沙孔设平面事故检修门和弧形工作门各一道，平面事故检修门由坝顶门机启闭，弧线工作门由布置于坝内弧门启闭机房的液压启闭机启闭。泄洪排沙孔底板建基面高程417.00m，上游灌浆廊道处凹槽建基面高程414.00m。

泄洪排沙孔采用有压短管进口，进口型式为喇叭型，其洞顶曲线为$\frac{x^2}{12^2}+\frac{y^2}{4^2}=1$，侧墙曲线为$\frac{x^2}{6.6^2}+\frac{y^2}{2.2^2}=1$，进口段（包括检修门槽段）长10.2m，检修门孔口尺寸9m×12m（宽×高）。检修门槽后接1∶5压坡段，压坡段长10m，压坡段的出口布置9m×10m（宽×高）的弧形工作门。泄洪排沙孔底板出闸室后以$y=0.00439x^2$的抛物线接坡度$i=4.5\%$的泄槽。

表孔布置在5#～10#坝段，表孔堰顶高程439.00m，孔口尺寸为14m×22m（宽×高），采用孔中分缝形式，每个表孔中设平板检修门和弧形工作门各一道，坝顶上游侧设门机大梁，下游侧设弧形工作门启闭机房。表孔坝段底部建基面高程425.00m，溢流堰反弧段底部建基面高程417.00m。表孔中墩和右边墩均厚5m。表孔左侧边墩位于泄洪排沙孔坝段，与泄洪排沙孔共用闸墩。

表孔采用WES幂曲线，采用定型设计$H_d=20$m，堰顶下游堰面曲线方程为$y=0.0522x^{1.776}$，后接半径$R=42$m的反弧段，反弧段中心角为36.083°，反弧末端下游接坡度$i=4.5\%$的泄槽。堰顶上游接曲线方程为$\frac{x^2}{5^2}+\frac{(3-y)^2}{3^2}=1$的椭圆曲线，椭圆曲线上游按1∶1斜线段接进水渠底板高程431.00m。

（1）*左右岸非溢流坝段*

溢流坝段左侧设1#、2#非溢流坝段，右侧设11#、12#非溢流坝段。其中，1#、2#坝段宽15.00m，11#坝段宽14.50m、12#坝段宽13.50m。除表孔门库所在11#坝段的坝顶宽度为16.5m以外，其余坝顶宽度均为12m。非溢流坝段基本断面均为三角形，上游面铅直，下游坝坡1∶0.9。

（2）*坝内廊道布置*

平行坝轴线方向靠上游侧布置了基础灌浆排水廊道，廊道上游面距上游坝面4.5m，基础灌浆廊道断面尺寸2.5m×3m（宽×高），廊道内布置观测房等。

底板高程原则上距离建基面不小于 3m，基础灌浆排水廊道左至泄洪排沙孔 3# 坝段，右至 10# 坝段终止。左右两侧均外接基础排水洞。

(3)止水和排水

横缝上游侧设两道紫铜止水，止水接入止水底座。表孔溢流面横缝止水延伸至反弧段末端，并与下游泄槽底板接缝止水相接。

坝身排水孔布置在距坝体铅直迎水面 3.5～6m 处，埋设多孔混凝土管，管径 20cm，间距 2.5m，上部通至坝顶或堰顶附近，下部接至排水平洞或基础灌浆廊道，形成排水孔幕，以减少坝体渗透压力。控制段坝体渗水经廊道排向下游泄槽底板两侧的基础灌浆排水廊道中。

(4)混凝土材料及分区

溢流坝材料为混凝土和钢筋混凝土。溢流坝基础混凝土采用 $C_{90}25W6$；内部大体积混凝土采用 $C_{90}15W4$；表孔、泄洪排沙孔孔口过流面采用抗冲磨混凝土 $C_{28}35W6$；表孔闸墩混凝土采用 $C_{28}30W6$；牛腿混凝土采用 $C_{28}40W6$；非溢流坝段表面混凝土采用 $C_{90}20W6$。

8.5.2.2 控制段坝顶高程计算

控制段堰前正常蓄水位 461m，设计洪水位 461.13m(P=0.2%)，校核洪水位 467.06m(P=0.02%)，控制段坝顶高程计算见表 8.30。

经坝顶高程计算，并考虑工作桥、检修便桥和交通桥的梁(板)底高程均应高出校核洪水位 0.5m 以上，因此考虑表孔检修门门机大梁高度取控制段坝顶高程 469.50m。

表 8.30　控制段坝顶高程计算结果

计算方法	计算情况	上游水位/m	计算风速/(m/s)	吹程/m	$h_{1\%}$/m	h_z/m	h_c/m	超高 Δh/m	墙顶高程/m	计算坝顶高程/m	各计算最大坝顶高程/m
官厅公式	正常蓄水位	461.00	26.00	425	0.908	0.318	0.5	1.726	462.73	461.53	466.76
	设计洪水位	461.13	26.00	425	0.908	0.318	0.5	1.726	462.86	461.66	
	校核洪水位	467.06	13.00	425	0.382	0.113	0.4	0.895	467.96	466.76	
莆田公式	正常蓄水位	461.00	26.00	425	0.680	0.168	0.5	1.348	462.35	461.15	466.66
	设计洪水位	461.13	26.00	425	0.680	0.168	0.5	1.348	462.48	461.28	
	校核洪水位	467.06	13.00	425	0.317	0.078	0.4	0.795	467.86	466.66	

续表

计算方法	计算情况	上游水位/m	计算风速/(m/s)	吹程/m	$h_{1\%}$/m	h_z/m	h_c/m	超高Δh/m	墙顶高程/m	计算坝顶高程/m	各计算最大坝顶高程/m
鹤地公式	正常蓄水位	461.00	26.00	425	1.476	1.036	0.5	3.012	464.01	462.81	467.04
	设计洪水位	461.13	26.00	425	1.476	1.036	0.5	3.012	464.14	462.94	
	校核洪水位	467.06	13.00	425	0.522	0.259	0.4	1.181	468.24	467.04	

8.5.2.3 控制段二维稳定应力计算

(1)坝基岩体物理力学参数

根据《溢洪道设计规范》(DL/T 5166—2002)和室内试验取得的地质力学参数，对溢洪道控制段典型坝段进行二维稳定应力分析。

溢洪道控制段建基岩体主要由微风化$N_{1na}{}^{3-3-1}$中砂岩夹泥质粉砂岩、粉砂质泥岩互层组成，局部为$N_{1na}{}^{3-3-2}$泥质粉砂岩、粉砂质岩泥互层，其中砂岩岩体物理力学参数值最高，粉砂质泥岩最低。根据岩石(体)试验结果，以试验资料为基本依据，结合实际地质条件，并参考其他类似工程岩体物理力学指标，坝基岩体物理力学计算参数采用值见表8.31。在动力条件下，岩体变形模量取静力变形模量的1.3倍，其余参数与静力参数相同。

表8.31 坝基岩体物理力学参数采用值

岩性	容重/(kN/m³)	变形模量/GPa	泊松比	抗剪断强度				承载力/MPa
				岩体		混凝土/岩		
				f'	C'/MPa	f'	C'/MPa	
粉砂质泥岩	23.2	3.0	0.31	0.53	0.45	0.48	0.40	3.3
泥质粉砂岩	23.5	3.0	0.29	0.65	0.70	0.60	0.70	4.3
中砂岩	24.0	4.0	0.25	0.95	0.85	0.75	0.85	6.5
细砂岩	23.8	4.5	0.23	0.85	0.75	0.70	0.75	5.3

(2)混凝土强度参数

溢洪道控制段为常态混凝土结构，坝体常态混凝土强度的标准值为90d龄期强度，保证率80%，主要包括C15(坝体内部)、C20(非溢流坝段上、下游面及坝顶)、C25(坝基强约束区及坝体内部过渡层)和C30(表孔堰顶)4种强度等级，相应坝体抗压强度标准值依次为14.3MPa、18.5MPa、22.4MPa和26.2MPa，抗拉强度标准值取抗压强度标准值的8%，依次为 1.14MPa、1.48MPa、1.79MPa 和 2.10MPa。结构混凝土强度的标准值为 28d 龄期强度，保证率 95%，主要强度等级包括 C35(闸墩和溢流面抗冲耐磨层)。混凝土分区根据典型坝段的静动力计算分析结果进行设计，在拉应力水平较高区域(如闸墩)提高混凝土强度等级，增强坝体混凝土在地震作用下的强度安全性。

坝体混凝土容重 24.0kN/m^3，泊松比取 0.167，弹性模量取 25GPa。在动力条件下，坝体混凝土动态弹性模量的标准值取静态弹性模量标准值的 1.3 倍，混凝土动态抗压强度的标准值较其静态标准值提高 30%，动态抗拉强度的标准值取动态抗压强度标准值的 10%，混凝土其他动力学参数与静力参数相同。在动力条件下，岩体变形模量取静力变形模量的 1.3 倍，其余参数与静力参数相同。

大坝混凝土的应力控制标准表达式为：

$$S(\cdot) \leqslant \frac{f_k}{\gamma_0 \psi \gamma_d \gamma_m}$$

式中，f_k ——坝体混凝土强度。

坝体常态混凝土的应力控制标准见表 8.32。

表 8.32　　大坝常态混凝土抗压、抗拉应力控制标准　　(单位:MPa)

设计状况		坝体常态混凝土强度等级							
		C15		C20		C25		C30	
		主压应力	主拉应力	主压应力	主拉应力	主压应力	主拉应力	主压应力	主拉应力
持久状况		5.30	0.42	6.85	0.55	8.30	0.66	9.70	0.78
偶然状况	校核洪水情况	6.23	0.50	8.06	0.64	9.76	0.78	11.42	0.91
	地震情况(动力法)	11.22	2.08	14.51	2.69	17.57	3.26	20.55	3.82

(3)作用荷载和组合

1)荷载条件。

①自重。混凝土容重取 24kN/m^3。

②静水压力。水容重取 9.81kN/m^3，特征水位见表 8.33。

表 8.33　　特征水位　　(单位:m)

计算工况	上游水位	下游水位
正常蓄水位	461.00	386.66
设计洪水位	461.00	418.40
校核洪水位	467.13	425.83

注:正常蓄水位中下游水位为 1 台机组发电时对应下游水位。

③淤沙压力。淤积高程按堰顶高程考虑，为 439m，泥沙浮容重 $\gamma=6.8$kN/m^3，泥沙内

摩擦角 $\varphi=14°$。

④浪压力。正常运行条件风速 30.0m/s，非常运行条件 15.0m/s，根据 1：10000 地形图，吹程为 12.3km。

⑤扬压力。参照《水工建筑物荷载设计规范》(DL 5077—1997)，坝基扬压力不考虑抽排水的影响，扬压力折减系数取 0.25。

⑥地震荷载。

设计地震加速度为 0.26g，同时对控制段的二维稳定采用咨询联合体可研报告的基本设计地震动参数 0.31g 进行复核。计算同时记入水平向和竖向地震作用，竖向地震加速度代表值取水平向地震加速度代表值的 2/3。二维计算材料力学法采用悬臂梁法，三维有限元采用通用有限元软件 ADINA 程序计算分析。

设计反应谱根据规范，确定规范加速度反应谱（以下简称“规范谱”），其中，β_{max} 为 2.0，T_g 为 0.20s。

地震加速度时程有限元时程分析时采用了规范谱人工地震波（以下简称“规范波”），其加速度时程曲线与反应谱见图 8.62，反应谱图中红色曲线为人工地震波生成时的目标谱，蓝色曲线为计算使用地震波的反应谱。

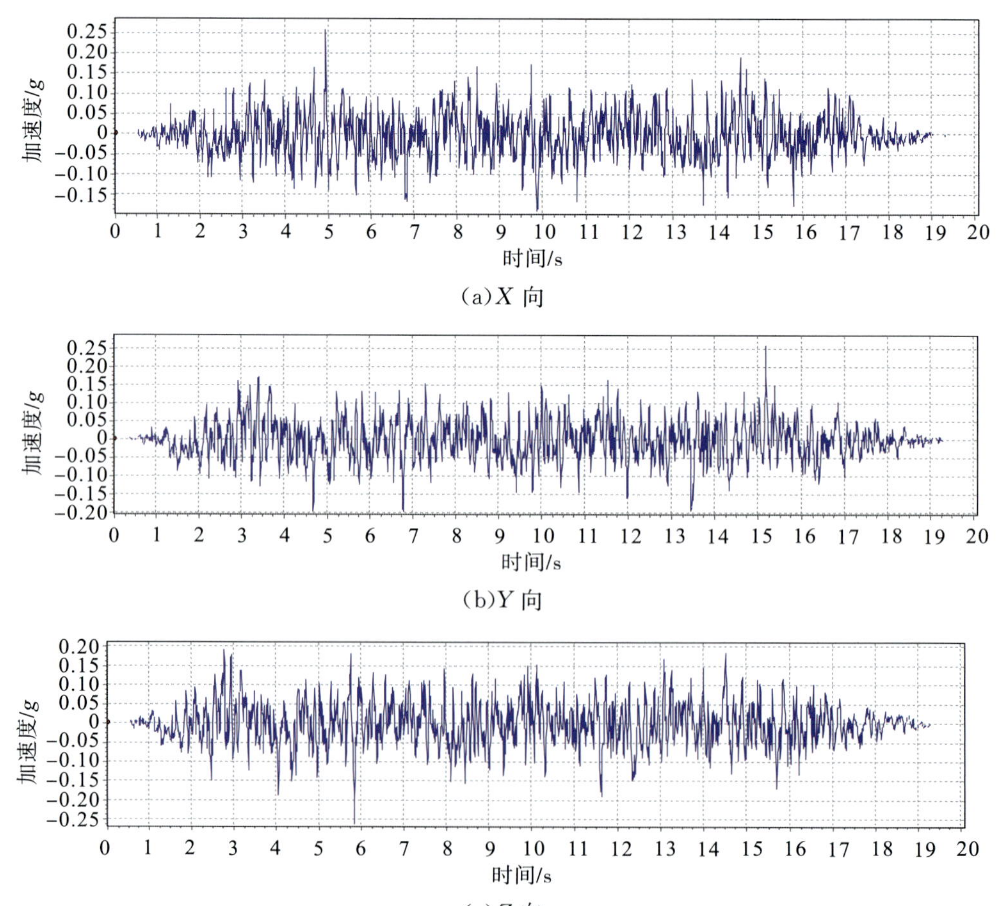

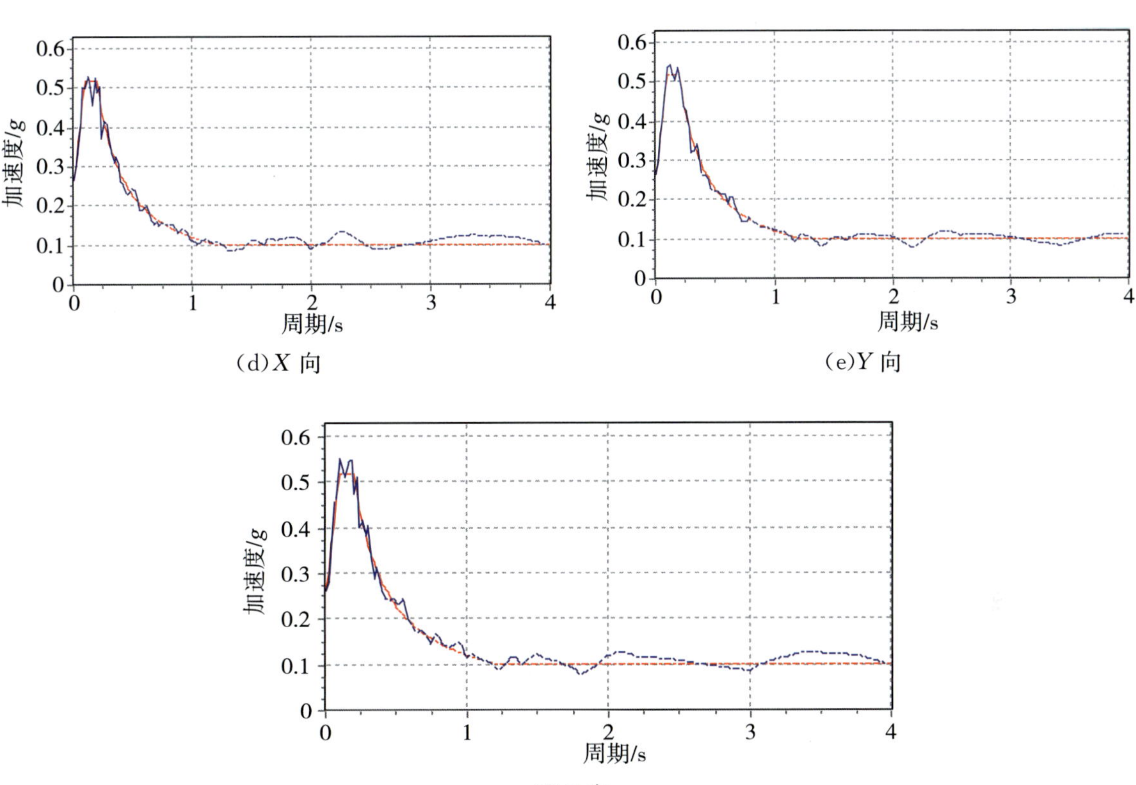

(d)X 向　(e)Y 向　(f)Z 向

图 8.62　根据抗震规范谱生成的人工地震波及其反应谱

⑦水库动水压力。

水库动水压力采用 Westergarrd 动水压力公式计算：

$$p=\frac{7}{8}\rho\sqrt{H(H-Z)}\ \ddot{v}_g$$

式中，p——坝面某点受到的动水压力；

ρ——库水质量密度；

H——坝前库水深度；

Z——该点在坝基面以上的高度；

$\ddot{v}_g$——坝面结点加速度。

⑧阻尼。计算中混凝土结构阻尼比取 0.05，按瑞利阻尼方式确定计算所需的阻尼系数。

2）作用与组合。

①承载能力极限状态作用组合。

承载能力极限状态分 5 种作用组合（表 8.34），均取作用的设计值或代表值（=作用标准值×作用分项系数），材料性能的设计值（=材料性能的标准值/材料性能分项系数）计算。

表 8.34　　计算工况及作用组合

设计工况	作用组合	考虑情况	作用类别							
			自重	静水压力	扬压力	淤沙压力	浪压力	动水压力	地震惯性力	地震动水压力
持久状况	基本组合Ⅰ	正常蓄水位	+	+	+	+	+			
	基本组合Ⅱ	设计洪水位	+	+	+	+	+	+		
偶然状况	偶然组合Ⅰ	校核洪水	+	+	+	+	+	+		
	偶然组合Ⅱ	正常蓄水位+地震(0.26g)	+	+	+	+	+		+	+
	偶然组合Ⅲ	正常蓄水位+地震(0.31g)	+	+	+	+	+		+	+

②正常使用极限状态作用组合。

取作用的标准值进行计算。

(4)计算成果

根据坝体结构和基岩条件选取4个典型计算断面，见图8.63、图8.64。

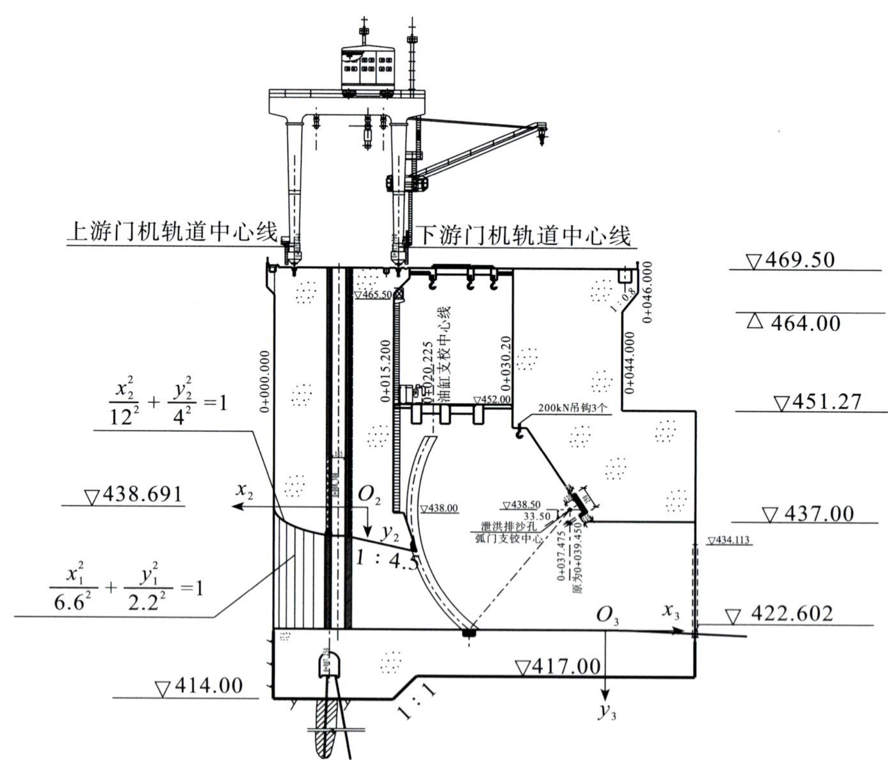

图 8.63　1-1 断面和 2-2 断面示意图

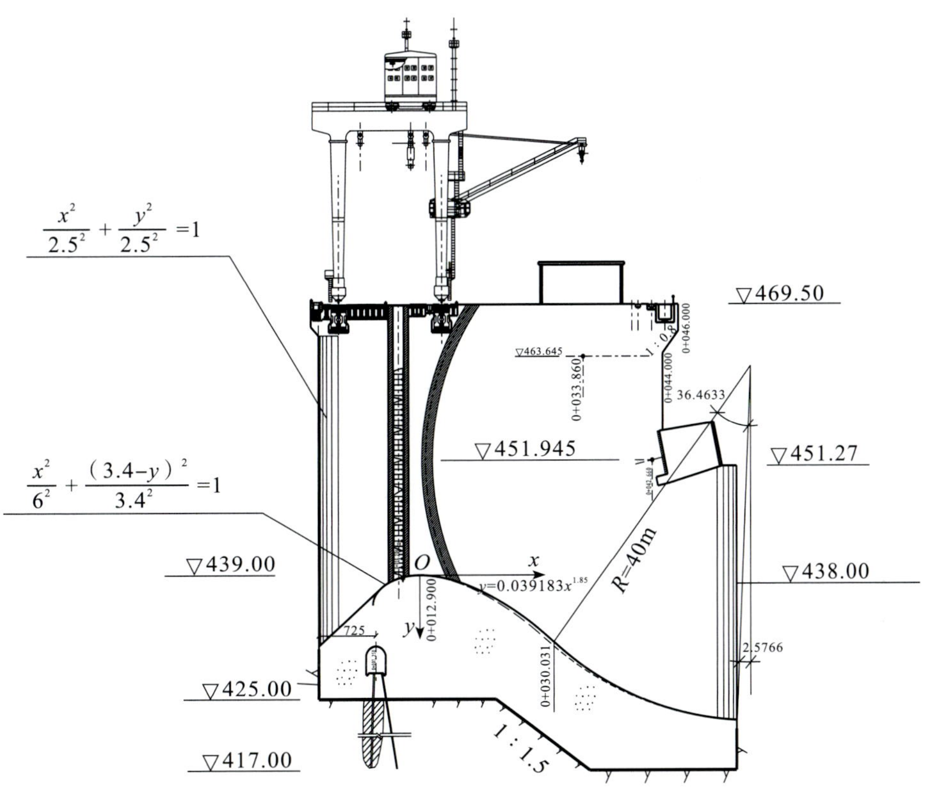

图 8.64　3-3 断面和 4-4 断面示意图

断面 1-1 为 3# 泄洪排沙孔坝段，坝基岩体为砂岩；断面 2-2 为 4# 泄洪排沙坝段，坝基岩体为粉砂质泥岩与泥质粉砂岩互层，基岩计算参数取粉砂质泥岩。断面 3-3 为 5# 泄洪表孔坝段，坝基岩体主要为粉砂质泥岩与泥质粉砂岩互层，部分建基面开挖至砂岩，按 20%砂岩和 80%粉砂质泥岩进行面积加权平均取坝基岩体参数；断面 4-4 为 7# 泄洪表孔坝段，坝基岩体为砂岩。

对坝体进行应力稳定计算，计算成果见表 8.35。

由计算成果可知，典型坝段在各种工况下的建基面抗滑稳定和应力均满足规范要求。

表 8.35　　溢洪道控制段坝体建基面稳定应力计算成果

序号	坝段编号	建基岩体	作用组合	承载能力极限状态							正常使用极限状态	
				坝基面的抗滑稳定/kN			抗压强度/MPa				坝踵应力/MPa	
							坝踵		坝趾			
				作用效应 $\gamma_0\psi S(\cdot)$	抗力 $R(\cdot)/\gamma_d$	抗滑判断	作用效应 $\gamma_0\psi S(\cdot)$	强度判断	作用效应 $\gamma_0\psi S(\cdot)$	强度判断	作用效应 $\gamma_0\psi S(\cdot)$	强度判断
1	3#	砂岩	基本组合Ⅰ	8202.93	29923.5	√	—	—	0.514	√	1.035	√
			基本组合Ⅱ	8254.06	29658.3	√	—	—	0.503	√	1.024	√
			偶然组合Ⅰ	9138.83	28044.6	√	—	—	0.255	√	—	—
			偶然组合Ⅱ	19974.80	43792.1	√	0.647	√	0.203	√	—	—
			偶然组合Ⅲ	22475.30	41590.2	√	0.602	√	0.158	√	—	—
2	4#	粉砂质泥岩	基本组合Ⅰ	8202.93	18821.9	√	—	—	0.514	√	1.035	√
			基本组合Ⅱ	8254.06	18640.0	√	—	—	0.503	√	1.024	√
			偶然组合Ⅰ	9138.83	17533.5	√	—	—	0.255	√	—	—
			偶然组合Ⅱ	19974.80	26895.7	√	0.647	√	0.203	√	—	—
			偶然组合Ⅲ	22475.3	25385.8	√	1.602	√	0.158	√	—	—
3	5#	粉砂质泥岩	基本组合Ⅰ	7434.43	14489.1	√	—	—	0.200	√	0.621	√
			基本组合Ⅱ	7464.82	14444.9	√	—	—	0.208	√	0.608	√
			偶然组合Ⅰ	8224.70	13792.0	√	—	—	0.098	√	—	—
			偶然组合Ⅱ	16693.5	21453.6	√	0.394	√	0.035	√	—	—
			偶然组合Ⅲ	18688.50	20435.1	√	0.368	√	0.009	√	—	—
4	7#	砂岩	基本组合Ⅰ	7434.43	21186.8	√	—	—	0.200	√	0.621	√
			基本组合Ⅱ	7464.82	21127.7	√	—	—	0.208	√	0.608	√
			偶然组合Ⅰ	8224.70	20255.6	√	—	—	0.098	√	—	—
			偶然组合Ⅱ	16693.50	32039.9	√	0.394	√	0.035	√	—	—
			偶然组合Ⅲ	18688.50	30679.3	√	0.368	√	0.009	√	—	—

8.5.2.4 控制段三维有限元静动力分析

(1)计算模型

选择5#和7#两个泄洪表孔坝段以及位于岸坡部位的3#泄洪排沙孔坝段进行三维有限元静动力分析。其中3#坝段坝基岩体为砂岩,5#坝段坝基岩体为粉砂质泥岩与泥质粉砂岩互层,岩体参数低,系表孔坝段的控制断面。地基在竖直向、上下游方向均取1.5倍坝高范围,坝段结构在垂直流向的两侧为自由边界,地基底面全约束、侧面法向约束。有限元计算模型见图8.65和图8.66。

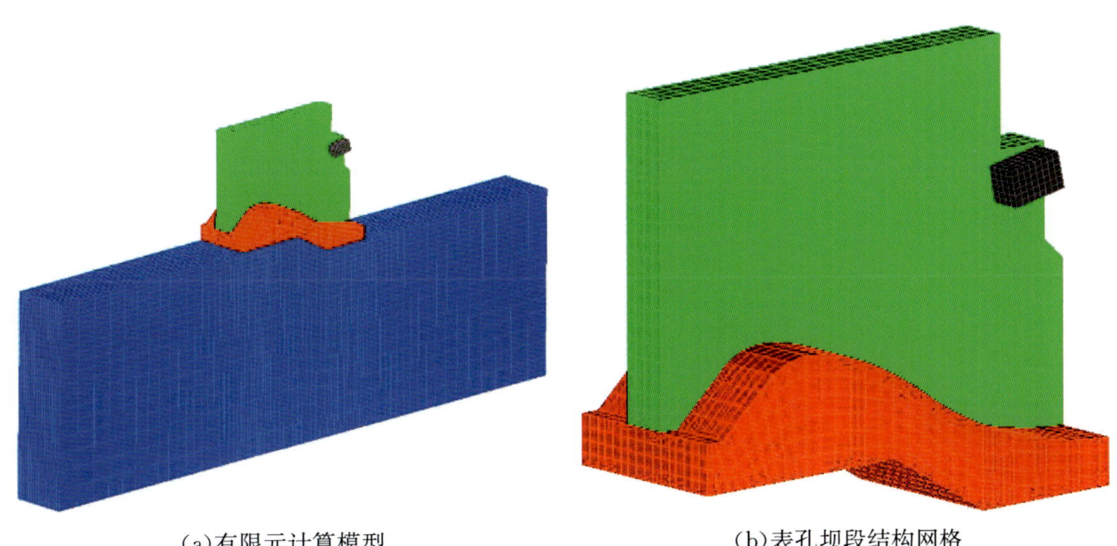

(a)有限元计算模型　　(b)表孔坝段结构网格

图8.65　表孔坝段有限元计算模型

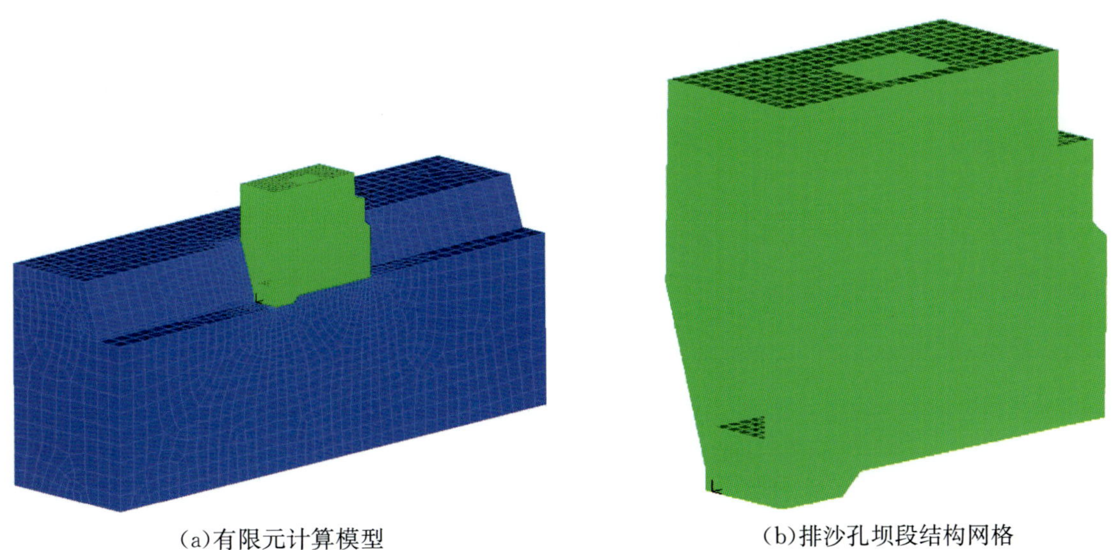

(a)有限元计算模型　　(b)排沙孔坝段结构网格

图8.66　泄洪排沙孔坝段有限元计算模型

坝体和地基材料均按线弹性考虑，坝基采用均匀地基计算，以无质量截断地基基底均匀输入地震的方式考虑地基与大坝的动力相互作用。三维时程动力计算中输入了顺流向、垂直流向及竖直向三向地震波，竖直向地震波加速度峰值取水平向的 2/3。

（2）泄洪表孔坝段三维有限元静动力分析

泄洪表孔坝段计算包括正常蓄水位、设计洪水位、校核洪水位和正常蓄水位遇地震 4 种工况，其中设计洪水位工况考虑表孔中墩单侧泄洪。

1）静力工况计算成果。

静力工况下泄洪表孔坝段应力变形极值见表 8.36，5# 坝段的应力变形分布见图 8.67 至图 8.73。

表 8.36　　静力工况下泄洪表孔坝段应力变形极值

项目		变形/cm			应力/MPa						
		顺流向	竖直向	垂直流向	正应力				顺流向剪应力	主拉应力	主压应力
					顺流向	垂直流向	坝踵竖直向	坝趾竖直向			
5# 坝段	正常蓄水位工况	0.93	−0.99	—	1.00	1.69	−1.40	−2.23	0.96	2.68	−2.80
	设计洪水位工况	0.74	−1.00	−0.55	1.46	2.18	−1.68	−2.14	0.87	3.77	−2.61
	校核洪水位工况	0.53	−1.09	—	0.04	0.47	−2.05	−2.34	0.90	0.47	−2.80
7# 坝段	正常蓄水位工况	0.50	−0.52	—	1.00	1.70	−1.08	−2.19	0.93	2.66	−2.74
	设计洪水位工况	0.47	−0.52	−0.42	1.47	2.17	−1.35	−2.05	0.84	3.78	−2.53
	校核洪水位工况	0.28	−0.56	—	0.04	0.19	−1.69	−2.19	0.87	0.22	−2.67

注：正应力以受拉为正，受压为负；顺流向剪应力以向下游为正，顺流向变形以向下游为正，垂直流向变形以向右岸为正，竖直向变形以向上为正。

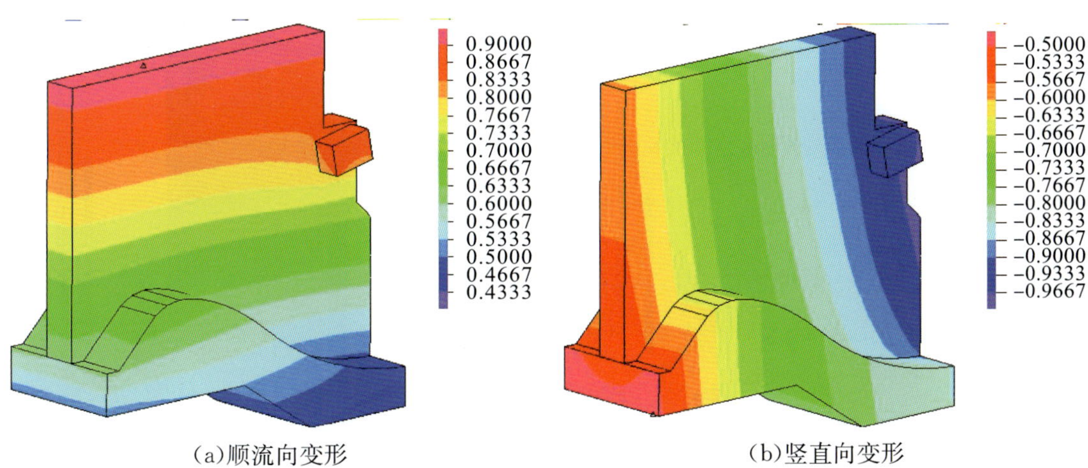

图 8.67　5# 表孔坝段正常蓄水位工况变形分布云图(单位:cm)

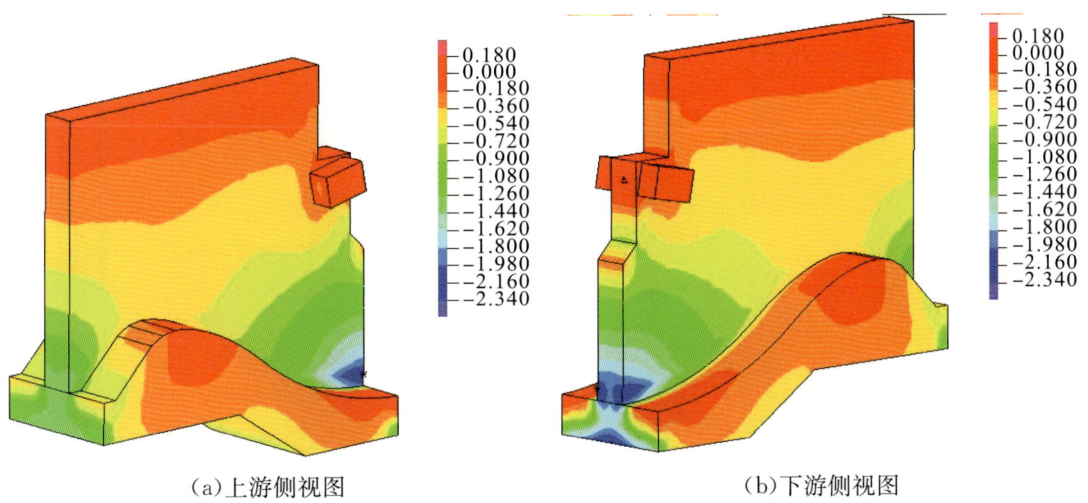

图 8.68　5# 表孔坝段正常蓄水位工况竖直向正应力分布云图(单位:MPa)

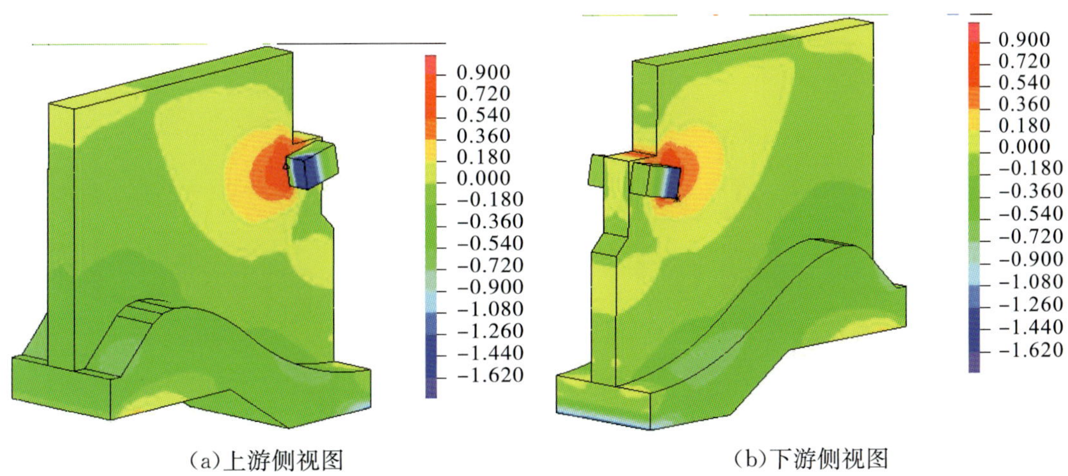

图 8.69　5# 表孔坝段正常蓄水位工况顺流向正应力分布云图(单位:MPa)

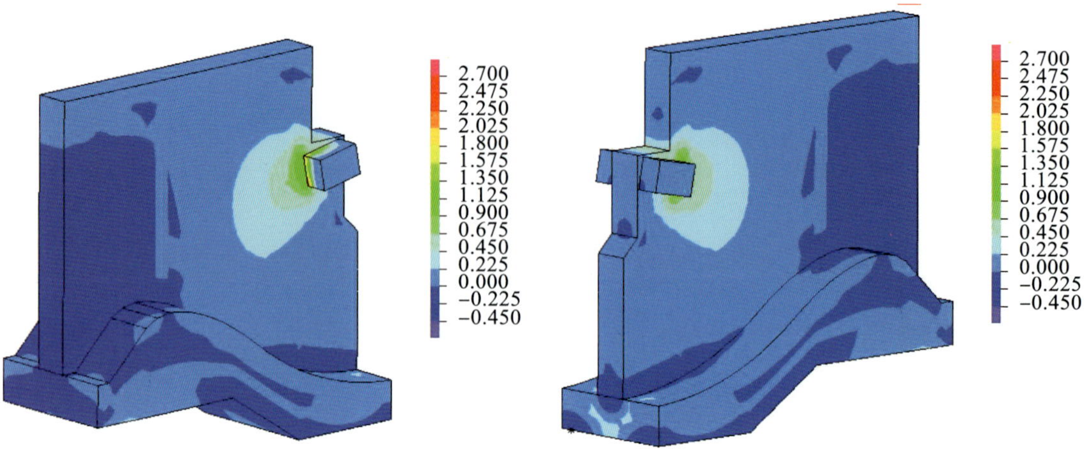

(a)主拉应力

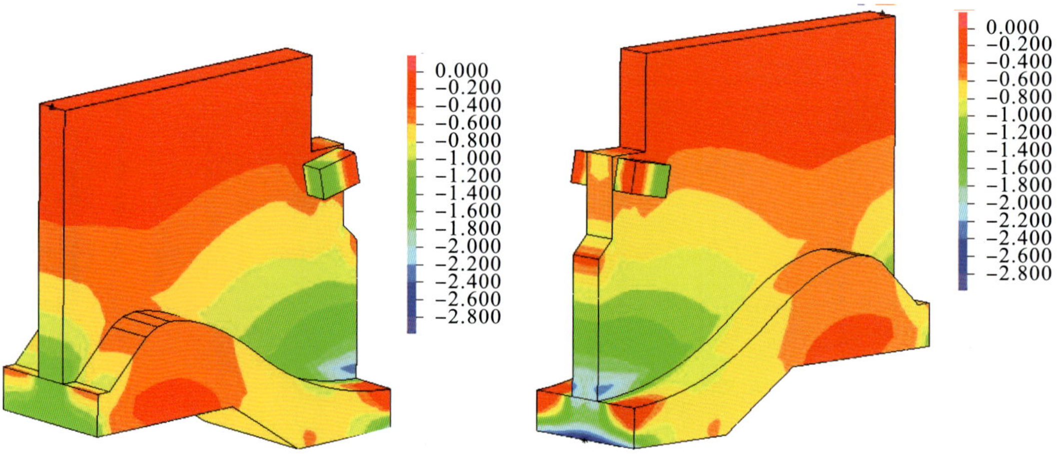

(b)主压应力

图 8.70　5# 表孔坝段正常蓄水位工况主应力分布云图(单位:MPa)

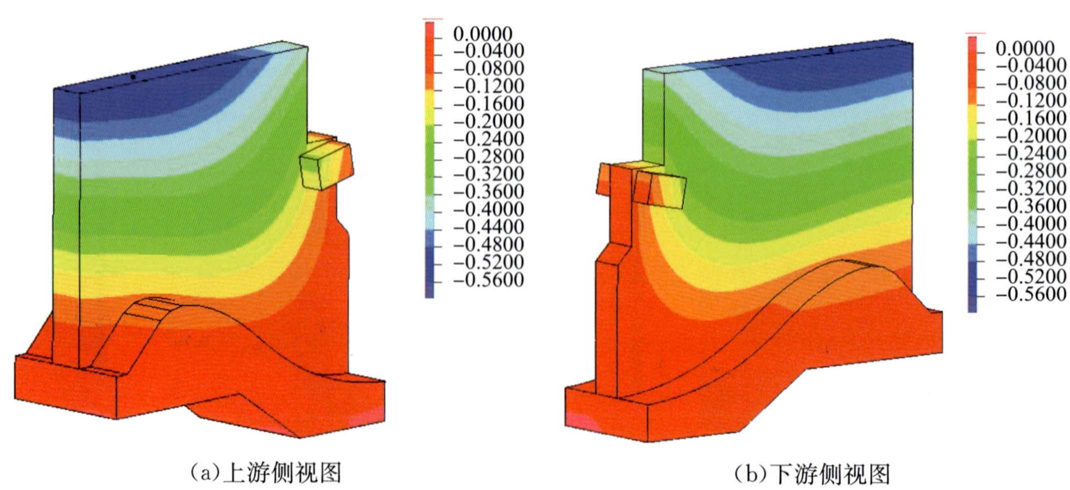

(a)上游侧视图　　　　(b)下游侧视图

图 8.71　5# 表孔坝段设计洪水位工况垂直流向变形分布云图(单位:cm)

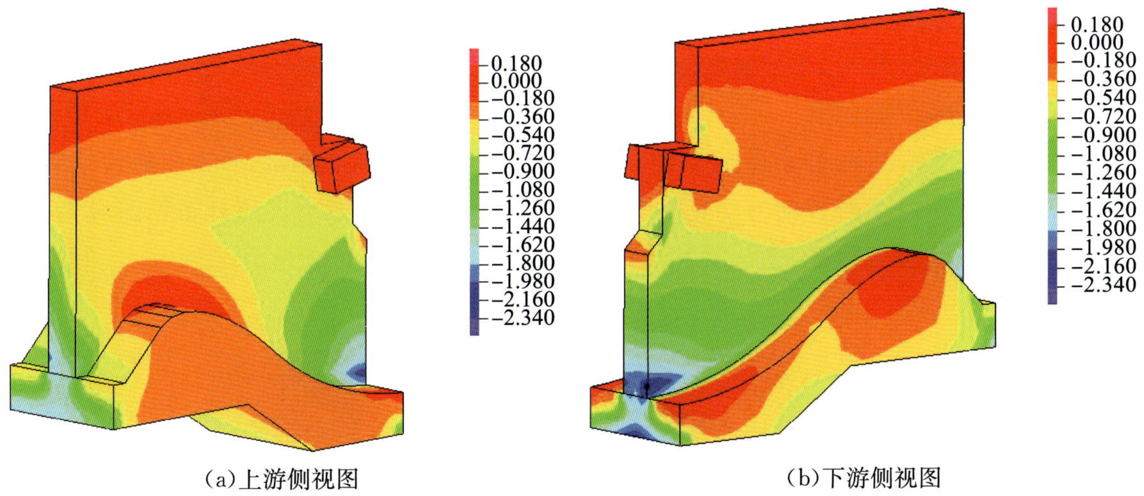

(a)上游侧视图　　(b)下游侧视图

图 8.72　5# 表孔坝段设计洪水位工况竖直向正应力分布云图(单位:MPa)

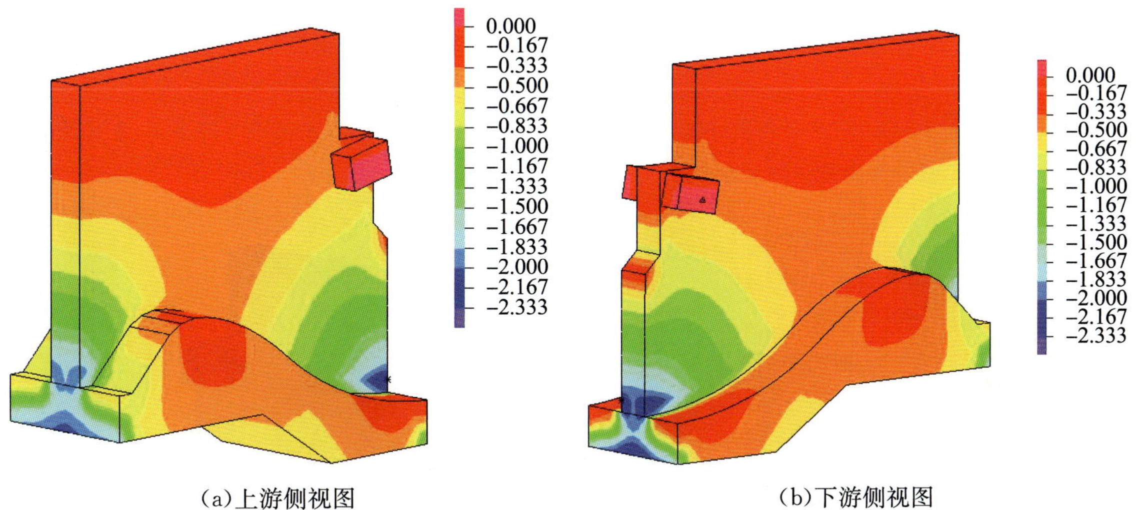

(a)上游侧视图　　(b)下游侧视图

图 8.73　5# 表孔坝段校核洪水位工况竖直向正应力分布云图(单位:MPa)

各工况计算成果表明,坝体顺流向、竖向最大位移均出现在坝顶闸墩部位,垂直流向位移很小。设计洪水位单侧泄洪工况下,最大顺流向位移为 7.4mm,垂直流向最大位移为 5.5mm,竖直向最大位移为 10.0mm。除设计洪水位单侧泄洪工况下中墩与溢流面交界部位出现最大值为 0.19MPa 的竖向拉应力外,坝体竖直向应力基本上全部为压应力。建基面竖直向压应力最大值为 2.34MPa,地基承载力满足要求。

综上分析,在静力作用下,整个坝体应力基本为压应力,坝体强度和地基承载力均满足要求。

2)自振特性计算成果。

5# 表孔坝段为高悬臂闸墩结构,根据有限元模型成果,闸墩弯曲振型出现的次数较多,最早出现在第 2 阶振型中,竖向振型出现的次数较少。第 1 阶固有频率为 1.695Hz,振型为垂直流向；第 2 阶固有频率为 3.277Hz，为闸墩弯曲振型；第 3 阶频率为 3.346Hz，为顺河向振型，第 4 阶频率为 5.614Hz，为竖直向振型。

3）地震工况计算成果。

在设计地震作用下，静动叠加后坝体顺流向最大位移位于闸墩顶部，竖直向最大位移位于坝顶下游，泄洪表孔坝段动力反应极值见表 8.37。5# 坝段的动力反应分布见图 8.74 至图 8.79。其中应力变形极值和云图均为地震时程中静动叠加后的包络值。

表 8.37　泄洪表孔坝段地震工况动力反应极值表

项目		加速度放大倍数			位移/cm			应力/MPa					
		顺流向	垂直流向	竖直向	顺流向	垂直流向	竖直向	顺流向正应力	垂直流向正应力	竖直向正应力	主应力	坝踵	坝趾
5# 坝段	最大值	3.12	3.82	3.57	1.95	3.27	−0.09	1.19	2.39	3.79	3.91	−0.67	−0.63
	最小值	—	—	—	−0.46	−3.37	−1.87	−1.93	−2.50	−5.15	−5.20	−2.67	−3.58
7# 坝段	最大值	3.22	3.90	2.88	1.32	2.61	−0.34	1.12	2.30	3.37	3.42	0.17	−0.73
	最小值	—	—	—	−0.27	−2.88	−1.14	−2.04	−1.59	−5.10	−5.18	−2.41	−3.67

注：正应力以受拉为正，受压为负；顺流向剪应力以向下游为正，顺流向变形以向下游为正，垂直流向变形以向右岸为正，竖直向变形以向上为正。

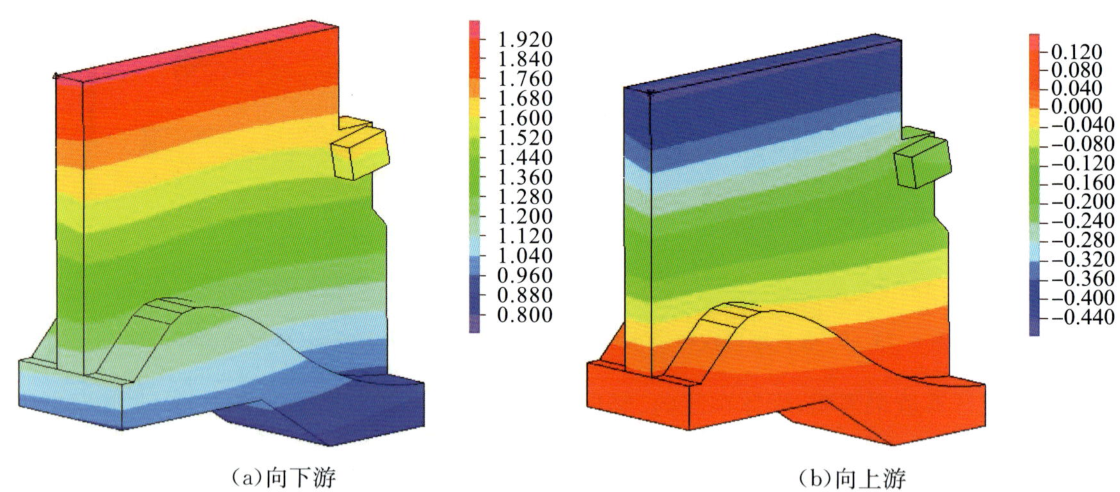

图 8.74　5# 表孔坝段地震工况顺流向静动叠加最大位移分布云图（单位：cm）

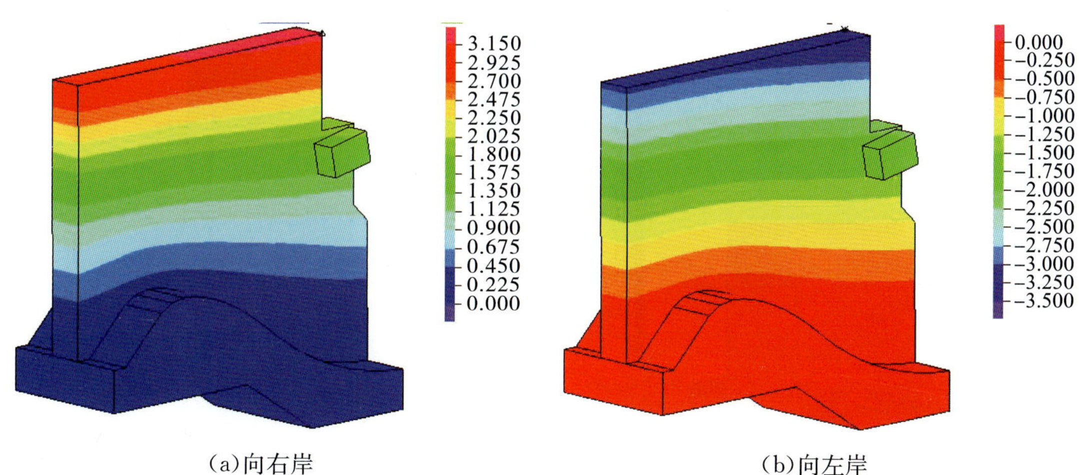

(a)向右岸　　(b)向左岸

图 8.75　5# 表孔坝段地震工况垂直流向静动叠加最大位移分布云图(单位:cm)

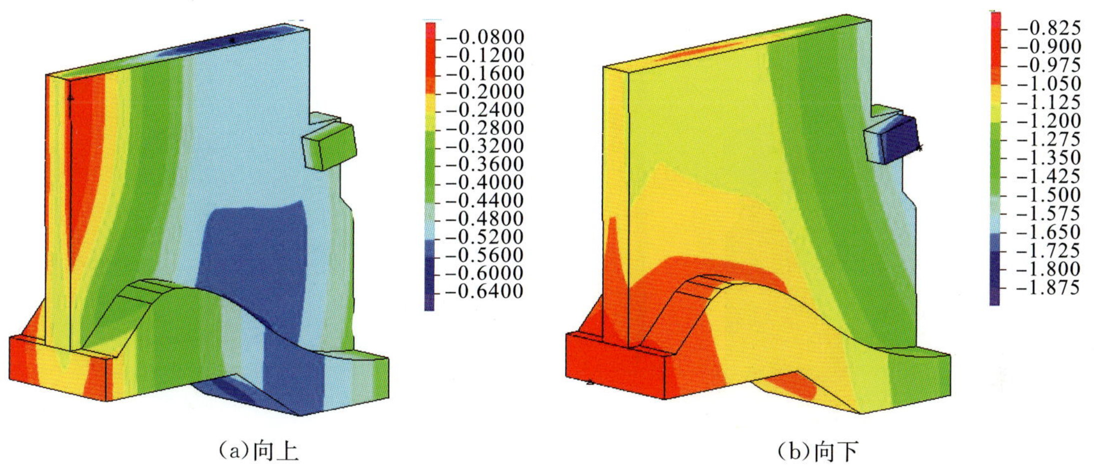

(a)向上　　(b)向下

图 8.76　5# 表孔坝段地震工况竖直向静动叠加最大位移分布云图(单位:cm)

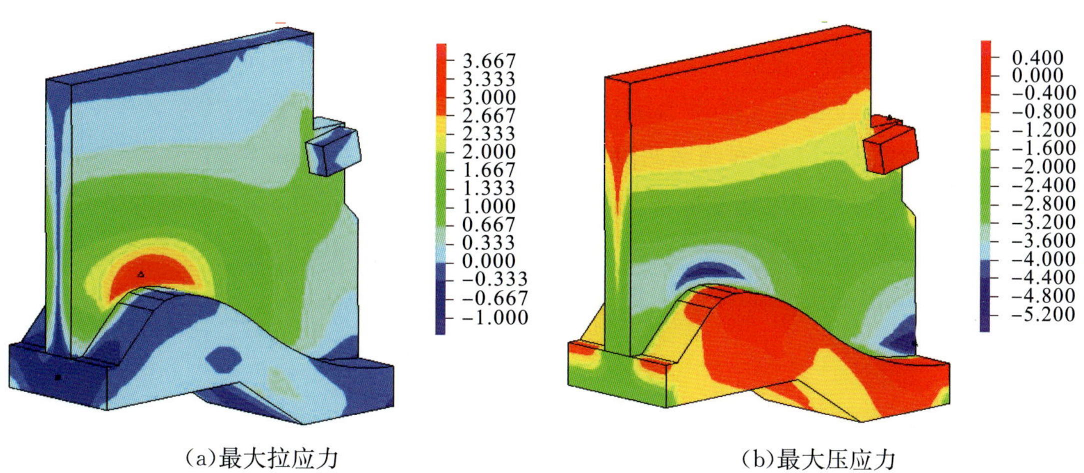

(a)最大拉应力　　(b)最大压应力

图 8.77　5# 表孔坝段地震工况竖直向静动叠加正应力分布云图(单位:MPa)

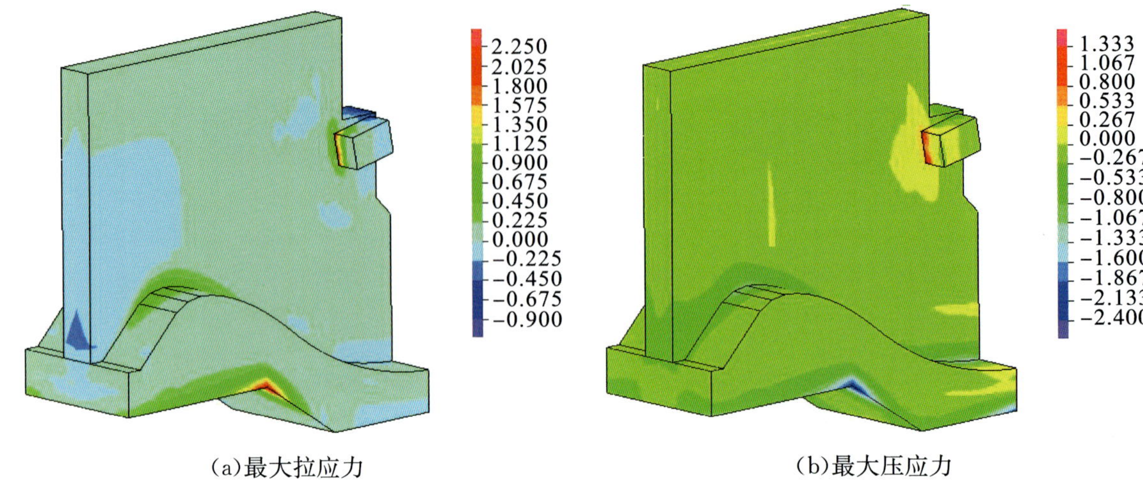

(a)最大拉应力　　(b)最大压应力

图 8.78　5# 表孔坝段地震工况垂直流向静动叠加正应力分布云图(单位:MPa)

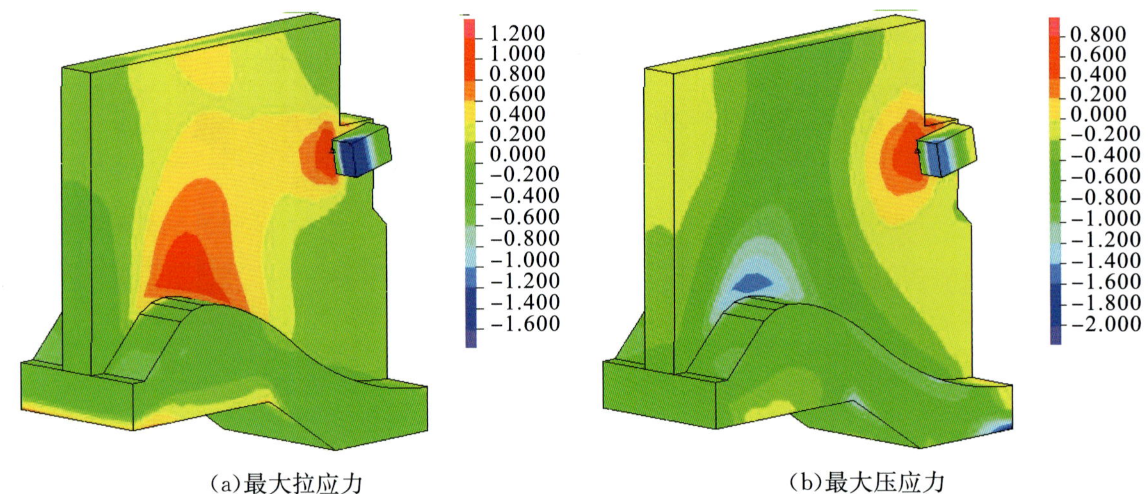

(a)最大拉应力　　(b)最大压应力

图 8.79　5# 表孔坝段地震工况顺流向静动叠加正应力分布云图(单位:MPa)

在设计地震作用下,表孔坝段的动力反应符合一般规律,垂直流向加速度放大倍数最大值为 3.9,静动叠加位移最大值为 3.37cm。竖直向静动叠加最大拉应力为 3.79MPa,位于中墩与溢流面交界部位。针对闸墩两侧拉应力较大部位布置相应的钢筋,可满足要求。

在地震工况下,5# 坝段建基面静动叠加坝趾压应力最大值为 3.58MPa,处于粉砂质泥岩与泥质粉砂岩的允许承载力为 3.3～4.3MPa,基岩承载力满足要求。7# 坝段建基面静动叠加坝趾压应力最大值为 3.67MPa(图 8.80、图 8.81),小于砂岩 4.5～6.5MPa 的允许承载力,满足要求。

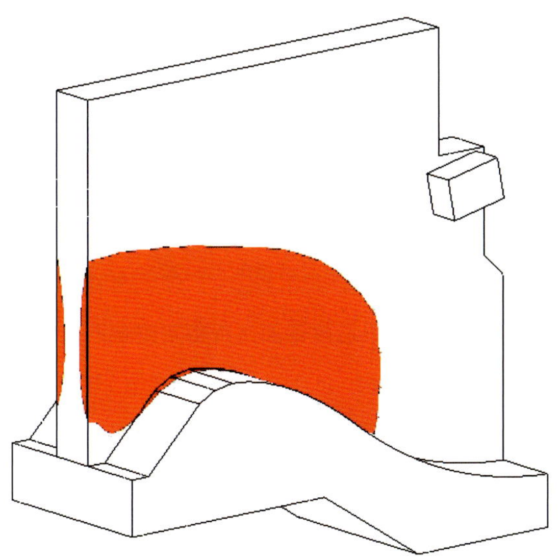

图 8.80　5# 表孔坝段地震工况竖直向拉应力大于 1MPa 区域

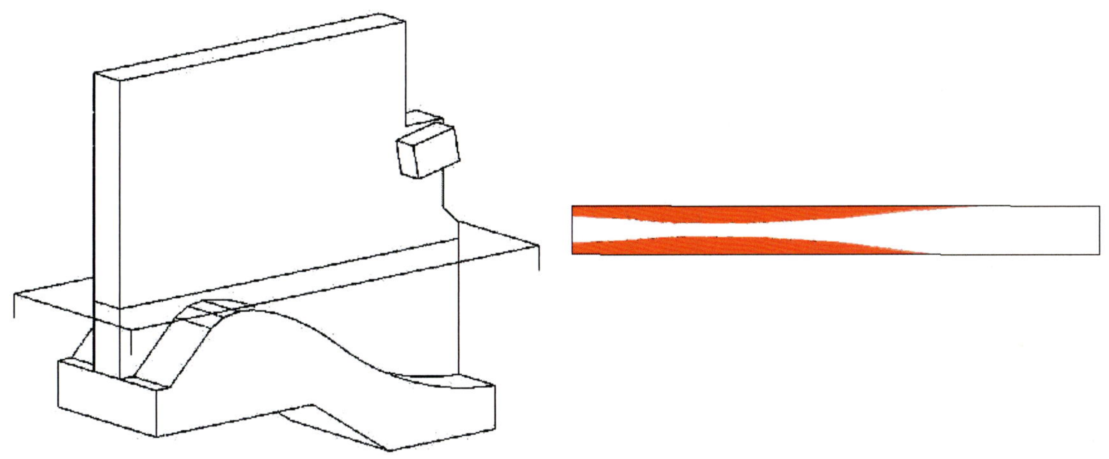

图 8.81　5# 表孔坝段闸墩截面地震工况竖直向拉应力大于 1MPa 区域

图 8.82 与图 8.83 为 5# 和 7# 坝段沿建基面抗滑稳定安全系数的时程曲线，5# 坝段和 7# 坝段的抗滑稳定最小安全系数分别为 1.46 和 1.93，均满足坝体沿建基面抗滑稳定要求。

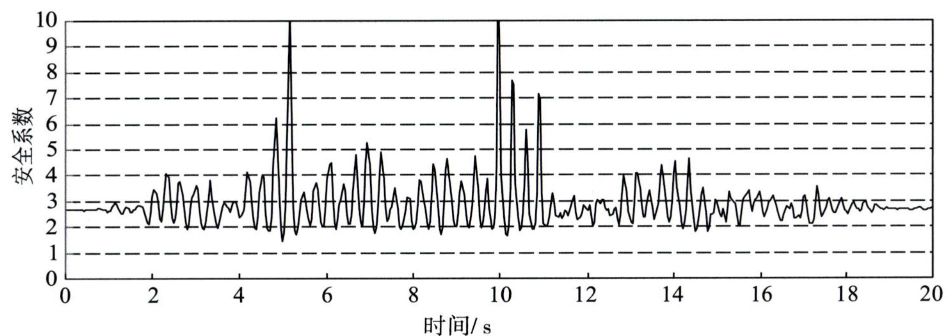

图 8.82　5# 表孔坝段沿建基面抗滑稳定安全系数系数时程曲线

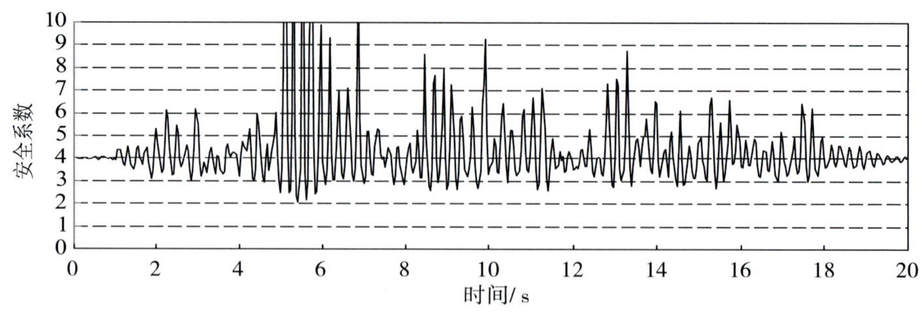

图 8.83　7# 表孔坝段沿建基面抗滑稳定安全系数时程曲线

（3）泄洪排沙孔坝段三维有限元静动力分析

泄洪排沙孔坝段计算包括正常蓄水位、设计洪水位、校核洪水位和正常蓄水位遇地震 4 种工况。

1）静力工况计算成果。

静力工况下泄洪排沙孔坝段应力变形极值见表 8.38，变形、应力分布见图 8.84 至图 8.88。

各工况计算成果表明，坝体顺流向、竖向最大位移均出现在坝顶。校核洪水工况下，最大顺流向位移为 3.3mm，垂直流向最大位移为 8.5mm，竖直向最大位移为 10.6mm。坝体拉应力最大值为 1.39MPa，发生在泄洪排沙孔底板中部，通过加强结构配筋可满足要求。坝体竖直向应力基本上全部为压应力，建基面竖直向压应力最大值为 1.84MPa，地基承载力满足要求。

表 8.38　静力工况下泄洪排沙孔坝段应力变形极值

项目		变形/cm			应力/MPa							
		顺流向	竖直向	垂直流向	顺流向正应力	垂直流向正应力	竖直向正应力	顺流向剪应力	主拉应力	主压应力	坝踵	坝趾
3#坝段	正常蓄水位工况	0.23	−1.03	0.85	0.40	1.18	−3.44	0.69	1.18	−3.45	−1.84	−1.22
	设计洪水位工况	0.24	−1.04	0.85	0.45	1.35	−3.45	0.70	1.36	−3.46	−1.84	−1.20
	校核洪水位工况	0.33	−1.06	0.85	0.40	1.40	−3.47	0.82	1.39	−3.50	−1.78	−1.26

注：正应力以受拉为正，受压为负；顺流向剪应力以向下游为正，顺流向变形以向下游为正，垂直流向变形以向右岸为正，竖直向变形以向上为正。

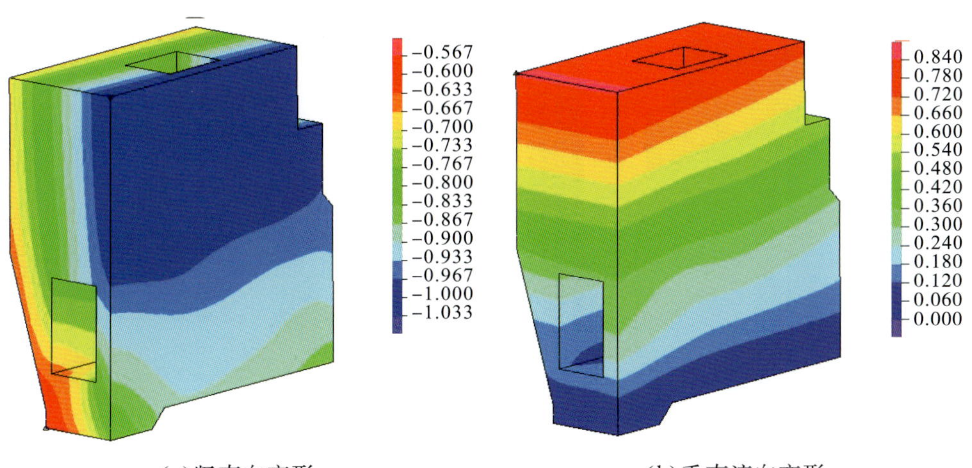

(a)竖直向变形　　(b)垂直流向变形

图 8.84　排沙孔坝段正常蓄水位工况变形分布云图(单位:cm)

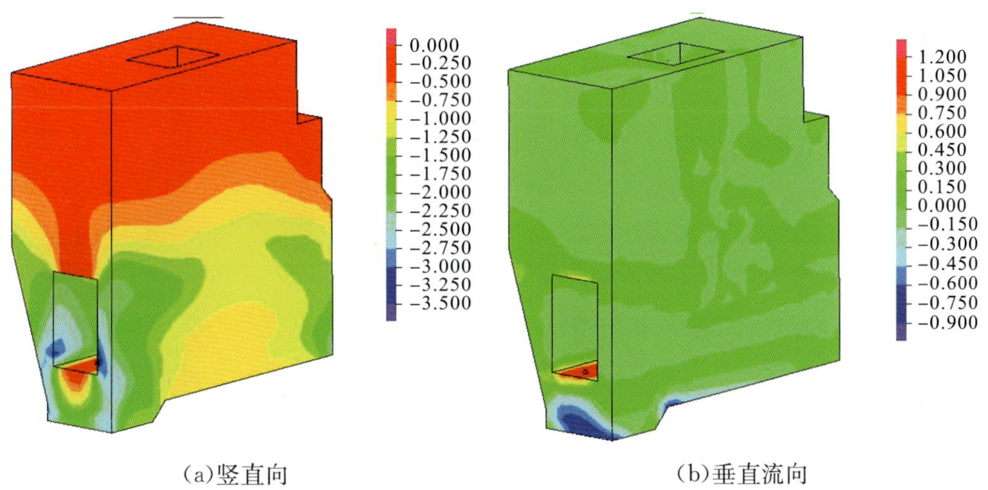

(a)竖直向　　(b)垂直流向

图 8.85　排沙孔坝段正常蓄水位工况正应力分布云图(单位:MPa)

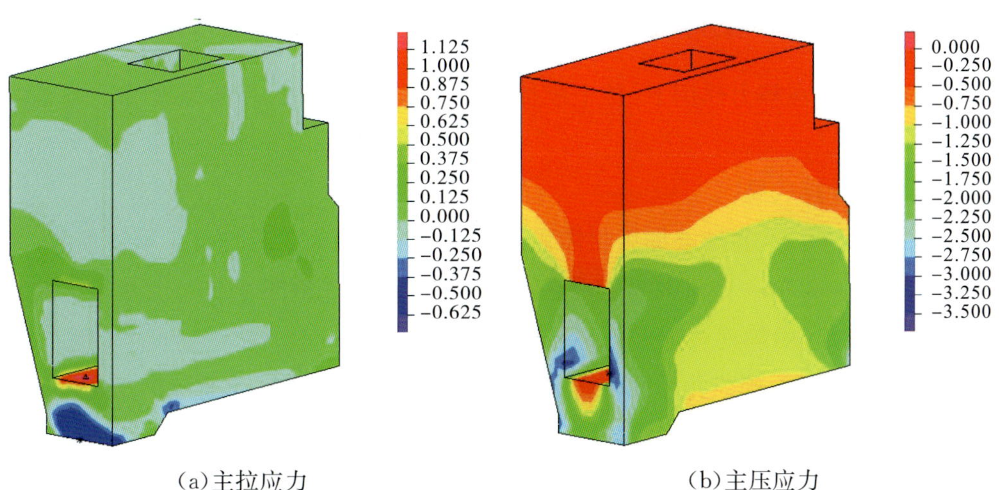

(a)主拉应力　　(b)主压应力

图 8.86　排沙孔坝段正常蓄水位工况主应力分布云图(单位:MPa)

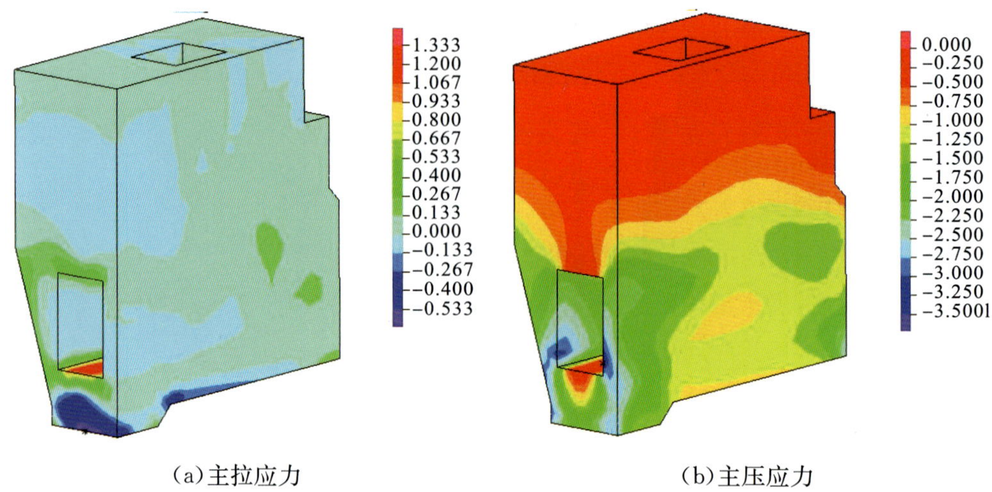

(a)主拉应力　　(b)主压应力

图 8.87　排沙孔坝段设计洪水位工况主应力分布云图(单位:MPa)

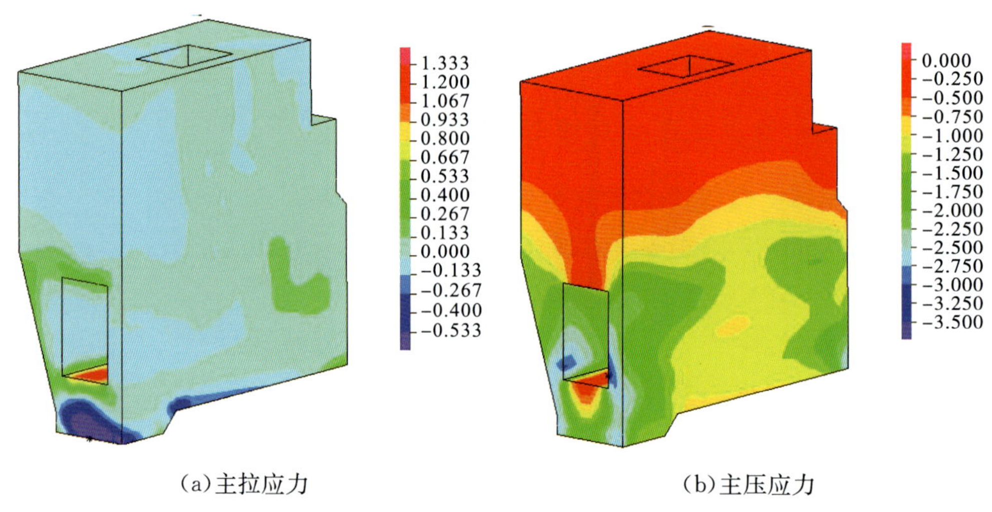

(a)主拉应力　　(b)主压应力

图 8.88　排沙孔坝段校核洪水位工况主应力分布云图(单位:MPa)

综上分析,坝体在静力作用下,整个坝体应力基本为压应力,坝体强度和地基承载力均满足要求。

2)地震工况计算成果。

在设计地震作用下,静动叠加后坝体顺流向和竖直向最大位移均位于坝体顶部,3# 坝段动力反应极值见表 8.39。3# 坝段的动力反应分布见图 8.89 至图 8.95。其中应力变形极值和云图均为地震时程中静动叠加后的包络值。

在设计地震作用下,泄洪排沙孔坝段的动力反应符合一般规律,垂直流向加速度放大倍数最大值为 2.75,静动叠加位移最大值为 2.41cm。静动叠加最大拉应力为 2.46MPa,位于泄洪排沙孔顶部压坡段末端。针对拉应力较大部位布置相应的抗震钢筋,防止地震作用下局部可能产生的裂缝向坝内延伸。坝体静动叠加最大压应力为 5.8MPa,小于混凝土的抗压强度。

表 8.39　　泄洪排沙孔坝段地震工况动力反应极值

项目		加速度放大倍数			位移/cm			应力/MPa					
		顺流向	垂直流向	竖直向	顺流向	垂直流向	竖直向	顺流向正应力	垂直流向正应力	竖直向正应力	主应力	坝踵	坝趾
3#坝段	最大值	2.33	2.75	3.39	0.94	2.41	−0.20	0.63	2.45	0.93	2.46	−0.98	−0.44
	最小值	—	—	—	−0.86	−0.45	−1.60	−1.50	−1.90	−5.79	−5.80	−2.68	−2.02

注：正应力以受拉为正，受压为负；顺流向剪应力以向下游为正，顺流向变形以向下游为正，垂直流向变形以向右岸为正，竖直向变形以向上为正。

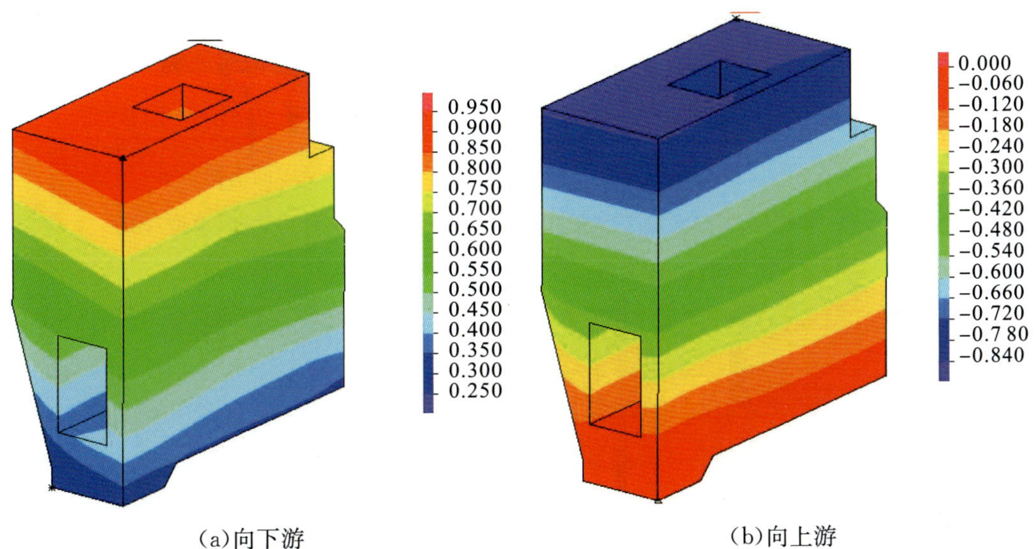

(a)向下游　　(b)向上游

图 8.89　排沙孔坝段地震工况顺流向静动叠加最大位移分布云图(单位:cm)

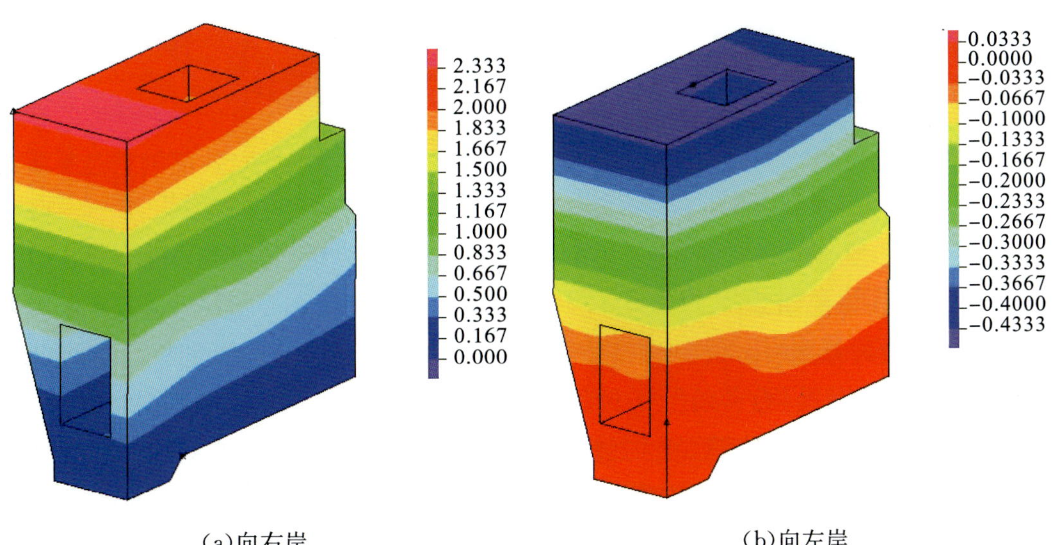

(a)向右岸　　(b)向左岸

图 8.90　排沙孔坝段地震工况竖直向静动叠加最大位移分布云图(单位:cm)

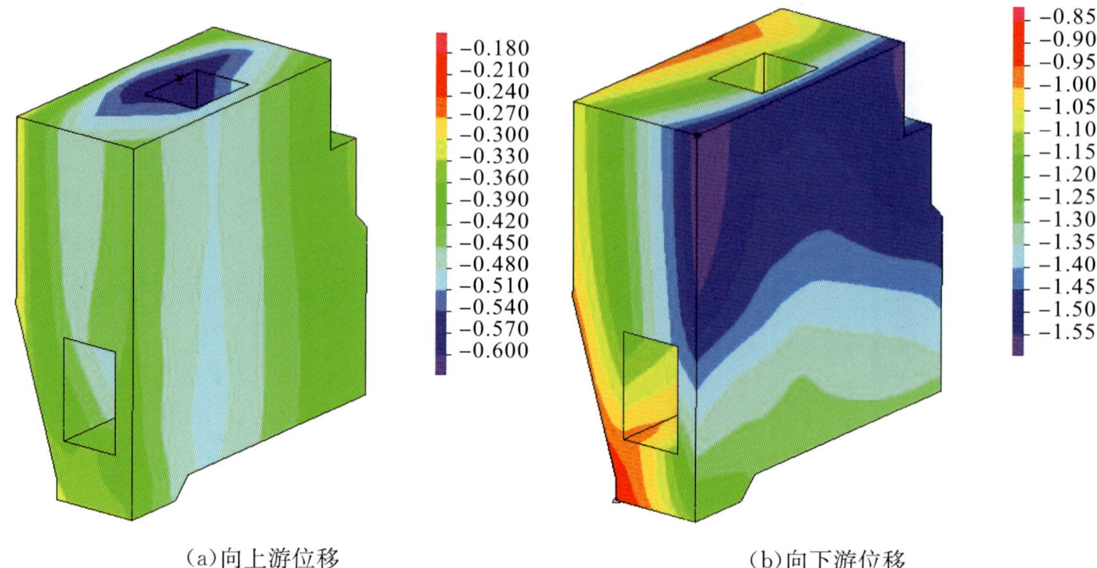

(a)向上游位移　　(b)向下游位移

图 8.91　排沙孔坝段地震工况竖直向静动叠加最大位移分布云图(单位:cm)

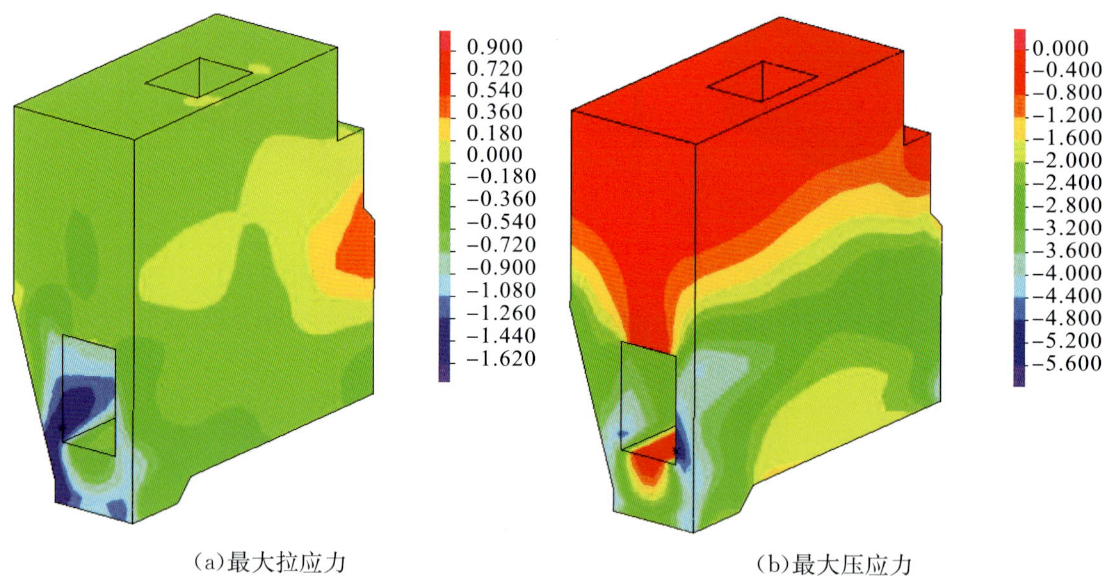

(a)最大拉应力　　(b)最大压应力

图 8.92　排沙孔坝段地震工况竖直向静动叠加正应力分布云图(单位:MPa)

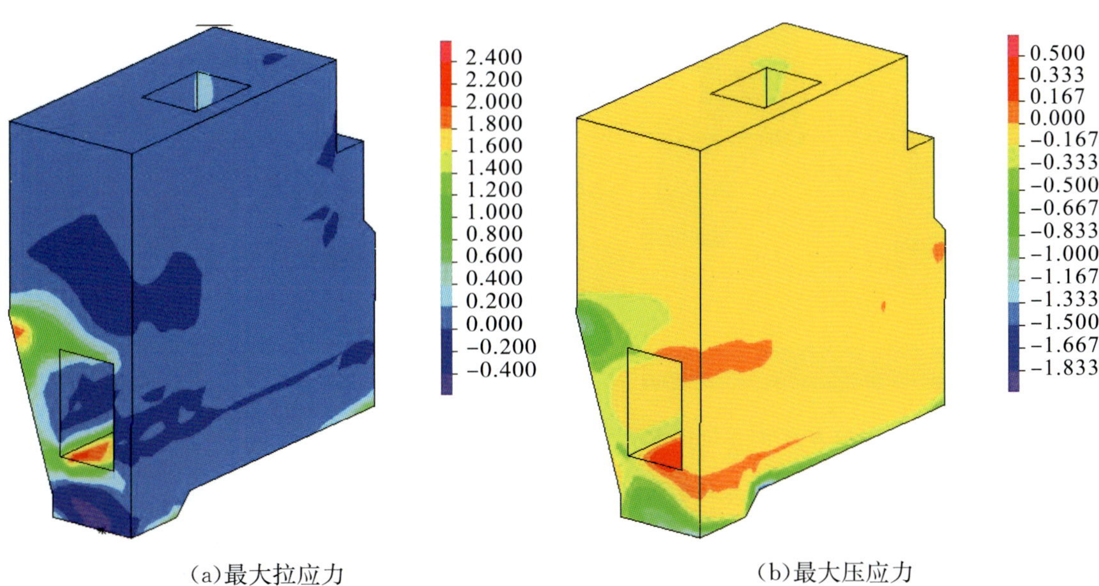

(a)最大拉应力　　(b)最大压应力

图 8.93　排沙孔坝段地震工况垂直流向静动叠加正应力分布云图(单位:MPa)

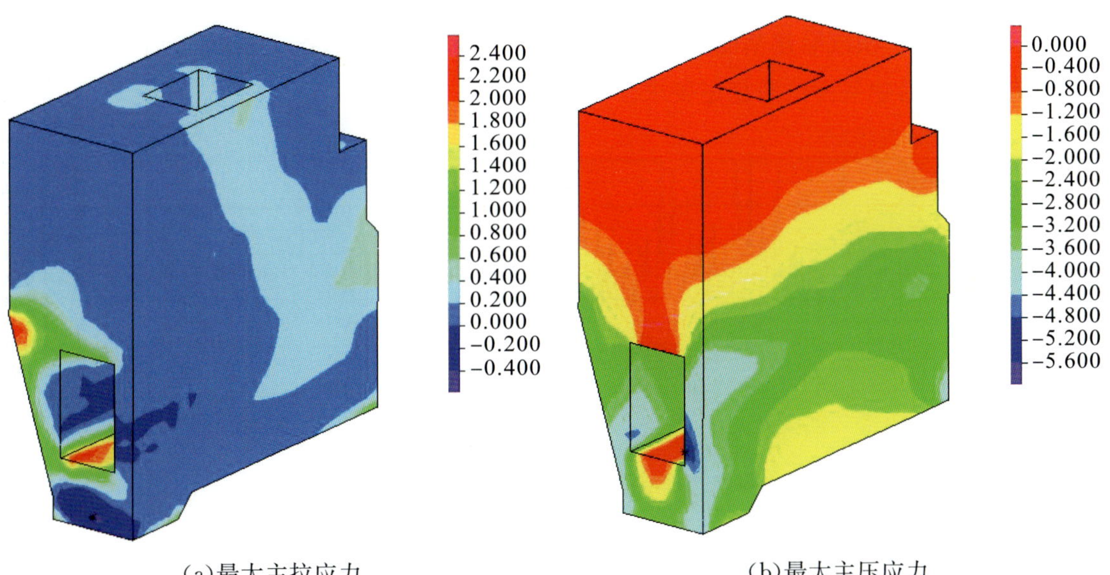

(a)最大主拉应力　　(b)最大主压应力

图 8.94　排沙孔坝段地震工况静动叠加主应力分布云图(单位:MPa)

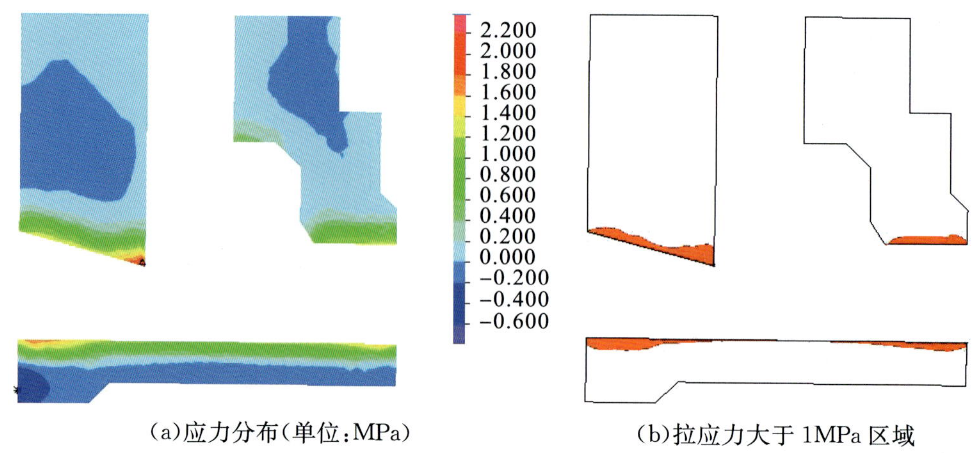

(a)应力分布(单位:MPa)　　(b)拉应力大于1MPa区域

图8.95　排沙孔坝段剖面地震工况垂直流向静动叠加正应力分布云图

在地震工况下，3#坝段建基面静动叠加坝踵压应力最大值为2.68MPa，小于建基岩体允许承载力，满足要求。同时，在坝段左侧岸坡建基面上游出现了一定范围的拉应力，但拉应力顺流向迅速减小，不会危及帷幕安全。

图8.96为3#坝段沿建基面抗滑稳定安全系数的时程曲线，抗滑稳定最小安全系数为2.58，满足坝体沿建基面抗滑稳定要求。

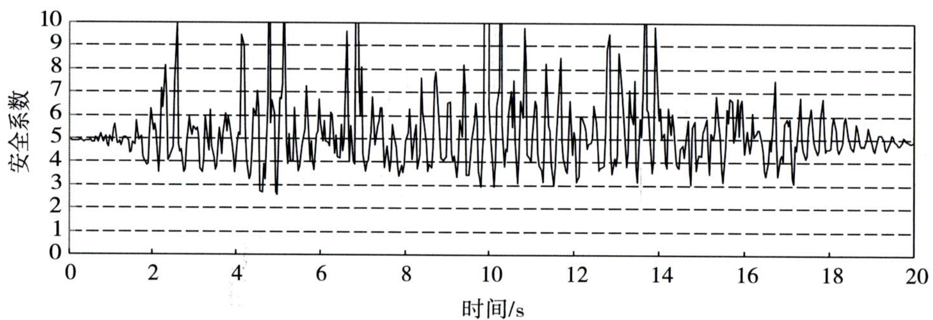

图8.96　排沙孔坝段沿建基面抗滑稳定安全系数时程曲线

经计算分析，溢洪道控制段主要部位结构配筋由地震工况控制，控制段结构配筋主要根据三维有限元静动力分析成果，按《水工混凝土结构设计规范》(DL/T 5057—2009)的要求进行配筋。

8.5.3　泄槽段

8.5.3.1　结构设计

卡洛特水电站泄槽轴线采用直线，与控制段坝轴线垂直，泄槽底板纵坡$i=4.5\%$。泄槽由中隔墙分为4个区，即2个泄洪排沙孔成一个泄洪区、6个表孔每2个孔组成一个泄洪区。泄洪排沙孔底宽度为24.7m，表孔区的泄槽底宽度从左至右依次为35.0m、35.0m和

34.0m，泄洪总宽度128.7m。

为适应天然地形地质条件，泄槽末端挑流鼻坎在平面上采用差动式布置，泄洪排沙孔区和表孔左区平齐，其他相邻两区平面差动距离均为20m，泄槽段4个区从左至右轴线水平长度依次为292.63m、292.63m、312.63m和332.63m。泄槽左边墙高11.5～14.5m，厚1.2m；中隔墙和右边墙高12.7～15.4m，最大厚度3m。泄槽桩号0+53.375～0+293.375段中隔墙和右边墙自底部向顶部采用1∶0.05的坡比过渡。0+293.375至挑流鼻坎末端均采用竖直边墙。

泄槽左、右两侧侧墙在桩号0+53.375、0+140.00、0+230.00和0+300.00，右边墙在桩号0+345.000处分别设置有进人、通风、电缆等不同用途的竖井。进人竖井内设置爬梯，竖井与泄槽底部廊道相连接。

泄槽底板设纵、横向分缝，横缝间距一般为10m，纵缝间距11～12.75m。泄槽底板和隔墙纵、横向分缝内均设一道紫铜止水。

根据泄槽底板抗浮稳定成果，确定泄槽底板厚1～1.5m，布置直径32mm、$L=6$m、间排距为1.5m×1.5m的系统锚筋。

为降低泄槽底板的扬压力，在泄槽底板纵、横向分缝下部设宽60cm、高40cm的纵横向排水管沟，管沟内埋设纵、横向透水软管。泄槽边墙亦设置竖向排水系统，将泄槽开挖边坡埋设的排水孔相互连接。上述排水系统均与泄槽底板的排水廊道相连接，形成泄槽整体排水系统。

泄槽底板表面50cm采用抗冲磨混凝土$C_{90}40W6$；底板下部基础混凝土采用$C_{28}25W6$，边墙、中隔墙混凝土均采用$C_{28}30W6$。

8.5.3.2 泄槽结构整体有限元静动力分析

(1)计算模型

选取泄槽起始断面进行平面有限元计算，有限元模型见图8.97，泄槽底板分缝采用接触面模型模拟。

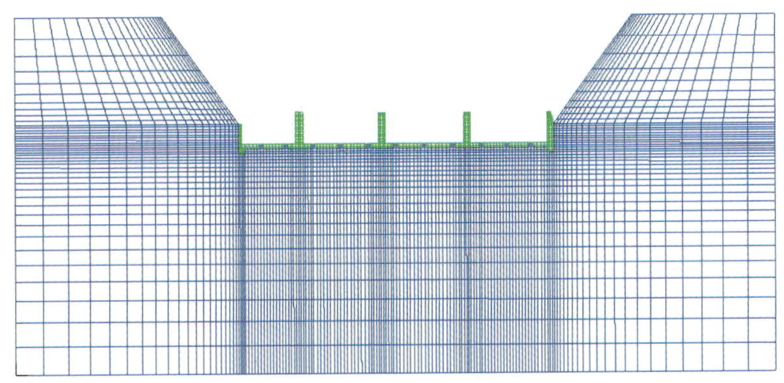

(a)有限元计算模型

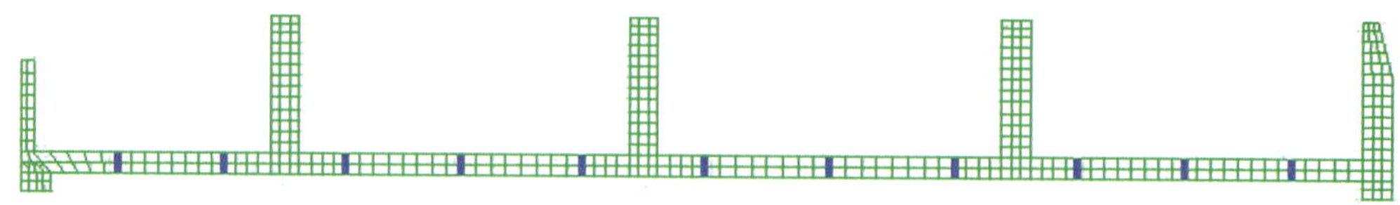

(b)泄槽结构网格

图 8.97 泄槽有限元计算模型

泄槽计算包括正常蓄水位、泄洪排沙水位、设计洪水位、校核洪水位和正常蓄水位遇地震 5 种工况，其中设计洪水位工况考虑表孔右区不泄洪。动力分析采用时程分析法。

(2)静力工况计算成果

静力工况下泄槽应力变形极值见表 8.40。计算成果表明，在各种静力工况下，泄槽结构应力变形较小，竖直向基本为压应力。校核洪水位工况，泄槽中隔墙顶部垂直流向变形相对较大，最大变形值为 1.69cm，中隔墙下部存在拉应力，最大拉应力值为 0.98MPa，通过在隔墙底部采用混凝土贴角并加强结构配筋等措施可满足设计要求。

表 8.40　　静力工况下泄槽应力变形极值

项目	变形/cm		应力/MPa			
	竖直向	垂直流向	竖直向拉应力	竖直向压应力	主拉应力	主压应力
正常蓄水位工况	−0.17	0.11/−0.37	0.11	−0.37	0.21	−0.54
排沙工况	−0.21	0.04/−0.06	0.29	−0.57	0.31	−0.72
设计洪水位工况	−0.40	0.56/−0.92	0.56	−0.92	0.59	−0.95
校核洪水位工况	−0.52	0.97/−1.69	0.97	−1.69	0.98	−1.71

注：应力以受拉为正，受压为负；垂直流向变形以向右岸为正，竖直向变形以向上为正。

(3)地震工况计算成果

地震工况下泄槽结构的动力反应极值见表 8.41。

表 8.41　　地震工况下泄槽动力反应极值

项目	加速度放大倍数		静动叠加位移/cm		静动叠加应力/MPa	
	垂直流向	竖直向	垂直流向	竖直向	竖直向正应力	主应力
最大值	3.59	1.63	0.70	−0.02	1.88	1.89
最小值	—	—	−0.67	−0.25	−2.60	−2.62

在设计地震作用下，泄槽中隔墙垂直流向加速度放大倍数最大，最大值为 3.59，垂直流向的最大静动叠加位移为 0.7cm。中隔墙底部竖直向最大拉应力为 1.88MPa，其面积较小。经复核，地震工况下的泄槽结构采取配筋可满足抗震要求。

8.5.3.3 泄槽结构稳定应力分析

卡洛特溢洪道泄槽右边墙进场施工 2#-1 道路范围将来会回填石渣，回填的石渣堆积在泄槽右边墙外侧，可能会对泄槽右边墙的安全带来不利的影响。本节主要根据《溢洪道设计规范》(DL/T 5166—2002)对溢洪道泄槽右边墙抗滑稳定进行复核计算。

选取如图 8.98 所示的最危险剖面进行计算分析，其中泄槽右边墙顶高程 435.19m，石渣回填高程 431m，右边墙边坡开挖高程 419m，最大石渣回填高度 12m。

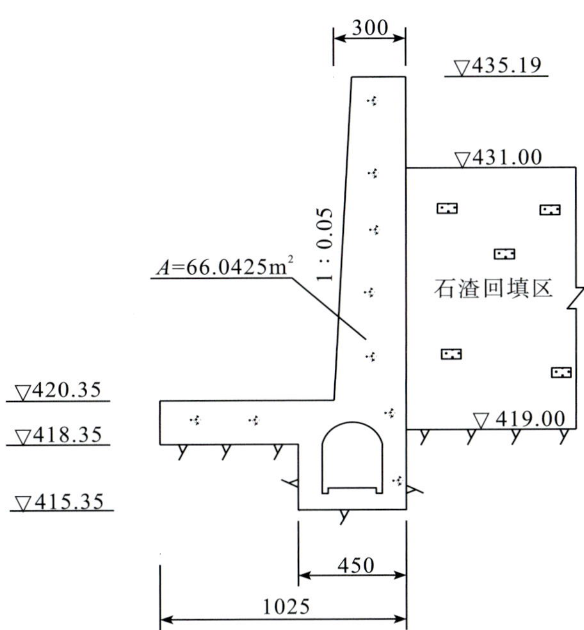

图 8.98 泄槽右边墙稳定和应力复核计算断面

泄槽右边墙与进场施工道路 2#-1 范围的建基面岩体主要为 N_{1na}^{3-3-1} 中砂岩和细砂岩，考虑到中砂岩抗剪断强度参数和承载力均高于细砂岩，对采用的细砂岩的物理力学参数进行计算复核，见表 8.42。

表 8.42 槽边坡建基面岩体物理力学参数采用值

岩性	容重/(kN/m³)	变形模量/GPa	泊松比	抗剪断强度				承载力/MPa
				岩体		混凝土/岩		
				f'	C'/MPa	f'	C'/MPa	
中砂岩	24.0	4.0	0.25	0.95	0.85	0.75	0.85	6.5
细砂岩	23.8	4.5	0.23	0.85	0.75	0.70	0.75	5.3

经各种可能组合分析，计算时选取最危险的工况。表 8.43 为泄槽不泄洪，泄槽右边墙石渣回填区水位高程为 431m 时，分别考虑基本组合作用和偶然组合作用的稳定和应力复核计算组合。

表 8.43　泄槽边墙抗滑稳定和应力作用组合

作用组合	考虑情况	作用类别				
		自重	水压力	扬压力	主动土压力	地震力
基本组合	墙后石渣回填高程 431m＋水位 431m＋泄槽不泄洪	＋	＋	＋	＋	
偶然组合	基本组合＋地震(0.26g)	＋	＋	＋	＋	＋

泄槽右边墙石渣回填表面荷载按 $10kN/m^2$ 考虑。地震力作用时，将泄槽计算剖面等效为单个质点考虑，地震力作用位于截面的形心。考虑边墙排水孔的作用，扬压力折减系数按 0.5 考虑。

采用《溢洪道设计规范》(DL/T 5166—2002)推荐的材料力学方法对挡墙进行沿建基面稳定和应力计算。挡墙沿建基面抗滑稳定和应力计算成果汇总见表 8.44。

表 8.44　泄槽挡墙沿建基面稳定、应力成果汇总

建基岩体	作用组合	承载能力极限状态					正常使用极限状态	
		建基面的抗滑稳定/kN			墙趾抗压强度/MPa		墙踵拉应力/MPa	
		作用效应 $\gamma_0\psi S(\cdot)$	抗力 $R(\cdot)/\gamma_d$	抗滑判断	作用效应 $\gamma_0\psi S(\cdot)$	强度判断	作用效应 $S_1(\cdot)$	强度判断
细砂岩	基本组合	875.61	4327.89	√	0.197	√	0.025	√
	偶然组合	1033.36	4286.65	√	0.236	√	—	—

施工详图设计阶段，对溢洪道泄槽左、右边墙和中隔墙等结构进行了二维有限元静动力分析，计算成果以设计计算书的方式提交业主工程师审批并通过。有限元计算成果亦表明，泄槽左、右边墙和中隔墙底部主要为压应力，满足建基面基岩承载力要求。

8.5.3.4　泄槽底板抗浮稳定分析

根据《溢洪道设计规范》(DL/T 5166—2002)，泄槽抗浮稳定按承载能力极限状态方法计算。根据卡洛特溢洪道泄槽运行过程中可能出现的各种工况组合，选取如表 8.45 所示的作用组合进行计算分析。

根据泄槽结构设计剖面图，选取表孔泄槽 3 区靠最下游挑坎侧厚度分别为 1.5m 和 1.0m 的底板进行复核计算。泄槽底板顺流方向长 10m，垂直流向长 11m，底坡 4.5%。泄槽底板布置有直径 32mm、$L=6$m、间排距为 1.5m×1.5m、入岩深度 4.5m 的锚杆，计算结果见表 8.46 和表 8.47。计算成果表明，泄槽底板抗浮稳定能满足《溢洪道设计规范》(DL/T 5166—2002)的要求。

表 8.45　泄槽底板抗浮稳定作用组合

设计状况	作用效应组合	计算工况	作用类别					备注
			自重	时均压力	脉动压力	扬压力	地基锚固重	
持久状况	基本组合	1. 宣泄设计流量(1)	√	√	√	√	√	
		2. 宣泄设计流量(2)	√			√	√	考虑闸门关闭,山体地下水溢出点高程与下游设计水位相同
		3. 不泄洪	√			√	√	考虑山体渗压水位 425m
		4. 消能防冲设计流量	√	√	√	√	√	考虑表孔泄槽 1 区和 2 区泄洪,3 区不泄洪
偶然状况	偶然组合	5. 宣泄校核流量(1)	√	√	√	√	√	
		6. 宣泄校核流量(2)	√			√	√	山体地下水溢出点高程与下游校核水位相同
		7. 消能防冲设计流量,排水系统失效	√			√	√	考虑表孔泄槽 1 区和 2 区泄洪,3 区不泄洪,排水系统失效

表 8.46　泄槽底板抗浮稳定计算成果(t=1.5m 厚)

设计状况	作用效应组合	计算工况	自重/kN	板上时均压力/kN	板下扬压力/kN	脉动压力/kN	锚固地基有效自重/kN	作用效应函数 $\gamma_0 \cdot \psi \cdot S(\cdot)$	结构抗力函数 $R(\cdot)/\gamma d_1$
持久状况	基本组合	1. 宣泄设计流量(1)	3758	7548	4395	354	5950	4750	16435
		2. 宣泄设计流量(2)	3758		4395		5950	4395	9246
		3. 不泄洪	3758		7918		5950	7918	9246
		4. 消能防冲设计流量	3758	10528	3561	367	5950	3561	9246
偶然状况	偶然组合	5. 宣泄校核流量(1)	3758		7562		5950	6740	19273
		6. 宣泄校核流量(2)	3758		7562		5950	6428	9246
		7. 消能防冲设计流量,排水系统失效	3758		8903		5950	7567	9246

表 8.47　　泄槽底板抗浮稳定计算成果（t=1.0m 厚）

设计状况	作用效应组合	计算工况	自重/kN	板上时均压力/kN	板下扬压力/kN	脉动压力/kN	锚固地基有效自重/kN	作用效应函数 $\gamma_0 \cdot \psi \cdot S(\cdot)$	结构抗力函数 $R(\cdot)/\gamma d_1$
持久状况	基本组合	1. 宣泄设计流量(1)	2505	7640	3732	351	5950	4083	15329
		2. 宣泄设计流量(2)	2505		3732		5950	3732	8053
		3. 不泄洪	2505		7255		5950	7255	8053
		4. 消能防冲设计流量	2505	10763	3219	362	5950	3219	8053
偶然状况	偶然组合	5. 宣泄校核流量(1)	2505		6899		5950	6172	18304
		6. 宣泄校核流量(2)	2505		6899		5950	5864	8053
		7. 宣泄消能防冲设计流量，排水系统失效	2505		8309		5950	7063	8053

8.5.4　挑流鼻坎

8.5.4.1　结构设计

溢洪道采用挑流消能，和泄槽分区相对应，分为 4 个挑流鼻坎，表孔 3 区挑流鼻坎采用连续式，反弧半径 60m，挑角 30°；泄洪排沙孔区、表孔 1 区及表孔 2 区挑流鼻坎采用扭鼻坎型式，挑角 20°～30°变化。从左至右挑流鼻坎坎顶高程依次为 414.10～418.95m、418.95～414.10m、418.05～413.20m 和 417.15m。各分区挑流鼻坎段基础开挖高程均为 404.50m。

根据泄槽底板封闭抽排系统布置需要，挑流鼻坎段内设横向排水廊道与泄槽左、右边墙内的纵向排水廊道相接。为排出渗水，在表孔 3 区内横向排水廊道下游布置集水井，集水井底板高程 395.50m，底部建基面高程为 394.75m，净空尺寸为 4.5m×8m×8m（长×宽×高），集水井上部抽水泵房底板高程 404.75m，净空尺寸为 10.4×8m×4.5m（长×宽×高）。

挑流鼻坎段材料分区：表面 50cm 采用抗冲磨混凝土 $C_{90}40W6$，下部基础混凝土采用 $C_{28}25W6$，边墙及中隔墙混凝土均采用 $C_{28}30W6$。

8.5.4.2　稳定和应力分析

挑流鼻坎段基岩地层主要为 N_{1na}^{4-3-1}～N_{1na}^{3-3-2} 层，其中 N_{1na}^{4-3-1} 层为砂岩，厚 3～

7m；$N_{1na}{}^{4-1}$、$N_{1na}{}^{3-3-1}$ 层主要岩性为砂岩，厚 24～27m，在 $N_{1na}{}^{4-1}$ 层中部夹有 1.5m 厚的粉砂质泥岩与泥质粉砂岩互层岩体，在 $N_{1na}{}^{3-3-1}$ 层上部夹有厚 3～7m 粉砂质泥岩与泥质粉砂岩互层；$N_{1na}{}^{4-2}$、$N_{1na}{}^{3-3-2}$ 层主要岩性为粉砂质泥岩与泥质粉砂岩互层，$N_{1na}{}^{4-2}$ 层厚 8～15m，局部少量为 $N_{1na}{}^{3-3-2}$ 层。

挑流鼻坎部位底板建基岩体由微风化 $N_{1na}{}^{3-3-1}$ 层细砂岩、中砂岩及粉砂质泥岩与泥质粉砂岩互层组成，左侧局部为 $N_{1na}{}^{3-3-2}$ 组粉砂质泥岩与泥质粉砂岩互层，倾河床的陡倾角卸荷裂隙较发育，岩体完整性一般较完整。

挑坎二维稳定应力计算岩石力学参数可参考表 8.48 取值。

根据泄槽实际运用情况，以及对抗滑稳定和应力最不利作用组合的计算工况，确定泄槽挑坎按表 8.48 所示的情况取值。

表 8.48　　泄槽挑坎稳定和应力计算工况

设计工况	作用组合	考虑情况	作用类别				
			自重	静水压力	扬压力	时均压力	脉动压力
持久状况	基本组合Ⅰ	设计洪水位	+	+	+	+	+
偶然状况	偶然组合Ⅰ	校核洪水	+	+	+	+	+
	偶然组合Ⅱ	设计洪水+泄洪突然停止	+	+	+		

注：计算中未考虑挑坎底部扬压力折减，按全扬压力考虑，因此未考虑排水系统失效的工况。

选取泄洪表孔Ⅲ区典型挑坎进行稳定和应力计算，计算成果见表 8.49。

根据上述计算成果可知，溢洪道泄槽挑坎稳定和应力满足《溢洪道设计规范》(DL/T 5166—2002)的要求。

表 8.49　溢洪道泄槽挑坎段沿建基面稳定应力计算成果

序号	建基岩体	作用组合	承载能力极限状态							正常使用极限状态	
			建基面的抗滑稳定/kN			抗压强度/MPa				基础应力/MPa	
						坝踵		坝趾			
			作用效应 $\gamma_0\psi S(\cdot)$	抗力 $R(\cdot)/\gamma_d$	抗滑判断	作用效应 $\gamma_0\psi S(\cdot)$	强度判断	作用效应 $\gamma_0\psi S(\cdot)$	强度判断	作用效应 $\gamma_0\psi S(\cdot)$	强度判断
1	中砂岩	基本组合Ⅰ	21174	40601	√	0.028	√	0.053	√	0.065	√
		偶然组合Ⅰ	30402	53189	√	0.018	√	0.033	√	—	—
		偶然组合Ⅱ	—	10088	√	0.034	√	0.076	√	—	—
2	粉砂质泥岩	基本组合Ⅰ	21174	24343	√	0.028	√	0.053	√	0.065	√
		偶然组合Ⅰ	30402	32400	√	0.018	√	0.033	√	—	—
		偶然组合Ⅱ	—	4815	√	0.034	√	0.076	√	—	—
3	泥质粉砂岩	基本组合Ⅰ	21174	32709	√	0.028	√	0.053	√	0.065	√
		偶然组合Ⅰ	30402	42780	√	0.018	√	0.033	√	—	—
		偶然组合Ⅱ	—	8299	√	0.034	√	0.076	√	—	—
4	细砂岩	基本组合Ⅰ	21174	37400	√	0.028	√	0.053	√	0.065	√
		偶然组合Ⅰ	30402	49150	√	0.018	√	0.033	√	—	—
		偶然组合Ⅱ	—	8922	√	0.034	√	0.076	√	—	—

注：计算中未考虑泄槽挑坎底部固结灌浆和锚筋的作用。

8.5.5 下游消能区

由于溢洪道挑流鼻坎段建基面位于陡崖处，在溢洪道中心线上，溢洪道挑流鼻坎段距下游主河道约有 180m，为与下游主河道顺利衔接，溢洪道出口下游消能区为人工开挖渠道。纵向上，挑流鼻坎末端基础开挖高程 404.50m 向下游按 1∶0.7 开挖边坡挖至 381.00m 高程，采用平台与下游主河床相接。

溢洪道下游消能区边坡以微风化 $N_{1na}{}^{3-2-2}$ 组泥质粉砂岩、粉砂质泥岩互层组成的岩质边坡为主，左岸为斜交逆向坡，右岸为斜交顺向坡。边坡总体稳定条件较差，消能区边坡开挖方案为：每 10～13.5m 高差设一级马道，马道宽 3m，单级开挖坡比 1∶0.7。为防止开挖边坡表层块体失稳和掉块，对边坡主要采用系统锚杆及挂网喷混凝土支护措施，每级坡坡顶采用长 9m、Φ32mm 锚杆进行锁口；系统锚杆采用 Φ25mm、长 6m、间排距 1.5m×1.5m 布置；挂网喷混凝土厚 10cm；坡面按梅花形布置排水孔，间排距 3.0m×3.0m，深 6m，孔径 Φ56mm。

消能区工程防护措施采用护岸不护底形式。对消能区左岸边坡、挑流鼻坎基础下部开挖边坡、右岸边坡 150m 范围内 420.00m 高程以下的开挖边坡采用 2m 厚混凝土护坡进行保护，为避免泄洪时水流淘刷两岸岸坡坡脚以及挑流消能冲刷坑向挑坎下部边坡坡脚和两岸边坡坡脚发展，影响鼻坎基础和两岸边坡稳定，结合水工模型试验不同工况下游消能区的冲刷情况，确定对消能区混凝土护坡范围内的岸坡坡脚采用厚 3.5m 的 C20 混凝土防淘墙进行防淘刷保护。

8.5.6 生态放水管结构设计

溢洪道生态放水孔钢管共两条，单条长约 56.9m，压力钢管直径 1.0m，设计水头为 43.5m，压力钢管按明管设计。压力钢管采用 Q345C 钢材制造，管壁厚度为 8mm(包括锈蚀厚度)。

(1)钢管壁厚计算

按以下公式粗选钢管壁厚：

$$t=\frac{PD}{2[\sigma]\varphi}+2$$

式中，t——钢管壁厚；

P——内水压力；

D——钢管直径；

$[\sigma]$——允许应力；

φ——焊缝系数，0.95，考虑锈蚀余量 2mm。

经计算，t=3.21mm，按照构造要求壁厚取 8mm。

(2)钢管管壁应力计算

钢管管壁应力计算公式为：

$$\sigma = \sqrt{\sigma_\theta^2 + \sigma_x^2 - \sigma_\theta \sigma_x + 3\tau_{\theta x}^2} \leqslant \varphi[\sigma]$$

式中，φ——焊接系数，0.95；

σ_θ——环向应力，$\sigma_\theta = \dfrac{pr_1}{t}$，其中，$r_1$ 为内半径；

σ_x——轴向应力；

$\tau_{\theta x}$——剪应力，$\tau_{\theta x}=0$；

σ_{x1}——$\mu\sigma_\theta$，其中，μ 为泊松比，取 0.3。

温度应力计算公式为：

$$\sigma_{x2} = \pm \Delta t \times \alpha \times E = \pm 10 \times 1.2 \times 10^{-5} \times 206000 = \pm 24.72\text{MPa}$$

式中，Δt——温度，温差按 10℃考虑，$\Delta t=10°$；

E——弹性模量；

α——线膨胀系数；

$\sigma_x = \sigma_{x1} + \sigma_{x2}$。

生态放水管应力计算成果见表 8.50。

表 8.50　生态放水管应力计算成果

材料	允许应力/MPa	σ_θ /MPa	σ_x /MPa	σ/MPa
Q345C	189.8	27.2	32.9	30.5
			−16.6	38.3

计算结果表明：钢管应力满足规范要求。

(3)钢管抗外压计算

光面管临界外压公式为：

$$\left(E'\frac{\Delta}{r_1}+\sigma_N\right)\left[1+12\left(\frac{r_1}{t}\right)^2\frac{\sigma_N}{E'}\right]^{3/2} = 3.46\frac{r_1}{t}(\sigma_{s0}-\sigma_N)\left[1-0.45\frac{r_1(\sigma_{s0}-\sigma_N)}{tE'}\right]$$

$$E' = E/(1-\mu^2)$$

$$P_{cr} = \frac{\sigma_N}{\dfrac{r_1}{t}\left[1+0.35\dfrac{r_1(\sigma_{s0}-\sigma_N)}{tE'}\right]}$$

$$\sigma_{s0} = \frac{\sigma_s}{\sqrt{1-\mu+\mu^2}}$$

式中，σ_N——管壁屈曲部分由外压引起的平均应力，N/mm^2；

Δ——缝隙，取 $4\times10^{-4}r$。

经计算：$\sigma_N=127.2\text{MPa}$，$P_{cr}=1.48\text{MPa}$；外水压力取 0.435MPa。

因此安全系数为3.4，大于2，满足设计要求。

综上可知，钢管的强度及稳定性均满足《水电站压力钢管设计规范》(DL/T 5141—2001)的要求。

8.6 关键技术问题研究

8.6.1 溢洪道泄洪雾化问题研究

8.6.1.1 概述

泄洪雾化的影响包括雾化降雨的影响和雾流的影响。原型观测资料分析表明，泄洪雾化可能对水电工程枢纽建筑物的正常运行、枢纽下游两岸边坡稳定、交通安全及周围环境等产生影响；与雾流的影响相比较，雾化降雨的影响对工程的危害性更大些，如淹没电厂、引起山体滑坡、冲毁建筑物及阻断交通等。

卡洛特水电站枢纽建筑物主要由沥青混凝土心墙堆石坝、溢洪道、地面式厂房等组成，溢洪道为其主要泄洪建筑物。溢洪道控制段最大坝高55.5m，上、下游水头差超过42.31m。溢洪道采用控制段坝身布置表孔及泄洪排沙孔的泄洪方式，消能方式均为挑流消能。为研究泄洪雾化对枢纽布置的影响，对泄洪雾化进行了数值计算，并对泄洪雾化降雨进行分析，提出相应的处理措施。

为了解卡洛特水电站溢洪道泄洪雾化影响范围及其雨量分布，长江设计院委托长江科学院对溢洪道进行了泄洪雾化数值计算研究。

8.6.1.2 泄洪雾化数值分析

(1)计算工况

卡洛特水电站泄洪雾化计算工况见表8.51。

表8.51　卡洛特水电站泄洪雾化计算工况

工况	洪水频率 P/%	总流量/(m^3/s)	溢洪道计算泄量/(m^3/s)	泄洪排沙洞计算泄量/(m^3/s)	电站流量/(m^3/s)	上游水位/m	下游水位(厂址)/m	溢洪道表孔闸门开启方式
1	0.02	29600	26238	3362	0	467.71	425.83	敞泄
2	0.2	20700	17583	3117	0	461.29	418.40	敞泄
3	2.0	12200	7895	3105	1200	461.00	409.25	控泄

(2)雾化降雨的区域划分及防护要求

根据原型观测资料的雨强大小和分布规律以及对工程的危害程度，将泄洪引起的雾化降雨划分为如下3个区域。

1）大暴雨区。雨强≥50mm/h，雾化降雨达到此标准时，会给山坡和建筑物带来巨大的灾害，可能引起山体滑坡和建筑物的毁坏，因此要对此范围内两岸山体进行防护，并避免将建筑物建在该范围内。

2）暴雨区。50mm/h＞雨强≥10mm/h，此等级雾雨会对电站枢纽造成危害，对建筑物应加以防护，如果公路在此范围内，应禁止车辆通行。

3）毛毛雨区。10mm/h＞雨强≥0.5mm/h，此范围内对工程危害较小，一般不会造成灾害，该范围内雾化对工程没有影响。

（3）数值计算结果

根据水文资料，吉拉姆河流域气候可分为4季：东北季风季（12月至次年2月）、热季（3—5月）、西南季风季（6—9月）和10—11月的过渡期。溢洪道泄槽轴线方向为NW16.77°。NE向风为顺流向风。因此各计算工况均按照无风条件和NE向风两种情况进行了计算。风速取坝址区多年最大风速13m/s。无风条件下各工况泄洪雾化预测范围见表8.52，NE向风条件下各工况泄洪雾化预测范围见表8.53。

表8.52　无风条件下雾流降雨纵横向范围预测成果　（单位：m）

工况			＞50mm/h	50～10mm/h	10～0.5mm/h
1	纵向桩号		0＋360～0＋690	0＋350～0＋790	0＋320～0＋1080
	横向	桩号	＋105～－130	＋135～－175	＋250～－270
		高程	右：435，左：433	右：455，左：452	右：485，左：482
2	纵向桩号		0＋360～0＋650	0＋350～0＋750	0＋330～0＋930
	横向	桩号	＋95～－120	＋120～－160	＋220～－245
		高程	右：425，左：423	右：450，左：447	右：475，左：475
3	纵向桩号		0＋370～0＋610	0＋360～0＋700	0＋350～820
	横向	桩号	＋80～－100	＋100～－130	＋160～－185
		高程	右：406，左：403	右：430，左：430	右：460，左：455

注：1. 纵向桩号以溢洪道控制段坝轴线为0＋000。溢洪道泄洪中心线上挑流鼻坎末端桩号为0＋376.30m。

2. 横向桩号以泄洪中心线为0＋000，右岸为正，左岸为负，下同。

表8.53　风向NE条件下雾流降雨纵横向范围预测成果　（单位：m）

工况	项目		＞50mm/h	50～10mm/h	10～0.5mm/h
1	纵向桩号		0＋370～0＋700	0＋360～0＋805	0＋330～0＋1115
	横向	桩号	＋108～－125	＋140～－170	＋255～－260
		高程	右：437，左：430	右：453，左：450	右：488，左：482

续表

工况	项目		>50mm/h	50~10mm/h	10~0.5mm/h
2	纵向桩号		0+370~0+660	0+360~0+760	0+340~0+955
	横向	桩号	+98~-125	+125~-155	+225~-235
		高程	右:428,左:421	右:452,左:445	右:478,左:475
3	纵向桩号		0+380~0+620	0+370~0+710	0+360~840
	横向	桩号	+83~-98	+105~-125	+165~-175
		高程	右:407,左:401	右:432,左:428	右:463,左:455

风向NE条件下,各级工况的泄洪雾化降雨区域略向右下侧偏移。与无风条件下相同工况相比较,上、下游边界纵向最大偏移距离分别为10m、35m,左、右横向边界最大偏移距离分别为10m、5m。整个泄洪雾化降雨范围同无风条件下相比较无显著变化。

无风和风向NE条件下,坝下雾流降雨范围及降雨强度分布各工况雾化范围计算成果见图8.99至图8.103。无风条件下,卡洛特水电站溢洪道泄洪雾化纵向升腾范围见图8.104至图8.107。

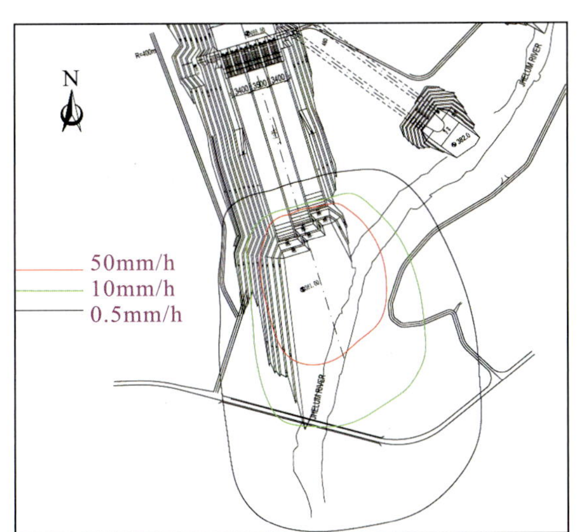

图8.99　无风条件下,工况1(*P*=0.02%)地面雨强等值线图(单位:mm/h)

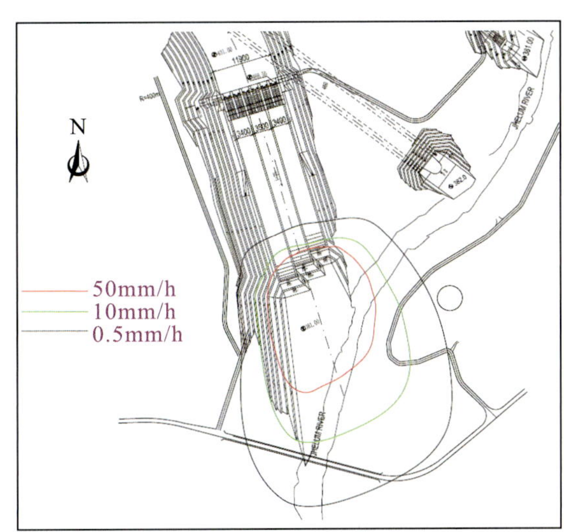

图8.100　无风条件下,工况2(*P*=0.2%)地面雨强等值线图(单位:mm/h)

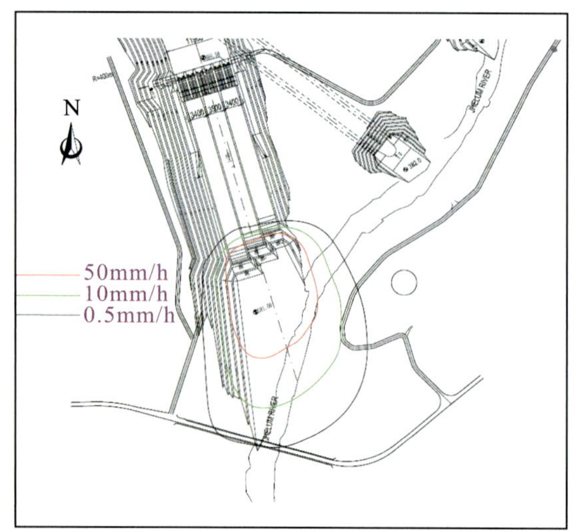

图 8.101　无风条件下，工况 3（$P=2\%$）地面雨强等值线图（单位：mm/h）

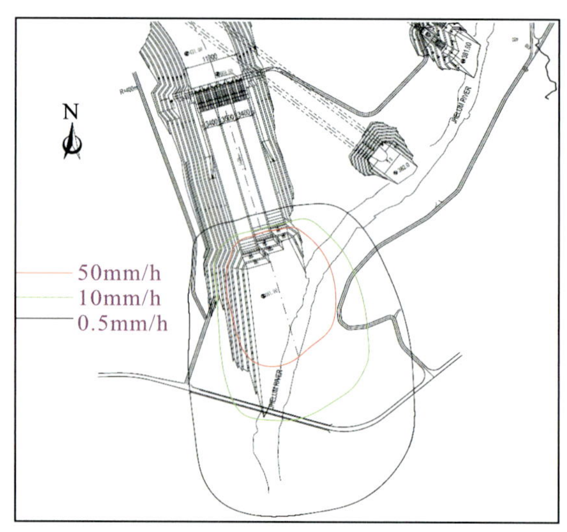

图 8.102　风向 NE 条件下，工况 1（$P=0.02\%$）地面雨强等值线图（单位：mm/h）

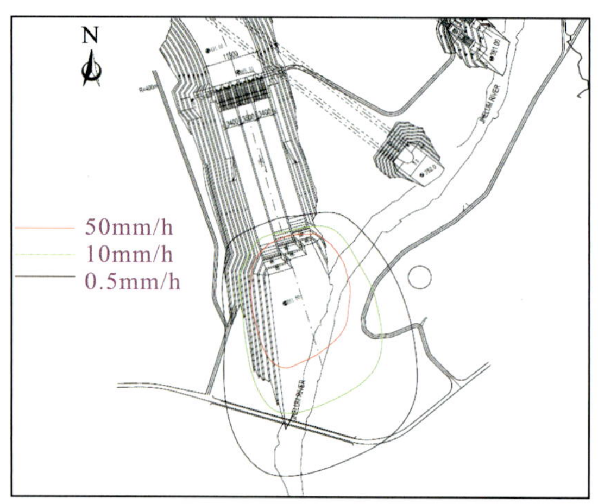

图 8.103　风向 NE 条件下，工况 2（$P=0.2\%$）地面雨强等值线图（单位：mm/h）

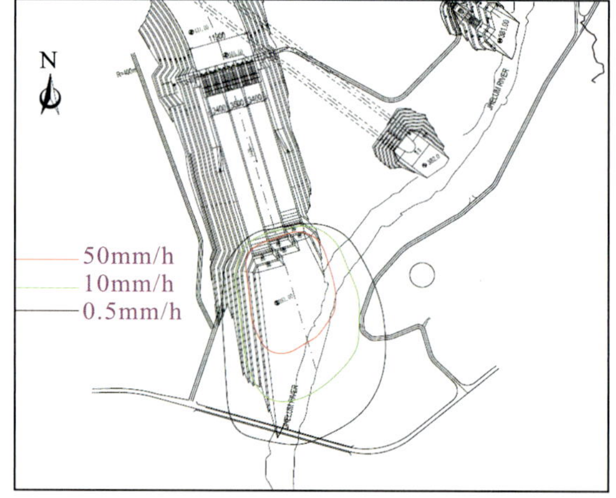

图 8.104　风向 NE 条件下，工况 3（$P=2\%$）地面雨强等值线图（单位：mm/h）

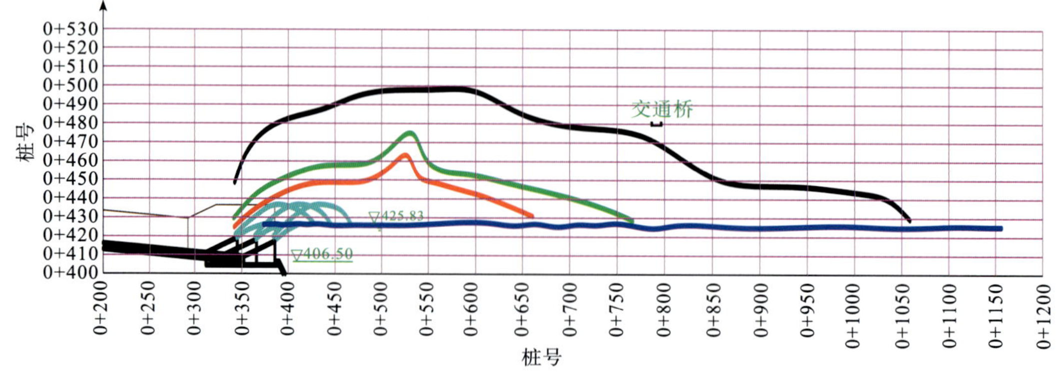

图 8.105　无风条件下，工况 1（$P=0.02\%$）卡洛特水电站溢洪道泄洪雾化纵向升腾范围

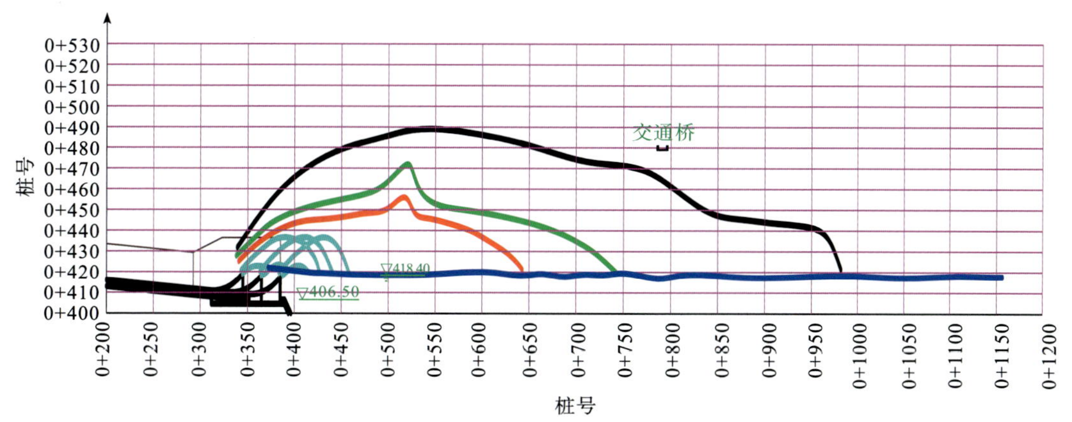

图 8.106　无风条件下,工况 2(P=0.2%)卡洛特水电站溢洪道泄洪雾化纵向升腾范围

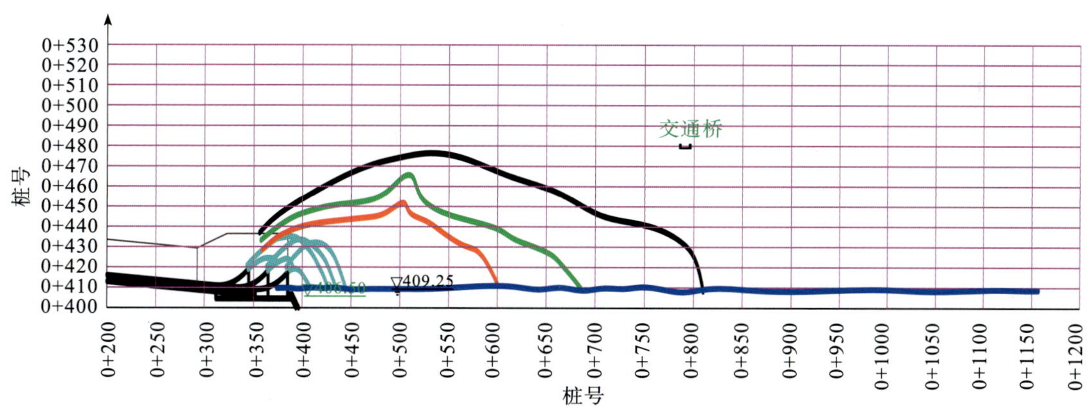

图 8.107　无风条件下,工况 3(P=2%)卡洛特水电站溢洪道泄洪雾化纵向升腾范围

8.6.1.3　泄洪雾化影响分析与防护方案

(1)泄洪雾化影响分析

1)各级工况下,雾化范围随溢洪道下泄流量及上下游水位落差的增大而增大,雾化降雨范围在水舌区上游变化梯度较大,而水舌区下游部位相对较缓,两岸处降雨强度边界线随地形起伏略有变化。

2)无风情况下,工况 1 条件下雾化降雨分布范围最大,大暴雨区纵向范围距溢洪道控制段坝轴线距离 360～690m,横向右扩散至 435m 高程处,左扩散至 433m 高程处;暴雨区纵向范围距溢洪道控制段坝轴线距离 350～790m,横向右至 455m 高程处,左扩散至 452m 高程处;毛毛雨区纵向范围距溢洪道控制段坝轴线 320～1080m,横向右扩散至 485m 高程处,左扩散至 482m 高程处。

3)风向 NE 情况下,工况 1 条件下雾化降雨分布范围最大,大暴雨区纵向范围距溢洪道控制段坝轴线距离 370～700m,横向右扩散至 437m 高程处,左扩散至 430m 高程处;大暴雨区纵向范围距溢洪道控制段坝轴线距离 360～805m,横向右扩散至 458m 高程处,左扩散至

450m 高程处；毛毛雨区纵向范围距溢洪道控制段坝轴线距离 330～1115m，横向右扩散至 488m 高程处，左扩散至 482m 高程处。

4)各工况下电站主厂房均不在雾化暴雨区的范围内，故泄洪雾化对厂房建筑物无不利影响。

5)风向 NE 情况下，工况 2、3 下游新建卡洛特大桥(距离溢洪道控制段坝轴线距离约 775m)和永久上坝公路均处于暴雨区(10mm/h)之外、毛毛雨区(0.5mm/h)之内；工况 1 条件下暴雨区(10mm/h)平面范围虽部分覆盖新建卡洛特大桥，但暴雨区升腾的最高高程为 455m，低于桥面高程 479m。因此溢洪道泄洪雾化暴雨区对新建卡洛特大桥和永久上坝公路没有影响。

(2)泄洪雾化防护方案

根据卡洛特水电站泄洪雾化数值计算成果，结合工程区自然条件，采取以下的泄洪雾化防护方案：

结合消能防冲要求，消能防冲区范围内左、右岸高程 420m 马道以下，采用厚度 2.0m 的混凝土护岸；高程 420m 至开挖边界线范围内，采用挂网喷混凝土进行封闭和支护；所有边坡均设置坡顶截水和坡面排水设施。对于开挖边界之外的暴雨区布置纵横向系统排水沟，做好雾雨区的截排水工作，减轻雾雨对边坡稳定产生的不利影响。

8.6.2 抗震措施研究

卡洛特水电站溢洪道为壅水建筑物，其设计地震加速度代表值取基准期 50 年超越概率 10%的地震动峰值加速度，其值为 263.3gal(0.26g)，溢洪道混凝土结构抗震防震问题突出。为解决卡洛特溢洪道抗震防震问题，结合溢洪道混凝土结构三维有限元静动力分析成果，主要采取了以下措施：

1)对应力集中区域及拉应力较大的部位(如闸墩与溢流堰交界部位、基础约束区建基面坡度变化处等)采取加强配筋措施，防止地震作用下局部可能产生的裂缝向坝体内开展，从而提高坝体的抗震性能。

2)坝体混凝土分区根据大坝静动力计算分析结果进行设计，在应力水平较高区域采用强度较高的混凝土，以增强坝体混凝土在地震作用下的抗裂性能。

3)坝基中的断层、破碎带及软弱夹层等薄弱部位均采用挖槽、回填混凝土及加强固结灌浆等方式进行处理。

4)表孔中墩和 6# 表孔右边墩均采用预应力混凝土结构，增强了闸墩的抗裂性能；泄洪排沙孔闸墩采用常规钢筋混凝土结构，其侧向刚度较大，增加了其在地震作用下的抗裂性能。

5)坝顶门机轨道梁的支座采用减震球形钢支座，提高门机轨道梁的抗震稳定性。

6)坝顶集控楼和启闭机房采用混凝土框架结构，并在配筋设计中考虑地震荷载，提高其抗震能力。

8.6.3 溢洪道混凝土温控设计

卡洛特水电站所在的吉拉姆河区域夏季气候炎热，根据近几年统计的资料，在4—8月最高气温长期位于40℃以上，冬季最低气温在5℃左右，气温变化幅度大，温差明显。受当地混凝土原材料等因素制约，溢洪道大体积混凝土温控防裂问题是重点关注的问题之一。

8.6.3.1 混凝土强度等级及主要设计指标

卡洛特水电站溢洪道各部位混凝土按设计要求进行强度等级分区，各部位混凝土设计强度等级及主要技术指标见表8.54。

表8.54 混凝土设计强度等级及主要设计指标

部位	龄期/d	强度等级	级配	限制最大水胶比	极限拉伸值($\times 10^{-4}$)		抗冻	抗渗
					28d	90d		
溢洪道内部大体积混凝土	90	C15	三	0.55	≮0.70	≮0.75	F50	W4
溢洪道非溢流坝段表面混凝土、地质缺陷处理	90	C20	三	0.55	≮0.75	≮0.80	F100	W6
溢洪道基础混凝土	90	C25	三	0.50	≮0.75	≮0.80	F100	W6
溢洪道泄槽隔墙、边墙闸墩、二期混凝土	28	C30	一、二、三	0.45	≮0.85		F100	W6
抗冲磨混凝土	28	C35	二	0.40	≮0.85		F100	W6

8.6.3.2 混凝土原材料

(1)水泥

应采用符合中国国家标准《通用硅酸盐水泥》(GB 175—2007)的硅酸盐水泥，当有防腐或其他特殊要求时，经批准方可采用特种水泥，同时水泥强度等级不低于42.5MPa。进场水泥应有生产厂家的质量证明书。

(2)掺和料

采用巴基斯坦国内高炉矿渣粉作为混凝土掺和料，矿渣粉除比表面积须经试验确定外，其他指标需基本满足《用于水泥、砂浆和混凝土中的粒化高炉矿渣粉》(GB/T 18046—2008)中S95级矿渣粉的相关技术要求，见表8.55。

表 8.55　　矿渣粉主要质量要求

项目		级别
		S95
密度/(g/cm^3)		≥2.8
活性指数/%	7d	≥75
	28d	≥95
流动度比/%		≥95
含水量(质量分数)/%		≤1.0
三氧化硫(质量分数)/%		≤4.0
氯离子(质量分数)/%		≤0.06
烧失量(质量分数)/%		≤3.0
玻璃体含量(质量分数)/%		≥85
放射性		合格

矿渣粉应储存到有明显标志的储罐或仓库中，在运输和储存过程中应防水防潮，并不应混入杂物。

(3)外加剂

应采用符合设计图纸和质量要求的外加剂。所用外加剂尽可能偏中性且对人体危害较少，其品质不得含有钢筋、钢纤维等产生腐蚀作用的成分，并应符合《水工混凝土外加剂技术规程》(DL/T 5100—2014)的规定。

所用外加剂必须通过经认可的检测单位试验或检验合格，生产厂家应具有一定生产规模和完善的质量保证体系，产品质量稳定。

(4)骨料

混凝土骨料可采用比珥砂砾石料场的天然骨料。由于比珥砂砾石料场天然骨料具有一定碱活性，混凝土施工前应进行专门抑制试验论证，经批准后方可施工。对于不能通过掺足够矿渣粉有效抑制骨料碱活性的混凝土品种(前期试验显示抗冲耐磨混凝土不能满足碱活性抑制要求)，应采用非碱活性骨料。

细骨料应采用坚硬耐久的粗、中砂，细度模数宜大于2.5，使用时的含水率宜控制在5%～7%；粗骨料应采用耐久的卵石或碎石，粒径不应大于15mm。主要质量要求见表8.56。

表 8.56　　混凝土骨料主要质量要求

项目	细骨料	粗骨料	
		5～40mm	>40mm
含泥量/%		≤1	≤0.5
泥块含量/%	不允许	不允许	
骨料含水量/%	≤6	吸水率(%)≤2.5	

续表

项目	细骨料	粗骨料	
		5～40mm	>40mm
石粉含量/%	6～18		
云母含量/%	≤2		
砂子细度模数	2.4～2.8		
针片状颗粒含量/%		<15(论证后可适当放宽)	
坚固性/%	有抗冻要求的混凝土≤8	有抗冻要求的混凝土≤ 5	
	无抗冻要求的混凝土≤10	无抗冻要求的混凝土≤ 12	
表观密度/(kg/m^3)	≥2500	≥ 2550	
硫化物及硫酸盐含量/%	≤1	≤ 0.5	
有机质含量	不允许	浅于标准色	

粗骨料按粒径分为以下几种级配：当最大粒径为 40mm 时，分为 5～20mm 和 20～40mm 两级；当最大粒径为 80mm 时，分为 5～20mm、20～40mm 和 40～80mm 三级，并使用连续级配。最优配合比应能满足混凝土的各项性能指标。

(5)水

凡符合中国国家标准的饮用水，均可用于拌和混凝土。未经处理的工业污水和生活污水不得应用于拌和混凝土。

地表水、地下水和其他类型水在首次用于拌和与养护混凝土时，须按现行的有关标准，经检验合格后使用。检验项目和标准应符合以下要求：

1)混凝土拌和及养护用水与标准饮用水试验所得的水泥初凝时间差及终凝时间差均不得大于 30min。

2)混凝土拌和及养护用水配制水泥砂浆 28d 抗压强度不得低于用标准饮用水拌和的水泥砂浆抗压强度的 90%。

3)拌和与养护混凝土用水的 pH 值和水中的不溶物、可溶物、氯化物、硫酸盐的含量应符合表 8.57 的规定。

表 8.57　　拌和与养护混凝土用水的指标要求

项目	钢筋混凝土	素混凝土
pH 值	>4	>4
不溶物/(mg/L)	<2000	<5000
可溶物/(mg/L)	<5000	<10000
氯化物(以 Cl^- 计)/(mg/L)	<1200	<3500
硫酸盐(以 SO^{4-} 计)/(mg/L)	<2700	<2700

8.6.3.3 稳定温度场

大体积混凝土建筑物稳定温度场主要与上游水温、下游水温、气温、太阳辐射等因素有关，尤其是水库水温垂直分布，对大体积混凝土稳定温度场影响很大。

(1)气温和水温

根据近些年坝址区附近水文气象站气温及水温数据统计分析，确定坝址区气温、水温按照表 8.58 取值。

表 8.58　坝址附近气温、水温月平均取值　（单位:℃）

项目	1月	2月	3月	4月	5月	6月	7月	8月	9月	10月	11月	12月	年均
气温	9.0	11.0	15.3	20.6	25.7	29.9	29.0	28.0	26.0	21.0	15.2	10.5	20.1
水温	6.6	9.4	11.5	13.8	17.7	21.4	22.0	21.5	21.1	18.6	10.8	8.2	15.2

大体积混凝土建筑物稳定温度场主要与上游水温、下游水温、气温、太阳辐射等因素有关，尤其是水库水温垂直分布，对大体积混凝土稳定温度场影响很大。

(2)暴露在空气中的混凝土边界

根据卡洛特水电站坝址区域气候条件，参考类似工程经验，太阳辐射热影响按照 2℃计算，取暴露在空气中的混凝土外露面年平均温度 22.0℃。

(3)库水温度分布

1)水库水温分布结构分析。

按照水库水温分布，水库分为 3 个类型：稳定分层型，即水库水温成层状分布；混合型，水库水温近乎均匀分布；过渡型，介乎上述二者之间，入库流量大时水温均匀分布，入库流量小时水温层状分布。

卡洛特水电站坝址处控制流域面积 26700km^2，多年平均流量 819m^3/s，多年平均年径流量 258.3 亿 m^3。坝址多年平均年、月径流见表 8.59，径流主要集中在 3—9 月，占全年的 86.2%，多年平均最大月平均流量出现在 5 月，为 1710m^3/s，最小出现在 12 月，为 223m^3/s；5 月下旬平均流量为各旬最大，为 1760m^3/s，1 月上旬平均流量为各旬最小，为 216m^3/s。水库正常蓄水位 461m，相应水库水深为 87m，正常蓄水位以下库容 1.52 亿 m^3。

根据水库库容特性，计算水库径流—库容系数比为：

$$\alpha=\frac{W}{V}=\frac{258.3}{1.52}=169.9$$

式中，W——年径流量；

V——库容。

按照规范规定，当径流—库容系数比 $\alpha>20$ 时，水库为混合型水库。卡洛特坝前水库 α 为 169.9，属于典型的混合型水库。

表 8.59　卡洛特坝址多年平均年、月径流

项目	1月	2月	3月	4月	5月	6月	7月	8月	9月	10月	11月	12月	年
流量/(m^3/s)	225	342	713	1280	1710	1690	1400	1030	623	337	250	223	819
径流量/亿 m^3	6.01	8.35	19.10	33.20	45.80	43.70	37.60	27.60	16.10	9.01	6.48	5.98	258.30
百分比/%	2.32	3.22	7.37	12.80	17.70	16.90	14.50	10.70	6.23	3.48	2.50	2.31	100

2)上游库水温度计算。

根据《水电水利工程水文计算规范》(DL/T 5431—2009)推荐的方法，结合收集的相关基本资料和部分类比拟合数据，对卡洛特水电站水库形成后的库水温度分布进行了数值计算分析。计算中，库表水温取年平均气温+2℃，库底考虑淤沙蓄热影响，库底水温近似取12℃，由此计算得上游各月库水温度计算成果，见表 8.60、图 8.108、图 8.109。

表 8.60　上游各月库水温度分布

高程/m	深度/m	月份												年平均水温/℃
		1	2	3	4	5	6	7	8	9	10	11	12	
461	0	11.0	13.0	17.3	22.6	27.7	31.9	31.0	30.0	28.0	23.0	17.2	12.5	22.1
455	6	11.0	13.0	16.5	20.0	23.6	27.7	28.3	28.6	27.5	22.9	17.2	12.5	20.7
450	11	11.0	12.9	15.2	17.5	20.1	23.3	24.4	25.5	25.7	22.2	17.0	12.5	18.9
445	16	11.0	12.7	13.9	15.5	17.3	19.6	20.5	21.7	22.7	20.7	16.5	12.5	17.0
440	21	11.0	12.3	12.9	14.1	15.4	16.8	17.3	18.1	19.4	18.6	15.6	12.4	15.3
435	26	11.0	12.0	12.3	13.2	14.0	14.9	15.1	15.4	16.5	16.3	14.4	12.3	14.0
430	31	11.0	11.8	12.0	12.7	13.2	13.8	13.7	13.8	14.6	14.5	13.2	12.2	13.0
425	36	11.1	11.8	11.9	12.4	12.7	13.1	13.0	12.9	13.5	13.5	12.4	12.1	12.5
420	41	11.6	11.8	11.8	12.2	12.4	12.7	12.6	12.5	13.1	13.1	12.1	12.0	12.3
415	46	11.8	11.8	11.8	12.1	12.2	12.5	12.4	12.3	13.0	13.0	12.0	12.0	12.2
410	51	11.8	11.8	11.8	12.1	12.1	12.4	12.3	12.3	13.0	13.0	12.0	12.0	12.2
405	56	11.8	11.8	11.8	12.0	12.1	12.3	12.3	12.3	13.0	13.0	12.0	12.0	12.2
400	61	11.8	11.8	11.8	12.0	12.1	12.3	12.3	12.3	13.0	13.0	12.0	12.0	12.2
395	66	11.8	11.8	11.8	12.0	12.0	12.3	12.3	12.3	13.0	13.0	12.0	12.0	12.2
390	71	11.8	11.8	11.8	12.0	12.0	12.3	12.3	12.3	13.0	13.0	12.0	12.0	12.2
385	76	11.8	11.8	11.8	12.0	12.0	12.3	12.3	12.3	13.0	13.0	12.0	12.0	12.2
380	81	11.8	11.8	11.8	12.0	12.0	12.3	12.3	12.3	13.0	13.0	12.0	12.0	12.2
374	87	11.8	11.8	11.8	12.0	12.0	12.3	12.3	12.3	13.0	13.0	12.0	12.0	12.2

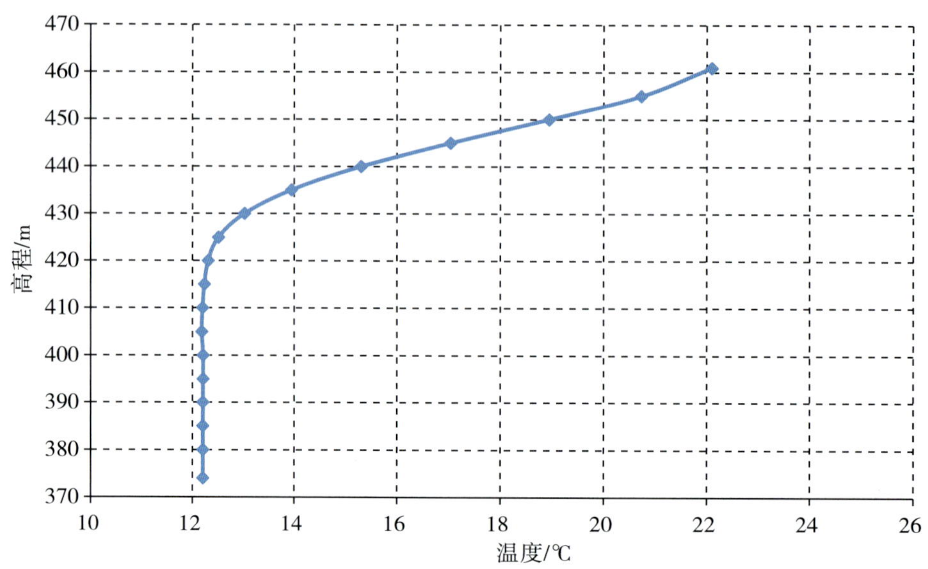

图 8.108　上游库水年平均温度沿高程分布

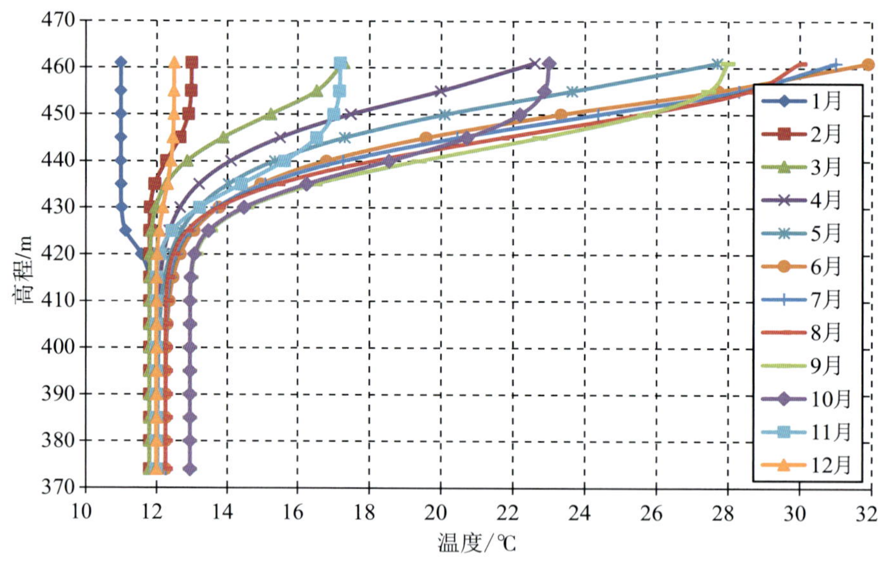

图 8.109　上游各月库水平均温度沿高程分布

根据卡洛特水电站各建筑物结构特点，选取溢洪道控制段大体积部位作为研究对象，依据前述参数取值，进行了稳定温度计算。溢洪道控制段大体积部位混凝土稳定温度场分布见图 8.110，相应稳定温度取值见表 8.61。

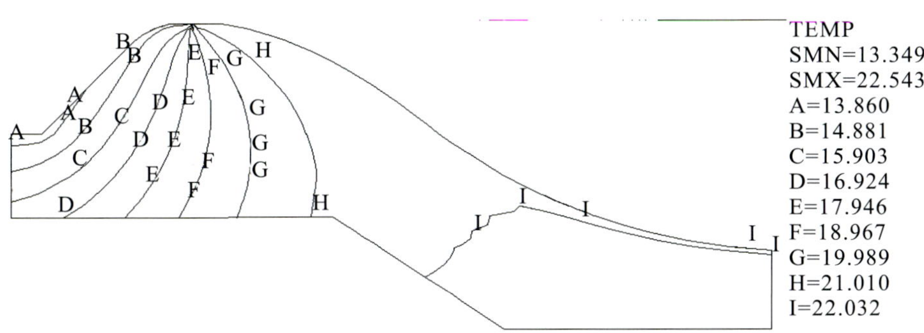

图 8.110　溢洪道控制段大体积部位混凝土稳定温度场分布

表 8.61　建筑物各部位稳定或准稳定温度　(单位:℃)

部位		基础约束区
大体积混凝土	溢洪道控制段	18.0
墩墙结构混凝土	溢洪道控制段墩墙、泄槽段边墙	10.0

8.6.3.4　分缝分块

溢洪道控制段共设 12 个坝段,由 8 个溢流坝段和 4 个非溢流坝段组成。1# ～2# 坝段为左岸非溢流坝段,坝段宽度均为 15m,最大顺流向长度为 28.35m;3# ～10# 坝段为溢流坝段,除 3# 坝段宽 20.5m、4# 坝段宽 22.5m 和 10# 坝段宽 22m 外,其余坝段宽度均为 19m,最大顺流向长度为 53.38m;11# ～12# 坝段为右岸非溢流坝段,11# 坝段宽 14.5m,12# 坝段宽 13.5m,最大顺流向长度为 31.2m。各坝段均不分纵缝通仓浇筑。

溢洪道控制段平面图及剖面图分别见图 8.111、图 8.112。

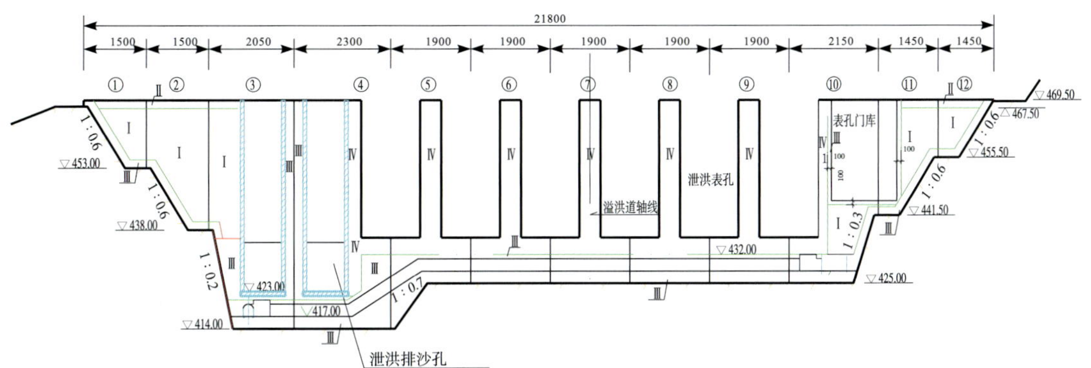

图 8.111　溢洪道控制段平面图

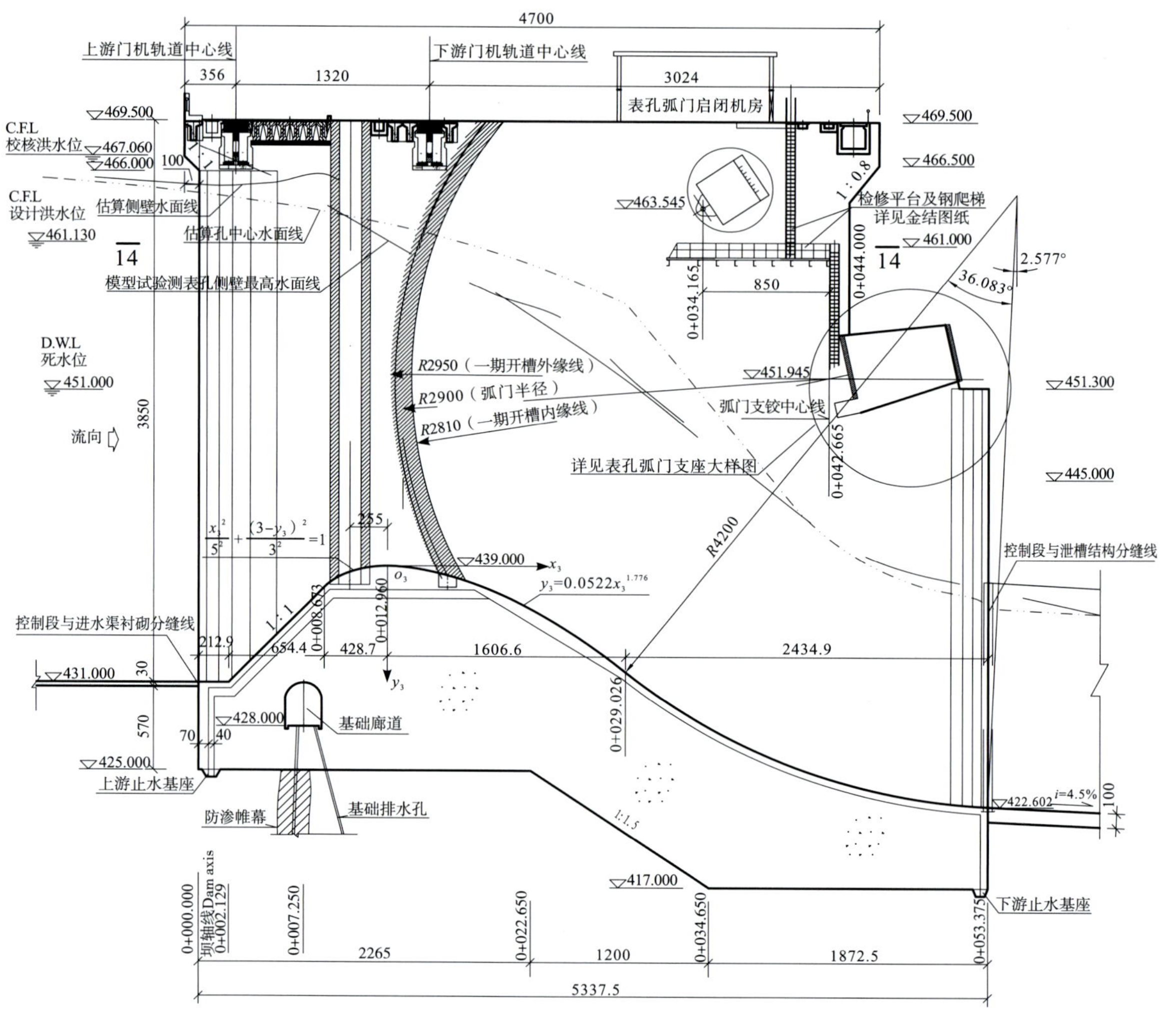

图 8.112　溢洪道控制段剖面图

8.6.3.5　温度控制标准

(1)基础允许温差标准

根据国内外有关规范要求及设计成果，主体建筑物推荐采用的基础允许温差见表 8.62。

表 8.62　基础允许温差标准　(单位：℃)

混凝土种类	距基础面高度 h	浇筑块长边长度 L				
		17m 以下	17～21m	21～30m	30～40m	40m 至通仓
常态混凝土	0～0.2L	26～25	25～22	22～19	19～16	16～14
	0.2L～0.4L	28～27	27～25	25～22	22～19	19～17

注：高度 0～0.2L 为基础强约束区，0.2～0.4L 为基础弱约束区，L 为块体长边尺寸。

溢洪道控制段顺流向最大长度约 53m，考虑溢洪道结构特点及浇筑块分层，参考规范要求和类似工程经验，溢洪道控制段下部大体积混凝土及泄槽段底板基础强约束区混凝土基础允许温差取 16℃，溢洪道控制段基础弱约束区混凝土基础允许温差取 19℃。

(2)防止表面裂缝温控标准

1)混凝土表面保护标准。

日平均气温在 2～3d 内连续下降达 6～8℃及以上时，28d 龄期内混凝土表面(顶、侧面)必须进行表面保护，保温后等效放热系数 $\beta\leqslant 2\sim 3.0$(W/(m^2·℃))。中、后期混凝土遇年变化气温和气温骤降，视不同部位和混凝土浇筑季节，采取必要的表面保护。

2)混凝土内外温差标准。

为降低混凝土温度梯度，防止产生表面裂缝，内外温差控制在 20～22℃。

3)新老混凝土上下层温差标准。

在龄期 28d 以上的老混凝土上连续浇筑新混凝土，新浇筑混凝土连续上升的条件下，新老混凝土在各自 0.2L 高度范围内的上下层温差为 16～18℃。当新浇凝土不能连续上升时，该标准应适当加严。

(3)混凝土设计允许最高温度

根据坝址区气象资料及温度控制标准，综合考虑结构特点及运行条件等因素，拟定溢洪道各部位设计允许最高温度见表 8.63。

表 8.63　　混凝土设计允许最高温度控制标准　　(单位:℃)

部位		12 月至次年 2 月	3 月、11 月	4 月、10 月	5 月、9 月	6—8 月
溢洪道控制段下部大体积混凝土及泄槽段底板混凝土	基础强约束区	30	34	34	34	34
	基础弱约束区	30	36	37	37	37
	脱离基础约束区	30	36	39	41	43
溢洪道控制段墩墙、泄槽段边墙等		32	38	40	42	44

8.6.3.6　混凝土温控措施

(1)提高混凝土抗裂能力

混凝土配合比设计和混凝土施工应保证混凝土所必需的极限拉伸值(或抗拉强度)、施工匀质性指标和强度保证率。由于温控防裂设计的安全储备远小于结构设计，而现有实际施工水平有时达不到设计要求的施工匀质性指标，因此在施工中，除应满足设计要求的混凝土抗裂能力外，还宜改进施工管理和施工工艺，改善混凝土性能，力争混凝土抗裂能力有所提高。

(2)合理安排混凝土施工程序和施工进度

合理安排混凝土施工程序和施工进度是防止基础贯穿裂缝、减少表面裂缝的主要措施之一。施工程序和施工进度安排应满足:尽量避免高温季节浇筑基础强约束区、溢流面等重要结构部位;基础约束区混凝土短间歇连续均匀上升,尽量避免出现薄层长间歇;其余部位基本做到短间歇均匀上升。

(3)降低浇筑温度,减少水化热温升

降低混凝土浇筑温度可从降低混凝土出机口温度和减少运输途中及仓面浇筑过程中温度回升两方面考虑。降低混凝土出机口温度主要采取增加成品料场堆高(不宜低于6m)、地下廊道取料、骨料料堆搭盖凉棚、粗骨料风冷降温、加片冰和冷水拌和等措施。

为防止浇筑过程中的热量倒灌,需加快混凝土的运输、吊运和平仓振捣速度。高温季节运输过程中宜对吊罐采取保温措施,以减少运输过程中温度回升,控制混凝土从机口至仓面温度回升系数在0.25以内。浇筑过程中在混凝土振捣密实后立即覆盖保温材料进行保温,且混凝土覆盖时间须控制在3～4h之内,高温季节尽量利用夜间浇筑混凝土,采取措施减少仓面覆盖时间,在外界气温较高时,需采用喷雾机喷雾以降低仓面环境温度,防止混凝土气温倒灌。

降低水化热温升主要靠采用发热量低的水泥并控制胶凝材料用量;选择较优骨料级配、掺优质粉煤灰和高效缓凝减水外加剂,以减少胶凝材料用量和延缓水化热发散速率。

(4)合理控制浇筑层厚及间歇期

浇筑层厚应根据温控、浇筑、结构和立模等条件选定。本工程混凝土浇筑层厚宜按1.5～2.0m控制,脱离基础约束区可采用3.0m层厚。

层间间歇期应从散热、防裂及施工作业各方面综合考虑,分析论证合理的层间间歇,不能过短或过长。对于有严格温控防裂要求的基础约束区和重要结构部位,宜控制层间间歇期为5～10d,一般不宜超过15d。当不可避免出现长间歇时,应及时施加混凝土表面保护措施。

(5)通水冷却

1)冷却水管材质。冷却水管采用内径28mm,外径32mm的HDPE塑料水管,循环冷却水管的单根长度不应超过300m。

2)冷却水管间距。水管水平间距采取1.5m,竖直间距根据层厚采用以1.5～2.0m为主,溢洪道基础强约束区等部位在高温季节浇筑部位冷却水管可结合现场温度控制情况适当加密。

3)初期通水冷却。基础强约束区部位在4—10月高温及次高温季节通水水温宜采用10～12℃制冷水,其他部位可采用河水,单根水管通水流量按25L/min计。

混凝土最高温度出现之前通水流量可按1.5～2.0m^3/h控制;混凝土最高温度出现之后,通水流量可适当减小至1.0～1.5m^3/h,使混凝土的最高温度不超过允许的最高值。初期冷却从混凝土下料浇筑开始时即可通水,进出口水温宜每12h测量1次,冷却水方向每24h调换一次。通水历时一般为15～20d,以使混凝土从最高温度降低6～8℃为准。

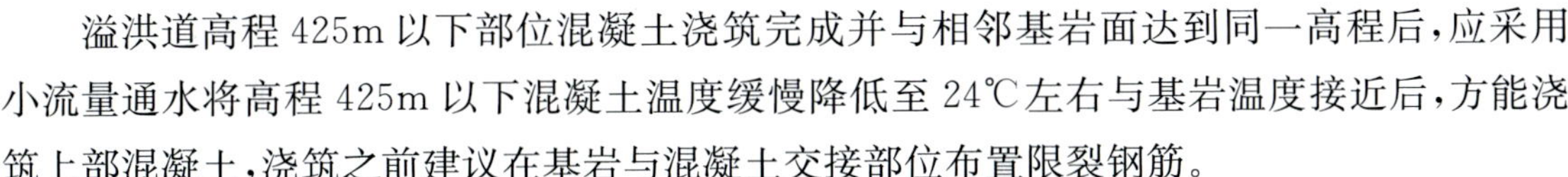

溢洪道高程425m以下部位混凝土浇筑完成并与相邻基岩面达到同一高程后，应采用小流量通水将高程425m以下混凝土温度缓慢降低至24℃左右与基岩温度接近后，方能浇筑上部混凝土，浇筑之前建议在基岩与混凝土交接部位布置限裂钢筋。

4)中期通水冷却。

对于初期通水结束后，内部混凝土仍高于30℃的部位，应在每年入冬前(10月初)采取中期通水冷却将内部温度逐渐降低至30℃以下，以削减混凝土内外温差，中期通水一般采用通河水进行，通水流量以控制在1.0～1.2m^3/h为宜，降温速度控制在0.5℃/d内。

5)后期通水冷却。

对于设有宽槽和接触灌浆的混凝土应进行后期通水，通水水温10～12℃或低温河水，通水流量控制在1.2～1.5m^3/h为宜，通水时间依据不同部位和不同通水水温有所不同，以达到宽槽回填或接触灌浆温度为准。宽槽回填及接触灌浆宜安排在低温季节实施。

(6)表面保护

应根据设计表面保护标准确定不同部位、不同条件的表面保温要求。应重视基础约束区、溢流面、长间歇面及其他重要结构部位的表面保护，尤其应重视防止寒潮的冲击。各部位主要保温要求如下：

1)保温材料。应选择保温效果好且便于施工的材料。保温后混凝土表面等效放热系数应满足：$\beta \leqslant 2 \sim 3$(W/m^2·℃)。

2)当日平均气温在2～3d内连续下降超过6℃时，28d龄期内混凝土表面(顶、侧面)必须进行表面保温保护。

3)低温季节(如拆模后混凝土表面温降可能超过6～9℃)以及气温骤降期间，应推迟拆模时间，否则须在拆模后立即采取其他表面保护措施。

4)当气温降到冰点以下，龄期短于7d的混凝土应覆盖高发泡聚乙烯泡沫塑料或其他合格的保温材料作为临时保护层。

5)预冷混凝土运输浇筑过程中应采取有效措施减少运输、浇筑过程中温度回升。如在侧卸料罐车周边加隔热材料层或自卸汽车顶上加遮阳蓬及保温设施，在混凝土振捣密实后立即覆盖保温被保温等。

(7)混凝土养护

1)所有混凝土应进行养护，连续养护时间不少于28d。用于养护的设备应处于常备状态，以便在实际需要时可立即投入使用。

2)泵送混凝土和抗冲耐磨混凝土养护28d之后，仍需在表面覆盖保护材料进行保护。

3)养护一般应在混凝土浇筑完毕后12～18h进行，采取洒水或喷雾等措施，使混凝土表面经常保持湿润状态。对于新浇混凝土，在混凝土能抵抗水的破坏之后，立即覆盖保水材料或其他有效方法使表面保持潮润。混凝土所有侧面也应采取类似方法进行养护。在未得到书面批准之前化学养护剂不允许使用。

(8)混凝土主要温控措施见表8.64

表8.64 溢洪道混凝土最高温度控制措施

部位	月份	浇筑温度/℃	浇筑层厚/m	初期通水水温	最高温度控制值/℃
底板及基础强约束区	12、1、2	≤16(或自然入仓)	1.5	14～16℃制冷水(或低温河水)	30
	3、11	≤20(或自然入仓)	1.5～2.0		34
	4、10	≤20	1.5～2.0	10～12℃制冷水(设喷雾、表面流水)	34
	5～9	≤20	1.5		34
基础弱约束区	12、1、2	≤16(或自然入仓)	1.5	通河水冷却(高温时段需增设喷雾及表面流水等)	30
	3、11	≤22(或自然入仓)	1.5～2.0		36
	4、10	≤22	1.5～2.0		37
	5～9	≤22	1.5～2.0		37
脱离基础约束区	12、1、2	≤16(或自然入仓)	1.5	通河水冷却(高温时段需增设喷雾及表面流水等)	30
	3、11	≤22(或自然入仓)	1.5～2.0		36
	4、10	≤24	1.5～3.0		39
	5、9	≤24	1.5～3.0		41
	6～8	≤24	1.5～3.0		43
墩墙部位	12、1、2	≤16(或自然入仓)	1.5	视墩墙厚度及实际发生最高温度情况增设冷却水管	32
	3、11	≤22(或自然入仓)	1.5～3.0		38
	4、10	≤24	1.5～3.0		40
	5、9	≤24	1.5～3.0		42
	6～8	≤24	1.5～3.0		44

(9)高温季节混凝土温控防裂措施

由于工程工区内高温季节月平均气温较高，在高温季节浇筑的基础强约束区、泄槽底板等部位温控难度较大，除采取上述(1)～(7)所示温控措施外，还需重点注意以下几点。

1)溢洪道泄槽段底板等部位C35抗冲耐磨混凝土不宜在高温季节浇筑施工，如根据施工进度需在高温季节施工，应采取减小浇筑块尺寸、增设表面流水养护等措施，温控手段从严控制，必要时还可考虑采用掺纤维等防裂措施。

2)高温季节，采取增加成品料场堆高(不宜低于6m)、地下廊道取料、骨料料堆搭盖凉棚、粗骨料风冷降温、加片冰和冷水拌和等措施降低混凝土出机口温度，将其控制在14～16℃以内。

3)高温季节混凝土运输及入仓温度控制：①加强施工管理，尽量缩短运输时间，减少转运次数，运输时间不宜超过45min；②要求混凝土运输车车厢必须采取隔热、防晒、防雨等措施，当外界气温高于22℃时，还应在装料前对车厢外侧进行必要的洒水降温，以降低车厢内的温度；③采用综合措施减少运输过程中温度回升。

4)控制浇筑坯覆盖时间在3～4h以内时,充分利用夜间气温低的时段浇筑,尽量避免正午时段浇筑。在高温时段,浇筑坯需及时采用保温措施,可采用内胆厚度2cm,导热系数≤0.158kJ/(m·h·℃)的聚乙烯卷材进行保温,直至上坯混凝土开始铺料时才逐步揭开。

5)当浇筑仓内气温高于24℃时,可在仓面喷雾以降低仓面环境温度。喷雾时水分不应过量,要求雾滴直径为40～80μm,以防止混凝土表面泛出水泥浆液。开始喷雾时的仓内气温根据现场试验总结确定,以雾滴直径满足要求、混凝土表面不泛出水泥浆为控制标准。

6)埋设冷却水管进行初期通水冷却。通水水温10～12℃,水管间距主要采取1.5m×1.5m(竖直×水平),冷却水方向24h调换一次,初期冷却时间应动态控制确定通水时间。

7)采取降低浇筑温度、水管冷却等措施后,预计混凝土最高温度有可能超过容许最高温度时,作为补救措施,应及时采取表面流水冷却措施。混凝土终凝后即开始表面流水,要求流水清洁、均匀覆盖整个仓面,水流应控制不漫流到其他仓面。流水时间至混凝土最高温度出现1～2d以后可换成洒水养护。

8.6.4 溢洪道混凝土缺陷处理

8.6.4.1 溢洪道混凝土裂缝基本情况

2019年3月以来,溢洪道控制段、泄槽等部位现浇混凝土出现不少裂缝,如控制段裂缝主要集中在3#～10#坝段的墩墙。裂缝以垂直闸墩长边方向的形式扩展,将闸墩切割成多截,部分裂缝贯穿至两侧模板或临空面,可能导致建筑物的运行期风险。因此需对已出现裂缝加以妥善处理,并系统分析裂缝成因,有针对性地采取措施减少(或防止)混凝土裂缝的产生。

为统一协调卡洛特水电站混凝土温控管理工作,现场于2019年5月2日成立了卡洛特水电站混凝土温控工作组,设计派出专人到卡洛特现场参与混凝土温控小组工作,收集了2019年以来溢洪道已浇仓施工温控资料及仓面裂缝情况,对资料进行了整理和分析。通过资料统计分析、现场查勘以及必要的温控计算,对仓面裂缝成因进行了初步判断,并提出后续混凝土浇筑施工过程中的温控策略及建议,长江设计院于2019年6月提交了《巴基斯坦卡洛特水电站溢洪道混凝土近期温控分析及小结报告》。

2019年8月,总承包商组织在北京召开了卡洛特水电站混凝土裂缝专家咨询会。根据已收集的混凝土温控及裂缝资料来看,造成仓面裂缝的可能原因主要包括:混凝土材料自身发热偏大且线胀系数偏大、新浇混凝土表面保湿养护不到位、混凝土最高温度控制执行效果差、部分仓间歇时间较长且未采取有效的表面保护及防裂措施、混凝土施工振捣质量不佳等。长江设计院根据上述裂缝成因,提出了溢洪道混凝土后续施工及温控建议,并对出现的混凝土裂缝和缺陷提出了相应的处理措施。

8.6.4.2 混凝土缺陷处理施工技术要求

针对卡洛特水电站混凝土的裂缝、表面缺陷、内部缺陷和分缝止水漏水等各类混凝土缺陷,设计在《巴基斯坦卡洛特水电站 Level 2 阶段主体工程混凝土施工技术要求》的基础上,提出了《巴基斯坦卡洛特水电站 Level 2 阶段混凝土缺陷处理施工技术要求》，混凝土缺陷处理施工技术要求对缺陷处理的原则、缺陷的检查和分类、缺陷处理标准、处理措施、化学灌浆主要技术要求、质量检查，混凝土表面缺陷处理，混凝土内部缺陷处理、分缝止水漏水处理等均提出了详细处理方案和要求。

8.6.4.3 混凝土裂缝

（1）裂缝处理标准

1）根据裂缝的宽度、深度、长度，裂缝所在的部位及危害性等对裂缝进行分类，分为Ⅰ、Ⅱ、Ⅲ、Ⅳ类裂缝，根据裂缝所在部位分为迎水面裂缝和非迎水面裂缝。

2）混凝土结构的Ⅲ、Ⅳ类裂缝必须处理，Ⅱ类裂缝视所处部位和重要性作浅层化灌和缝口保护。大体积混凝土一般部位Ⅰ类裂缝一般不做处理，但对处于抗冲耐磨区（过流面）、闸墩、墩墙、衬砌（钢筋密集）等重要区域结构的Ⅰ类裂缝，缝面清理后，应涂刮环氧胶泥或环氧基液进行缝口处理，必要时作浅层化学灌浆。

3）大体积混凝土裂缝，当表面缝宽大于 0.2mm 时，若无裂缝深度资料，应视为Ⅱ类或Ⅲ类裂缝进行处理。

4）大坝混凝土迎水面裂缝（包括水平裂缝）破坏结构的整体性，并可能导致结构水压力荷载的显著改变，在水压作用下，裂缝可能会进一步扩展。因此需慎重对待，除应进行化学灌浆外，表面需采取防渗堵漏措施。

（2）裂缝缝口处理措施

1）对处于上游迎水面和抗冲耐磨区过流面的Ⅰ类裂缝，可涂刷环氧基液，其余部位的Ⅰ类裂缝一般不进行处理。涂刷环氧基液具体要求为：①涂刷环氧基液前，需对混凝土表面进行处理，用高压水枪等冲洗除去混凝土表面浮灰、水泥浮浆、油垢等，使表面微毛。最后再用风干、压缩空气冲吹或采用其他干燥措施使基面干燥，表面干燥程度根据配方要求控制。②裂缝表面两侧 100cm 范围内涂刷界面基液黏结剂 2 遍，并采取有效措施保证基液尽量渗入裂缝（必要时可采取注射方式）内，确保有效结合。③环氧基液厚度应均匀，无遗漏、无空白，表面应满足该部位不平整度要求。涂刷后 7 天内应保持干燥，不得遇水浸泡，应采取必要的防水措施。

2）对处于抗冲耐磨区的Ⅱ、Ⅲ、Ⅳ类裂缝，根据类别和所在部位的重要性，要求表面缝口凿成“V”形槽或梯形槽，“V”形槽深 3～5cm，宽 6～8cm；梯形槽深 6cm，槽外口宽 10cm，内口宽 5cm。施工时，槽内及两侧混凝土表面清污、烘干，在槽底及槽两侧用小毛刷均匀地刷一薄层环氧基液，待干 15～20min 后，用环氧砂浆分层封填，每层以小于或等于 2cm 为宜。涂抹环氧砂浆时应压紧压实，抹平抹匀。涂抹最外层时要注意抹平抹光，特别在环氧砂浆与被修补混凝土接合面，要反复抹压密实，并与混凝土外表面平顺衔接。涂抹环氧砂浆时应注意不使前一层环氧砂浆的表面光滑，以增加二层之间的结合强度。修补后，环氧砂浆和原混凝土面应平整，并需满足该部位平整度要求。

3)非抗冲耐磨区和非迎水面的Ⅱ、Ⅲ、Ⅳ类裂缝,按上述要求凿槽后,用预缩水泥砂浆封填。

4)对处于迎水面的Ⅱ、Ⅲ、Ⅳ类裂缝缝口,将表面缝口凿成梯形槽(槽外口宽 15cm,内口宽 10cm,槽深 6cm),清洗干净,采用柔性止水材料封填。

5)对于大体积混凝土浇筑层顶面的Ⅲ、Ⅳ类裂缝,除采取化灌处理外,还需布设跨缝钢筋。对于闸墩浇筑层面上的裂缝,无论裂缝大小,均需布设跨缝钢筋。对于完建面的Ⅲ、Ⅳ类裂缝除采用化灌外,根据裂缝对结构的影响程度,必要时研究专门结构处理措施。

6)Ⅲ、Ⅳ类裂缝处理示意图见图 8.113。

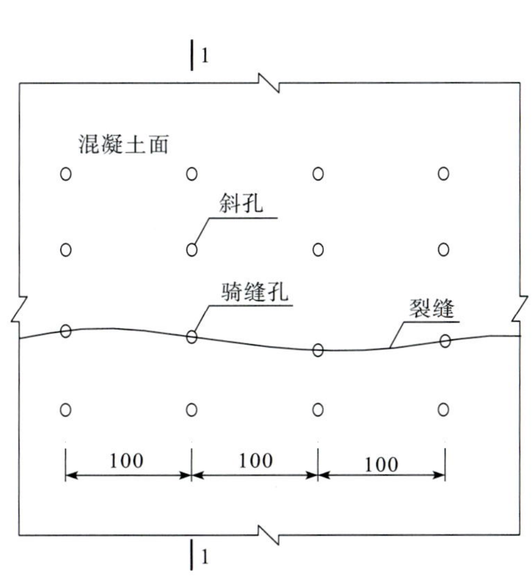

(a)Ⅲ、Ⅳ类裂缝一般裂缝处理平面示意图

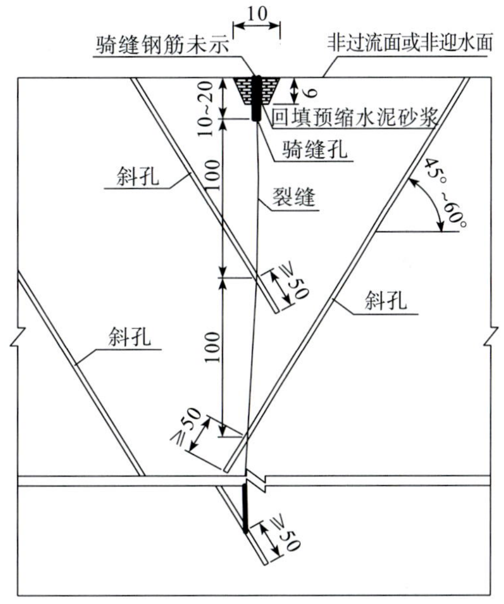

(b)非过流面Ⅲ、Ⅳ类裂缝处理剖面示意图(1-1)

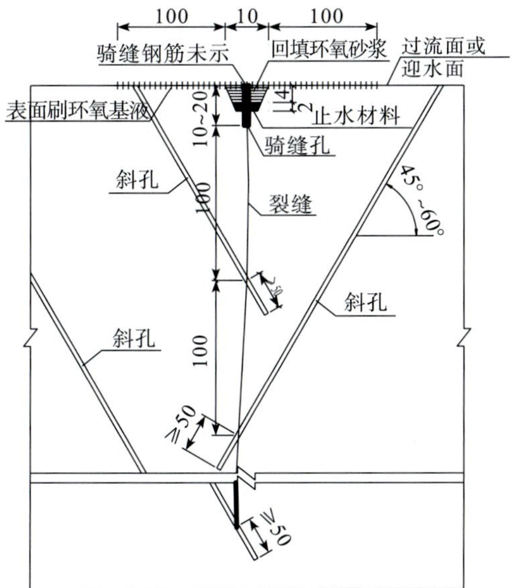

(c)过流面Ⅲ、Ⅳ类裂缝处理剖面示意图(1-1)

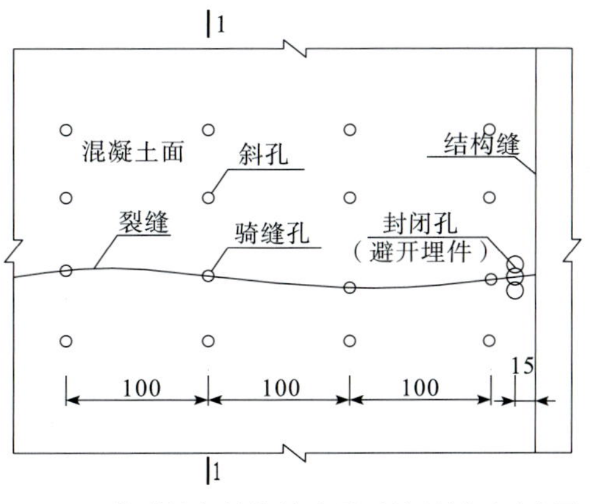

(d)Ⅲ、Ⅳ类裂缝与结构缝连通时处理剖面示意图

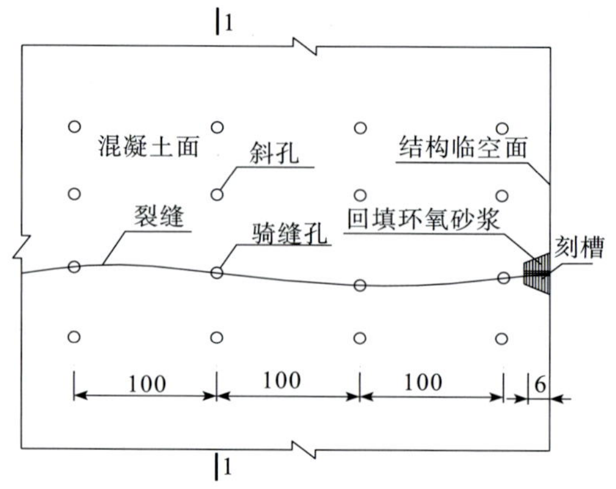

注：当临空面为过流面时，按过流表面处理

(e)Ⅲ、Ⅳ类裂缝与临空面连通时处理剖面示意图

图 8.113 混凝土裂缝处理(单位:cm)

8.6.4.4 混凝土内部缺陷处理

(1)处理原则

1)混凝土内部缺陷破坏混凝土的密实性，降低建筑物结构安全度。因此必须进行认真细致的补强处理，水泥灌浆是处理混凝土内部缺陷的主要措施。

2)混凝土内部缺陷位置隐蔽，分布复杂，有的连通，有的分散，因此必须首先查清混凝土内部缺陷分布的基本情况和严重程度，然后根据现场检查和检查记录资料分部位作出补强设计。

3)混凝土内部缺陷补强灌浆实行“少打孔、多灌浆”的原则，在保证补强质量的前提下，从设计布孔到施工工艺要达到少打孔、多灌浆的目的。特别是结构受力区和抗冲耐磨部位，应尽量避免打断钢筋和破坏抗冲耐磨混凝土表面。

4)混凝土内部缺陷与接缝灌浆系统串通的部位，混凝土架空的补强灌浆工作，一般应与接缝灌浆同时进行。

5)对混凝土内部缺陷比较严重的部位，必要时应进行凿除处理。

(2)处理标准

Ⅰ类事故区，应全面布孔(通仓)采用水泥浆或水泥砂浆进行补强灌浆。

Ⅱ类事故区，在事故孔周围布孔进行水泥补强灌浆，并酌情扩大布孔灌浆范围。

Ⅲ类事故区，一般只在事故孔的周围布孔进行水泥补强灌浆。

8.6.4.5 分缝止水漏水处理

1)对微弱漏水的漏水点，在其周围凿成 4cm×4cm×3cm(长×宽×深)的孔洞，然后填充环氧砂浆。填充物表面抹平，满足所在部位的平整度要求。

2)对冒水、水流不间断的漏水点应查清漏水源头和漏水通道，然后在漏水源头和漏水通道及漏水点周围布孔灌注止水材料(如弹性聚氨酯)。

待漏水点止漏后,在其周围凿成 4cm×4cm×3cm(长×宽×深)的孔洞,然后填充环氧砂浆,将其表面抹平,满足所在部位的平整度要求。

8.7 运行效果

2018 年 5 月 19 日,卡洛特水电站溢洪道控制段首仓结构混凝土开始浇筑;2020 年 5 月 24 日,溢洪道控制段浇筑全线到顶;2021 年 6 月 24 日,溢洪道防掏墙混凝土浇筑完成;2021 年 9 月 3 日,溢洪道控制段所有闸门安装完毕。

卡洛特水电站工程于 2021 年 11 月 20 日下闸蓄水,11 月 21 日溢洪道过流,2022 年 6 月 8 日,水库蓄水至正常蓄水位。在此期间,溢洪道为控制初期水库水位上升的需要,持续运行。截至目前,溢洪道运行工作形态良好。

卡洛特水电站溢洪道施工情况和过水效果见图 8.114 至图 8.117。

图 8.114　2020 年 5 月 7 日溢洪道施工场景

图 8.115　2022 年 1 月 8 日泄洪排沙孔泄洪

图 8.116　2022 年 3 月 5 日泄洪表孔Ⅱ区泄洪

图 8.117　2022 年 3 月 31 日溢洪道全景